普通高等教育“十一五”国家级规划教材

Organic Chemistry

有机化学

（第三版）

付建龙 李 红 谢珍茗 主编

化学工业出版社

· 北京 ·

内容简介

《有机化学》（第三版）共17章，分别为概论，烷烃，烯烃、二烯烃，炔烃，脂环烃，有机化合物波谱分析，芳烃，立体化学，卤代烃，醇、酚、醚，醛、酮、醌，羧酸及其衍生物，β-二羰基化合物，有机含氮化合物，杂环化合物，碳水化合物，氨基酸和蛋白质。全书以有机化学基本概念、基本理论和基本反应为基础，以结构和性质的关系与电子效应、共轭效应为主线进行编写，主要介绍各类有机化合物的命名、结构和性质、基本有机化学反应及其反应机理等，各章均有相应化合物的制备方法和相关化合物的波谱数据或谱图示例，章中穿插课堂练习，章后有习题。为增强学习效果，本书对重点知识点配有视频讲解，课堂练习和习题均有参考答案，读者可扫码学习。

本书可作为高等院校化学类、化工类、材料类、生物类、环境类、轻工类、食品类等专业的教材，也可供农林医类相关专业使用。

图书在版编目（CIP）数据

有机化学 / 付建龙，李红，谢珍茗主编. — 3版. — 北京：化学工业出版社，2023.8（2025.11重印）
普通高等教育“十一五”国家级规划教材
ISBN 978-7-122-43518-7

Ⅰ.①有… Ⅱ.①付… ②李… ③谢… Ⅲ.①有机化学-高等职业教育-教材 Ⅳ.①O62

中国国家版本馆CIP数据核字（2023）第088654号

责任编辑：宋林青　汪　靓　　　文字编辑：刘志茹
责任校对：王　静　　　装帧设计：史利平

出版发行：化学工业出版社（北京市东城区青年湖南街13号　邮政编码100011）
印　　装：河北鑫兆源印刷有限公司
787mm×1092mm　1/16　印张21½　字数561千字　2025年11月北京第3版第4次印刷

购书咨询：010-64518888　　　售后服务：010-64518899
网　　址：http://www.cip.com.cn
凡购买本书，如有缺损质量问题，本社销售中心负责调换。

定　　价：48.00元

前 言

本教材是根据教育部高等学校化学类专业教学指导委员会对有机化学的教学基本要求编写而成的，是普通高等教育“十一五”国家级规划教材。本书旨在为新形势下的高等学校化学化工类专业提供一本有机化学创新教材。当前一方面是有机化学学科迅速发展，新的知识不断涌现，教材要尽可能充实更多的知识；另一方面是教学改革的深入和教学课时的不断压缩，教材篇幅要有所缩减。为使二者得到统一，必须开发出知识面广而博、篇幅少而精的有机化学教材。通过对国内外有机化学教材进行认真研究和分析，并结合我国有机化学教学的实际情况和教学改革的要求，我们对有机化学进行了整合和浓缩，将基本内容编写成十七章，篇幅控制在六十万字左右，以满足压学时、增内容的要求。

本教材以有机化学基本概念、基本理论和基本反应为基础，以结构和性质的关系与电子效应、共轭效应为主线进行编写，在各章中穿插课堂练习题，以便通过讨论加深知识要点，各章都有相应化合物的制备方法和相关化合物的波谱介绍和图谱示例，增加了本书的实用性。

本教材是编者在 2017 年出版的《有机化学》(第二版) 基础上进行了部分内容的增减和修订而成的，增加了微课视频、课堂练习和课后练习答案，并以二维码形式呈现，可供学习者查阅，以更加适应目前的教学要求。

本教材由华南理工大学付建龙和广东工业大学李红、谢珍茗任主编，邓旭忠、刘艳、蔡宁、李先玮、金耀城等老师做了大量的编写工作。本书所有编者一直在教学一线从事有机化学教学工作，经验丰富。本书第一版和第二版已在多个学校相关专业进行了多年的教学实践，兄弟院校在使用过程中提出了很多宝贵意见和建议，再版时我们进行了吸纳和改进，因此本书是多年来教学经验和智慧的结晶。

由于编者水平有限，书中疏漏之处在所难免，敬请批评指正。

编　者

2023 年 8 月

• 重难点讲解

• 参考答案

• 课件

目 录

第 1 章 概论 / 1

第 2 章 烷烃 / 7

第 3 章 烯烃、二烯烃 / 23

第4章 炔烃 / 49

第5章 脂环烃 / 58

第6章 有机化合物波谱分析 / 68

第7章 芳烃 / 81

第 8 章 立体化学 / 114

第 9 章 卤代烃 / 130

第 10 章 醇、酚、醚 / 157

第 11 章 醛、酮、醌 / 190

第 12 章 羧酸及其衍生物 / 216

第 13 章 β-二羰基化合物 / 249

第 14 章　有机含氮化合物 / 260

第 15 章　杂环化合物 / 290

第 16 章　碳水化合物 / 308

第 17 章　氨基酸和蛋白质 / 319

参考文献 / 334

视频资源目录

第1章 概　　论

1.1 有机化合物和有机化学

有机化合物与人们的生活密切相关。棉花、羊毛、蚕丝、合成纤维、脂肪、蛋白质、碳水化合物、木材、煤、石油、天然气、橡胶及合成橡胶、塑料、各种药物、染料、添加剂、化妆品原料等都是有机化合物。

最早人们对有机化合物的认识只限于它的来源，认为从有生命的物质中得到的是有机化合物，从无生命的矿物中得到的是无机化合物，而无机化合物和有机化合物是两种截然不同的物质。1828年，F. Wöhler首次由无机化合物氰酸铵（NH_4OCN）合成了有机化合物尿素（NH_2CONH_2）。自此以后，许多化学家也用简单的无机化合物成功合成了有机化合物，如1845年Kolbe合成了醋酸；1854年，柏赛罗合成了油脂。在大量科学事实面前，化学家们逐渐摒弃了有机化合物的生命学说，进入了有机化合物的合成时代。在20世纪初开始建立了以煤焦油为原料，生产合成染料、药物和炸药为主的有机化合物。在20世纪40年代发展了以石油为主要原料的有机化学工业，特别是以生产三大合成材料（橡胶、塑料、纤维）为主的有机合成材料工业。近几十年来，有机化学已发展成为与生命科学、环境科学、材料科学、能源工业、国防工业、电子工业、信息产业、各种轻工行业具有紧密联系，相互促进的一门基础科学。

有机化合物简单地说就是碳氢化合物及其衍生物。研究有机化合物的性质、结构、合成方法及其它们之间的相互关系和转变以及根据这些事实资料归纳出来的规律和理论的学科叫有机化学。

1.2 有机化合物的特性

1.2.1 有机化合物性质上的特点

与无机化合物相比，有机化合物在性质上有如下特点。

（1）容易燃烧

由于有机化合物分子中含有大量的碳和氢两种元素，因此，大多数有机化合物都可以燃烧，有些有机化合物如酒精、汽油等很容易燃烧。

（2）对热不稳定

由于有机化合物分子中的价键为较弱的共价键，因此，一般的有机化合物的热稳定性较差，易受热分解。许多有机化合物在200～300℃时就会逐渐分解。

（3）熔点较低

许多有机化合物在常温下是气体或液体。常温下是固体的有机化合物的熔点一般较低，通常都不超过 300℃。这是由于有机化合物晶体一般通过由较弱的分子间力（范德华力）结合在一起的。

（4）难溶于水

有机化合物多为非极性或弱极性的分子，水是极性强的溶剂。根据“相似相溶原则”，非极性或弱极性的有机化合物难溶于水，而易溶于苯、乙醚、丙酮等有机溶剂中。

（5）反应速率比较慢

有机化合物的反应多数不是离子反应，而是分子间的反应，因此需要一定的时间才能完成。为了加速反应，往往需要加热、加催化剂等手段以增加分子的动能，降低活化能或改变反应历程来缩短反应的时间。

（6）反应复杂，产物不一

有机化合物的反应通常不是单一的反应。反应物之间会同时发生若干不同的反应，可以得到一系列的产物。一般把在某一特定反应条件下主要进行的反应称为主反应，其产物称为主产物，而把其它反应称为副反应，其产物称为副产物。如何选择最有利的反应条件以减少副产物、提高主产物的量是有机化学的一项重要任务。

1.2.2 有机化合物的结构特性——同分异构现象

有机化合物中，分子式相同而结构相异，因而是不同性质化合物的现象称为同分异构现象。分子式相同结构不同的化合物称为同分异构体。有机化合物的同分异构包括构造（constitution）异构、构型（configuration）异构和构象（conformation）异构，构型异构和构象异构属立体异构范畴。

（1）构造异构

分子式相同，由于分子中原子相互连接的方式和次序不同而产生的异构叫构造异构。例如，乙醇和甲醚的异构就属于构造异构（它们的分子式都是 C_2H_6O）。

CH_3CH_2OH 乙醇　　CH_3OCH_3 甲醚

（2）构型异构和构象异构

① 构型异构　由于分子在空间排列方式不同而引起的异构叫立体异构。构型异构和构象异构都属于立体异构。构型异构包括顺反异构和对映异构。

顺反异构是由于双键或环的存在使分子中某些原子在空间的位置不同而产生的异构。例如，2-丁烯的两个顺反异构：

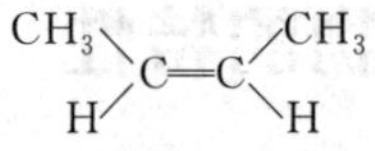

CH₃ CH₃ / H C=C H

顺-2-丁烯 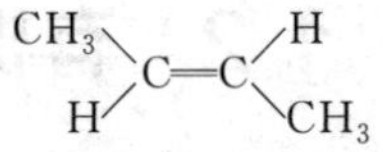　　反-2-丁烯

彼此互为镜像的一对异构体称为对映异构体。例如，乳酸（2-羟基丙酸）的一对对映异构体：

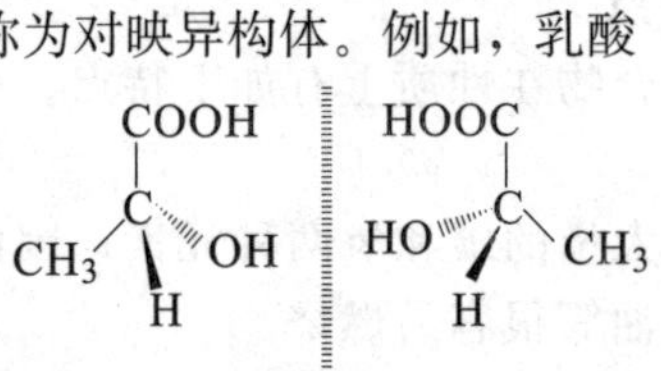

镜 面

② 构象异构　由于围绕单键旋转而产生的分子在空间不同的排列形式叫构象。分子可以有无穷多的构象，一般只讨论几种典型的构象。例如，乙烷的两种典型构象：

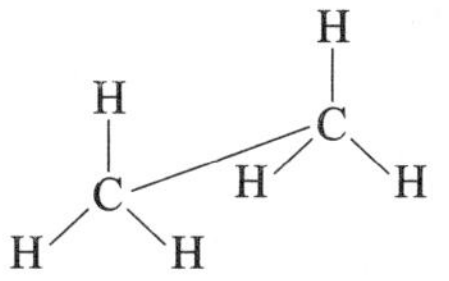

乙烷的重叠式构象 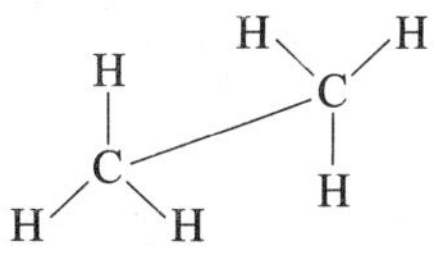　　乙烷的交叉式构象

1.3　有机化合物中的共价键

1.3.1　共价键的形成

共价键的概念是 Lewis G N 于 1916 年提出的，即共价键是共用电子对形成的键。例如碳原子可以和四个氢原子形成四个共价键而生成甲烷。

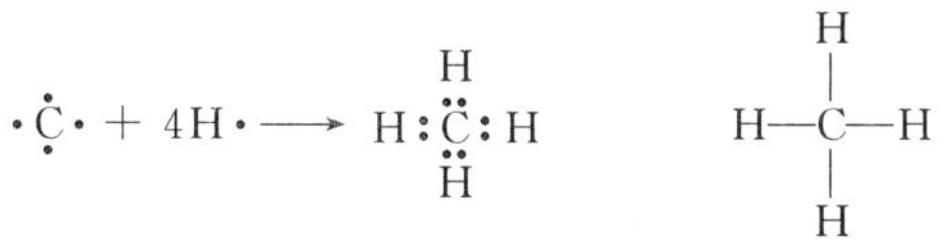

$$\cdot\dot{\underset{\cdot}{C}}\cdot + 4H\cdot \longrightarrow H:\overset{H}{\underset{H}{\ddot{\underset{\cdot\cdot}{C}}}}:H \qquad H-\overset{H}{\underset{H}{\overset{|}{\underset{|}{C}}}}-H$$

以上由一对共用电子的点来表示共价键的结构式叫 Lewis（路易斯）结构式。以一根短线来代表共价键的结构式叫短线式或价键式。短线式可缩写，如甲烷的短线式缩写成 CH_4，这是一种常用的表示分子的式子。

1.3.2　共价键的属性

（1）键长

形成共价键的两个原子，其原子核之间的距离称为键长。不同的共价键具有不同的键长，同一共价键由于所在的分子不同，受其它共价键的影响不同，键长也有所不同。通常键长越短，共价键越牢固。一些常见共价键的键长见表 1-1。

表 1-1　常见共价键的键长

键　型	键长/nm	键　型	键长/nm
C—C	0.154	C—F	0.142
C—H	0.110	C—Cl	0.178
C—O	0.143	C—Br	0.101
C—N	0.147	C—I	0.213
C═C	0.134	C≡C	0.120

（2）键角

两价以上的原子在与其它原子成键时，键与键之间的夹角称为键角。例如甲烷分子中 C—H 共价键之间的键角为 109.5°。

键角反映了分子的空间结构，键角的大小与成键的中心原子有关。通常键角越大，分子越趋稳定。

（3）键能

形成共价键时体系放出的能量或共价键断裂时吸收的能量称为共价键的键能。键能反映了共价键的强弱，通常键能越大则键越牢固。一些常见共价键的键能见表 1-2。

表 1-2 常见共价键的键能

键型	键能/(kJ/mol)	键型	键能/(kJ/mol)
C—C	347	C—F	485
C—H	414	C—Cl	339
C—O	360	C—Br	285
C—N	305	C—I	218
C═C	611	C≡C	837

（4）键的极性和电负性

由两个相同原子形成的共价键，电子云对称地分布在两个原子之间，这样的共价键没有极性，称为非极性共价键。如 C—C、Cl—Cl。但当两个不同的原子形成共价键时，由于这两个原子的电负性不同，吸引电子的能力不同，这就使电负性较强原子的一端电子云密度较大，带部分负电荷（用 δ^- 表示），另一电负性较弱原子的一端则电子云密度较小，带部分正电荷（用 δ^+ 表示），这样的键具有极性，称为极性共价键。如 C—H、H—Cl 等。极性共价键的表示如下：

$$\overset{\delta^+}{H}\text{—}\overset{\delta^-}{Cl}$$

构成共价键的两个原子，其电负性差值越大，键的极性越强。通常成键原子电负性差大于 1.7，形成离子键；成键原子电负性差为 0.5～1.6，形成极性共价键。

一些常见原子的电负性见表 1-3。

表 1-3 常见原子的电负性

原子	电负性	原子	电负性
H	2.20	C	2.55
N	3.05	O	3.44
F	3.98	Cl	3.16
Br	2.96	I	2.66
P	2.19	S	2.58
Na	0.93	K	0.82
Mg	1.31	Li	0.98

极性共价键的大小可用偶极矩 $\boldsymbol{\mu}$ 来表示。偶极矩是正电中心或负电中心的电荷 q 与两个电荷中心之间的距离 $\boldsymbol{d}$ 的乘积。

$$\boldsymbol{\mu}=q\times\boldsymbol{d}$$

偶极矩 $\boldsymbol{\mu}$ 的单位为 D(德拜 Debye)。偶极矩是矢量，一般用箭头表示由正端指向负端。例如：

H—Cl
⟼

分子的极性为分子中各个共价键极性的矢量和。例如：

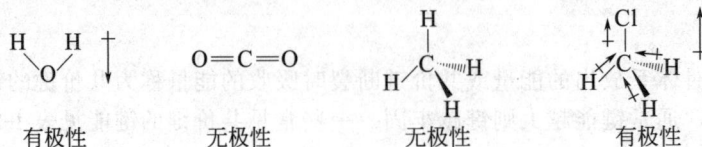

有极性　　无极性　　无极性　　有极性

1.3.3　共价键的断裂

有机化合物在发生化学反应时，总是伴随着共价键的断裂和新共价键的生成。共价键的断裂方式有两种。一种断裂方式叫均裂，即成键的电子对在断裂时平均分给两个成键原子。共价键均裂则生成具有未成对电子的原子或基团，称为自由基或游离基。

$$A\cdot\!\!\cdot B \longrightarrow A\cdot + \cdot B$$

例如：

$$H\cdot\!\!\cdot CH_3 + Cl\cdot \longrightarrow \cdot CH_3 + H—Cl$$

自由基的性质非常活泼，有自由基参与的反应叫自由基反应。

另一种断裂方式叫异裂，即成键的电子对在断裂时完全转移到其中的一个原子或基团上。异裂的结果产生了正、负离子。发生共价键异裂的反应叫离子型反应。

$$A{:}B \longrightarrow A^+ + B^-$$

例如：

$$(CH_3)_3C{:}Cl \longrightarrow (CH_3)_3C^+ + Cl^-$$

1.4　有机化学中的酸碱概念

在有机化学中，用得比较多的酸碱理论主要是布朗斯特（J. N. Brönsted）定义的酸碱质子理论和路易斯（G. N. Lewis）酸碱理论。

1.4.1　布朗斯特酸碱理论

根据布朗斯特的定义，凡能给出质子的物质是酸，凡能与质子结合的物质是碱。布朗斯特酸碱理论也叫质子酸碱理论。按照这个酸碱理论，酸和碱不是彼此分隔的，而是统一在对质子的关系上。例如：

$$\underset{\text{酸 1}}{HCl} + \underset{\text{碱 1}}{H_2O} \longrightarrow \underset{\text{酸 2}}{H_3O^+} + \underset{\text{碱 2}}{Cl^-}$$

其中 HCl 与 Cl^- 以及 H_3O^+ 与 H_2O 为一对共轭酸碱。布朗斯特的酸碱概念是相对的，某一分子或离子在一个反应中是酸而在另一个反应中可能是碱。例如：

$$H_2SO_4 + H_2O \rightleftharpoons H_3O^+ + \underset{\text{碱}}{HSO_4^-}$$

$$\underset{\text{酸}}{HSO_4^-} + H_2O \rightleftharpoons H_3O^+ + SO_4^{2-}$$

1.4.2　路易斯酸碱理论

根据路易斯的定义，凡能接受外来电子对的物质是酸，凡能给出电子对的物质是碱。例如：

$$\underset{\text{路易斯酸}}{F_3B} + \underset{\text{路易斯碱}}{{:}NH_3} \longrightarrow \underset{\text{酸碱络合物（路易斯盐）}}{F_3B^{-}\,{}^{+}NH_3}$$

在有机化学中，由于路易斯酸能接受外来电子对，因此它具有亲电性，它们又称为亲电试剂。常见的亲电试剂有 H^+、Cl^+、Br^+、SO_3、BF_3、$AlCl_3$、$^+NO_2$ 等，亲电试剂的特点是带有正电荷或有空轨道。路易斯碱能给出电子对，因此它具有亲核性，它们又称为亲核试剂。常见的亲核试剂有 OH^-、NH_2^-、CN^-、H_3CO^-、H_2O、NH_3 等，亲核试剂的特点是带有负电荷或有孤对电子。

1.5　有机化合物的分类

有机化合物有多种分类方法，但建立在有机化合物结构基础上的分类更有利于对有机化学的学习和研究。

1.5.1　按碳架分类

有机化合物按碳链结合方式的不同，大致可分为三大类。

（1）脂肪族化合物，例如：

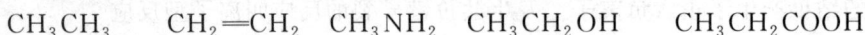

CH_3CH_3　　$CH_2{=}CH_2$　　CH_3NH_2　　CH_3CH_2OH　　CH_3CH_2COOH

（2）碳环族化合物

① 脂环族化合物，例如：

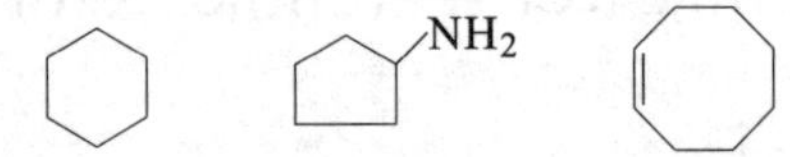

② 芳香族化合物，例如：

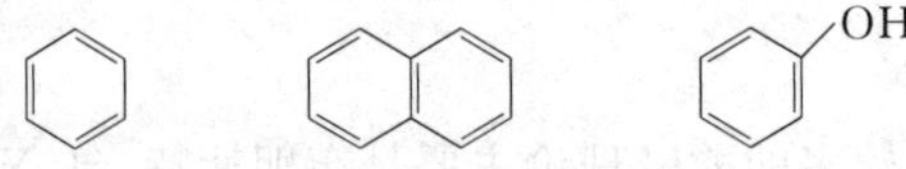

（3）杂环化合物，例如：

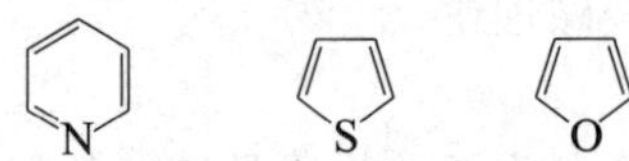

1.5.2　按官能团分类

官能团是指分子中比较活泼的原子或原子团，官能团通常决定着化合物的主要物理化学性质。含有相同官能团的化合物通常具有相似的性质，所以将有机化合物按所含的官能团来进行分类更加实用。有机化合物常见的官能团及相应的各类化合物见表1-4。

表1-4　常见有机化合物的类别及官能团

化合物类别	官能团结构	官能团名称	化合物类别	官能团结构	官能团名称
烯烃	C═C	双键	羧酸	COOH	羧基
炔烃	C≡C	叁键	腈	CN	氰基
卤代烃	X(F,Cl,Br,I)	卤原子	硝基化合物	NO_2	硝基
醇或酚	OH	羟基	胺	NH_2(NHR,NR_2)	氨基
醚	C—O—C	醚键	硫醇或硫酚	SH	巯基
醛或酮	C═O	羰基	磺酸	SO_3H	磺酸基

• 重难点讲解
• 参考答案
• 课件

第2章 烷　　烃

有机化合物中只含有碳和氢两种元素的化合物统称为碳氢化合物，简称为烃。烃分子中的氢原子可被其它原子或基团所取代，生成一系列的化合物，因此，烃是有机化合物中最基本的化合物。

根据烃分子中碳原子的连接方式，烃可分为开链烃和闭链烃。开链烃分子中的碳原子连接成链状，简称链烃，又叫脂肪烃，如烷烃、烯烃、炔烃等；闭链烃分子中碳原子连接成闭合的碳环，又称环烃，如脂环烃、芳香烃等。

脂肪烃又分为饱和烃和不饱和烃。烷烃是饱和烃，其分子中所有的碳原子均以单键（C—C）相连，碳原子的其它价键被氢原子所饱和。由于石蜡是烷烃的混合物，所以烷烃也称石蜡烃。

2.1 烷烃的通式、同系列和构造异构

2.1.1 烷烃的通式、同系列

烷烃中最简单的是甲烷，按碳原子数的递增分别称为乙烷、丙烷、丁烷等。它们的分子式和构造式如下：

名称	甲烷	乙烷	丙烷	丁烷
分子式	CH_4	C_2H_6	C_3H_8	C_4H_{10}
构造式	CH_4	CH_3CH_3	$CH_3CH_2CH_3$	$CH_3CH_2CH_2CH_3$

从以上烷烃的分子式可看出，烷烃的分子式符合通式 C_nH_{2n+2}，n 为碳原子数。

从甲烷开始，每增加一个碳原子就增加两个氢原子，即相邻烷烃在分子组成上相差 CH_2，CH_2 称作系差。在分子组成上相差一个或多个系差，且结构和性质相似的一系列化合物，称为同系列。同系列中的化合物互称为同系物。由于同系物具有相似的结构和性质，所以通过研究同系物中某一个有代表性物质的性质就可以推知同系物中其它物质的性质。

2.1.2 烷烃的构造异构

分子中原子相互连接的方式和顺序叫构造。用于表示分子构造的化学式叫构造式。构造式的常用写法有价键式、缩写式和键线式三种。例如正丁烷的三种构造式写法如下：

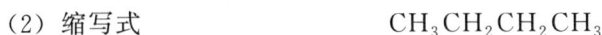

(1) 价键式

$$\begin{array}{ccccccccc} & & H & & H & & H & & H & & \\ & & | & & | & & | & & | & & \\ H & — & C & — & C & — & C & — & C & — & H \\ & & | & & | & & | & & | & & \\ & & H & & H & & H & & H & & \end{array}$$

(2) 缩写式　　$CH_3CH_2CH_2CH_3$

(3) 键线式

甲烷、乙烷、丙烷的构造式只有一种，但含有四个以上碳原子的烷烃的构造式则不止一

种。例如丁烷的构造式有以下两种：

$$\underset{\text{正丁烷（沸点：}-0.5℃\text{）}}{CH_3CH_2CH_2CH_3} \qquad \underset{\text{异丁烷（沸点：}-11.2℃\text{）}}{\begin{array}{l}CH_3CHCH_3\\ \quad\;\;|\\ \quad\;CH_3\end{array}}$$

正丁烷和异丁烷具有相同的分子式 C_4H_{10}，但它们具有不同的沸点，因而是不同的化合物。这种分子式相同的不同化合物称为同分异构体，这种现象称为同分异构现象。正丁烷和异丁烷属于同分异构体，但这种同分异构体是由于分子内原子间相互连接的方式和次序不同造成的。在有机化学中分子式相同，分子构造不同（即分子中原子相互连接的方式和次序不同）而产生的异构叫构造异构，又叫碳架异构。分子式相同，分子构造不同的化合物叫构造异构体。构造异构体是不同的化合物，具有不同的物理性质，在化学反应活性上也有差别。

烷烃的构造异构均属于碳架异构。随着碳原子数的增加，构造异构体的数目显著增加。例如 C_7H_{16} 有 9 个构造异构体，C_8H_{18} 有 18 个构造异构体。

课堂练习 2.1　写出 C_6H_{14} 和 C_8H_{18} 的所有构造异构体。

2.2 烷烃的命名

烷烃的命名

2.2.1　烃基的概念

（1）烃中碳和氢原子的分类

在烃分子中只与一个其它的碳原子相连的碳叫伯碳原子或一级碳原子，用1°表示；与两个其它的碳原子相连的碳叫仲碳原子或二级碳原子，用2°表示；与三个其它的碳原子相连的碳叫叔碳原子或三级碳原子，用3°表示；与四个其它的碳原子相连的碳叫季碳原子或四级碳原子，用4°表示。连接在伯、仲、叔碳原子上的氢原子分别叫伯、仲、叔氢原子，或叫一级、二级、三级氢原子，用1°H、2°H、3°H 表示。

$$\begin{array}{ccccccccccc} & & & & & (3°H) & & & & \\ & & H & & H & & H & & CH_3 & \\ & & |\,1° & & |\,2° & & |\,3° & & |\,4° & \\ (1°H)\,H & — & C & — & C & — & C & — & C & — & CH_3 \\ & & | & & | & & | & & | & \\ & & H & & H & & CH_3 & & CH_3 & \\ & & & & (2°H) & & & & & \end{array}$$

（2）烃基

从烃分子中去掉一个氢原子后剩余的基团叫烃基，烷烃去掉一个氢后叫烷基。例如：

$$\underset{\text{正丁基}}{CH_3CH_2CH_2CH_2—} \qquad \underset{\text{仲丁基}}{\begin{array}{l}CH_3CH_2CH—\\ \qquad\quad\;|\\ \qquad\quad CH_3\end{array}} \qquad \underset{\text{异丁基}}{\begin{array}{l}CH_3CHCH_2—\\ \quad\;\;|\\ \quad\;CH_3\end{array}} \qquad \underset{\text{叔丁基}}{\begin{array}{c}CH_3\\ |\\ CH_3—C—\\ |\\ CH_3\end{array}}$$

对烷基而言：

$CH_3CH_2(CH_2)_nCH_2$—型　叫正烷基（或叫烷基）

$$\begin{array}{l}CH_3CH(CH_2)_nCH_2—\text{型　叫异烷基}\\ \quad\;\;|\\ \quad\;CH_3\end{array}$$

$$CH_3CH_2(CH_2)_nCH(CH_3)—型$$ 叫仲烷基

$$CH_3CH_2(CH_2)_n—C(CH_3)_2—型$$ 叫叔烷基

2.2.2　烷烃的习惯命名法

烷烃的习惯命名法也称普通命名法，主要是以分子中碳原子数的多少来命名的。碳原子数在十以下的烷烃，分别用甲、乙、丙、丁、戊、己、庚、辛、壬、癸（即天干）表示碳原子数，碳原子数在十以上的烷烃则用十一、十二、十三……数字表示。用“正”“异”“新”等词来区别直链和支链。“正”代表直链烷烃；“异”指仅在一末端具有 $(CH_3)_2CH—$构型而无其它支链的烷烃；“新”指具有 $(CH_3)_3C—$构型的含五、六个碳原子的烷烃。例如：

$CH_3CH_2CH_2CH_3$ 正丁烷　　$CH_3—CH(CH_3)—CH_3$ 异丁烷　　$CH_3—C(CH_3)_2—CH_3$ 新戊烷

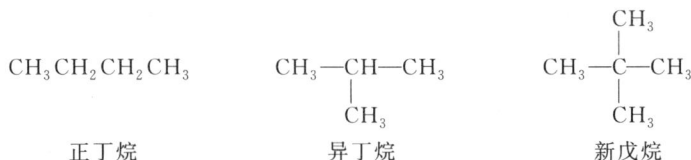

习惯命名法只适用于结构简单化合物的命名。

2.2.3　烷烃的衍生物命名法

烷烃的衍生物命名法是将甲烷作为母体，把其它的烷烃看作是甲烷的烷基衍生物。命名时，一般选择连有烷基最多的碳原子作为甲烷碳原子，把与此碳原子相连的基团作为甲烷氢原子的取代基。写名称时，先写小的基团，后写大的基团。例如：

$H_3C—C(CH_3)_2—CH_3$ 四甲基甲烷　　$H_3C—CH(CH_3)—CH_2—CH_3$ 二甲基乙基甲烷

衍生物命名法仍不适用于结构复杂化合物的命名。

2.2.4　系统命名法（IUPAC 命名法）

系统命名法是采用国际通用的 IUPAC(International Union of Pure and Applied Chemistry，国际纯粹化学和应用化学联合会）命名原则，并结合我国的文字特点制定的。

根据系统命名法，直链烷烃的命名与习惯命名法基本一致，碳原子数在十以下的烷烃，分别用甲、乙、丙、丁、戊、己、庚、辛、壬、癸（即天干）表示碳原子数，碳原子数在十以上的烷烃则用十一、十二、十三……数字表示。例如直链烷烃 $CH_3(CH_2)_{10}CH_3$ 命名为十二烷。

支链烷烃的命名是把它看作直链烷烃的烷基衍生物，其命名的步骤和主要原则如下：

(1) 选择主链

选择一条最长的碳链作为主链，其它的看作支链或看作取代基。当含有多条相等的最长碳链时，应选择包含支链最多的最长碳链作为主链。选择主链时要注意，不能只把书面上的直链作为主链，除非它是最长的碳链。例如：

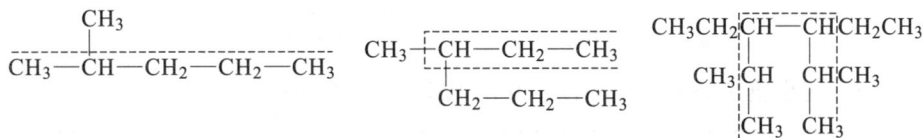

$CH_3—CH(CH_3)—CH_2—CH_2—CH_3$　　$CH_3—CH(CH_2—CH_2—CH_3)—CH_2—CH_3$　　$CH_3CH_2CH(CH(CH_3)CH_3)—CH(CH(CH_3)CH_3)CH_2CH_3$

（2）编号

从最靠近取代基的一端开始用阿拉伯数字对主链进行编号。当主链编号有几种可能时，应选择首先满足小的取代基的位次最低，再满足取代基的位次和最低原则。例如：

$$\begin{array}{ccccccccc} & & CH_3 & & & & & & \\ & & | & & & & & & \\ \overset{1}{C}H_3 & - & \overset{2}{C}H & - & \overset{3}{C}H_2 & - & \overset{4}{C}H_2 & - & \overset{5}{C}H_3 \end{array} \qquad \begin{array}{ccccccc} CH_3 & - & \overset{3}{C}H & - & \overset{2}{C}H_2 & - & \overset{1}{C}H_3 \\ & & |_4 & & & & \\ & & CH_2 & - & \overset{5}{C}H_2 & - & \overset{6}{C}H_3 \end{array}$$

$$\begin{array}{cccc} CH_3CH_2\overset{3}{C}H & - & \overset{4}{C}HCH_2CH_3 \\ |_2 & & |_5 \\ CH_3CH & & CHCH_3 \\ | & & | \\ \overset{1}{C}H_3 & & \overset{6}{C}H_3 \end{array} \qquad \begin{array}{ccc} & CH_3 & \\ & | & \\ \overset{1}{C}H_3\overset{2}{C}H_2\overset{3}{C} & - & \overset{4}{C}H\overset{5}{C}H_2\overset{6}{C}H_3 \\ | & & | \\ CH_3 & & CH_2CH_3 \end{array}$$

（3）写名称

根据主链上碳原子数目的多少称为“某烷”，在“某烷”的前面写上取代基的名称和位置。如果有相同的取代基，则合并写，用二、三……来表示数目，并在基团名称前写明取代基位置；如果有不同的取代基，命名时应先写简单的取代基，后写复杂的取代基。书写化合物名称时，取代基位置之间用逗号“,”隔开，位置与基团名称之间用短线“-”隔开，最后一个基团的名称和母体名称直接相连。

$$\begin{array}{ccccccccc} & & CH_3 & & & & & & \\ & & | & & & & & & \\ \overset{1}{C}H_3 & - & \overset{2}{C}H & - & \overset{3}{C}H_2 & - & \overset{4}{C}H_2 & - & \overset{5}{C}H_3 \end{array} \qquad \begin{array}{ccccccc} CH_3 & - & \overset{3}{C}H & - & \overset{2}{C}H_2 & - & \overset{1}{C}H_3 \\ & & |_4 & & & & \\ & & CH_2 & - & \overset{5}{C}H_2 & - & \overset{6}{C}H_3 \end{array}$$

2-甲基戊烷　　　　3-甲基己烷

$$\begin{array}{ccc} CH_3CH_2\overset{3}{C}H & - & \overset{4}{C}HCH_2CH_3 \\ |_2 & & |_5 \\ CH_3CH & & CHCH_3 \\ | & & | \\ \overset{1}{C}H_3 & & \overset{6}{C}H_3 \end{array} \qquad \begin{array}{ccc} & CH_3 & \\ & | & \\ \overset{1}{C}H_3\overset{2}{C}H_2\overset{3}{C} & - & \overset{4}{C}H\overset{5}{C}H_2\overset{6}{C}H_3 \\ | & & | \\ CH_3 & & CH_2CH_3 \end{array} \qquad \begin{array}{ccccc} & CH_3 & & CH_3 & \\ & | & & | & \\ \overset{1}{C}H_3 & \overset{2}{C}\overset{3}{C}H_2\overset{4}{C}H_2 & & \overset{5}{C}\overset{6}{C}H_2\overset{7}{C}H_2\overset{8}{C}H_3 & \\ & | & & | & \\ & CH_3 & & CH(CH_3)_2 & \end{array}$$

2,5-二甲基-3,4-二乙基己烷　　3,3-二甲基-4-乙基己烷　　2,2,5-三甲基-5-异丙基辛烷

课堂练习 2.2　下列化合物的系统命名是否正确？若有错误请改正。

（1）$\begin{array}{ccccccccccc} CH_3 & - & CH & - & CH_2 & - & CH & - & CH_2 & - & CH_3 \\ & & | & & & & | & & & & \\ & & CH_3 & & & & CH_3 & & & & \end{array}$

2,4-甲基己烷

（2）$\begin{array}{ccccccccccccc} CH_3 & - & CH & - & CH_2 & - & CH & - & CH & - & CH_2 & - & CH_3 \\ & & | & & & & | & & | & & & & \\ & & CH_3 & & & & CH_3 & & CH_2 & - & CH_3 & & \end{array}$

3-乙基-4,6-二甲基庚烷

（3）$\begin{array}{ccccccccccccc} & & CH_3-CH-CH_3 & & & & CH_2-CH_3 & & & & \\ & & | & & & & | & & & & \\ CH_3 & - & CH_2 & - & CH & - & CH_2 & - & C & - & CH_2 & - & CH_3 \\ & & & & & & & & | & & & & \\ & & & & & & & & CH_3 & & & & \end{array}$

3-甲基乙基-5-异丙基庚烷

（4）$(CH_3CH_2)_4C$

4-乙基甲烷

课堂练习 2.3　写出庚烷的各种异构体，并用 IUPAC 命名法命名。

2.3　烷烃的结构

2.3.1　甲烷的结构和 sp^3 杂化及 σ 键的形成

甲烷 CH_4 是最简单的烷烃。用物理方法测得甲烷分子为一正四面体结构（如图 2-1 所示），碳原子居于正四面体的中心，和碳原子相连的四个氢原子居于四面体的四个角上，四个 C—H 键的键长都为 0.110nm，所有 C—H 键的键角都是 109.5°。

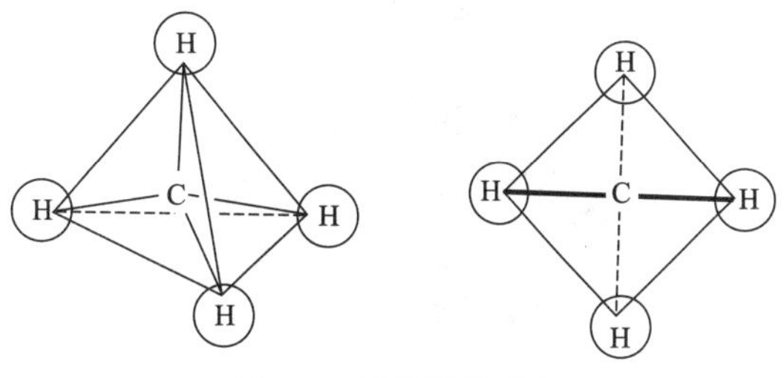

图 2-1　甲烷结构示意

甲烷的结构可用杂化轨道理论解释。碳原子基态的电子构型为 $1s^2 2s^2 2p_x^1 2p_y^1 2p_z^0$。按杂化轨道理论，碳原子首先吸收能量，2s 轨道中的一个电子跃迁到 $2p_z$ 轨道中，形成 $1s^2 2s^1 2p_x^1 2p_y^1 2p_z^1$ 的电子层结构。然后碳原子的一个 2s 轨道和 3 个 2p 轨道进行杂化，形成四个能量相等的杂化轨道，称为 sp^3 杂化轨道。如图 2-2 所示。

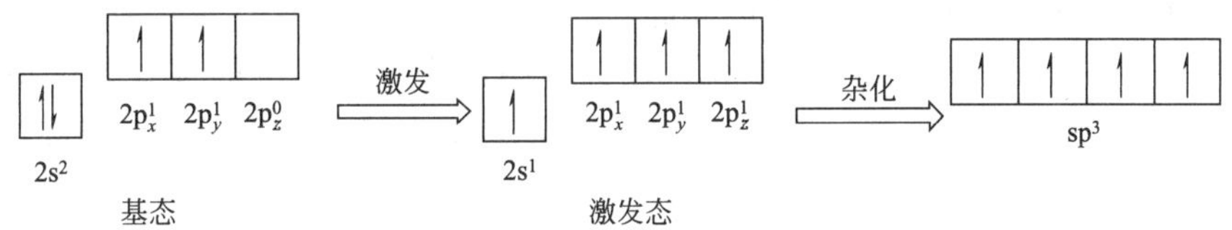

图 2-2　碳原子的 sp^3 杂化

每个 sp^3 杂化轨道都有一个未成对电子，故碳原子是四价的。sp^3 杂化轨道的能量稍高于 2s 轨道，稍低于 2p 轨道。每个 sp^3 杂化轨道含有 1/4 的 s 成分和 3/4 的 p 成分，其形状是一头大，一头小，具有方向性，如图 2-3(a) 所示。sp^3 杂化轨道大头的部分集中了较多的电子云，增加了与其它原子轨道的交盖，形成的共价键比较牢固，因此杂化有利于成键。

为了使成键电子之间的排斥力最小、最稳定，四个 sp^3 杂化轨道在空间的排布采取正四面体的构型，即以碳原子为中心，四个 sp^3 杂化轨道分别位于四面体的四个角上，两个轨道对称轴之间的夹角（键角）为 109.5°。如图 2-3(b) 所示。

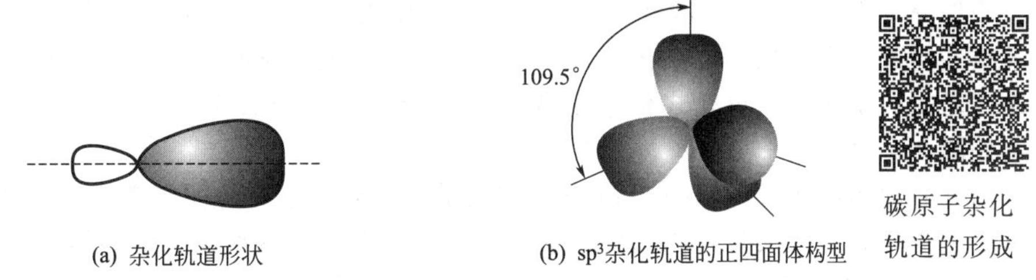

图 2-3　碳原子的 sp^3 杂化轨道

当四个氢原子分别沿着 sp^3 杂化轨道对称轴方向接近碳原子时，氢原子的 1s 轨道可以与碳原子的 sp^3 杂化轨道进行最大程度的重叠，形成四个等同的 C—H 键，且 C—H 键的键角为 109.5°，如图 2-4 所示，因此甲烷分子具有正四面体的空间结构，这与实验测得的结果相符。

甲烷分子中的碳氢键是氢原子的 s 轨道和碳原子的 sp^3 杂化轨道沿着键轴方向进行头碰头重叠而形成的，成键的电子云分布呈圆柱形的轴对称。凡是成键电子云对键轴呈圆柱形对称的键都称为 σ 键。σ 键在成键轨道方向上的交盖程度较大，σ 键可以沿键轴自由旋转，键能较大，可极化性较小，是较为稳定的共价键。如图 2-4 所示。

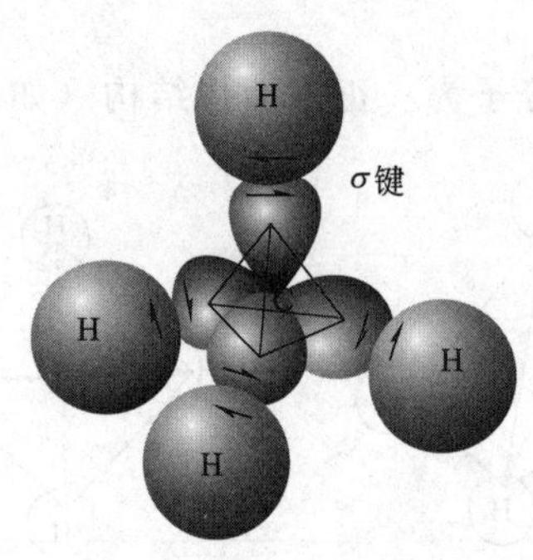

图 2-4 甲烷的结构和 σ 键

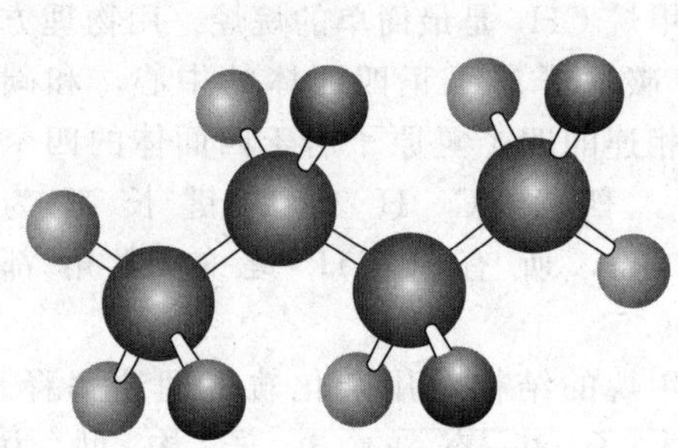

图 2-5 正丁烷的球棒模型

2.3.2 其它烷烃的结构

其它烷烃分子中的碳原子与甲烷分子中的碳原子相同，在未成键前均采取具有正四面体结构的 sp^3 杂化，夹角为 109.5°，然后 sp^3 杂化轨道与其它原子形成 σ 键。因此，烷烃分子中所有的 C—C 键、C—H 键均为稳定的 σ 键。

由于烷烃分子中的碳原子为 sp^3 杂化，四面体结构决定了碳链的排布不会在一条直线上，而是在空间呈现曲折的排布。如图 2-5 所示。但为了方便，一般在书写构造式时，仍写成直链的形式。

2.4 烷烃的构象

在烷烃分子中由于 C—C σ 键可以自由旋转，在旋转过程中，分子中各原子的相对位置会不断发生变化，形成了许多不同的空间排列方式。由于围绕单键旋转而产生的分子中原子在空间不同的排列形式叫做构象。分子可以有无穷多的构象，通常只讨论几种典型的构象。

2.4.1 乙烷的构象

乙烷分子中的 C—C 单键旋转在空间可以产生无数种不同的构象，其中两种典型的构象是重叠式构象和交叉式构象。交叉式构象是一个甲基上的氢原子正好处于另一个甲基的两个氢原子之间的中线上；重叠式构象是两个碳原子上的各个氢原子正好处在相互对映的位置上，如图 2-6 所示。

构象通常用透视式和 Newman 投影式表示。例如，乙烷两种典型构象的透视式如图 2-7 所示。透视式表示构象时是从乙烷分子球棒模型的斜侧面观察而看到的形象。

Newman 投影式是从 C—C 单键的延长线上观察，投影时以圆圈表示碳碳单键上的碳原子。由于前后两个碳原子重叠，纸面上只能画出一个圆圈，前面碳上的三个碳氢键须从圆心画出，三个键互呈 120°角。后面碳上的三个碳氢键须从圆周上画出，三个键也互呈 120°角。乙烷两种典型构象的 Newman 投影式如图 2-8 所示。

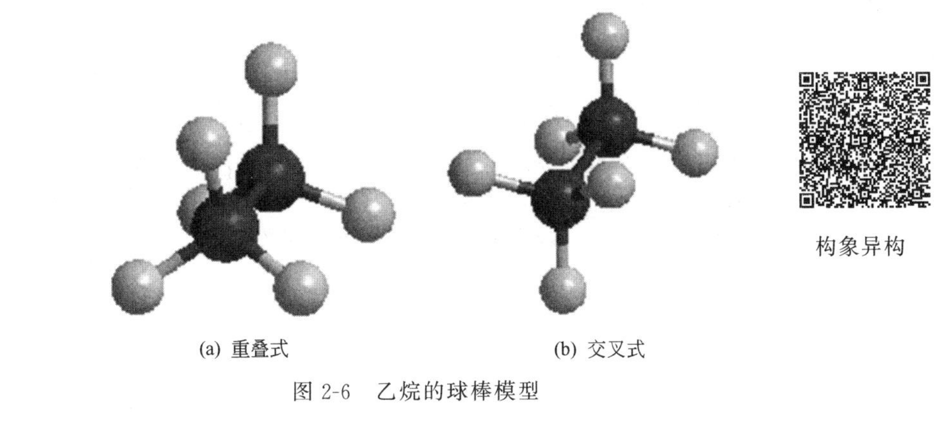

图 2-6　乙烷的球棒模型

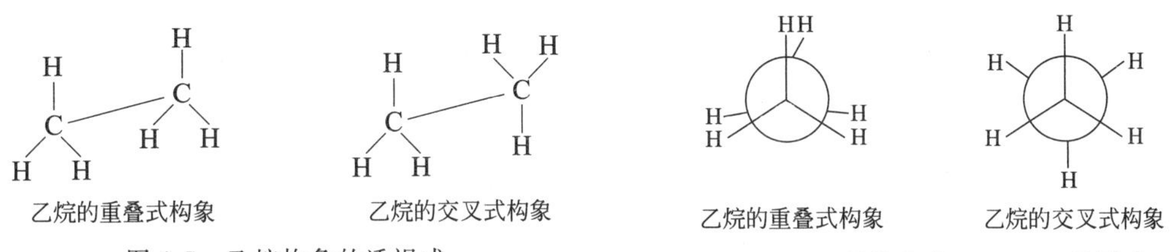

图 2-7　乙烷构象的透视式

图 2-8　乙烷构象的 Newman 投影式

在乙烷的交叉式构象中，前面碳上的氢原子和后面碳上的氢原子之间的距离最远，相互间的排斥力最小，因而能量最低，是最稳定的构象；在重叠式构象中，前面碳上的氢原子和后面碳上的氢原子之间的距离最近，相互间排斥力最大，因而能量最高，是最不稳定的构象。重叠式和交叉式构象之间的能量差约为 12.6kJ/mol，此能量差称为能垒。处在这两种构象之间的无数构象，其能量都在交叉式和重叠式构象之间。乙烷不同构象的能量曲线如图 2-9 所示。

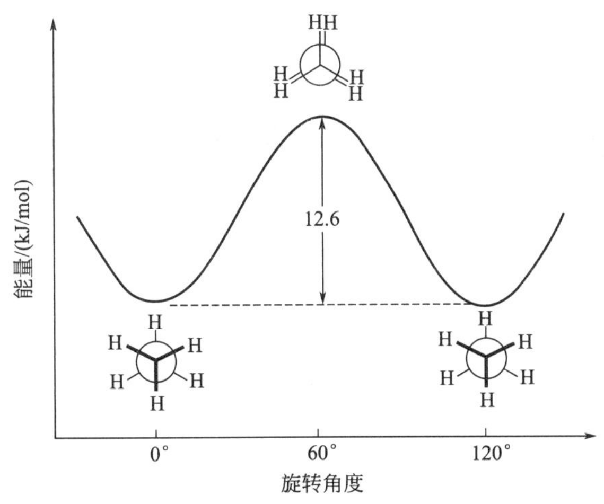

图 2-9　乙烷各种构象的能量曲线

在一个分子的所有构象中，能量最低最稳定的构象称为优势构象，优势构象在各种构象的相互转化中，出现的概率最大。

2.4.2　丁烷的构象

丁烷的构象比乙烷要复杂，当丁烷的 C-2—C-3 之间的 σ 键旋转时，可形成四种典型的构象。

不同的构象具有不同的能量，其中对位交叉式构象能量最低，全重叠式构象能量最高。在常温下大多数丁烷分子都是以能量最低的对位交叉式构象存在，全重叠式构象实际上是不存在的。

丁烷的四种典型构象：

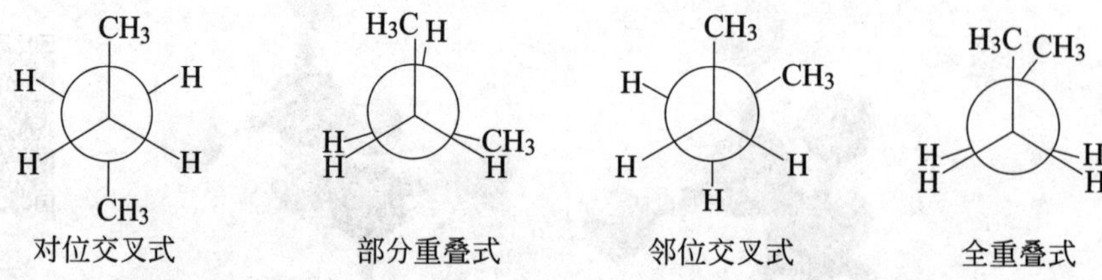

丁烷构象的能量变化如图 2-10 所示。

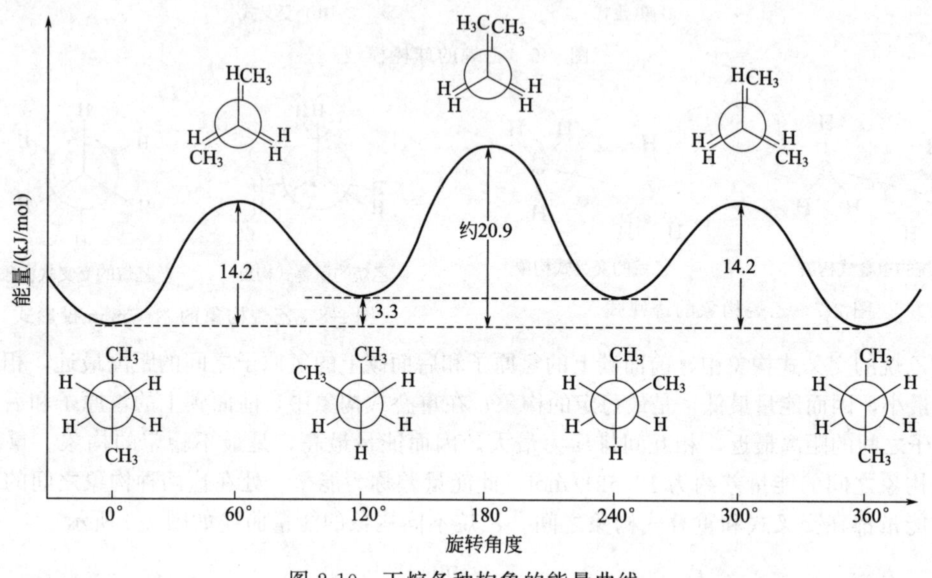

图 2-10　丁烷各种构象的能量曲线

课堂练习 2.4　下列结构式，哪些代表同一化合物的相同构象，哪些代表同一化合物的不同构象，哪些是构造异构体？

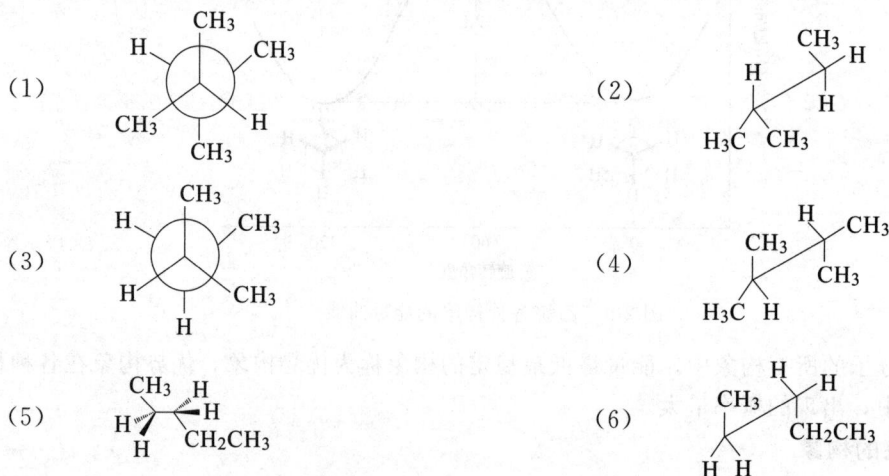

(1)　　(2)

(3)　　(4)

(5)　　(6)

课堂练习 2.5　指出上题中哪一个是 2,3-二甲基丁烷的最稳定构象。

2.5 烷烃的物理性质

有机化合物的物理性质一般是指它们的状态、沸点、熔点、相对密度、折射率和溶解度等。通常单一纯净的有机化合物的物理性质在一定条件下是固定不变的，通过测定其物理性质得到的固定数值称为物理常数。通过物理常数的测定，可以鉴定有机化合物及其纯度，也可利用物理性质的不同分离有机化合物。

在室温下，C_1～C_4 的直链烷烃是气体；C_5～C_{17} 的直链烷烃是液体；十八个碳原子以上的直链烷烃是固体。直链烷烃的物理常数见表 2-1。

表 2-1　一些直链烷烃的物理常数

名　称	分子式	熔点/℃	沸点/℃	相对密度	折射率(n_D^{20})
甲烷	CH_4	−183	−161.6	0.424	
乙烷	C_2H_6	−172	−88.6	0.450	
丙烷	C_3H_8	−188	−42.2	0.501	
丁烷	C_4H_{10}	−135	−0.5	0.579	1.3562
戊烷	C_5H_{12}	−130	36.1	0.626	1.3577
己烷	C_6H_{14}	−95	68.9	0.659	1.3750
庚烷	C_7H_{16}	−91	98.4	0.684	1.3877
辛烷	C_8H_{18}	−57	125.6	0.703	1.3976
壬烷	C_9H_{20}	−54	150.7	0.718	1.4056
癸烷	$C_{10}H_{22}$	−30	174.0	0.730	1.4120

(1) 沸点和熔点

烷烃沸点的高低与分子间的作用力有关，烷烃分子间的作用力主要为范德华力（van der Waals）。范德华力与分子中原子的数目和大小以及分子间的距离有关，因此，随着烷烃分子中碳原子数目的增加，分子间的作用力增大，沸点也相应升高，如图 2-11 所示。对碳原子相同的构造异构体中，分子的支链越多，分子间的距离越远，分子间的作用力越小，则沸点越低。

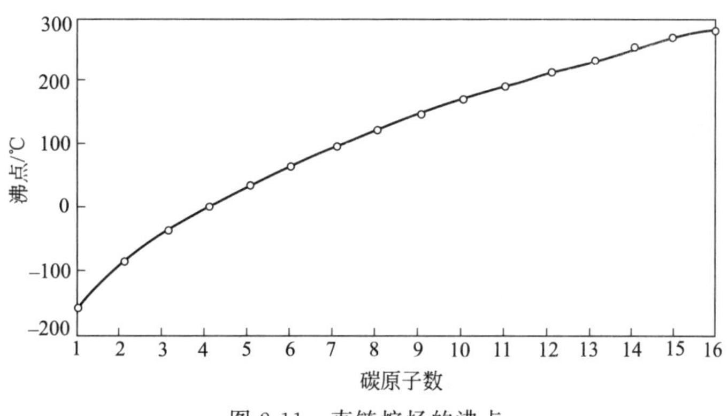

图 2-11　直链烷烃的沸点

烷烃的熔点也随着碳原子数目的增加而升高，但不及沸点升高那样有规律。这是因为晶体分子间的作用力，不仅取决于分子的大小，而且也取决于它们在晶格中的排列情况。在晶体中，偶数碳原子的烷烃分子排列比奇数碳原子的烷烃分子的排列更紧密些，所以熔点高。如图 2-12 所示。

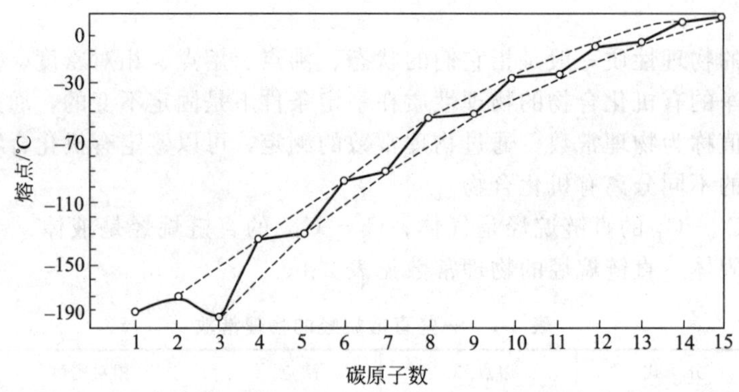

图 2-12 直链烷烃的熔点与分子中所含碳原子数的关系

由于熔点不但与分子间作用力有关，也与分子的对称性有关，结构对称性好的分子比对称性低的构造异构体具有较高的熔点。例如，戊烷三种同分异构体的熔点如下：

$CH_3-\underset{CH_3}{\overset{CH_3}{\overset{\vert}{\underset{\vert}{C}}}}-CH_3$	$CH_3\underset{CH_3}{\underset{\vert}{C}H}CH_2CH_3$	$CH_3CH_2CH_2CH_2CH_3$
新戊烷	异戊烷	正戊烷
（－17℃）	（－160℃）	（－130℃）

（2）相对密度

烷烃比水轻，其相对密度都小于 1。烷烃相对密度的变化规律也是随着碳原子数目的增加而增大。

（3）溶解度

烷烃几乎不溶于水，而易溶于有机溶剂，如四氯化碳、乙醇、乙醚等。

溶解度与溶质和溶剂的结构有关。溶质在溶剂中的溶解度遵循“相似相溶规则”，即非极性或弱极性化合物溶于非极性或弱极性溶剂中，极性化合物溶于极性溶剂中，结构相似的化合物溶于结构相似的化合物中。

（4）折射率

直链烷烃中，随着碳链长度的增加，折射率增大。一些直链烷烃的折射率见表 2-1。折射率反映了分子中电子被光极化的程度，通常折射率越大，表示分子被极化程度越大。

课堂练习 2.6 比较下列各组化合物的沸点高低，并解释之。

（1）正戊烷和 2-甲基戊烷　　（2）正辛烷和 2,2,3,3-四甲基丁烷

（3）己烷、2-甲基戊烷和 2,3-二甲基丁烷

课堂练习 2.7 比较下列各组化合物的熔点高低，并解释之。

（1）正丁烷和异丁烷　　（2）正辛烷和 2,2,3,3-四甲基丁烷

2.6　烷烃的化学性质

烷烃分子中只包含 C—C 键和 C—H 键，C—C 键和 C—H 键的键能高（C—C 键键能：347kJ/mol；C—H 键键能：414kJ/mol），极性小，难极化，所以烷烃的化学性质比较稳定，常温下不与强酸、强碱、强氧化剂和强还原剂反应，只有在特定的条件下（如光、热、催化剂等），烷烃才能发生化学反应。

2.6.1　烷烃的取代反应

烷烃中的氢原子被其它原子或基团取代的反应称为取代反应。被卤素取代的反应称为卤代反应。

烷烃和卤素在黑暗中不起反应，但在强光或高热的情况下会发生反应，尤其是氟和氯反应非常剧烈，甚至引起爆炸。烷烃和卤素的反应可用以下反应式表示：

$$-\overset{|}{\underset{|}{C}}-H + X_2 \xrightarrow[\text{或热}(200\sim400℃)]{\text{光}(h\nu)} -\overset{|}{\underset{|}{C}}-X + HX$$

反应活性：　X_2：$F_2 > Cl_2 > Br_2 > I_2$（I_2 一般不反应）

H：$3°H > 2°H > 1°H > CH_3-H$

烷烃的卤代反应是自由基取代反应，反应选择性较差，产物通常为一卤代和各种多卤代的混合物。烷烃的氟代反应太激烈，碘代反应难以进行，最重要的是氯代反应和溴代反应，溴代反应的选择性比氯代反应好。

（1）甲烷的氯代反应

甲烷和氯气在强光或紫外线的照射下，发生剧烈的反应，生成氯化氢和碳，并放出大量的热，而在黑暗中则不反应。

$$CH_4 + 2Cl_2 \xrightarrow{\text{紫外线}} 4HCl + C + Q(\text{热})$$

$$CH_4 + Cl_2 \xrightarrow{\text{黑暗中}} \text{不反应}$$

若在弱光或热的作用下，甲烷可以和氯气反应生成氯代烷和氯化氢。

$$CH_4 + Cl_2 \xrightarrow[\text{或热}]{\text{光}(h\nu)} CH_3Cl + HCl$$

$$CH_3Cl + Cl_2 \xrightarrow[\text{或热}]{\text{光}(h\nu)} CH_2Cl_2 + HCl$$

$$CH_2Cl_2 + Cl_2 \xrightarrow[\text{或热}]{\text{光}(h\nu)} CHCl_3 + HCl$$

$$CHCl_3 + Cl_2 \xrightarrow[\text{或热}]{\text{光}(h\nu)} CCl_4 + HCl$$

甲烷和氯气的反应较难停留在一氯代阶段，产物通常是一氯甲烷、二氯甲烷、三氯甲烷和四氯化碳的混合物。

（2）甲烷的氯代反应机理（自由基取代反应）

反应机理是化学反应所经历的途径或过程，也称反应历程。有机化合物的反应较为复杂，由反应物到产物往往不是简单的一步反应，也不是只有一种途径，因此只有了解了反应在开始、中间以及终了时的变化规律，即反应机理，才能认清反应的本质，掌握反应的规律，从而达到控制和利用反应的目的。所以反应机理的研究是有机化学理论的重要组成部分。

研究表明，甲烷和氯气的反应是按自由基取代反应机理进行的，其反应机理包括三个阶段：链引发、链增长和链终止。

链引发：

① $$Cl_2 \xrightarrow{光(h\nu)} Cl\cdot + Cl\cdot$$

链增长：

② $$CH_4 + \cdot Cl \xrightarrow{E_1} \cdot CH_3 + HCl + \Delta H_1$$

③ $$\cdot CH_3 + Cl_2 \xrightarrow{E_2} CH_3Cl + \cdot Cl + \Delta H_2$$

链增长的②、③步反复交替进行，直到 CH_4 消耗完毕。在链增长步骤②中，若 ·Cl 自由基进攻 CH_3Cl、CH_2Cl_2、$CHCl_3$，则分别生成 CH_2Cl_2、$CHCl_3$ 和 CCl_4，所以烷烃的氯代反应产物通常是一个混合物。

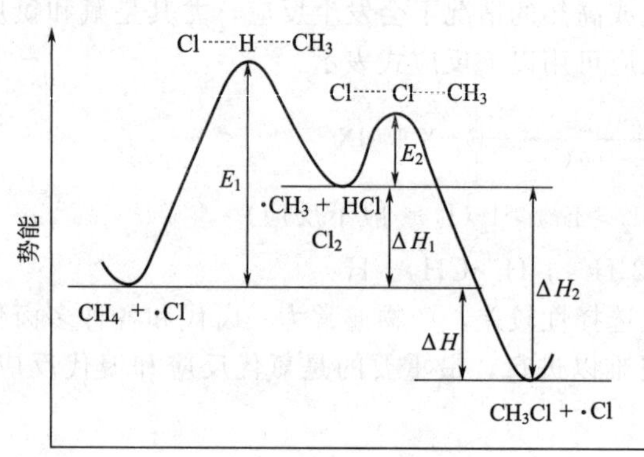

图 2-13　氯气与甲烷反应生成一氯甲烷的势能变化图

链终止：

④ $$Cl\cdot + Cl\cdot \longrightarrow Cl_2$$

⑤ $$Cl\cdot + \cdot CH_3 \longrightarrow CH_3Cl$$

⑥ $$\cdot CH_3 + \cdot CH_3 \longrightarrow CH_3CH_3$$

在甲烷氯代反应中的链增长阶段需要吸收一定的热，而后面的反应则是放出大量的热，所以总的结果是一个强放热反应，甲烷和氯气反应生成一氯甲烷的能量变化情况见图 2-13。

对于烷烃的卤代反应，碳原子上氢的活性为：

$$3°H > 2°H > 1°H > CH_3-H$$

例如，$CH_3CH_2CH_3$ 和 $(CH_3)_3CH$ 的氯代反应：

$$CH_3CH_2CH_3 + Cl_2 \xrightarrow[25℃]{光(h\nu)} \underset{43\%}{CH_3CH_2CH_2Cl} + \underset{57\%}{CH_3\underset{\underset{Cl}{|}}{C}HCH_3}$$

原料 $CH_3CH_2CH_3$ 中，2°H 和 1°H 的数目比是 1∶3，而 2°H 取代的产物占 57%，1°H 取代的产物只占 43%，说明 2°H 的活性与 1°H 的活性是不一样的。设 1°H 的活性为 1，2°H 的活性为 x，则由氯代产物的数量比可求得 x 的值。

$$\frac{57}{43}=\frac{2x}{6} \qquad x=4$$

即 2°H 的活性是 1°H 的 4 倍。

$$CH_3-\overset{\overset{CH_3}{|}}{\underset{\underset{CH_3}{|}}{C}}-H + Cl_2 \xrightarrow[25℃]{光(h\nu)} \underset{36\%}{CH_3-\overset{\overset{CH_3}{|}}{\underset{\underset{CH_3}{|}}{C}}-Cl} + \underset{64\%}{CH_3-\overset{\overset{CH_3}{|}}{\underset{\underset{CH_2Cl}{|}}{C}}-H}$$

原料 $(CH_3)_3CH$ 中，3°H 和 1°H 的数目比是 1∶9，而 3°H 取代的产物占 36%，1°H 取代的产物只占 64%，说明 3°H 的活性远大于 1°H 的活性。设 x 为 3°H 的活性，则

$$\frac{36}{64}=\frac{x}{9} \qquad x=5$$

即 3°H 的活性为 1°H 的 5 倍。因此，由以上计算结果得知烷烃氢原子的反应活性为叔氢＞仲氢＞伯氢。

烷烃的溴代反应比氯代反应稍难进行，但其反应选择性比氯代反应高，更具有实用价值。例如，$(CH_3)_3CH$ 的溴代反应：

$$CH_3-\underset{CH_3}{\overset{CH_3}{\underset{|}{\overset{|}{C}}}}-H + Br_2 \xrightarrow[127℃]{光(h\nu)} CH_3-\underset{CH_3}{\overset{CH_3}{\underset{|}{\overset{|}{C}}}}-Br + CH_3-\underset{CH_2Br}{\overset{CH_3}{\underset{|}{\overset{|}{C}}}}-H$$

$>99\%$　　　痕量

(3) 烷烃卤代反应的理论解释

① 烷烃中 H 原子的活性：$3°H>2°H>1°H>CH_3—H$

解释如下：

(a) 烷烃上不同的 C—H 键的解离能不同，伯氢、仲氢和叔氢的解离能如下：

$1°H(—CH_2—H)$：解离能 $D=405.8kJ/mol$

$2°H(—CH—H)$：解离能 $D=393.3kJ/mol$

$3°H(—C—H)$：解离能 $D=376.3kJ/mol$

因为 3°H 的解离能最小，1°H 的解离能最大，所以 3°H 氢的活性最大。

(b) 在烷烃自由基取代反应的链增长步骤中，伯氢、仲氢和叔氢去掉后所形成的自由基分别是伯碳自由基、仲碳自由基和叔碳自由基，而碳自由基的稳定性是

$$R_3C\cdot>R_2CH\cdot>RCH_2\cdot>CH_3\cdot$$

由于去掉叔氢后形成的是稳定性最大的叔碳自由基，所以 3°H 活性最高。

② 卤素 (X_2) 的活性：$F_2>Cl_2>Br_2>I_2$（I_2 一般不反应）

解释如下：

由于卤素 (X_2) 的键能和 C—X 键的键能各不相同，所以反应的热焓也各不相同，一般来说放热反应较易进行，吸热反应较难进行。

氟代反应放热最大，而碘代反应是吸热反应，所以氟的活性最大，碘一般不能反应。以下是烷烃和卤素进行一取代反应的焓变计算情况。

R—H　+	X—X　⟶	R—X　+	H—X　+　ΔH
C—H 键能	X—X 键能	C—X 键能	H—X 键能
414	159(F—F)	485(X=F)	562(X=F)
414	242(Cl—Cl)	339(X=Cl)	431(X=Cl)
414	192(Br—Br)	285(X=Br)	366(X=Br)
414	150(I—I)	218(X=I)	299(X=I)

键能单位为 kJ/mol；ΔH 为反应焓变。

烷烃进行一卤代反应的焓变计算结果如下：

$$\Delta H(\text{氟代})=(414+159)-(485+562)=-474(kJ/mol)$$

$$\Delta H(\text{氯代})=(414+242)-(339+431)=-114(kJ/mol)$$

$$\Delta H(\text{溴代})=(414+192)-(285+366)=-45(kJ/mol)$$

$$\Delta H(\text{碘代})=(414+150)-(218+299)=+47(kJ/mol)$$

从以上计算结果可知氟代反应放热最大，而碘代反应是吸热反应。

③ 烷烃的卤代反应选择性比较差，反应产物通常为一卤代和各种多卤代的混合物，溴

的选择性比氯好。

解释如下：

由于烷烃的氟代反应放热太大，难以控制，而碘代反应是吸热反应不容易进行，实际上烷烃的卤代反应主要是指氯代反应和溴代反应，在烷烃的氯代和溴代反应中，所形成的自由基·Cl和·Br的活性不同，·Cl自由基的活性大于·Br自由基，·Cl自由基与各种H(伯H、仲H、叔H）相碰都可能发生反应，而·Br自由基的活性较小，通常只有碰到叔氢或者仲氢才易发生反应，所以烷烃的溴代反应选择性比氯代反应好，烷烃溴代反应产物的单一性比氯代反应高。

在烷烃卤代反应的链增长步骤中，卤自由基X·不仅进攻烷烃分子，也会进攻新形成的卤代烷烃分子，若卤自由基X·进攻一卤代物，则会生成二卤代物，进攻二卤代物，则会生成三卤代物，依此类推。所以烷烃的卤代反应产物通常是含有多种卤代物的混合物。

课堂练习2.8　甲烷氯化反应时观察到下列现象，试解释之。

（1）将氯气先用光照，在黑暗中放置一段时间后，再与甲烷混合，不生成甲烷氯代产物。

（2）将氯气先用光照，立即在黑暗中与甲烷混合，生成甲烷的氯代产物。

（3）甲烷用光照后，立即在黑暗中与氯气混合，不生成甲烷氯代产物。

2.6.2　烷烃的氧化反应

烷烃在空气中燃烧生成二氧化碳和水（实际上所有的有机化合物在空气中燃烧都生成二氧化碳和水），常温下烷烃一般不能进行氧化反应，只有在特定的条件或催化剂的作用下，烷烃才能进行氧化反应。

烷烃的氧化反应较难控制，产物复杂，一般用于某些工业制备，不适用于实验室的制备。烷烃的氧化反应举例如下：

① 燃烧

$$C_nH_{2n+2} + O_2(\text{过量}) \xrightarrow{\text{燃烧}} nCO_2 + (n+1)H_2O + \text{热}$$

例如：
$$CH_4 + 2O_2 \xrightarrow{\text{燃烧}} CO_2 + 2H_2O + 891\text{kJ/mol}$$

② 催化氧化　在各种催化剂的作用和适当的反应条件下，烷烃可以部分氧化生成含氧化合物，这些反应主要用在一些工业制备中。例如：

$$CH_3CH_2CH_2CH_3 + 5/2O_2 \xrightarrow[\text{约 5MPa}]{(CH_3COO)_2Mn, 150\sim250℃} 2CH_3COOH + H_2O$$

$$CH_4 + O_2 \xrightarrow[600℃]{NO} HCHO + H_2O$$

$$CH_4 + H_2O \xrightarrow[20\sim30\text{MPa}]{Ni, 725℃} CO + 3H_2$$

2.6.3　烷烃的异构化反应

烷烃在催化剂作用下可发生异构化，生成另一种异构体。例如：

$$CH_3CH_2CH_2CH_3 \underset{270℃}{\overset{AlBr_3, HBr}{\rightleftharpoons}} \underset{\displaystyle\quad | \atop \displaystyle CH_3}{CH_3CHCH_3} \quad 80\%$$

炼油工业中往往利用烷烃的异构化反应，使石油馏分中的直链烷烃异构化为支链烷烃以提高汽油的质量。

2.6.4 烷烃的裂解反应

烷烃在高温或高温和催化剂的作用下可以发生裂解反应生成分子量更小的化合物。例如：

$$CH_3CH_2CH_2CH_3 \xrightarrow[\text{裂解}]{500℃} \begin{cases} CH_3CH{=}CH_2 + CH_4 \\ CH_3CH_3 + CH_2{=}CH_2 \\ CH_3CH_2CH{=}CH_2 + H_2 \end{cases}$$

裂化反应主要用于提高汽油的产量和质量，并可以从裂化气中得到大量分子量小的烯烃。

2.7 烷烃的天然来源

烷烃的天然来源主要来自石油和天然气。

从油田开采出来未经加工的石油称为原油，它是古代动植物体经细菌、地热、压力及其它无机物的催化作用而生成的物质。原油一般为黑褐色的黏稠液体，其成分复杂，组成也因产地而异，但主要成分是烃类（包括烷烃、环烷烃和芳烃）。原油一般可根据组分中沸点的不同，分馏成不同的馏分，得到不同的分离物如汽油、煤油、柴油、润滑油等石油产品，如表 2-2 所示。

表 2-2　石油的分馏产物

馏　分	组　成	沸点范围/℃	用　途	馏　分	组　成	沸点范围/℃	用　途
石油气	$C_1 \sim C_4$	<40	燃料,化工原料	柴油	$C_{18} \sim C_{20}$	180～350	柴油机燃料
石油醚	$C_5 \sim C_6$	40～60	溶剂	润滑油	$C_{18} \sim C_{22}$	>350	机械润滑
汽油	$C_7 \sim C_9$	60～205	内燃机燃料,溶剂	沥青	$>C_{20}$	>350	铺路,建筑材料
煤油	$C_{10} \sim C_{16}$	160～310	燃料,工业洗涤油				

天然气是一种埋藏在地层内的可燃气体，其主要成分是低级烷烃的混合物，含甲烷约为 75%，乙烷 15%，丙烷 5%，其余为较高级的烷烃。天然气是很好的气体燃料，也是重要的化工原料。

习　题

1. 用 IUPAC 命名法命名下列化合物，并指出其中的伯、仲、叔、季碳原子。

(1) $CH_3-\underset{CH_3}{\underset{|}{CH}}-\overset{CH_3}{\overset{|}{CH}}-CH_2-\underset{CH_3}{\underset{|}{\overset{CH_2CH_3}{\overset{|}{C}}}}-CH_3$

(2) $CH_3\underset{CH_2CH_3}{\underset{|}{CH}}\overset{CH_3}{\overset{|}{CH}}CH_3$

(3) $CH_3\underset{CH_3}{\underset{|}{CH}}CH_2\overset{CH_2CH_3}{\overset{|}{CH}}CH_2\underset{CH_3}{\underset{|}{CH}}CH_3$

(4) $CH_3CH_2-\underset{CH_3}{\underset{|}{\overset{CH_3}{\overset{|}{C}}}}-\underset{CH(CH_3)-CH(CH_3)-CH_3}{\underset{|}{\overset{CH_2CH_3}{\overset{|}{C}}}}-(CH_2)_3CH_3$

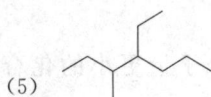

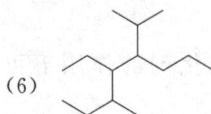

2. 写出下列化合物的结构式。

(1) 新戊烷　　(2) 甲基乙基异丙基甲烷

(3) 4-叔丁基庚烷　　(4) 2,4-二甲基-4-乙基庚烷

(5) 2,2,4-三甲基戊烷　　(6) 2-甲基-3-乙基己烷

3. 用 Newman 投影式写出 1,2-二氯乙烷的最稳定构象和最不稳定构象。

4. 把下列化合物 CH_3CFCl_2 的三个透视式改写成纽曼投影式。它们是否是相同构象？

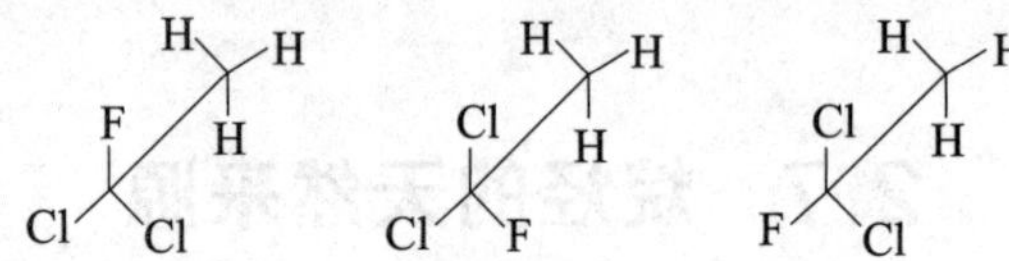

5. 比较下列各组化合物的沸点高低。

(1) (a) $CH_3CH_2C(CH_3)_3$，(b) $CH_3CH_2CH_2CH_2CH_2CH_3$

(2) (a) 庚烷，(b) 辛烷，(c) 3,3-二甲基戊烷，(d) 2,3-二甲基己烷，(e) 2,2,3,3-四甲基丁烷

6. 按稳定性大小排列下列自由基。

(1) $(CH_3)_2CHCH_2\dot{C}H_2$　(2) $(CH_3)_2CH\dot{C}HCH_3$　(3) $(CH_3)_2\dot{C}CH_2CH_3$

7. 在光照下，乙烷和丙烷与氯气发生一氯代反应，写出一氯代反应的主要产物及其反应机理。

8. 用杂化轨道理论阐述丙烷分子结构中 C—C 键和 C—H 键的形成。

• 重难点讲解
• 参考答案
• 课件

第 3 章　烯烃、二烯烃

分子中含有一个碳碳双键（C═C）的开链不饱和烃称为烯烃，含有两个碳碳双键的开链不饱和烃称为二烯烃。碳碳双键是烯烃的官能团。由于分子中分别含有一个和两个双键，因此烯烃和二烯烃比相同碳原子的烷烃分别少了两个氢原子和四个氢原子，烯烃的分子式通式为 C_nH_{2n}，二烯烃分子式通式为 C_nH_{2n-2}。

3.1　烯烃的构造异构和命名

3.1.1　烯烃的构造异构

与烷烃相似，烯烃分子也是由相差一个或多个 CH_2 的一系列化合物组成的同系列，CH_2 也是它们的系差。

由于烯烃分子存在官能团，因此烯烃的构造异构比烷烃复杂，其构成因素除了碳架异构外还有官能团的位置异构。例如丁烯的构造异构体为：

$CH_3CH_2CH═CH_2$　1-丁烯

$CH_3CH═CHCH_3$　2-丁烯

$CH_3C(CH_3)═CH_2$　异丁烯

1-丁烯和 2-丁烯是官能团位置的不同而引起的异构，异丁烯和 1-丁烯是碳架异构。

3.1.2　烯烃的命名

烯烃去掉一个氢原子后剩下的基团称为烯基。常见的烯基有：

$CH_2═CH—$　乙烯基

$CH_3—CH═CH—$　丙烯基

$CH_2═CH—CH_2—$　烯丙基

$CH_3—C(—)═CH_2$　异丙烯基

（1）衍生物命名法

烯烃的衍生物命名法是以乙烯为母体，其它烯烃看作是乙烯的烷基衍生物。例如：

$CH_3CH═C(CH_3)_2$　三甲基乙烯

$CH_2═C(CH_3)_2$　不对称二甲基乙烯

$CH_3—CH═CH—CH_2CH_3$　对称甲基乙基乙烯

衍生物命名法只适用于简单的烯烃。

（2）系统命名法（IUPAC 命名法）

烯烃的系统命名原则和步骤与烷烃相似。不同之处是烯烃在命名时必须考虑双键官能团的因素。

① 选择主链：选择含有双键在内的最长碳链作主链。

② 编号：从靠近双键的一端开始编号。

③ 写名称：根据主链上的碳原子数目称为“某烯”，并在“某烯”前写上双键的位次。取代基的位次、数目、名称写在“某烯”名称之前，其原则和书写格式与烷烃相同。例如：

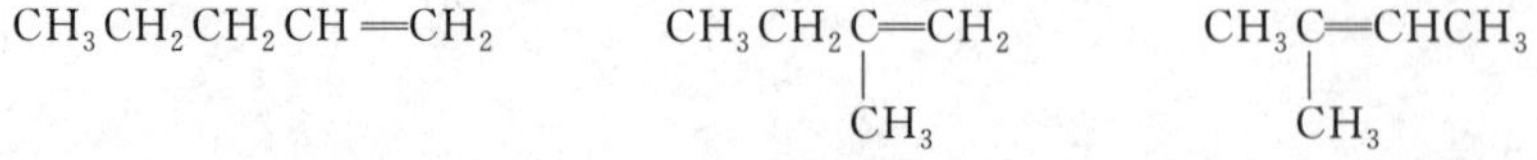

$$CH_3CH_2CH_2CH{=}CH_2 \qquad CH_3CH_2\underset{\displaystyle CH_3}{\underset{|}{C}}{=}CH_2 \qquad CH_3\underset{\displaystyle CH_3}{\underset{|}{C}}{=}CHCH_3$$

1-戊烯　　2-甲基-1-丁烯　　2-甲基-2-丁烯

与烷烃不同，碳原子数在十个以上的烯烃，命名时在烯之前加个“碳”字，称为“某碳烯”。例如：$CH_3(CH_2)_2CH{=}CH(CH_2)_5CH_3$ 称为 4-十一碳烯。

通常将碳碳双键位于端位的烯烃统称为 α-烯烃。例如：$CH_2{=}CH{-}CH_2CH_2CH_3$（1-戊烯）为 α-烯烃。

课堂练习 3.1　写出下列化合物的结构式，如命名有错误，予以更正。

（1）3,3,5-三甲基-1-庚烯　　（2）3-丁烯

（3）3,4-二甲基-4-戊烯　　（4）2-甲基-3-丙基-2-戊烯

3.2 烯烃的结构

3.2.1 乙烯的结构和 sp^2 杂化及 π 键的形成

物理方法证明，乙烯分子的所有碳原子和氢原子都分布在同一平面上，如图 3-1 所示。

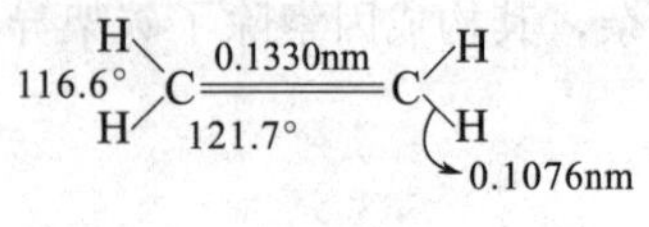

图 3-1　乙烯的结构

乙烯的结构可用杂化轨道理论解释。碳原子基态的电子构型为 $1s^2 2s^2 2p_x^1 2p_y^1 2p_z^0$。按杂化轨道理论，碳原子首先吸收能量，2s 轨道中的一个电子跃迁到 $2p_z$ 轨道中，形成 $1s^2 2s^1 2p_x^1 2p_y^1 2p_z^1$ 的电子层结构。然后碳原子的一个 2s 轨道和 2 个 2p 轨道进行杂化，形成三个能量相等的杂化轨道，称为 sp^2 杂化轨道，如图 3-2 所示。sp^2 杂化轨道在空间的排布具有平面三角形的结构特征，即三个轨道的对称轴是以碳原子为中心，分别指向正三角形的三个角，相互之间的夹角为 120°。未参与杂化的 p 轨道垂直于 sp^2 杂化轨道所在的平面，如图 3-3 所示。

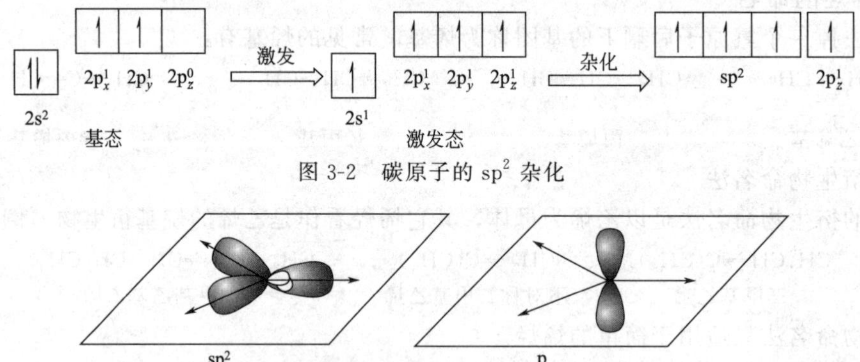

图 3-2　碳原子的 sp^2 杂化

图 3-3　碳原子的 sp^2 杂化轨道和 p 轨道

乙烯分子中的两个碳原子各以一个 sp^2 杂化轨道沿对称轴方向相互交盖形成一个 σ 键，又各以两个 sp^2 杂化轨道与两个氢原子的 s 轨道沿对称轴方向相互交盖形成两个 σ 键。这五个 σ 键都在一个平面上。当乙烯两个碳原子采取 sp^2 杂化后，还各有一个未参加杂化的 p 轨道，它们的对称轴垂直于 sp^2 杂化轨道所在的平面，且相互平行，这样两个 p 轨道就从侧面相互平行交盖形成了新的键，称为 π 键。在 π 键中，电子云分布在两个碳原子所在平面的上

方和下方，它没有对称轴，不能自由旋转。如图 3-4 所示。

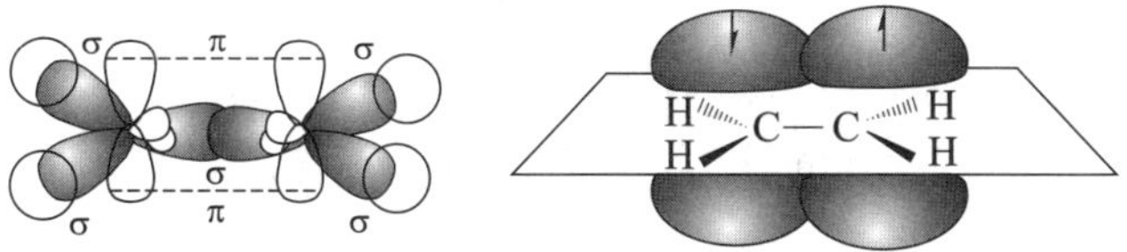

图 3-4　乙烯的结构和 π 键

3.2.2　π 键的特性

π 键是两个 p 轨道从侧面平行交盖而形成的，电子云的交盖程度一般比 σ 键要小。σ 键的键能较大，约为 347kJ/mol，π 键的键能较小，约为 264kJ/mol，所以 π 键不如 σ 键牢固而容易断裂，这就决定了烯烃的性质比烷烃的性质活泼。

π 键电子云的分布与 σ 键电子云不同。σ 键电子云集中在两个原子核之间，受原子核的约束较大，不易被极化，也不易与外界试剂接近，表现出不活泼性。π 键电子云都暴露在乙烯分子所在平面的上方和下方，原子核对 π 电子云的束缚力较小，易受到外界试剂的进攻而发生极化，表现出活泼性。由于 π 键电子云易受亲电试剂的进攻，这就说明碳碳双键的加成反应是亲电加成反应。

π 键与 σ 键不同，π 键不能单独存在，只能与 σ 键共存于双键或叁键中。

在烯烃中，π 键电子云不呈键轴对称，碳碳键双键之间的旋转必然会破坏 p 轨道的重叠而导致 π 键的破裂，因此烯烃 π 键不能自由旋转，碳碳双键相连接的两个原子也不能自由旋转。

3.2.3　顺反异构现象

由于双键不能自由旋转，双键两端碳原子连接的四个原子处在同一平面上，因此，当双键的两个碳原子各连接不同的原子或基团时，就有可能生成两种不同的异构体。例如：

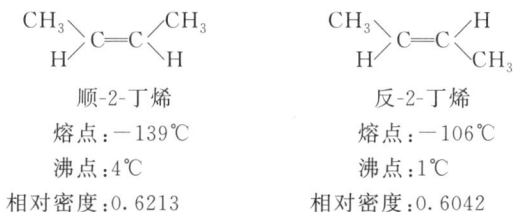

$\mathrm{CH_3(H)C{=}C(H)CH_3}$（两个 CH_3 在同侧）	$\mathrm{CH_3(H)C{=}C(CH_3)H}$（两个 CH_3 在异侧）
顺-2-丁烯	反-2-丁烯
熔点：−139℃	熔点：−106℃
沸点：4℃	沸点：1℃
相对密度：0.6213	相对密度：0.6042

以上顺-2-丁烯和反-2-丁烯的分子式相同，分子中各原子的连接次序也相同，但物理性质不同，因此是不同的化合物。这种由于双键的旋转受到限制而产生的异构现象称为顺反异构现象。形成的异构体称为顺反异构体。顺反异构体具有不同的物理性质，其化学性质也不完全相同，它们是不同的化合物。

并不是所有的烯烃都有顺反异构，只有当每个双键碳原子连接有不同的原子或基团时才有顺反异构体产生。下列结构的烯烃都有顺反异构体存在：

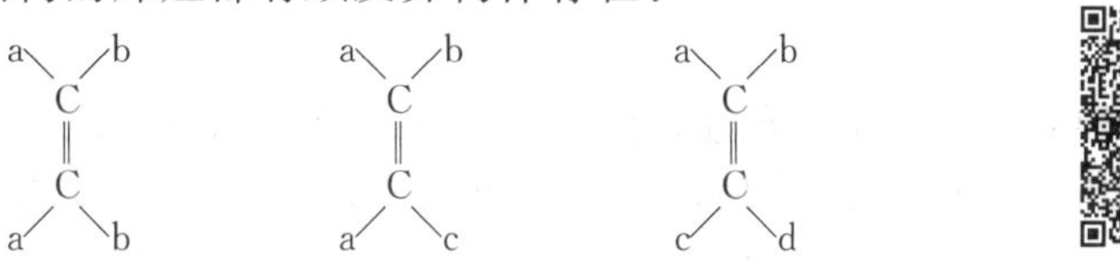

顺反异构

3.3　烯烃顺反异构体的命名

3.3.1　顺-反命名法

具有顺反异构体的烯烃，当两个双键碳上相同的原子或基团在双键的同一侧的，称为顺式，反之称为反式。例如：

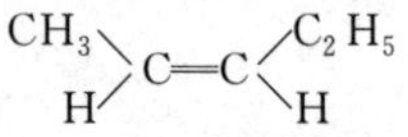

$$\underset{\text{顺-2-戊烯}}{\begin{matrix} CH_3 & & C_2H_5 \\ & C{=}C & \\ H & & H \end{matrix}} \qquad \underset{\text{反-2-戊烯}}{\begin{matrix} CH_3 & & H \\ & C{=}C & \\ H & & C_2H_5 \end{matrix}} \qquad \underset{\text{顺-3-氯-3-己烯}}{\begin{matrix} C_2H_5 & & C_2H_5 \\ & C{=}C & \\ Cl & & H \end{matrix}} \qquad \underset{\text{反-3-氯-3-己烯}}{\begin{matrix} C_2H_5 & & H \\ & C{=}C & \\ Cl & & C_2H_5 \end{matrix}}$$

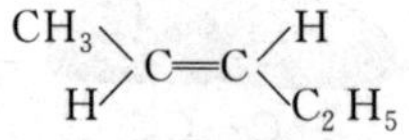

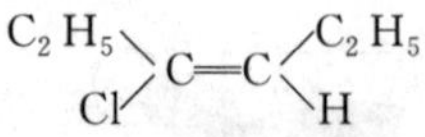

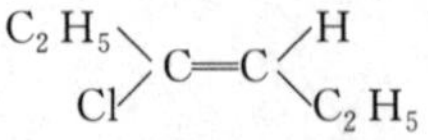

顺-反命名法虽然比较简单方便，但它只适用于双键两端有相同原子或基团的烯烃。烯烃双键碳原子上没有相同的原子或基团时，就难以用顺-反命名法命名。例如：下列化合物不能用顺-反命名法命名。

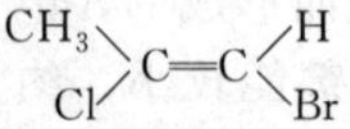

$$\begin{matrix} CH_3 & & H \\ & C{=}C & \\ Cl & & Br \end{matrix}$$

3.3.2 *E-Z* 命名法

E-Z 命名法适用于所有烯烃顺反异构体的命名。*E-Z* 命名法的主要原则如下。

（1）将与双键碳原子直接相连的原子或基团按次序规则排列，次序规则的内容为：

① 按与双键碳原子直接相连的原子的原子序数大小排列，原子序数大的次序在前，对于原子序数相同的同位素，质量大的次序在前。

按这一原则，下列原子或基团的先后次序为：

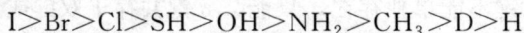

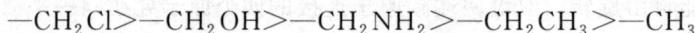

$$I>Br>Cl>SH>OH>NH_2>CH_3>D>H$$

② 如果与双键碳原子直接相连的原子的原子序数相同，再比较第二个原子的原子序数，如再相同，依此类推，比较下去，直到比较出优先次序为止。

按这一原则，下列基团的次序为：

$$-CH_2Cl>-CH_2OH>-CH_2NH_2>-CH_2CH_3>-CH_3$$

③ 当基团含有双键或叁键时，可以认为双键或叁键原子连有两个或三个相同的原子。例如：

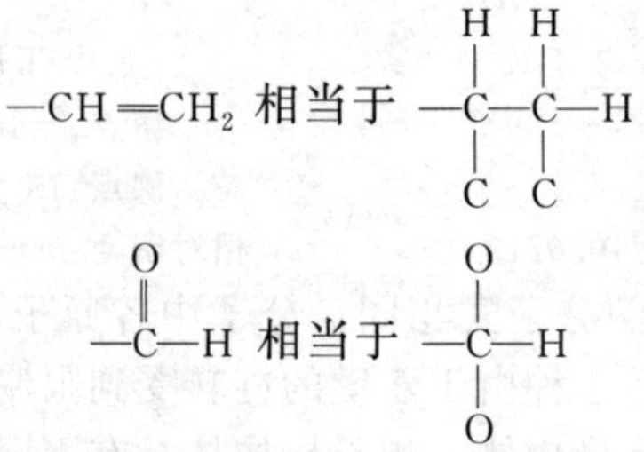

$$-CH{=}CH_2 \ \text{相当于} \ -\underset{\underset{C}{|}}{\overset{\overset{H}{|}}{C}}-\underset{\underset{C}{|}}{\overset{\overset{H}{|}}{C}}-H$$

$$-\overset{\overset{O}{\|}}{C}-H \ \text{相当于} \ -\underset{\underset{O}{|}}{\overset{\overset{O}{|}}{C}}-H$$

按这一原则，下列一些基团的次序为：

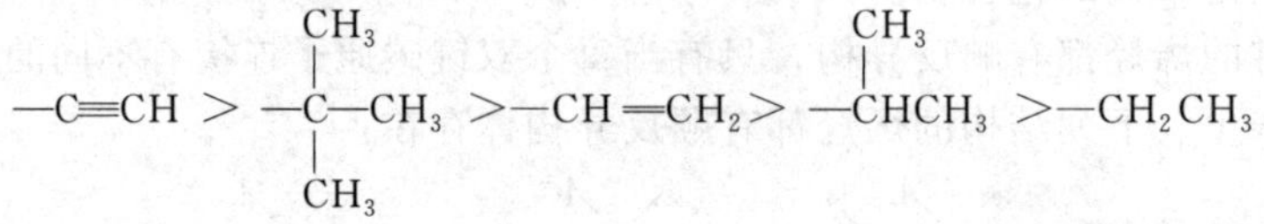

$$-C{\equiv}CH > -\underset{\underset{CH_3}{|}}{\overset{\overset{CH_3}{|}}{C}}-CH_3 > -CH{=}CH_2 > -\overset{\overset{CH_3}{|}}{C}HCH_3 > -CH_2CH_3$$

（2）比较双键碳原子各自连接的两个原子或基团的优先次序。如果两个次序优先的原子或基团在双键的同侧叫 *Z* 构型，如果两个次序优先的原子或基团在双键的异侧叫 *E* 构型。表示构型的 *Z*、*E* 写在括号中，放在化合物名称的前面。例如：

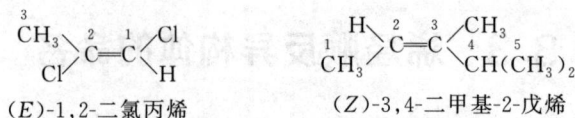

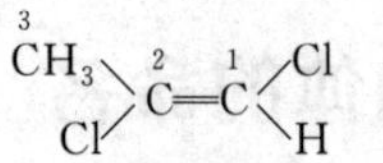

$$\underset{(E)\text{-1,2-二氯丙烯}}{\begin{matrix} \overset{3}{C}H_3 & & Cl \\ & \overset{2}{C}{=}\overset{1}{C} & \\ Cl & & H \end{matrix}} \qquad \underset{(Z)\text{-3,4-二甲基-2-戊烯}}{\begin{matrix} H & & CH_3 \\ & \overset{2}{C}{=}\overset{3}{C} & \\ \overset{1}{C}H_3 & & \overset{4}{C}H(\overset{5}{C}H_3)_2 \end{matrix}}$$

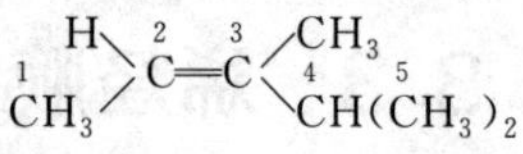

值得注意的是，顺-反命名法和 *E-Z* 命名法没有一一对应的关系。顺可以是 *Z*，也可以是 *E*，反之亦然。

课堂练习 3.2　指出下列化合物中哪些有顺反异构体，并用 E-Z 命名法命名。

（1）1-丁烯　　（2）2-丁烯

（3）2-甲基-2-戊烯　　（4）4-甲基-2-戊烯

课堂练习 3.3　标记下列化合物的 E-Z。

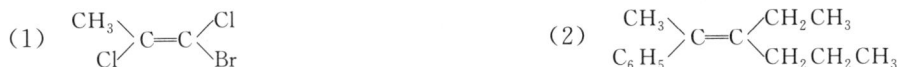

（1）$\begin{matrix} CH_3 \\ Cl \end{matrix}\!\!>C=C<\!\!\begin{matrix} Cl \\ Br \end{matrix}$　　（2）$\begin{matrix} CH_3 \\ C_6H_5 \end{matrix}\!\!>C=C<\!\!\begin{matrix} CH_2CH_3 \\ CH_2CH_2CH_3 \end{matrix}$

3.4　烯烃的物理性质

烯烃的物理性质与烷烃相似。在常温常压下，C_2～C_4 的烯烃是气体，C_5～C_{18} 的烯烃是液体，高级烯烃是固体。直链烯烃的沸点和带支链的异构体相比，前者略高一些；末端烯烃（α-烯烃）与双键位于中间的异构体相比，前者低一些；顺式异构体一般比反式异构体具有较高的沸点和较低的熔点。烯烃难溶于水，易溶于有机溶剂，相对密度小于 1。一些常见烯烃的物理常数列于表 3-1。

表 3-1　一些烯烃的物理常数

名　称	构造式	熔点/℃	沸点/℃	相对密度
乙烯	$CH_2=CH_2$	−169	−102	
丙烯	$CH_3CH=CH_2$	−185	−48	
1-丁烯	$CH_3CH_2CH=CH_2$		−6.5	
1-戊烯	$CH_3(CH_2)_2CH=CH_2$		30	0.643
1-己烯	$CH_3(CH_2)_3CH=CH_2$	−138	63.5	0.675
1-庚烯	$CH_3(CH_2)_4CH=CH_2$	−119	93	0.698
1-辛烯	$CH_3(CH_2)_5CH=CH_2$	−104	122.5	0.716
1-壬烯	$CH_3(CH_2)_6CH=CH_2$		146	0.731
1-癸烯	$CH_3(CH_2)_7CH=CH_2$	−87	171	0.743
顺-2-丁烯	顺-$CH_3CH=CHCH_3$	−139	4	
反-2-丁烯	反-$CH_3CH=CHCH_3$	−106	1	
异丁烯	$(CH_3)_2C=CH_2$	−141	−7	
顺-2-戊烯	顺-$CH_3CH=CHCH_2CH_3$	−151	37	0.655
反-2-戊烯	反-$CH_3CH=CHCH_2CH_3$		36	0.647
3-甲基-1-丁烯	$(CH_3)_2CHCH=CH_2$	−135	25	0.648
2-甲基-2-丁烯	$(CH_3)_2C=CHCH_3$	−123	39	0.660

3.5　烯烃的化学性质

烯烃的化学性质是由烯烃的结构决定的。烯烃分子包含 C═C 双键官能团，C═C 双键由一个 C—C σ 单键和一个 π 键构成，π 键比 σ 键弱得多，同时 π 键更暴露在烯烃分子平面的外部，电子云比较外露，更容易受到其它亲电试剂的进攻。由于 C═C 双键是由一个强的 σ 键和一个弱的 π 键组成的，所以烯烃的反应主要是这个弱键断裂的反应，反应完成后，在 π 键断裂的两个碳原子上形成两个强的 σ 键。

故烯烃的特征反应为：

$$\rangle C{=}C\langle + Y{-}Z \longrightarrow \rangle \underset{Y}{\underset{|}{C}}{-}\overset{Z}{\overset{|}{C}}\langle$$

在上述反应中，断裂一个σ键（Y—Z 键）和一个π键，形成两个新的σ键（C—Y 键和 C—Z 键），由于σ键的键能比π键大，因此，这个反应通常是放热反应。

在上述反应中，两个分子结合生成一个产物分子，这种反应叫加成反应。由于烯烃的加成反应一般都是放热反应，许多加成反应需要的活化能很低，烯烃的加成反应很容易发生，加成反应是烯烃的典型反应。烯烃分子的烷基部分在合适条件下也能发生烷烃类型的反应。

3.5.1 烯烃的催化加氢反应（顺式加氢）

在催化剂的作用下，烯烃可以和氢气发生加成反应生成相应的烷烃，这个反应在催化剂表面进行，两个氢原子是在烯烃分子平面的同一边加上去的，这种在烯烃分子平面同一边的加成称为顺式加成。所以烯烃的催化加氢是顺式加氢。

$$\rangle C{=}C\langle + H{-}H \xrightarrow{\text{Pt,Pd 或 Ni}} \rangle \underset{H}{\underset{|}{C}}{-}\underset{H}{\underset{|}{C}}\langle$$

例如： $CH_2{=}CH_2 + H_2 \xrightarrow{Ni} CH_3CH_3$

烯烃的催化加氢通常是定量反应，并且生成顺式加成产物，这个反应可以用来测定双键。烯烃催化加氢常用催化剂有铂、钯、镍等金属，催化剂的作用是降低反应的活化能，加速反应的进行。

3.5.2 烯烃的亲电加成反应

烯烃的π电子暴露在外，并且π键又较弱，容易受到带正电或缺电子的亲电试剂的进攻而发生加成反应。这种在反应中，由亲电试剂的作用而发生的加成反应称为亲电加成反应。亲电加成反应是烯烃的特征反应。

3.5.2.1 与卤化氢的加成

烯烃与卤化氢的加成反应生成卤代烷：

$$\rangle C{=}C\langle + H{-}X \longrightarrow \rangle \underset{H}{\underset{|}{C}}{-}\underset{X}{\underset{|}{C}}\langle$$

反应活性：HI＞HBr＞HCl。

例如： $CH_2{=}CH_2 + HCl \longrightarrow CH_3{-}CH_2Cl$

烯烃与卤化氢的亲电加成反应机理包括两个步骤。第一步是具有亲电性的 H^+ 进攻双键，形成活性中间体碳正离子，第二步是碳正离子迅速与卤负离子 X^- 结合生成卤代烷。其反应机理可表示为：

$$\rangle C{=}C\langle + \overset{\delta^+}{H}{\rightarrow}\overset{\delta^-}{X} \xrightarrow{\text{慢}} {-}\overset{|}{\underset{\underset{H}{|}}{C}}{-}\overset{|}{\underset{+}{C}}{-} + X^-$$

$$-\overset{|}{\underset{\underset{H}{|}}{C}}{-}\overset{|}{\underset{+}{C}}{-} + X^- \xrightarrow{\text{快}} -\overset{|}{\underset{\underset{H}{|}}{C}}{-}\overset{|}{\underset{\underset{X}{|}}{C}}{-}$$

烯烃的亲电加成及 Markovnikov 规则

（1）Markovnikov 规则

乙烯与卤化氢的加成产物只有一种，但丙烯与卤化氢的加成可以得到两种不同的产物，但往往其中之一为主要产物。例如：

$$CH_3-CH=CH_2 + HBr \longrightarrow \underset{\substack{| \\ Br \\ \text{主要产物}}}{CH_3-CH-CH_3} + \underset{\text{次要产物}}{CH_3CH_2CH_2Br}$$

像丙烯这种两个双键碳原子上的取代基不相同的烯烃称为不对称烯烃。当不对称烯烃与卤化氢或其它质子酸加成时，质子氢主要加在含氢多的双键碳原子上，负性基团主要加在含氢较少或不含氢的双键碳原子上。这是俄国化学家（Markovnikov）马尔科夫尼科夫总结出来的一条经验规则，所以叫做 Markovnikov 规则，简称马氏规则，也叫不对称加成规则。例如：

$$CH_3CH_2CH=CH_2 + HBr \xrightarrow{CH_3COOH} \underset{20\%}{CH_3CH_2CH_2CH_2Br} + \underset{80\%}{CH_3CH_2CHBrCH_3}$$

$$(CH_3)_2C=CH_2 + HBr \xrightarrow{CH_3COOH} \underset{90\%}{(CH_3)_2CBrCH_3} + \underset{10\%}{(CH_3)_2CHCH_2Br}$$

$$CH_3CH=CH_2 + HCl \longrightarrow \underset{\text{主产物}}{CH_3CHClCH_3} + \underset{\text{副产物}}{CH_3CH_2CH_2Cl}$$

（2）Markovnikov 规则的理论解释

① 静态解释（诱导效应）　对异丁烯分子而言，双键上两个碳原子的电子云密度是不一样的。

$$(CH_3)_2C=CH_2$$

由于甲基碳是 sp^3 杂化，双键碳是 sp^2 杂化，sp^2 杂化碳原子的电负性大于 sp^3 杂化碳原子的电负性（因为 sp^2 杂化含 1/3s 成分，sp^3 杂化含 1/4s 成分，s 轨道成分越多越靠近原子核，原子核对核外电子的吸引力越强，电负性越大），因此甲基具有推电子的诱导效应（+I 效应，见 3.7.4 诱导效应），这使得含氢多的双键碳原子上的电子云密度比含氢少的双键碳原子上的电子云密度要大，所以质子氢更容易与含氢多的双键碳原子结合。

② 动态解释（碳正离子稳定性）　以异丁烯与 HX 的亲电加成反应为例来进行分析。

由于烯烃的亲电加成反应是分步进行的，烯烃与质子氢结合生成碳正离子的第一步反应是慢反应，它决定整个反应的速率，这一步中生成的碳正离子越稳定越易进行，异丁烯与 H^+ 结合可以生成如下两种碳正离子：

$$H_3C-\overset{\overset{CH_3}{|}}{C}=CH_2 + HX \begin{cases} \xrightarrow{H^+} H_3C-\overset{\overset{CH_3}{|}}{\underset{+}{C}}-CH_3 \\ \xrightarrow{H^+} H_3C-\overset{\overset{CH_3}{|}}{CH}-\overset{+}{C}H_2 \end{cases}$$

其中 $(CH_3)_3C^+$ 是叔碳正离子，$(CH_3)_2CHCH_2^+$ 是伯碳正离子。由于叔碳正离子比伯碳正离子稳定，因此叔碳正离子更容易生成。

碳正离子的稳定性与其结构有关，一般烷基碳正离子的稳定性次序是：

叔碳正离子＞仲碳正离子＞伯碳正离子＞甲基碳正离子

例如：

$$H_3C-\overset{\overset{CH_3}{|}}{\underset{\underset{CH_3}{|}}{C^+}} > H_3C-\overset{\overset{CH_3}{|}}{\underset{+}{CH}} > H_3C-\underset{+}{CH_2} > \underset{+}{CH_3}$$

以上碳正离子的稳定性可用诱导效应解释。当碳原子带正电荷时，此碳原子的结构通常为 sp^2 杂化。当甲基与 sp^2 杂化的碳原子相连时，由于甲基碳原子是 sp^3 杂化，而 sp^3 杂化

的电负性比 sp^2 杂化小（原因为 sp^3 杂化结构中含 s 成分少于 sp^2 杂化），因此甲基与 sp^2 杂化的碳原子相连时表现为供电性，即供电诱导效应，使碳正离子上的正电荷得到分散，趋于稳定。中心碳正离子连接的甲基越多，正电荷越分散，碳正离子也越稳定，因此叔碳正离子最稳定。

由此可知，当质子加在含氢多的双键碳原子上时，生成的是稳定性大的 $(CH_3)_3C^+$ 叔碳正离子，而加到含氢少的双键碳原子上时，生成的是稳定性小的 $(CH_3)_2CHCH_2^+$ 伯碳正离子，因此质子氢总是加在含氢多的双键碳原子上，生成马氏规则的产物。

值得注意的是，碳正离子中间体越稳定，越容易生成，如果生成的碳正离子中间体有生成更稳定的碳正离子中间体的趋向时，碳正离子就会发生重排，从而导致有重排产物生成。例如：

$$(CH_3)_3CCH{=}CH_2 + HBr \xrightarrow{CCl_4} \underset{\text{主要产物}}{(CH_3)_2C\underset{\displaystyle Br}{\underset{|}{}}CH(CH_3)_2} + (CH_3)_3CCH\underset{\displaystyle Br}{\underset{|}{}}CH_3$$

反应机理：

$$(CH_3)_3CCH{=}CH_2 + H^+ \longrightarrow CH_3\overset{\displaystyle CH_3}{\overset{|}{\underset{\displaystyle CH_3}{\underset{|}{C}}}}-\overset{+}{C}H-CH_3 \xrightarrow{\text{重排}} \underset{\text{更稳定的碳正离子}}{CH_3\overset{\displaystyle CH_3}{\overset{|}{\underset{+}{C}}}-\overset{\displaystyle CH_3}{\overset{|}{C}H}-CH_3} \xrightarrow{Br^-} \underset{\text{主要产物}}{(CH_3)_2\underset{\displaystyle Br}{\underset{|}{C}}CH(CH_3)_2}$$

$$\xrightarrow{Br^-} (CH_3)_3CCH\underset{\displaystyle Br}{\underset{|}{}}CH_3$$

上述反应中首先质子加成得到仲碳正离子，与 Br^- 结合得到正常的加成产物，但中间体仲碳正离子可以通过相邻碳原子上的甲基迁移（即重排）形成更稳定的叔碳正离子，然后与 Br^- 结合得到经重排的主要产物。

(3) 烯烃亲电加成反应取向的一般规则

在烯烃的亲电加成反应中，试剂带正电荷的部分加在电子云密度大的双键碳原子上，试剂带负电荷的部分加在电子云密度小的双键碳原子上。这是烯烃亲电加成反应取向的一般规则，这个规则不仅适用于不含氢原子的加成试剂，也适用于分子中含有吸电子基的不饱和烃的衍生物。例如：

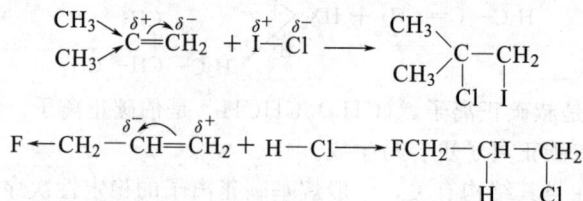

$$(CH_3)_2\overset{\delta+}{C}{=}\overset{\delta-}{C}H_2 + \overset{\delta+}{I}-\overset{\delta-}{Cl} \longrightarrow (CH_3)_2\underset{\displaystyle Cl}{\underset{|}{C}}-\underset{\displaystyle I}{\underset{|}{C}H_2}$$

$$F\leftarrow CH_2-\overset{\delta-}{C}H{=}\overset{\delta+}{C}H_2 + H-Cl \longrightarrow FCH_2-\underset{\displaystyle H}{\underset{|}{C}H}-\underset{\displaystyle Cl}{\underset{|}{C}H_2}$$

(4) 烯烃和 HBr 加成的过氧化物效应

在过氧化物存在或光照下，不对称烯烃和 HBr 的加成生成反马氏规则产物，即氢加在含氢较少的双键碳原子上，溴加在含氢较多的双键碳原子上。用过氧化物或光照改变 HBr 与烯烃加成方向的作用称为过氧化物效应。只有 HBr 与烯烃的加成有过氧化物效应，HCl 和 HI 与烯烃的加成没有过氧化物效应。利用过氧化物效应，可以由 α-烯烃与 HBr 反应制备 1-溴代烷烃。例如：

$$CH_3CH{=}CH_2 + HBr \begin{cases} \xrightarrow{\text{无过氧化物}} CH_3CHBrCH_3 \\ \xrightarrow[\text{或}h\nu]{\text{过氧化物}} CH_3CH_2CH_2Br \end{cases}$$

烯烃与 HBr 的加成有过氧化物效应，是因为在这样的条件下，HBr 与烯烃的加成反应是按照自由基加成反应机理进行的。自由基加成反应机理如下：

链引发

① $R{-}O{-}O{-}R \longrightarrow RO\cdot$

② $RO\cdot + HBr \longrightarrow ROH + \cdot Br$

链增长

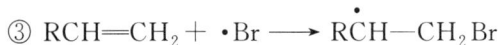

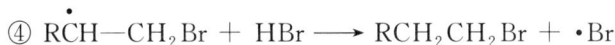

③ $RCH{=}CH_2 + \cdot Br \longrightarrow R\dot{C}H{-}CH_2Br$

④ $R\dot{C}H{-}CH_2Br + HBr \longrightarrow RCH_2CH_2Br + \cdot Br$

链终止

⑤ $R\dot{C}H{-}CH_2Br + \cdot Br \longrightarrow RCHBrCH_2Br$

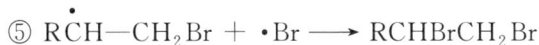

⑥ $\cdot Br + \cdot Br \longrightarrow Br{-}Br$

⑦ $R\dot{C}H{-}CH_2Br + R\dot{C}H{-}CH_2Br \longrightarrow \begin{matrix} RCHCH_2Br \\ | \\ RCHCH_2Br \end{matrix}$

由于自由基的稳定性是：

叔自由基>仲自由基>伯自由基>甲基自由基

即 $R_3C\cdot > R_2CH\cdot > RCH_2\cdot > CH_3\cdot$

所以在链增长步骤③中，总是生成稳定性大的仲自由基 $R\dot{C}HCH_2Br$，即 Br·自由基总是加在含氢多的双键碳原子上，而 H 只能加在另一个含氢少的双键碳原子上，结果生成反马氏规则产物。

HF 和 HCl 由于键能太大（HF 和 HCl 键能分别为 562kJ/mol 和 431kJ/mol），在过氧化物或光照作用下难以生成相应的自由基，即使在链引发反应中产生了自由基，在链增长反应中，HF、HCl 与卤代烷基自由基的反应是难以进行的吸热反应，使链反应增长不下去。HI 键能虽然小（299kJ/mol），很容易生成碘自由基，但碘自由基不活泼，在链增长反应中，I·自由基与烯烃的加成反应是难以进行的吸热反应，同样使链反应增长不下去，反应同样无法进行。所以 HF、HCl 和 HI 不能进行自由基加成反应，故无过氧化物效应。

例如，在链增长步骤中

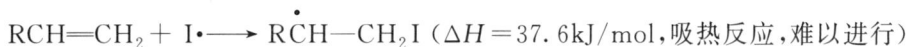

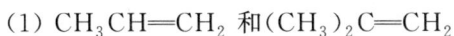

$RCH{=}CH_2 + I\cdot \longrightarrow R\dot{C}H{-}CH_2I$（$\Delta H = 37.6$kJ/mol，吸热反应，难以进行）

$R\dot{C}HCH_2Cl + H{-}Cl \longrightarrow RCH_2CH_2Cl + Cl\cdot$（$\Delta H = 33.4$kJ/mol，吸热反应，难以进行）

课堂练习 3.4 写出下列各组化合物与氯化氢反应，哪一个反应较快，为什么？

(1) $CH_3CH{=}CH_2$ 和 $(CH_3)_2C{=}CH_2$ (2) $CH_2{=}CH_2$ 和 $CH_2{=}CHCl$

课堂练习 3.5 试用反应机理解释下列反应结果。

$$(CH_3)_2CHCH{=}CH_2 + H_2O \xrightarrow{H^+} (CH_3)_2C(OH)CH_2CH_3 + (CH_3)_2CHCH(OH)CH_3$$

3.5.2.2 与硫酸的加成（马氏规则加成产物）

烯烃可与硫酸发生反应，生成烷基硫酸。一分子硫酸可以和两分子烯烃加成。烯烃与硫酸的加成反应也是亲电加成反应，反应机理与 HX 的加成一样。第一步是烯烃双键与质子 H 的加成，生成碳正离子。第二步是碳正离子与硫酸氢根结合，生成加成产物。例如：

$$\rangle C{=}C\langle + HO{-}SO_2{-}OH \longrightarrow {-}C(H){-}C(OSO_2OH){-}$$

$$CH_2{=}CH_2 + HO{-}SO_2{-}OH \longrightarrow CH_3CH_2O{-}SO_2{-}OH$$

$$CH_3CH_2O{-}SO_2{-}OH + CH_2{=}CH_2 \longrightarrow CH_3CH_2O{-}SO_2{-}OCH_2CH_3$$

不对称烯烃与硫酸的加成符合 Markovnikov 规则。例如：

$$CH_3CH{=}CH_2 + H_2SO_4 \longrightarrow CH_3{-}CH(OSO_2OH){-}CH_3$$

一分子烯烃加硫酸的产物水解后生成醇，这是从烯烃制备醇的一种方法，称为烯烃的间接水合法。例如：

$$CH_3CH(OSO_2OH)CH_3 + H_2O \longrightarrow CH_3{-}CH(OH){-}CH_3$$

3.5.2.3 与水的加成（马氏规则加成产物）

在一般情况下，烯烃不与水发生加成反应，但在酸的催化下烯烃可以和水发生加成反应生成醇，这也是从烯烃制备醇的一种方法，称为烯烃的直接水合法。

$$\rangle C{=}C\langle + H_2O \xrightarrow{H^+} {-}C(H){-}C(OH){-}$$

不对称烯烃与水的加成符合 Markovnikov 规则。例如：

$$CH_3CH{=}CH_2 + H_2O \xrightarrow[195℃,2MPa]{H_3PO_4} CH_3{-}CH(OH){-}CH_3$$

3.5.2.4 与卤素的加成（反式加成）

烯烃很容易与卤素发生亲电加成反应生成二卤代烷烃。在加成反应中，两个卤原子分别从烯烃分子平面的两边加上去，这种加成反应叫反式加成。

$$\rangle C{=}C\langle + X{-}X(\text{卤素}) \longrightarrow \rangle C(X){-}C(X)\langle$$

反应活性：$F_2 > Cl_2 > Br_2 > I_2$

F_2 与烯烃的加成反应很剧烈，难以控制，I_2 与烯烃的加成反应是可逆平衡反应，偏向烯烃一边，烯烃与卤素的加成反应有实际意义的是氯和溴的加成反应。例如：

$$CH_3CH{=}CH_2 + Br_2 \xrightarrow{CCl_4} CH_3CHBrCH_2Br$$

$$CH_2{=}CH_2 + Cl_2 \xrightarrow[40℃,0.2Pa]{FeCl_3} ClCH_2CH_2Cl$$

烯烃与溴的四氯化碳溶液反应后，使溴的红棕色褪色，这个反应可用来鉴别双键。

烯烃和卤素的加成反应是亲电加成反应。与卤化氢的亲电加成反应相同，反应是分步进行的。以烯烃与溴的加成为例，第一步是当溴分子与烯烃接近时，受烯烃 π 电子作用溴分子发生极化，使靠近 π 键的溴原子带部分正电荷，距 π 键较远的溴原子带部分负电荷。进一步作用的结果，溴分子解离成溴负离子，同时带部分正电荷的溴原子与 π 键结合形成一个环状的溴鎓离子中间体。这一步是反应慢的一步，是决定反应速率的一步。第二步是溴负离子从背面进攻溴鎓离子中间体的两个碳原子之一，生成反式二溴代产物。这一步是反应速率较快的一步。两步反应总的结果是 Br^+ 和 Br^- 由碳碳双键的两侧分别加到两个双键碳原子上，这种加成方式称为反式加成。其反应机理可表示为：

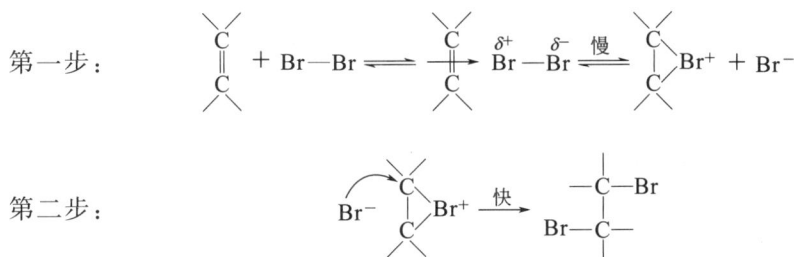

第一步：

$$>C{=}C< + Br{-}Br \rightleftharpoons (\pi\text{-络合物}) \overset{\delta+}{Br}{-}\overset{\delta-}{Br} \xrightleftharpoons{慢} \text{(环状溴鎓离子)}Br^+ + Br^-$$

第二步：

$$Br^- + \text{(环状溴鎓离子)}Br^+ \xrightarrow{快} -\underset{|}{\overset{|}{C}}-Br,\ Br-\underset{|}{\overset{|}{C}}-$$

烯烃与溴的加成生成正离子溴鎓离子中间体，所以是共价键异裂的离子型反应。由于烯烃与溴的加成首先是由带部分正电的溴原子进攻开始的，这样的试剂具有亲电性，因此反应为亲电加成反应。氯与烯烃的加成与溴一样，也是亲电加成反应，得到反式加成产物。

乙烯与溴在 NaCl 水溶液中加成，除生成 1,2-二溴乙烷外，还生成 1-氯-2-溴乙烷和 2-溴乙醇。

$$CH_2{=}CH_2 + Br_2 \xrightarrow[H_2O]{NaCl} \underset{Br}{CH_2}-\underset{Br}{CH_2} + \underset{Cl}{CH_2}-\underset{Br}{CH_2} + \underset{OH}{CH_2}-\underset{Br}{CH_2}$$

以上反应现象进一步说明了两个溴原子不是一步加成上去，而是分步加成上去的。当第一步溴与 π 键结合形成溴鎓离子中间体后，第二步溶液中的负离子（Br^-、Cl^-、OH^-）均可进攻此中间体，因此有三种产物生成。

3.5.2.5　与次卤酸的加成

烯烃和次卤酸发生亲电加成反应生成卤代醇：

$$>C{=}C< + HOX(H_2O + X_2) \longrightarrow -\underset{X}{\overset{|}{C}}-\underset{OH}{\overset{|}{C}}-$$

$$(X=Cl,Br)$$

例如：乙烯与次氯酸的加成生成 β-氯乙醇。

$$CH_2{=}CH_2 + HOCl \longrightarrow \underset{\beta\text{-氯乙醇}}{Cl-CH_2-CH_2-OH}$$

当不对称烯烃与次卤酸加成时符合马氏规则。X原子加在含氢多的双键碳原子上，OH加在含氢少的双键碳原子上。这是因为在次卤酸分子中，带正电的一端在X上，带负电的一端在OH上。例如：

$$CH_3CH{=}CH_2 + \overset{\delta^-}{HO}-\overset{\delta^+}{Cl} \longrightarrow CH_3-\underset{OH}{\underset{|}{CH}}-\underset{Cl}{\underset{|}{CH_2}}$$

在实际生产中，由于次卤酸不稳定，常用氯和水直接反应。例如，将乙烯和氯气直接通入水中产生β-氯乙醇。反应的第一步是烯烃与氯气进行加成，生成氯鎓离子中间体。在第二步反应，由于大量水的存在，水进攻氯鎓离子生成氯乙醇，但溶液中还有Cl负离子存在，它进攻氯鎓离子，故有副产物1,2-二氯乙烷生成。

$$CH_2{=}CH_2 \xrightarrow[-Cl^-]{Cl_2} \underset{\overset{+}{Cl}}{CH_2-CH_2} \xrightarrow[-H^+]{H_2O} \overset{Cl}{\overset{|}{CH_2}}-\underset{OH}{\underset{|}{CH_2}}\ (主)\quad \beta\text{-氯乙醇}$$

$$\xrightarrow{Cl^-} \overset{Cl}{\overset{|}{CH_2}}-\underset{Cl}{\underset{|}{CH_2}}\ (副)$$

3.5.2.6 *硼氢化反应（反马氏规则加成产物）*

烯烃和乙硼烷［B_2H_6 或写成 $(BH_3)_2$］可发生亲电加成反应，如过量的乙烯与乙硼烷发生反应最后生成三乙基硼。

$$CH_2{=}CH_2 \xrightarrow{(BH_3)_2} CH_3CH_2BH_2 \xrightarrow{CH_2{=}CH_2} (CH_3CH_2)_2BH \xrightarrow{CH_2{=}CH_2} (CH_3CH_2)_3B$$

不对称烯烃与硼烷发生加成时，加成方向是反马氏规则的。即硼原子加在含氢多的双键碳原子上，氢原子加在含氢少的双键碳原子上。例如：

$$CH_3CH{=}CH_2 + 1/2(BH_3)_2 \longrightarrow CH_3CH_2CH_2BH_2\text{（反马氏规则产物）}$$

以上反应之所以是反马氏加成，是因为硼烷分子与卤化氢不同，在硼烷分子中，由于硼原子有空的外层轨道，是缺电子原子，具有亲电性，因此硼烷的亲电中心是硼原子而不是氢原子。另一方面硼原子的电负性为2.0，氢原子的电负性为2.1，硼烷带正电部分在硼原子上，带负电部分在氢原子上，因此亲电活性中心也是硼原子而不是氢原子。当烯烃与硼烷发生亲电加成时，具有亲电性的硼原子首先加到含氢较多的双键碳原子上，而氢原子则加到含氢较少的双键碳原子上，加成产物是反马氏规则的产物。

烯烃与硼烷发生加成反应生成烷基硼，烷基硼用过氧化氢的碱溶液处理可得到醇，这两步反应联合起来称为硼氢化-氧化水解反应，它是烯烃间接水合制备醇的方法之一。

$$\rangle C{=}C\langle + (BH_3)_2 \longrightarrow -\underset{H}{\underset{|}{\overset{|}{C}}}-\underset{\underset{|}{B-}}{\underset{|}{\overset{|}{C}}}- \xrightarrow[OH^-]{H_2O_2} -\underset{H}{\underset{|}{\overset{|}{C}}}-\underset{OH}{\underset{|}{\overset{|}{C}}}-$$

$$(CH_3CH_2)_3B + 3H_2O_2 \xrightarrow{OH^-} 3CH_3CH_2OH + B(OH)_3$$

与烯烃通过硫酸间接水合制备醇不同，凡是α-烯烃经硼氢化-氧化水解反应均得到伯醇。例如：

$$CH_3CH{=}CH_2 + 1/2(BH_3)_2 \longrightarrow CH_3CH_2CH_2BH_2\text{（反马氏规则产物）}$$

$$CH_3CH_2CH_2BH_2 \xrightarrow[OH^-]{H_2O_2} CH_3CH_2CH_2OH\text{(伯醇)}$$

在有机合成上常通过α-烯烃的硼氢化-氧化水解反应制备伯醇，该反应操作简便、产率高。

此外，与烯烃和卤素的加成相反，烯烃的硼氢化反应是顺式加成反应，且反应不是分步进行，而是一步进行的加成反应，即氢和硼是同步加到烯烃双键碳原子上。例如：

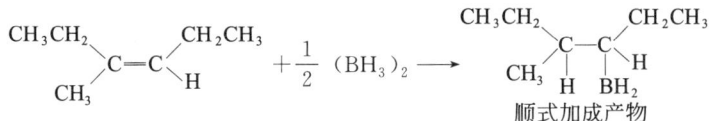

$$(CH_3CH_2)(CH_3)C{=}CH(CH_2CH_3) + \frac{1}{2}(BH_3)_2 \longrightarrow (CH_3CH_2)(CH_3)CH{-}CH(BH_2)(CH_2CH_3)$$

顺式加成产物

3.5.3 烯烃的氧化反应

烯烃既可以发生双键断裂的氧化反应，也可以发生只断裂π键的氧化反应，主要由氧化剂的种类和氧化反应条件来决定。

3.5.3.1 氧化剂氧化（$KMnO_4$ 或 K_2CrO_4）

烯烃和高锰酸钾或铬酸钾的酸性溶液发生双键断裂的氧化反应，生成酮和羧酸，若为末端烯烃，生成的甲酸会进一步氧化生成二氧化碳和水。

$$(R)(H)C{=}C(R^1)(R^2) \xrightarrow[\text{或 } K_2CrO_4]{\text{浓 } KMnO_4} \underset{\text{羧酸}}{RCOOH} + \underset{\text{酮}}{(R^1)(R^2)C{=}O}$$

$$CH_3CH_2CH{=}CH_2 \xrightarrow[H^+]{KMnO_4} CH_3CH_2COOH + CO_2 + H_2O$$

烯烃和 $KMnO_4$ 的氧化反应，因 $KMnO_4$ 的浓度和反应条件的不同而不同，在浓的 $KMnO_4$ 溶液中氧化生成酮或羧酸，而在冷的稀 $KMnO_4$ 溶液中可氧化生成邻二醇，并且是顺式氧化产物。

$$(R)(H)C{=}C(R^1)(R^2) \xrightarrow{\text{冷的稀 } KMnO_4} R{-}CH(OH){-}C(OH)(R^1)(R^2) \quad \text{（邻二醇）}$$

烯烃和 $KMnO_4$ 的氧化反应可以用来测定烯烃的结构，同时也可以用来鉴别双键（反应后高锰酸钾溶液紫色褪去）。例如：

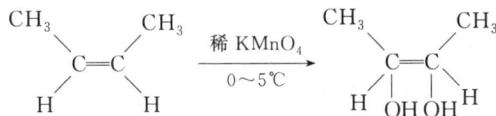

$$(H_3C)(H)C{=}C(CH_3)(CH_3) \xrightarrow[\text{或 } K_2CrO_4]{\text{浓 } KMnO_4} CH_3COOH + (CH_3)(CH_3)C{=}O$$

$$(CH_3)(H)C{=}C(H)(CH_3) \xrightarrow[0\sim5℃]{\text{稀 } KMnO_4} (CH_3)(H)C(OH){-}C(OH)(H)(CH_3)$$

3.5.3.2 臭氧化

烯烃可以和臭氧（O_3）发生臭氧化反应，生成的臭氧化产物在锌粉的存在下水解可得到醛或酮。

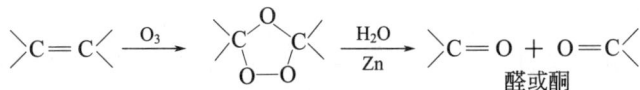

$$\rangle C{=}C\langle \xrightarrow{O_3} \text{臭氧化物(五元环 C–O–C, O–O)} \xrightarrow[Zn]{H_2O} \rangle C{=}O + \underset{\text{醛或酮}}{O{=}C\langle}$$

由于烯烃的臭氧化产物水解时会产生过氧化氢（H_2O_2），为避免过氧化氢氧化生成的产物醛，通常在水解时加入一定量的锌粉，也可以在催化剂（Pt，Pd 或 Ni）的存在下向反应液中通入氢气的方法来分解产物。

烯烃的臭氧化反应也可以用来测定烯烃的结构，将产物中两个羰基碳原子用双键连接起来，即是原来烯烃的结构。例如：

$$(CH_3)_2C{=}CH_2 \xrightarrow{O_3} \text{臭氧化物} \xrightarrow[Zn]{H_2O \text{ 或 } H_2/Pd\text{-}CaCO_3} (CH_3)_2C{=}O + O{=}CH_2$$

3.5.3.3 催化氧化

催化氧化是工业上常用的氧化方法，烯烃的双键可以发生催化氧化反应生成含氧化合物，产物因催化剂和氧化条件的不同而不同。例如：

$$CH_2{=}CH_2 + O_2 \xrightarrow[250℃]{Ag或Ag_2O} \underset{\diagdown O \diagup}{CH_2-CH_2}$$

$$CH_2{=}CH_2 + O_2 \xrightarrow[\geqslant 300℃]{Ag} CO_2 + H_2O$$

$$2CH_2{=}CH_2 + O_2 \xrightarrow[100\sim120℃]{PdCl_2\text{-}CuCl_2} 2CH_3-\overset{\overset{O}{\|}}{C}-H$$

$$2CH_3CH{=}CH_2 + O_2 \xrightarrow[120℃]{PdCl_2\text{-}CuCl_2} 2CH_3-\overset{\overset{O}{\|}}{C}-CH_3$$

3.5.4 烯烃的聚合反应

在催化剂或引发剂的存在下，烯烃可以通过打开 π 键彼此相连，形成高分子化合物，烯烃的这类自身连接成高分子化合物的反应称为聚合反应。聚合反应中的低分子化合物称为单体，聚合后得到的产物叫聚合物。聚合物的分子量一般很大，也叫高分子化合物。聚合反应有均聚反应和共聚反应。

只有一种单体发生的聚合反应叫均聚反应。

$$n\underset{R}{\underset{|}{CH}}{=}\underset{R}{\underset{|}{CH}} \xrightarrow[\text{或催化剂}]{\text{引发剂}} {+}\!\!\underset{R}{\underset{|}{CH}}-\underset{R}{\underset{|}{CH}}\!\!{+}_n$$

单体　　　　聚合物

例如，下列聚合反应都是均聚反应：

$$nCH_2{=}CH_2 \xrightarrow[>100℃,\ 100MPa]{\text{过氧化物}} {+}CH_2-CH_2{+}_n$$

乙烯单体　　　　聚乙烯（塑料）

$$nCH_2{=}CH_2 \xrightarrow[\text{低温低压}]{TiCl_4/C_2H_5AlCl_2} {+}CH_2-CH_2{+}_n$$

聚合反应中的引发剂一般为过氧化物和偶氮化物，催化剂应用较多的是齐格勒-纳塔（Ziegler-Natta）催化剂。$TiCl_4/C_2H_5AlCl_2$ 类氯化钛和烷基铝的混合物叫齐格勒-纳塔催化剂。用齐格勒-纳塔做催化剂可以使烯烃在比较温和的条件下聚合。

由两种或两种以上单体发生的聚合反应叫共聚反应。例如，乙丙橡胶的合成是共聚反应。

$$nCH_2{=}CH_2 + nCH_3CH{=}CH_2 \xrightarrow{TiCl_4/C_2H_5AlCl_2} {+}CH_2CH_2CH_2\underset{CH_3}{\underset{|}{CH}}{+}_n$$

单体1　　单体2　　　　共聚物（乙丙橡胶）

3.5.5 烯烃 α-氢原子的反应

和双键直接相连的碳原子叫 α-碳原子，α-碳原子上的氢原子叫 α-氢原子。α-氢原子受烯烃双键的影响，表现出比较活泼的性质，在某些条件下可以发生卤代反应和氧化反应。

3.5.5.1 α-氢的卤代反应

烯烃和卤素不仅可以发生加成反应，也可以发生 α-氢的取代反应，这主要取决于反应条件。一般在低温条件和溶液中主要发生双键的加成反应。在高温（或光照）、气相和低浓度的条件下主要发生 α-氢的取代反应。

$$\underset{\alpha\text{-位}}{\text{H—}\overset{|}{\underset{|}{\text{C}}}\text{—C═C}\langle} + X_2(\text{稀}) \xrightarrow[\text{或 } h\nu]{\text{高温}} \text{X—}\overset{|}{\underset{|}{\text{C}}}\text{—C═C}\langle$$

$$X_2 = Cl_2, Br_2$$

例如，丙烯与氯气在室温下发生加成反应，若在 500℃的情况下进行，则发生 α-氢的取代反应。利用这个反应，可以在烯烃的 α-位引入一个卤原子。

$$CH_3CH{=}CH_2 + Cl_2 \begin{cases} \xrightarrow{500℃} ClCH_2CH{=}CH_2 \\ \xrightarrow{\text{室温}} CH_3CHClCH_2Cl \end{cases}$$

如果用 NBS(*N*-bromosuccinimide，*N*-溴代丁二酰亚胺）做溴化剂，烯烃的 α-溴代反应也可在较低温度下进行。

$$CH_3CH{=}CH_2 + \underset{\text{NBS}}{\begin{matrix} CH_2\text{—}C(=O) \\ | \qquad\quad \text{NBr} \\ CH_2\text{—}C(=O) \end{matrix}} \xrightarrow[CCl_4]{h\nu} BrCH_2CH{=}CH_2 + \begin{matrix} CH_2\text{—}C(=O) \\ | \qquad\quad \text{NH} \\ CH_2\text{—}C(=O) \end{matrix}$$

3.5.5.2 α-氢的氧化反应

在催化剂的存在下，烯烃的 α-氢可以发生氧化反应生成含氧烯烃化合物，氧化产物因催化剂和反应条件不同而不同。这些反应主要应用于工业制备。

$$CH_2{=}CHCH_3 + O_2 \xrightarrow[350℃,0.25MPa]{Cu_2O} CH_2{=}CHCHO + H_2O$$

$$CH_2{=}CHCH_3 + \frac{3}{2}O_2 \xrightarrow[550\sim750℃,0.7\sim1.4MPa]{\text{磷钼酸铋}} CH_2{=}CHCOOH + H_2O$$

若烯烃 α-氢的催化氧化反应在氨的存在下进行，则可发生氨氧化反应。例如，丙烯氧化生成丙烯腈的反应就是氨氧化反应。

$$CH_2{=}CHCH_3 + \frac{3}{2}O_2 + NH_3 \xrightarrow[440℃,63\sim74kPa]{\text{磷钼酸铋系催化剂}} CH_2{=}CHCN + 3H_2O$$

3.6 二烯烃的分类和命名

分子中同时含有两个双键的烃叫二烯烃，根据两个双键的相对位置不同，二烯烃可以分成以下三类。

(1) 累积二烯烃

两个双键连接在同一个碳原子上的二烯烃叫累积二烯烃。累积二烯烃可以用以下通式表示：$>C=C=C<$。

例如：

$CH_2=C=CH_2$ 丙二烯　　$CH_3CH=C=CH_2$ 1,2-丁二烯

由于累积二烯烃很不稳定，所以累积二烯烃的应用和存在都不普遍。

(2) 隔离二烯烃

两个双键相隔一个或一个以上 CH_2 的二烯烃叫隔离二烯烃，或叫孤立二烯烃，隔离二烯烃的通式可表示为：$>C=\overset{|}{C}-(CH_2)_n-\overset{|}{C}=C<$　($n\geqslant1$)。

例如：

$CH_2=CH-CH_2-CH=CH_2$ 1,4-戊二烯　　$CH_2=CH-CH_2-CH_2-CH=CH_2$ 1,5-己二烯

隔离二烯烃由于两个双键相距较远，相互影响小，它们的性质与一般的单烯烃相似。

(3) 共轭二烯烃

两个双键碳原子直接相连的二烯烃叫共轭二烯烃，共轭二烯烃可以用以下通式表示：

$$>C=\overset{|}{C}-\overset{|}{C}=C<$$

例如：

$CH_2=CH-CH=CH_2$ 1,3-丁二烯　　$CH_3CH=CH-CH=CHCH_3$ 2,4-己二烯

共轭二烯烃由于两个双键直接相连，除了具有单烯烃所具有的性质外，还表现出一些特殊的性质。本章主要讨论共轭二烯烃。

二烯烃的系统命名与烯烃相似，不同之处在于主链的选择应包含两个双键在内，同时应标明两个双键的位次。二烯烃或多烯烃也有顺反异构体，命名同烯烃。例如：

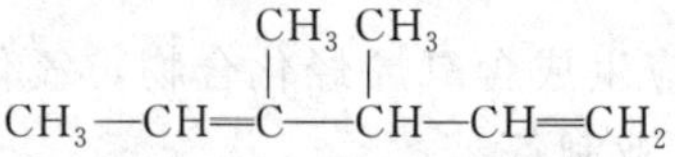

$CH_3-CH=C(CH_3)-CH(CH_3)-CH=CH_2$ 3,4-二甲基-1,4-己二烯　　(2*Z*,4*E*)-2,4-庚二烯

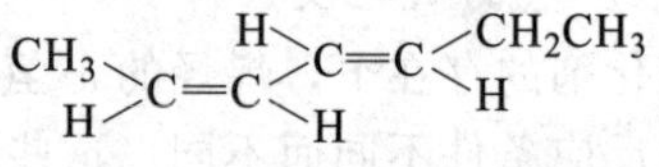

当两个构型不同的双键距主链两端位次相同时，且无取代基或取代基也距两端位次相同时，主链编号应使优先双键位次最低（按次序规则：顺优先于反，*Z* 优先于 *E*）。例如：

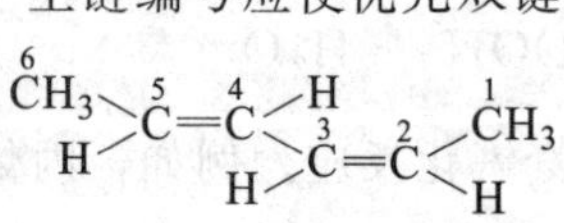

(2*Z*,4*E*)-2,4-己二烯　　(2*E*,4*Z*)-2,4-己二烯(错误命名)　　(2*Z*,4*Z*,6*E*)-2,4,6-辛三烯

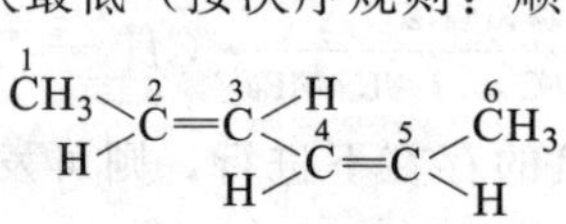

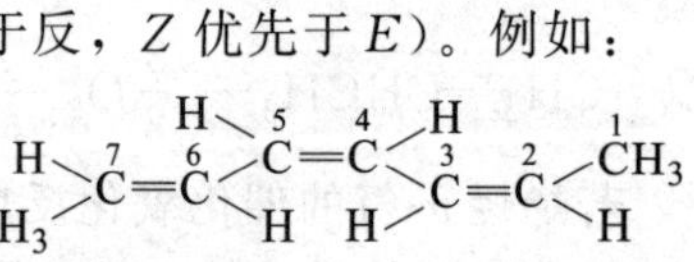

3.7 共轭二烯烃的结构

3.7.1 1,3-丁二烯的结构

1,3-丁二烯是最简单的共轭二烯烃。实验研究表明，1,3-丁二烯分子中所有的原子都在同一平面上，所有的键角都接近于120°，碳碳双键键长与一般碳碳双键相近，而碳碳单键键长则比一般碳碳单键键长短，由此可见，1,3-丁二烯分子中碳碳之间的键长趋于平均化。其结构可用图 3-5 表示。

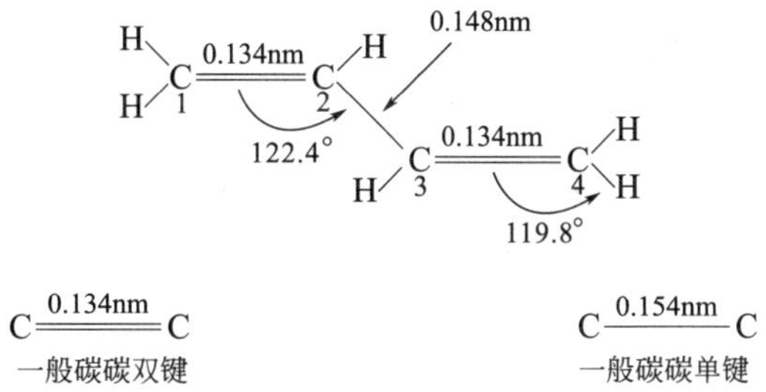

C=C 0.134nm 一般碳碳双键　　C—C 0.154nm 一般碳碳单键

图 3-5　1,3-丁二烯的结构

用杂化轨道理论可解释 1,3-丁二烯的结构。在 1,3-丁二烯分子中四个碳原子都是 sp^2 杂化，每个碳原子以 sp^2 杂化轨道与相邻的碳原子相互交盖形成碳碳 σ 键，每个碳原子剩余的 sp^2 杂化轨道与氢原子的 s 轨道交盖形成碳氢 σ 键。由于 sp^2 杂化轨道在空间的排布是平面三角形结构，因此 1,3-丁二烯分子中的三个 C—C σ 键和六个 C—H σ 键都排列在一个平面上，键角都接近 120°。由于每个碳原子都还有一个未参与杂化的 p 轨道，p 轨道在空间的排布是垂直于 sp^2 杂化轨道所在的平面，因此四个 p 轨道相互平行和相邻，因此当 C-1—C-2 和 C-3—C-4 之间形成 σ 键的同时，它们的 p 轨道会从侧面相互交盖形成 π 键。除了 C-1—C-2、C-3—C-4 之间的 p 轨道相互交盖形成 π 键外，C-2—C-3 的 p 轨道也在一定程度上相互交盖，但比 C-1—C-2、C-3—C-4 之间的 p 轨道的交盖要弱一些，构成了一个离域的 π 键，所以 1,3-丁二烯表现出 C-3—C-4 的键长比一般 C—C 单键短，有部分双键的性质。如图 3-6 所示。

3.7.2　共轭体系及共轭效应

在 1,3-丁二烯分子中，π 键不是固定在两个碳原子之间而是扩展到四个碳原子之间，这种现象称为电子的离域或键离域。电子离域形成的 π 键称为大 π 键，这样的分子称为共轭分子。在不饱和化合物中，如果有三个或三个以上具有相互平行的 p 轨道形成大 π 键，这种体系称为共轭体系。共轭体系的结构特征一是参与共轭体系的 p 轨道相互平行且垂直于分子所在的平面，二是相邻的 p 轨道之间从侧面肩并肩交盖重叠，发生键的离域。由于键的离域，体系能量降低，稳定性增加，键长趋于平均化等现象叫共轭效应（conjugative effect，简称 C 效应）。共轭效应只存在于共轭体系中，共轭效应在共轭链上会产生电荷正负交替现象，且共轭效应的传递不会因共轭链的增长而明显减弱，这些特征与诱导效应不同。

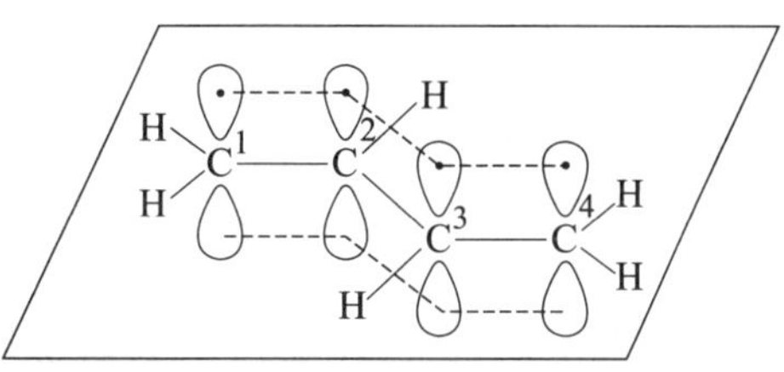

图 3-6　1,3-丁二烯的 π 键成键图

共轭效应使分子的能量降低，稳定性增加，这可从氢化热的数据分析中看出。例如 1,3-戊二烯（共轭体系）的氢化热为 226kJ/mol，1,4-戊二烯（非共轭体系）的氢化热为 254kJ/mol，前者的氢化热比后者低 28kJ/mol。这个能量差是由于 π 电子离域引起的，是共轭效应的具体表现。共轭体系与非共轭体系的能量差叫离域能或共轭能。电子的离域程度越大，体系的能量越低，化合物也越稳定。

共轭体系分为 π-π 共轭体系、p-π 共轭体系和超共轭体系。

3.7.2.1　π-π 共轭体系

分子中双键、单键、双键相间的共轭体系称为 π-π 共轭体系。π-π 共轭体系不限于双键，叁键也可，组成共轭体系的原子也不限于碳原子，氧原子也可。

例如，下列体系为 π-π 共轭体系：

$H_2C{=}CH{-}CH{=}CH{-}CH{=}CH_2$ 1,3,5-己三烯

$H_2C{=}CH{-}CH{=}O$ 丙烯醛

$H_2C{=}CH{-}C{\equiv}N$ 丙烯腈

在共轭体系中，π 电子的离域可用弯箭头表示，弯箭头是从双键到与该双键直接相连的原子上，π 电子的离域方向为箭头所示的方向。例如：

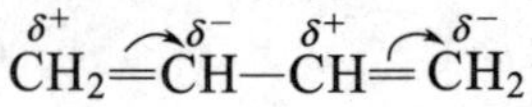

$$\overset{\delta^+}{C}H_2{=}\overset{\delta^-}{C}H{-}\overset{\delta^+}{C}H{=}\overset{\delta^-}{C}H_2$$

3.7.2.2 p-π 共轭体系

与双键碳原子相连的原子有 p 轨道，这个 p 轨道与 π 键的 p 轨道重叠形成 p-π 共轭体系。例如，下列体系是 p-π 共轭体系：

$CH_3{-}\ddot{O}{-}CH{=}CH_2$　$CH_2{=}CH{-}\overset{+}{C}H_2$　$CH_2{=}CH{-}\overset{-}{C}H_2$　$CH_2{=}CH{-}\dot{C}H_2$

p-π 共轭体系成键情况

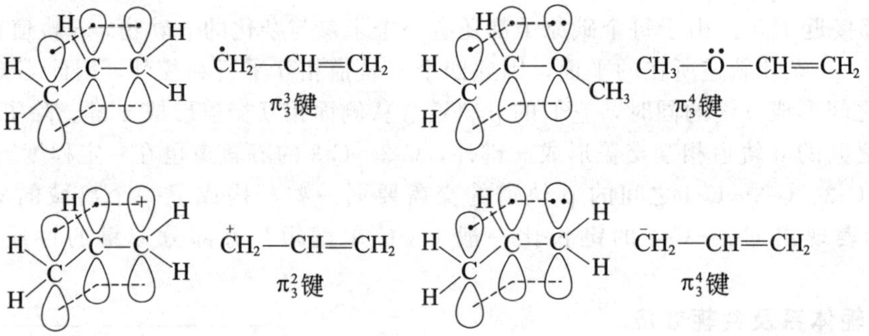

$\dot{C}H_2{-}CH{=}CH_2$ π_3^3键

$CH_3{-}\ddot{O}{-}CH{=}CH_2$ π_3^4键

$\overset{+}{C}H_2{-}CH{=}CH_2$ π_3^2键

$\overset{-}{C}H_2{-}CH{=}CH_2$ π_3^4键

3.7.2.3 超共轭体系

在 C—H σ 键和 π 键直接相连的体系中，C—H σ 键的 sp^3 杂化轨道与 p 轨道并不平行，当 C—H σ 键的旋转到使 sp^3 杂化轨道与 p 轨道处在一个平面时，它们仍然可以在侧面相互交盖，产生电子离域现象，这种涉及 σ 键轨道与 p 轨道的电子离域作用叫超共轭效应。由于 C—H σ 键与 p 轨道交盖率较少，所以超共轭效应比共轭效应弱得多。

超共轭体系包括 σ-π 超共轭体系和 σ-p 超共轭体系。

(1) σ-π 超共轭体系

$CH_3CH{=}CH_2$ 分子中的 σ-π 超共轭效应

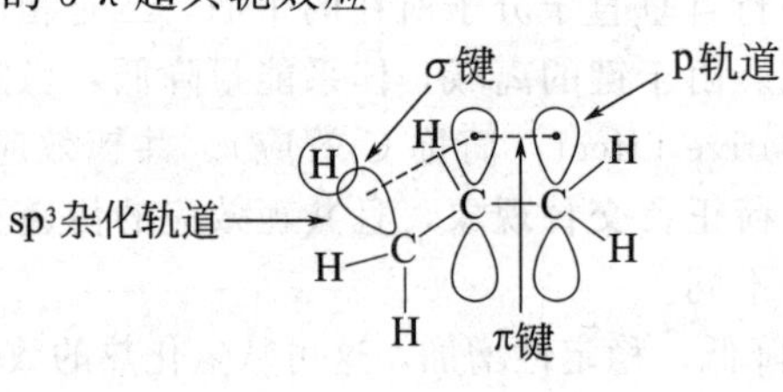

(2) σ-p 超共轭体系

$CH_3CH_2\cdot$自由基中的 σ-p 超共轭效应

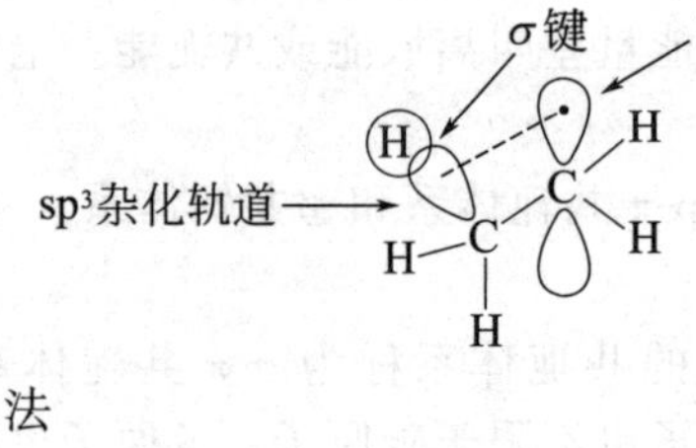

(3) 超共轭体系的表示法

σ-π 超共轭体系表示法：

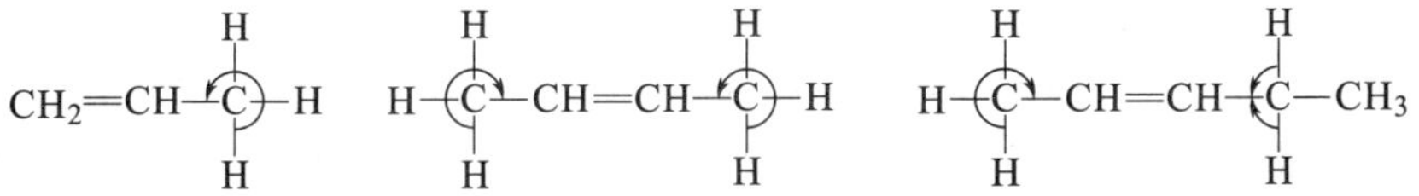

σ-p 超共轭体系表示法：

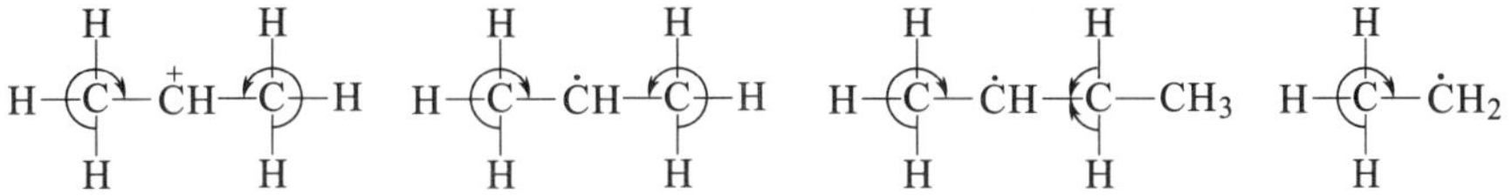

上述超共轭体系表示法中，弯箭头表示电子的转移方向。

超共轭效应也使分子能量降低，稳定性增加。参与超共轭的 C—Hσ 键越多，超共轭效应越强。例如：自由基和碳正离子的稳定性顺序为：

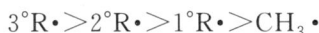

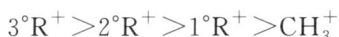

$$3^\circ R\cdot > 2^\circ R\cdot > 1^\circ R\cdot > CH_3\cdot$$

$$3^\circ R^+ > 2^\circ R^+ > 1^\circ R^+ > CH_3^+$$

以上稳定性顺序也可用超共轭效应解释。在自由基或碳正离子稳定性中，与 C 自由基或 C^+ 相连的 C—Hσ 键越多，则能起超共轭效应的因素越多，越有利于 C 自由基或 C^+ 上正电荷的分散，稳定性增加。例如，叔丁基碳正离子有 9 个 C—Hσ 键超共轭；仲丙基碳正离子有 6 个 C—Hσ 键超共轭；乙基碳正离子有 3 个 C—Hσ 键超共轭。

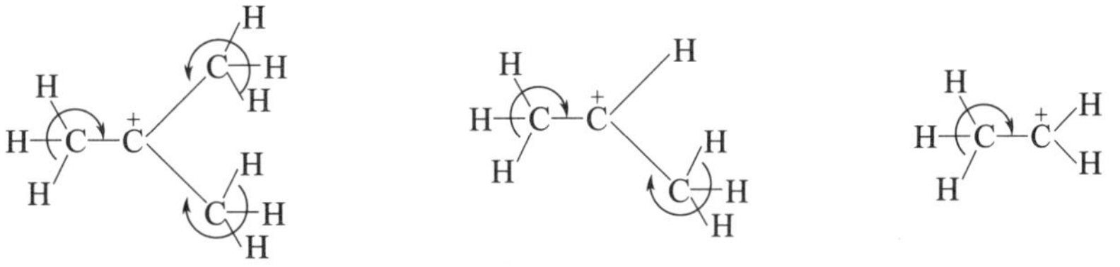

叔丁基碳正离子　　仲丙基碳正离子　　乙基碳正离子

碳负离子的稳定性顺序为：

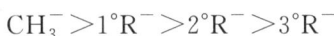

$$CH_3^- > 1^\circ R^- > 2^\circ R^- > 3^\circ R^-$$

这是因为碳负离子的一对电子不是在 p 轨道上，而是在 sp^3 杂化轨道上，没有 σ-p 超共轭效应，同时由于烷基是推电子基团，连在带负电荷的碳原子上的烷基越多，负电荷越集中，因而稳定性越低。例如：

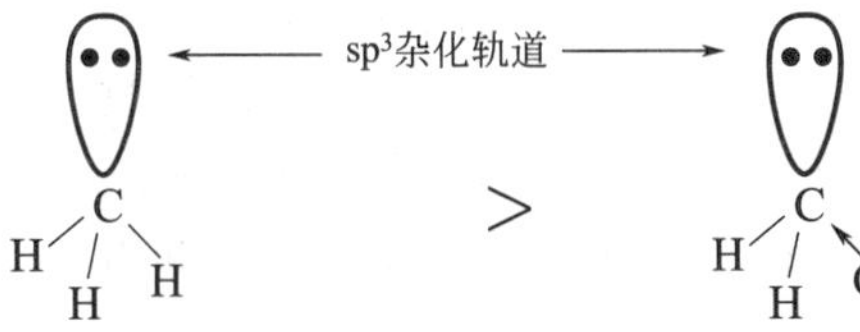

sp^3杂化轨道

碳负离子的稳定性

3.7.3　吸电子共轭效应与给电子共轭效应

（1）吸电子共轭效应（−C 效应）

电负性大的原子以不饱和键的形式连到共轭体系上，或不饱和碳原子连有自由基或碳正离子，π 电子向电负性大的原子或自由基或碳正离子方向离域，产生吸电子共轭效应（−C 效应）。例如，丙烯醛、烯丙基自由基和烯丙基碳正离子都产生−C 效应：

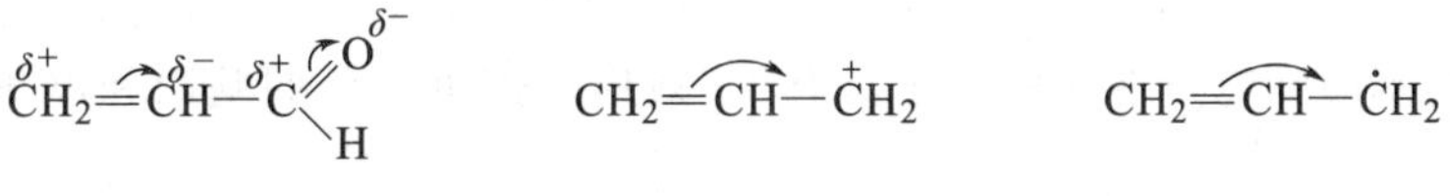

$$\overset{\delta+}{C}H_2=\overset{\delta-}{C}H-\overset{\delta+}{C}H=\overset{\delta-}{O}$$　　$CH_2=CH-\overset{+}{C}H_2$　　$CH_2=CH-\dot{C}H_2$

显然有 C═O、C═N、 C≡N 等含有比碳原子电负性大的原子形成的不饱和键参与的共轭体系都有－C 效应。形成的共轭体系中某一原子的电负性越大，－C 效应越强。

正电荷具有吸引电子的能力，－C 效应很强。自由基（单电子）有成对的趋势，也具有－C 效应。

一些常见基团的－C 效应强弱如下：

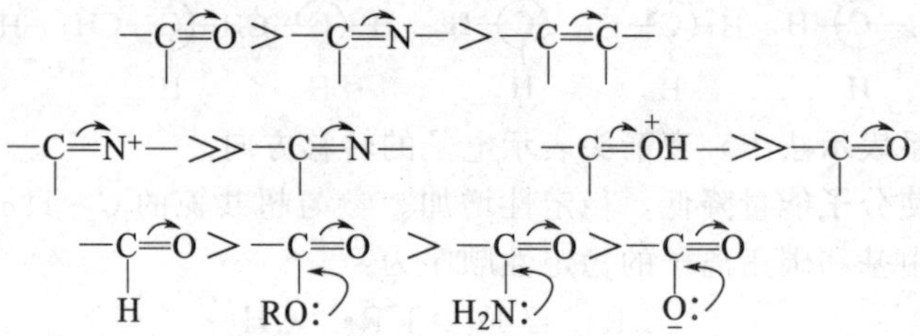

$$-\overset{|}{C}=O > -\overset{|}{C}=N- > -\overset{|}{C}=\overset{|}{C}-$$

$$-\overset{|}{C}=N^{+}- \gg -\overset{|}{C}=N- \qquad -\overset{|}{C}=\overset{+}{O}H \gg -\overset{|}{C}=O$$

$$-\underset{H}{\underset{|}{C}}=O > -\underset{RO:}{\underset{|}{C}}=O > -\underset{H_2N:}{\underset{|}{C}}=O > -\underset{\underline{O}:}{\underset{|}{C}}=O$$

（2）给电子共轭效应（＋C 效应）

含有孤电子对的原子与不饱和键形成的共轭体系，产生给电子共轭效应（＋C 效应），在＋C 效应中，孤电子对向 π 电子方向离域，如氯乙烯和乙烯基醚体系产生＋C 效应。

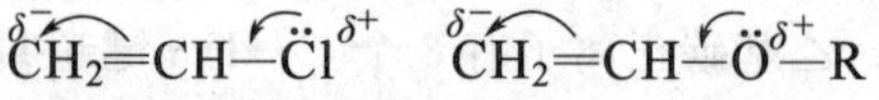

$$\overset{\delta^-}{C}H_2=CH-\ddot{C}l^{\delta^+} \qquad \overset{\delta^-}{C}H_2=CH-\ddot{O}^{\delta^+}-R$$

＋C 效应的强弱可从以下几个方面考虑。

① 同一族的原子，其电负性越大，＋C 效应越强。例如下列基团的＋C 效应：

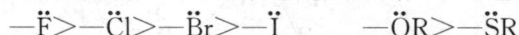

$$-\ddot{F} > -\ddot{C}l > -\ddot{B}r > -\ddot{I} \qquad -\ddot{O}R > -\ddot{S}R$$

② 同一周期的原子，电负性越小，＋C 效应越强。例如下列基团的＋C 效应：

$$-\ddot{N}R_2 > -\ddot{O}R > -\ddot{F}$$

③ 同一原子上带负电荷＋C 效应最强，带正电荷＋C 效应最弱。例如下列基团的＋C 效应：

$$-O^- \gg -\ddot{O}R \gg -\overset{+}{O}R_2$$

3.7.4 诱导效应

在多原子分子中，当两个直接相连的原子电负性不同时，由于电负性较大的原子吸引电子的结果，不仅两原子之间的电子云偏向电负性较大的原子，而且这种影响沿着分子链诱导传递，使与电负性较大原子间接相连的原子也受到一定的影响。这种分子内原子间相互影响的电子效应，称为诱导效应（inductive effect），简称 I 效应。

诱导效应是一种永久效应，诱导效应沿碳链传递时减弱得很快，实际上传递过两三个原子后，就可以忽略不计。例如：

$$\underset{4}{CH_3} \rightarrow \underset{3}{\overset{\delta\delta\delta^+}{CH_2}} \rightarrow \underset{2}{\overset{\delta\delta^+}{CH_2}} \rightarrow \underset{1}{\overset{\delta^+}{CH_2}} \rightarrow \overset{\delta^-}{Cl}$$

诱导效应有方向，比较诱导效应的方向时，以氢为标准，若比氢的吸电子能力强，则具有吸电子的诱导效应（－I 效应），用－I 表示。若比氢的吸电子能力弱，则具有给电子的诱导效应（＋I 效应），用＋I 表示。例如：

$$Y \rightarrow CR_3 \qquad H-CR_3 \qquad X \leftarrow CR_3$$

＋I 效应　（Y 的电负性＜H，X 的电负性＞H）　－I 效应

带正电荷的基团和电负性大的原子具有－I 效应，带负电荷的基团和电负性小的原子具有＋I 效应。

一些常见基团的$-I$效应强弱如下：

$$\rightarrow F > \rightarrow Cl > \rightarrow Br > \rightarrow I$$

$$(CH_3)_3\overset{+}{N}\leftarrow > CH_3SO_2\leftarrow > N{\equiv}C\leftarrow > HOOC\leftarrow > CH_3O\leftarrow$$

一些常见基团的$+I$效应强弱如下：

$$-\overset{-}{\underset{|}{C}}\rightarrow > -\overline{N}\rightarrow > \overline{O}\rightarrow$$

$$(CH_3)_3C\rightarrow > (CH_3)_2CH\rightarrow > CH_3CH_2\rightarrow > CH_3\rightarrow$$

课堂练习3.6　比较下列各组碳正离子的稳定性大小，并解释之。

(1) $CH_3CH{=}CH\overset{+}{C}H_2$　　$CH_2{=}CH\overset{+}{C}H_2$　　$CH_2{=}CHCH_2\overset{+}{C}H_2$

(2) $(CH_3)_2\overset{+}{C}CH_2CH_3$　　$(CH_3)_2\overset{+}{C}CH{=}CH_2$　　$CH_3\overset{+}{C}(CH{=}CH_2)_2$

3.8 共轭二烯烃的化学性质

共轭二烯烃含有双键，因此具有烯烃的通性，但由于共轭二烯烃分子中存在一个共轭体系，其分子中的双键并不是两个简单的双键，而是形成了一个大π键，所以也表现出一些特殊性质。

3.8.1 共轭二烯烃的1,2-加成和1,4-加成

共轭二烯烃与烯烃相似，可以和卤素、卤化氢等亲电试剂发生亲电加成反应，但加成产物有两种，分别为1,2-加成产物和1,4-加成产物。例如，1,3-丁二烯与溴或溴化氢的加成反应：

$$CH_2{=}CH{-}CH{=}CH_2 + Br_2 \xrightarrow[-15℃]{\text{正己烷}} \underset{\substack{\text{1,2-加成产物}\\62\%}}{CH_2{=}CH{-}CHBr{-}CH_2Br} + \underset{\substack{\text{1,4-加成产物}\\38\%}}{BrCH_2{-}CH{=}CH{-}CH_2Br}$$

$$CH_2{=}CH{-}CH{=}CH_2 + Br_2 \xrightarrow[-15℃]{\text{氯仿}} \underset{\substack{\text{1,2-加成产物}\\38\%}}{CH_2{=}CH{-}CHBr{-}CH_2Br} + \underset{\substack{\text{1,4-加成产物}\\62\%}}{BrCH_2{-}CH{=}CH{-}CH_2Br}$$

$$CH_2{=}CH{-}CH{=}CH_2 + HBr \xrightarrow{-80℃} \underset{\substack{\text{1,2-加成产物}\\80\%}}{CH_2{=}CH{-}CHBr{-}CH_3} + \underset{\substack{\text{1,4-加成产物}\\20\%}}{CH_3{-}CH{=}CH{-}CH_2Br}$$

$$CH_2{=}CH{-}CH{=}CH_2 + HBr \xrightarrow{40℃} \underset{\substack{\text{1,2-加成产物}\\20\%}}{CH_2{=}CH{-}CHBr{-}CH_3} + \underset{\substack{\text{1,4-加成产物}\\80\%}}{CH_3{-}CH{=}CH{-}CH_2Br}$$

1,2-加成产物是一分子试剂加在同一个双键的两个碳原子上。1,4-加成产物是一分子试

剂加在共轭双键的两端碳原子上，原来的双键变成了单键，原来的单键变成了双键。从以上反应可知，反应条件的改变对 1,2-和 1,4 加成产物的比例影响较大。以 1,2-加成产物为主还是以 1,4-加成产物为主，取决于反应物的结构、试剂、溶剂的性质、产物的稳定性及反应温度等因素。

共轭二烯烃的加成有 1,2-加成和 1,4-加成两种产物，可用其加成反应机理来解释。以 1,3-丁二烯与溴化氢的亲电加成反应机理为例。

第一步是亲电的质子加到 1,3-丁二烯的末端双键碳原子上，形成一个具有 p-π 共轭体系的碳正离子活性中间体：

$$CH_2{=}CH{-}CH{=}CH_2 + HBr \longrightarrow \begin{cases} CH_2{=}CH{-}\overset{+}{C}H{-}CH_3 + Br^- \\ \times\ CH_2{=}CH{-}CH_2{-}\overset{+}{C}H_2 + Br^- \ \text{不稳定,难生成} \end{cases}$$

具有 p-π 共轭的碳正离子中间体由于共轭效应而发生电子的离域，离域的结果，使原来碳原子上的正电荷得到了分散。如下表示：

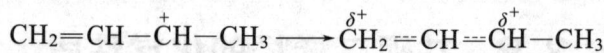

$$CH_2{=}CH{-}\overset{+}{C}H{-}CH_3 \longrightarrow \overset{\delta^+}{C}H_2{\cdots}CH{\cdots}\overset{\delta^+}{C}H{-}CH_3$$

第二步是溴负离子加到带部分正电的碳原子上，生成加成产物。如进攻 2 号 C 生成 1,2-加成产物，进攻 4 号 C 则生成 1,4-加成产物，所以有两种加成产物生成。

$$\overset{\delta^+}{C}H_2{\cdots}CH{\cdots}\overset{\delta^+}{C}H{-}CH_3 \xrightarrow{Br^-} \begin{cases} \xrightarrow{\text{1,2-加成}} CH_2{=}CH{-}CH(Br){-}CH_3 \\ \xrightarrow{\text{1,4-加成}} CH_2(Br){-}CH{=}CH{-}CH_3 \end{cases}$$

图 3-7 是 1,3-丁二烯与溴化氢加成反应的能量变化图。

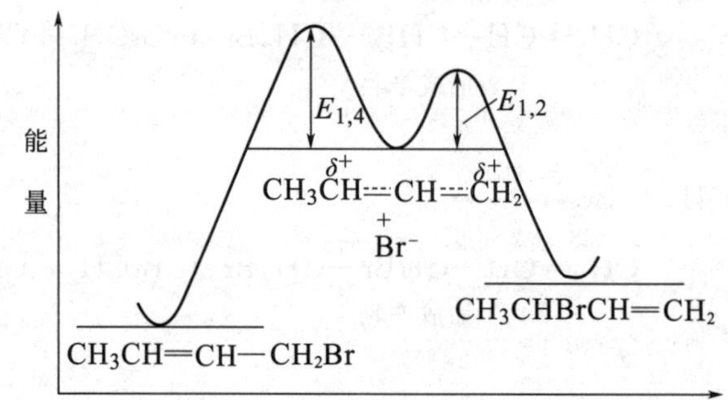

图 3-7　1,3-丁二烯与 HBr 的 1,2-加成和 1,4-加成反应能量图

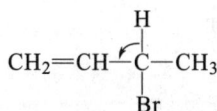

$$CH_2{=}CH{-}C(H)(Br){-}CH_3 \qquad H{-}C(H)(H){-}CH{=}CH{-}C(H)(H){-}Br$$

1,2-加成产物的超共轭效应情况　1,4-加成产物的超共轭效应情况

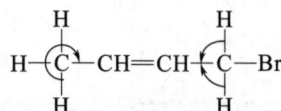

从以上能量图和产物的超共轭效应情况可知，1,2-加成反应的活化能（$E_{1,2}$）小于 1,4-加成反应的活化能（$E_{1,4}$），而 1,4-加成产物的稳定性大于 1,2-加成产物的稳定性，也就是说，1,4-加成产物的能量低于 1,2-加成产物。

由于 1,2-加成反应所需的活化能较小，1,4-加成反应产物的稳定性大，所以说 1,2-加成产物是动力学控制的产物，1,4-加成产物是热力学控制的产物。

3.8.2　Diels-Alder 反应

共轭二烯烃及其衍生物与含有双键、叁键的化合物进行 1,4-加成反应生成环状化合物的反应叫 Diels-Alder 反应，又叫双烯合成反应。在 Diels-Alder 反应中把共轭二烯烃称为双烯体，和共轭二烯烃加成的不饱和化合物叫亲双烯体。

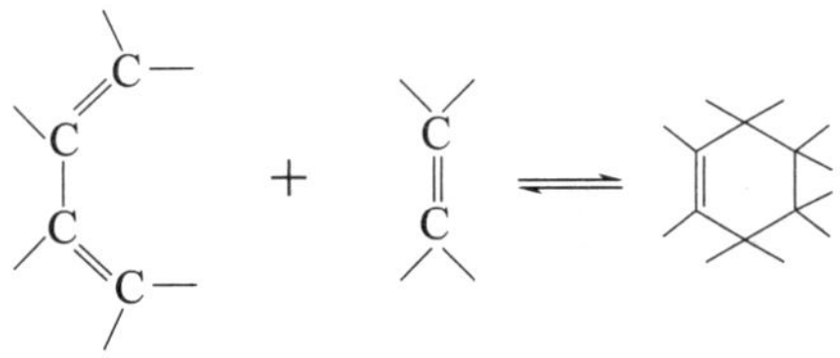

(双烯体)　(亲双烯体)

例如：

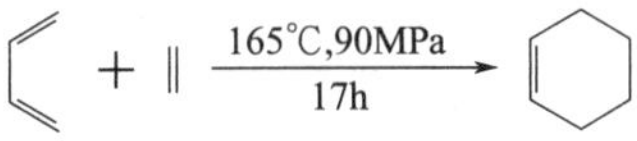

165℃,90MPa　17h

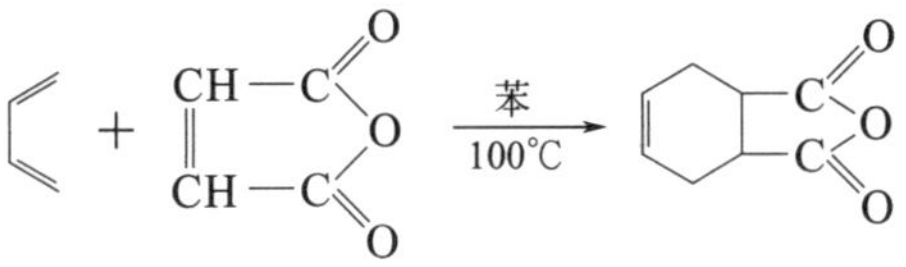

苯　100℃

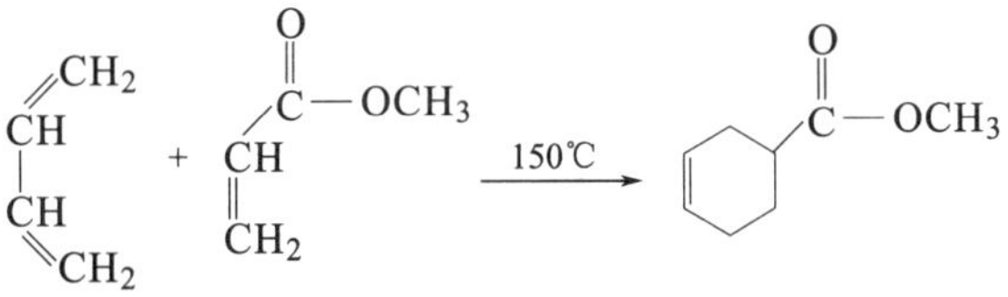

△

150℃

共轭二烯烃上连有推电子基团，亲双烯体上连有吸电子基团（如—CHO、—COR、—CN、$—NO_2$）时，有利于反应的进行。Diels-Alder 反应是可逆反应，加成产物加热到高温时，又可分解成原来的双烯体和亲双烯体。双烯合成在有机合成中可作为合成环状化合物的反应，具有广泛的应用价值。

3.8.3　聚合反应和合成橡胶

与单烯烃一样，共轭二烯烃也容易进行聚合反应生成高分子化合物。共轭二烯烃的聚合反应是制备合成橡胶的基本反应。共轭二烯烃也可进行均聚反应和共聚反应。例如：

（1）均聚反应

$$nCH_2=CH-CH=CH_2 \xrightarrow{\text{Ziegler-Natta催化剂}} \left[\begin{matrix} CH_2 & & CH_2 \\ & C=C & \\ H & & H \end{matrix} \right]_n$$

顺丁橡胶

$$nCH_2=\underset{\displaystyle CH_3}{\underset{|}{C}}-CH=CH_2 \xrightarrow{\text{Ziegler-Natta催化剂}} \left[\begin{matrix} CH_2 & & CH_2 \\ & C=C & \\ CH_3 & & H \end{matrix} \right]_n$$

异戊橡胶

异戊二烯按 1,4-顺式加成方式聚合生成的聚异戊二烯简称异戊橡胶，其结构和性质均与天然橡胶相似，被称为合成天然橡胶。

（2）共聚反应

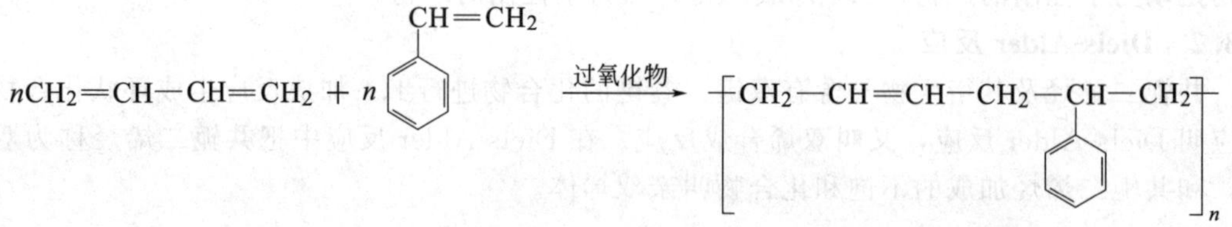

$$nCH_2{=}CH{-}CH{=}CH_2 + n\,C_6H_5CH{=}CH_2 \xrightarrow{\text{过氧化物}} {-}\!\!\left[CH_2{-}CH{=}CH{-}CH_2{-}CH(C_6H_5){-}CH_2\right]\!\!{-}_n$$

丁苯橡胶

3.9 烯烃的来源和制法

乙烯、丙烯和丁烯等低级烯烃都是重要的化工原料，它们是高分子合成中的重要单体，是三大合成材料塑料、纤维、橡胶的主要原料。过去主要是从炼气厂和热裂气中分离得到。随着石油化学工业迅速发展，现在主要从石油的各种馏分裂解和原油直接裂解获得。

醇脱水或卤代烷脱卤化氢是在有机化合物中引入烯烃双键的常用方法，也是实验室制备烯烃的一般方法。例如：

醇脱水

$$CH_3CH_2OH \xrightarrow[170℃]{\text{浓 }H_2SO_4} CH_2{=}CH_2 + H_2O$$

卤代烷脱卤化氢

$$CH_3CH(H){-}CH(Br){-}CH_2CH_3 + KOH \xrightarrow{CH_3CH_2OH} CH_3CH{=}CH{-}CH_2CH_3 + KBr + H_2O$$

习　　题

1. 用系统命名法（IUPAC）命名下列化合物，如有顺反异构用 E-Z 标记。

（1）$CH_3CH_2CH{=}CH{-}CH(CH_3){-}CH_3$

（2）$(CH_3CH_2)(H)C{=}C(CH_3)(Br)$

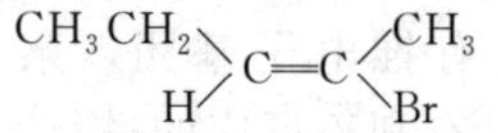

（3）$CH_2{=}C(CH_2CH_3){-}CH_2CH(CH_2CH_3)CH_3$

（4）$CH_3CH_2CH(CH{=}CH_2)CH(CH_3)CH_3$

（5）$(H_3C)((H_3C)_2HC)C{=}C(CH_3)(CH_2CH_3)$

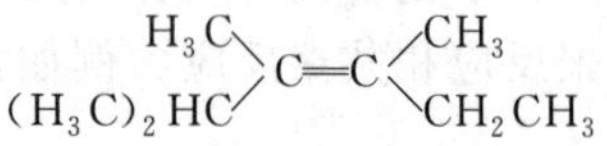

（6）$(CH_3)(CH_3CH_2)C{=}C(CH(CH_3)_2)(CH_2C(CH_3)_3)$

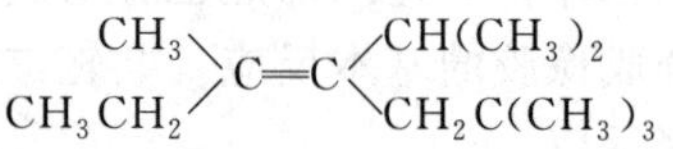

2. 写出下列化合物的结构式。

（1）异丁烯　　（2）对称甲基乙基乙烯

（3）反-4,4-二甲基-2-戊烯　　（4）(Z)-3-甲基-3-庚烯

（5）2,2,3-三甲基-3-庚烯　　（6）(2Z,4Z)-2-溴-2,4-辛二烯

3. 下列化合物有无顺反异构体？若有写出它们所有的顺反异构体，并用 E-Z 命名法命名。

（1）2,4-庚二烯　　（2）$CH_2{=}C(CH_2CH_3){-}CH{=}CH_2$

（3）$CH_3CH(CH_2CH_3)CH{=}CHCH_3$　　（4）3-甲基-2,5-庚二烯

4. 完成下列反应式。

(1) $(CH_3)_2C{=}CH_2 + HBr \rightarrow$ 无过氧化物 $\longrightarrow$；有过氧化物 $\longrightarrow$

(2) $CH_3CH_2CH{=}CH_2 + HOCl \longrightarrow$

(3) $CH_3CH_2CH{=}CH_2 \xrightarrow[(2)\ H_2O_2,\ OH^-]{(1)\ \frac{1}{2}B_2H_6}$

(4) $CCl_3CH{=}CH_2 + HI \longrightarrow$

(5) $(CH_3)_2C{=}CH_2 + ICl \xrightarrow{H^+}$

(6) $CH_3CH_2CH{=}CHCH_2CH_3 \xrightarrow[\triangle]{KMnO_4}$

(7) $(CH_3)_2C{=}CH_2 \xrightarrow[(2)\ H_2O]{(1)\ H_2SO_4}$

(8) $(C_2H_5)(CH_3)C{=}CH_2 \xrightarrow[(2)\ Zn/H_2O]{(1)\ O_3}$

(9) $CH_3CH_2CH{=}CH_2 \xrightarrow[>300℃]{Cl_2} \qquad \xrightarrow{Cl_2}$

5. 完成下列反应式。

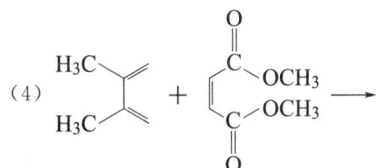

(1) $CH_2{=}CH{-}CH{=}CH_2 + CH{\equiv}CH \xrightarrow{加热}$

(2) $CH_2{=}C(CH_3){-}CH{=}CH_2 + HBr \longrightarrow$

(3) $CH_3CH{=}CH{-}CH{=}CH{-}CH_3 + HCl \longrightarrow$

(4) 2,3-二甲基-1,3-丁二烯（H_3C，H_3C）$+$ 顺丁烯二酸二甲酯（$CH(COOCH_3){=}CH(COOCH_3)$）$\longrightarrow$

(5) 1,3-丁二烯 $+$ $CH_2{=}CH{-}C(=O){-}CH_3 \longrightarrow \qquad \xrightarrow{Br_2}$

6. 比较下列碳正离子的稳定性。

(1) $CH_3CH_2CH_2^+$　(2) $CH_3CH^+CH_3$　(3) $(CH_3)_3C^+$

(4) $Cl_2CHCH^+CH_3$　(5) $Cl_2CHCH_2CH^+CH_3$

7. 写出下列碳正离子重排后的结构。

(1) $CH_3CH_2CH_2^+$　(2) $(CH_3)_2CHCH^+CH_3$　(3) $(CH_3)_3CCH^+CH_3$

8. 比较下列各组化合物与水进行亲电加成反应的活性。

(1) 乙烯、丙烯、2-丁烯、丙烯醛

(2) 溴乙烯、1,2-二溴乙烯、3-溴丙烯

9. 下列两组化合物分别与 1,3-丁二烯或顺丁烯二酸酐发生双烯合成反应，比较活性大小。

(1) 丙烯醛，丙烯

(2) 1,3-丁二烯，2-甲基-1,3-丁二烯

10. 以丙烯为原料合成下列化合物。

(1) 2-溴丙烷　(2) 1-溴丙烷　(3) 1,2,3-三氯丙烷　(4) 异丙醇　(5) 正丙醇

11. 解释下列反应中如何产生 (a)、(b) 两个化合物，但不生成$(CH_3)_3C(CH_2)_2OH$。

$$(CH_3)_3CCH{=}CH_2 + H_2O \xrightarrow{H^+} \underset{\text{(a)}}{(CH_3)_2\underset{\displaystyle OH}{\underset{|}{C}}CH(CH_3)_2} + \underset{\text{(b)}}{(CH_3)_3C\underset{\displaystyle OH}{\underset{|}{C}}HCH_3}$$

12.(a) 两种无色液体，分别为正己烷和1-己烯，试用简单化学方法分辨。(b) 若正己烷中有少量1-己烯，请用简单的化学方法去除正己烷中的1-己烯。

13. A、B两个化合物的分子式都是C_6H_{12}，A经臭氧氧化并与Zn粉和水反应后得到乙醛和甲乙酮，B经$KMnO_4$氧化只得到丙酸，请推测A和B的构造式，并写出各步反应式。

14. $(CH_3)_2C{=}CH_2$ 在酸性催化条件下（H^+）可进行二聚反应，生成$(CH_3)_3CCH{=}C(CH_3)_2$ 和 $(CH_3)_3CH_2\underset{\displaystyle CH_3}{\underset{|}{C}}{=}CH_2$ 。试写出一个包括中间体R^+的反应机理。

第4章 炔 烃

分子中含有碳碳叁键的烃叫炔烃，碳碳叁键是炔烃的官能团。含一个叁键的炔烃分子式通式为 C_nH_{2n-2}，与二烯烃互为构造异构体。

4.1 炔烃的构造异构和命名

4.1.1 炔烃的构造异构

炔烃的构造异构与烯烃相似，其构成因素有碳架异构和官能团的位置异构。例如戊炔的构造异构体为：

$CH_3CH_2C{\equiv}CCH_3$ 2-戊炔

$CH_3CH_2CH_2C{\equiv}CH$ 1-戊炔

$CH_3CH(CH_3)C{\equiv}CH$（$CH_3CHC{\equiv}CH$，CH 上连 CH_3） 3-甲基-1-丁炔

4.1.2 炔烃的命名

炔烃的命名法有衍生物命名法和系统命名法。简单的炔烃可用衍生物命名法命名，衍生物命名法是以乙炔为母体，其它的看作是乙炔的衍生物。例如：

$CH_3C{\equiv}CCH_3$ 二甲基乙炔

$CH_3CH_2C{\equiv}CCH_3$ 甲基乙基乙炔

$CH_2{=}CH{-}C{\equiv}CH$ 乙烯基乙炔

$CH_3CH{=}CH{-}C{\equiv}CH$ 丙烯基乙炔

$CH_2{=}CHCH_2{-}C{\equiv}CH$ 烯丙基乙炔

炔烃的系统命名法与烯烃相似，在选择主链时要选择包含有叁键在内的最长碳链作主链，编号要靠近叁键的一端，同时要标明叁键的位次。例如：

$CH_3CH(CH_3)CH_2C{\equiv}CCH_2CH_3$ 6-甲基-3-庚炔

$CH_3CH_2CH(CH(CH_3)CH_3){-}C{\equiv}CCH_3$（$CH_3CH_2CH{-}C{\equiv}CCH_3$，CH 上连 CH_3CHCH_3） 5-甲基-4-乙基-2-己炔

分子中含有双键和叁键的化合物叫烯炔，命名时烯写在前炔写在后，编号时要使双键和叁键的位次和最小。若双键、叁键处于相同的位次供选择时，优先给双键以最低编号。例如：

$HC{\equiv}C{-}CH{=}CHCH_3$ 3-戊烯-1-炔

$CH_3C{\equiv}CCH(CH_2CH_3)CH_2CH{=}CH_2$ 4-乙基-1-庚烯-5-炔

$HC{\equiv}C{-}CH{=}CH_2$ 1-丁烯-3-炔

$CH_3C{\equiv}C{-}CH(CH_3)CH_2CH{=}CHCH_3$ 5-甲基-2-辛烯-6-炔

4.2 炔烃的结构

以乙炔为例说明碳碳叁键的结构。由物理方法测定的乙炔分子是一个线形分子，四个原子都排布在同一条直线上。见图 4-1 所示。

H—C≡C—H（C≡C 0.121nm，C—H 0.106nm，180°）

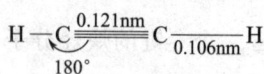

图 4-1　乙炔的结构

用杂化轨道理论可解释乙炔的结构。碳原子基态的电子构型为 $1s^2 2s^2 2p_x^1 2p_y^1 2p_z^0$。按杂化轨道理论，碳原子首先吸收能量，2s 轨道中的一个电子跃迁到 $2p_z$ 轨道中，形成 $1s^2 2s^1 2p_x^1 2p_y^1 2p_z^1$ 的电子层结构，如图 4-2 所示。炔烃中构成叁键的碳原子以一个 2s 轨道和一个 2p 轨道进行杂化，形成二个能量相等的杂化轨道，称为 sp 杂化轨道。sp 杂化轨道在空间的排布具有直线的结构特征。未参与杂化的两个 2p 轨道，垂直于 sp 杂化轨道所在的直线，如图 4-3 所示。

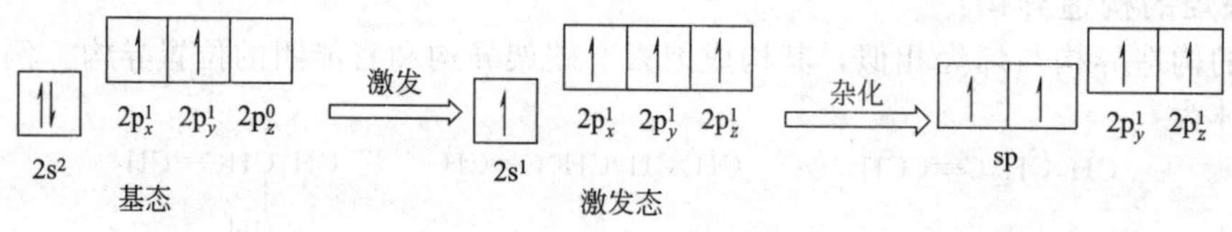

图 4-2　碳原子的 sp 杂化

乙炔分子的两个碳原子各以 sp 杂化轨道沿键轴相互交盖构成 σ 键，剩余的两个 sp 杂化轨道分别与氢原子的 s 轨道交盖形成 σ 键，由于 sp 杂化轨道是直线形，因此三个 σ 键在一条直线上。两个碳原子未参与杂化的两个 2p 轨道两两平行相互重叠形成两个 π 键［见图 4-4(a)］，这两个 π 键上的电子云围绕在 σ 键所在直线的上、下、左、右，对称的分布，呈圆筒状［见图 4-4(b)］。因此，乙炔是直线分子。

炔烃的叁键由一个 σ 键和两个 π 键构成，这两个 π 键的电子云对称地分布在 σ 键所在直线的周围，因此炔烃叁键上的两个 π 键与烯烃的 π 键不同，可以旋转，因而炔烃没有顺反异构体。

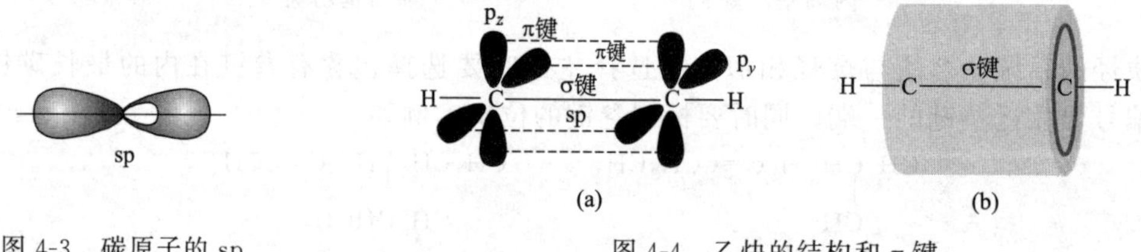

图 4-3　碳原子的 sp 杂化轨道

图 4-4　乙炔的结构和 π 键

碳原子的三种杂化结构的电负性大小为：$sp > sp^2 > sp^3$。（解释如下：sp、sp^2、sp^3 杂化轨道中，s 成分占比分别是 1/2、1/3、1/4，s 电子离核近，s 成分比例越高，吸引电子能力越强。）

4.3 炔烃的物理性质

炔烃的物理性质与烷烃、烯烃相似。在常温常压下，低级炔烃是气体，中级炔烃是液体，高级炔烃是固体。炔烃的沸点、熔点随碳原子数的增加而升高。对于含相同数目碳原子的化合物而言，炔烃的沸点和熔点大于烯烃。叁键在链端的炔烃比叁键位于碳链中间的炔烃具有更低的沸点。炔烃不溶于水，易溶于有机溶剂。一些常见炔烃的物理常数列于表 4-1。

表 4-1　炔烃的物理常数

名　称	构造式	熔点/℃	沸点/℃	相对密度
乙炔	$CH\equiv CH$	−82	−75	
丙炔	$CH_3C\equiv CH$	−101.5	−23	
1-丁炔	$CH_3CH_2C\equiv CH$	−122	9	
1-戊炔	$CH_3(CH_2)_2C\equiv CH$	−98	40	0.695
1-己炔	$CH_3(CH_2)_3C\equiv CH$	−124	72	0.719
1-庚炔	$CH_3(CH_2)_4C\equiv CH$	−80	100	0.733
1-辛炔	$CH_3(CH_2)_5C\equiv CH$	−70	126	0.747
1-壬炔	$CH_3(CH_2)_6C\equiv CH$	−65	151	0.763
1-癸炔	$CH_3(CH_2)_7C\equiv CH$	−36	182	0.770
2-丁炔	$CH_3C\equiv CCH_3$	−24	27	0.694
2-戊炔	$CH_3CH_2C\equiv CCH_3$	−101	55	0.714
2-己炔	$CH_3CH_2CH_2C\equiv CCH_3$	−92	84	0.730
3-己炔	$CH_3CH_2C\equiv CCH_2CH_3$	−51	81	0.725

4.4　炔烃的化学性质

炔烃含有 C≡C 叁键官能团，C≡C 叁键由一个 C—Cσ 单键和两个 π 键构成，由于 π 键的存在，因此炔烃的性质与烯烃相似，可以发生亲电加成反应。然而炔烃进行亲电加成反应的能力却比烯烃要差，这主要是因为：一方面 C≡C 叁键的键长比 C═C 双键短，叁键上的 π 电子云比双键上的 π 电子云更靠近原子核，使得原子核对叁键 π 电子的吸引力比双键 π 电子大，所以叁键 π 电子与亲电试剂进行反应的能力比烯烃差。另一方面 C≡C 叁键中的 π 键受周围三个 σ 键的排斥，而 C═C 双键中的 π 键受周围五个 σ 键的排斥。当排斥作用越大时，π 键就越不稳定，活性也就越大，因此 C═C 双键中的 π 键受到五个 σ 键的排斥作用比 C≡C 叁键中的 π 键的三个 σ 键的排斥作用大，导致 C═C 双键中的 π 键更加活泼，更易发生亲电加成反应。

4.4.1　炔烃的亲电加成反应

4.4.1.1　加卤素

控制反应条件和卤素用量，炔烃可以与卤素加成生成二卤代烯烃或四卤代烷烃，炔烃与卤素的加成是亲电加成反应。

$$—C\equiv C— \xrightarrow{X_2} —\underset{X}{\underset{|}{C}}=\underset{X}{\underset{|}{C}}— \xrightarrow{X_2} —\overset{X}{\overset{|}{\underset{X}{\underset{|}{C}}}}—\overset{X}{\overset{|}{\underset{X}{\underset{|}{C}}}}—$$

$(X_2=Cl_2, Br_2)$

例如：　$$CH_3—C\equiv C—CH_3 \xrightarrow[25℃]{2Br_2} CH_3CHBr_2—CHBr_2CH_3$$

炔烃与溴的四氯化碳溶液反应，可使溴的红棕色褪色，现象明显，此反应可鉴别叁键的存在。

炔烃与碘的加成反应比与氯和溴的加成要困难得多，通常只能加一分子碘生成二碘烯烃。

$$HC\equiv CH + I_2 \xrightarrow{140\sim160℃} CHI{=}CHI$$

炔烃进行亲电加成反应比烯烃难，当分子中同时有叁键和双键时，双键更易发生亲电加成反应，但叁键和双键共轭时，则加成反应发生在叁键上。例如：

$$HC\equiv C{-}CH_2{-}CH{=}CH_2 + Br_2 \xrightarrow{低温} HC\equiv C{-}CH_2CHBrCH_2Br$$

$$\underset{共轭体系}{HC\equiv C{-}CH{=}CH_2} + Br_2 \longrightarrow CHBr{=}CBr{-}CH{=}CH_2$$

4.4.1.2 加卤化氢（马氏规则加成产物）

炔烃和一分子卤化氢加成生成卤代烯烃，与两分子卤化氢加成生成二卤代烷烃。不对称炔烃与卤化氢的加成符合 Markovnikov 规则。

$$-C\equiv C- \xrightarrow{HX} -\underset{H}{C}{=}\underset{X}{C}- \xrightarrow{HX} -\overset{H}{\underset{H}{C}}-\overset{X}{\underset{X}{C}}-$$

(HX＝HCl，HBr，HI)

加入催化剂可以促进炔烃亲电加成反应的进行。例如：

$$CH_3{-}C\equiv CH \xrightarrow[HgCl_2]{HCl} CH_3CCl{=}CH_2 \xrightarrow[HgCl_2]{HCl} CH_3CCl_2CH_3$$

在过氧化物和光的作用下，炔烃和 HBr 的加成反应也产生反马氏规则产物（即也有过氧化物效应）。例如：

$$CH_3{-}C\equiv CH + HBr \xrightarrow[-60℃]{过氧化物或光} CH_3CH{=}CHBr$$

4.4.1.3 加水（马氏规则加成产物）

在硫酸汞的硫酸溶液的催化作用下，炔烃和水加成生成醛或酮。此反应首先生成羟基和双键碳原子直接相连的加成产物，称为烯醇式。烯醇式结构通常不稳定，容易发生重排，由烯醇式转变为更加稳定的酮或醛式结构，这种重排称为烯醇式和酮式或醛式的互变异构。乙炔与水的加成产物为乙醛，其它的炔烃与水加成时要符合马氏规则，因此加成产物为酮。例如：

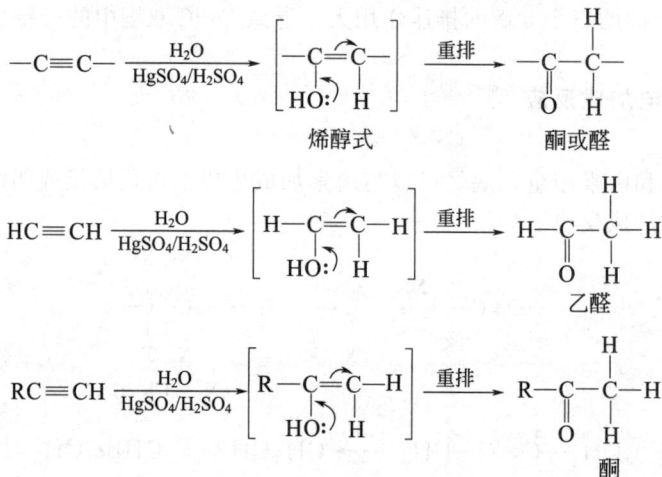

$$-C\equiv C- \xrightarrow[HgSO_4/H_2SO_4]{H_2O} \left[-\underset{HO:}{C}{=}\underset{H}{C}-\right] \xrightarrow{重排} -\underset{O}{\overset{}{C}}-\overset{H}{\underset{H}{C}}-$$

烯醇式　　　　酮或醛

$$HC\equiv CH \xrightarrow[HgSO_4/H_2SO_4]{H_2O} \left[H-\underset{HO:}{C}{=}\underset{H}{C}-H\right] \xrightarrow{重排} H-\underset{O}{C}-\overset{H}{\underset{H}{C}}-H$$

乙醛

$$RC\equiv CH \xrightarrow[HgSO_4/H_2SO_4]{H_2O} \left[R-\underset{HO:}{C}{=}\underset{H}{C}-H\right] \xrightarrow{重排} R-\underset{O}{C}-\overset{H}{\underset{H}{C}}-H$$

酮

4.4.1.4 硼氢化反应（反马氏规则加成产物，顺式加成）

炔烃和硼烷反应生成烯基硼化合物，末端炔烃与硼烷加成时生成反马氏规则加成产物，即硼原子加在含氢原子的叁键碳上，氢加在不含氢原子的叁键碳上。炔烃与硼烷的加成是顺式加成反应。例如：

$$RC\equiv CR' + \frac{1}{2}B_2H_6 \longrightarrow [RCH=CR']_3B$$

$$RC\equiv CH + \frac{1}{2}B_2H_6 \longrightarrow [RCH=CH]_3B$$

炔烃的硼氢化加成产物用醋酸处理可得到顺式烯烃；用 H_2O_2-NaOH 水溶液处理可得到羰基化合物（酮或醛），末端炔烃的硼氢化加成产物用 H_2O_2-NaOH 水溶液分解后得到醛，非末端炔烃则得到酮。例如：

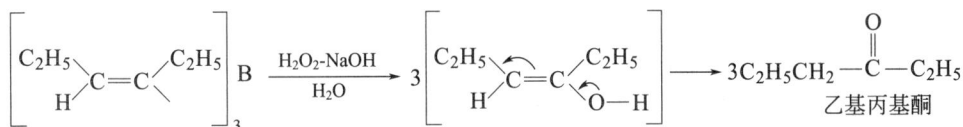

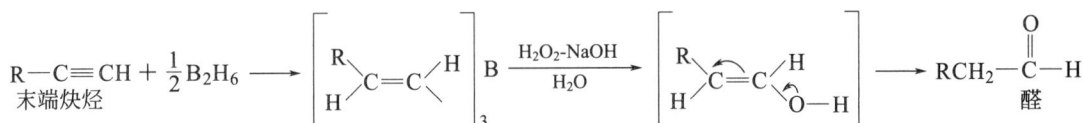

$$C_2H_5-C\equiv C-C_2H_5 + \frac{1}{2}B_2H_6 \longrightarrow \left[(C_2H_5)(H)C=C(C_2H_5)\right]_3B \xrightarrow{CH_3COOH} 3\,(C_2H_5)(H)C=C(C_2H_5)(H)$$

顺式己烯

$$\left[(C_2H_5)(H)C=C(C_2H_5)\right]_3B \xrightarrow[H_2O]{H_2O_2\text{-}NaOH} 3\left[(C_2H_5)(H)C=C(C_2H_5)(O-H)\right] \longrightarrow 3C_2H_5CH_2-\overset{O}{\overset{\|}{C}}-C_2H_5$$

乙基丙基酮

$$\underset{末端炔烃}{R-C\equiv CH} + \frac{1}{2}B_2H_6 \longrightarrow \left[(R)(H)C=C(H)\right]_3B \xrightarrow[H_2O]{H_2O_2\text{-}NaOH} \left[(R)(H)C=C(H)(O-H)\right] \longrightarrow \underset{醛}{RCH_2-\overset{O}{\overset{\|}{C}}-H}$$

尽管炔烃与水直接加成可生成醛或酮，但炔烃直接加水除了乙炔可生成乙醛外，其它的炔烃加水只能得到酮，不能得到醛。因此炔烃经硼氢化反应后用 H_2O_2-NaOH 水溶液分解加成产物是一种制备醛的好方法。

4.4.2　炔烃的亲核加成反应

炔烃除了能与亲电试剂进行亲电加成反应外，还可以与某些亲核试剂进行亲核加成反应。

4.4.2.1　加醇（马氏规则加成产物）

在碱的存在下，乙炔和甲醇发生加成反应，生成甲基乙烯基醚。其它炔烃与甲醇的加成也生成醚。例如：

$$HC\equiv CH + CH_3OH \xrightarrow[60℃]{20\%\ KOH} CH_3OCH=CH_2$$

$$R-C\equiv CH + CH_3OH \xrightarrow{OH^-} \underset{\underset{OCH_3}{|}}{RCH}=CH_2$$

炔烃和甲醇的加成反应机理可描述如下：

$$CH_3OH + OH^- \longrightarrow CH_3O^- + H_2O$$

$$R-C\equiv CH + CH_3O^- \xrightarrow{慢} R-\underset{\underset{OCH_3}{|}}{C}=CH^-$$

$$R-\underset{\underset{OCH_3}{|}}{C}=CH^- + CH_3OH \xrightarrow{快} R-\underset{\underset{OCH_3}{|}}{C}=CH_2 + CH_3O^-$$

以上反应的第一步是亲核性的 CH_3O^- 进攻叁键而发生的加成，因此由亲核试剂进攻而引起的加成是亲核加成。

4.4.2.2 加醋酸

在高温和催化剂（如醋酸锌-活性炭或用碱催化）存在的条件下，乙炔与醋酸在气相状态下加成生成醋酸乙烯酯，醋酸乙烯酯是制备维尼龙的主要原料，这个反应也属于亲核加成反应。例如：

$$HC\equiv CH + CH_3COOH \xrightarrow[170\sim230^\circ C]{\text{醋酸锌/活性炭或碱}} CH_3-\overset{\overset{\displaystyle O}{\|}}{C}-OCH=CH_2$$

醋酸乙烯酯

4.4.2.3 加氢氰酸

在氯化亚铜和氯化铵作催化剂的情况下，乙炔与氢氰酸发生亲核加成反应生成丙烯腈，丙烯腈是很重要的高分子合成原料，早期采用这种方法合成丙烯腈，由于这个反应中要用剧毒的氢氰酸，操作和环保都不方便。目前丙烯腈的工业合成主要采用丙烯的氨氧化法。

$$HC\equiv CH + H-C\equiv N \xrightarrow[\triangle]{Cu_2Cl_2/NH_4Cl} CH_2=CH-C\equiv N$$

丙烯腈

4.4.3 炔烃的催化加氢

在催化剂的存在下，炔烃可以加氢生成烷烃或烯烃。若用 Pt、Pd、Ni 等活泼金属做催化剂，炔烃直接加氢生成烷烃。例如：

$$RC\equiv CR \xrightarrow[\text{Pt, Pd 或 Ni}]{H_2} RCH=CHR \xrightarrow[\text{Pt, Pd 或 Ni}]{H_2} RCH_2CH_2R$$

$$C_2H_5-C\equiv C-C_2H_5 \xrightarrow[Pt]{2H_2} C_2H_5-CH_2-CH_2-C_2H_5$$

若用 Lindlar 催化剂（$Pd-CaCO_3$/醋酸铅）、P-2 催化剂（Ni_2B，也叫 Brown 催化剂）或 Cram 催化剂（$Pd-BaSO_4$/喹啉）控制氢气用量可以生成烯烃，炔烃催化加氢生成顺式烯烃。例如：

$$R-C\equiv C-R' + H_2 \xrightarrow[\text{或 Cram 催化剂或 P-2 催化剂}]{\text{Lindlar 催化剂}} \begin{matrix} R & & R' \\ & C=C & \\ H & & H \end{matrix}$$

顺式烯烃

$$C_2H_5-C\equiv C-C_2H_5 \xrightarrow[\text{Lindlar 催化剂}]{H_2} \begin{matrix} C_2H_5 & & C_2H_5 \\ & C=C & \\ H & & H \end{matrix}$$

顺-3-己烯

尽管炔烃进行亲电加成反应活性不及烯烃，但炔烃的催化加氢比烯烃更活泼，这是因为催化加氢不是亲电加成反应，而是在催化剂表面进行的反应，炔烃比烯烃更容易吸附在催化剂的表面上，所以炔烃更容易与吸附在上面的氢进行反应。例如：

$$HC\equiv C-\underset{\underset{\displaystyle CH_3}{|}}{C}=CHCH_2OH \xrightarrow[Pd-CaCO_3/\text{醋酸铅}]{H_2} CH_2=CH-\underset{\underset{\displaystyle CH_3}{|}}{C}=CHCH_2OH$$

炔烃除了用催化加氢的方法生成烯烃外，还可用还原剂还原成烯烃，此时得到的是反式烯烃，一种有效的方法是在液氨中用金属钠或锂还原。例如：

$$C_2H_5-C\equiv C-C_2H_5 \xrightarrow[-33^\circ C]{\text{Na-液 }NH_3} \begin{matrix} C_2H_5 & & H \\ & C=C & \\ H & & C_2H_5 \end{matrix}$$

反-3-己烯

4.4.4 炔烃的氧化反应

4.4.4.1 氧化剂氧化（$KMnO_4$）

炔烃和高锰酸钾溶液发生叁键断裂的氧化反应，生成两分子羧酸，若为末端炔烃，则生成一分子羧酸和二氧化碳。

$$RC\equiv CR' \xrightarrow{KMnO_4/H_2O} RCOOH + R'COOH$$

$$RC\equiv CH \xrightarrow{KMnO_4/H_2O} RCOOH + CO_2$$

炔烃与高锰酸钾反应，可使高锰酸钾溶液的紫色褪去，此反应可用来鉴别叁键的存在。例如：

$$CH_3C\equiv CC_3H_7 \xrightarrow[OH^-]{KMnO_4/H_2O} CH_3COOH + C_3H_7COOH$$

$$HC\equiv CC_4H_9 \xrightarrow[OH^-]{KMnO_4/H_2O} C_4H_9COOH + CO_2$$

4.4.4.2　臭氧化

与烯烃相似，炔烃也可以发生臭氧化反应生成臭氧化物，用水分解臭氧化物可以得到两分子羧酸。

$$RC\equiv CR' \xrightarrow{O_3} R-\underset{O-O}{C\overset{O}{—}C}-R' \xrightarrow{H_2O} RCOOH + R'COOH$$

这个反应也可以用来测定炔烃的结构，将产物中两个羧基碳原子用叁键连接起来，即是原来炔烃的结构。

叁键比双键难氧化，例如，下列分子和氧化剂作用时，氧化反应发生在双键上：

$$HC\equiv C(CH_2)_7CH=C(CH_3)_2 \xrightarrow{CrO_3/H_2O} HC\equiv C(CH_2)_7COOH + O=C(CH_3)_2$$

$$CH_3CH=CHC\equiv C-C\equiv CCH=CHCH_3 \xrightarrow{过氧酸} CH_3\underset{\diagdown O \diagup}{CH-CH}C\equiv C-C\equiv C\underset{\diagdown O \diagup}{CH-CH}CH_3$$

4.4.5　炔烃的聚合反应

在催化剂的存在下，炔烃也可以发生聚合反应，但炔烃与烯烃不同，炔烃通常只聚合成小分子化合物（二聚、三聚和四聚），不易聚合成高分子化合物。聚合产物因催化剂和反应条件的不同而不同。例如：

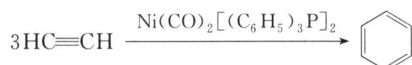

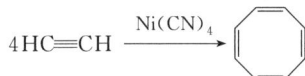

$$HC\equiv CH + HC\equiv CH \xrightarrow{Cu_2Cl_2/NH_4Cl} CH_2=CH-C\equiv CH$$

$$CH_2=CH-C\equiv CH + HC\equiv CH \xrightarrow{Cu_2Cl_2/NH_4Cl} CH_2=CH-C\equiv C-CH=CH_2$$

$$3HC\equiv CH \xrightarrow{Ni(CO)_2[(C_6H_5)_3P]_2} \text{(苯)}$$

$$4HC\equiv CH \xrightarrow{Ni(CN)_4} \text{(环辛四烯)}$$

4.4.6　炔氢（活泼氢）的反应

在炔烃分子中，与叁键碳原子直接相连的氢原子叫炔氢，又叫活泼氢。炔氢与炔烃分子中其它氢原子不同，它直接与电负性较大的 sp 杂化碳原子相连，碳氢键的极性比其它碳氢键（连接在双键碳上的碳氢键和连接在单键碳上的碳氢键）的极性要大，因此炔氢的性质比较活泼，具有一定的弱酸性，可以在强碱条件下，被金属原子取代生成金属炔化物。例如，炔氢能与碱金属 Li、Na、K 等氨基化物反应生成碱金属炔化物：

$$RC\equiv CH \xrightarrow[或\ Na/NH_3]{NaNH_2/液\ NH_3} RC\equiv CNa$$

$$HC\equiv CH + NaNH_2 \xrightarrow{液\ NH_3} HC\equiv CNa + NH_3$$

$$HC\equiv CH + NaNH_2 \xrightarrow{\text{液 } NH_3} NaC\equiv CNa + NH_3$$

利用金属炔化物和卤代烃反应可得到碳链增长的炔烃，因此，炔化物是个很有用的有机合成中间体。例如：

$$RC\equiv CH \xrightarrow{NaNH_2/\text{液 } NH_3} RC\equiv CNa \xrightarrow{R'X} RC\equiv CR'$$

含有炔氢的炔烃还可以与银和铜等过渡金属原子形成金属炔化物，这些炔化物都不溶于水，以沉淀的形式生成。例如，含有炔氢的炔烃分别与硝酸银的氨溶液或氯化亚铜的氨溶液作用，生成白色的炔化银沉淀或砖红色的炔化亚铜沉淀。利用这两个反应可鉴别炔烃，同时还可以鉴别末端炔烃和非末端炔烃。

$$RC\equiv CH \xrightarrow{AgNO_3 + NH_4OH} \underset{\text{白色沉淀}}{RC\equiv CAg\downarrow} + NH_4NO_3 + H_2O$$

$$RC\equiv CH \xrightarrow{Cu_2Cl_2 + NH_4OH} \underset{\text{砖红色沉淀}}{RC\equiv CCu\downarrow} + NH_4Cl + H_2O$$

过渡金属炔化物在干燥状态下受热或受震动容易爆炸，实验后，要立即用稀酸分解，避免发生事故。例如：

$$HC\equiv CH + 2AgNO_3 + 2NH_4OH \longrightarrow \underset{\text{白色沉淀}}{AgC\equiv CAg\downarrow} + 2NH_4NO_3 + 2H_2O$$

$$AgC\equiv CAg + 2HNO_3 \longrightarrow HC\equiv CH + 2AgNO_3$$

$$HC\equiv CH + Cu_2Cl_2 + 2NH_4OH \longrightarrow \underset{\text{砖红色沉淀}}{CuC\equiv CCu\downarrow} + 2NH_4Cl + 2H_2O$$

$$CuC\equiv CCu + 2HCl \longrightarrow HC\equiv CH + Cu_2Cl_2$$

4.5 炔烃的来源和制法

乙炔是最重要的炔烃，它不仅是有机合成的重要原料，而且可大量用作高温氧炔焰的燃料。工业上可用煤、石油或天然气作为原料生产乙炔。甲烷是天然气的主要成分，在1500℃高温下裂解或部分氧化可得到乙炔。例如：

$$2CH_4 \xrightarrow[0.01\sim 0.1s]{1500℃} HC\equiv CH + 3H_2$$

$$4CH_4 + O_2 \longrightarrow HC\equiv CH + 2CO + 7H_2O$$

乙炔也可用碳化钙法生产，例如：

$$3C + CaO \xrightarrow{2000℃} CaC_2 + CO$$

$$CaC_2 + 2H_2O \longrightarrow HC\equiv CH + Ca(OH)_2$$

习　题

1. 用系统命名法命名下列化合物：

(1) $CH_3-\underset{\underset{CH_2CH_3}{|}}{CH}-C\equiv C-CH_3$

(2) $(CH_3)_2CHC\equiv CC(CH_3)_3$

(3) $(CH_3)_3C-C\equiv C-C\equiv C-C(CH_3)_3$

(4) $CH_3CH_2CH_2-\underset{\underset{HC\equiv C}{|}}{C}=\underset{\underset{CH=CH_2}{|}}{C}-CH_2CH_2CH_3$

2. 写出下列化合物的结构式：

（1）二异丙基乙炔　　（2）3-甲基-3-戊烯-1-炔

（3）1,5-己二炔　　（4）乙基叔丁基乙炔

3. 完成下列反应式：

（1）$CH_3C\equiv CH + 2HBr \longrightarrow$

（2）$CH_2=CH-CH_2C\equiv CH + HCl \longrightarrow$

（3）$CH_3C\equiv CCH_3 + H_2 \xrightarrow{Pd\text{-}BaSO_4}$

（4）$2CH_3C\equiv CNa + BrCH_2CH_2Br \xrightarrow{液氨}$

（5）$CH_3C\equiv CCH_3 + H_2O \xrightarrow[HgSO_4]{H_2SO_4}$

（6）$CH_2=CHCH_2C\equiv CH \xrightarrow{?} CH_2=CHCH_2CH=CH_2$；$CH_2=CHCH_2C\equiv CH \xrightarrow{?} CH_3CH_2CH_2CH_2CH_3$

（7）$CH_3CH_2C\equiv CH \xrightarrow[KOH]{KMnO_4}$

（8）$CH_3CH_2C\equiv CH \xrightarrow[H_2O_2/OH^-]{B_2H_6}$

（9）$CH_3CH_2C\equiv CCH_3 \xrightarrow[H_2O]{O_3}$

4. 以丙炔为原料合成下列化合物：

（1）$CH_3CH=CHCH_2CH_2CH_3$　　（2）$CH_3CHBrCH_3$

（3）$CH_3CBr_2CH_3$　　（4）$CH_3(CH_2)_4CH_3$

5. 由指定原料合成下列化合物（无机试剂任选）：

（1）由乙炔合成 2-丁醇　　（2）由乙炔合成 3-己炔

（3）由 1-己烯合成 1-己醇　　（4）由 1-丁烯合成 2-丁醇

6. 鉴别下列各组化合物：

（1）2-甲基丁烷，3-甲基-1-丁烯，3-甲基-1-丁炔

（2）1-丁炔，2-丁炔

（3）1-己炔，1,3-己二烯，己烷

7. 某化合物能使溴的四氯化碳溶液褪色，与银氨溶液反应生成白色沉淀，氧化后得到 CO_2、H_2O 和 $(CH_3)_2CHCH_2COOH$。试写出该化合物的结构式和各步反应式。

8. 化合物 A 的分子式为 C_5H_8，与金属钠作用后再与 1-溴丙烷作用，生成分子式为 C_8H_{14} 的化合物 B。用 $KMnO_4$ 氧化 B 得到两种分子式均为 $C_4H_8O_2$ 的酸（C，D），C 和 D 彼此互为同分异构体。A 在 $HgSO_4$ 的存在下与稀 H_2SO_4 作用可得到酮 E。试推测化合物 A、B、C、D、E 的结构式及写出以上相关的反应式。

9. 分子式为 C_4H_6 的三个异构体 A、B、C 都能与溴反应，且与 B 和 C 反应的溴量是 A 的 2 倍。三个异构体都能和 HCl 发生反应，B 和 C 在 Hg^{2+} 催化下与 HCl 作用得到同一种产物。B 和 C 能迅速地和含 $HgSO_4$ 的稀硫酸作用，得到分子式为 C_4H_8O 的化合物。B 能与硝酸银的氨溶液作用生成白色沉淀，C 则不能。试推测 A、B 和 C 的结构式，并写出相关反应式。

第5章 脂 环 烃

前面各章讨论的都是开链烃，即脂肪烃。本章所要讨论的是结构上具有环状碳骨架，而性质与脂肪烃相似的烃类，它们统称为脂环烃。

5.1 脂环烃的分类和命名

5.1.1 脂环烃的分类

脂环烃根据环碳原子的饱和程度分为环烷烃、环烯烃和环炔烃。根据碳环数目分为单环烃和多环烃。

饱和的脂环烃叫环烷烃。最简单的环烷烃是含有三个碳原子的环丙烷。脂环烃的环上有双键的叫环烯烃，有两个双键的叫环二烯烃，有叁键的叫环炔烃。例如：

环丙烷　　环戊烯　　1,3-环己二烯

分子中含有一个碳环的脂环烃叫单环烃，有多个碳环的叫多环烃，其中两个碳环共有一个碳原子的叫螺环烃，共有两个或两个以上碳原子的叫桥环烃。例如：

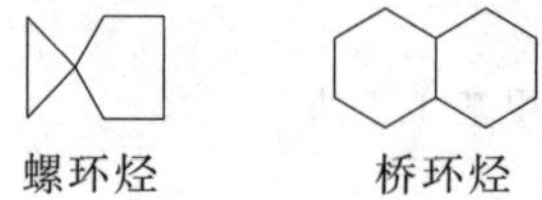

螺环烃　　桥环烃

5.1.2 脂环烃的命名

(1) 单环脂环烃的命名

单环烷烃的命名与烷烃相似。以碳环为母体，环上侧链为取代基。环状母体的名称是在同碳数直链烷烃的名称之前加一个“环”字。例如三个碳原子的环烷烃叫环丙烷。环上有一个简单烷基取代的，叫“某烷基环某烷”。例如，甲基环丙烷。若侧链烷基为复杂烷基，则以侧链为母体，环烷基为取代基。

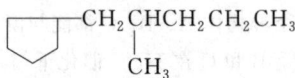

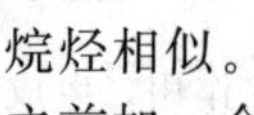

$-CH_3$　　$-CH_2CHCH_2CH_2CH_3$ (CH_3)

甲基环丙烷 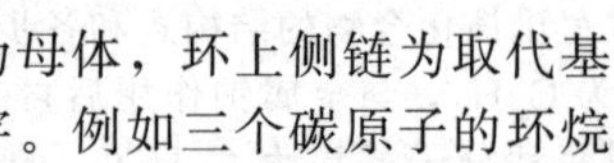　　2-甲基-1-环戊基戊烷

若环上有两个或更多的取代基，命名时应把取代基的位置标出，环碳原子编号应遵循“最低系列原则”，使取代基所在的位次和最小。例如：

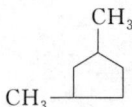

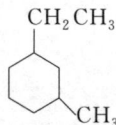

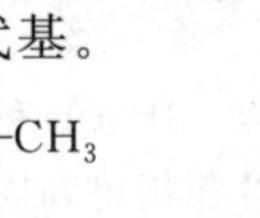

CH_3, CH_3　　CH_2CH_3, CH_3

1,3-二甲基环戊烷 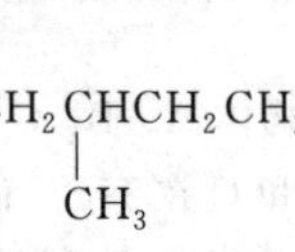　　1-甲基-3-乙基环己烷

由于碳原子连成环，环上C—C单键不能自由旋转，因此在环烷烃分子中，只要环上有两个碳原子各连有不同的原子或基团，就有构型不同的顺反异构体存在。例如，1,4-二甲基

环己烷就有顺反异构。两个甲基位于环平面同侧的是顺式异构体，两个甲基位于环平面异侧的是反式异构体。在书写环状化合物的结构式时，为了表示出环上碳原子的构型，可以把碳环表示为垂直于纸面，将朝向前面（即向着读者）的三个键用粗线或楔形线表示，把碳原子上的基团排布在环的上面和下面（若碳原子上没有取代基只有氢原子，也可以省略不写）。或者把碳环表示在纸面上，把碳原子上的基团排布在环的前方和后方，用实线表示伸向环平面前方的键，虚线表示伸向后方的键。1,3-二甲基环丁烷顺反异构体的表示如图 5-1 所示。

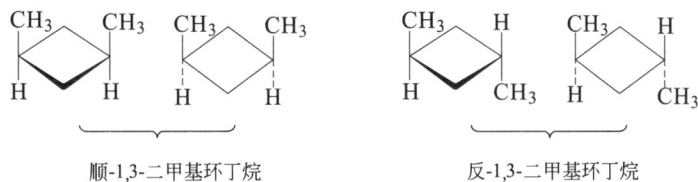

顺-1,3-二甲基环丁烷　　反-1,3-二甲基环丁烷

图 5-1　1,3-二甲基环丁烷的顺反异构体

单环烯（或炔）烃的命名也与相应的开链烯烃相似。以不饱和碳环为母体，侧链作为取代基。环上碳原子的编号顺序应使不饱和键所在位置的号码最小。对于只有一个不饱和键的环烯（或炔）烃，因不饱和键总是位于 C-1—C-2 之间，故命名时可把双键（或叁键）的位置省略不写。例如：

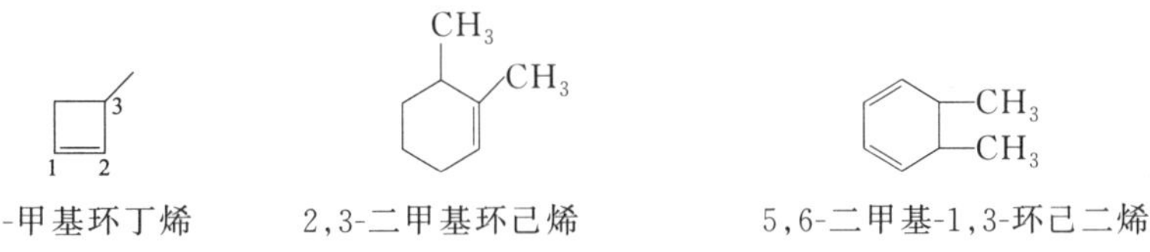

3-甲基环丁烯　　2,3-二甲基环己烯　　5,6-二甲基-1,3-环己二烯

（2）双环脂环烃的命名

脂肪烃分子中含有两个或两个以上碳环的化合物叫多环烃，其中两环共用两个碳原子的双环化合物叫桥环化合物，两环共用一个碳原子的双环化合物叫螺环化合物。桥环化合物中共用的两个碳原子叫桥碳原子（或桥头碳原子），螺环化合物中共用的碳原子叫螺碳原子。例如：

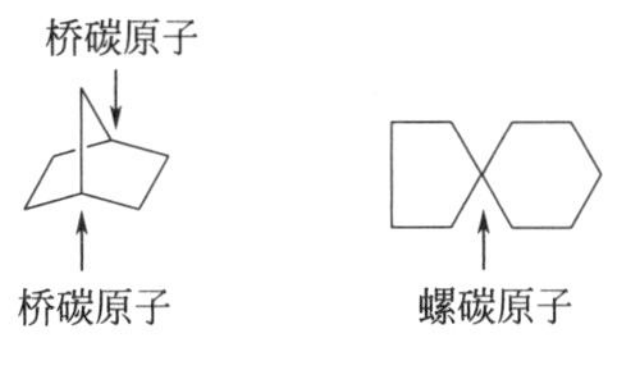

桥环化合物　　螺环化合物

双环脂环烃的命名

桥环化合物命名时，根据成环碳原子总数叫“双环（或二环）某烷”，再把连接两个桥头碳原子的三道“桥”所含碳原子数，按由大到小的顺序写在“双环”与“某烷”之间的方括号里，数字用圆点分开。环上有取代基或不饱和键时，需要把它们的位置表示出来。桥环化合物上碳原子编号从桥头碳原子开始，先编最长桥至另一桥头碳原子，再编次长桥回到第一个桥头碳原子，最后编最短的桥。编号时尽可能使不饱和键或取代基的编号较小。例如：

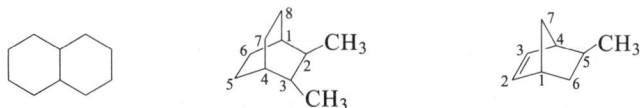

双环[4.4.0]癸烷　　2,3-二甲基双环[2.2.2]辛烷　　5-甲基双环[2.2.1]-2-庚烯

螺环化合物命名时，根据成环碳原子总数叫“螺某烃”，并把两个碳环除螺原子以外的碳原子数，按由小到大的顺序写在“螺”与“某烃”之间的方括号中，数字间用圆点分开。

环上有取代基或不饱和键时，需要把它们的位置表示出来。螺环化合物碳原子的编号原则是：从与螺原子相邻的碳原子开始，先编小环和螺原子，再编大环。编号时尽可能使不饱和键或取代基的编号较小。例如：

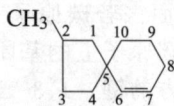

螺[4.5]癸烷　　2-甲基螺[4.5]-6-癸烯

课堂练习 5.1　命名下列化合物。

(1)　(2)　(3)　(4)

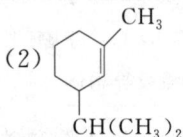

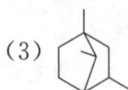

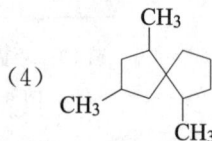

5.2 环烷烃的结构

在烷烃分子中的碳原子是 sp^3 杂化，当碳原子成键时，它的 sp^3 杂化轨道沿着轨道对称轴与其它原子的轨道交盖，形成 109.5°的键角。环烷烃的碳原子也是 sp^3 杂化，但为了形成环，碳原子的键角就不一定是 109.5°，环的大小不同，键角不同。

5.2.1 环丙烷的结构

在环丙烷分子中，三个碳原子形成一个正三角形。sp^3 杂化轨道的夹角是 109.5°，而正三角形的内角是 60°。因此，在环丙烷分子中，碳原子形成 C—Cσ 键时，sp^3 杂化轨道不可能沿轨道对称轴实现最大的交盖。为了形成环状结构，每个碳原子必须把形成 C—Cσ 键的两个杂化轨道间的角度缩小。如图 5-2 所示。

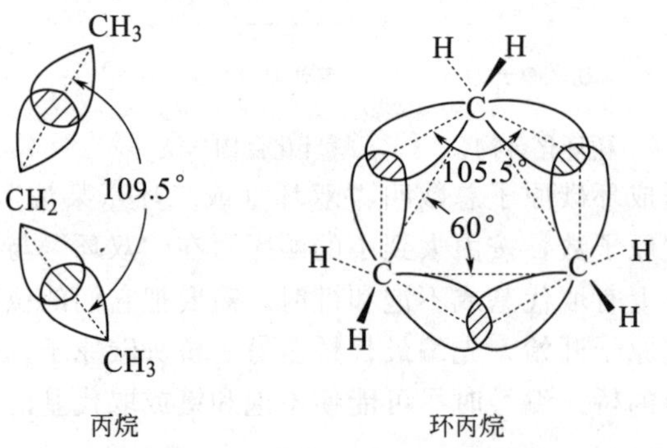

图 5-2　丙烷及环丙烷分子中碳碳键原子轨道交盖情况

根据物理方法测定，已知环丙烷的 C—C—C 键角是 105.5°。它的 C—H 键键长是 0.1089nm，比烷烃的 C—H 键键长（0.1095nm）短，它的 H—C—H 键角是 115°，比甲烷的 H—C—H 键角（109.5°）大。由此形成的环丙烷，其 C—C—C 键角虽然比 109.5°小，但还是比 60°大，因此碳碳之间的杂化轨道仍然不是沿两个原子之间的连线交盖的。这样的

键与一般的 σ 键不一样，它的电子云不呈键轴对称，而是分布在一条曲线上，故通常称之为弯曲键。

弯曲键与正常的 σ 键相比，轨道交盖程度较小，因此比一般的 σ 键弱，并且有较高的能量，这就是环丙烷张力较大，容易开环的一个重要因素。这种由于键角偏离正常键角而引起的张力叫角张力。

除角张力外，环丙烷的张力较大的另一个因素是扭转张力。在烷烃中已经讨论过，重叠式构象比交叉式构象能量高，比较不稳定。环丙烷的三个碳原子在同一平面上，相邻两个碳原子的 C—H 键都是重叠式的，因此也具有较高的能量。这种由于构象重叠式而引起的张力，叫扭转张力。

环丙烷的张力较大，分子能量较高，所以很不稳定，在化学性质上表现为容易发生开环反应。

5.2.2　环丁烷的结构

环丁烷是由四个碳原子组成的环。如果环是平面结构，正四边形的内角是 90°，所以环丁烷的 C—C 键也是弯曲键。不过，其弯曲程度比较小。但环丁烷有四个弯曲键，比环丙烷多一个。同时环丁烷相邻碳原子上的 C—H 键都是重叠式的，并且比环丙烷多一个 CH_2 环节，所以处于重叠式构象的 C—H 键比环丙烷还要多。因此环丁烷的环张力也还是比较大的。

但实际上环丁烷的四个碳原子不在一个平面上。环丁烷分子是通过 C—C 键的扭转而以一个折叠的碳环形式存在的。因为这样可以减小 C—H 键的重叠，从而使环张力相应降低。环丁烷折叠式构象是四个碳原子中，三个分布在同一平面上，另一个处于这个平面之外。如图 5-3 所示。环丁烷的这种构象虽较平面构象能量有所降低，但环张力还是相当大的。所以环丁烷也是不稳定的化合物。

图 5-3　环丁烷的结构

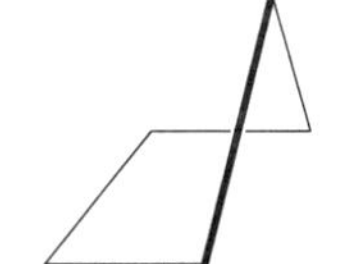

图 5-4　环戊烷的结构

5.2.3　环戊烷的结构

环戊烷如果是平面结构，C—C—C 夹角应是 108°，这与正常的 sp^3 键角相近，故这种结构没有什么角张力。但在平面结构中，所有的 C—H 键都是重叠的，因此有较大的扭转张力。为降低扭转张力，环戊烷实际上是以折叠环的形式存在的，它的四个原子基本在一个平面上，另一个碳原子则在平面外。这种构象通常叫做“信封式”构象，如图 5-4 所示。在这种构象中，分子的张力不太大，因此环戊烷的化学性质比较稳定。

5.2.4　环己烷的构象

（1）环己烷的构象

环己烷分子中的六个碳原子不共平面，且六元环是无张力环，键角为 109.5°。环己烷的典型构象是椅式构象和船式构象。这两种构象的透视式和纽曼投影式如图 5-5 所示。

在椅式构象中，所有 C—C—C 键角基本保持 109.5°，且任何两个相邻碳原子上的 C—H 键都是交叉式，所以环己烷的椅式构象是个无张力环。在船式构象中，所有键角也都接近 109.5°，故也没有角张力。但其相邻碳原子上的 C—H 键却并非全是交叉式。其中，C-1 和 C-6 上的 C—H 键以及 C-3 和 C-4 上的 C—H 键，都是重叠式。此外，C-2

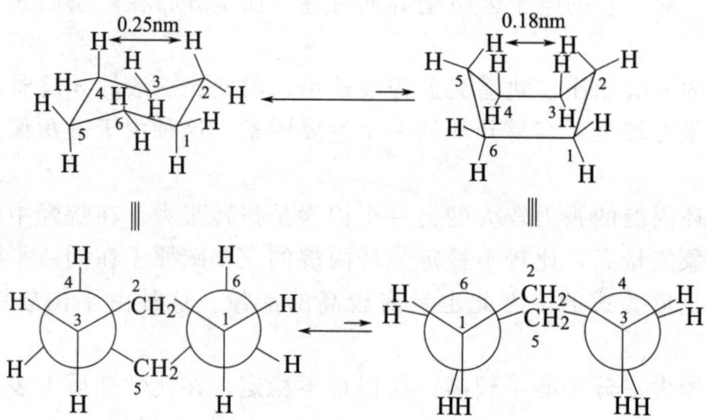

椅式构象　　船式构象

图 5-5　环己烷的椅式构象和船式构象

和 C-5 的两个向内伸的氢原子之间，由于距离较近而相互排斥，使分子能量有所升高。因此船式构象的能量比椅式构象的能量高，椅式构象比船式构象能量低 29.7kJ/mol，船式构象属于不稳定构象，在环己烷各种构象平衡混合物中，椅式构象占绝对优势（99.99%以上）。

环己烷椅式构象中所有相邻 C—H 键处于顺错式位置，12 个 C—H 键中，有 6 个与对称轴 A 平行，叫直立键（或称 a 键）。另 6 个与对称轴成 109.5°的倾斜角，叫平伏键（或称 e 键），a 键上的 H 叫 a-H，e 键上的 H 叫 e-H。环己烷椅式构象中 a 键和 e 键情况如图 5-6 所示。

环己烷有两个等价的椅式构象，从一种椅式构象可以迅速扭转为另一种椅式构象，转变发生后，原来的 a 键变成 e 键，e 键变成 a 键，如图 5-7 所示。

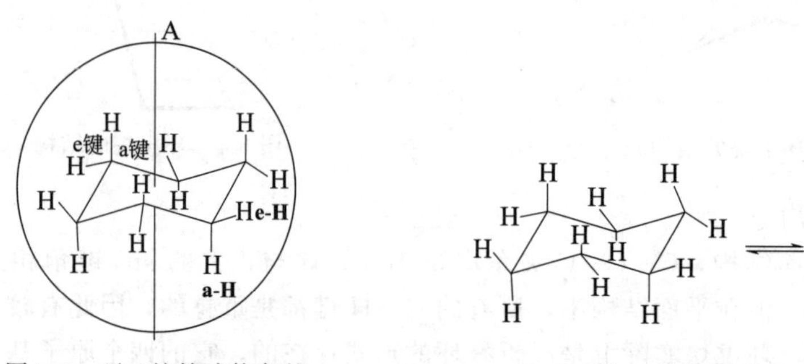

图 5-6　环己烷椅式构象的直立键和平伏键

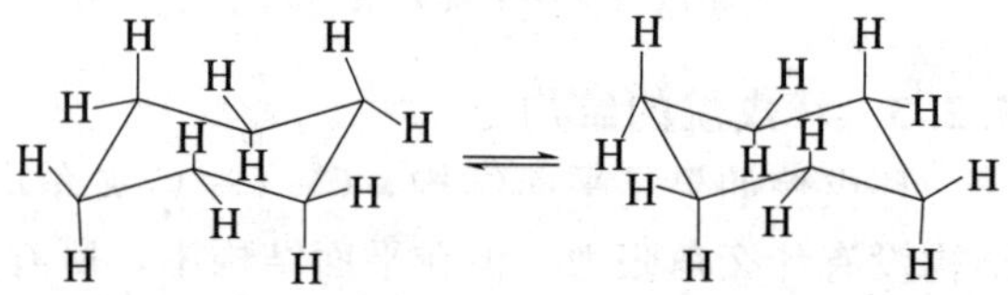

图 5-7　环己烷椅式构象的翻转

（2）取代环己烷的构象

环己烷上的一个或几个氢原子被其它基团取代后生成的取代类环己烷化合物，其最稳定的构象都是椅式构象。

对于一取代环己烷衍生物，取代基连在 e 键（平伏键）上的椅式构象是最稳定的构象。因为 e 键上的取代基是向外伸的，它与 C-3、C-5 的 a 键氢原子相距较远，排斥力很小，分子能量较低。如果取代基位于 a 键（直立键）上，取代基与 C-3、C-5 的 a 键氢原子相距较近，排斥力较大，分子能量较高。因此，在平衡体系中，e 键甲基环己烷占 95%，a 键甲基环己烷只占 5%。当取代基的体积很大时（如叔丁基），平衡体系中 a 键取代物含量极少。

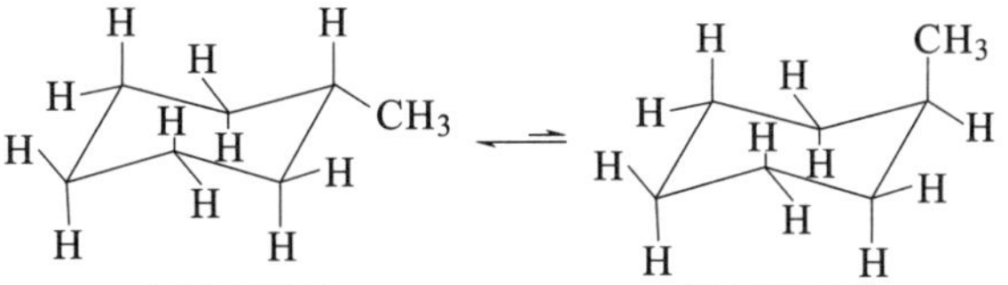

e-甲基环己烷 95% ⇌ a-甲基环己烷 5%

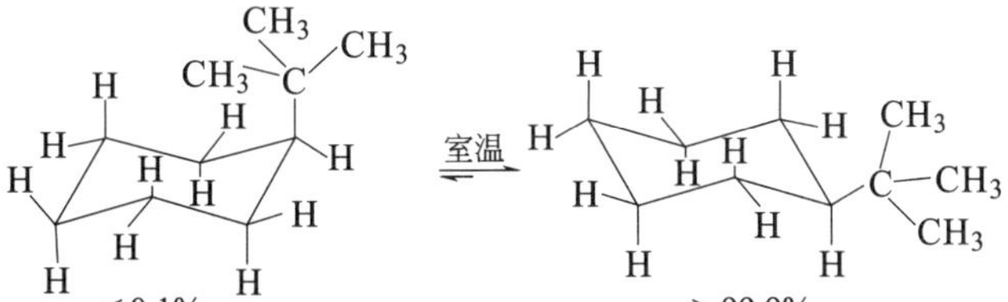

<0.1% ⇌(室温) >99.9%

当环上有多个取代基时，通常体积大的取代基位于 e 键和有尽可能多的基团位于 e 键的构象是最稳定的构象。若取代基不可能都位于 e 键，则最大的基团位于 e 键的构象是最稳定的构象。例如：

1,2-二甲基环己烷反式构象的稳定性大于顺式构象：

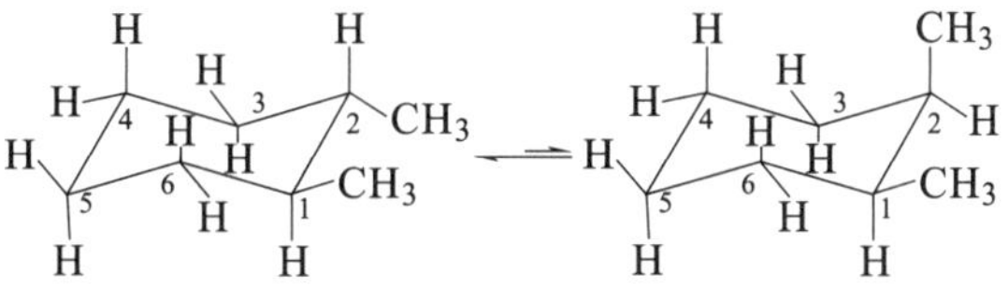

反-1, 2-二甲基环己烷 (e, e型) ⇌ 顺-1,2-二甲基环己烷 (e, a型)

1,3-二甲基环己烷的顺式构象稳定性大于反式构象：

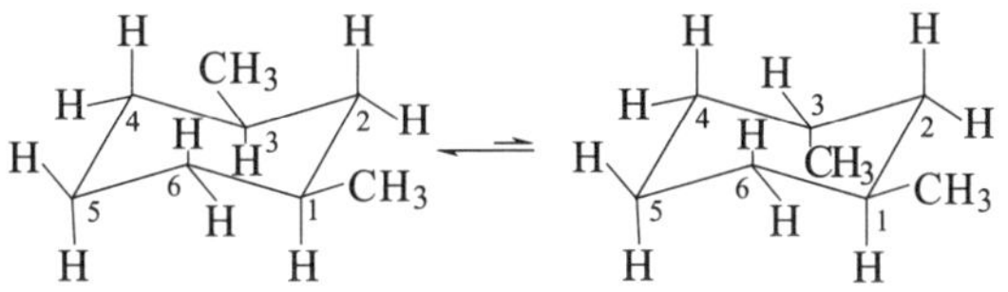

顺-1, 3-二甲基环己烷 (e, e型) ⇌ 反-1,3-二甲基环己烷 (e, a型)

1,4-二甲基环己烷反式构象的稳定性大于顺式构象：

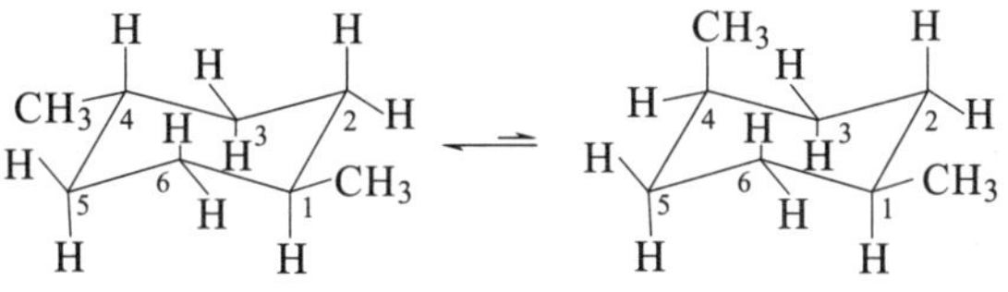

反-1, 4-二甲基环己烷 (e, e型) ⇌ 顺-1,4-二甲基环己烷 (e, a型)

4-叔丁基环己醇反式构象的稳定性大于顺式构象：

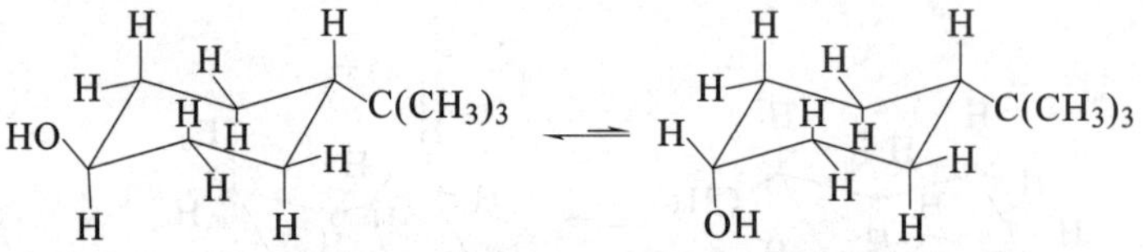

反-4-叔丁基环己醇（e, e型） ⇌ 顺-4-叔丁基环己醇（e, a型）

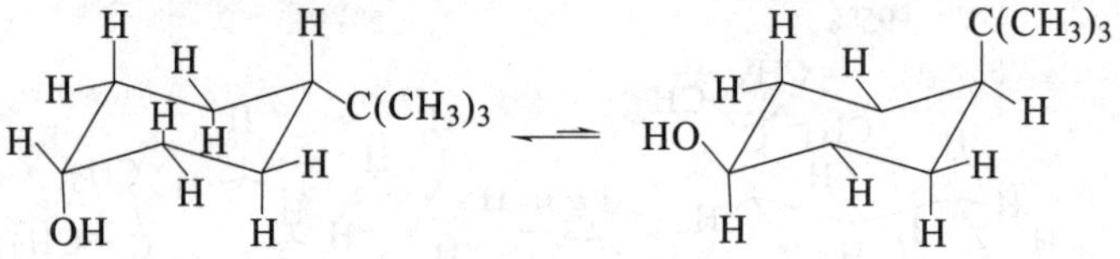

（Ⅰ） ⇌ （Ⅱ）

稳定性（Ⅰ）>（Ⅱ）

课堂练习 5.2　写出下列化合物的最稳定构象：

（1）甲基环己烷　　（2）顺-1,2-二甲基环己烷

（3）顺-1-甲基-2-异丙基环己烷　　（4）反-1-甲基-3-叔丁基环己烷

5.3 环烷烃的性质

环烷烃的沸点和熔点比相应的烷烃高一些，相对密度也比相应的烷烃高，但仍比水轻。

环烷烃分子中只包含 C—C 键和 C—H 键，所以环烷烃的化学性质与烷烃相似。但对于小环化合物（环丙烷和环丁烷），由于分子中有较大的张力，因而显示一些特殊反应，这些反应不是烷烃的反应，而是烯烃的特征反应。

5.3.1 环烷烃的取代反应

环烷烃也是饱和烃，像烷烃一样，在光和热的作用下也可以和卤素发生自由基取代反应，生成相应的卤代物。例如：

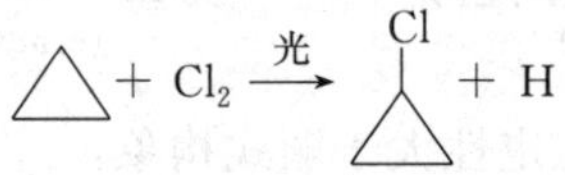

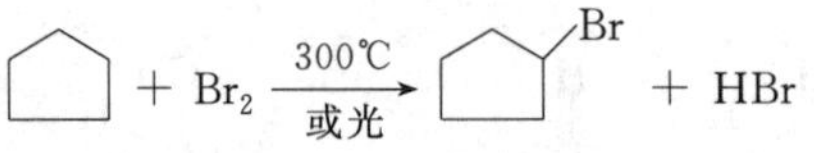

$$\text{环丙烷} + Cl_2 \xrightarrow{\text{光}} \text{氯代环丙烷} + H$$

$$\text{环戊烷} + Br_2 \xrightarrow[\text{或光}]{300℃} \text{溴代环戊烷} + HBr$$

5.3.2 环烷烃的氧化反应

在常温下环烷烃与一般的氧化剂（如 $KMnO_4$ 等）不发生反应，但在高温和催化剂的作用下，某些环烷烃可和强氧化剂或被空气氧化生成各种含氧化合物，产物因氧化反应条件不同而不同。例如：

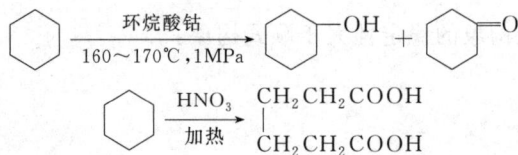

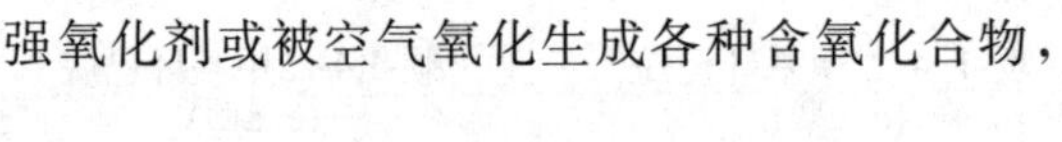

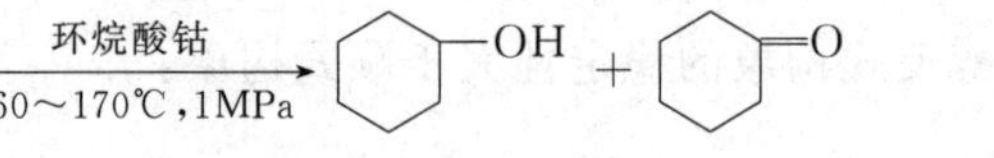

$$\text{环己烷} \xrightarrow[160\sim170℃,1MPa]{\text{环烷酸钴}} \text{环己醇(—OH)} + \text{环己酮(=O)}$$

$$\text{环己烷} \xrightarrow[\text{加热}]{HNO_3} \begin{matrix} CH_2CH_2COOH \\ | \\ CH_2CH_2COOH \end{matrix}$$

5.3.3 小环烷烃的加成反应

（1）催化加氢

在催化剂的作用下，环烷烃可以与氢加成生成相应的烷烃，环越小，反应越容易进行。例如：

$$\triangle + H_2 \xrightarrow[80℃]{Ni} CH_3CH_2CH_3$$

$$\square + H_2 \xrightarrow[200℃]{Ni} CH_3CH_2CH_2CH_3$$

$$⬠ + H_2 \xrightarrow[300℃]{Pt} CH_3CH_2CH_2CH_2CH_3$$

催化加氢活性为：$\triangle > \square > ⬠$

（2）加卤素

环丙烷和环丁烷除了能和氢加成外，在溶液中还能与溴发生加成反应，生成开链的二溴代物，环丙烷的反应活性大于环丁烷。例如：

$$\triangle + Br_2 \xrightarrow[室温]{CCl_4} BrCH_2CH_2CH_2Br$$

$$\square + Br_2 \xrightarrow{加热} BrCH_2CH_2CH_2CH_2Br$$

加卤素的活性为：$\triangle > \square$

五元环以上的环烷烃一般不与卤素进行加成反应，而是进行取代反应，所以可以用环丙烷与溴的加成反应（溴水褪色）来鉴别小环（环丙烷）和大环。

（3）加卤化氢

环丙烷及其取代物能与卤化氢加成，生成卤代开链烃化合物。对于取代的环丙烷化合物，键的断裂一般发生在含氢最多和含氢最少的两个碳之间。氢加在含氢最多的碳上，卤素加在含氢最少的碳上。环丁烷以上的环烷烃一般不与卤化氢进行加成反应。

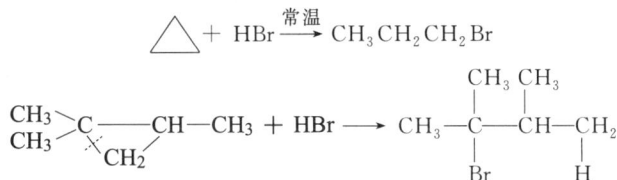

$$\triangle + HBr \xrightarrow{常温} CH_3CH_2CH_2Br$$

$$(CH_3)_2\overset{}{C}\text{—}CH\text{—}CH_3 \text{（C 与 CH 经 }CH_2\text{ 成环）} + HBr \longrightarrow CH_3\text{—}\underset{Br}{\overset{CH_3}{C}}\text{—}\overset{CH_3}{CH}\text{—}\underset{H}{CH_2}$$

课堂练习 5.3 写出下列反应的主要产物：

$$\triangle\!\!<^{CH_3}_{CH_3} + Br_2 \longrightarrow$$

5.4 环烯烃、环炔烃的性质

5.4.1 环烯烃、环炔烃的加成反应

环烯烃、环炔烃像烯烃、炔烃一样，不饱和碳碳键容易发生加氢、加卤素、加卤化氢、加硫酸等反应。例如：

$$\text{环戊烯} + Br_2 \xrightarrow{CCl_4} \text{1,2-二溴环戊烷}$$

$$\text{1-甲基环戊烯} + HI \longrightarrow \text{1-甲基-1-碘环戊烷}$$

5.4.2　环烯烃、环炔烃的氧化反应

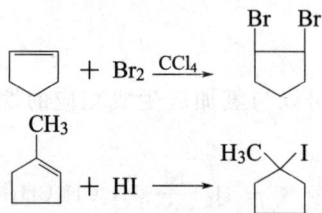

环烯烃、环炔烃的不饱和碳-碳键也容易被高锰酸钾、臭氧等氧化而断裂生成开链的氧化产物。例如：

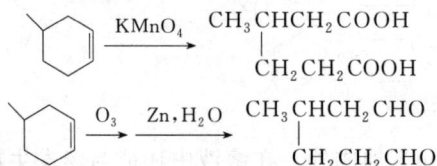

$$\text{4-甲基环己烯} \xrightarrow{KMnO_4} \begin{array}{l} CH_3CHCH_2COOH \\ \quad\;\; | \\ \quad\;\; CH_2CH_2COOH \end{array}$$

$$\text{4-甲基环己烯} \xrightarrow{O_3} \xrightarrow{Zn, H_2O} \begin{array}{l} CH_3CHCH_2CHO \\ \quad\;\; | \\ \quad\;\; CH_2CH_2CHO \end{array}$$

5.4.3　共轭环二烯烃的双烯合成反应

具有共轭双键的环二烯烃具有共轭二烯烃的一般性质，能与某些不饱和化合物发生双烯合成反应。例如：

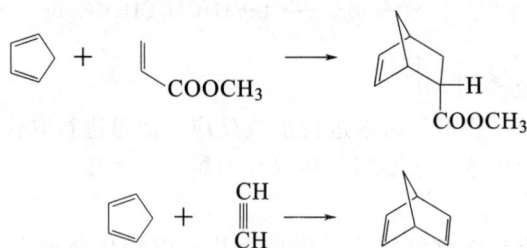

$$\text{环戊二烯} + CH_2{=}CHCOOCH_3 \longrightarrow \text{双环[2.2.1]庚-5-烯-2-甲酸甲酯（H, } COOCH_3\text{）}$$

$$\text{环戊二烯} + \begin{array}{c} CH \\ ||| \\ CH \end{array} \longrightarrow \text{双环[2.2.1]庚-2,5-二烯}$$

环戊二烯的双烯合成反应，是合成含有五元环的双环化合物的好方法。

环戊二烯在常温下能聚合成二聚环戊二烯，这是两分子环戊二烯之间发生了双烯合成的结果。一分子环戊二烯作为双烯体，另一分子则作为亲双烯体参加了反应。二聚环戊二烯受热又分解成环戊二烯。

$$\text{环戊二烯} + \text{环戊二烯} \longrightarrow \text{二聚环戊二烯（H, H）}$$

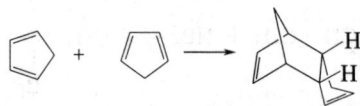

习　题

1. 写出分子式为 C_5H_{10} 的所有异构体，并命名。
2. 命名下列化合物：

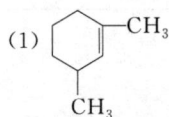

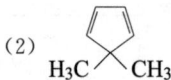

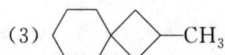

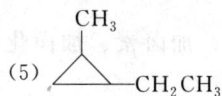

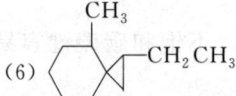

(1) 环己烯环上带两个 CH_3（1,5-二甲基环己烯）

(2) 环戊二烯，带 H_3C、CH_3（5,5-二甲基）

(3) 螺环（环己烷与环丁烷）—CH_3

(4) 双环（环己烷并环丙烷），CH_3、CH_3

(5) 环丙烷，带 CH_3 和 —CH_2CH_3

(6) 螺环（环己烷与环丙烷），带 CH_3 和 —CH_2CH_3

（7）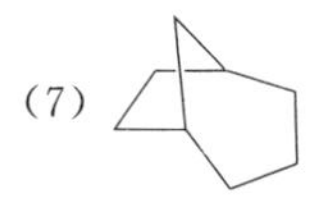　　（8）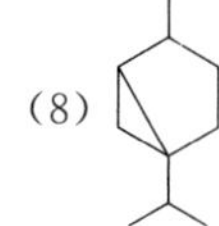

3. 写出下列化合物的结构：

（1）1,1-二甲基环己烷　　（2）叔丁基环丙烷

（3）3-甲基-1,4-环己二烯　　（4）3-甲基双环[4.4.0]癸烷

（5）双环[3.2.1]辛烷　　（6）2-甲基-9-乙基螺[4.5]-6-癸烯

4. 下列取代环己烷的构象中，哪一个为最优势构象？为什么？

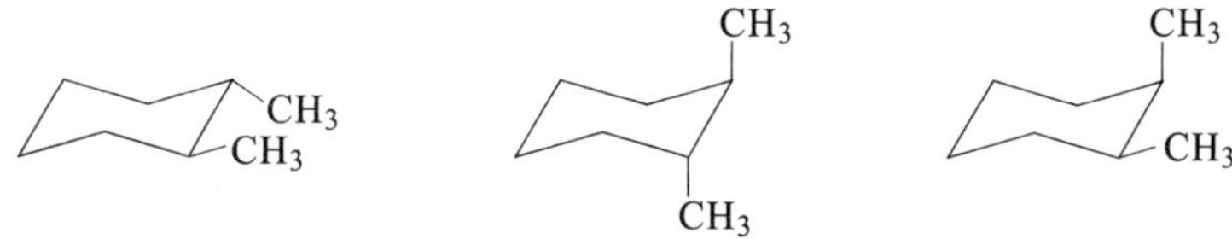

5. 完成下列反应式：

（1）—CH_3 $\xrightarrow{H_2/Ni}$；$\xrightarrow{Br_2}$；$\xrightarrow{HI}$

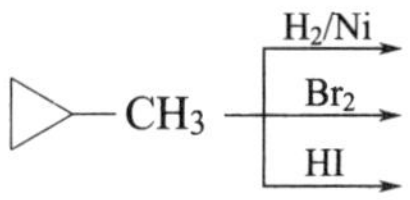

（2）—CH_3 $\xrightarrow{H_2/Ni}$；$\xrightarrow{HBr/H_2O_2}$；$\xrightarrow{O_3}$ $\xrightarrow[H_2O]{Zn}$

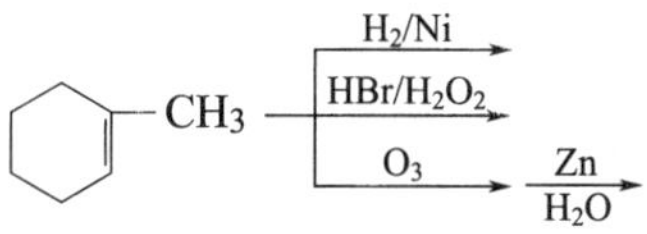

（3）—$CH{=}CH_2$ $\xrightarrow[H^+]{KMnO_4}$

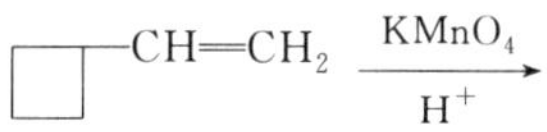

（4）$+ Br_2 \xrightarrow{300℃}$

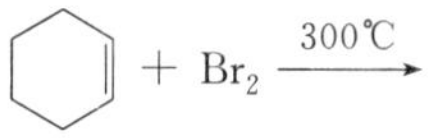

（5）$\xrightarrow{CH_2{=}CHCN}$；$\xrightarrow{CH_2{=}CHCOOCH_3}$

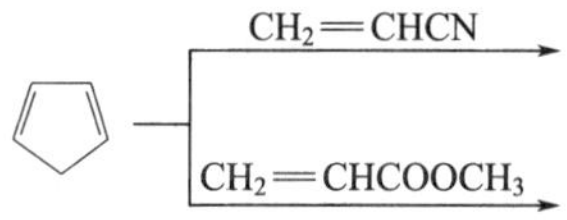

（6）$+ Br_2(1mol) \longrightarrow$

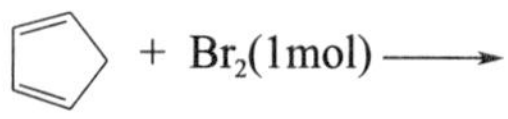

（7）+ 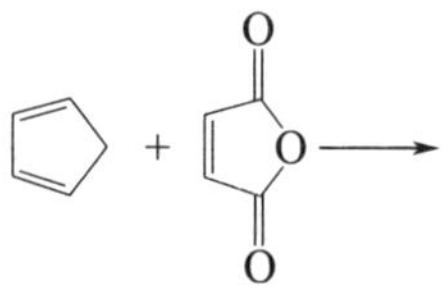 O ⟶

（8）—CH_2Br $\xrightarrow{HC{\equiv}CNa}$ $\xrightarrow[H_2O]{HgSO_4/H^+}$

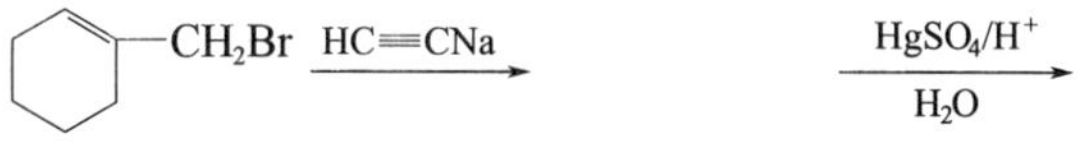

6. 试用简单的化学方法区别：环丙烷、丙烷和丙烯。

7. 以丙烯和1,3-环戊二烯为原料合成 —CH_2Cl。

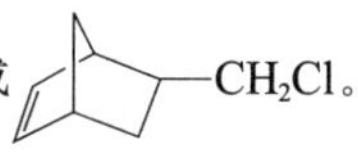

8. 有A、B、C、D四种化合物，分子式均为 C_6H_{12}，A用臭氧氧化水解后得到丙醛和丙酮，D用臭氧氧化水解后只得到一种产物。B和C与臭氧或催化氢化都不反应，C分子中所有的氢原子均为等价，而B分子中含有一个 CH_3—CH 结构单元。问A、B、C、D可能的结构式？

第 6 章　有机化合物波谱分析

有机化合物的结构测定是有机化学的重要组成部分。过去主要依靠化学方法来测定有机化合物的结构，样品用量大，费时、费力。如鸦片中吗啡碱的结构测定，从 1805 年开始，直至 1952 年才彻底完成。利用现代波谱分析手段，仅需要微量样品，就能够快速地测定一些结构较简单的化合物的结构，有时甚至能够获得其聚集状态及分子间相互作用的信息。

有机化学中应用最广的波谱手段是紫外光谱（UV）、红外光谱（IR）、核磁共振（NMR）和质谱（MS），简称四大谱。前三者为分子吸收光谱，而质谱是化合物分子经高能粒子轰击形成正电荷离子，在电场的作用下按质荷比大小排列而成的图谱，不是吸收光谱。本章仅介绍红外光谱和核磁共振谱。

6.1 红外光谱

6.1.1 红外光谱产生的原理

有机化合物分子由各种原子组成，每两个原子之间都由共价键相连，分子中的原子总是处于不断的振动之中。分子振动能级之间的跃迁，要吸收能量，而这个能量正好在红外线的范围之内，所以当红外线照射有机分子时，会有一部分红外光被吸收，通过仪器检测红外线的吸收情况，就可以得到红外吸收图谱（infrared spectroscopy，简称 IR）。

不同分子其组成的原子和化学键也不同，所以用红外线照射不同的有机分子时会得到不同的图谱，通过对图谱的解析和对比就可以判断分子的类型和分子中化学键的情况，因此红外光谱在有机化合物的定性分析中非常有用。

红外线可分为三个区域：近红外、中红外、远红外。它们在化合物结构分析中的应用范围如下：

	可见光 ←	近红外	中红外	远红外	→ 微波
λ/μm	0.8	2.5	50		1000
$\tilde{\nu}$/cm^{-1}	12500	4000	200		10
分子跃迁类型		泛频、倍频	分子振动和转动	晶格振动和纯转动	
适用范围		有机官能团定量分析	有机分子结构分析和样品成分分析	无机矿物和金属有机物	

红外光谱法主要讨论有机物对中红外区的吸收。

有机物分子吸收的红外光范围为：

波长（λ）：2.5～50μm

相当的波数（$\tilde{\nu}$）：200～4000cm^{-1}

在红外光谱中波长常用波数代替，波数为波长的倒数，$\tilde{\nu}=\dfrac{1}{\lambda}$。

6.1.2　红外光谱产生的条件

并不是所有的振动能级的变化都吸收红外线，只有满足以下两个条件才会产生红外光谱（即有红外活性）。

① 辐射的红外线应具有能满足分子产生振动跃迁所需的能量；

② 只有那些在振动过程中有瞬时偶极变化的振动发生能级跃迁才吸收红外线。

由此可知对称分子没有偶极矩，无红外活性，不会产生红外光谱。例如：N≡N、O═O、Cl—Cl、对称炔烃中的叁键（R—C≡C—R），以及对称烯烃中的双键等无红外活性。非对称分子有偶极矩，有红外活性。

6.1.3　分子中原子的振动类型和化学键的振动频率

分子的振动类型有两大类。

（1）伸缩振动（键长变化，键角不变）

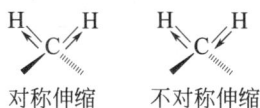

对称伸缩　　不对称伸缩

（2）弯曲振动（键角变化，键长不变）

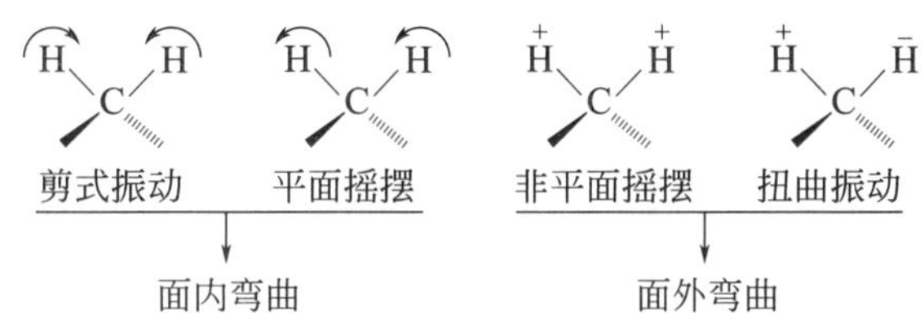

（图中“+”和“−”表示与纸面垂直但方向相反的运动）

化学键的振动频率可用虎克（Hooke）定律来描述。振动模型可将化学键相连的两个原子看作一个小振子，两个原子质量分别为 m_1、m_2。

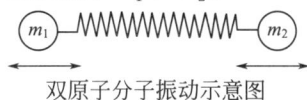

双原子分子振动示意图

假定其力常数为 K，由 Hooke 定律可求得其振动频率和波数：

振动频率 $\nu=\dfrac{1}{2\pi}\sqrt{\dfrac{K}{\mu}}$，$\mu=\dfrac{m_1m_2}{m_1+m_2}$；波数 $\tilde{\nu}=\dfrac{1}{\lambda}=\dfrac{\nu}{c}=\dfrac{1}{2\pi c}\sqrt{\dfrac{K}{\mu}}$

式中，c 是光速；μ 是折合质量；K 是化学键的力常数。

以上方程称振动方程，从方程中可以看出，化学键的振动频率与化学键的力常数 K 的平方根成正比，与原子的折合质量 μ 的平方根成反比。

例如，K 越大，其振动频率越高，吸收峰出现在高波数区（即短波区），反之吸收峰出现在低波数区（即长波区）。

键的类型	C≡C	C═C	C—C
$K/(10^{10}\,N/cm)$	12～18	8～12	4～6
波数/cm^{-1}	2100～2260	1600～1680	700～1200

μ 越小，即 m_1、m_2 越小，振动频率越高，吸收峰出现在高波数区。

化学键	C—H	C—N	C—O
波数/cm^{-1}	2853～2960	1180～1360	1080～1300

波数的高低，一般有以下几个规律。

① 极性越大，波数越高。比如 O—H＞C—H。

② π 键越多，波数越高。比如 C≡C ＞C═C＞C—C。

③ 对C═O键波数的影响：诱导效应使得C═O吸收峰向高波数移动；共轭效应使得C═O吸收峰向低波数移动。

6.1.4 有机化合物基团的红外特征频率

红外光谱图一般以1300cm^{-1}为界，4000～1300cm^{-1}为官能团区，用于官能团的鉴定；1300～650cm^{-1}为指纹区，用于鉴别两化合物是否相同。

官能团区吸收峰大多由成键原子的伸缩振动而产生，与整个分子的关系较小，不同化合物中的相同官能团的出峰位置相对固定，可用于确定分子中含有哪些官能团。

指纹区吸收峰大多与整个分子的结构密切相关，不同分子的指纹区吸收不同，就像不同的人有不同的指纹，可鉴别两个化合物是否相同。指纹区内的吸收峰不可能一一指认。

表6-1列出了各类化学键的红外特征吸收频率范围。

表6-1 各类化学键的红外特征吸收频率范围

化合物类型	化学键类型	吸收频率范围/cm^{-1}	说明
烷烃	C—H	2850～2960	
烯烃	C═C—H	3020～3080	C—H吸收
	C═C	1640～1680	可变
炔烃	C≡C—H	约3300	末端炔烃才有
	C≡C	2100～2400	可变
芳烃(苯环)	C—H	3000～3100	
	C⋯C	1500,1600	可变
醇、醚、羧酸、酯	C—O	1080～1300	强
醛	C═O	1720～1740	强
	醛基上C—H	约2720	
酮	C═O	1705～1725	强
羧酸	C═O	1700～1725	强
	O—H	2500～3000	强、宽
酯	C═O	1700～1725	强
酸酐	C═O	1800～1850	强
		1740～1790	强
酰胺	C═O	1630～1690	强
酰卤	C═O	1770～1815	变
醇、酚	O—H	3610～3640	宽
	氢键缔合O—H	3200～3600	强、宽
胺	N—H	3300～3500	NH_2为双峰
	C—N	1180～1360	
腈	C≡N	2210～2260	变
硝基化合物	NO_2	1515～1560	
		1345～1385	
偶氮化合物	N═N	1575～1630	
亚胺	C═N	1640～1690	
异氰酸酯	N═C═O	2240～2275	强
烯酮	C═C═O	约2150	
卤代烃	C—F	1000～1350	碳—卤键的红外吸收特征性不强
	C—Cl	600～850	
	C—Br	500～680	
	C—I	约500	
甲基	CH_3	1370～1380	—$C(CH_3)_3$和—$CH(CH_3)_2$型甲基为双峰

6.1.5 一些有机化合物的红外光谱

（1）烷烃

烷烃分子中只有C—C单键和C—H单键，因此它的红外吸收峰只包括这两种化学键的吸收，烷烃分子的主要红外特征吸收峰如下：

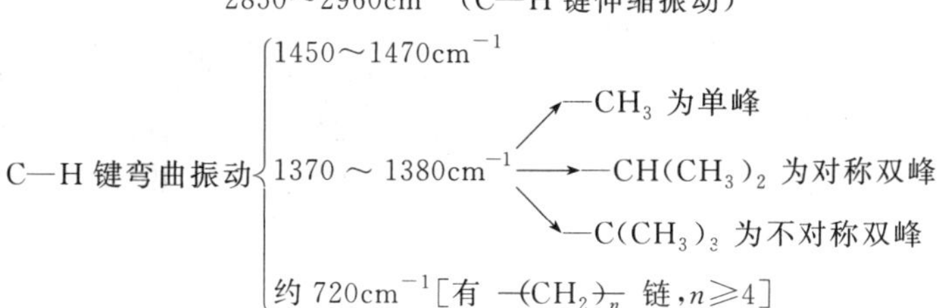

(2) 烯烃

烯烃分子除了 C—C 单键和 C—H 单键外，还有 C═C 双键，烯烃分子中除了具有上述烷烃分子的特征吸收峰以外，还有 C═C 双键的吸收峰，以及 C═C—H 单键的吸收峰。烯烃分子中与双键有关的主要特征吸收峰如下：

$3020 \sim 3080\text{cm}^{-1}$　(C═C—H 单键伸缩振动)

$1600 \sim 1680\text{cm}^{-1}$　(C═C 双键伸缩振动)

$675 \sim 1000\text{cm}^{-1}$　(C═C—H 单键弯曲振动)

以及烷基部分的 IR 吸收峰

有一点要注意的是，当 C═C 双键处在分子中间，双键碳原子两边连的基团相同时，由于此时 C═C 双键是一个对称双键，故不会出现双键的吸收峰，这种对称烯烃分子的红外光谱与对应的烷烃很相似。

(3) 炔烃

对于炔烃分子，当叁键处于末端时，会显示 C≡C 的吸收峰和 C≡C—H 单键的吸收峰，当叁键处于分子中间时，一般不显示 C≡C 的吸收峰。这种对称炔烃分子的红外光谱与对应的烷烃也很相似。炔烃分子中与叁键有关的特征吸收峰如下：

约 3300cm^{-1}　(C≡C—H 单键伸缩振动，R—C≡C—R′无此峰)

$2100 \sim 2140\text{cm}^{-1}$　(C≡C 叁键伸缩振动，R—C≡C—R 无此峰)

$675 \sim 1000\text{cm}^{-1}$　(C≡C—H 单键弯曲振动)

以及烷基部分的 IR 吸收峰

6.1.6　一些有机化合物的红外光谱图解析

红外光谱通常以波数或波长为横坐标，表示吸收峰的位置；以透光率 T(以百分数表示)为纵坐标，表示吸收强度。

每种有机化合物都有其特定的红外光谱，就像人的指纹一样。根据红外光谱图上吸收峰的位置和强度可以判断该化合物是否存在某些官能团。图 6-1～图 6-3 分别为正己烷、1-己

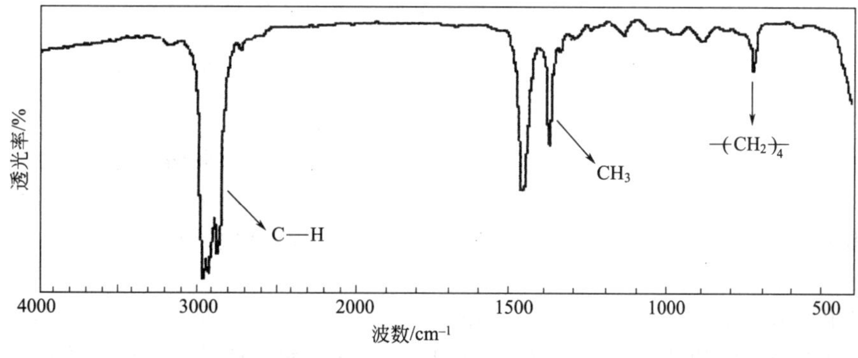

图 6-1　正己烷的红外光谱图

烯、1-己炔的红外光谱图。

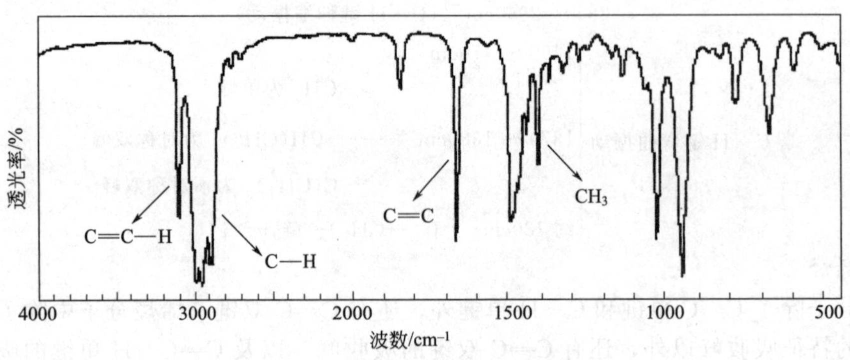

图 6-2 1-己烯的红外光谱图

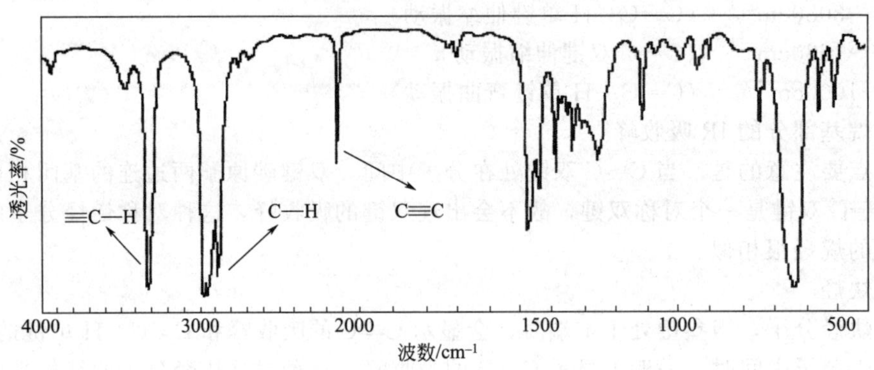

图 6-3 1-己炔的红外光谱图

6.2 核磁共振谱

6.2.1 核磁共振的基本原理

核磁共振是无线电波与处于磁场中的分子内的自旋核相互作用，引起核自旋能级的跃迁而产生的。核磁共振现象在 1946 年被美国的两位物理学家 Felix Bloch 和 Edward Purcell 首次发现，并于 1952 年共享诺贝尔物理学奖。核磁共振谱（nuclear magnetic resonance，简称 NMR）主要提供分子中原子数目、类型以及化学键连接方式的信息，更重要的是可以直接确定分子的立体构型，是目前为止有机化学家们测定分子结构最有力的工具之一。

当某原子的原子量和原子序数之一为奇数或均为奇数时（例如：${}_{1}^{1}H$、${}_{6}^{13}C$、${}_{9}^{19}F$、${}_{15}^{31}P$），这些原子核会发生像陀螺一样的自旋运动，自旋运动会产生磁矩。当原子的原子量和原子序数都是偶数时（例如：${}_{6}^{12}C$、${}_{8}^{16}O$）无这种现象。将一个有磁矩的原子核放到一个外加磁场中，会产生两种取向，一种是与外加磁场方向一致的取向，称为顺磁取向。另一种是与外加磁场方向相反的取向，称为反磁取向。顺磁取向能量低，反磁取向能量高，当某一原子核从一种低能级的取向跃迁到高能级时，要吸收能量，通过仪器检测能量的吸收情况，可以得到能量吸收图，这种图就叫做核磁共振谱图。

在有机化学中应用最多的是 H 原子核的核磁共振谱，又叫质子核磁共振谱（${}^{1}H$ NMR 或 PMR），近年来${}^{13}C$ 的核磁共振谱（${}^{13}C$ NMR）发展很快，此处只讨论质子核磁共振谱。

质子（H）在外加磁场中的取向情况如下：

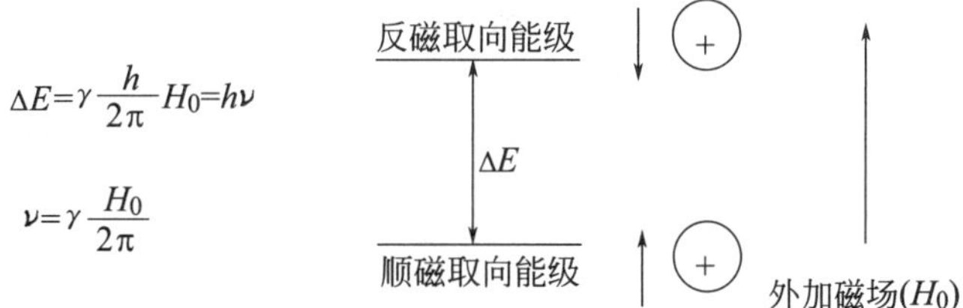

γ 为磁旋比，对于质子（H），$\gamma=26750$，h 为 Planck 常数，H_0 为外加磁场强度，ν 为无线电波频率。

这种取向能量差与外加磁场强度成正比。当外界供给一定频率的电磁波，其能量恰好等于氢核两种取向的能级差时，氢核就吸收电磁波的能量，从低能级跃迁到高能级，这时就发生了核磁共振（图 6-4）。

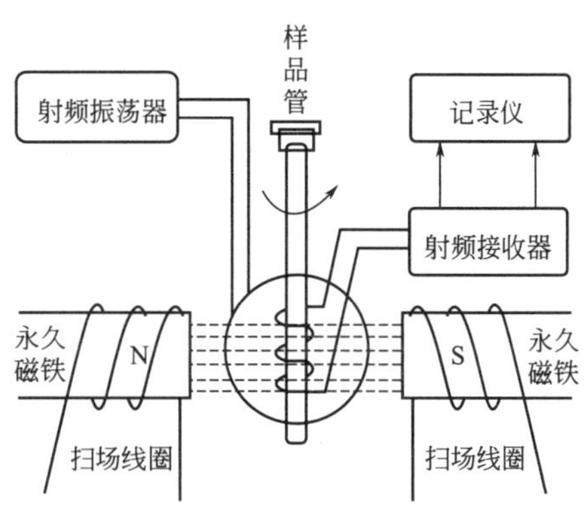

图 6-4　核磁共振原理示意图

6.2.2　化学位移

6.2.2.1　化学位移的产生

如果有机化合物中所有的氢只有一个核磁共振吸收峰，那么核磁共振谱没任何意义，实际上由于氢原子核不是裸露的，周围被电子包围，电子在外界磁场的作用下会产生一个感应磁场，这个感应磁场因氢原子核周围的电子分布不同而不同。氢原子周围的电子分布不同，则说氢原子核所处的化学环境不同。化学环境不同的氢原子称为不等性质子，化学环境相同的质子称为等性质子。

如果质子周围的电子产生的感应磁场与外磁场反平行方向排列，质子实际感受到的有效磁场强度是外界磁场强度减去感应磁场强度，即：

$$H_{有效}=H_0-H_{感应}$$

核外电子产生的这种作用称为屏蔽作用，也叫抗磁屏蔽作用。受到屏蔽作用的质子要在较高的外加磁场强度作用下发生核磁共振，屏蔽作用越大，质子发生核磁共振所需的外加磁场强度越大。一般质子周围的电子云密度越大，屏蔽作用越大。

如果质子周围的电子产生的感应磁场与外磁场平行方向排列，质子实际感受到的有效磁场强度是外界磁场强度加上感应磁场强度，即：

$$H_{有效}=H_0+H_{感应}$$

核外电子产生的这种作用称为去屏蔽作用，也叫顺磁去屏蔽作用。受到去屏蔽作用的质子在较低的外加磁场强度作用下发生核磁共振，去屏蔽作用越大，质子发生核磁共振所需的外加磁场强度越低。

在真实分子中，发生核磁共振的条件是：

$$\gamma_{RF}=\frac{\gamma}{2H}H_0(1-\sigma)$$

式中，σ 是屏蔽常数。

不同化学环境的质子，因其周围电子云密度不同，裸露程度不同，其 σ 值也不同，从而发生核磁共振的 H_0 不同，这就是化学位移的来源。所以，化学位移也可定义为由于屏蔽程度不同而引起的 NMR 吸收峰位置的变化。例如：

连在双键上的质子［图 6-5(a)］和直接连在芳环上的质子［图 6-5(b)］具有较大的去屏蔽作用，叁键上的质子［图 6-5(c)］同时有屏蔽和去屏蔽作用，总的结果是屏蔽效应大些。

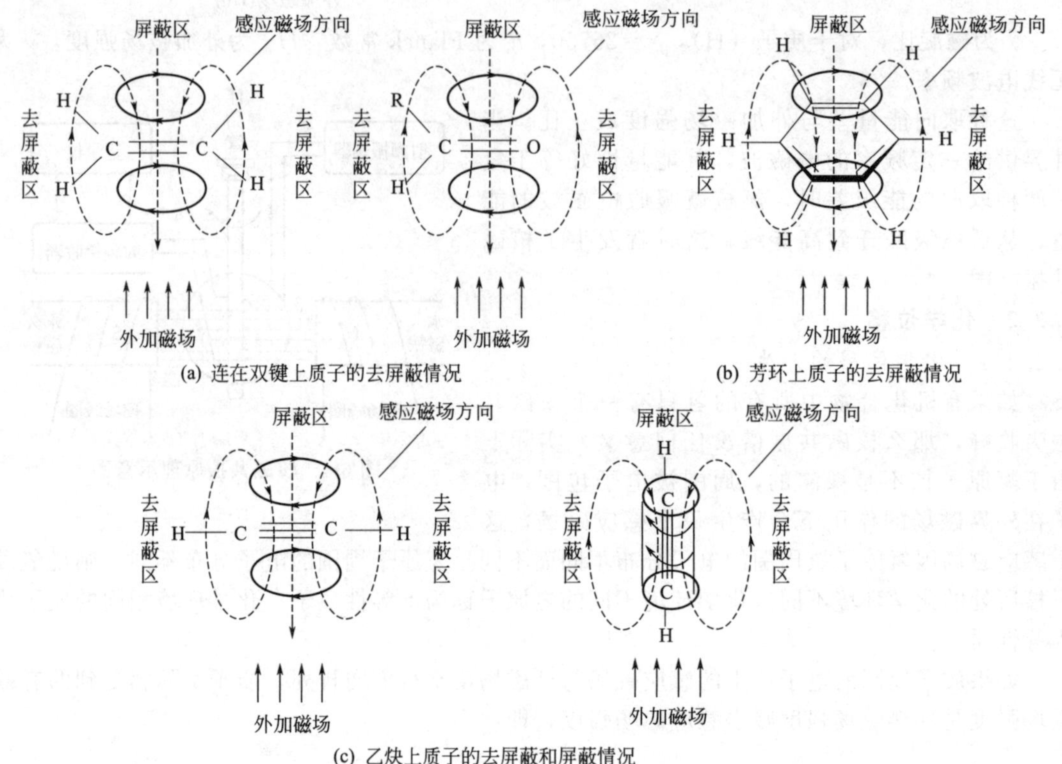

图 6-5 不同的重键上质子的屏蔽和去屏蔽情况

6.2.2.2 化学位移的表示方法

分子中的质子由于化学环境不同引起核磁共振信号位置的变化称为化学位移（chemical shift），化学位移通常用 δ 表示。

由于感应磁场与外加磁场强度成正比，所以屏蔽与去屏蔽引起的化学位移也与外加磁场强度成正比，在实际测定时，为避免因采用不同磁场强度的核磁共振仪而引起化学位移变化，δ 一般都采用相对值表示。即：

$$\delta=\frac{\nu_{样}-\nu_{标}}{\nu_{仪}}\times 10^{6}$$

式中，$\nu_{样}$、$\nu_{标}$ 和 $\nu_{仪}$ 分别代表样品、标样的共振频率和仪器选用频率。大多数有机物质子信号发生在 δ 0～10 处，0 是高场，10 是低场。

对化合物进行核磁共振测定时，用不含有质子的溶剂（如：$CDCl_3$、CCl_4、CS_2 等）溶解样品，用对质子屏蔽作用很大的四甲基硅烷（TMS）做标样，规定 TMS 的 δ 值为 0。

一般有机物中质子的 δ 值都比 TMS 大，TMS 中的四个甲基上的质子是完全等性的，在核磁共振谱中只出现一个尖锐的单峰，如图 6-6 为丙酮的核磁共振图谱。表 6-2 列出了一些常见的各种 H 的化学位移。

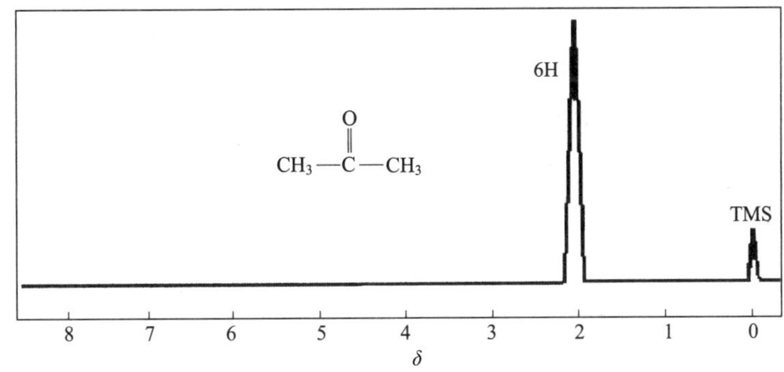

图 6-6　丙酮的核磁共振谱图

表 6-2　各种质子的化学位移 δ 值范围

质子类型	化学位移(δ 值)	质子类型	化学位移(δ 值)
$Si(CH_3)_4$	0	$R—NH_2$	0.6～4
$CH_2—CH_2$, CH_2（环丙烷）	0.22	$=CH—CH_3$	1.75±0.15
		$≡C—CH_3$	1.80±0.15
CH_4	0.23	$Ar—CH_3$	2.35±0.15
R—C—H（次甲基）	0.9～1.8	≡C—H	1.8±0.1
$X—CH_3$	3.5±1.2	ArO—H	4.5～9.0
$O—CH_3$	3.6±0.3	$RCONH_2$	8.0±0.1
RO—H	0.5～5.5	RCHO	9.8±0.3
C=C—H	4.5～7.5	RCOOH	11.6±0.8
Ar—H	7.4±1.0	$RSO_3—H$	11.9±0.3

6.2.2.3　影响化学位移的因素

（1）电负性（诱导效应）

与质子相连原子的电负性越强，吸电子作用越强，价电子偏离质子，屏蔽作用减弱，信号峰在低场出现，化学位移值增大。例如：

化合物	CH_3I	CH_3Br	CH_3Cl	CH_3F
电负性	I:2.5	Br:2.8	Cl:3.0	F:4.0
δ_H	2.16	2.68	3.05	4.26

（2）磁各向异性效应

当价电子产生一个各向异性诱导磁场时，如质子位于与外加磁场方向一致的去屏蔽区，化学位移值增大。若质子位于与外加磁场方向相反的屏蔽区，化学位移值减少。例如，顺-2-丁烯的核磁共振图谱（图 6-7）。

苯环上的 6 个电子产生较强的各向异性诱导磁场，与苯环直接相连的质子位于与外加磁场方向一致的去屏蔽区。化学位移值增大显著。例如，异丙苯的核磁共振图谱（图 6-8）。

6.2.3　峰面积与氢原子数

在核磁共振图谱中，峰的位置代表了质子的种类，峰面积的大小代表了质子的多少，分子中质子数与峰面积成正比。所以核磁共振谱不仅给出了各种不等性质子的化学位移，还给出了各种质子的数目多少。例如，甲醇的核磁共振图谱（图 6-9）。

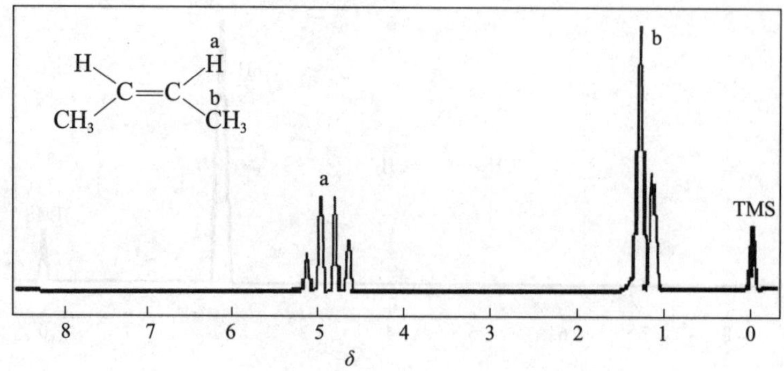

图 6-7 顺-2-丁烯的核磁共振谱图

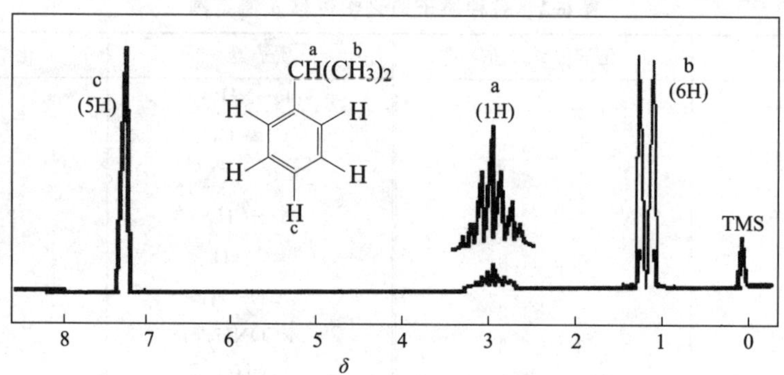

图 6-8 异丙苯的核磁共振谱图

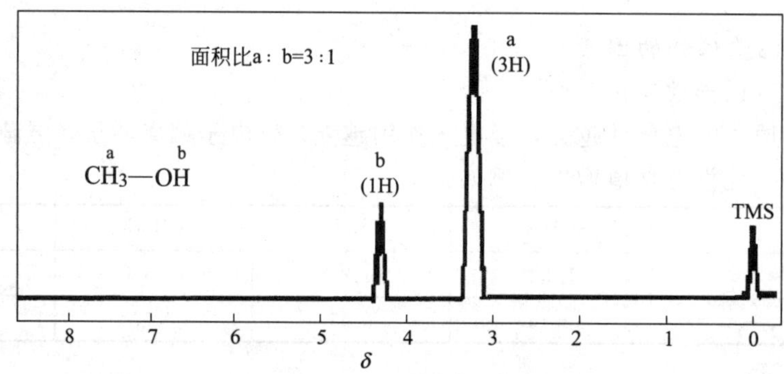

图 6-9 甲醇的核磁共振谱图

6.2.4 核磁共振中的自旋偶合和自旋裂分

（1）自旋偶合和自旋裂分产生的原因

图 6-10 为 1,1,2-三溴乙烷的核磁共振图谱。从图可知，两组质子峰并非两个单峰，而是一个三重峰和一个二重峰。峰的裂分是由于相邻质子相互影响引起谱线增多，这种相邻质子之间的相互影响称为自旋偶合，因自旋偶合而引起谱线增多的现象叫自旋裂分。

在外加磁场 H_0 的作用下，自旋的质子会产生一个小磁矩（磁场强度为 H'），这个磁矩会对邻近的质子产生影响，质子的自旋有两种取向，一种与外加磁场同向，一种反向，结果使得邻近质子实际感受到的磁场强度为 H_0+H' 或 H_0-H'。所以当发生核磁共振时，一个质子发出的信号就被邻近的一个质子裂分成两个相等的峰。若邻近的质子不是一个，则会裂

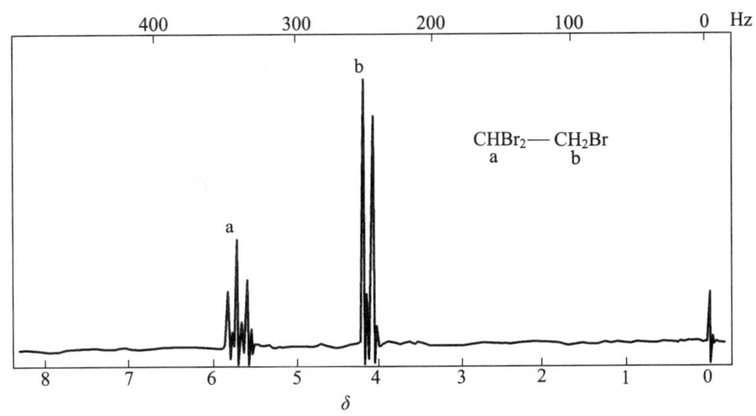

图 6-10　1,1,2-三溴乙烷的核磁共振谱图

分成多个峰，裂分成多少重峰，取决于邻近质子的组数和数目。例如，$CHBr_2—CH_2Br$ 中质子的偶合及峰的裂分：

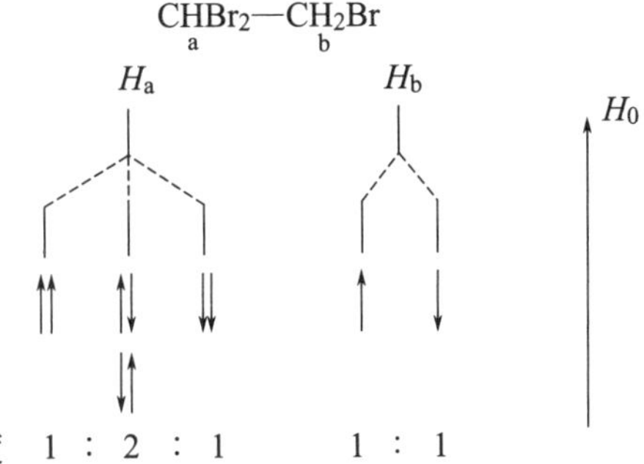

峰强度　1 ∶ 2 ∶ 1　　1 ∶ 1

一般只有两个直接相连碳原子上的不等性质子和连在同一个碳上的不等性质子才产生自旋偶合和自旋裂分，等性质子不会产生裂分。例如：

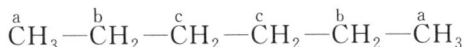

$$\overset{a}{C}H_3—\overset{b}{C}H_2—\overset{c}{C}H_2—\overset{c}{C}H_2—\overset{b}{C}H_2—\overset{a}{C}H_3$$

b 碳上的质子会裂分 a 碳上的质子和 c 碳上的质子，a 碳上的质子只裂分 b 碳上的质子，b 碳上的质子会同时被 a 碳上的质子和 c 碳上的质子裂分。中间相连的两个 c 碳上的等性质子不会裂分，a 碳上的质子和 c 碳上的质子相隔一个碳也不会裂分。

1,2-二氯乙烷 $ClCH_2CH_2Cl$ 中的四个氢是等性质子，不产生自旋偶合和自旋裂分，其核磁共振图谱中只有一个单峰。

(2) ($n+1$) 规则

质子的核磁共振谱裂分是有规律的，若一组等性质子，它只有一组数目为 n 的相邻碳原子上的另一组等性质子（与它自身不等性），则它的核磁共振吸收峰数目为 ($n+1$) 个，这就是 ($n+1$) 规则。

如果它有两组数目分别为 m、n 的邻碳原子上的不等性质子，则它的核磁共振吸收峰数目为 $(m+1)(n+1)$ 个，其余类推。

下列化合物核磁共振图谱中的质子都是多重峰。

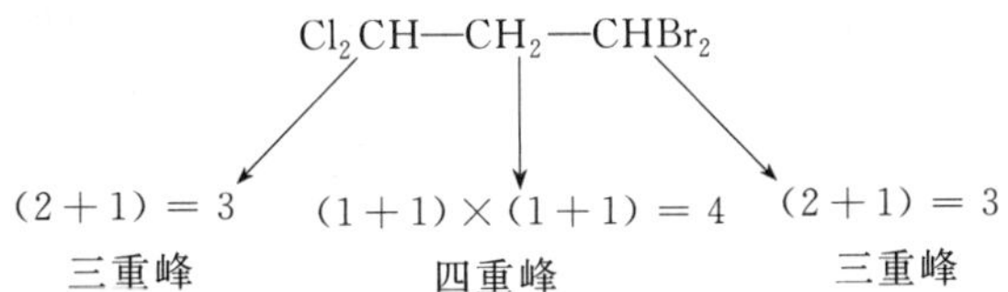

当相邻质子的化学环境相似，以及仪器的分辨率不高时，以上所列举的吸收峰可能分辨不出来，例如，用一般的核磁共振波谱仪测定 $Cl_2CHCH_2CHBr_2$ 所得到的图谱中，中间 CH_2 上的氢出现的是三重峰。

（3）偶合常数

自旋偶合的量度称为偶合常数，用符号 J 表示，单位是赫兹（Hz）。J 的大小表示了偶合作用的强弱，J_{ab} 表示 a 质子被 b 质子裂分的偶合常数，在谱图中就是裂分峰之间的距离。注意：相互偶合的两组峰的外形特点是“中间高，两边低”。

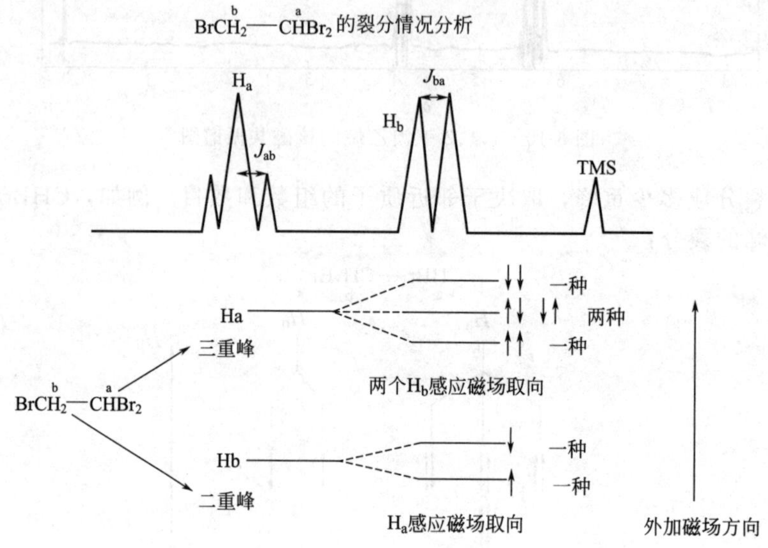

6.2.5 核磁共振图谱解析

核磁共振谱中的每一个峰都有归属，根据核磁共谱图谱可以得知化合物结构中氢核的种类和数目。例如 $CH_3CH_2CH_2NO_2$ 和 CH_3CH_2OH 的[1]H NMR 谱见图 6-11、图 6-12。图 6-13 为 C_3H_7Cl 的[1]H NMR 谱图，根据图中有三组峰确定分子中有三种氢，可以确定其构造式应为 $CH_3CH_2CH_2Cl$。

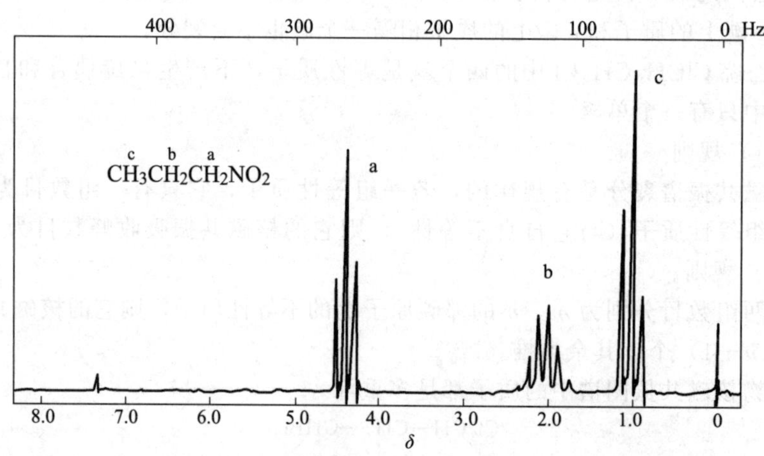

图 6-11　1-硝基丙烷的核磁共振谱

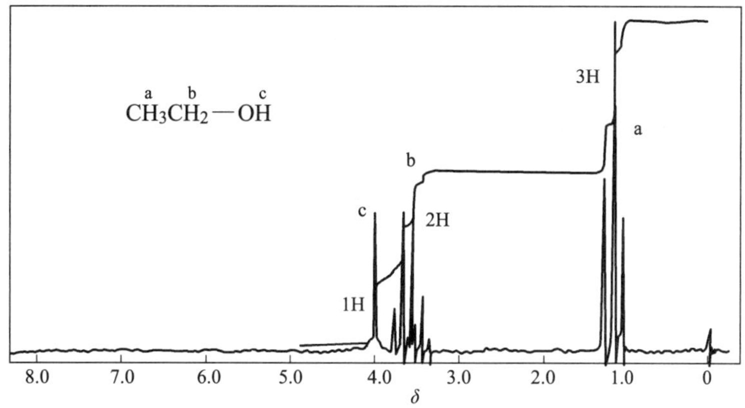

图 6-12　乙醇的核磁共振谱

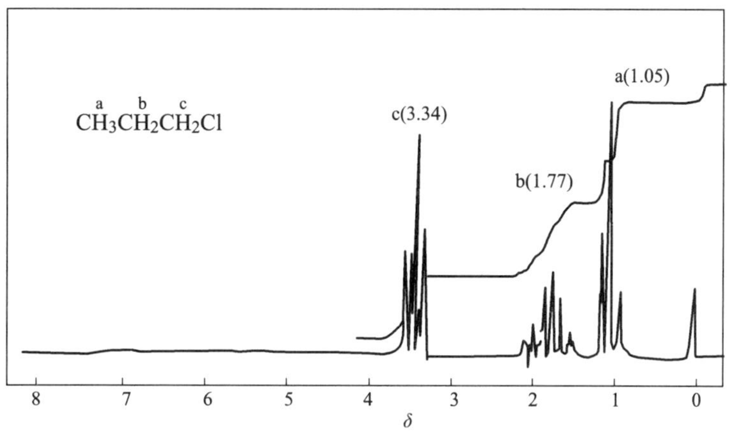

图 6-13　C_3H_7Cl 的核磁共振谱

习　题

1. 判断下列分子哪些有红外吸收峰？哪些没有？并说明理由。

(1) HCl　　(2) CO　　(3) CO_2

(4) H_2O　　(5) N_2　　(6) H_2

2. 怎样用红外光谱鉴别下列化合物。

(1) $CH_3CH_2CH_2CH_2CH_2CH_3$ 和 $CH_3CH_2CH_2CH_2CH{=}CH_2$

(2) $CH_3CH_2C{\equiv}CCH_2CH_3$ 和 $CH_3CH_2CH_2CH_2C{\equiv}CH$

3. 比较下列化合物中质子在 ^1H NMR 谱中化学位移的大小。

(A) $HC{\equiv}C—H$；(B) $CH_2{=}CH—H$；(C) $CH_3CH_2—H$

4. 下列化合物的高分辨核磁共振谱中各组氢分别呈几重峰？

(1) $\overset{a}{CH_2}Cl\overset{b}{CH}Cl_2$　(2) $\overset{a}{CH_3}\overset{b}{CH_3}$　(3) $\overset{a}{CH_3}CCl_3$　(4) $\overset{a}{CH_3}\overset{b}{CH}Br_2$

5. 下列化合物中，哪些质子可以相互偶合？

(1) $\overset{a}{CH_3}—\overset{b}{CH_2}—\overset{c}{CH_3}$　(2) $\overset{a}{CH_3}—CCl_2—\overset{b}{CH_3}$　(3) $\overset{a}{CH_3}—\overset{\overset{b}{CH_3}}{\underset{\underset{c}{CH_3}}{C}}—\overset{d}{CH_2}—\overset{e}{CH_3}$

6. 通过 IR、^{1}H NMR 数据，推测下列各化合物结构：

(1) $C_6H_{12}O_3$，IR(cm^{-1})：1710，1125，1075。δ：2.1(s，3H)，2.6(d，2H)，3.2(s，6H)，4.6(t，1H)

(2) C_4H_7BrO，δ：2.11(s，3H)，3.52(t，2H)，4.40(t，2H)

(3) C_5H_9ClO，IR(cm^{-1})：1720。δ：1.1(t，3H)，2.5(q，2H)，2.8(t，2H)，3.7(t，2H)

(s，d，t，q 分别表示单、双、三和四重峰)

• 重难点讲解
• 参考答案
• 课件

第7章 芳 烃

芳烃是芳香族化合物的母体。许多芳烃中包含一个苯环，也有一些不包含苯环的非苯芳烃。无论是否包含苯环，芳烃都有一些共同的特性——芳香性，芳香性是指容易进行取代反应，难以进行加成反应和氧化反应，并具有特殊稳定性的性质。

7.1 芳烃的分类

根据结构特点，芳烃可分为如下几大类。

(1) 单环芳烃

单环芳烃是指分子中只包含一个苯环的烃类化合物。例如：

CH_3 CH_3

CH_3

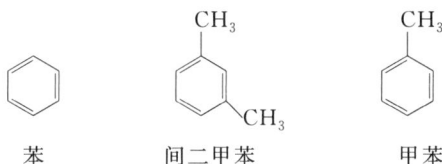

苯　　间二甲苯　　甲苯

(2) 多环芳烃

多环芳烃是指分子中包含两个或两个以上独立苯环的烃类化合物，例如：

CH

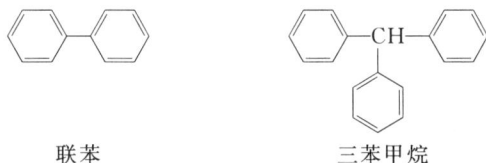

联苯　　三苯甲烷

(3) 稠环芳烃

稠环芳烃是指分子中含有由两个或两个以上的苯环彼此间通过共用两个相邻的碳原子稠合而成的烃类化合物。例如：

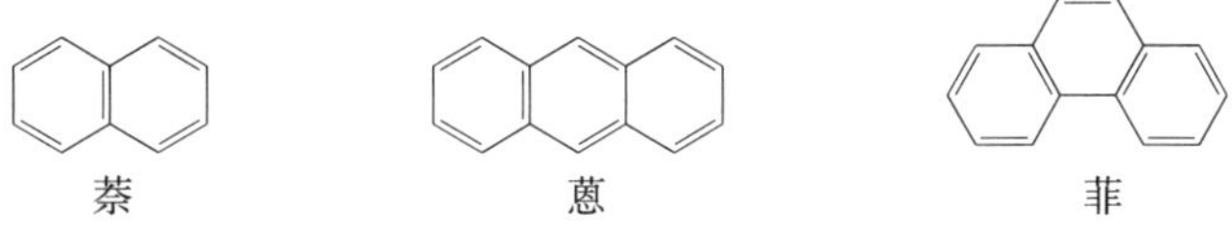

萘　　蒽　　菲

(4) 非苯芳烃

分子中不包含苯环，但具有芳香性的烃类化合物称为非苯芳烃，非苯芳烃主要是一些芳香离子和轮烯类化合物。例如：

⊖　　⊕

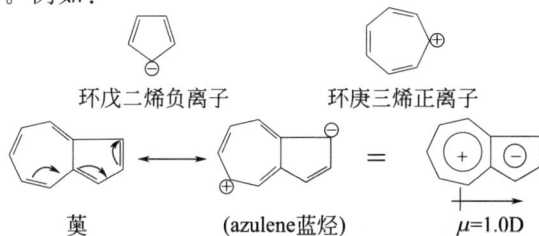

环戊二烯负离子　　环庚三烯正离子

⊖ ⊕ = ⊕ ⊖

薁　　(azulene蓝烃)　　μ=1.0D

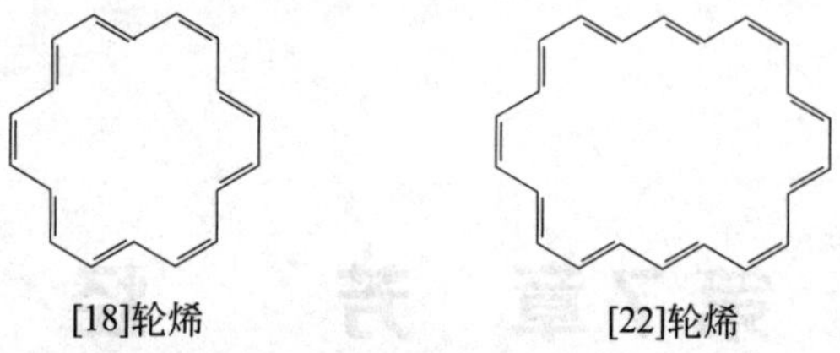

[18]轮烯　　[22]轮烯

7.2 单环芳烃的异构和命名

苯及烷基苯的通式为 C_nH_{2n-6}。苯的六个碳原子和六个氢原子是等同的，因此，苯和一取代苯（不包括取代基自身的异构）各只有一种；但当苯环上的取代基（亦称为侧链）含有三个或更多碳原子时，与脂肪烃相似，因碳链构造不同，也可以产生构造异构。

苯的二元取代物，因取代基在环上的相对位置不同，有三种（位置）异构体。三元和三元以上的取代苯，因取代基的位置不同和取代基自身的异构而使异构现象较为复杂。

单环芳烃通常以苯作为母体，烷基作为取代基，称为“某烷基苯”（“基”字常省略）；当苯环上连有两个取代基时，常用邻、间、对或 *o*-(*ortho*)、*m*-(*meta*)、*p*-(*para*)等字头表示；若苯环上连有三个相同的取代基时，常用连、偏、均等字头表示。当苯环连有三个不同的取代基或多于三个取代基时，需用阿拉伯数字标明取代基的相对位置。当芳环上连有复杂基团时，也可以侧链为母体，芳环作为取代基来命名。例如：

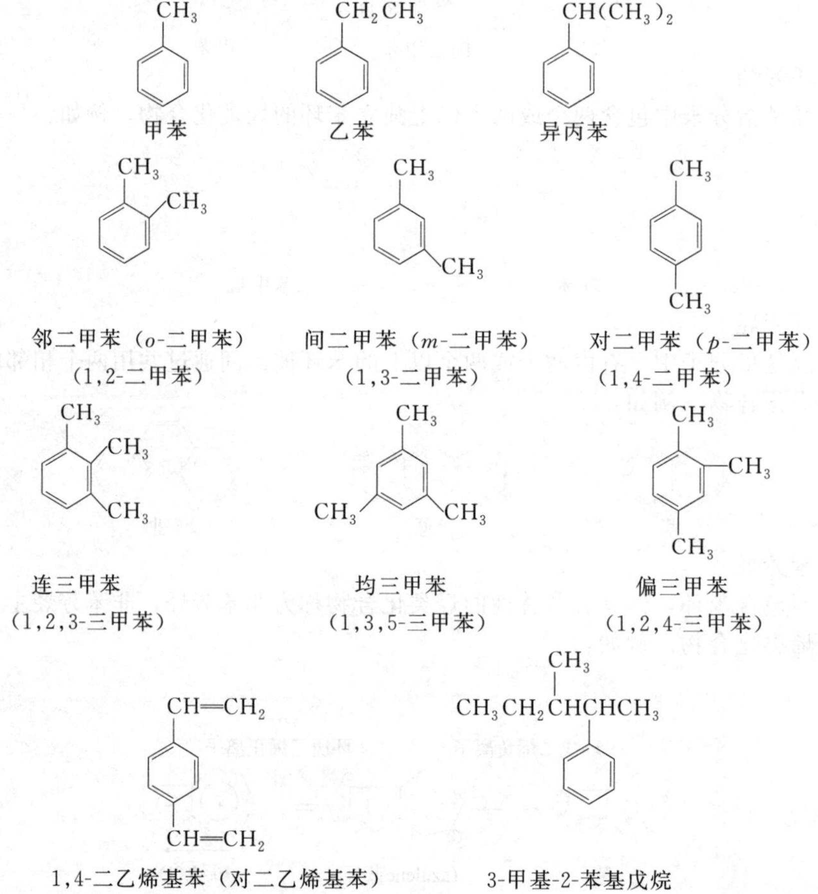

常见的芳香基团：

R—　芳基　　苯基　　CH_2—　苄基

邻亚苯基　　CH　亚苄基(苄叉)　　CH_3　邻甲苯基

7.3 苯的结构

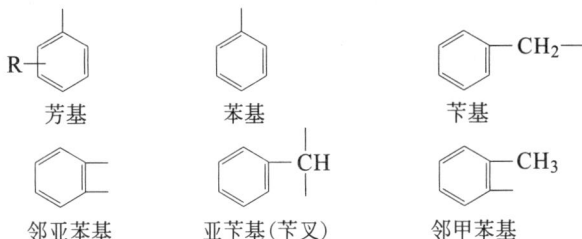

杂化轨道理论认为，苯分子中 12 个原子共平面，其中六个碳原子均采取 sp^2 杂化，每个碳原子上还剩下一个与 σ 平面垂直的 p 轨道，相互之间以肩并肩重叠形成 π_6^6 大 π 键。处于 π_6^6 大 π 键中的 π 电子高度离域，电子云完全平均化，像两个救生圈分布在苯分子平面的上下侧，在结构中并无单双键之分，是一个闭合的共轭体系，其共轭能为 150.6kJ/mol，这个共轭体系很稳定，能量低，不易开环（即不易发生加成、氧化反应）。

苯分子为一个完全对称分子，所有 C—C 键长都是 0.140nm，所有的键角都是 120°。苯分子的杂化理论成键情况如下：

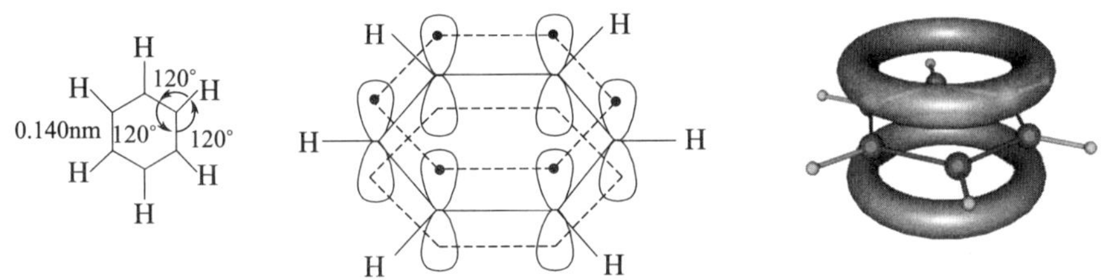

苯分子p轨道大π键(π_6^6)示意　　苯分子大π键(π_6^6)电子云示意

目前尚未有表现苯分子真实结构的表达式，一般都用如下两个结构式表示：

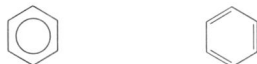

7.4 单环芳烃的物理性质和光谱性质

7.4.1 单环芳烃的物理性质

苯及其同系物一般为无色液体，密度比水小，不溶于水，易溶于石油醚、醇、醚等非极性和极性小的有机溶剂。它们的沸点随着碳原子数目的增加而增加，对位异构体由于对称性好，熔点比邻位和间位异构体高。表 7-1 列出了一些常见单环芳烃的物理常数。

表 7-1　一些单环芳烃的物理常数

名　称	分子式	熔点/℃	沸点/℃	相对密度
苯	C_6H_6	5.5	80	0.879
甲苯	$C_6H_5CH_3$	−95	111	0.866

续表

名　称	分子式	熔点/℃	沸点/℃	相对密度
邻二甲苯	1,2-$C_6H_4(CH_3)_2$	−25	144	0.880
间二甲苯	1,3-$C_6H_4(CH_3)_2$	−48	139	0.864
对二甲苯	1,4-$C_6H_4(CH_3)_2$	13	138	0.861
乙苯	$C_6H_5CH_2CH_3$	−95	136	0.867
正丙苯	$C_6H_5CH_2CH_2CH_3$	−99	159	0.862
异丙苯	$C_6H_5CH(CH_3)_2$	−96	152	0.862
连三甲苯	1,2,3-$C_6H_3(CH_3)_3$	−25	176	0.895
偏三甲苯	1,2,4-$C_6H_3(CH_3)_3$	−44	169	0.876
均三甲苯	1,3,5-$C_6H_3(CH_3)_3$	−45	165	0.864
苯乙烯	$C_6H_5CH{=}CH_2$	−31	145	0.907
苯乙炔	$C_6H_5C{\equiv}CH$	−45	142	0.930
反二苯乙烯	反-$C_6H_5CH{=}CHC_6H_5$	124	307	
顺二苯乙烯	顺-$C_6H_5CH{=}CHC_6H_5$	6		
二苯乙炔	$C_6H_5C{\equiv}CC_6H_5$	62.5	300	

7.4.2 单环芳烃的光谱性质

(1) 核磁共振氢谱（^1H NMR）

由于苯环产生磁各向异性效应，并且苯环上的氢处在去屏蔽区，所以苯环上的氢在很低的磁场处（δ 一般为 7 左右）发生共振。苯环上氢的化学位移比一般烃上的氢要低得多，利用这一点可以鉴别芳环的存在。

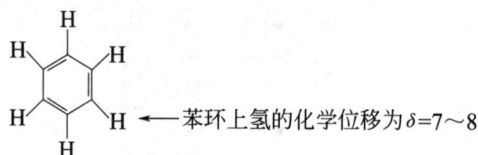

苯环上氢的化学位移为 δ=7～8

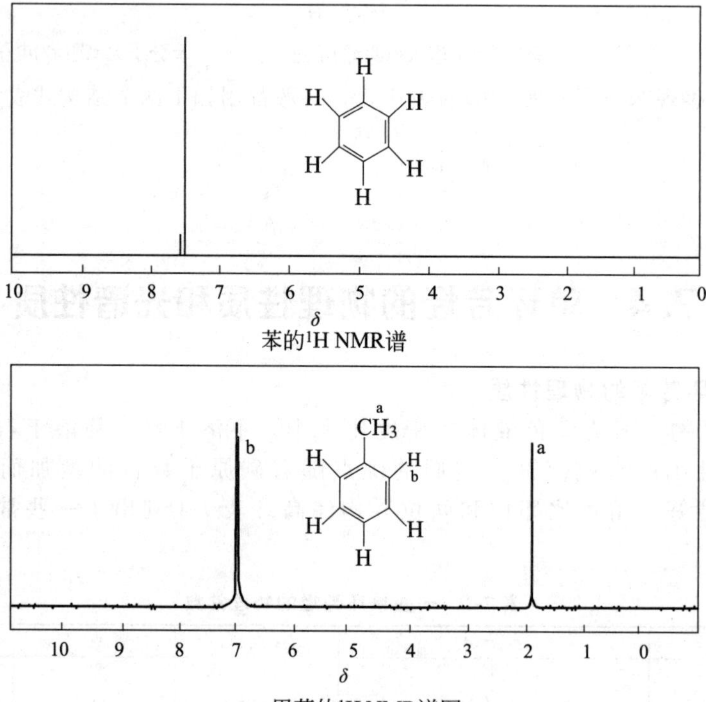

苯的^1H NMR谱

甲苯的^1H NMR谱图

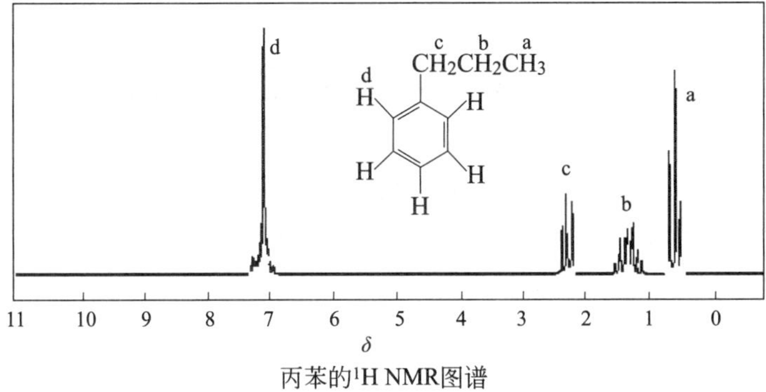

丙苯的¹H NMR图谱

（2）红外光谱（IR）

单环芳烃的红外光谱主要包括芳环骨架（相当 C═C ）的吸收，和环上 C—H 的吸收，芳烃的这些吸收峰范围与烯烃相当，稍低一些，芳烃在 1600～1500cm^{-1} 处有多个吸收峰，单环芳烃的红外吸收峰可大约归类为：

C═C 伸缩振动	$\tilde{\nu}$	1600cm^{-1}±25cm^{-1}
		1500cm^{-1}±25cm^{-1}
C—H 伸缩振动	$\tilde{\nu}$	3100～3010cm^{-1}
芳环 C—H 面外弯曲振动	$\tilde{\nu}$	900～690cm^{-1}

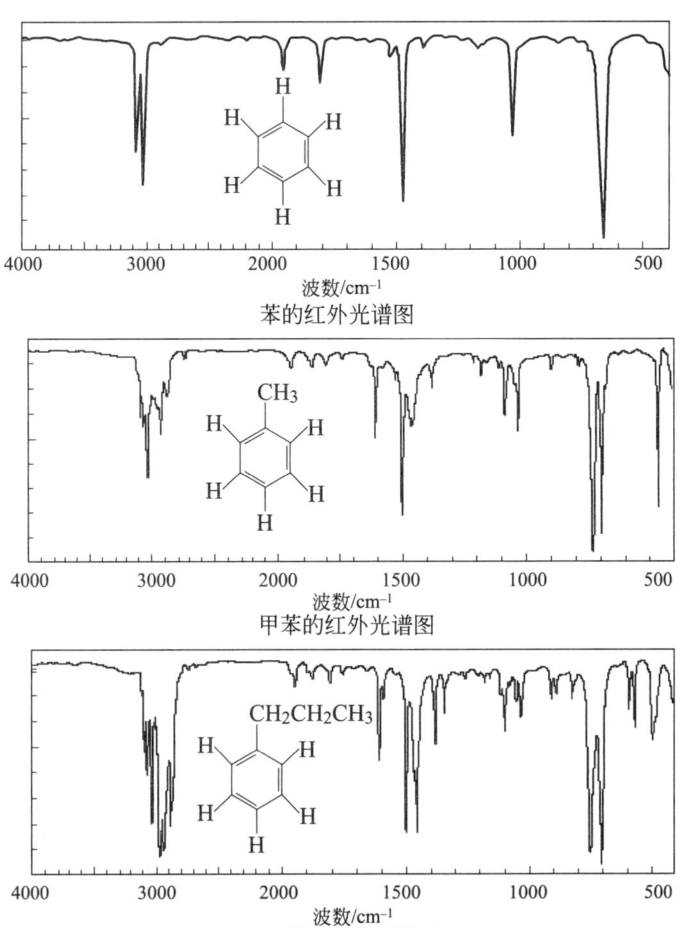

苯的红外光谱图

甲苯的红外光谱图

丙苯的红外光谱图

7.5 单环芳烃的化学性质

单环芳烃具有一个很稳定的苯环，由于苯环上大 π 键的存在，使苯环难以发生加成反应，相对而言苯环上的氢原子在一定条件下可被其它基团所取代而易发生取代反应。苯环的上下面电子云密度大，容易受到亲电试剂的进攻，因此芳烃进行的反应通常是苯环保留的亲电取代反应，较难发生芳环受到破坏的加成反应和氧化反应，芳烃的氧化反应和加成反应一般总是发生在与苯环相连的侧链上。这是因为破坏苯环需要很大的能量。例如：

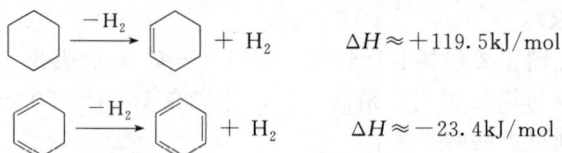

$$\text{环己烷} \xrightarrow{-H_2} \text{环己烯} + H_2 \qquad \Delta H \approx +119.5\text{kJ/mol}$$

$$\text{环己二烯} \xrightarrow{-H_2} \text{苯} + H_2 \qquad \Delta H \approx -23.4\text{kJ/mol}$$

1mol 环己烷脱 1mol 氢生成环己烯要吸热 119.5kJ，而 1mol 环己二烯脱 1mol 氢生成苯不仅不吸热，而且可放出 23.4kJ 的热量，这充分说明苯比假设的环己三烯的能量要低很多，也就是说要稳定得多。

实际上苯环比假设的环己三烯的能量低 150.5kJ/mol，所低的这个能量通常叫做苯环的离域能或叫苯环的共振能。

7.5.1 苯环上的取代反应

（1）卤代反应

苯与氯或溴在常温和没有催化剂存在的条件下一般不发生反应，当用铁或铁盐作催化剂的情况下加热，则苯环上的氢可被卤素取代生成相应的卤代苯。例如：

$$C_6H_6 + X_2 \xrightarrow[\triangle]{Fe\text{或}FeX_3} C_6H_5X + HX$$

（$X_2 = Cl_2$，Br_2）

$$C_6H_6 + Br_2 \xrightarrow[\triangle]{Fe\text{或}FeBr_3} C_6H_5Br + HBr$$

生成的一卤代苯可进一步和卤素反应生成二卤代苯，其中主要生成邻位和对位取代产物。例如：

$$C_6H_5Br + Br_2 \xrightarrow[\triangle]{Fe\text{或}FeBr_3} o\text{-}C_6H_4Br_2 + p\text{-}C_6H_4Br_2 + HBr$$

$$C_6H_6 \xrightarrow[FeCl_3]{Cl_2} C_6H_5Cl \xrightarrow[FeCl_3]{Cl_2} o\text{-}C_6H_4Cl_2 + p\text{-}C_6H_4Cl_2$$

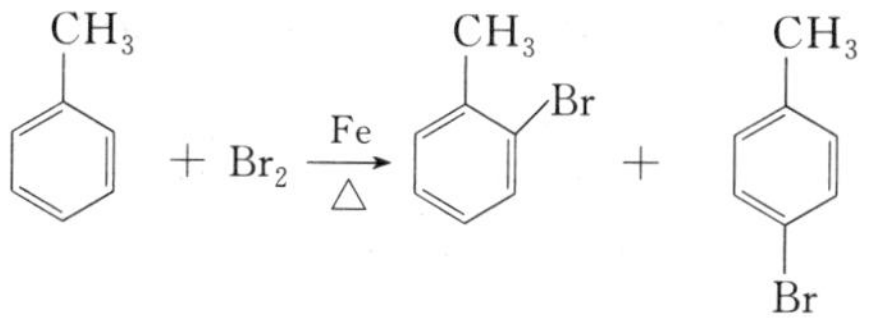

CH_3　$+ Br_2 \xrightarrow[\triangle]{Fe}$　CH_3 Br　$+$　CH_3 Br

（2）硝化反应

将浓硝酸和浓硫酸的混合物（浓硝酸和浓硫酸的混合物称为混酸）与苯共热，苯环上的氢可被硝基（NO_2）取代生成相应的硝基苯。例如：

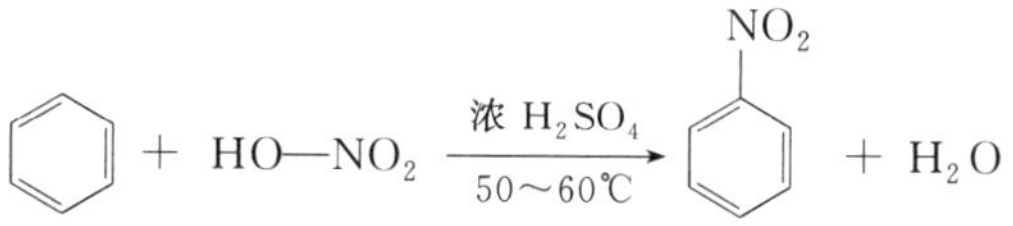

$+ HO—NO_2 \xrightarrow[50\sim60℃]{浓 H_2SO_4}$ NO_2　$+ H_2O$

在更剧烈的条件下，硝基苯和混酸作用可以生成二硝基苯，生成的产物主要是间二硝基苯。例如：

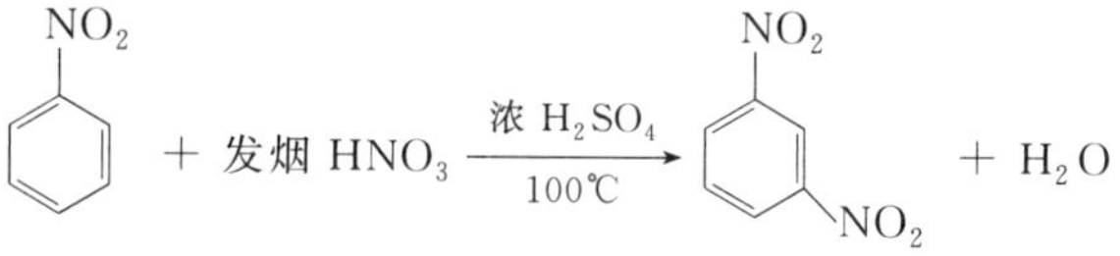

NO_2　$+$ 发烟 $HNO_3 \xrightarrow[100℃]{浓 H_2SO_4}$ NO_2 NO_2　$+ H_2O$

若用烷基苯和混酸反应，反应条件比用硝基苯要温和得多，并且主要生成邻位和对位取代产物。例如：

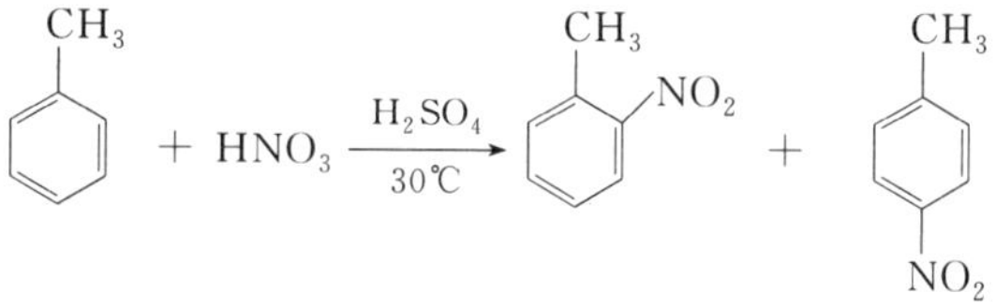

CH_3　$+ HNO_3 \xrightarrow[30℃]{H_2SO_4}$　CH_3 NO_2　$+$　CH_3 NO_2

（3）磺化反应

苯与浓硫酸作用，环上的一个氢被磺酸基（—SO_3H）取代，生成苯磺酸：

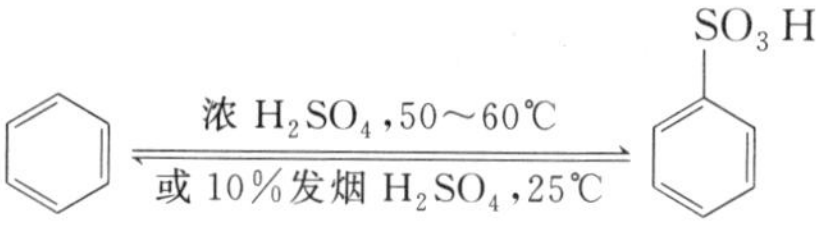

$\xrightleftharpoons[或 10\%发烟 H_2SO_4,25℃]{浓 H_2SO_4,50\sim60℃}$ SO_3H

若在更高的温度下用发烟硫酸和生成的苯磺酸反应，则可形成间二苯磺酸：

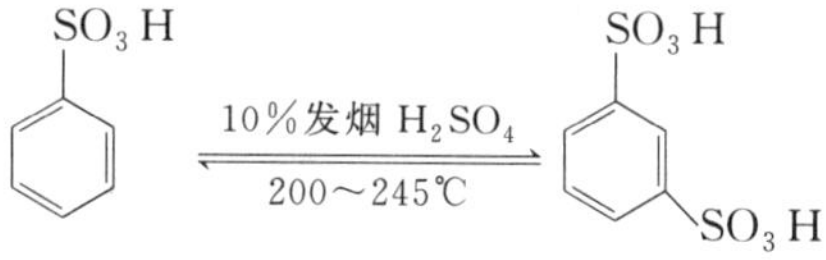

SO_3H　$\xrightleftharpoons[200\sim245℃]{10\%发烟 H_2SO_4}$　SO_3H SO_3H

用甲苯与浓硫酸反应时，反应更容易发生，并且主要生成邻甲基苯磺酸和对甲基苯磺酸：

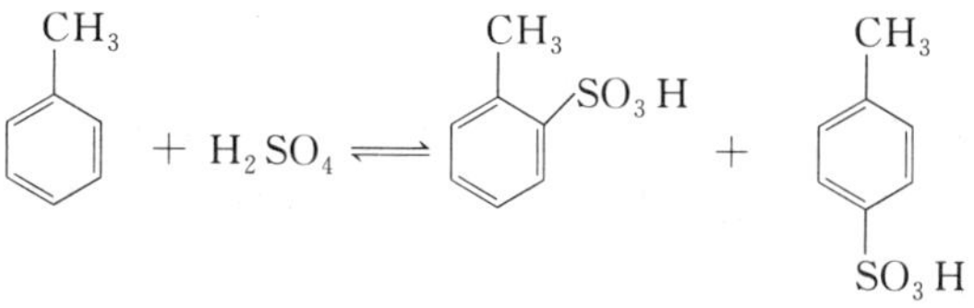

CH_3　$+ H_2SO_4 \rightleftharpoons$　CH_3 SO_3H　$+$　CH_3 SO_3H

甲苯的磺化反应在低温下生成的邻位产物较多，而在较高温度下则主要得到对位产物。这是因为甲苯磺化时，发生邻位取代反应的活化能较低，在低温条件下就可以满足它反应的活化能，所以邻位取代反应的速率较快，产物较多；当反应温度提高时，发生邻位和对位取代反应的活化能都可以得到很好的满足，但邻位产物中，两个基团挤在一起，产物的稳定性小于对位取代产物，同时邻位取代产物也可以通过可逆反应转变成稳定性更好的对位取代产物，所以在高温时，主要是对位取代产物。而间位取代反应活化能太高，一般条件下不易达到，所以间位取代很难发生。例如：

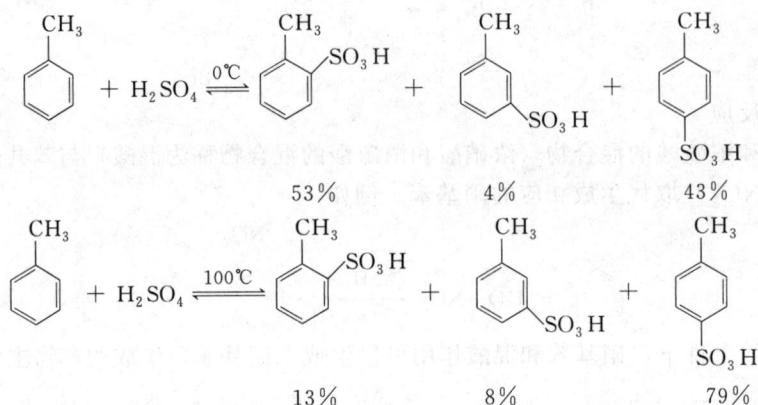

$$\text{甲苯} + H_2SO_4 \xrightleftharpoons{0℃} \text{邻甲苯磺酸} + \text{间甲苯磺酸} + \text{对甲苯磺酸}$$

53%　　4%　　43%

$$\text{甲苯} + H_2SO_4 \xrightleftharpoons{100℃} \text{邻甲苯磺酸} + \text{间甲苯磺酸} + \text{对甲苯磺酸}$$

13%　　8%　　79%

磺化反应与卤化和硝化不同，它是一个可逆反应，在有机合成中常利用此反应“占位”。例如：

$$\text{甲苯} \longrightarrow \text{邻硝基甲苯}\ (CH_3,\ NO_2)$$

$$\text{甲苯} \xrightarrow{H_2SO_4} \text{对甲苯磺酸}\ (CH_3,\ SO_3H) \xrightarrow{\text{混酸}} \text{2-硝基-4-甲苯磺酸}\ (CH_3,\ NO_2,\ SO_3H) \xrightarrow[180℃]{H_2O/H^+} \text{邻硝基甲苯}\ (CH_3,\ NO_2)$$

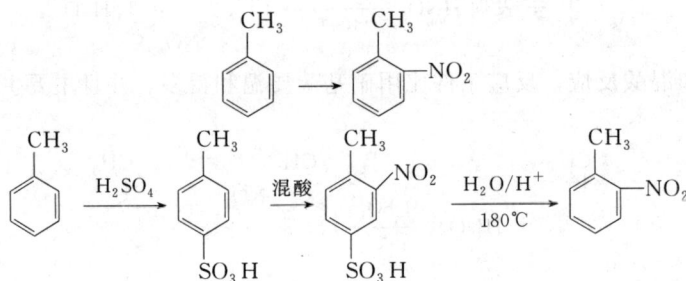

(4) Friedel-Crafts 反应

在无水三氯化铝等催化剂的作用下，苯及同系物与卤代烷或酰卤、酸酐等发生取代反应生成烷基苯或酰基苯的反应叫 Friedel-Crafts 反应。生成烷基苯的反应叫 Friedel-Crafts 烷基化反应（简称傅氏烷基化反应），生成酰基苯的反应叫 Friedel-Crafts 酰基化反应（简称傅氏酰基化反应）。例如：

$$C_6H_6 + R\text{—}X \xrightarrow{AlCl_3} C_6H_5\text{—}R + HX$$

傅氏烷基化反应

$$C_6H_6 + R\text{—}\overset{O}{\overset{\|}{C}}\text{—}X \xrightarrow{AlCl_3} C_6H_5\text{—}\overset{O}{\overset{\|}{C}}\text{—}R + HX$$

傅氏酰基化反应

在 Friedel-Crafts 反应中，除了用 $AlCl_3$ 作催化剂外，$FeCl_2$、$ZnCl_2$、BF_3 等 Lewis 酸和 H_2SO_4 也可做催化剂。在傅氏烷基化反应中，除了用卤代烃 RX 做烷基化试剂外，还可用醇（ROH）和烯烃做烷基化剂。例如：

$$C_6H_6 + CH_3CH\text{═}CH_2 \xrightarrow[\text{微量水}]{AlCl_3} C_6H_5\text{—}CH(CH_3)_2$$

$$C_6H_6 + CH_3\underset{OH}{\underset{|}{C}H}CH_3 \xrightarrow{AlCl_3} C_6H_5\text{—}CH(CH_3)_2$$

当苯环上连有—NO_2、—SO_3H、—COR、—C≡N 等吸电子基团和连有—NH_2、—NHR、—NR_2 等会与酸性催化剂发生反应的碱性基团时，较难发生 Friedel-Crafts 反应。在傅氏烷基化反应中，通常生成多烷基化产物，并伴有烷基异构化产生。在傅氏酰基化反应中，不会生成多酰基化产物。例如：

$$C_6H_6 + CH_3CH_2CH_2Cl \xrightarrow{AlCl_3} C_6H_5CH(CH_3)_2 + \underset{\text{副产物}}{C_6H_5CH_2CH_2CH_3}$$

$$C_6H_6 + 3CH_3Cl \xrightarrow{AlCl_3} 1,2,4\text{-}C_6H_3(CH_3)_3$$

傅氏烷基化反应是一个可逆反应，故常常伴随烷基苯脱烷基的歧化反应发生。例如：

$$2\,C_6H_5CH_3 \xrightarrow{AlCl_3} \underset{(o\text{-}, m\text{-}, p\text{-})}{C_6H_4(CH_3)_2} + C_6H_6$$

傅氏酰基化反应中的酰基化剂，既可用酰卤也可用酸酐。例如：

$$C_6H_6 + \underset{\text{乙酰氯}}{CH_3-\overset{O}{\overset{\|}{C}}-Cl} \xrightarrow{AlCl_3} C_6H_5-\overset{O}{\overset{\|}{C}}-CH_3 + HCl$$

$$C_6H_6 + \underset{\text{乙酸酐}}{(CH_3-\overset{O}{\overset{\|}{C}})_2O} \xrightarrow{AlCl_3} C_6H_5-\overset{O}{\overset{\|}{C}}-CH_3 + CH_3COOH$$

由于酰基化反应产物 $C_6H_5-\overset{O}{\overset{\|}{C}}-R$ 能与 $AlCl_3$ 形成络合物，所以在酰基化反应中，$AlCl_3$ 一定要过量。

在傅氏烷基化反应中，烷基通常异构化，所以合成直链烷基苯时，通常是先进行傅氏酰基化反应，然后将羰基还原成亚甲基。例如：

$$C_6H_6 + CH_3CH_2-\overset{O}{\overset{\|}{C}}-Cl \xrightarrow{AlCl_3} C_6H_5-\overset{O}{\overset{\|}{C}}-CH_2CH_3 + HCl$$

$$C_6H_5-\overset{O}{\overset{\|}{C}}-CH_2CH_3 \xrightarrow{Zn\text{-}Hg + HCl/\triangle} C_6H_5-CH_2CH_2CH_3$$

Clemmensen 还原法

(5) 氯甲基化反应

在无水氯化锌的存在下，芳烃与甲醛和氯化氢作用，苯环上的一个氢被氯甲基取代(—CH_2Cl)，这个反应叫氯甲基化反应。在氯甲基化反应中通常是用三聚甲醛来代替甲醛，例如：

$$C_6H_6 + (CH_2O)_3 + HCl \xrightarrow[60℃]{无水\ ZnCl_2} C_6H_5CH_2Cl + H_2O$$

三聚甲醛　　　　氯化苄

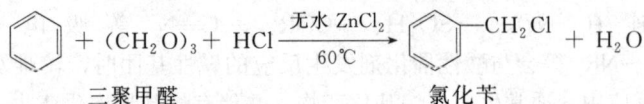

当苯环上连有推电子基团时，氯甲基化反应效果较好，当苯环上连有强吸电子基团时，氯甲基化反应效果很差，甚至不发生反应。

7.5.2 苯环上亲电取代反应的机理

苯环上有丰富的 π 电子，所以亲电试剂进攻苯环的亲电取代反应是单环芳烃的特征反应。苯环上的亲电取代反应是分步进行的，其反应机理可描述如下。

第一步：亲电试剂（A—B）解离出亲电正离子 A^+，并与苯环形成 σ 络合物。第一步反应是慢反应的一步。

$$A—B \rightleftharpoons A^+ + B^-$$

$$C_6H_6 + A^+ \xrightarrow{慢} [C_6H_6A]^+$$

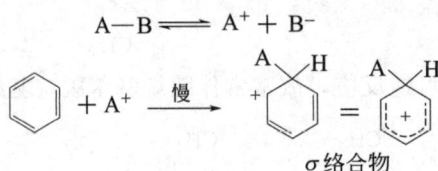

σ络合物

第二步：σ 络合物消去一个 H^+，恢复苯环生成产物，H^+ 与试剂中负离子 B^- 结合生成 HB。第二步反应是快反应的一步。

$$[C_6H_6A]^+ \xrightarrow[B^-]{快} C_6H_5A + HB$$

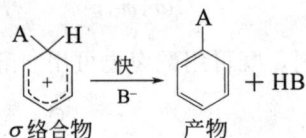

σ络合物　　产物

以下是苯环上进行的卤代、硝化、磺化和 Friedel-Crafts 反应机理的简要描述。

(1) 苯环上卤代反应机理（以溴代为例）

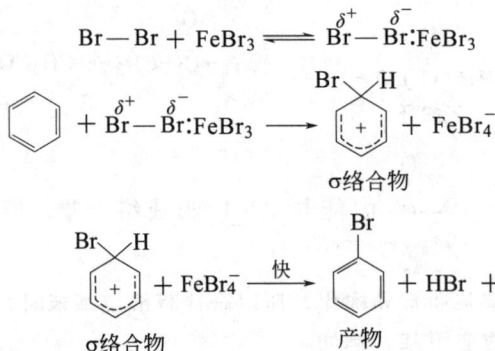

$$Br—Br + FeBr_3 \rightleftharpoons \overset{\delta^+}{Br}—\overset{\delta^-}{Br}:FeBr_3$$

$$C_6H_6 + \overset{\delta^+}{Br}—\overset{\delta^-}{Br}:FeBr_3 \longrightarrow [C_6H_6Br]^+ + FeBr_4^-$$

σ络合物

有机反应机理

$$[C_6H_6Br]^+ + FeBr_4^- \xrightarrow{快} C_6H_5Br + HBr + FeBr_3$$

σ络合物　　产物

(2) 苯环上硝化反应机理

$$2H_2SO_4 + HNO_3 \rightleftharpoons NO_2^+ + H_3O^+ + HSO_4^-$$

$$C_6H_6 + NO_2^+ \xrightarrow{慢} [C_6H_6NO_2]^+$$

σ络合物

$$[C_6H_6NO_2]^+ + HSO_4^- \xrightarrow{快} C_6H_5NO_2 + H_2SO_4$$

σ络合物　　产物

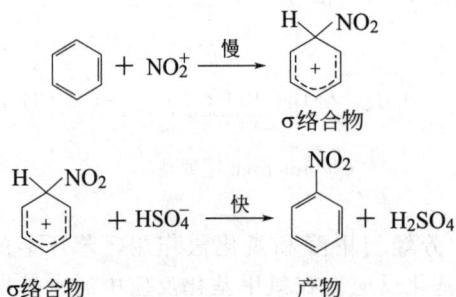

(3) 苯环上磺化反应机理

$$2H_2SO_4 \rightleftharpoons H_3O^+ + SO_3 + HSO_4^-$$

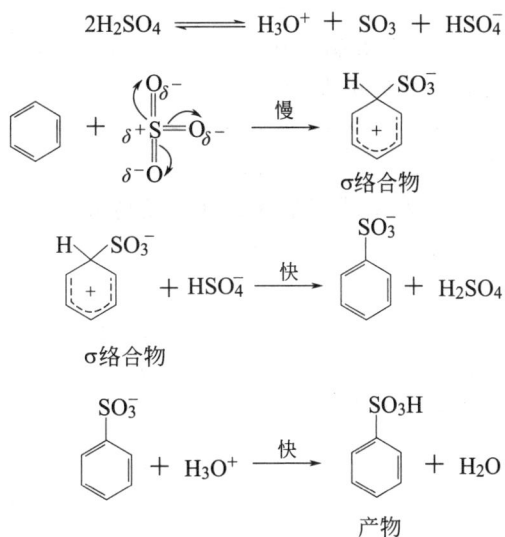

$$C_6H_6 + SO_3 \xrightarrow{\text{慢}} \sigma\text{络合物}\ (C_6H_6SO_3^-,\ \text{H与}SO_3^-\text{连于同一碳}, \text{环带正电荷})$$

σ络合物

$$\sigma\text{络合物} + HSO_4^- \xrightarrow{\text{快}} C_6H_5SO_3^- + H_2SO_4$$

$$C_6H_5SO_3^- + H_3O^+ \xrightarrow{\text{快}} C_6H_5SO_3H + H_2O$$

产物

（4）苯环上烷基化反应机理

$$CH_3CH_2CH_2Cl + AlCl_3 \longrightarrow CH_3CH_2CH_2^+ + AlCl_4^-$$

$$CH_3CH_2CH_2^+ \rightleftharpoons CH_3\overset{+}{C}HCH_3$$

$$C_6H_6 + CH_3\overset{+}{C}HCH_3 \xrightarrow{\text{慢}} \sigma\text{络合物}$$

$$\sigma\text{络合物} + AlCl_4^- \xrightarrow{\text{快}} C_6H_5CH(CH_3)_2 + HCl + AlCl_3$$

产物

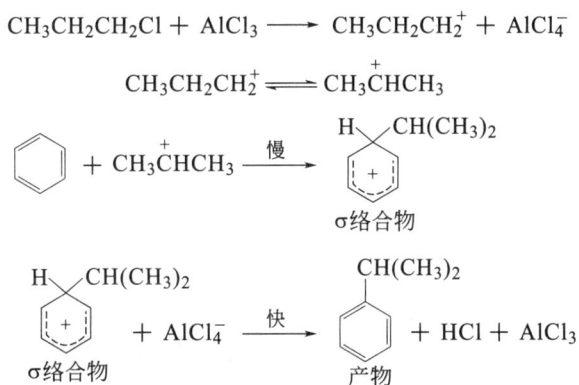

在苯环上的烷基化反应中，烷基碳正离子是亲电试剂，烷基碳正离子的重排是导致苯环上烷基化取代产物发生异构化现象的主要原因。

（5）苯环上酰基化反应机理

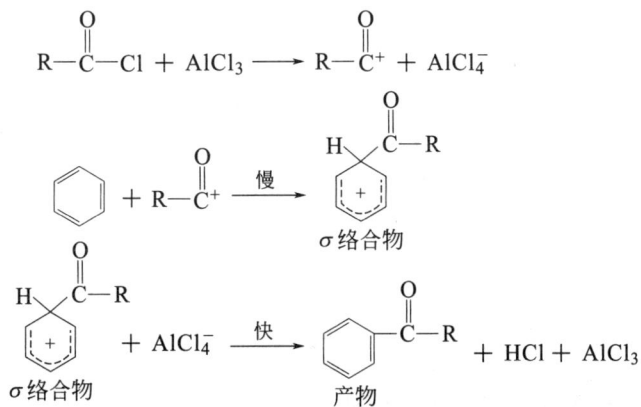

$$R-\overset{O}{\overset{\|}{C}}-Cl + AlCl_3 \longrightarrow R-\overset{O}{\overset{\|}{C}}{}^+ + AlCl_4^-$$

$$C_6H_6 + R-\overset{O}{\overset{\|}{C}}{}^+ \xrightarrow{\text{慢}} \sigma\text{络合物}$$

$$\sigma\text{络合物} + AlCl_4^- \xrightarrow{\text{快}} C_6H_5-\overset{O}{\overset{\|}{C}}-R + HCl + AlCl_3$$

产物

课堂练习 7.1　在 $AlCl_3$ 存在下，苯和新戊基氯作用，主要产物是 2-甲基-2-苯基丁烷，而不是新戊基苯，试解释之，并写出反应机理。

7.5.3　苯环上的加成反应

尽管苯环能量低，一般不会发生破坏苯环的加成反应和氧化反应，但苯环不是饱和体系，只要条件适合，它还是可以发生加成和氧化。

（1）催化加氢

在高温、高压和金属催化剂的存在下，苯可以和氢进行反应，生成环己烷。苯的催化加氢不会停留在环己二烯和环己烯的阶段，这充分说明苯环的 π 电子是作为一个整体参加反应的，苯环分子中不存在三个孤立的双键。

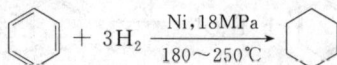

$$C_6H_6 + 3H_2 \xrightarrow[180\sim250℃]{Ni,18MPa} C_6H_{12}$$

（2）加氯

在紫外线照射的情况下，苯可以和氯气进行加成反应生成六氯环己烷，六氯环己烷也叫“六六六”，过去在农业上大量作为杀虫剂使用，由于它的化学性质很稳定，使用后不容易分解，其毒性长期残留，污染环境，我国早已禁止使用。

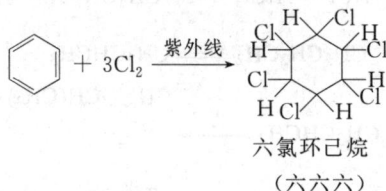

$$C_6H_6 + 3Cl_2 \xrightarrow{紫外线} C_6H_6Cl_6$$

六氯环己烷

（六六六）

7.5.4　苯环上的氧化反应

在一般情况下，苯环很难被氧化，只有在高温和特殊催化剂的存在下才能发生苯环被破坏的氧化反应。例如，在高温和五氧化二钒做催化剂的条件下，苯可以被空气中的氧氧化成顺丁烯二酸酐，顺丁烯二酸酐也叫马来酸酐。

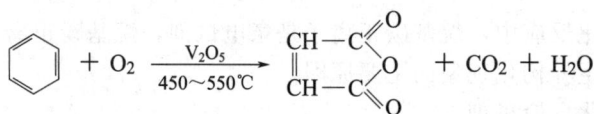

$$C_6H_6 + O_2 \xrightarrow[450\sim550℃]{V_2O_5} \text{CH—C(=O)—O—C(=O)—CH (环状, CH=CH)} + CO_2 + H_2O$$

顺丁烯二酸酐(马来酸酐)

7.5.5　苯环侧链上的反应

（1）α-氢的氯代和溴代反应

与苯环直接相连的碳叫 α-碳原子，与 α-碳原子相连的氢叫 α-氢原子，在无铁盐催化和光照的情况下，芳烃的卤代反应发生在苯环侧链的 α-碳原子上，生成 α-氢原子被卤素取代的产物。这个反应和烷烃的卤代反应相似，也是自由基反应，若控制反应条件和卤素的量，可以使这个反应停留在一卤代阶段。例如：

$$C_6H_5CH_3 \xrightarrow[Cl_2]{光} C_6H_5CH_2Cl \xrightarrow[Cl_2]{光} C_6H_5CHCl_2 \xrightarrow[Cl_2]{光} C_6H_5CCl_3$$

芳烃 α-位的溴代反应通常用 NBS 做溴代试剂，效果很好。

$$C_6H_5CH_2CH_3 + \text{NBS} \xrightarrow[\triangle]{CCl_4} C_6H_5CHBrCH_3 + \text{(琥珀酰亚胺, N—H)}$$

NBS

（2）芳环侧链的氧化反应

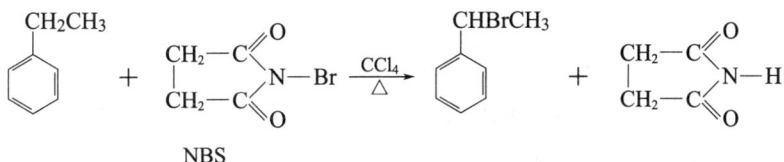

烷基苯的氧化反应总是发生在烷基上，伯烷基不论侧链多长，都氧化为羧基（即氧化成苯甲酸类化合物），仲烷基可氧化成其它产物。叔烷基无 α-H，很难氧化，若剧烈氧化，则苯环会破坏。常用的氧化剂是 $KMnO_4$、$K_2Cr_2O_7$ 或 $Na_2Cr_2O_7$、HNO_3 等，也可采用催化氧化。例如：

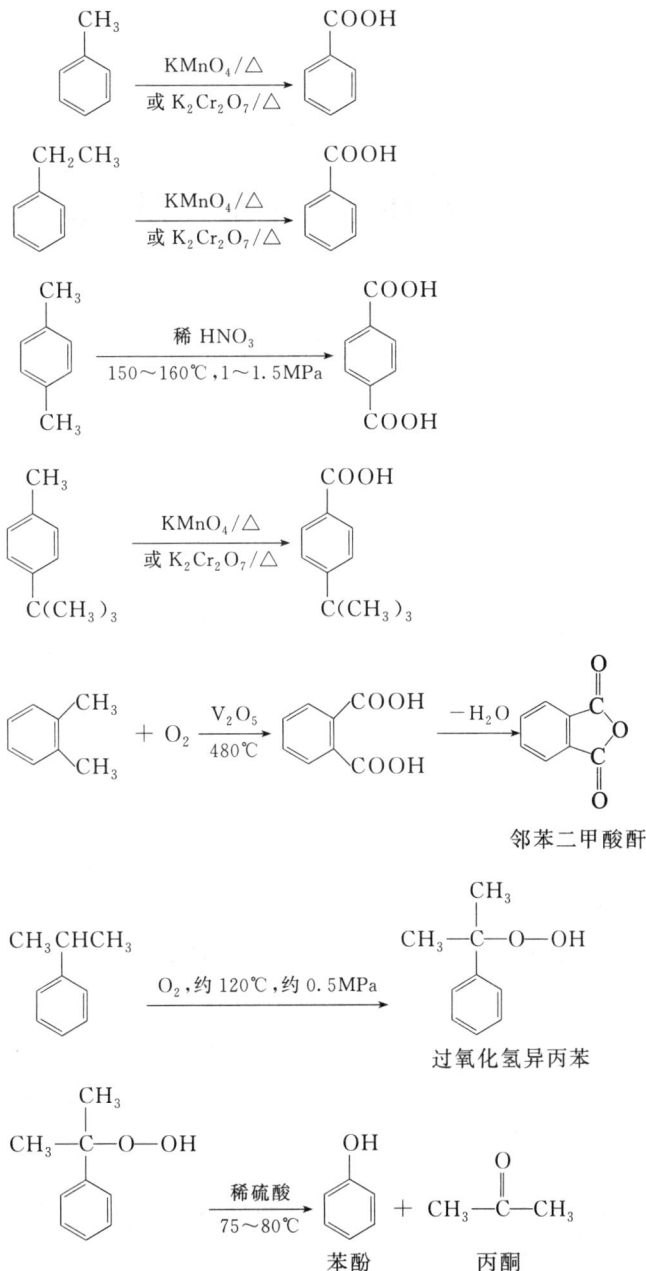

$$C_6H_5CH_3 \xrightarrow[\text{或 } K_2Cr_2O_7/\triangle]{KMnO_4/\triangle} C_6H_5COOH$$

$$C_6H_5CH_2CH_3 \xrightarrow[\text{或 } K_2Cr_2O_7/\triangle]{KMnO_4/\triangle} C_6H_5COOH$$

$$p\text{-}CH_3C_6H_4CH_3 \xrightarrow[150\sim160℃,1\sim1.5MPa]{\text{稀 } HNO_3} p\text{-}HOOCC_6H_4COOH$$

$$p\text{-}CH_3C_6H_4C(CH_3)_3 \xrightarrow[\text{或 } K_2Cr_2O_7/\triangle]{KMnO_4/\triangle} p\text{-}HOOCC_6H_4C(CH_3)_3$$

$$o\text{-}C_6H_4(CH_3)_2 + O_2 \xrightarrow[480℃]{V_2O_5} o\text{-}C_6H_4(COOH)_2 \xrightarrow{-H_2O} \text{邻苯二甲酸酐}$$

邻苯二甲酸酐

$$C_6H_5CH(CH_3)_2 \xrightarrow{O_2,\text{约 }120℃,\text{约 }0.5MPa} C_6H_5C(CH_3)_2\text{—O—OH}$$

过氧化氢异丙苯

$$C_6H_5C(CH_3)_2\text{—O—OH} \xrightarrow[75\sim80℃]{\text{稀硫酸}} C_6H_5OH + CH_3\text{—}\overset{O}{\overset{\|}{C}}\text{—}CH_3$$

苯酚　　丙酮

课堂练习 7.2　下列反应有无错误？若有，请予改正。

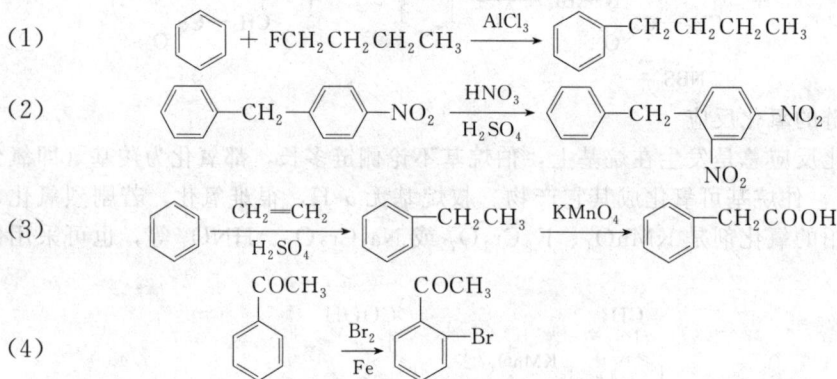

(1) $C_6H_6 + FCH_2CH_2CH_2CH_3 \xrightarrow{AlCl_3} C_6H_5-CH_2CH_2CH_2CH_3$

(2) $C_6H_5-CH_2-C_6H_4-NO_2 \xrightarrow[H_2SO_4]{HNO_3} C_6H_5-CH_2-C_6H_3(NO_2)-NO_2$

(3) $C_6H_6 \xrightarrow[H_2SO_4]{CH_2=CH_2} C_6H_5-CH_2CH_3 \xrightarrow{KMnO_4} C_6H_5-CH_2COOH$

(4) $C_6H_5COCH_3 \xrightarrow[Fe]{Br_2}$ 邻位 Br 取代产物（$COCH_3$ 与 Br 相邻）

7.6　苯环上亲电取代反应的定位规律

由于一元取代苯环上具有三种位置（邻位、间位和对位），所以一元取代苯环上引入第二个基团时可能有三种产物，实验发现苯环上原有的第一个基团对第二个基团的进入有定位作用。一些基团使第二个基团主要进入它的邻、对位；另一些基团使第二个基团主要进入它的间位。例如，一元取代苯 C_6H_5G 和亲电试剂 E 反应形成的三种产物如下：

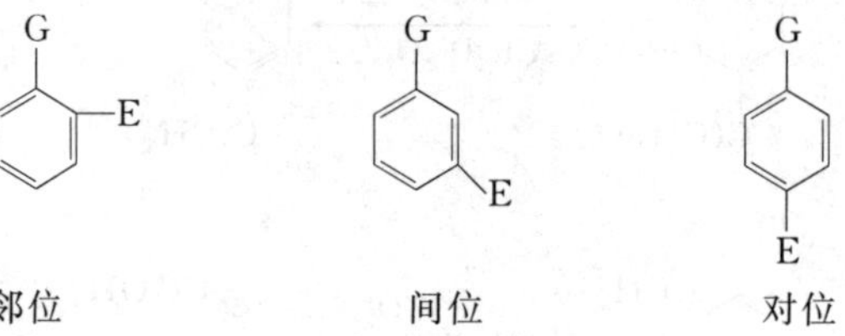

苯环上亲电取代反应定位规则

7.6.1　两类定位基

（1）邻、对位定位基（第一类定位基）

邻、对位定位基也叫第一类定位基，它使新进入的基团主要进入它的邻位和对位（邻位和对位产物之和大于 60%），同时使苯环活化。

邻、对位定位基主要包括：

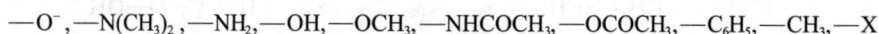

$$-O^-, -N(CH_3)_2, -NH_2, -OH, -OCH_3, -NHCOCH_3, -OCOCH_3, -C_6H_5, -CH_3, -X$$

定位效应增强 ←

邻、对位定位基（第一类定位基）与苯环直接相连的原子带有负电荷或有孤电子对或为烃基。这类基团除卤素以外，都具有供电子作用，它的存在使苯环上的电子云密度增加，活化了苯环，增加了苯环进行亲电取代反应的能力。

（2）间位定位基（第二类定位基）

间位定位基也叫第二类定位基，它使新进入的基团主要进入它的间位（间位产物大于 40%），同时使苯环钝化。

间位定位基主要包括：

$-\overset{+}{N}(CH_3)_3, -NO_2, -CF_3, -CN, -SO_3H, -CHO, -COCH_3, -COOH, -COOCH_3, -CONH_2$

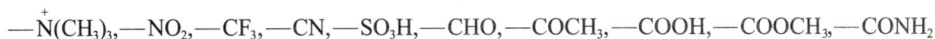

定位效应增强 ←

间位定位基（第二类定位基）与苯环直接相连的原子带有正电荷或以不饱和键与电负性大的原子相连或连有多个吸电子基团（如 CF_3）。这类基团都具有吸电子作用，它的存在使苯环上的电子云密度降低，钝化了苯环，降低了苯环进行亲电取代反应的能力。

7.6.2　亲电取代反应定位规律的理论解释

在苯环上的亲电取代反应中，决定反应速率的步骤是生成 σ 络合物的第一步，因此基团的存在有利于 σ 络合物的形成和稳定则有利于整个反应。与此有关的因素主要是诱导效应（I 效应）、共轭效应（C 效应）、反应活化能和空间（立体）效应。

7.6.2.1　邻、对位定位基的影响

（1）邻、对位定位基的静态电子效应

以甲苯为例，当甲基连在苯环上时，由于甲基对苯环存在供电子的诱导效应（+I）和供电子的超共轭效应（+C），+I 和+C 的共同作用使苯环上的电子云密度增加，有利于苯环上的亲电取代反应，因此甲基是活化基团。同时甲基的存在使得苯环上整体的电子云密度增大，且根据诱导效应在甲基的邻位和对位碳原子上的电子云密度增大得更多，因此亲电试剂主要进攻甲基的邻位和对位，产生邻位和对位的取代产物。

苯酚和苯胺中的羟基和氨基也是邻对位定位基，但它们与苯环存在吸电子的诱导效应（−I）和供电子的 p-π 共轭效应（+C），但+C＞−I，因此最终结果仍然是羟基和氨基对于苯环而言是供电子基，它们的存在使苯环上的电子云密度增加，且在邻位和对位碳上的电子云密度增加得更多，因此羟基和氨基是邻对位定位基，且活化苯环。

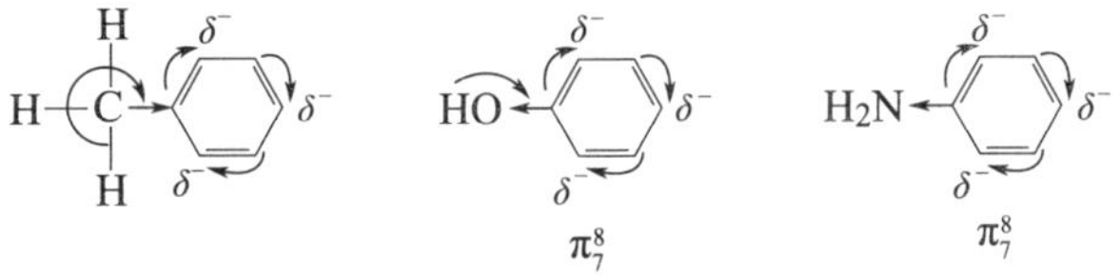

H　δ⁻　δ⁻　δ⁻　HO　δ⁻　δ⁻　H₂N　δ⁻　δ⁻

π_7^8　π_7^8

+I诱导效应和 +C超共轭效应　　−I诱导效应和 +C p-π 共轭效应 +C＞−I　　−I诱导效应和 +C p-π 共轭效应 +C＞−I

从以上的分析可以看出，邻、对位定位基（第一类定位基）连到苯环上后，总的来说表现出供电子效应，使苯环上的电子云密度增加，并且在苯环的邻、对位碳上电子云密度增加得更多，所以第一类定位基可以活化苯环，亲电取代反应优先发生在电子云密度较大的邻、对位碳上。

（2）邻、对位定位基的动态电子效应

苯环上的亲电取代反应是分步进行的，其中生成碳正离子（σ 络合物）的一步决定反应的速率，所形成的碳正离子（σ 络合物）越稳定，反应越易进行。以下以甲苯、苯胺为例分析基团的动态电子定位效应情况。

① 甲基的定位效应

Ⅰ亲电试剂 E^+ 进攻甲基邻位情况：

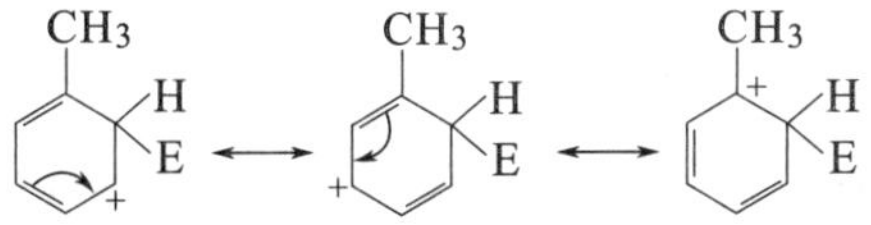

CH_3 H E ⟷ CH_3 H E ⟷ CH_3 H E

(Ⅰa)　(Ⅰb)　(Ⅰc) 3°碳正离子

Ⅱ亲电试剂 E^+ 进攻甲基对位情况：

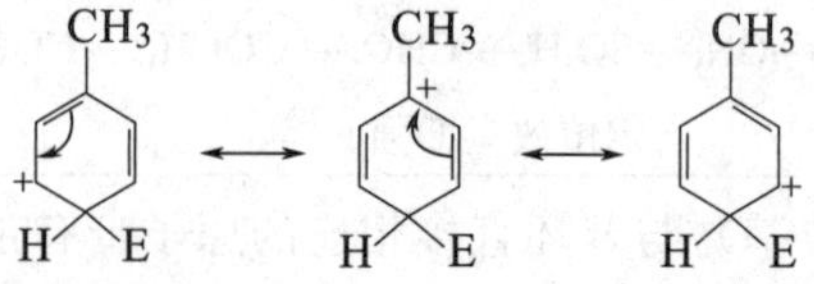

(Ⅱa) (Ⅱb) (Ⅱc)

3° 碳正离子

Ⅲ亲电试剂 E^+ 进攻甲基间位的情况：

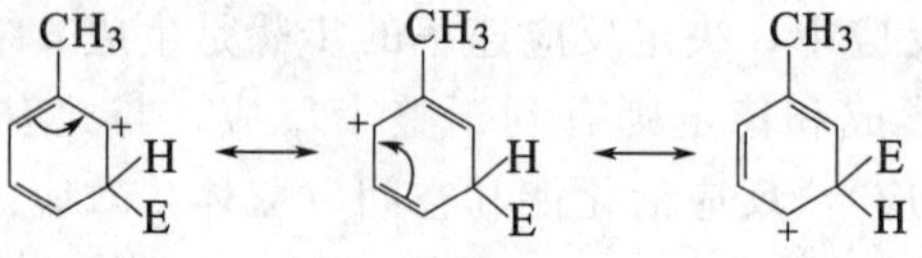

(Ⅲa) (Ⅲb) (Ⅲc)

亲电试剂 E^+ 进攻甲基邻、对位所形成的 σ 络合物的共振杂化体中，各有一个 3°碳正离子（Ⅰc 和Ⅱb），且带正电荷的碳原子直接与甲基相连，甲基的＋I 效应和＋Cσ-π 超共轭效应都能有效的分散正电荷，使得 σ 络合物能量降低，稳定性增大，即亲电试剂进攻甲基邻对位形成 σ 络合物时活化能较小。亲电试剂 E^+ 进攻甲基间位时所形成的 σ 络合物的共振杂化体中，都是 2°碳正离子，且带正电荷的碳都不与甲基相连，甲基的＋I 效应和＋Cσ-π 超共轭效应都不能有效的分散正电荷，使得 σ 络合物能量相对较高，稳定性较差，即亲电试剂进攻甲基间位形成 σ 络合物时活化能较大，不易形成。

② 氨基的定位效应

Ⅰ亲电试剂 E^+ 进攻氨基邻位情况：

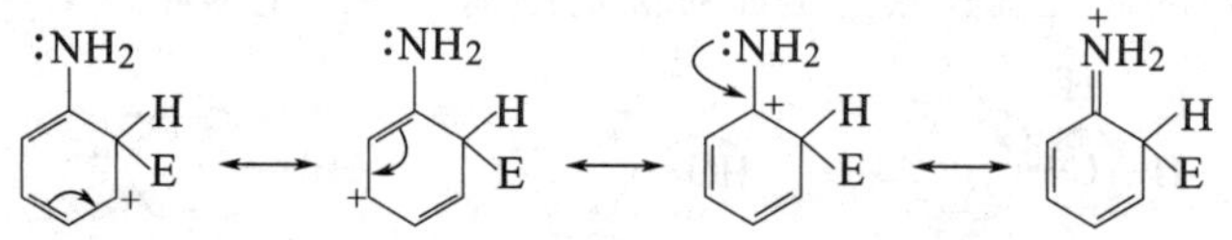

(Ⅰa) (Ⅰb) (Ⅰc) (Ⅰd)

八隅体结构

Ⅱ亲电试剂 E^+ 进攻氨基对位情况：

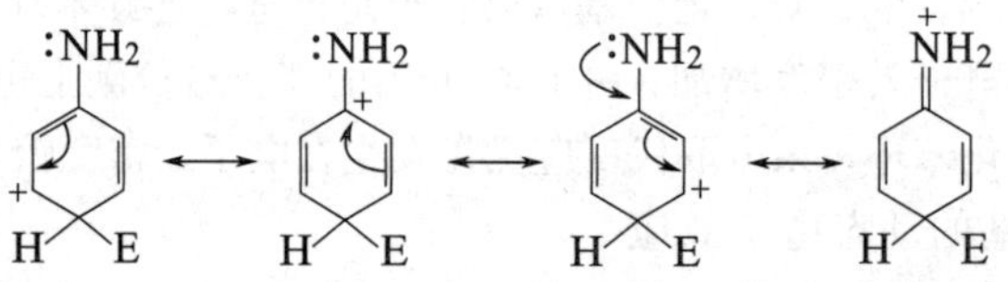

(Ⅱa) (Ⅱb) (Ⅱc) (Ⅱd)

八隅体结构

Ⅲ亲电试剂 E^+ 进攻氨基间位情况：

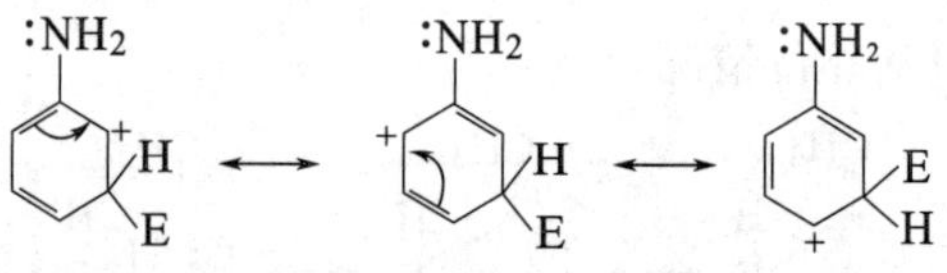

(Ⅲa) (Ⅲb) (Ⅲc)

亲电试剂 E^+ 进攻氨基邻、对位所形成的 σ 络合物的共振杂化体中，各有一个八隅体共振结构（Ⅰd 和Ⅱd），这种八隅体结构中，除氢外，所有原子的外层都是八电子，特别稳定，因此含有这种八隅体结构的 σ 络合物能量降低，稳定性增大，即亲电试剂进攻氨基邻、对位形成 σ 络合物时活化能较小。亲电试剂 E^+ 进攻氨基间位所形成的 σ 络合物的共振杂化体中，无八隅体共振结构，因此亲电试剂进攻氨基间位所形成的 σ 络合物能量相对较高，稳定性较差，即亲电试剂进攻氨基间位形成 σ 络合物时活化能较大，不易形成。

7.6.2.2　间位定位基的影响

（1）间位定位基的静态电子效应

以硝基苯为例，当硝基（间位定位基）连到苯环上时，硝基与苯环存在吸电子的诱导效应（－I）和吸电子的 π-π 共轭效应（－C），－I 和－C 的共同作用使苯环上整体的电子云密度降低，不利于苯环发生亲电取代反应，因此硝基是钝化基团。在苯环上电子云密度降低的同时，邻位和对位碳上的电子云密度降低得更多一些，相对而言间位碳上的电子云密度较大，因此亲电试剂主要进攻间位，产生间位取代产物。氰基连到苯环上时的电子效应与硝基相同。

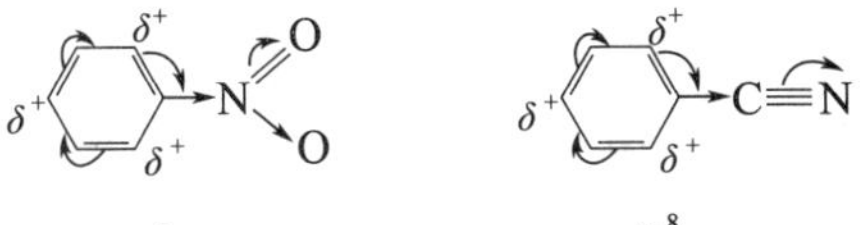

π_8^8
–I诱导效应和
–C π-π共轭效应

π_8^8
–I诱导效应和
–C π-π共轭效应

以上分析可知，间位定位基（第二类定位基）连到苯环上后，既表现出吸电子的－I 效应，又表现出吸电子的－C 效应，使苯环的电子云密度大大降低，并且苯环的邻、对位降低得更厉害，所以亲电取代反应优先发生在电子云密度降低得不是太厉害的间位上。

（2）间位定位基的动态电子效应（以 NO_2 为例）

Ⅰ亲电试剂 E^+ 进攻硝基邻位情况：

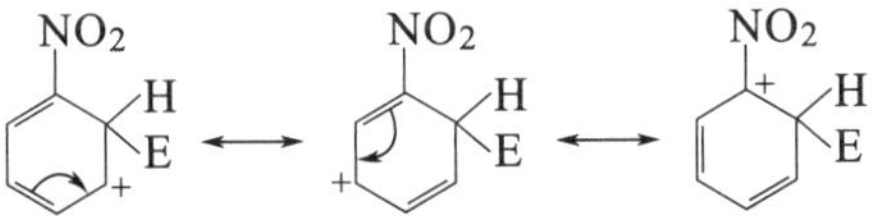

(Ⅰa)　(Ⅰb)　(Ⅰc)
能量高

Ⅱ亲电试剂 E^+ 进攻硝基对位情况：

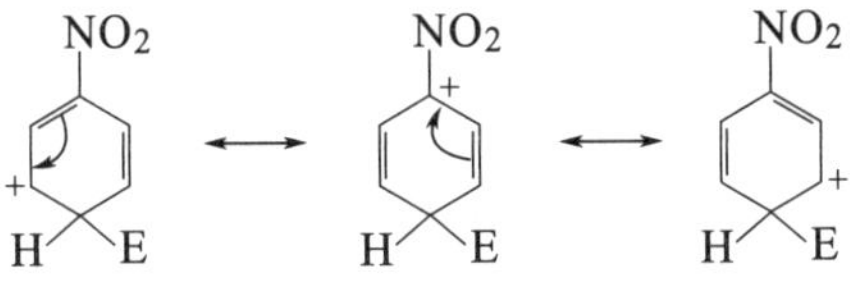

(Ⅱa)　(Ⅱb)　(Ⅱc)

能量高

Ⅲ亲电试剂 E^+ 进攻硝基间位情况：

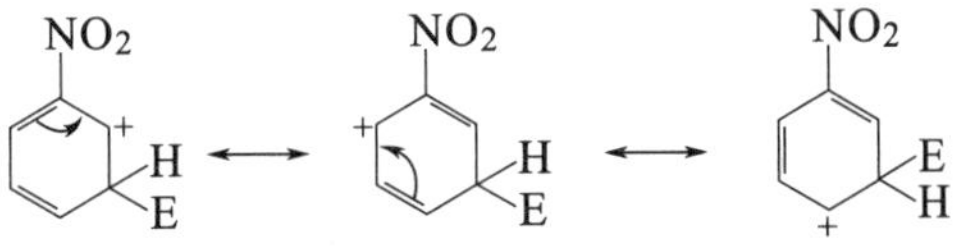

(Ⅲa)　(Ⅲb)　(Ⅲc)

亲电试剂 E^+ 进攻硝基邻、对位所形成的 σ 络合物的共振杂化体中，各有一个带正电荷的碳直接与硝基相连的结构，硝基的－I效应和－C效应都使正电荷更加集中，使得σ络合物能量高，很不稳定，即亲电试剂进攻硝基邻、对位形成σ络合物时活化能较大，不易形成。亲电试剂E^+进攻硝基间位时所形成的σ络合物的共振杂化体中，没有带正电荷的碳直接与硝基相连的结构，相对来说σ络合物能量要低些，即亲电试剂进攻硝基间位比进攻硝基邻、对位形成σ络合物时活化能小，优先生成间位异构体。

7.6.2.3 卤原子的定位效应

与其它活化苯环的邻、对位定位基不同，卤原子是比较特殊的定位基，它是钝化苯环的邻、对位定位基。

（1）卤原子的静态电子效应

C($2s^22p^2$)、N($2s^22p^3$)、O($2s^22p^4$)是同一周期元素，它们的价电子都在大小相同的轨道上，所以N和O与苯环相连时，N、O p轨道上的孤电子对能与苯环进行很好的p-π共轭（＋C效应），共轭的结果是向苯环供电子。虽然N和O的电负性比C大，它们与苯环相连时，也有吸电子诱导效应（－I效应），但由于＋C效应大于－I效应，所以总的结果是向苯环供电子，活化苯环。而卤素F($2s^22p^5$)、Cl($3s^23p^5$)、Br($4s^24p^5$)、I($5s^25p^5$)的价电子除F外，与C都不是同一周期元素，它们的价电子都在大小不同的轨道上，所以Cl、Br和I与苯环相连时，p轨道上的孤电子对不能与苯环进行很好的p-π共轭，即没有很好的＋C效应。同时Cl、Br和I的电负性比C大，它们与苯环相连时，也有吸电子诱导效应（－I效应），此时由于＋C效应小于－I效应，总的结果是使苯环上的电子云密度减少，从而钝化了苯环。对于F来说尽管价电子与C在大小相同的轨道上，可以进行很好的p-π共轭，但由于F是电负性最大的元素，它的吸电子诱导效应很强，此时＋C效应也小于－I效应，总的结果也是使苯环上的电子云密度减少，钝化苯环。

（2）卤原子的动态电子效应（以氯为例）

Ⅰ亲电试剂E^+进攻氯的邻位情况：

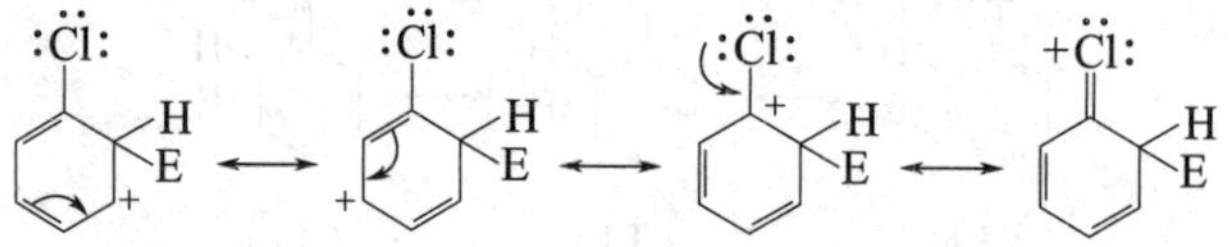

(Ⅰa) ⟷ (Ⅰb) ⟷ (Ⅰc) ⟷ (Ⅰd)

八隅体结构

Ⅱ亲电试剂E^+进攻氯的对位情况：

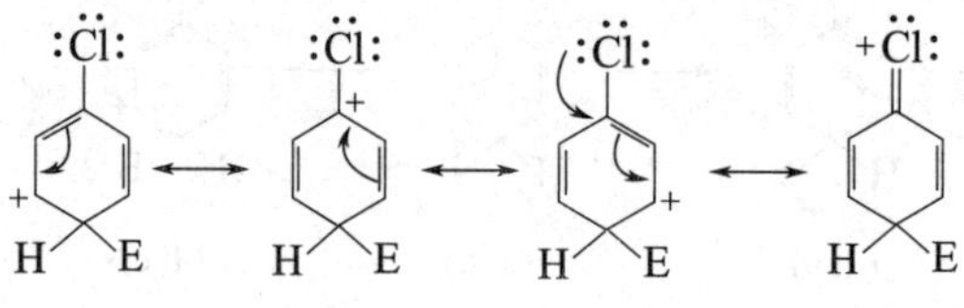

(Ⅱa) ⟷ (Ⅱb) ⟷ (Ⅱc) ⟷ (Ⅱd)

八隅体结构

Ⅲ亲电试剂E^+进攻氯的间位情况：

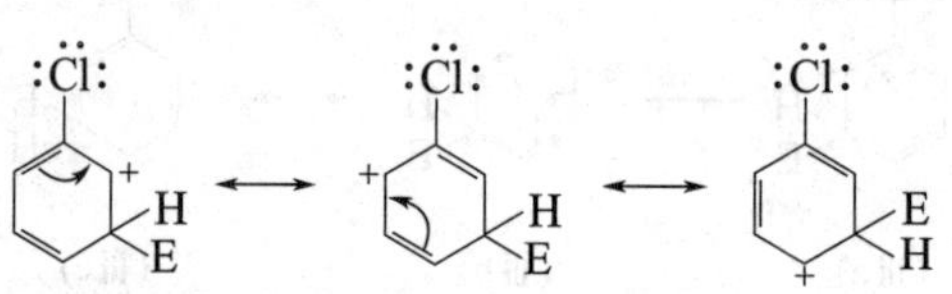

(Ⅲa) ⟷ (Ⅲb) ⟷ (Ⅲc)

卤素由于其－I效应大于＋C效应，使苯环上电子云密度降低，钝化了苯环，但亲电试剂进攻卤素的邻、对位形成的σ络合物的共振杂化体中，各有一个很稳定的八隅体共振结构（Ⅰd和Ⅱd），进攻间位无此八隅体结构，所以尽管卤素钝化苯环，也是邻、对位定位基。

7.6.2.4 邻对位产物比例的影响因素

(1) 空间效应

当苯环上有第一类取代基时，邻、对位产物的比例随原有取代基和新引入基团的大小而变化。一般来说，原有取代基体积越大，邻位异构体越少；原有取代基大小不变，新引入的基团体积越大，邻位异构体也越少。例如，烷基苯硝化时，NO_2进入烷基邻、间、对位的比例如下：

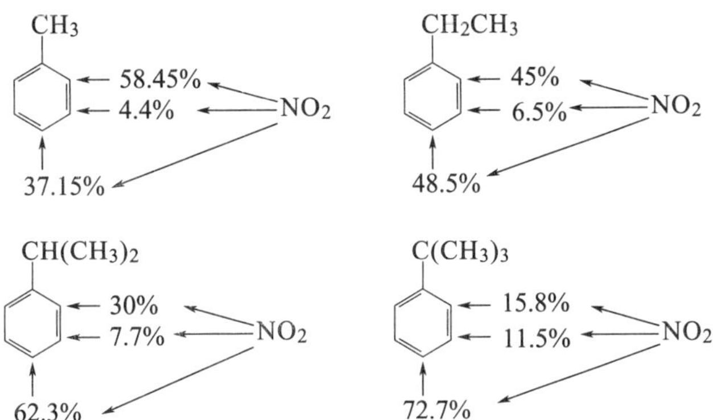

甲苯一烷基化时，不同烷基进入甲基邻、间、对位的比例如下：

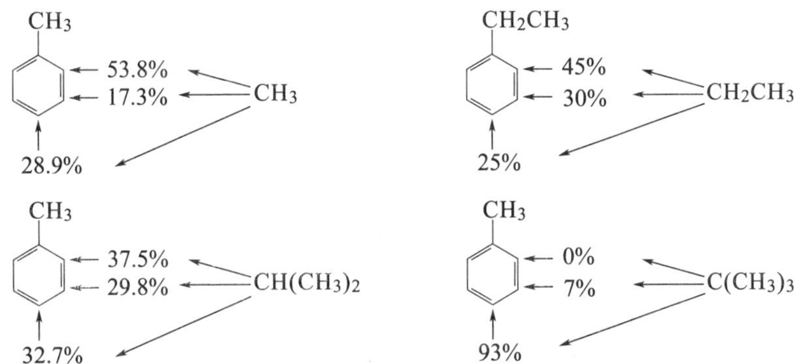

(2) 其它因素

芳烃亲电取代反应中使用的催化剂和反应温度对产物中各种异构体的比例也有影响，这主要与试剂进攻苯环邻、间、对位生成σ络合物时的活化能有关。一般来说邻位取代活化能较低，对位取代产物稳定性较好，低温有利邻位取代，高温有利对位取代。例如，溴苯在不同催化剂作用下氯化反应时，邻、间、对位异构体的比例如下：

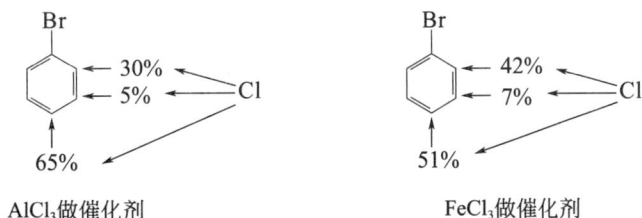

Br：30%（邻）、5%（间）、65%（对）←Cl　　$AlCl_3$做催化剂

Br：42%（邻）、7%（间）、51%（对）←Cl　　$FeCl_3$做催化剂

甲苯在不同温度下进行磺化反应时，邻、间、对位异构体的比例如下：

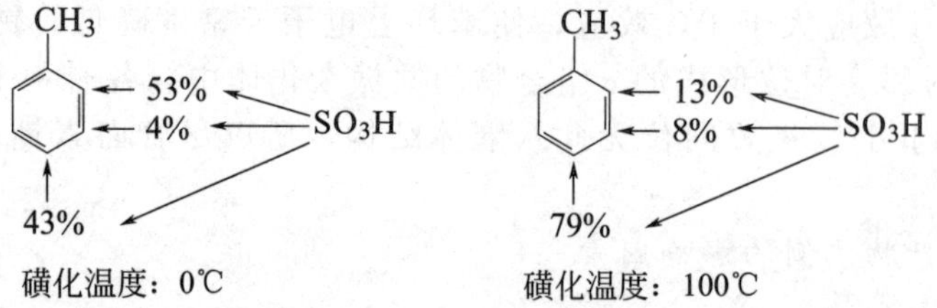

CH_3 53% 4% SO_3H 43%
磺化温度：0℃

CH_3 13% 8% SO_3H 79%
磺化温度：100℃

7.7 二元取代苯的定位规律

当苯环上已有两个取代基团时，第三个取代基团进入的位置由原来两个基团的种类来决定，一般有如下几种情况。

① 苯环上已有的两个取代基定位效应一致时，则按原有基团的定位规则来确定第三个基团进入的位置。例如：

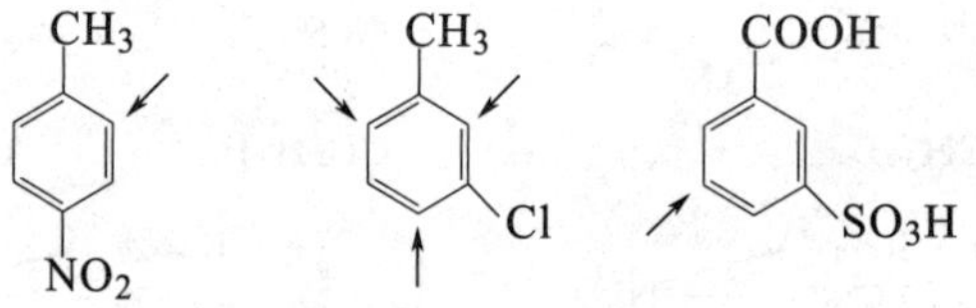

CH_3 NO_2　CH_3 Cl　COOH SO_3H

第三个基团主要进入箭头所指位置

② 苯环上已有的两个取代基定位效应不一致，但属于同类定位基时，由定位能力强的来确定第三个基团进入的位置。例如：

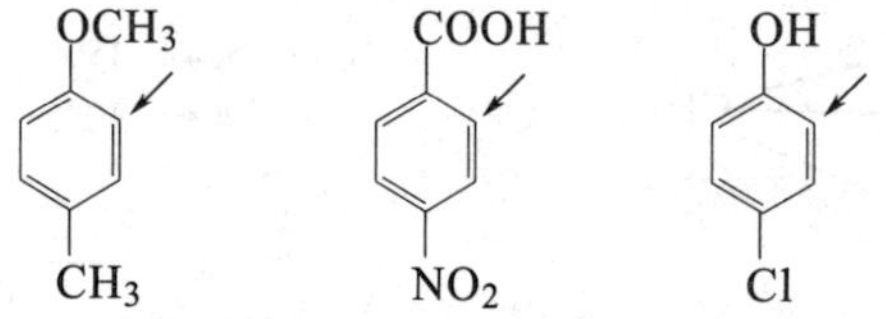

OCH_3 CH_3　COOH NO_2　OH Cl

第三个基团主要进入箭头所指位置

③ 苯环上已有的两个取代基定位效应不一致，但属于不同类定位基时，由第一类定位基来确定第三个基团进入的位置。例如：

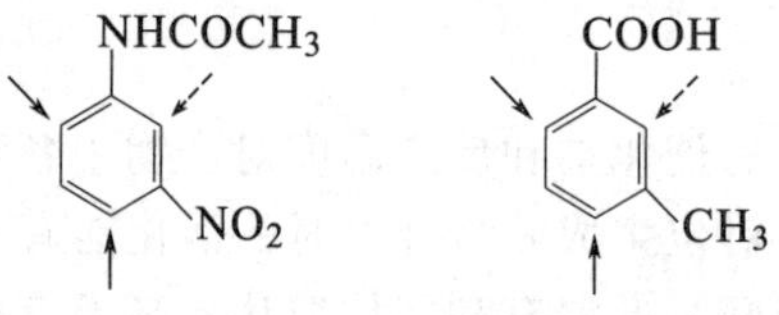

$NHCOCH_3$ NO_2　COOH CH_3

第三个基团主要进入箭头所指位置
（虚线箭头所指位置空间位阻大，较难进入）

课堂练习 7.3　写出下列化合物一氯代反应的主要产物。

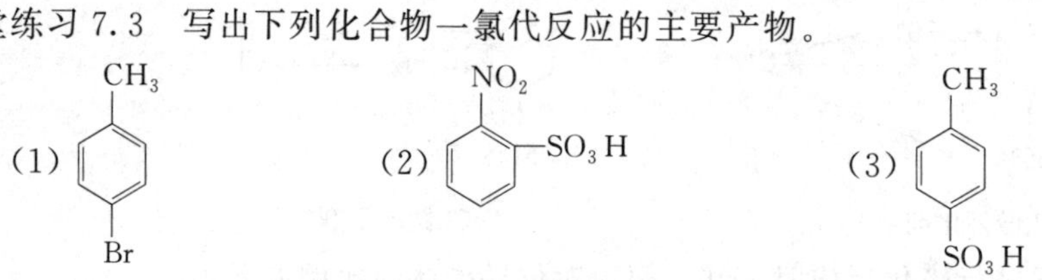

（1）CH_3 Br　（2）NO_2 SO_3H　（3）CH_3 SO_3H

(4)

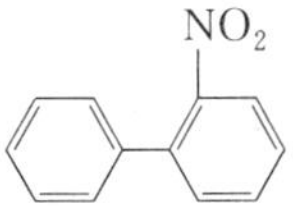

(5)

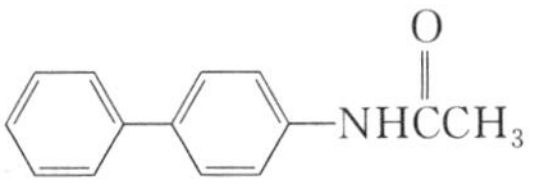

7.8　定位规律在有机合成上的应用

对于多取代苯类化合物的合成，可以根据定位规律来确定反应进行的先后步骤，以便得到尽可能产率高、纯度好的产物。

例如：由苯合成邻硝基氯苯和对硝基氯苯时，应先氯化再硝化；若合成间硝基氯苯则应先硝化再氯化。

邻、对硝基氯苯的合成：

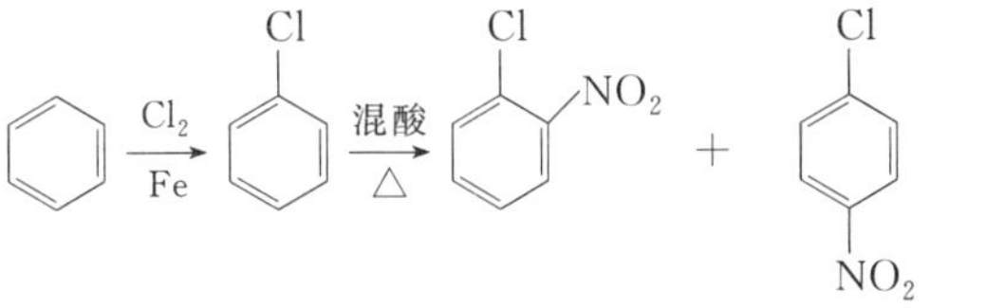

间硝基氯苯的合成：

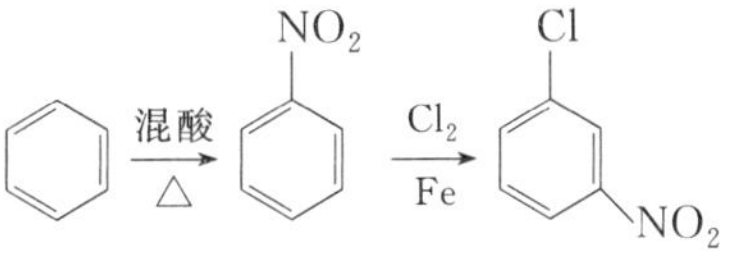

7.9　稠环芳烃

稠环芳烃是指分子中含有两个或两个以上的苯环彼此间通过共用两个相邻的碳原子稠合而成的烃类化合物。最常见的稠环芳烃有萘、蒽和菲，蒽和菲是同分异构体。本节主要介绍这三种稠环芳烃的结构和主要性质。

7.9.1　稠环芳烃的结构

(1) 萘的结构

萘的分子式为 $C_{10}H_8$，化学和物理研究已证明萘分子由两个苯环共用两个碳原子并联而成，它的结构与苯环相似，所有的原子都在一个平面上，形成一个 π_{10}^{10} 大 π 键。但萘的碳碳键长与苯不同，没有完全平均化，而是介于 C—C 单键（0.154nm）和 C═C 双键（0.134nm）之间。萘具有芳香性，萘的离域能（共振能）为 255kJ/mol，因此萘环也比较稳定。但萘的离域能（共振能）比两个独立苯环的离域能之和（150.6×2=301.2kJ/mol）要小，所以萘的芳香性比苯差。萘分子的结构和键长数据如下：

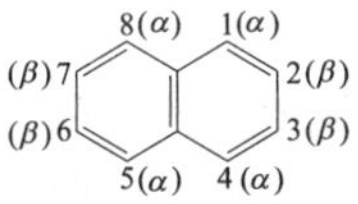

萘(离域能255kJ/mol)

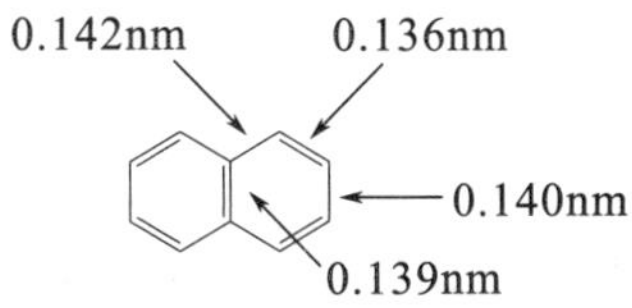

萘分子的键长数据

在萘分子中，1、4、5、8 位上的碳原子完全相同，叫 α-位；2、3、6、7 位上的碳原子也完全相同，叫 β-位，且 α-位碳原子的电子云密度大于 β-位碳原子的电子云密度。因此，萘的一元取代产物有两种，即 α-取代产物（1-取代产物）和 β-取代产物（2-取代产物）。

（2）蒽的结构

蒽的分子式为 $C_{14}H_{10}$，由三个苯环稠合而成。蒽分子的三个苯环处在同一条直线上，构成蒽分子的所有原子也处在同一个平面上，形成一个 π_{14}^{14} 大 π 键。像萘一样，蒽分子中的碳碳键也没有完全平均化，蒽具有芳香性，蒽分子的离域能为 349kJ/mol，所以蒽分子也是一个较稳定的分子。蒽分子的结构和键长数据如下：

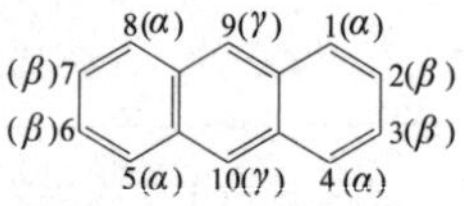

8(α) 9(γ) 1(α) (β)7 2(β) (β)6 3(β) 5(α) 10(γ) 4(α)

蒽(离域能349kJ/mol)

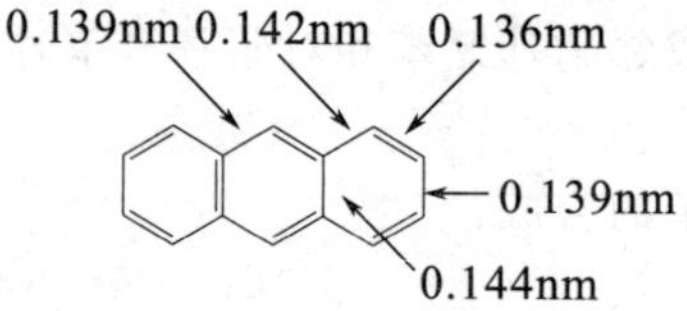

0.139nm 0.142nm 0.136nm 0.139nm 0.144nm

蒽分子的键长数据

在蒽分子中，1、4、5、8 位碳原子相同，叫 α-位；2、3、6、7 位碳原子也相同，叫 β-位；9、10 位碳原子也是相同的，叫 γ-位，因此蒽的一元取代产物有三种。

（3）菲的结构

菲的分子式是 $C_{14}H_{10}$，与蒽互为同分异构体。菲分子也是三个苯环稠合而成的，但菲分子中的三个苯环并不在一条直线上，而是成一定的角度。菲也是芳香分子，构成菲的所有原子共平面，形成一个 π_{14}^{14} 大 π 键，菲分子的离域能为 381.63kJ/mol，比蒽大，因此菲比蒽更稳定。菲的结构如下：

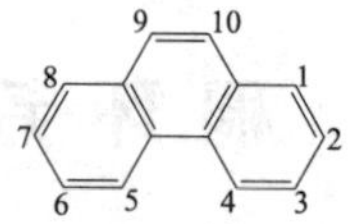

9 10 8 1 7 2 6 5 4 3

菲(离域能381.63kJ/mol)

菲分子中有五种位置，1,8 位相同；2,7 位相同；3,6 位相同；4,5 位相同；9,10 位相同。所以菲有五种一元取代产物。

从萘、蒽、菲这三种稠环芳烃的离域能分别为 255kJ/mol、349kJ/mol 和 381.63kJ/mol，可以计算出它们分子中平均每个苯环的离域能。萘、蒽、菲平均每个苯环的离域能分别为：萘 255/2＝127.5kJ/mol；蒽 349/3＝116.3kJ/mol；菲 381.63/3＝127.2kJ/mol，这可进一步说明这些化合物芳香性的大小。通常离域能越大，芳香性越强，芳环也越稳定；芳环越稳定，其反应活性就越小。

芳香性大小顺序为：

苯＞萘＞菲＞蒽

反应活性顺序为：

蒽＞菲＞萘＞苯

7.9.2 稠环芳烃的性质

7.9.2.1 物理性质

稠环芳烃都是固体，相对密度大于 1，不溶于水，易溶于苯、乙醇、乙醚等有机溶剂。一些稠环芳烃有致癌作用。比较重要的稠环芳烃是萘、蒽和菲，它们是染料和药物合成的重要原料。

7.9.2.2　化学性质

萘、蒽和菲平均每个苯环的离域能都比单独的一个苯环小，所以它们的芳香性都比苯小，即它们环的稳定性比苯差，化学反应活性比苯高，它们都比苯更容易在环上进行加成反应和氧化反应，它们进行亲电取代反应也都比苯容易。在萘分子中，α-位的反应活性比 β-位高，而蒽的 γ-位和菲的 9、10 位具有较高的反应活性。蒽和菲是同分异构体，它们的化学性质相似。

（1）萘的取代反应

① 卤代反应　由于萘分子中 α-碳的电子云密度大于 β-碳，因此萘环上的亲电取代反应总是首先发生在 α-位，得到 α-位取代产物。例如，在三氯化铁的存在下，将氯气通入萘的溶液中，得到 α-氯萘。

$$+ Cl_2 \xrightarrow[\triangle]{FeCl_3} \text{(Cl)} + HCl$$

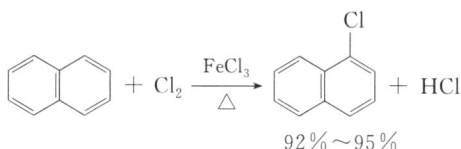

92%～95%

② 硝化反应　萘的 α-位硝化反应比苯的硝化反应要快几百倍，用混酸硝化萘，在室温下即可进行，主要得到 α-硝基萘。

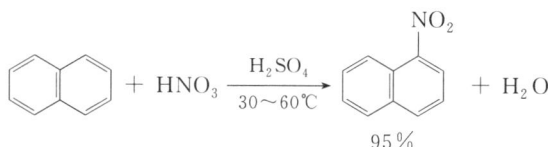

$$+ HNO_3 \xrightarrow[30\sim60^\circ C]{H_2SO_4} \text{(NO}_2\text{)} + H_2O$$

95%

③ 磺化反应　萘的磺化反应与苯相似也是一个可逆反应，低温磺化时，主要生成 α-萘磺酸，高温磺化主要生成 β-萘磺酸。例如：

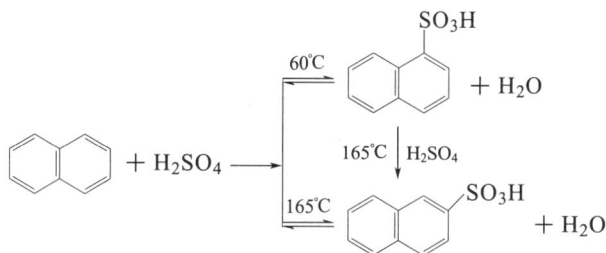

$$+ H_2SO_4 \longrightarrow \begin{cases} \xrightleftharpoons{60^\circ C} \text{(SO}_3\text{H)} + H_2O \\ \downarrow 165^\circ C \; H_2SO_4 \\ \xrightleftharpoons{165^\circ C} \text{(SO}_3\text{H)} + H_2O \end{cases}$$

出现以上现象的原因是：α-位磺化的活化能低，较易进行，但 β-萘磺酸的稳定性好。在高温下稳定性较差的 α-萘磺酸也可以经可逆反应转变成稳定性好的 β-萘磺酸。由于磺酸基容易被其它的基团取代，所以高温磺化制备 β-萘磺酸可以用来当作制备某些萘的 β-取代物的桥梁。

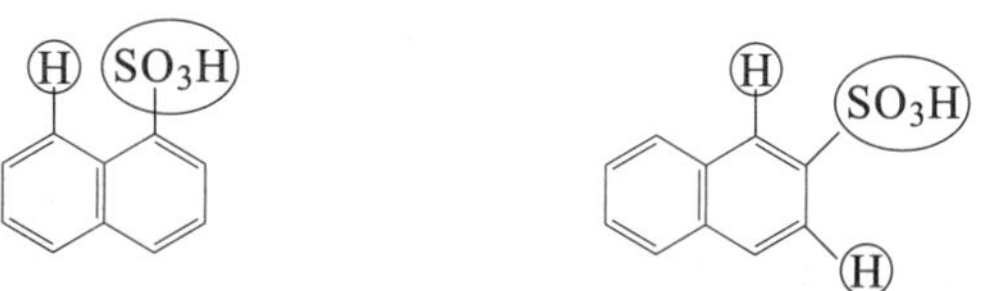

α-萘磺酸，相邻基团空间拥挤相互作用大，稳定性小　　β-萘磺酸，相邻基团相互作用小，稳定性好

④ Friedel-Crafts 反应　由于萘比苯活泼，进行傅氏反应时，通常是生成多种产物的混合物，所以要选择适宜的条件才能得到预期的产物。例如：

$$\xrightarrow[AlCl_3/CS_2]{CH_3COCl}$$ 1-$COCH_3$ + 2-$COCH_3$　3 ∶ 1

$$\xrightarrow[AlCl_3/\text{硝基苯}]{CH_3COCl}$$ 2-$COCH_3$

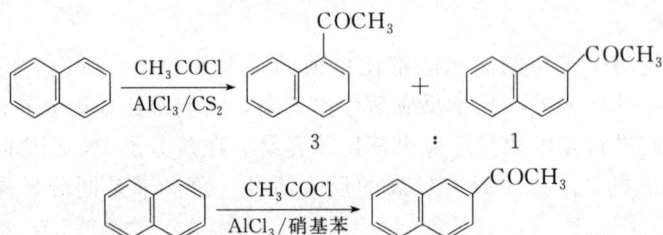

用硝基苯代替二硫化碳作溶剂，可以主要生成β-位酰化产物，这是因为CH_3COCl、$AlCl_3$和硝基苯（$C_6H_5NO_2$）可以生成体积较大的络合物亲电试剂，体积大的试剂不易进攻空间位阻较大的α-位的缘故。

（2）萘的氧化反应

在乙酸溶液中，用三氧化铬氧化萘可以得到1,4-萘醌，在更剧烈的氧化条件下氧化，如高温催化空气氧化，可以得到邻苯二甲酸酐。在这两个氧化反应中都保留了一个苯环，例如：

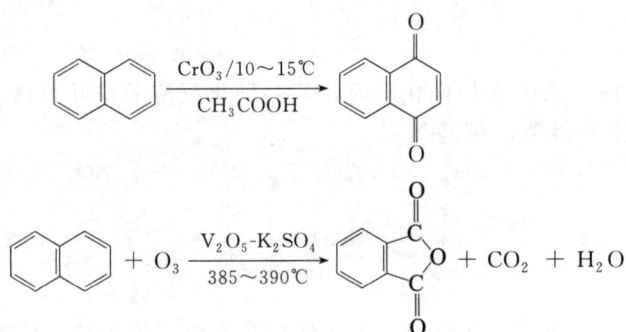

$$\xrightarrow[CH_3COOH]{CrO_3/10\sim15℃}$$

$$+ O_3 \xrightarrow[385\sim390℃]{V_2O_5\text{-}K_2SO_4} \quad + CO_2 + H_2O$$

（3）萘的还原反应

萘比苯更容易加氢，在不同的条件下，萘可以发生部分加氢或全部加氢的反应。部分加氢是用金属钠和乙醇在液氨中来完成的，这个反应叫Birch还原。例如：

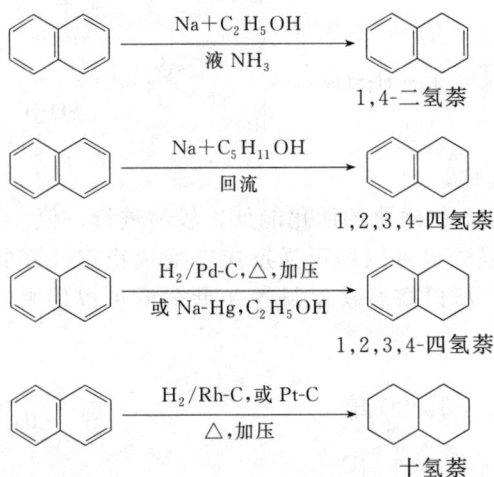

$$\xrightarrow[\text{液 } NH_3]{Na+C_2H_5OH}$$

1,4-二氢萘

$$\xrightarrow[\text{回流}]{Na+C_5H_{11}OH}$$

1,2,3,4-四氢萘

$$\xrightarrow[\text{或 } Na\text{-}Hg, C_2H_5OH]{H_2/Pd\text{-}C, \triangle, \text{加压}}$$

1,2,3,4-四氢萘

$$\xrightarrow[\triangle, \text{加压}]{H_2/Rh\text{-}C, \text{或 } Pt\text{-}C}$$

十氢萘

（4）萘环上亲电取代反应定位规律

一元取代萘进一步进行取代反应时，没有苯环那样有规律。一般而言，如萘的一个环上有一个第一类定位基，则第二个基团主要进入同一个环的α-位；如萘的一个环上有一个第二类定位基，则第二个基团主要进入不同环（异环）的α-位。例如：

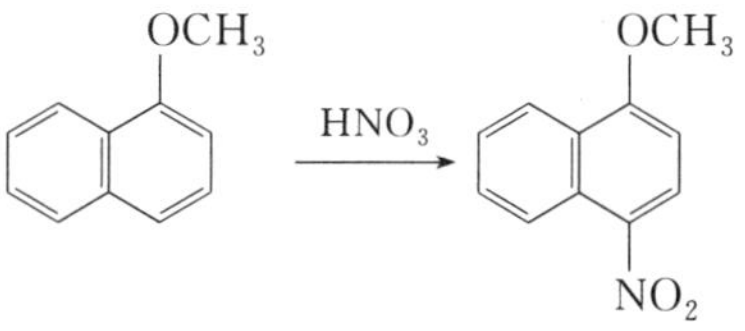

4-硝基-1-甲氧基萘

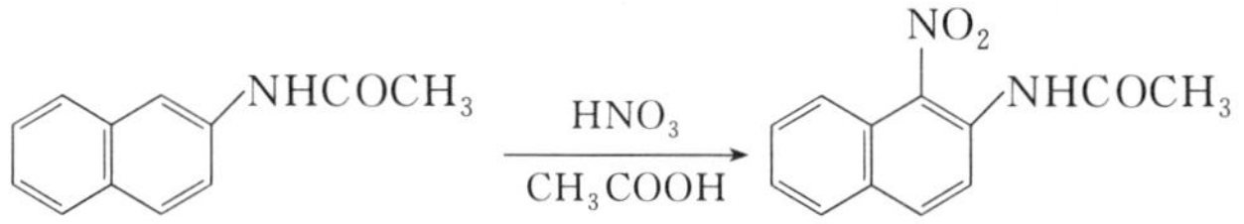

1-硝基-2-乙酰氨基萘

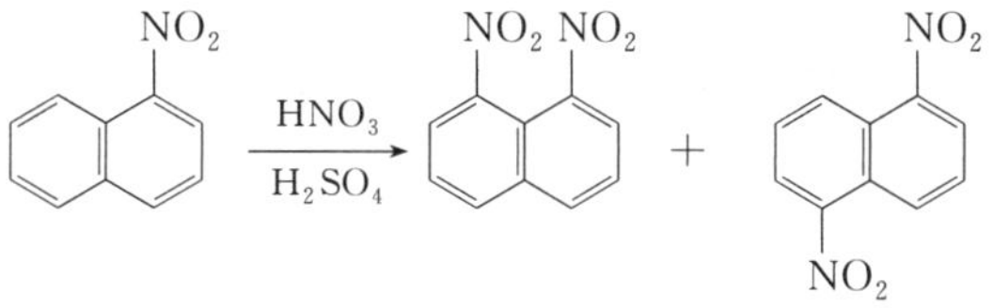

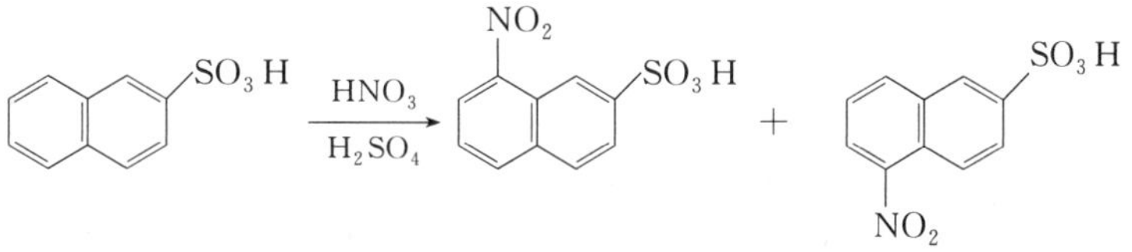

一元取代萘的氧化反应也比较容易发生在电子云密度大的环上。例如：

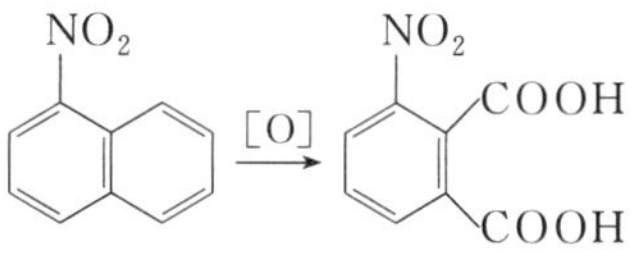

但一元取代萘定位规则不严格，有不少例外情况。例如：

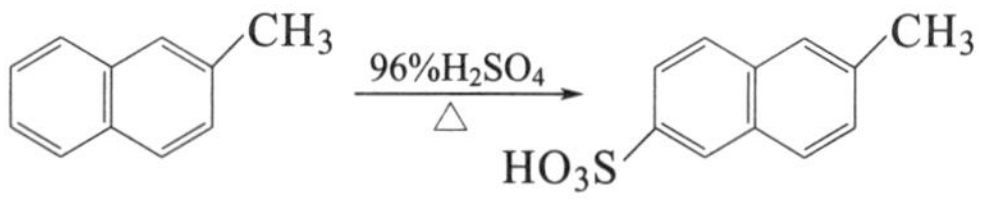

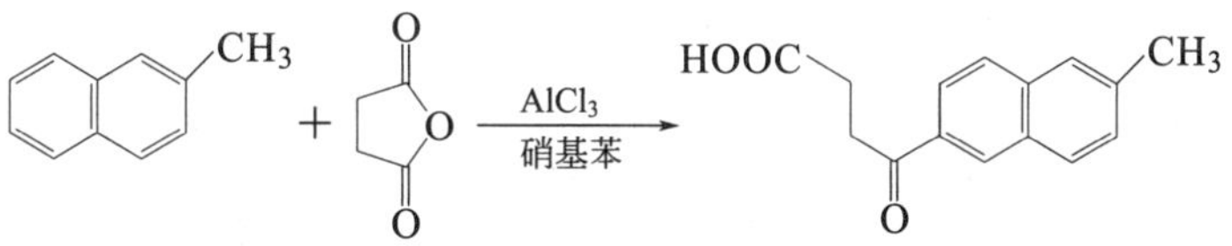

(5) 蒽和菲的反应

蒽和菲的芳香性都比萘差，所以蒽和菲的化学性质比萘更活泼。对于蒽和菲来说，无论是取代反应、氧化反应还是还原反应，通常都发生在9、10位，这样在产物中可以保留两个完整的苯环，所得产物的稳定性最大。例如：

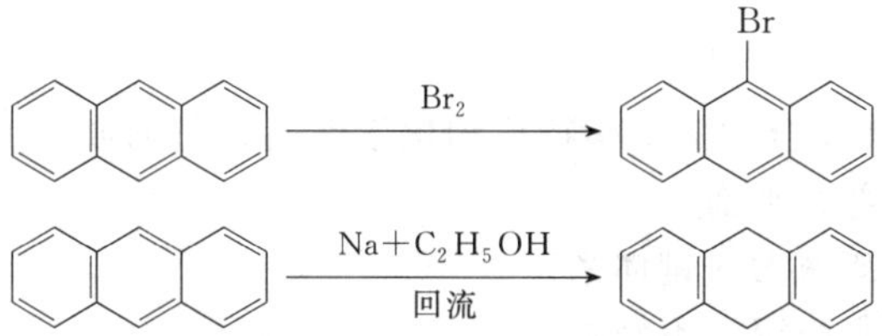

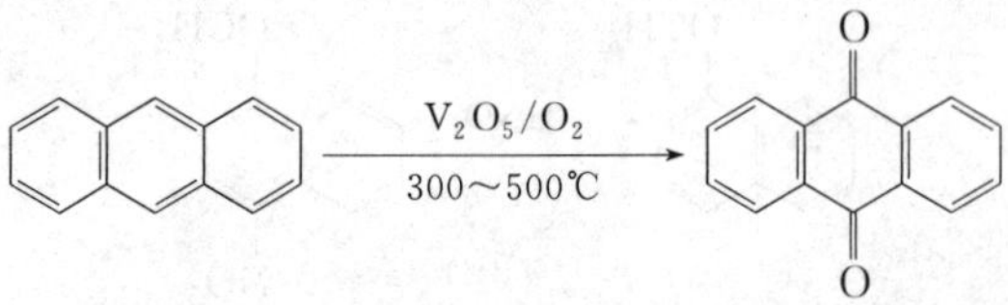

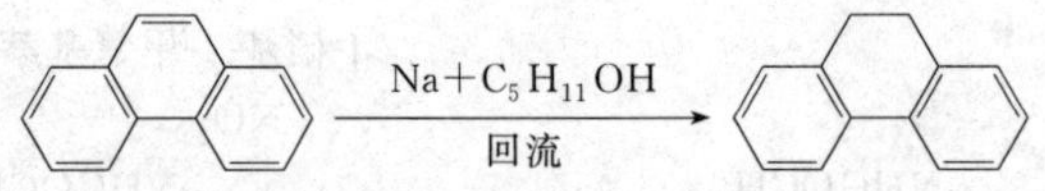

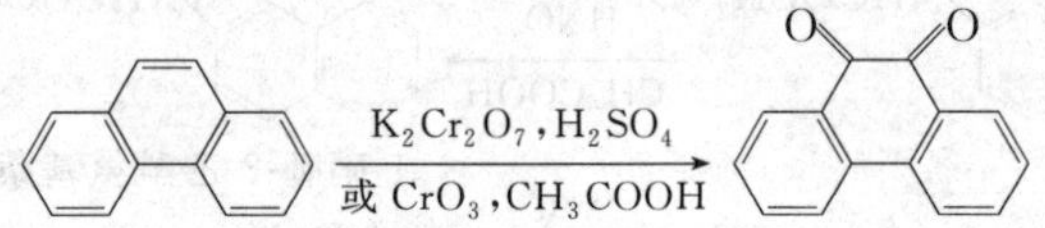

$\xrightarrow[300\sim500℃]{V_2O_5/O_2}$

$\xrightarrow[\text{回流}]{Na+C_5H_{11}OH}$

$\xrightarrow[\text{或 }CrO_3, CH_3COOH]{K_2Cr_2O_7, H_2SO_4}$

蒽还可以作为双烯体，发生 Diels-Alder 反应：

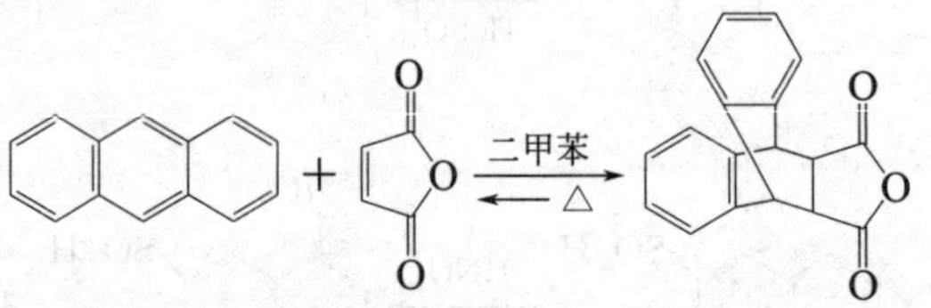

$\underset{\triangle}{\overset{\text{二甲苯}}{\rightleftharpoons}}$

7.9.2.3 其它的一些稠环芳烃和致癌物

前面讨论的只是两个苯环和三个苯环并联的稠环芳烃，还有许多更多的苯环并联的稠环芳烃，其中不少稠环芳烃具有致癌作用，以下列出一些致癌稠环芳烃的结构和名称。

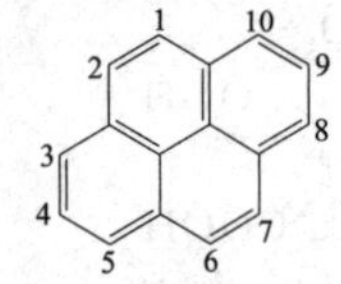

芘 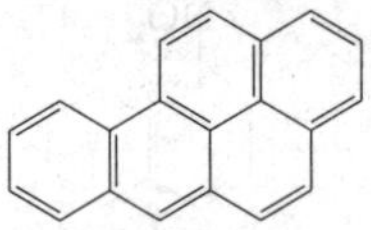　　3,4-苯并芘

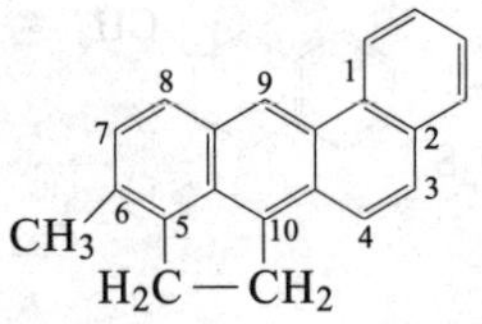

6-甲基-5,10-亚乙基-1,2-苯并蒽 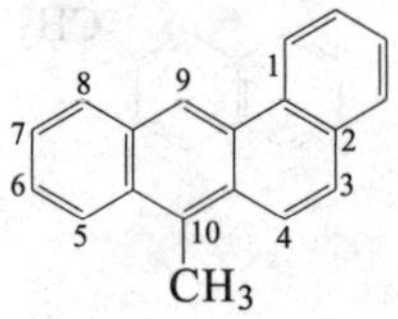　　10-甲基-1,2-苯并蒽

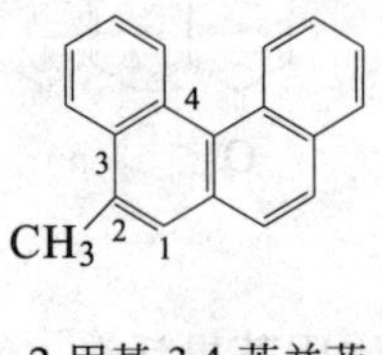

2-甲基-3,4-苯并菲 　　1,2,3,4-二苯并菲

7.10 芳香性和非苯芳烃

前面已经讨论了苯类化合物的结构特征和化学性质，归纳如下。

① 成环的碳原子全部共平面。

② 包含一个环状的离域大 π 键体系。

③ 具有离域能，环很稳定，不易破坏。

④ 尽管它们是不饱和烃，但并不显示不饱和烃的性质。

⑤ 在化学性质上表现出易取代，难加成，难氧化的特性。

以上这些性质是芳香烃类化合物的特有性质，称为芳香性。并不只是含有苯环的化合物才有芳香性，把一些分子中不含苯环同样具有芳香性的物质叫非苯芳烃。非苯芳烃包括一些环多烯和芳香离子。

7.10.1　芳香性和 Hückel 规则

如果一个单环共轭体系，成环的所有原子共平面并形成一个离域大 π 键，当它的 π 电子数为 $4n+2$ 时（$n=0,1,2,3,\cdots$，整数），此类结构具有芳香性，这个规则叫 Hückel（休克尔）规则，或叫 $4n+2$ 规则。利用休克尔规则可以判断一个化合物是否具有芳香性。

Hückel 规则是对单环而言，对于多环类化合物，要一个单环一个单环来考察，一个体系中只要有一个部分有芳香性，这个分子就有芳香性。

例如芘的分子式为 $C_{16}H_{10}$，是芳香性化合物。如将它的四个环的 π 电子数加到一起来考虑是 16 个 π 电子数，不符合 $4n+2$ 规则，应该无芳香性，但这是错误的。因为 Hückel 规则只是对单环体系而言，不能将几个环的 π 电子加到一起来考虑，如果分别考虑芘的四个环，发现它的每个环都是 6 个电子，符合 $4n+2$ 规则，所以具有芳香性。

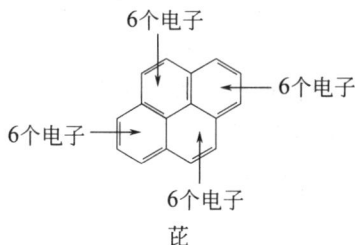

6个电子
6个电子
6个电子
6个电子

芘

7.10.2　典型的非苯芳烃

(1) 轮烯

单环共轭多烯称为轮烯（annulenes），最简单的轮烯是环丁二烯。对于轮烯，当它符合休克尔规则时，具有芳香性。例如：[18]轮烯、[22]轮烯符合休克尔规则，都具有芳香性。[4]轮烯、[8]轮烯的 π 电子数不符合 $4n+2$，无芳香性。[10]轮烯是一个例外情况，尽管[10]轮烯的 π 电子数符合 $4n+2$，由于两个反式双键上的氢原子处在环内，它们相互产生排斥，使得整个分子中的原子不在同一个平面，因此它也没有芳香性，[10]轮烯是一个很活泼的分子。

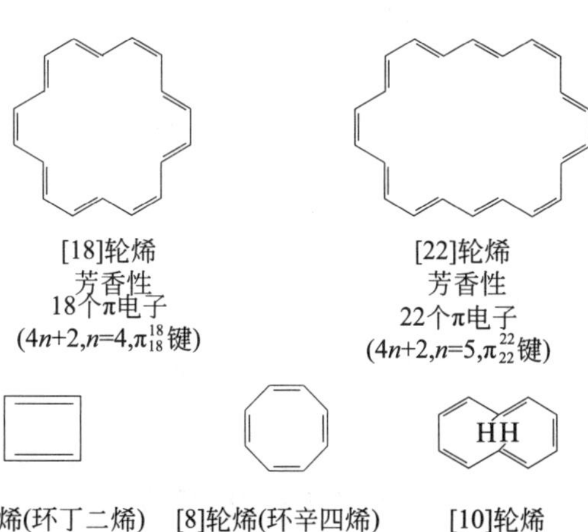

[18]轮烯 芳香性 18个π电子 ($4n+2, n=4, \pi_{18}^{18}$键)

[22]轮烯 芳香性 22个π电子 ($4n+2, n=5, \pi_{22}^{22}$键)

[4]轮烯(环丁二烯) 无芳香性

[8]轮烯(环辛四烯) 非平面分子

[10]轮烯 非平面分子

实际上 [8]轮烯（环辛四烯）并不是一个平面分子，它具有一般烯烃的性质，稳定性较差。

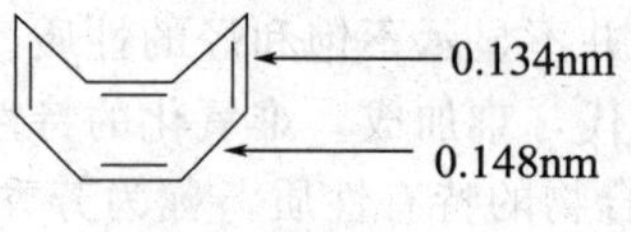

0.134nm
0.148nm

环辛四烯

（2）芳香离子

有些环状烃类化合物虽然没有芳香性，但在某些条件下转变成离子（正离子或负离子）后就显示出芳香性。将一种物质转变成芳香离子的反应通常是较容易发生的。以下简要介绍一些芳香离子：

① 环丙基正离子

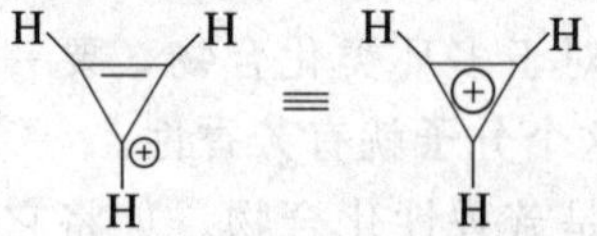

2个π电子($4n+2$,$n=0$,π_3^2 键)

② 环辛四烯二价负离子

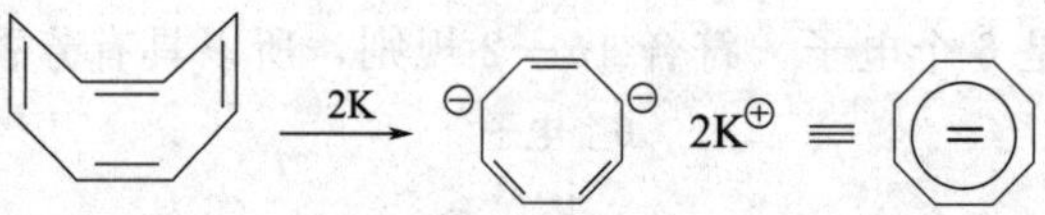

2K　2K$^{\oplus}$

10个π电子($4n+2$,$n=2$,π_8^{10} 键)

③ 环丁二烯二价负离子和二价正离子

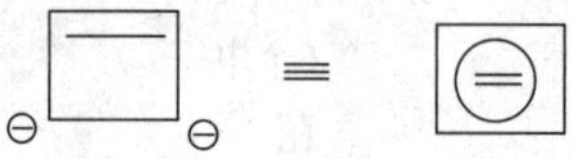

6个π电子($4n+2$,$n=1$, π_4^6键)

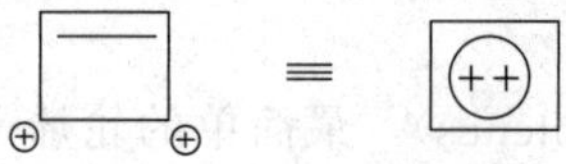

2个π电子($4n+2$,$n=0$, π_4^2键)

④ 环庚三烯正离子

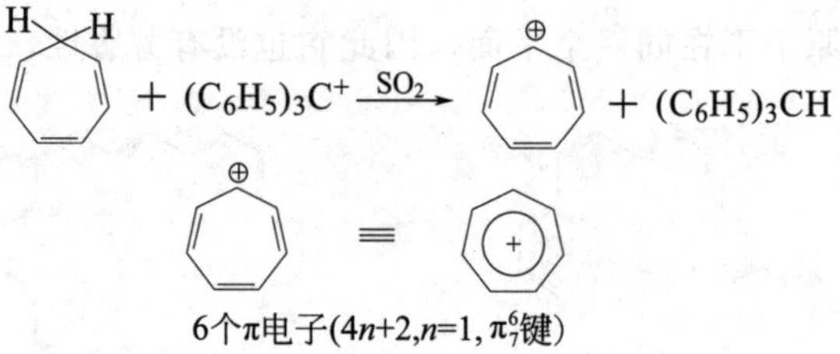

$+ (C_6H_5)_3C^+ \xrightarrow{SO_2}$ $+ (C_6H_5)_3CH$

6个π电子($4n+2$,$n=1$, π_7^6键)

⑤ 环戊二烯负离子

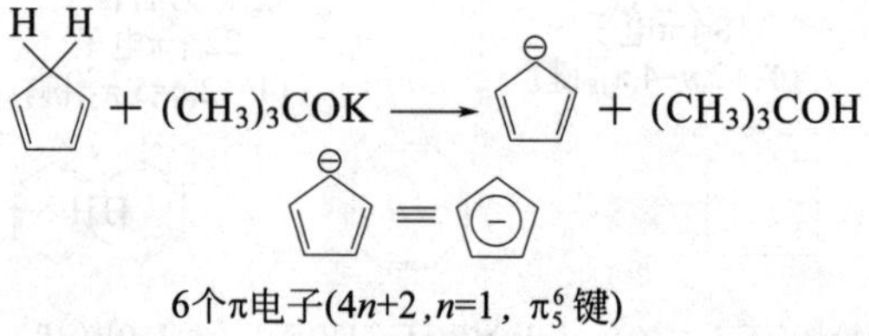

$+ (CH_3)_3COK \longrightarrow$ $+ (CH_3)_3COH$

6个π电子($4n+2$,$n=1$, π_5^6 键)

（3）稠合环系（并环体系）

薁（azulene，蓝烃）具有芳香性，它是由两个芳香离子并环而成的。

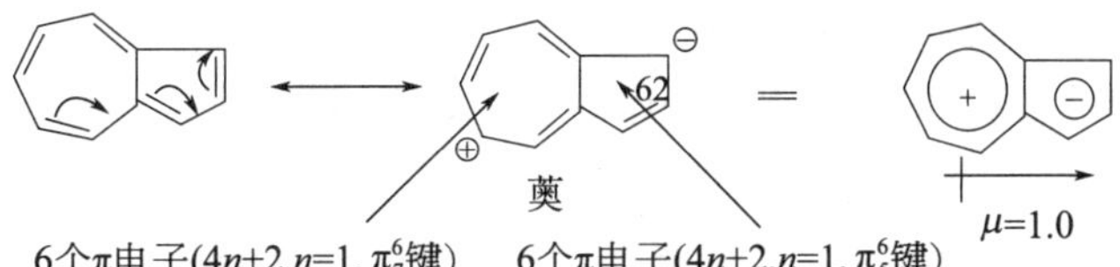

7.10.3　Hückel 规则和分子轨道能级图

Hückel 规则是根据分子轨道理论计算出来的，对于一些芳香离子和非芳香离子中的成键情况，可用以下分子轨道能级图来说明。

芳香性离子的分子轨道：

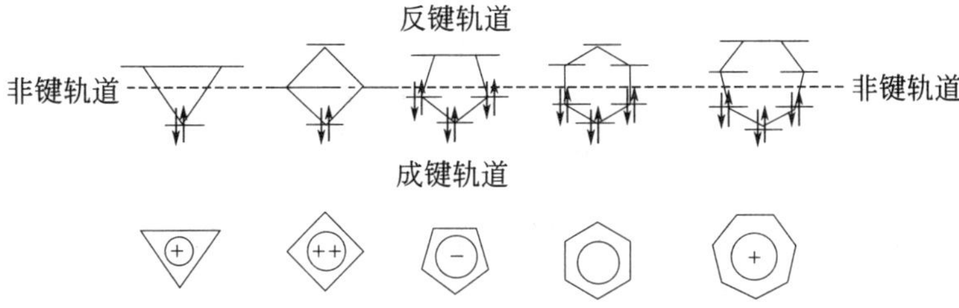

非芳香性离子的分子轨道：

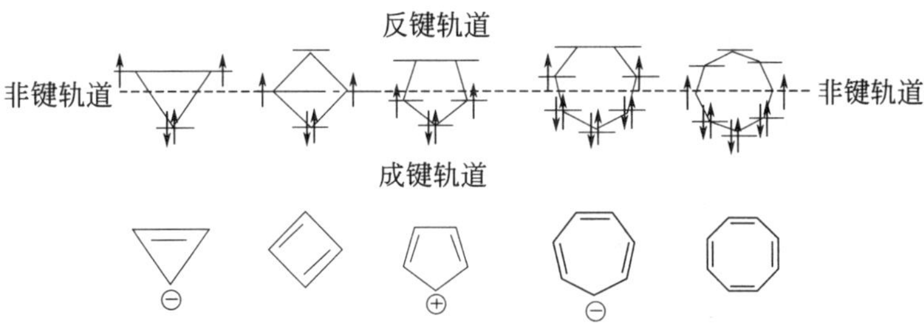

从以上分子轨道能级图可以看出，当环上的 π 电子数为 2、6、10、…（即 $4n+2$）时，π 电子正好填满成键轨道（有些也填满非键轨道），即具有闭合壳层的电子构型，具有一定的稳定性。充满简并的成键轨道和非键轨道的电子数正好为 4 的倍数，充满能量最低的成键轨道需两个电子，这就是 Hückel 规则为什么需要 $4n+2$ 个电子的原因。

课堂练习 7.4　应用 Hückel 规则判断下列化合物、离子是否有芳香性。

（1）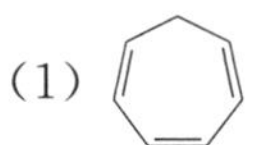　（2）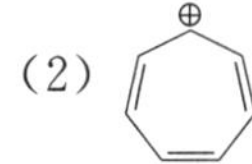　（3）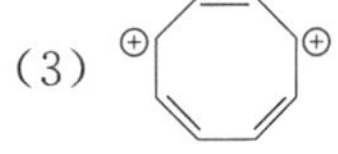　（4）

7.11　多官能团化合物的命名

通过本章和以前各章的讨论不难发现，当命名含有两个或多个官能团的化合物分子时，究竟以哪个官能团为主，需要有个规定。按照国际纯粹与应用化学联合会《有机化合物命名法》的规则，多官能团化合物的命名要点如下：

① 按照“官能团的优先次序”（见表 7-2），以较优官能团为母体，其它官能团作为取代基，根据母体官能团称为某化合物。

② 选择含母体官能团、取代基最多的最长碳链为主链，从靠近母体官能团的一端开始

编号，编号时，要使取代基的位次和最小。

③ 有多个取代基或官能团时，其列出顺序遵守“大小次序规则”，较优的基团后列出。例如：

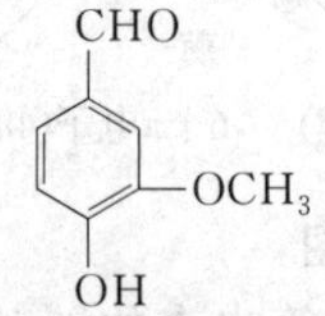

CHO / OCH₃ / OH（苯环）

该化合物有三个官能团，根据表 7-2，这三个官能团的优先次序为—CHO>—OH>—OCH_3，应以—CHO 为母体称为醛，由于—CHO 直接与苯环相连，故称为苯甲醛。将—OH 和—OCH_3 作为取代基。

为了表明取代基的相对位置，须对苯环进行编号。以母体醛基所连接的碳原子为 1 号碳原子，编号时应使取代基的位次尽可能小，其中—OCH_3 在 3 号碳上，—OH 在 4 号碳上。按照较优基团后列出原则，上述化合物的命名应为：3-甲氧基-4-羟基苯甲醛。

表 7-2 主要官能团的优先次序（按优先降低顺序排列）

类　别	官能团	类　别	官能团	类　别	官能团
羧酸	—COOH	醛	—CHO	胺	—NH_2
磺酸	—SO_3H	酮	—C(=O)—	炔烃	—C≡C—
羧酸酯	—COOR			烯烃	—C=C—
酰氯	—COCl	醇	—OH	醚	—OR
酰胺	—$CONH_2$	酚	—OH	氯化物	—Cl
腈	—CN	硫醇	—SH	硝基化合物	—NO_2

下列为多官能团化合物的命名举例：

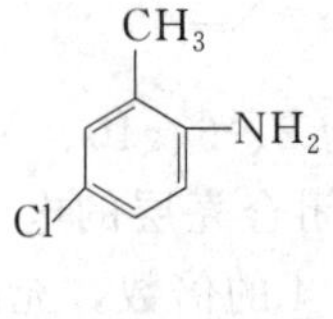

2-甲基-4-氯苯胺 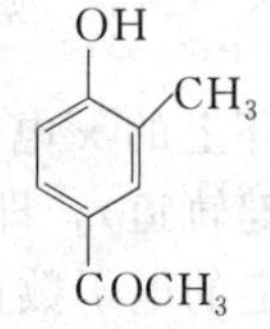　　3-甲基-4-羟基苯乙酮 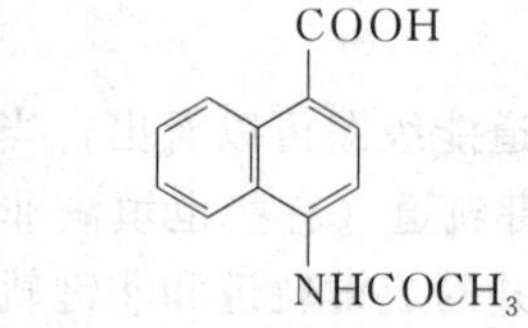　　4-乙酰氨基-1-萘甲酸

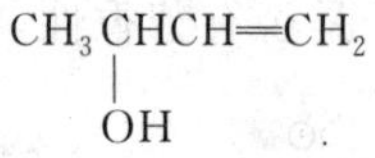

$CH_3CH(OH)CH=CH_2$

3-丁烯-2-醇

$CH_3CH_2C(=O)CH_2CH(Cl)CHO$

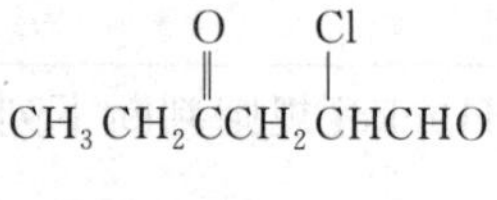

4-氧代-2-氯己醛

（4-羰基-2-氯己醛）

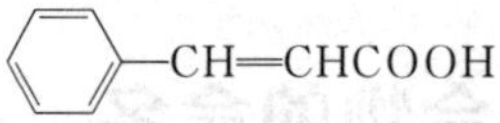

C_6H_5—CH=CHCOOH

3-苯基-2-丙烯酸（肉桂酸）

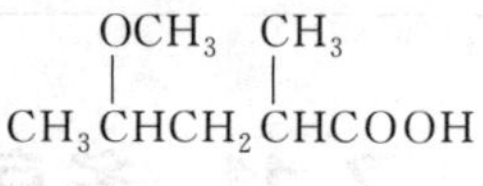

$CH_3CH(OCH_3)CH_2CH(CH_3)COOH$

2-甲基-4-甲氧基戊酸

7.12 芳烃的来源

芳烃主要存在于煤焦油中，石油中直接含有的芳烃很少，通常是通过化学方法将石油中的某些非芳烃类化合物转变成芳烃。芳烃的来源主要有以下三条途径。

(1) 从煤焦油和焦炉煤气中提取。

（2）从石油的催化裂解产物中提取。

（3）石油产品的催化重整（芳构化）。主要包括：

① 环烷烃的催化脱氢：

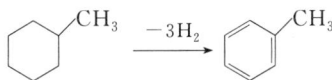

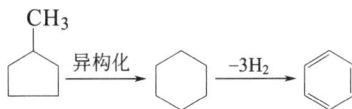

$$\text{甲基环己烷} \xrightarrow{-3H_2} \text{甲苯}$$

② 环烷烃的异构化和脱氢：

$$\text{甲基环戊烷} \xrightarrow{\text{异构化}} \text{环己烷} \xrightarrow{-3H_2} \text{苯}$$

③ 烃的环化和脱氢：

$$\text{己烷} \xrightarrow[-H_2]{\text{环化}} \text{环己烷} \xrightarrow{-3H_2} \text{苯}$$

习　　题

1. 命名下列化合物或写出结构式：

（1）C_6H_5—$C(CH_3)$=$C(CH_3)$H

（2）CH_3—C_6H_4—CH=CH—CH_3

（3）1,5-二硝基萘（两个 NO_2）

（4）C_6H_5—C_6H_4—C_6H_5

（5）苯环上有 CH_3、NH_2、Br

（6）苯环上有 OH、Br、SO_3H、SO_3H

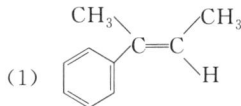

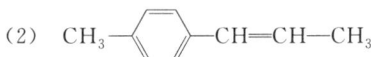

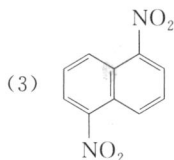

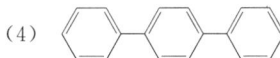

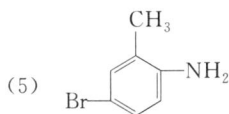

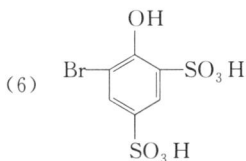

（7）2,4,6-三硝基甲苯　　　　（8）对氨基苯磺酸

（9）异丁基苯　　　　（10）顺-5-甲基-1-苯基-2-庚烯

2. 以溴化反应活性降低次序，排列下列化合物：

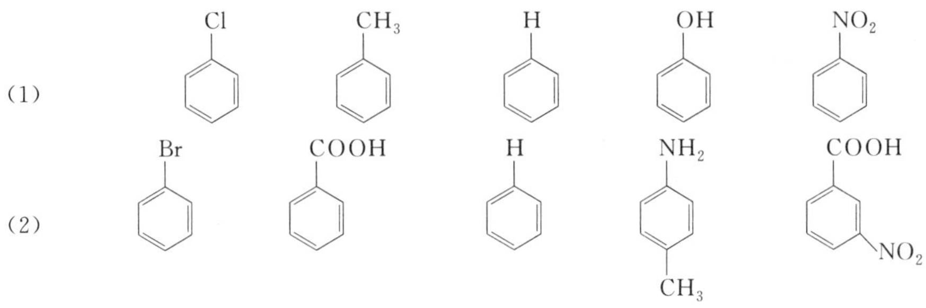

3. 完成下列反应。

（1）p-CH_3—C_6H_4—$CH(CH_3)_2$ + $KMnO_4$ ⟶

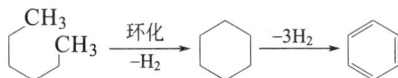

(2) $\xrightarrow[FeBr_3]{CH_3Br}$ $\xrightarrow[H_2SO_4]{HNO_3}$ + $\xrightarrow[H_2SO_4]{SO_3}$ +

(3) CH_2CH_3 + Br_2 → 光照 / Fe

(4) $-NO_2 + HNO_3 \xrightarrow{H_2SO_4}$

(5) CH_3 CH_3 + $(CH_2O)_3 + HCl \xrightarrow[\triangle]{无水 ZnCl_2}$

(6) $\xrightarrow[HF]{(CH_3)_2C{=}CH_2}$ $\xrightarrow[AlCl_3]{BrCH_2CH_3}$ $\xrightarrow[H_2SO_4，H_2O，\triangle]{K_2Cr_2O_7}$

(7) $-CH{=}CH_2 \xrightarrow[2)\ Zn/H_3O^+]{1)\ O_3}$ +

(8) $+ CH_3CH_2COCl \xrightarrow{AlCl_3}$ $\xrightarrow[H_2SO_4]{HNO_3}$

(9) CH_3 $\xrightarrow[H_2SO_4]{HNO_3}$

(10) COOH $\xrightarrow[Fe]{Br_2}$

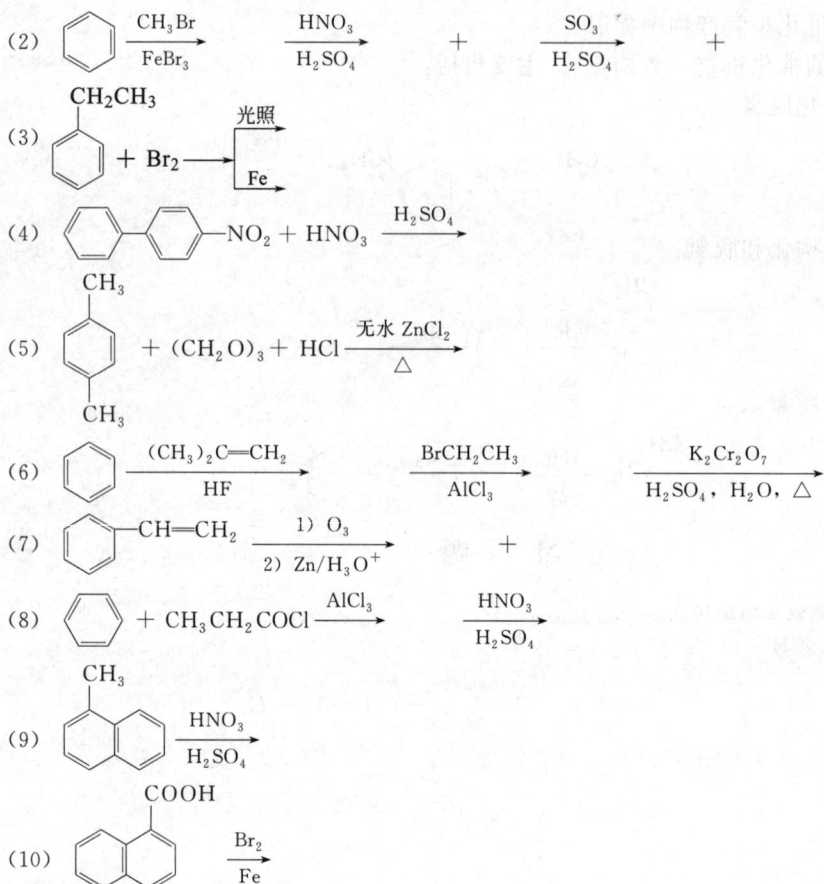

4. 用简便化学方法区别下列各组化合物：

(1) CH_2CH_3　　$CH{=}CH_2$　　$C{\equiv}CH$

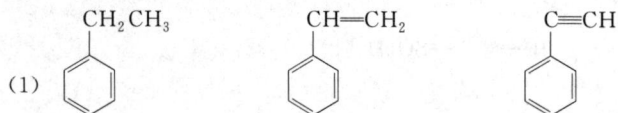

(2) 环己二烯、苯、1-己炔

(3) 苯、甲苯、苯乙炔

5. 画出环庚三烯正离子和环庚三烯负离子的结构，并说明谁的稳定性大，为什么？理由何在。

6. 在催化剂硫酸的存在下，加热苯和异丁烯的混合物生成叔丁基苯。写出全部反应过程，并用文字说明叔丁基苯的形成过程。

7. 以苯、甲苯或萘为原料合成下列化合物（无机试剂可任选）。

(1) 对氯苯磺酸　　(2) 间溴苯甲酸　　(3) 对硝基苯甲酸

(4) 2-溴-6-硝基苯甲酸　　(5) 5-硝基-2-萘磺酸

8. 由苯和必要的原料合成下列化合物：

(1)　　(2) $-CH_2CH_2CH_2CH_3$　　(3) CH_2CH_3 $-Br$ SO_3H

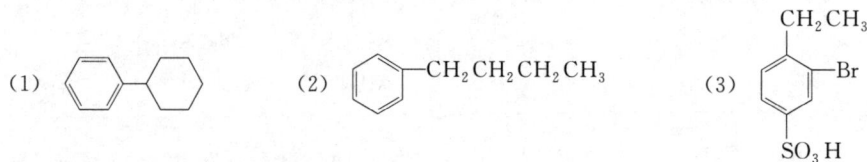

9. 判断下列化合物或离子是否有芳香性？

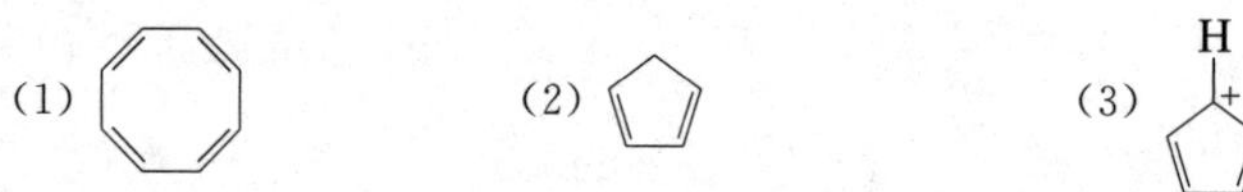

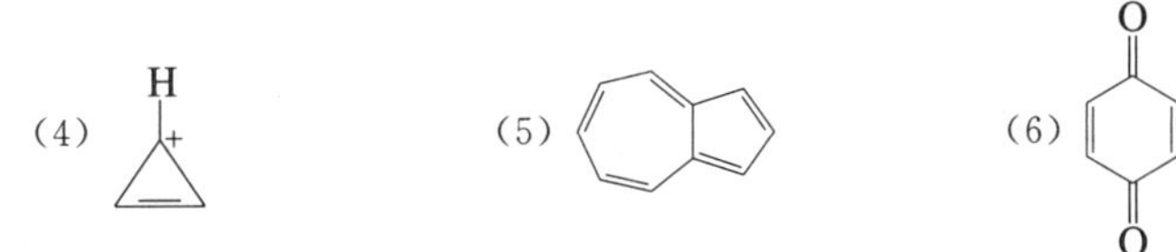

10. 某芳烃分子式为 C_9H_{12}，用 $K_2Cr_2O_7$ 硫酸溶液氧化后得一种二元酸。将此芳烃进行硝化所得的一元硝基化合物有两种。请写出该芳烃的构造式及各步反应式。

- 重难点讲解
- 参考答案
- 课件

第8章 立体化学

立体化学研究分子中原子或基团在空间的排列情况，以及不同的排列对分子的物理、化学性质的影响。凡是分子式相同，原子间的排列次序相同，但原子在空间的排列方式不同而产生的异构称为立体异构。构型异构和构象异构都属于立体异构。构型异构包括顺反异构和对映异构。前面已讨论了构象异构和顺反异构，本章主要讨论对映异构。

8.1 手性和对称性

8.1.1 分子的手性和对映体

化合物分子中的一个饱和碳原子如果和四个不同的原子或基团相连时，此化合物的空间结构可有两种不同的排列。例如乳酸分子（如图），有构型 A 和构型 B 两种空间结构。构型 A 和构型 B 无论把它们怎样放置，都不能使它们完全重叠，因此它们不完全相同，具有不同的构型。但构型 A 和构型 B 彼此互为镜像关系，就好像人的左手和右手的关系，相似但不能重合。

在立体化学中，凡是与自身的镜像不能重合的分子是具有手性的分子，称为手性分子。凡是与镜像重合的分子，称为非手性分子。分子式相同，构造式相同，只是原子在空间排列不同而使得两种异构体互为实物和镜像或左手和右手的关系，相似而不能重叠，这种现象称为对映异构现象，这种异构体称对映异构体，简称对映体。凡手性分子都存在一对对映体。例如乳酸的一对对映体如图 8-1 所示。

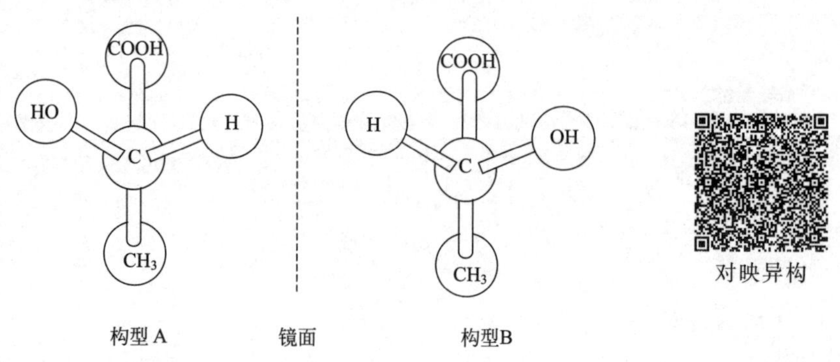

图 8-1 乳酸的一对对映体

8.1.2 分子的对称性

一个化合物分子是否具有手性，能否与其镜像重合，与分子的对称性有关。只要考察分子的对称性就可判断分子是否具有手性。考察分子的对称性，主要有以下几种情况：

（1）对称面

对称面是指将分子分割为物体和镜像关系两部分的一个平面。对称面一般用 σ 来表示。

例如，下列分子有对称面：

（2）对称中心

若分子中有一个点 i（或用 P 表示），它与分子中任何原子或基团连成直线，如果在离 i 点等距离的直线两端都有相同的原子或基团，i 点叫该分子的对称中心。例如，下列分子有对称中心：

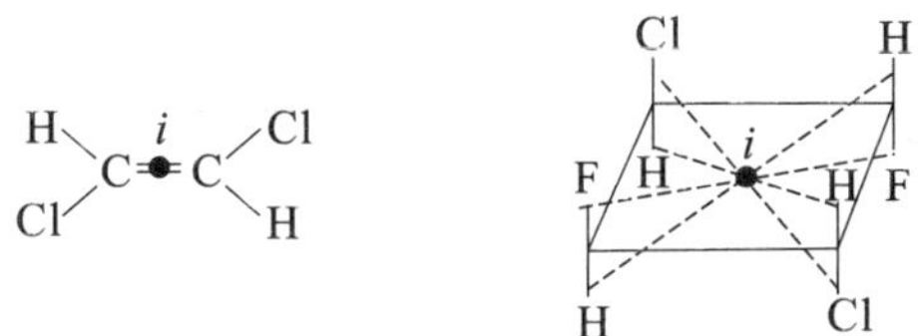

凡是分子中有对称面或对称中心的分子，都能与其镜像重合，都为对称分子，对称分子无手性，是非手性分子。凡是分子中无对称面或对称中心的分子，都不能与其镜像重合，都是手性分子。连有四个不同原子或基团的碳原子，由于既无对称面也无对称中心，因而有手性，被称为手性碳原子或不对称碳原子，常用 C^* 表示。含有一个手性碳原子的化合物有两种构型，它们彼此互为实物和镜像的关系，相似但不能重叠，它们彼此互称为对映体。

课堂练习 8.1　下列化合物有无对称因素？

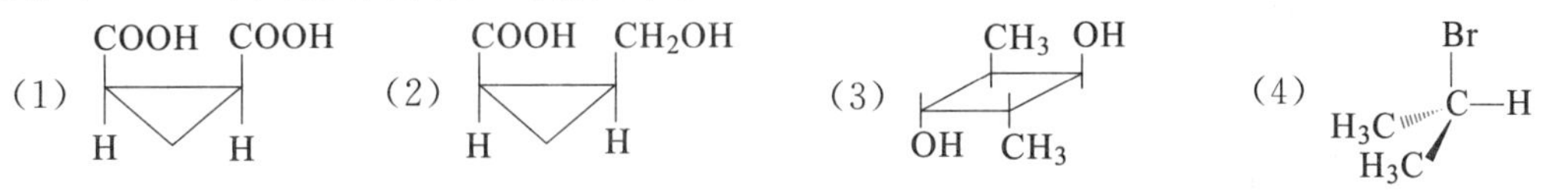

8.2 旋　光　性

凡是手性的分子都存在对映体。一对对映体是互为镜像的立体异构体，它们的物理性质如熔点、沸点、相对密度、折射率、溶解度等都相同，且在非手性环境中化学性质也相同，但分子结构上的差异，在性质上必然会有所反映。一对对映体在性质上的差异主要表现在对偏振光的作用不同。

8.2.1　平面偏振光和物质的旋光性

只在一个平面内振动的光叫平面偏振光。普通光通过一个尼可尔（Nicol）棱镜（也叫偏振片）可以变成平面偏振光。

平面偏振光通过一些溶液时（如葡萄糖溶液、乳酸溶液），偏振光的光振动平面会旋转

一定角度。能使平面偏振光旋转的物质叫旋光性物质或叫光学活性物质，旋光物质的这种性质叫旋光性或光学活性。

平面偏振光通过非旋光性物质（如水）和旋光性物质（如乳酸）对平面偏振光的旋转情况如下：

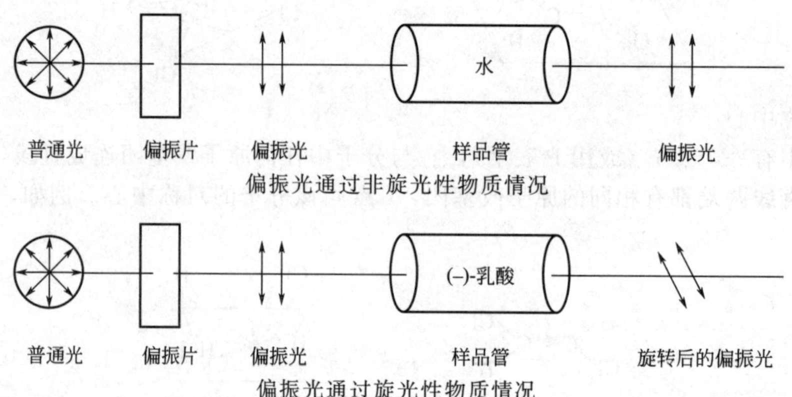

能使平面偏振光向右（顺时针方向）旋转的物质叫右旋体，用（+）表示；能使平面偏振光向左（逆时针方向）旋转的物质叫左旋体，用（−）表示。

旋光物质使平面偏振光旋转的角度叫旋光度，旋光度常用 α 表示。不能使平面偏振光旋转的物质叫非旋光性物质。

彼此互为镜像的对映体都具有旋光性，对映体也叫旋光异构体或光学活性异构体。对映体的物理和化学性质基本相同，但对平面偏振光的作用却有差异。这种差异表现在两者的旋光方向相反，即一个对映体是右旋的，另一个是左旋的，但它们的旋光度相同。

如乳酸的一种对映体能使平面偏振光向右旋转，叫右旋乳酸，表示为（+）-乳酸，另一种对映体能使平面偏振光向左旋转，叫左旋乳酸，表示为（−）-乳酸。右旋乳酸和左旋乳酸旋光方向相反，旋光的角度（旋光度 α）大小相同。

8.2.2 旋光仪和比旋光度

（1）旋光仪

旋光性物质对平面偏振光的旋转角度大小和方向可用旋光仪来测定，旋光仪由单色光源、两个尼可尔棱镜（起偏镜和检偏镜）、样品管和刻度盘组成，其原理如图 8-2 所示。

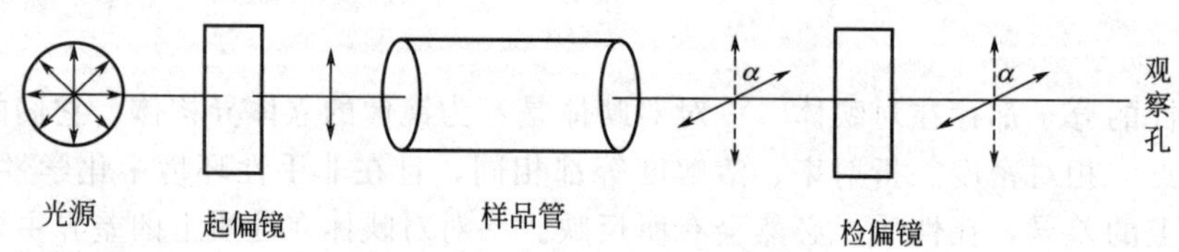

图 8-2 旋光仪原理图

（2）比旋光度

由于溶液浓度、样品管长度、温度以及所用光的波长都会影响旋光度 α 的数值，为了能比较物质的旋光性能，通常把溶液的浓度规定为 1g/mL，样品管长度为 1dm 的条件下测得的旋光度叫比旋光度。

比旋光度是旋光物质特有的物理常数，通常用 $[\alpha]_{\lambda}^{t}$ 表示，t 是测定时的温度，λ 是测定时所用光的波长，一般用波长为 589.3nm 的钠光，用符号 D 表示这个波长的钠光。不同浓度和不同长度样品管测得的旋光度可以用以下公式换算。

$$[\alpha]_\lambda^t=\frac{\alpha}{Lc}$$

式中，α 是旋光仪上测得的旋光度；L 是样品管长度，dm；c 是所测样品溶液浓度，g/mL。若所测样品为纯液体，把式中的 c 换成密度 d。

$$[\alpha]_\lambda^t=\frac{\alpha}{Ld}$$

由于所用溶剂对旋光度也有一定影响，一般要注明溶剂。例如，在 25℃时，以钠光灯为光源测得的葡萄糖水溶液的比旋光度是右旋 52.5°，表示为：

$$[\alpha]_D^{25}=+52.5°\ (水)$$

许多物质的比旋光度可以从手册上查到，利用以上公式，通过测定某物质的旋光度，可以计算出其浓度，并可以用来鉴定物质的纯度，在制糖工业中，常利用旋光度来控制溶液的浓度，十分方便。

旋光度通常测定两次来确定其是左旋的还是右旋的。例如：某物质在旋光仪上测得其读数是 60°，但到底是为+60°，还是为−300°，可以将浓度降低一半来测定，若第二次读数为 30°，则第一次的为+60°，若第二次读数为−150°，则第一次的为−300°。

8.3 含一个手性碳原子化合物的对映异构

含一个手性碳原子的化合物必定是手性分子，具有一对对映异构体。例如，乳酸分子中含有一个手性碳原子，它的一对对映体为：

COOH | CH_3—C(OH)(H)　　　HOOC | HO—C(H)—CH_3

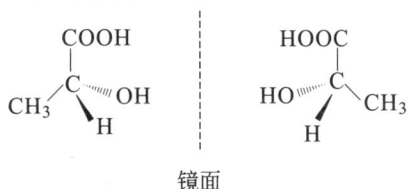

镜面

乳酸两种对映体的熔点和比旋光度数据如下：

右旋(+)-乳酸 $[\alpha]_D^{15}=+3.82$ (水)　　熔点：53℃

左旋(−)-乳酸 $[\alpha]_D^{15}=-3.82$ (水)　　熔点：53℃

2-溴丁烷分子也含有一个手性碳原子，是手性分子，也有一对对映体存在：

CH_3 | CH_3CH_2—C(H)—Br　　　CH_3 | Br—C(H)—CH_2CH_3

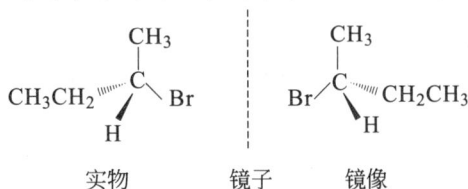

实物　　镜子　　镜像

对映体除了对平面偏振光的旋转方向相反外，其它物理性质，如熔点、沸点、密度、折射率、溶解度等相同。除了与有光学活性的物质反应外，其化学性质也相同。

8.4 构型的表示方法

(1) 模型表示法

模型表示法最直观，但使用起来不太方便，下图是乳酸两个对映体的分子模型：

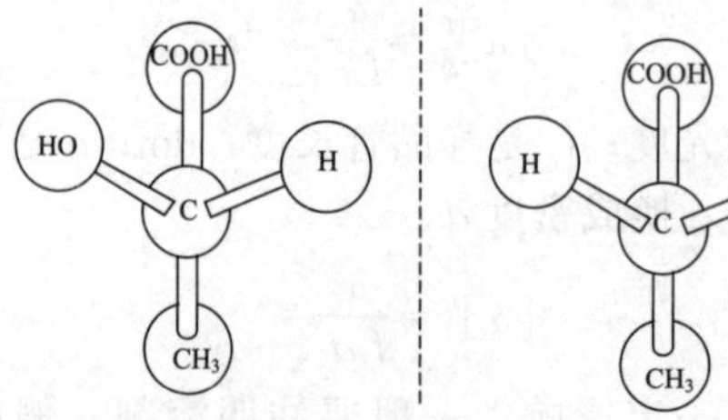
COOH
HO
H
C
CH3
COOH
H
OH
C
CH3

(+)-乳酸　　镜面　　(−)-乳酸

（2）透视式表示法

用透视式表示法来表示分子的构型也很直观，例如，以下是两个乳酸对映体分子的透视式：

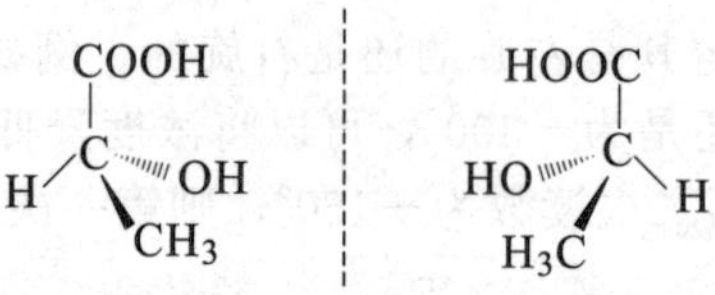
COOH
C
H
OH
CH3
HOOC
HO
C
H
H3C

镜面

(+)-乳酸　　(−)-乳酸

在上述透视式中，以虚线相连的基团表示伸向纸面的后方，以楔形线相连的基团表示伸向纸面的前方，以实线相连的基团和中心手性碳原子表示在纸面上。

（3）Fischer 投影式表示法

以上模型表示法和透视式表示法，都很直观，视觉很好，容易理解，但书写起来费时、不方便，现在广为使用的是以下介绍的 Fischer 投影式表示法，例如，乳酸的一对对映体可用下面的 Fischer 投影式表示：

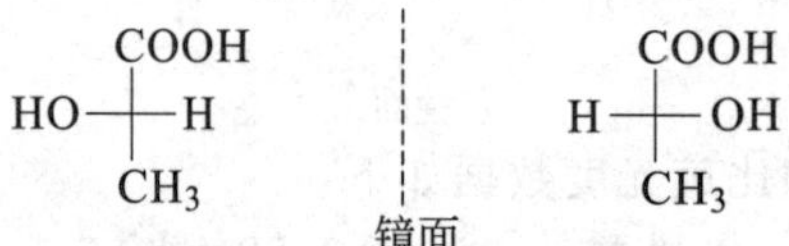
COOH
HO
H
CH3
镜面
COOH
H
OH
CH3

(+)-乳酸　　(−)-乳酸

在 Fischer 投影式表示法中，把手性碳原子置于纸面上，以横竖两线的交点代表手性碳原子，竖线相连的基团表示伸向纸面的后方，横线相连的基团表示伸向纸面的前方。书写 Fischer 投影式时，习惯上把主链碳原子放在竖线上，并把命名时编号最小的碳原子放到最上端。乳酸 Fischer 投影式表示法中，基团的空间分布参见下图：

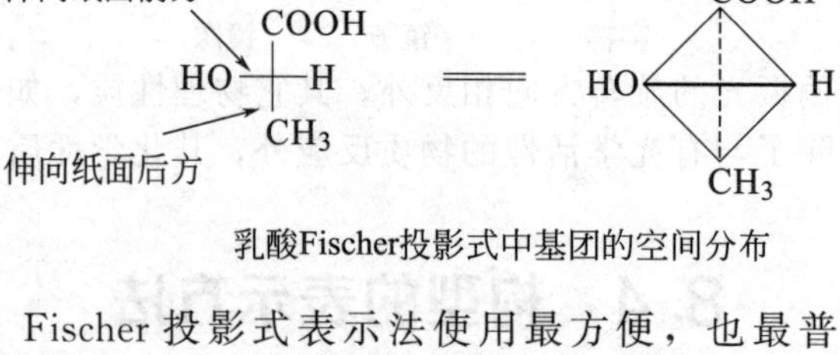
伸向纸面前方
COOH
HO
H
CH3
伸向纸面后方
COOH
HO
H
CH3

乳酸Fischer投影式中基团的空间分布

这三种表示法中，Fischer 投影式表示法使用最方便，也最普遍，但有如下几点要注意：

① 不管哪种表示法，手性碳原子所连的四个基团中，任何两个互换奇数次位置，构型发生改变，得到它的对映体；互换偶数次位置，构型不变，仍是原来的化合物。例如：

$$\begin{array}{c} COOH \\ HO-\!\!\!+\!\!\!-H \\ CH_3 \end{array} \xrightarrow[\text{构型改变}]{\text{基团互换一次位置}} \begin{array}{c} COOH \\ H-\!\!\!+\!\!\!-OH \\ CH_3 \end{array}$$

$$\begin{array}{c} COOH \\ HO-\!\!\!+\!\!\!-H \\ CH_3 \end{array} \xrightarrow[\text{构型不变}]{\text{基团互换两次位置}} \begin{array}{c} CH_3 \\ H-\!\!\!+\!\!\!-OH \\ COOH \end{array}$$

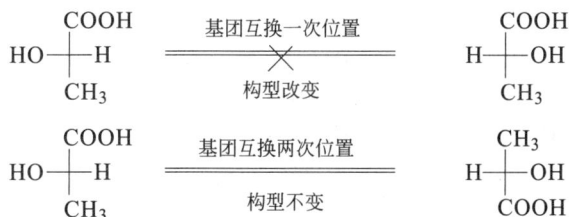

② Fischer 投影式在纸面上旋转 180°，构型不变。

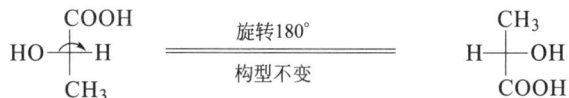

$$\begin{array}{c} COOH \\ HO-\!\!\!+\!\!\!-H \\ CH_3 \end{array} \xrightarrow[\text{构型不变}]{\text{旋转180°}} \begin{array}{c} CH_3 \\ H-\!\!\!+\!\!\!-OH \\ COOH \end{array}$$

Fischer 投影式在纸面上旋转 180°，相当于基团互换两次位置

③ Fischer 投影式在纸面上旋转 90°或 270°，构型改变。

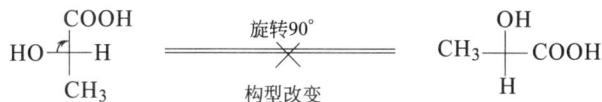

$$\begin{array}{c} COOH \\ HO-\!\!\!+\!\!\!-H \\ CH_3 \end{array} \xrightarrow[\text{构型改变}]{\text{旋转90°}} \begin{array}{c} OH \\ CH_3-\!\!\!+\!\!\!-COOH \\ H \end{array}$$

Fischer 投影式旋转 90°，相当于基团互换三次位置

④ Fischer 投影式离开纸面翻转 180°构型改变。

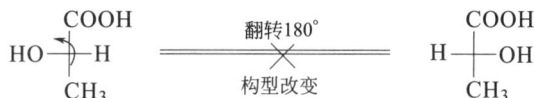

$$\begin{array}{c} COOH \\ HO-\!\!\!+\!\!\!-H \\ CH_3 \end{array} \xrightarrow[\text{构型改变}]{\text{翻转180°}} \begin{array}{c} COOH \\ H-\!\!\!+\!\!\!-OH \\ CH_3 \end{array}$$

Fischer 投影式离开纸面翻转 180°，相当于基团互换一次位置

8.5　构型的命名（标记）法

(1) D-L 命名法

在这种命名法中，将甘油醛（2,3-二羟基丙醛）作为标准物，右旋甘油醛的构型被定为 D 型，左旋甘油醛的构型被定为 L 型。

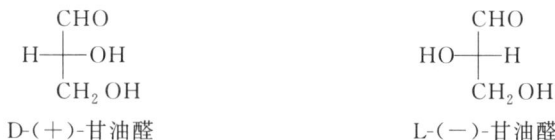

$$\begin{array}{c} CHO \\ H-\!\!\!+\!\!\!-OH \\ CH_2OH \end{array} \qquad\qquad \begin{array}{c} CHO \\ HO-\!\!\!+\!\!\!-H \\ CH_2OH \end{array}$$

D-(+)-甘油醛　　　　L-(−)-甘油醛

其它化合物的构型可通过化学反应和这两个标准物关联起来，如能与 D-(+)-甘油醛相关联的是 D 构型，命名时在名称前面标以“D”；如能与 L-(−)-甘油醛相关联的是 L 构型，命名时在名称前标以“L”。要注意的是：构型与旋光方向是两个不同的概念，无必然联系。“D，L”只表示构型，不表示旋光方向，如要知道某化合物“D，L”构型的旋光方向，必须通过旋光仪的测定才能得知。例如，下列结构的甘油酸通过化学反应可以与 D-(+)-甘油醛关联起来，则此甘油酸命名为 D-甘油酸。D-甘油酸通过旋光仪测定为左旋，则可表示为 D-(−)-甘油酸。

$$\begin{array}{c} CHO \\ H-\!\!\!+\!\!\!-OH \\ CH_2OH \end{array} \xrightarrow{HgO} \begin{array}{c} COOH \\ H-\!\!\!+\!\!\!-OH \\ CH_2OH \end{array}$$

D-(+)-甘油醛　　　　D-(−)-甘油酸

下列乳酸与 D-甘油醛的关联可以确定乳酸为 D 型，通过旋光仪测定为左旋，即为 D-

(－)-乳酸。

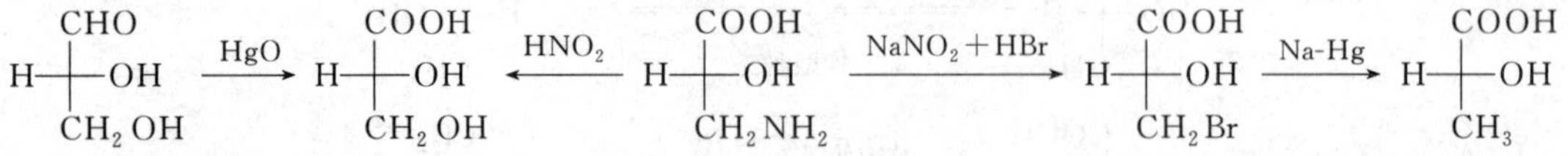

D-(＋)-甘油醛 → (HgO) → 2,3-二羟基丙酸 ← (HNO_2) ← 3-氨基-2-羟基丙酸 → ($NaNO_2$＋HBr) → 3-溴-2-羟基丙酸 → (Na-Hg) → D-(－)-乳酸

（Fischer 投影式：CHO/H—OH/CH_2OH；COOH/H—OH/CH_2OH；COOH/H—OH/CH_2NH_2；COOH/H—OH/CH_2Br；COOH/H—OH/CH_3）

（2）*R-S* 命名法

在这种命名法中，首先将与手性碳原子相连的四个基团按次序规则确定它们的优先次序，相对 C*abcd 化合物而言，假如基团的优先次序为：a＞b＞c＞d，把次序最小的 d 放在观察者的最远处，其它三个基团 a、b、c 离观察者眼睛最近，并处于一个平面内，这时将 a、b、c 按次序大小关联排列，即 a→b→c 的顺序。如果 a→b→c 的顺序是顺时针方向，为 *R* 构型；若是逆时针方向，为 *S* 构型。*R-S* 命名法中的基团大小次序规则与顺反异构体 *E-Z* 命名法中的基团次序规则相同。

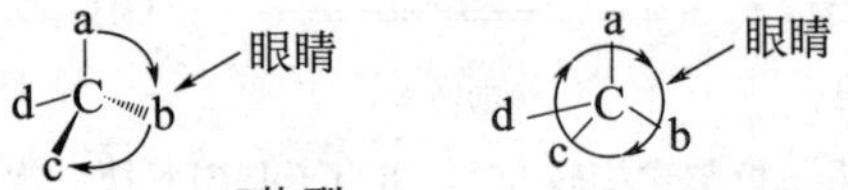

眼睛 眼睛

*R*构型

基团次序为:a>b>c>d

眼睛 眼睛

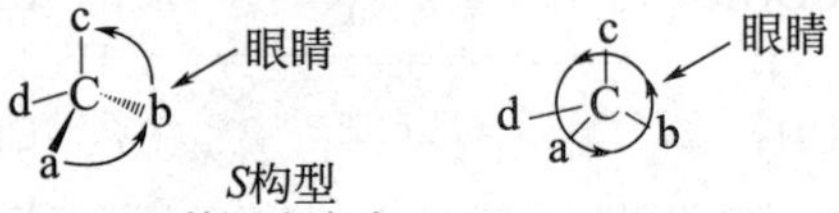

*S*构型

基团次序为:a>b>c>d

例如：

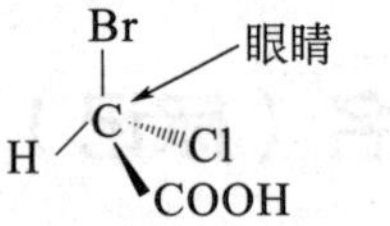

眼睛　Br → Cl → COOH

*R*构型　顺时针方向

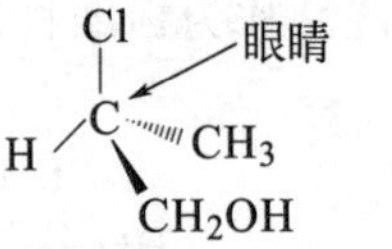

眼睛　Cl → CH_2OH → CH_3

*S*构型　逆时针方向

R-S 命名法可直接应用于 Fischer 投影式。在 Fischer 投影式中，当最小的基团在竖线上（上方或下方）时，基团从大到小顺时针旋转为 *R* 构型，逆时针旋转为 *S* 构型。

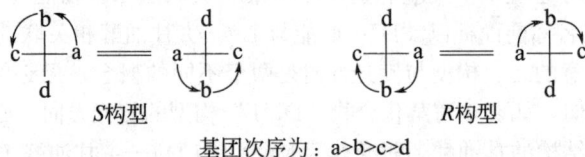

*S*构型　*R*构型

基团次序为：a>b>c>d

在 Fischer 投影式中，当最小的基团在横线上（左边或右边）时，基团从大到小顺时针旋转为 *S* 构型，逆时针旋转为 *R* 构型。

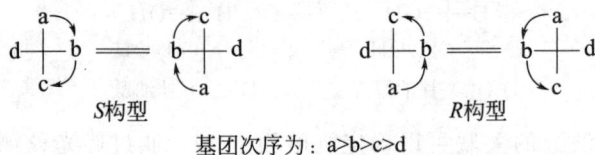

*S*构型　*R*构型

基团次序为：a>b>c>d

按 R-S 命名法，D-(＋)-甘油醛为 R 构型；L-(－)-甘油醛为 S 构型。

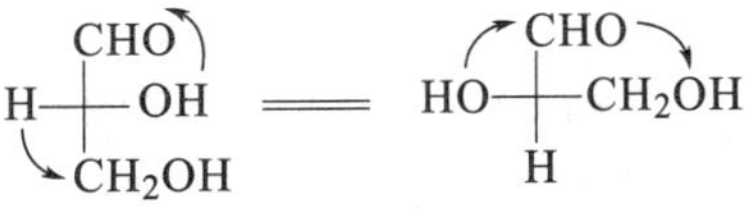

D-(+)-甘油醛 (R构型)

基团次序为：OH>CHO>CH$_2$OH>H

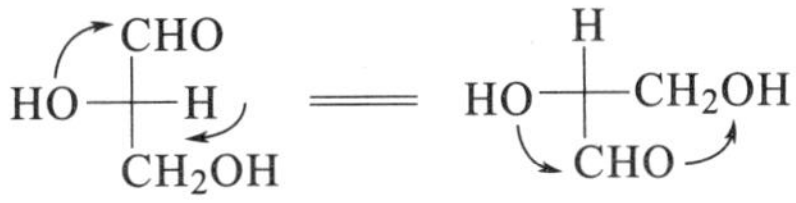

L-(-)-甘油醛 (S构型)

基团次序为：OH>CHO>CH$_2$OH>H

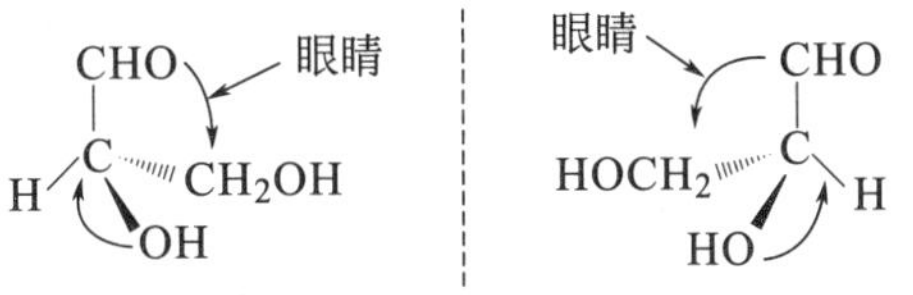

D-(+)-甘油醛(R构型)　　L-(-)-甘油醛(S构型)

基团次序为：OH>CHO>CH$_2$OH>H

例如：　CH$_2$OH>CH$_2$CH$_3$>CH$_3$　　HO>COOH>C$_6$H$_5$　　OH>CH=CH$_2$>CH$_3$

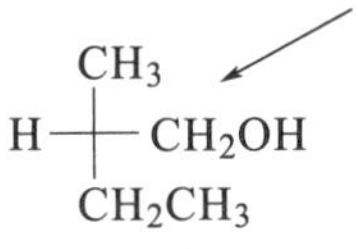

S构型

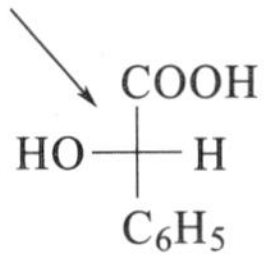

S构型

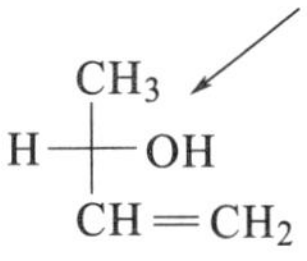

S构型

课堂练习 8.2　对下列化合物的构型用 R 或 S 标记。

(1) 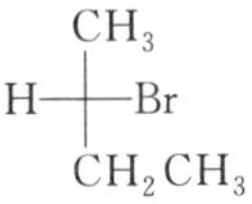

(2) 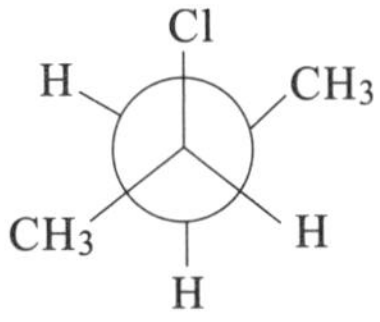

(3) 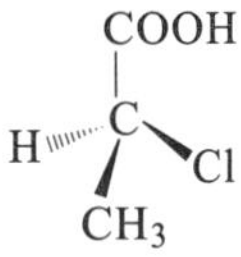

8.6 含两个手性碳原子化合物的对映异构

8.6.1 含两个不同手性碳原子化合物的对映异构

由于每一个手性碳原子会产生两种构型 R 和 S，假如用 A 和 B 分别代表两个手性碳原子，则这两个不同的手性碳原子会组合成四种不同的构型（分别为 AR BR；AS BS；AR BS 和 AS BR），因而产生四个立体异构体，组成两对对映体。由此可推得含有 n 个不同的手性碳原子的化合物就有 2^n 个立体异构体，可组成 2^{n-1} 对对映体。例如 2-羟基-3-氯丁二酸共有四种旋光异构体：

(Ⅰ) COOH；HO—H；Cl—H；COOH (2*R*,3*R*)

(Ⅱ) COOH；H—OH；H—Cl；COOH (2*S*,3*S*)

(Ⅲ) COOH；HO—H；H—Cl；COOH (2*R*,3*S*)

(Ⅳ) COOH；H—OH；Cl—H；COOH (2*S*,3*R*)

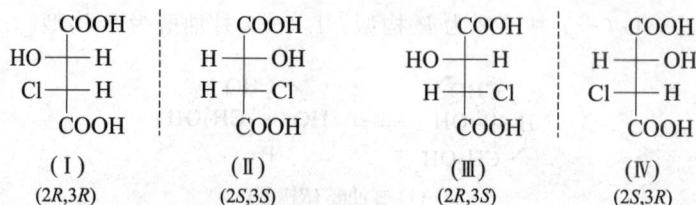

上述化合物中，Ⅰ和Ⅱ彼此互为镜像是对映体，Ⅲ和Ⅳ也彼此互为镜像是对映体。Ⅰ和Ⅲ、Ⅰ和Ⅳ、Ⅱ和Ⅲ、Ⅱ和Ⅳ彼此之间不是镜像关系，称为非对映体。凡是不是实物与镜像对应关系的旋光立体异构体称为非对映体。非对映体具有不同物理性质，如熔点、沸点、密度、折射率、溶解度等都不同。它们的比旋光度不同，它们的旋光方向可能相同也可能相反，有些甚至无旋光性（内消旋体），非对映体可用一般物理方法分离。

例如：2,3,4-三羟基丁醛也有四种旋光异构体，分别称为 D,L-赤藓糖和 D,L-苏阿糖。

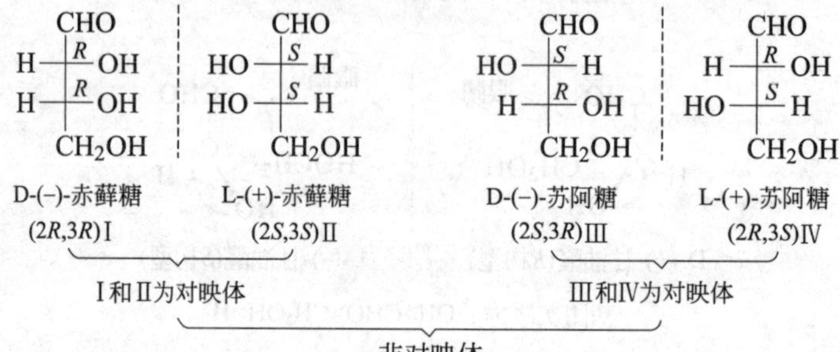

Ⅰ和Ⅱ，Ⅲ和Ⅳ为两对对映体；（Ⅰ）与（Ⅲ）或（Ⅳ）、（Ⅱ）与（Ⅲ）或（Ⅳ）、（Ⅲ）与（Ⅰ）或（Ⅱ）、（Ⅳ）与（Ⅰ）或（Ⅱ）分别构成非对映体。

8.6.2 含两个相同手性碳原子化合物的对映异构

如果分子中两个手性碳原子连有的基团完全相同，例如酒石酸（2,3-二羟基丁二酸），依照前面同样的方法可以写出四种异构体。

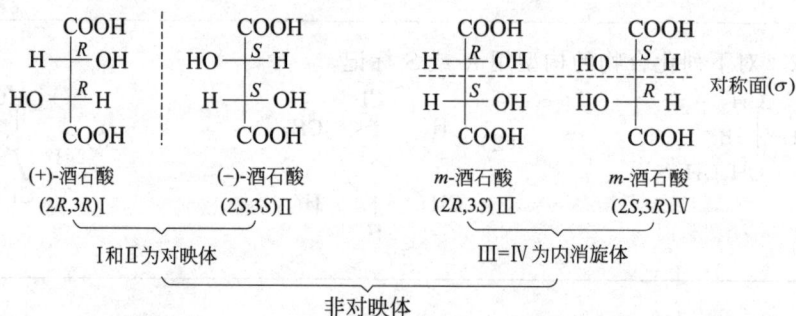

COOH；H—OH (*R*)；HO—H (*R*)；COOH　(+)-酒石酸 (2*R*,3*R*)Ⅰ

COOH；HO—H (*S*)；H—OH (*S*)；COOH　(−)-酒石酸 (2*S*,3*S*)Ⅱ

COOH；H—OH (*R*)；H—OH (*S*)；COOH　*m*-酒石酸 (2*R*,3*S*)Ⅲ

COOH；HO—H (*S*)；HO—H (*R*)；COOH　*m*-酒石酸 (2*S*,3*R*)Ⅳ

对称面(σ)

Ⅰ和Ⅱ为对映体　Ⅲ=Ⅳ为内消旋体

非对映体

在酒石酸的四种异构体中，Ⅰ和Ⅱ彼此互为镜像，是对映体，它们对平面偏振光的旋光方向相反，旋光角度大小相等，如果将它们等量混合后，则旋光作用相互抵消，无旋光现象。这种左旋体和右旋体的等量混合物叫外消旋体（racemic form）。外消旋体无旋光性，是一个混合物。外消旋体用（±）表示，外消旋体可以通过特殊方法拆分成左旋体（−）和右旋体（+）两个有旋光性的异构体。外消旋体（±）与左旋体（−）和右旋体（+）相比，既无旋光性，其它物理性质如熔点、沸点、密度、折射率、溶解度等也不相同。

在酒石酸的异构体中，（Ⅲ）和（Ⅳ）的 C-2 和 C-3 连接的基团相同，构型相反，因而旋光能力彼此抵消，分子不具有旋光性，这种分子的化合物叫内消旋体（meso body，用

meso 或 m 表示)。

实际上在 *m*-酒石酸分子中既具有对称面，也具有对称中心，不可能有旋光性。

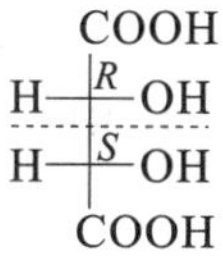

COOH
H—R—OH
H—S—OH
COOH
对称面(σ)

HO　H
COOH　C
i
C
H　OH　COOH

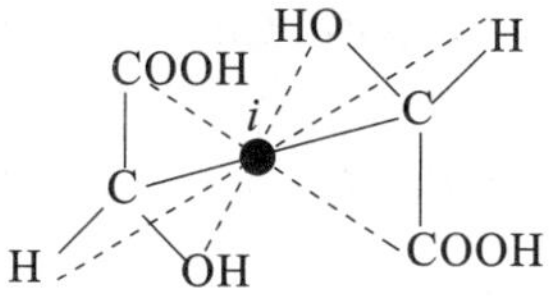

尽管外消旋体和内消旋体都无旋光作用，但它们本质上是不同的。外消旋体是一个混合物，而内消旋体是一个纯净物。外消旋体可以通过特殊方法拆分成两个等量的具有旋光性的左旋体和右旋体，而内消旋体是无法拆分的。对映体除对偏振光的旋转方向相反外，其它物理性质相同，对映体与非对映体及非对映体之间的物理性质是不同的。例如酒石酸的几种异构体的物理常数见表 8-1。

表 8-1　酒石酸几种异构体的有关物理常数

酒 石 酸	熔点/℃	$[\alpha]_D^{25}$(水)	溶解度(20℃)/(g/100g 水)	pK_{a1}	pK_{a2}
右旋体	170	+12	139	2.93	4.23
左旋体	170	−12	139	2.93	4.23
外消旋体	204	0	20.6	2.96	4.24
内消旋体	140	0	125	3.11	4.80

课堂练习 8.3　用 *R-S* 标记法命名下列化合物。

(1) 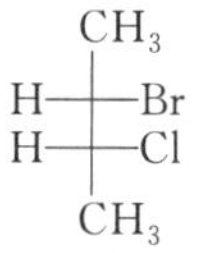
CH_3
H—Br
H—Cl
CH_3

(2) 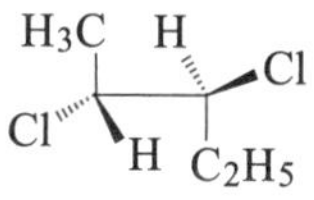
H_3C　H
Cl　Cl
H　C_2H_5

(3)
CH_3
H　OH
Cl　H
CH_3

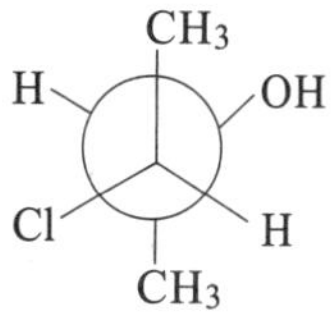

课堂练习 8.4　酒石酸的三个异构体 (A)、(B)、(C) 在哪种情况下具有旋光性。

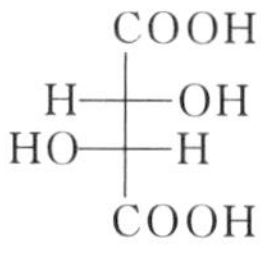

COOH
H—OH
HO—H
COOH
(A)

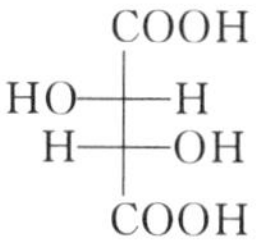

COOH
HO—H
H—OH
COOH
(B)

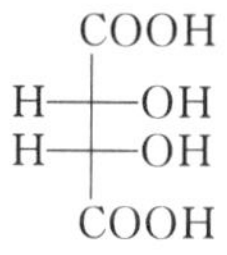

COOH
H—OH
H—OH
COOH
(C)

(1) (A)、(B)、(C) 各单独存在。

(2) (A) 和 (B) 的等量混合物。

(3) (A) 和 (B) 的不等量混合物。

(4) (A) 和 (C) 或 (B) 和 (C) 的等量混合物。

8.7　环状化合物的立体异构

前面讨论了环状化合物的顺反异构。有些环状化合物既有顺反异构，也有对映异构。环状化合物的对映异构比开链化合物要复杂得多。例如：2-羟甲基环丙烷-1-羧酸具有四种对映异构体。

2-羟甲基环丙烷-1-羧酸的对映异构：

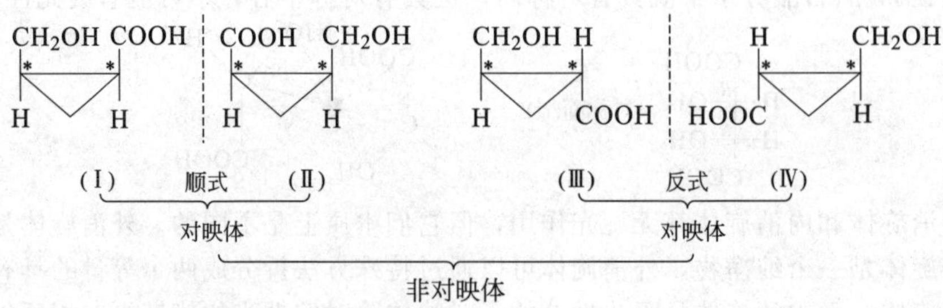

（Ⅰ）和（Ⅱ）是顺式异构体，也是一对对映体；（Ⅲ）和（Ⅳ）是反式异构体，也是一对对映体。顺式和反式是非对映体。

1,2-环丙烷二羧酸的对映异构：

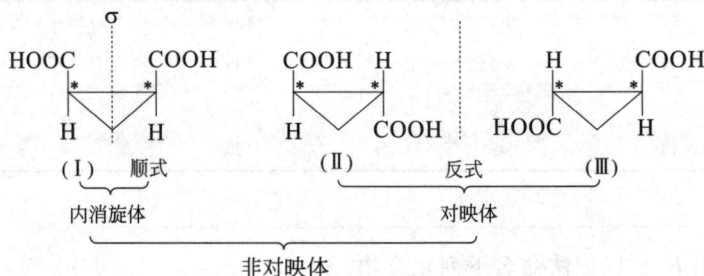

(Ⅰ) 顺式　　(Ⅱ) 反式 (Ⅲ)

内消旋体　　对映体

非对映体

（Ⅰ）是顺式异构体，但分子中有一对称面，因此是内消旋体，无旋光性。（Ⅱ）和（Ⅲ）是反式异构体，也是一对对映体。

1,3-二取代环丁烷，不管是顺式还是反式，分子都有对称面，所以无对映异构，是内消旋体。

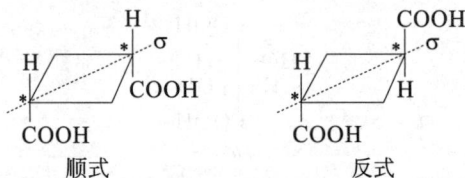

顺式　　反式

1,2-二取代环丁烷的对映异构与1,2-二取代环丙烷相似。

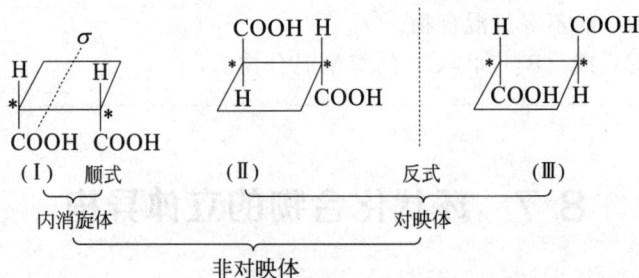

(Ⅰ) 顺式　　(Ⅱ) 反式 (Ⅲ)

内消旋体　　对映体

非对映体

从环丙烷和环丁烷的对映异构可以看出，偶数环系的对称性比奇数环系的对称性要好。对于其它环状化合物而言，奇数环系与环丙烷取代物的对映异构相似，偶数环系与环丁烷取代物的对映异构相似。

8.8　不含手性碳化合物的对映异构

分子中有手性碳原子，分子并不一定有手性，如内消旋化合物。而有些化合物分子有手性，分子中却无手性碳原子。以下简要讨论这类化合物。

8.8.1　丙二烯型化合物

丙二烯分子中，中间碳原子是 sp 杂化，两端的碳原子是 sp^2 杂化，两个 π 键相互垂直构成了手性轴。两端的两个氢原子所在的平面同样也相互垂直。

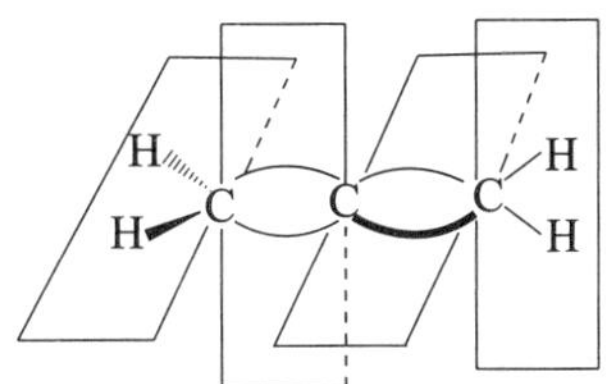

当两端 sp^2 杂化碳原子上分别连有不同的基团时，手性轴两侧不对称，整个分子就是一个手性分子，有一对对映体存在。例如，2,3-戊二烯分子中有一个手性轴，可以有如下的对映体：

手性轴

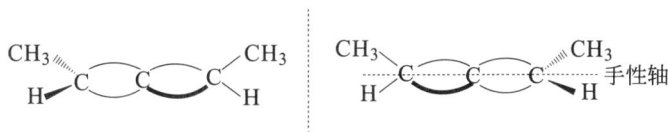

2,3-戊二烯的一对对映体

两端的 $\begin{matrix}CH_3\\H\end{matrix}\!\!>\!C$ 不在一个平面内。

在丙二烯取代物分子中，只要一个 sp^2 杂化碳原子连有两个相同的基团，就无对映异构。例如：

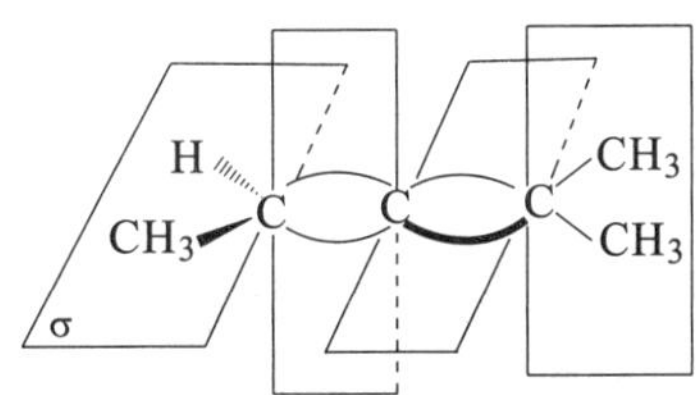

2-甲基-2,3-戊二烯中，$\begin{matrix}CH_3\\H\end{matrix}\!\!>\!C$ 所在的平面为分子的对称面。

两个相互垂直的四元环也可构成手性轴。例如，2,6-二甲基螺[3.3]庚烷也有手性轴，也存在一对对映体：

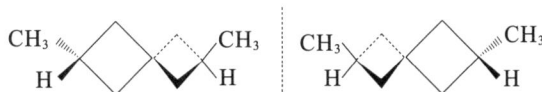

8.8.2　联苯型化合物

对于联苯型化合物，当相连的两个苯环邻位都连有大的基团时，导致连接两个苯环的 σ 键旋转受到限制，使两个苯环不在一个平面内，从而产生对映异构。若相连的两个苯环邻位连接的基团体积不大，不能限制连接两个苯环 σ 键的旋转，就无对映异构。例如：

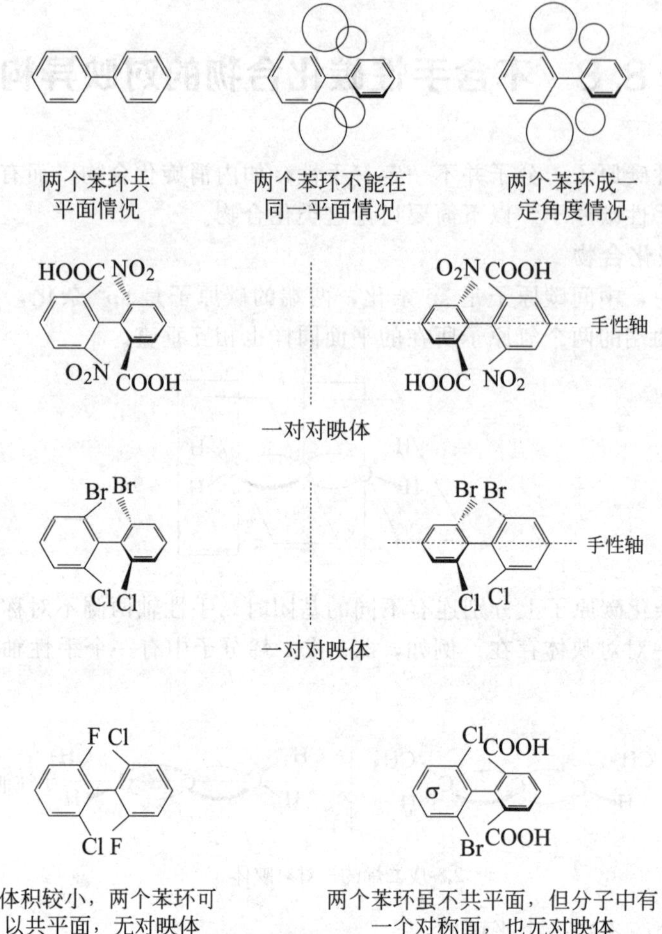

F体积较小，两个苯环可以共平面，无对映体

两个苯环虽不共平面，但分子中有一个对称面，也无对映体

8.9 不对称合成和外消旋体的拆分

8.9.1 不对称合成（手性合成）

在无手性的条件下（指反应物、试剂和溶剂等均无手性），不可能合成出手性产物。例如：丁烷的一氯代反应，可生成 1-氯丁烷和 2-氯丁烷两种产物，其中 1-氯丁烷无手性碳原子，2-氯丁烷有一个手性碳原子，但产物并无旋光性。生成的 2-氯丁烷是左旋和右旋各占一半的外消旋体。

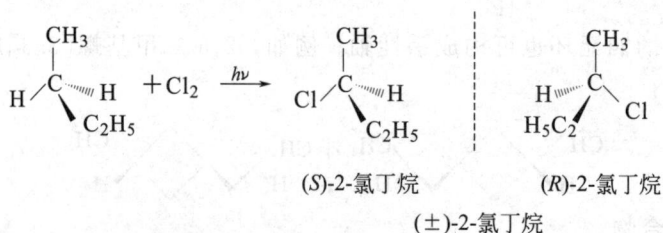

$$CH_3CH_2CH_2CH_3 + Cl_2 \xrightarrow{h\nu} (S)\text{-2-氯丁烷} + (R)\text{-2-氯丁烷}$$

(S)-2-氯丁烷　(R)-2-氯丁烷

(±)-2-氯丁烷

这是因为 2-氯丁烷第二个碳上的两个氢原子被氯取代的概率是一样的，所以生成的是外消旋体。这可从其反应机理得到进一步说明。

丁烷氯代反应中，生成 2-氯丁烷的一步是 Cl_2 与 $CH_3\dot{C}HCH_2CH_3$ 自由基的反应。

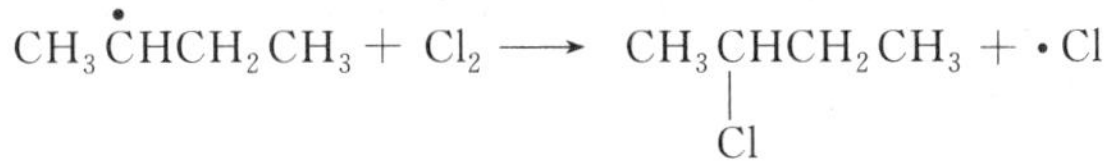

$$CH_3\dot{C}HCH_2CH_3 + Cl_2 \longrightarrow CH_3CH(Cl)CH_2CH_3 + \cdot Cl$$

在这一步反应中，Cl_2 从自由基平面两边进攻的概率完全相等，所以生成的产物 2-氯丁烷一定是外消旋体。

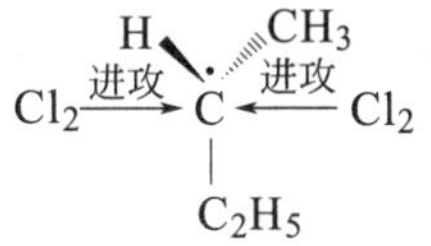

两边进攻的概率完全相等

如果在一个手性分子中引入第二个手性碳，就会生成非对映体，且两者的量不相等。例如：(2S)-2-氯丁烷在 C-3 上进行氯代反应时，生成 2,3-二氯丁烷两种不等量的异构体。

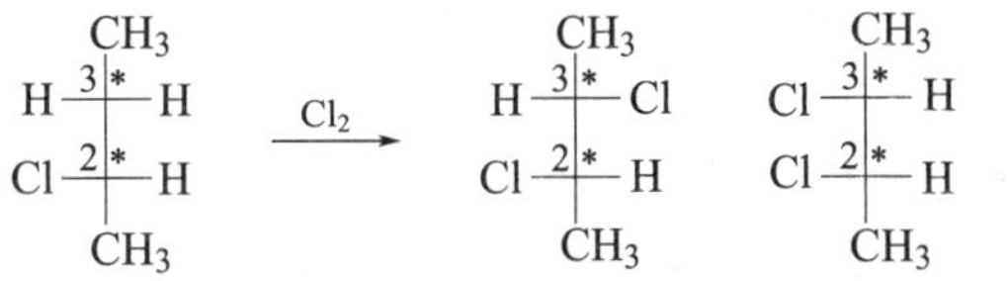

(2S)-2-氯丁烷　(2S,3S)29%　(2S,3R)71%

2,3-二氯丁烷

2,3-二氯丁烷的两种异构体分别为：(2S,3S)-2,3-二氯丁烷（产物 A）和（2S,3R)-2,3-二氯丁烷（产物 B，内消旋体），A∶B＝29∶71，生成的内消旋体占多数。由此可知 Cl_2 进攻（2S)-2-氯丁烷所形成的自由基两边的概率是不一样的，说明分子中已有的手性碳原子（手性中心）对第二个手性中心形成的构型有控制作用。这种直接合成出具有旋光性物质的方法，叫不对称合成，或叫手性合成。(2S)-2-氯丁烷在 C-3 碳上进行的氯代反应可用下图描述：

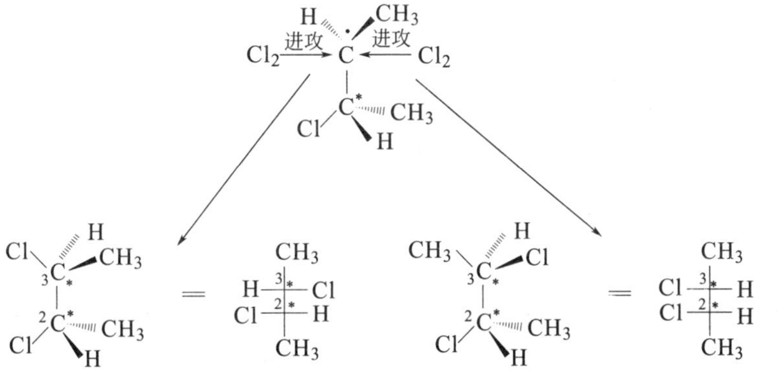

(2S, 3S)　(2S, 3R)

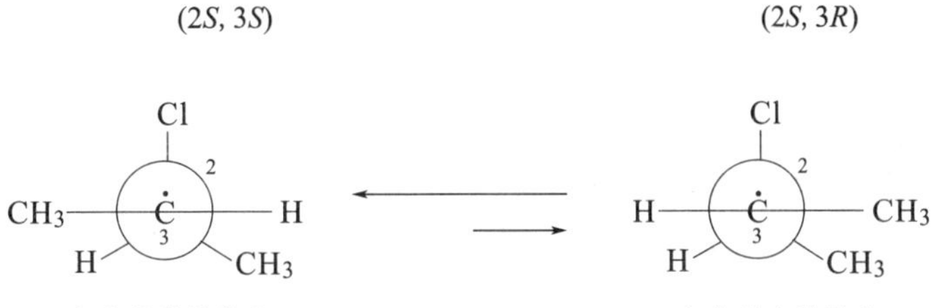

自由基优势构象　自由基劣势构象

Cl_2 从体积大的 Cl 背面进攻优势构象自由基，生成内消旋产物，由于优势构象占的比例大，所以生成的内消旋产物多。

8.9.2 外消旋体的拆分和光学纯度

对映异构体除了对平面偏振光的旋光方向相反外，其它的物理性质都相同，所以用一般的方法很难将它们分开。将外消旋体中的左旋体和右旋体分开的过程叫外消旋体的拆分，外消旋体的拆分是一件比较困难的工作。

（1）外消旋体的拆分

① 机械拆分法　利用外消旋体中两种对映体结晶形态上的差异，借助肉眼和放大镜辨认分开。

② 生物拆分法　利用生物酶的反应来进行拆分。方法之一是在外消旋体中，通过酶只对对映体中的某一种异构体反应而制成衍生物，从而达到与另一个对映体分开的目的。方法之二是利用酶来破坏分解外消旋体中的一种异构体，从而得到另一种异构体，它的缺点是原料损失一半。

③ 诱导结晶法　在外消旋体的饱和溶液中加入一定量的某种纯异构体作为晶种，使这种异构体先析出，达到拆分目的。

④ 选择吸附拆分法　用某种旋光性物质做吸附剂，使之选择性的吸附外消旋体中的一种异构体，达到拆分目的。

⑤ 化学拆分法　这种方法应用最广。首先选择一种合适的手性试剂（也叫拆分剂）将对映体转变成非对映体，利用非对映体物理性质上的差别将两个非对映体分开，分开后再通过化学反应恢复原来的左旋体和右旋体。用化学方法拆分有机酸和有机碱比较方便。例如，某种外消旋酸的拆分可示意如下。

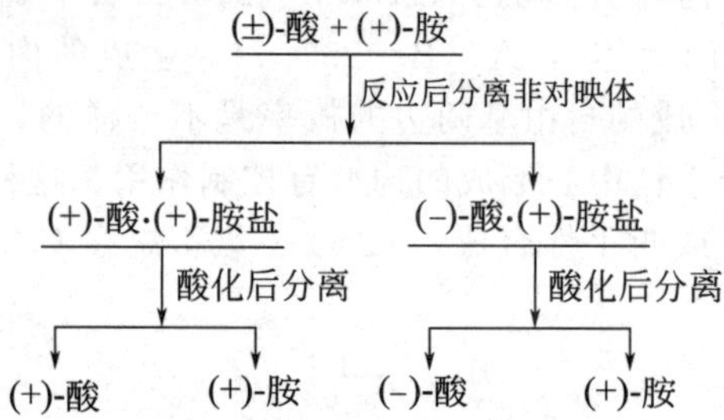

（2）光学纯度（旋光纯度）

只含一种对映体的化合物叫光学纯化合物。光学纯化合物比旋光度最大，用 $[\alpha]_{max}$ 表示。光学纯度 P 是指一种对映体对另一种对映体的过量百分数。

$$P=\frac{[\alpha]_{测定}}{[\alpha]_{max}}\times 100\%$$

知道了光学纯度 P，就可以计算混合物中两种异构体的组成。例如，已知 1-氯-2-甲基丁烷的比旋光度为 $+1.64°$，现有该化合物的试样，经测定在同样条件下的比旋光度为 $+0.82°$，求该试样的光学纯度 P 和（＋）、（－）对映体的组成比。

$$P=\frac{[\alpha]_{测定}}{[\alpha]_{max}}\times 100\%=\frac{+0.82}{+1.64}\times 100\%=50\%$$

由于该试样的旋光纯度为 50％，即（＋）右旋体比（－）左旋体过量 50％。因而外消旋体也占 50％，所以两种异构体的量分别为：

左旋体(－)＝(1－50％)×1/2＝25％　右旋体(＋)＝50％＋(1－50％)×1/2＝75％

习　题

1. 回答下列问题：

（1）对映异构现象产生的必要条件是什么？

（2）含手性碳原子的化合物是否都有旋光性？举例说明。

（3）有旋光活性的化合物是否必须含手性碳原子？举例说明。

2. 下列分子是否是手性分子？

(1) 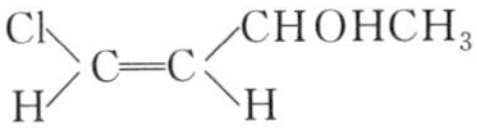 Cl(H)C=C(H)CHOHCH$_3$　　(2) 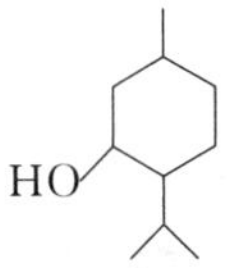 HO　　(3) CH$_3$ CH$_3$ 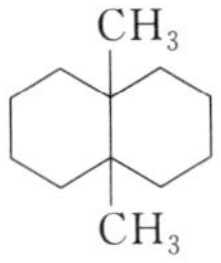　　(4) 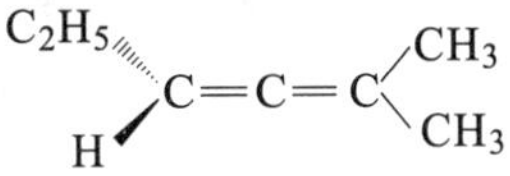 C$_2$H$_5$ H C=C=C CH$_3$ CH$_3$

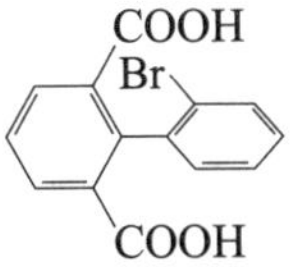

(5) COOH Br COOH　　(6) 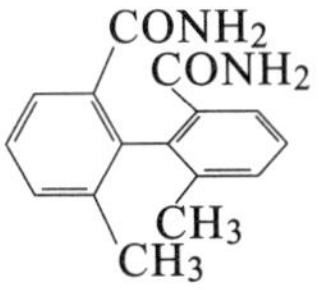 CONH$_2$ CONH$_2$ CH$_3$ CH$_3$

3. 下列化合物有无手性碳原子？若有，用*表示手性碳原子，并指出立体异构体的数目，写出它们的 Fischer 投影式，并用 *R*-*S* 标注构型。

(1) $CH_3CHBrCHBrCOOH$　　(2) $CH_3CHClCHClCHClCH_3$

(3) 1,1-二氯环丙烷　　(4) 1,2-二氯环丙烷

4. 画出下列各化合物所有立体异构体的 Fischer 投影式，并用 *R*-*S* 标注构型，指出它是旋光体还是内消旋体。

(1) $CH_2ClCHBrCHBrCH_3$　　(2) $CH_3CHICH_2CHICH_3$

(3) HOOCCHBrCHBrCOOH　　(4) $CH_2OHCHBrCH_2CH_3$

5. 用 Fischer 投影式和透视式写出(2*S*,3*R*)-2,3-二氯戊烷的构型。

6. 写出下列化合物的 Fischer 投影式，并用 *R*-*S* 法标记每个手性碳原子。

(1) 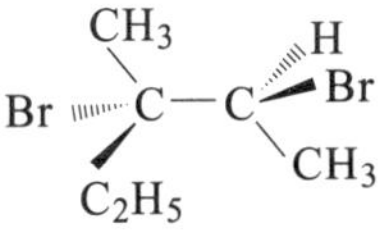 CH$_3$ Br C—C H Br C$_2$H$_5$ CH$_3$　　(2) Br H CH$_3$ H$_3$C H CHO

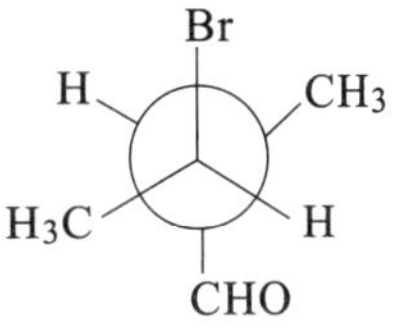

7. 下列各对化合物是对映体、非对映体或是同一化合物？

(1) 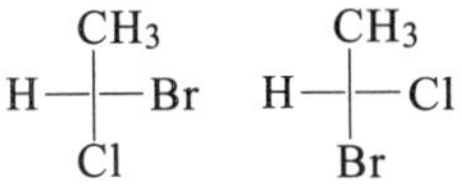 CH$_3$ H Br Cl　CH$_3$ H Cl Br　　(2) 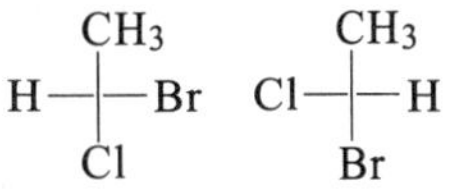 CH$_3$ H Br Cl　CH$_3$ Cl H Br

(3) CH$_3$ H Br H Cl CH$_3$　CH$_3$ H Cl H Br CH$_3$ 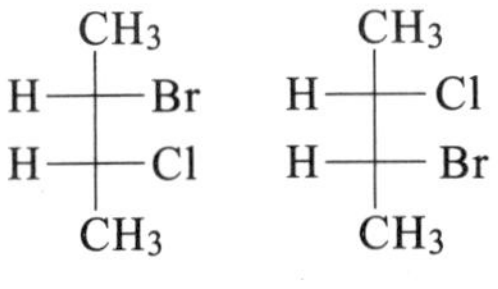　　(4) 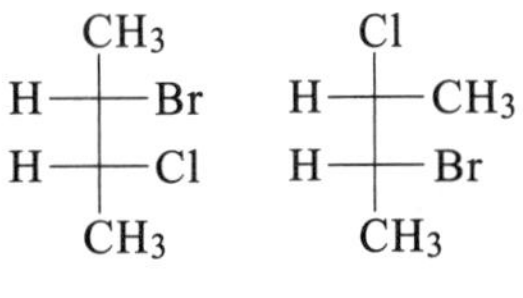 CH$_3$ H Br H Cl CH$_3$　Cl H CH$_3$ H Br CH$_3$

(5) 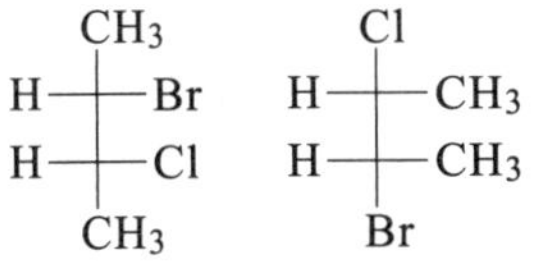 CH$_3$ H Br H Cl CH$_3$　Cl H CH$_3$ H CH$_3$ Br　　(6) 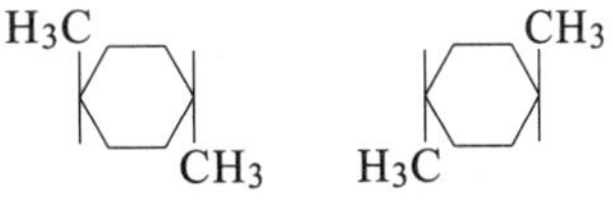 H$_3$C CH$_3$　CH$_3$ H$_3$C

(7) 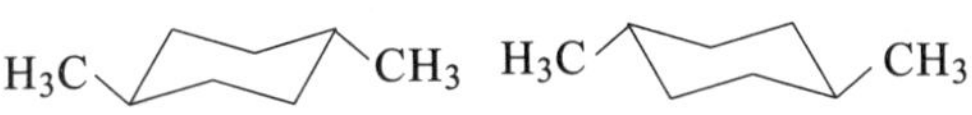 H$_3$C CH$_3$　H$_3$C CH$_3$　　(8) 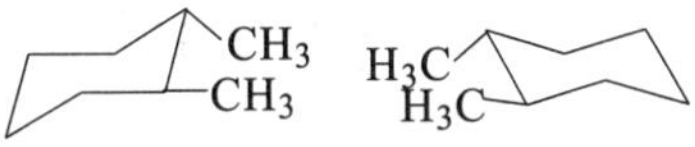 CH$_3$ CH$_3$　H$_3$C H$_3$C

8. 有一种没有旋光的三元环化合物，分子式为 $C_3H_4Br_2O$，红外光谱发现分子中有羟基，写出这个化合物可能的结构式。

第9章　卤　代　烃

烃分子中的氢原子被卤原子取代的衍生物叫卤代烃。卤代烃可以用通式 R—X 表示，其中 R 是烃基，X 是卤素（包括氟、氯、溴、碘）。由于氟代烃的性质比较特殊，它与其它三种卤代烃的性质差别较大，这里主要讨论氯代烃、溴代烃和碘代烃。

9.1　卤代烃的分类

根据卤原子所连烃基的种类可分为卤代烷烃、卤代烯烃、卤代炔烃和卤代芳烃等。根据卤原子的数目多少可分为单卤代烃和多卤代烃。根据卤原子所连接的碳原子种类又可分为伯卤代烃（1°卤代烃）、仲卤代烃（2°卤代烃）和叔卤代烃（3°卤代烃）。例如：

卤代烷烃：CH_3Cl，CH_2Br_2，CH_3CH_2I

卤代烯烃：$H_2C{=}CHCl$，Cl—CH═CH—Br

卤代炔烃：HC≡C—Br，$HC{\equiv}CCH_2Cl$

卤代芳烃：

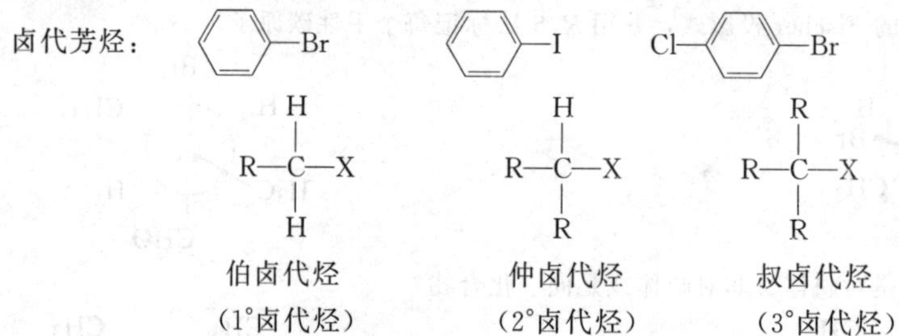

伯卤代烃（1°卤代烃）　仲卤代烃（2°卤代烃）　叔卤代烃（3°卤代烃）

9.2　卤代烃的命名

9.2.1　卤代烷烃的命名

卤代烷烃的习惯命名法由烃基的名字加上卤原子的名字。例如：

$CH_3CH_2CH_2CH_2Cl$	$(CH_3)_2CH—Br$	$(CH_3)_3C—I$	$(CH_3)_3CCH_2—Cl$
正丁基氯	异丙基溴	叔丁基碘	新戊基氯

卤代烷烃的习惯命名法只适用于简单的卤代烷烃，复杂的一般用系统命名法。

卤代烷烃的系统命名法是以烷烃或环烷烃为母体，卤原子作为取代基。要点如下。

① 选择连有卤原子的碳原子在内的最长碳链为主链，根据主链的碳原子数称为“某烷”。

② 支链和卤原子均作为取代基。主链碳原子的编号与烷烃相同，遵循最低系列原则。当主链连有两个取代基且其一为卤原子时，由于在立体化学次序规则中，卤原子优先于烷基，应给予卤原子所连接的碳原子以较大的编号。

③ 将取代基的名称和位次写在主链烷烃之前，即得全名。取代基排列的先后顺序应按

照立体化学中的次序规则列出（“较优”基团后列出）。当有多个卤原子时，卤原子的次序是：氟、氯、溴、碘。例如：

$$CH_3-\underset{Cl}{\overset{Cl}{C}}-CH_2-\underset{CH_3}{CH}-CH_3 \qquad CH_3\underset{}{\overset{Cl}{C}H}CH_2\overset{I}{C}HCH_3$$

2-甲基-4,4-二氯戊烷　　2-氯-4-碘戊烷

$$CH_3-CH_2-CH_2-\underset{CH(CH_3)_2}{\overset{Cl}{C}}-\overset{Br}{CH}-\overset{F}{CH}-CH_3$$

4-异丙基-2-氟-4-氯-3-溴庚烷

卤代环烷烃的命名是以环烷烃为母体，其它命名规则与环烷烃和卤代烷烃相同。例如：

1-甲基-1-氯环己烷　　2-甲基-3-氯二环[2.2.0]己烷

9.2.2　卤代烯烃和卤代芳烃的命名

卤代烯烃的命名按照烯烃的命名原则，烯烃作为母体，卤原子作为取代基。例如：

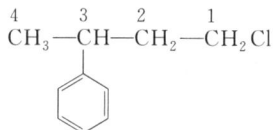

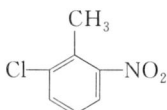

$$CH_3\underset{Br}{\overset{Br}{C}}CH{=}CHCH_3 \qquad CH_3-\langle\text{环己烯}\rangle-Cl$$

4,4-二溴-2-戊烯　　3-甲基-6-氯环己烯

卤代芳烃的命名，当卤原子连在芳环上时以芳环作母体，卤原子作取代基。但当卤原子连在芳烃侧链上时，则通常以脂肪烃为母体，芳基和卤原子均作为取代基来命名。例如：

$$\overset{4}{C}H_3-\overset{3}{C}H(C_6H_5)-\overset{2}{C}H_2-\overset{1}{C}H_2Cl \qquad \overset{\alpha}{C}H{=}\overset{\beta}{C}HBr\ (C_6H_5)$$

3-苯基-1-氯丁烷　　2-硝基-6-氯甲苯　　邻氯甲苯　　β-溴苯乙烯(1-苯基-2-溴乙烯)

9.3　卤代烃的制法

卤代烃是一类重要的化工原料，在有机合成中有着广泛的应用。但卤代烃在自然界极少存在，只能用合成的方法来制备。卤代烃的制备主要有以下几种方法。

(1) 烃的卤代

烷烃的卤代反应由于是自由基的取代反应，会有多元取代产物生成，因此烷烃的卤代产物复杂，是一个混合物，难以分离，此方法较少使用。只有在少数情况下可用卤代方法制得较纯的一卤代物。例如：

$$C_6H_{12} + Cl_2 \xrightarrow{h\nu} C_6H_{11}Cl + HCl$$

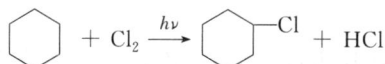

在烷烃卤代反应中，溴代的选择性比氯代高，以适当烷烃为原料可得一种主要的溴代物。例如：

$$(CH_3)_3CCH_2C(CH_3)_3 + Br_2 \xrightarrow[CCl_4]{h\nu} (CH_3)_3CCHBrC(CH_3)_3 \quad >96\%$$

用烯烃为原料，在高温或光照的条件下可发生 α-H 的卤代，这是制备烯丙型、苄基型卤代物的常用方法。例如：

$$CH_3CH_2CH{=}CH_2 + Cl_2 \xrightarrow{500℃} CH_3CHClCH{=}CH_2$$

$$C_6H_5{-}CH_3 + Cl_2 \xrightarrow{h\nu} C_6H_5{-}CH_2Cl$$

芳环上的卤代可得到卤代芳烃，例如：

$$C_6H_6 + Br_2 \xrightarrow{Fe} C_6H_5Br$$

（2）不饱和烃的加成

不饱和烃可以与卤化氢或卤素加成，生成卤代烷烃。例如：

$$CH_3{-}C{\equiv}CH \xrightarrow[HgCl_2]{HCl} CH_3ClC{=}CH_2 \xrightarrow[HgCl_2]{HCl} CH_3CCl_2CH_3$$

$$CH_3CH{=}CH_2 + Br_2 \xrightarrow{CCl_4} CH_3CHBrCH_2Br$$

（3）芳烃的氯甲基化

氯甲基化反应是在芳环上直接引入氯甲基的反应，此反应由于氯甲基的活性在有机合成中非常有用，常用作有机合成的中间体。例如：

$$C_6H_6 + H{-}\overset{O}{\overset{\|}{C}}{-}H + HCl \xrightarrow{ZnCl_2} C_6H_5CH_2Cl \quad 70\%$$

当芳环上有第一类取代基时，反应易于进行，氯甲基主要进入对位；当芳环上有二类取代基时，反应难以进行。

（4）醇的卤代反应

醇分子中的羟基被卤原子取代可制得相应的卤代烃，这是一元卤代烃最常用的合成方法。常用的卤化剂有 HX、PX_3、PX_5、$SOCl_2$（亚硫酰氯）等，具体反应详见第 10 章。

（5）卤原子的交换反应

碘代烷烃的制备比较困难，通常应用卤素交换反应可由氯代烃或溴代烃制备碘代烃。例如：

$$RCl(Br) + NaI \xrightarrow{丙酮} RI + NaCl(Br)\downarrow$$

9.4 卤代烃的物理性质和光谱性质

9.4.1 卤代烃的物理性质

室温下 CH_3Cl、CH_3CH_2Cl、CH_3Br 是气体，15 个碳以下的一卤代烷是液体，15 个碳以上的卤代烷是固体。同一种烃基的卤代烃，由于碘的质量最大，所以碘代烃的沸点最高，卤代烃的沸点为：R—I>R—Br>R—Cl>R—F。

对于分子量相同的卤代烃，支链增多，沸点降低。同一类卤代烃沸点随碳原子数增加而升高。卤代烃的沸点比同碳原子数的烃要高得多，其原因一方面是卤原子的质量比氢原子大，另一更重要方面是碳卤键是极性键，卤代烃是极性分子，极性分子间的作用力比非极性分子烃要大得多。

一氯代烃的密度小于水，溴代烃、碘代烃和多氯代烃的密度大于水。卤代烃中，卤原子的质量分数大，其密度也大。卤代烃的密度情况大致如下。

卤代烃的密度：R—X＞R—H；R—Cl＜1；R—Br，R—I，$RCHCl_2$＞1

R—I＞R—Br＞R—Cl

R—X＞RCH_2—X＞RCH_2CH_2—X

尽管卤代烃有一定的极性，但它们都不溶于水，容易溶于苯、醇和醚等有机溶剂中。表 9-1 列出了一些常见卤代烃的物理常数。

表 9-1　一些卤代烃的物理常数

名　称	沸点/℃	相对密度	名　称	沸点/℃	相对密度
氯甲烷	−24	0.920	1-溴丙烷	71	1.335
氯乙烷	12.5	0.910	1,2-二溴乙烷	132	2.180
1-氯丙烷	47	0.892	二溴甲烷	99	2.49
二氯甲烷	40	1.336	三溴甲烷	151	2.89
三氯甲烷	61	1.489	四溴化碳	189.5	3.42
四氯化碳	77	1.595	碘甲烷	43	2.279
1,2-二氯乙烷	84	1.257	碘乙烷	72	1.933
溴甲烷	5	1.732	1-碘丙烷	102	1.747
溴乙烷	38	1.440	三碘甲烷	升华	4.008

9.4.2　卤代烃的光谱性质

(1) 红外光谱

卤代烃中碳卤键的振动吸收的波数随着卤原子质量的增加而减小，但碳卤键的振动吸收都在红外光谱的指纹区范围内，与很多键的吸收相重叠，所以卤代烃中 C—X 键的红外振动吸收特征性不强，一般不用红外光谱来确证样品中是否有卤素。卤代烃中的 C—X 键的振动大致吸收范围如下：

C—F 键　$\tilde{\nu}$：1350～1100cm^{-1}　　C—Cl 键　$\tilde{\nu}$：750～700cm^{-1}

C—Br 键　$\tilde{\nu}$：700～500cm^{-1}　　C—I 键　$\tilde{\nu}$：610～480cm^{-1}

1-氯丙烷、2-氯丙烷的红外光谱分别见图 9-1 和图 9-2。

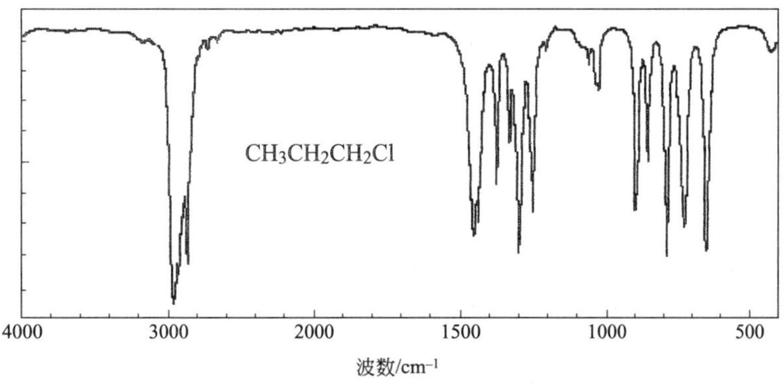

图 9-1　1-氯丙烷的红外光谱图

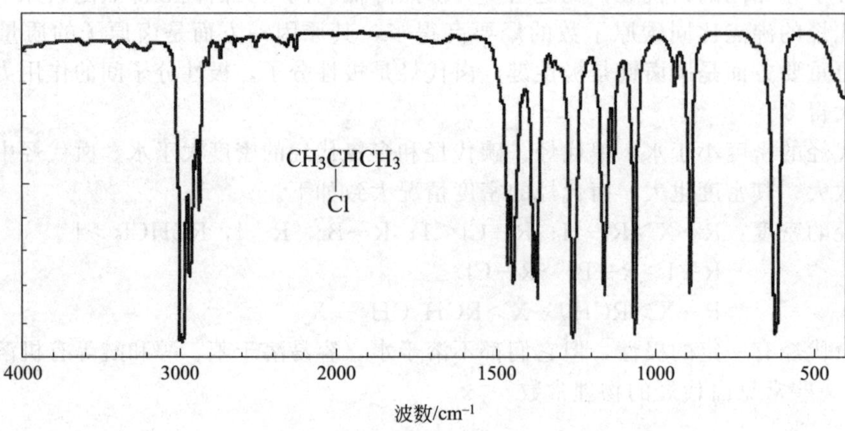

图 9-2　2-氯丙烷的红外光谱图

（2）核磁共振谱

由于卤素的电负性较大，因此直接与连卤碳相连的质子由于受到较强的去屏蔽作用而向低场方向移动，连卤碳相邻碳原子上的氢由于也受到了卤素的去屏蔽作用，它比一般烷烃上质子的化学位移值也要大。直接连在含卤碳上的质子的核磁共振化学位移大致如下：

F—C—H　δ：4～4.5　　　Cl—C—H　δ：3～4

Br—C—H　δ：2.5～4　　　I—C—H　δ：2～4

1-氯丙烷、2-氯丙烷的 ^{1}H NMR 谱分别见图 9-3 和图 9-4。

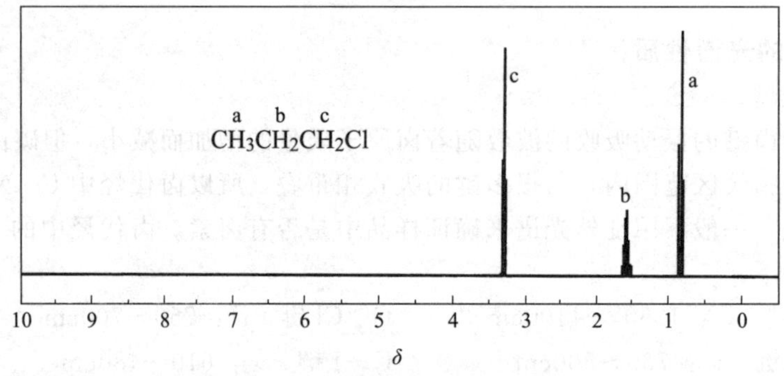

图 9-3　1-氯丙烷的 ^{1}H NMR 谱

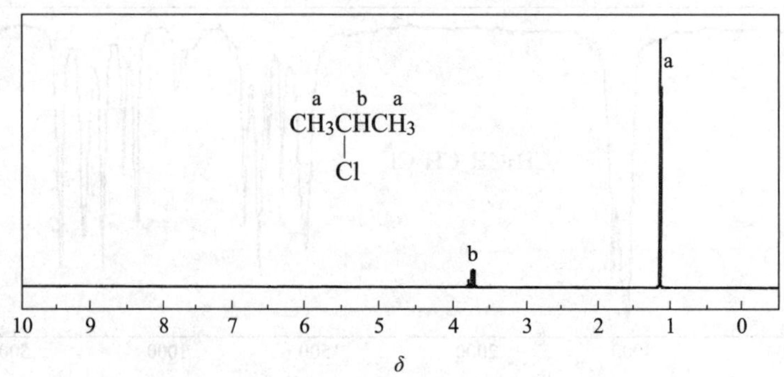

图 9-4　2-氯丙烷的 ^{1}H NMR 谱

9.5　卤代烷的化学性质

C—X键是一个极性键，C—X键容易极化，C—X键的键能比C—H键（414kJ/mol）和C—C键（347kJ/mol）都小（C—X键键能，C—I 218kJ/mol；C—Br 285kJ/mol；C—Cl 339kJ/mol）。所以C—X键是分子中的弱键，它比C—C键和C—H键更容易被破坏。由此可知，卤代烷的反应主要包括C—X键的反应，卤原子（X）是分子中的官能团。

9.5.1　卤代烷的亲核取代反应

卤代烷中卤原子的电负性大于碳原子，因此C—X键中共用电子对偏向卤原子，结果是卤原子带部分负电荷，碳原子带部分正电荷。与卤素相连的碳原子带部分正电荷，容易受到带负电荷或含有孤对电子的亲核试剂的进攻，从而取代卤原子，这一反应是由亲核试剂进攻而发生的取代，称为亲核取代反应。亲核取代反应是卤代烷的特征反应，可用以下通式表示：

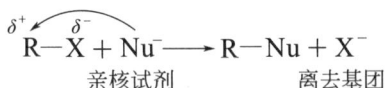

$$\overset{\delta^+}{R}—\overset{\delta^-}{X} + Nu^- \longrightarrow R—Nu + X^-$$

亲核试剂　　　　离去基团

Nu^-（Nu:）：OH^-，CN^-，OR^-，NH_2^-，SH^-，$RCOO^-$，NO_3^-，NH_3，H_2O，ROH，HCN，RCOOH等。

R—X的反应活性：R—I>R—Br>R—Cl。

Nu^-（Nu:）（Nucleophilic的缩写）叫亲核试剂，通常是带负电荷的离子和带孤对电子的中性分子，X^-表示卤素负离子，在反应中叫离去基团。

在上述亲核取代反应中，R—X的活性是R—I>R—Br>R—Cl，可以用以下事实来进行解释：碳卤键的键能C—I<C—Br<C—Cl；键的可极化性C—I>C—Br>C—Cl；键能越小，键越容易断裂，键的可极化性越大，越容易受到亲核试剂的进攻。

（1）水解反应

卤代烷与水作用，卤原子被羟基取代生成醇，这个反应称为卤代烷的水解反应。在一般情况下卤素与水的反应速率很慢，并且是一个可逆反应，通常加入少量碱（如NaOH）来加快反应的进行。例如：

$$R—X + HOH \rightleftharpoons ROH + HX$$

$$HX \xrightarrow{OH^-} H_2O + X^-$$

加入碱后卤代烷的水解速率大大加快可解释为：加入碱后，OH^-的浓度大大增加，OH^-的亲核性比水大，OH^-进攻卤代烷比水更有利，同时OH^-还能中和反应中生成的HX，这也可使反应向生成醇的方向移动。

（2）与氰化物的反应（氰解反应）

卤代烷与氰化钠或氰化钾作用，卤原子被氰基取代生成腈，这个反应称为卤代烷的氰解反应。

$$R—X + NaCN \longrightarrow RCN(腈) + NaX$$

通过以上反应，分子中引入了氰基（—CN），氰基含有一个碳原子，因此卤代烷被氰基取代后，分子中增加了一个碳原子，在有机合成中常用此反应来增长碳链。此外，通过氰基可再转变为其它官能团，如羧基、氨基、酰胺基等。例如：

$$Br(CH_2)_5Br + 2KCN \xrightarrow{C_2H_5OH, H_2O} NC(CH_2)_5CN + 2KBr$$

$$\underset{\displaystyle |\atop Cl}{CH_3CH_2CHCH_3} + NaCN \xrightarrow[\triangle]{\text{二甲基亚砜}} \underset{\displaystyle |\atop CN}{CH_3CH_2CHCH_3} + NaCl$$

$$C_6H_5CH_2Cl + NaCN \longrightarrow C_6H_5CH_2CN + NaCl$$

$$C_6H_5CH_2CN \xrightarrow[H^+\text{或}OH^-]{H_2O} C_6H_5CH_2COOH$$

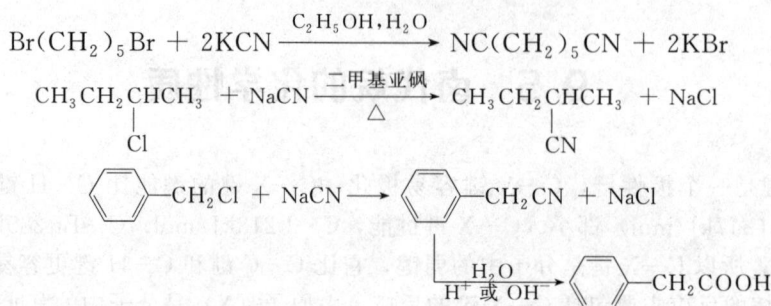

（3）与醇钠的反应（醇解反应）

卤代烷与醇钠反应，卤原子被烷氧基取代生成醚，这个反应称为卤代烷的醇解反应。这是制备醚，尤其是混合醚的一种常用方法，称为 Williamson（威廉逊）合成法。

$$R—X + NaOR' \longrightarrow ROR'(\text{醚}) + NaX$$

$$CH_3CH_2Br + NaOC(CH_3)_3 \longrightarrow CH_3CH_2OC(CH_3)_3 + NaBr$$

由于醇钠具有较强碱性，因此反应通常采用伯卤代烷，仲卤代烷的产率较低，而叔卤代烷主要得到烯烃而不是醚。

（4）与氨的反应（氨解反应）

卤代烷和氨反应，卤原子被氨基取代生成胺的反应叫卤代烷的氨解反应。

$$R—X + NH_3 \longrightarrow RNH_2(\text{胺}) + HX$$

$$ClCH_2CH_2Cl + \underset{\text{氨水}}{4NH_3} \xrightarrow[115\sim120℃, 5h]{\text{封闭容器}} \underset{\text{乙二胺}}{H_2NCH_2CH_2NH_2} + 2NH_4Cl$$

（5）与金属炔化物的反应

卤代烷与碱金属炔化物反应，卤原子被炔基取代，生成碳链增长的炔烃。可利用这个反应从低级炔烃来合成高级炔烃。

$$R—X + R'C\equiv CNa \longrightarrow R'C\equiv CR + NaX$$

该反应最适用于伯、仲卤代烃。由于碱金属炔化物是强碱弱酸盐，具有较强碱性，用叔卤代烷反应时，主要产物为烯烃。

（6）与硝酸银醇溶液反应

卤代烷和硝酸银的醇溶液反应，生成硝酸酯和卤化银沉淀，由于卤代烷不溶于水，所以用醇作溶剂。

$$R—X + AgNO_3 \longrightarrow RONO_2 + AgX\downarrow$$

卤代烷的反应活性为：

$$3°RX > 2°RX > 1°RX > CH_3X$$

$$RI > RBr > RCl$$

卤代烷与硝酸银醇溶液的反应可用来鉴别卤代烷的类别（伯、仲、叔）和卤原子的种类，即可根据沉淀的颜色和沉淀出现的快慢来判断，3°RX 反应最快，1°RX 反应最慢。例如：

$$\left.\begin{array}{l} CH_3(CH_2)_3Br \\ CH_3CH_2CHBrCH_3 \\ (CH_3)_3CBr \end{array}\right\} \xrightarrow{AgNO_3/\text{醇}} \begin{array}{l} \text{加热出现 } AgBr\downarrow \\ \text{片刻出现 } AgBr\downarrow \\ \text{立刻出现 } AgBr\downarrow \end{array}$$

（7）与碘化钠丙酮溶液反应（卤离子交换反应）

氯代烷和溴代烷在碘化钠的丙酮溶液中和碘发生交换反应，生成碘代烷。

$$R—Cl + NaI \xrightarrow{\text{丙酮}} RI + NaCl\downarrow$$

$$R—Br + NaI \xrightarrow{丙酮} RI + NaBr\downarrow$$

RCl、RBr 与碘化钠的反应活性为：1°RX>2°RX>3°RX。

反应中生成的 NaCl 和 NaBr 不溶于丙酮，利用这个反应可鉴别氯代烷和溴代烷。此外，利用此反应可制备碘代烷。

9.5.2　卤代烷的消除反应

（1）脱卤化氢

含有 β-氢原子的卤代烷在强碱作用下，发生分子内消去一分子卤化氢，同时形成烯烃，由于这个反应是脱去卤原子和 β-氢原子，因此也叫做 β-消除反应。

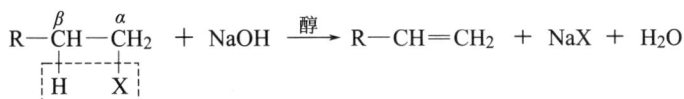

$$R-\overset{\beta}{\underset{|}{C}}H(H)-\overset{\alpha}{C}H_2X + NaOH \xrightarrow{醇} R-CH=CH_2 + NaX + H_2O$$

β-消除反应活性：3°R_3C—X >2°R_2CH—X >1°RCH_2—X。

当卤代烷分子中含有不同的 β-氢原子时，卤代烷消去卤化氢时，氢原子总是优先从含氢较少的 β-碳上脱去，得到双键上连有最多取代基的烯烃，这个经验规则叫 Saytzeff 规则。卤代烷在碱性条件下的消除反应都符合 Saytzeff 规则。例如：

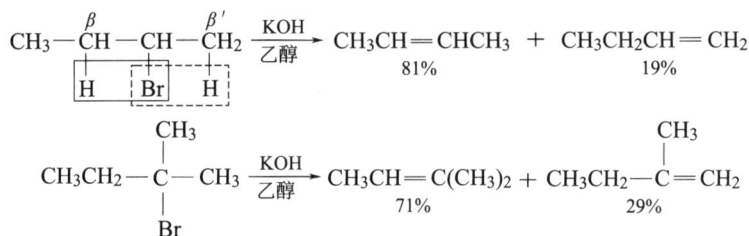

$$CH_3-\overset{\beta}{C}H(H)-CH(Br)-\overset{\beta'}{C}H_2(H) \xrightarrow[乙醇]{KOH} \underset{81\%}{CH_3CH=CHCH_3} + \underset{19\%}{CH_3CH_2CH=CH_2}$$

$$CH_3CH_2-C(CH_3)(Br)-CH_3 \xrightarrow[乙醇]{KOH} \underset{71\%}{CH_3CH=C(CH_3)_2} + \underset{29\%}{CH_3CH_2-C(CH_3)=CH_2}$$

（2）脱卤素

邻二卤代烷可以脱去两分子卤化氢生成炔烃。例如：

$$C_6H_5CH(Br)-CH(Br)C_6H_5 \xrightarrow{KOH,C_2H_5OH} C_6H_5C\equiv CC_6H_5$$

但对于邻二卤代环烷烃，则只生成共轭二烯烃。如：

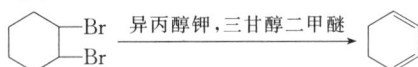

$$1,2\text{-二溴环己烷} \xrightarrow{异丙醇钾,三甘醇二甲醚} 1,3\text{-环己二烯}$$

邻二卤代烷在适当的条件下还可发生脱去一分子卤素形成烯烃的反应。

$$>C(Br)-C(Br)< \xrightarrow{Zn/醇} >C=C<$$

例如：

$$CH_3-CH(Br)-CH(Br)-CH_3 \xrightarrow{Zn/醇} CH_3CH=CHCH_3$$

由于邻二卤代烷主要从烯烃制备，所以这个反应一般不用于烯烃的制备，而是用于一些特殊的场合，比如双键的保护等。

此外，1,3-二卤代烷与锌作用，则脱卤素形成环。此反应可用来制备环丙烷（小环产率高，大环产率则低）及其衍生物，产率较好。例如：

$$CH_2(Br)CH_2CH_2(Br) \xrightarrow{Zn/醇} \underset{80\%}{\triangle}$$

卤代烷的水解反应和消除 HX 的反应都是在碱性条件下进行，因此它们常常同时进行，相互竞争。一般来说，当反应体系的碱性强和反应温度较高时，主要发生消除反应，尤其是叔（3°）卤代烷，在强碱条件下，几乎全是消除产物。在卤代烷和碱性亲核试剂的反应中，体系的碱性不是太强，反应温度不是太高，伯（1°）卤代烷和仲（2°）卤代烷主要发生取代反应。例如：

$$RCH_2CH_2X \begin{cases} \xrightarrow{NaOH/H_2O} RCH_2CH_2OH \\ \xrightarrow{NaOH/C_2H_5OH} RCH{=}CH_2 \end{cases}$$

9.5.3 卤代烷与金属的反应

（1）Grignard 试剂的生成

卤代烷在无水醚中可以与金属镁反应生成有机金属镁化合物 RMgX，这个化合物叫做 Grignard 试剂，简称格氏试剂，卤代烷的这个反应称为格氏反应。格氏反应中所用的无水醚最常用的是乙醚，若所用卤代烷的活性不够，可采用沸点更高的醚，如四氢呋喃（THF）等。

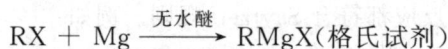

$$RX + Mg \xrightarrow{\text{无水醚}} RMgX(\text{格氏试剂})$$

卤代烷反应活性：RI>RBr>RCl

$$CH_3CH_2Br + Mg \xrightarrow{\text{干醚}} CH_3CH_2MgBr$$

$$C_6H_5\text{—}Br + Mg \xrightarrow{THF} C_6H_5\text{—}MgBr$$

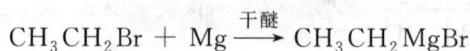

格氏试剂很活泼，能被空气中的氧分解，其氧化产物经水解后生成醇，所以格氏试剂必须隔绝空气保存，最好是制备后立即进行下一步反应。格氏试剂被空气分解的反应如下：

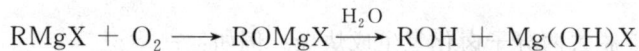

$$RMgX + O_2 \longrightarrow ROMgX \xrightarrow{H_2O} ROH + Mg(OH)X$$

格氏试剂能与含有活泼氢的化合物反应，生成烷烃，其反应如下：

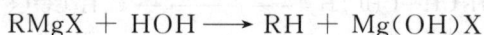

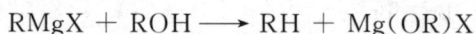

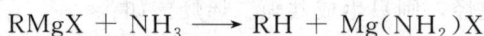

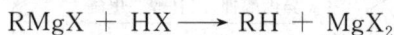

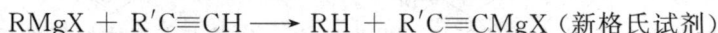

$$RMgX + HOH \longrightarrow RH + Mg(OH)X$$
$$RMgX + ROH \longrightarrow RH + Mg(OR)X$$
$$RMgX + NH_3 \longrightarrow RH + Mg(NH_2)X$$
$$RMgX + HX \longrightarrow RH + MgX_2$$
$$RMgX + R'C{\equiv}CH \longrightarrow RH + R'C{\equiv}CMgX\ (\text{新格氏试剂})$$

格氏试剂被活泼氢化合物分解，这个反应可定量进行，有机分析中通常用 CH_3MgI 来分析活泼氢化合物的含量。

在格氏试剂分子中，由于碳原子的电负性比镁大，C—Mg 键是极性共价键，碳原子带有部分负电荷，因此格氏试剂是亲核试剂，可与卤代烷（伯卤代烷）发生亲核取代反应，得到碳链增长的化合物。例如：

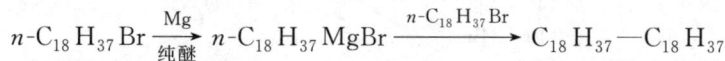

$$n\text{-}C_{18}H_{37}Br \xrightarrow[\text{纯醚}]{Mg} n\text{-}C_{18}H_{37}MgBr \xrightarrow{n\text{-}C_{18}H_{37}Br} C_{18}H_{37}\text{—}C_{18}H_{37}$$

课堂练习 9.1　下列化合物，哪些可用于制备 Grignard 试剂？

（1）溴苯　（2）$H_2C{=}CHCH_2Br$　（3）$HC{\equiv}CCH_2Br$　（4）对溴苯酚

课堂练习 9.2　在制备 Grignard 试剂时，一般溴化烃的加入采用下列何种形式。

（1）一次性加入，促使反应进行。

（2）缓慢加入，保持反应溶液微沸。

(3) 在短时间内很快滴入，使反应溶液回流。

(4) 分批加入，维持室温反应。

---

(2) 有机锂化物的生成

卤代烷在无水苯、醚等惰性溶剂中与金属锂反应，生成有机金属锂化合物 RLi，有机金属锂化合物可溶解在苯等有机溶剂中。

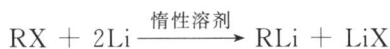

$$RX + 2Li \xrightarrow{\text{惰性溶剂}} RLi + LiX$$

有机锂化物的性质与格氏试剂相似，且更活泼。制备有机锂化物一般用氯代烷和溴代烷。例如：

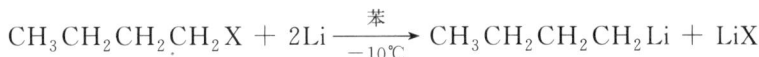

$$CH_3CH_2CH_2CH_2X + 2Li \xrightarrow[-10℃]{\text{苯}} CH_3CH_2CH_2CH_2Li + LiX$$

烷基锂与卤化亚铜反应生成二烷基铜锂：

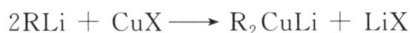

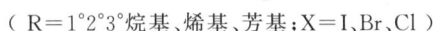

$$2RLi + CuX \longrightarrow R_2CuLi + LiX$$

(R＝1°2°3°烷基、烯基、芳基；X＝I、Br、Cl)

二烷基铜锂是一种很好的烃基化试剂，称为有机铜锂试剂，它与卤代烃反应生成碳链增长的烷烃，称为 Core-House 合成法。例如：

$$2CH_3(CH_2)_6Cl + [CH_3(CH_2)_3]_2CuLi \xrightarrow[\text{氮气}]{\text{乙醚}} 2CH_3(CH_2)_6(CH_2)_3CH_3 + LiCl + CuCl$$

(3) 和金属钠反应

卤代烷与金属钠共热，生成碳链增长一倍的烷烃，这个反应叫 Wurtz 反应。

$$RX + 2Na \xrightarrow{\text{无水醚}} RNa + NaX$$
$$RNa + RX \xrightarrow{\text{无水醚}} R—R + NaX$$
（以上两步同步发生）

Wurtz 反应适合由一种卤代烷来制备结构对称的烷烃。如果是两种不同的卤代烷来进行 Wurtz 反应，则会得到三种不同烷烃的混合物。由于这些烷烃的性质很相近，混合物的分离困难，没有制备价值。

9.6 饱和碳原子上的亲核取代反应机理

卤代烷与亲核试剂的反应是发生在饱和碳原子上的亲核取代反应，通过对饱和卤代烃亲核取代反应的研究，可以将其分为单分子亲核取代反应，称为 S_N1(unimolecular nucleophilic substitution) 反应，双分子亲核取代反应，称为 S_N2 反应 (bimolecular nucleophilic substitution)。一般来说，叔 (3°) 卤代烷主要进行 S_N1 反应，伯 (1°) 卤代烷主要进行 S_N2 反应，仲 (2°) 卤代烷的亲核取代反应比较复杂，介于 S_N1 和 S_N2 反应之间。

9.6.1 单分子亲核取代 (S_N1) 反应机理

实验表明，叔丁基溴在碱性水溶液中的水解反应，其反应速率仅与叔丁基溴的浓度成正比，与碱的浓度无关。

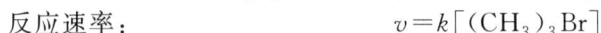

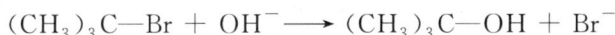

$$(CH_3)_3C—Br + OH^- \longrightarrow (CH_3)_3C—OH + Br^-$$

反应速率： $v = k[(CH_3)_3Br]$

上述反应说明决定反应速率的步骤仅与叔丁基溴的浓度有关，与亲核试剂 OH^- 无关，因此称为单分子亲核取代反应。

单分子亲核取代（S_N1）反应是分两步进行的反应，第一步是中心碳原子与离去基之间的键断裂，生成平面构型的碳正离子和离去基负离子。第二步是亲核试剂从碳正离子平面两边进攻碳正离子，生成外消旋产物。第一步为慢反应，决定整个反应速率，第二步是快反应。

S_N1 反应的机理可用以下反应式描述：

第一步：$R_3C—X \xrightarrow[E_1]{慢} [R_3C\cdots X] \longrightarrow R_3C^+ + X^-$

碳正离子中间体

第二步：$R_3C^+ + Nu^- \xrightarrow[E_2]{快} [R_3C\cdots Nu] \longrightarrow R_3C—Nu$

从碳正离子两面进攻

通过对 S_N1 反应的动力学研究，发现在温度不变的情况下，这个反应的速率只与卤代烃的浓度有关，也就是说，这个反应的动力学表现为一级反应。其反应速率可用以下公式表示：

$$反应速率\ v=k[R_3C—X]\quad（一级反应）$$

卤代烷与亲核试剂进行 S_N1 反应的能量变化如图 9-5 所示。

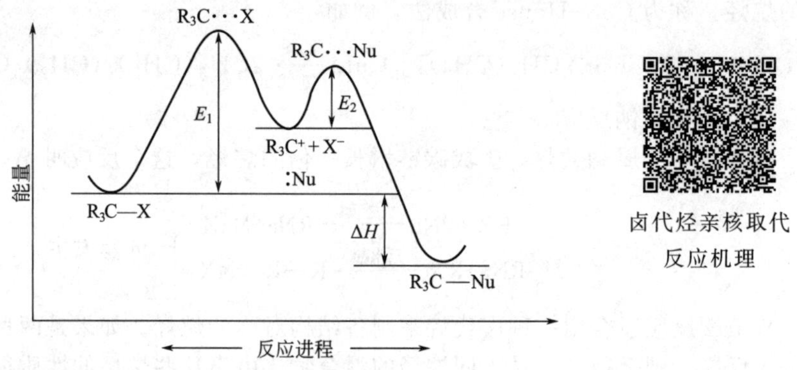

图 9-5　S_N1 反应能量变化示意图

在 S_N1 反应中，除了生成正常的取代产物外，有时还发生碳正离子重排，生成重排后的取代产物。例如：

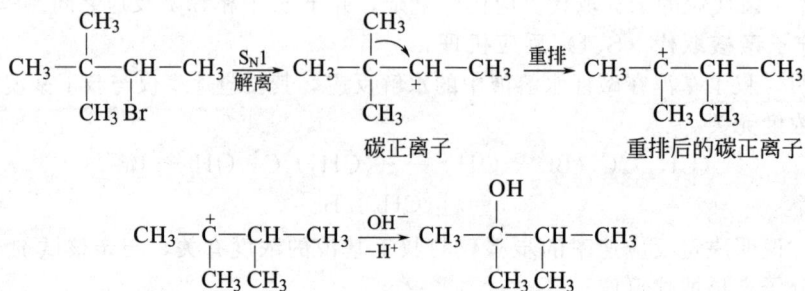

$$CH_3—\underset{CH_3}{\overset{CH_3}{C}}—\underset{Br}{CH}—CH_3 \xrightarrow[S_N1]{H_2O} CH_3—\underset{CH_3}{\overset{OH}{C}}—\underset{CH_3}{CH}—CH_3$$

这个反应显然是碳正离子重排后反应的结果。

上述重排反应机理可描述如下：

$$CH_3—\underset{CH_3}{\overset{CH_3}{C}}—\underset{Br}{CH}—CH_3 \xrightarrow[解离]{S_N1} CH_3—\underset{CH_3}{\overset{CH_3}{C}}—\overset{+}{CH}—CH_3 \xrightarrow{重排} CH_3—\underset{CH_3}{\overset{+}{C}}—\underset{CH_3}{CH}—CH_3$$

碳正离子　　　　重排后的碳正离子

$$CH_3—\underset{CH_3}{\overset{+}{C}}—\underset{CH_3}{CH}—CH_3 \xrightarrow[-H^+]{OH^-} CH_3—\underset{CH_3}{\overset{OH}{C}}—\underset{CH_3}{CH}—CH_3$$

由于 S_N1 反应的活性中间体是碳正离子，碳正离子是 sp^2 杂化，具有平面构型。当亲核试剂与碳正离子反应时，亲核试剂可以从平面的两侧进攻中心碳原子。因此，当中心碳原子是手性碳原子，分子具有旋光性时，反应以后中心碳原子虽然仍为手性碳原子，但所得产物是由两种构型相反的化合物（左旋体和右旋体）等量组成的混合物，此混合物是外消旋体，无旋光性。例如：(*S*)-3-甲基-3-溴己烷的 S_N1 水解反应：

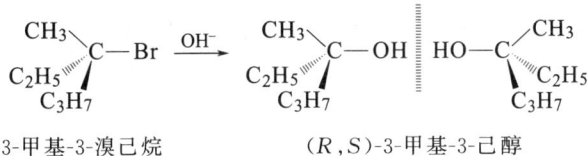

$$(CH_3)(C_2H_5)(C_3H_7)C-Br \xrightarrow{OH^-} (CH_3)(C_2H_5)(C_3H_7)C-OH \;\vdots\; HO-C(CH_3)(C_2H_5)(C_3H_7)$$

(*S*)-3-甲基-3-溴己烷　　　　(*R*,*S*)-3-甲基-3-己醇

(*S*)-3-甲基-3-溴己烷的 S_N1 水解反应机理如下。

第一步　C—Br 键断裂形成具有平面构型的碳正离子：

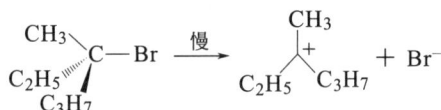

$$(CH_3)(C_2H_5)(C_3H_7)C-Br \xrightarrow{慢} (CH_3)(C_2H_5)(C_3H_7)C^+ + Br^-$$

第二步　OH^- 从碳正离子两边进攻，生成外消旋产物：

$$HO^- \curvearrowright (CH_3)(C_2H_5)(C_3H_7)C^+ \curvearrowleft OH^- \xrightarrow{快} (CH_3)(C_2H_5)(C_3H_7)C-OH \;\vdots\; HO-C(CH_3)(C_2H_5)(C_3H_7)$$

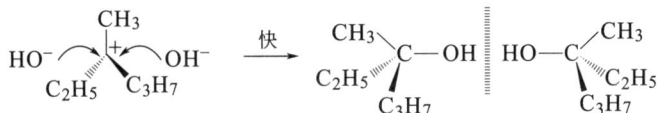

在 (*S*)-3-甲基-3-溴己烷进行的 S_N1 水解反应中，由于 OH^- 从平面碳正离子两边进攻的机会是均等的，所以最后得到是两种构型各占一半的外消旋产物。

通过对反应的各种现象、事实分析和推理，可知 S_N1 反应具有以下几个特征：

① 反应速率只与卤代烷有关的单分子反应。

② 反应为两步完成的反应。

③ 反应中有活性中间体碳正离子存在，并可能发生重排，生成重排产物。

④ 产物都是无旋光性的外消旋体。

9.6.2　双分子亲核取代（S_N2）反应机理

实验表明，溴甲烷在碱性水溶液中的水解反应，其反应速率与溴甲烷和碱的浓度成正比。

$$CH_3Br + OH^- \xrightarrow{NaOH-H_2O} CH_3OH + Br^-$$

反应速率：

$$v = k[CH_3Br][OH^-]$$

上述反应说明决定反应速率的步骤不仅与溴甲烷的浓度有关，还与亲核试剂 OH^- 的浓度有关，因此称为双分子亲核取代反应。

双分子亲核取代（S_N2）反应机理是一步完成的反应。亲核试剂从碳原子与离去基之间键的背面进攻碳原子，并开始逐渐与碳原子成键，同时离去基与碳原子之间的键逐渐拉长、变弱，最后离去基带着一对电子离去，中心碳原子的构型发生翻转。这种中心碳原子的构型翻转叫 Walden 构型反转，简称 Walden 转化。在 S_N2 反应中，旧键断裂和新键形成是同时发生的，即 S_N2 反应是协同进行的反应。这个反应过程就好像雨伞被大风吹得向外翻转一样。

S_N2 反应的机理可用以下反应式来描述：

$$Nu^- \dashrightarrow \; -X \rightleftharpoons \left[\overset{\delta^-}{Nu} \cdots\cdots \overset{\delta^-}{X} \right] \rightleftharpoons Nu- \; + X^-$$

从X背面进攻　　过渡状态　　碳原子构型反转（Walden转化）

通过对 S_N2 反应的动力学研究，发现在温度不变的情况下，这个反应的速率不但与卤代烃的浓度有关，也与亲核试剂（Nu^-）的浓度有关，也就是说，这个反应的动力学表现为二级反应。其反应速率可用以下公式表示：

$$反应速率\ v=k[R—X][Nu^-]\quad（二级反应）$$

卤代烷与亲核试剂进行 S_N2 反应的能量变化如图 9-6 所示。

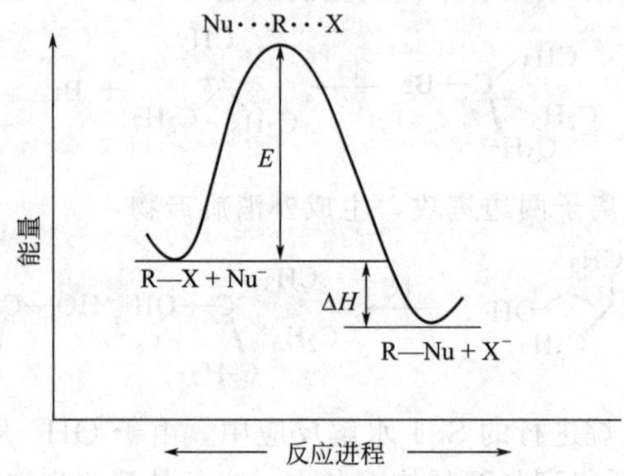

图 9-6　S_N2 反应能量变化示意图

在 S_N2 反应中，Walden 转化是 S_N2 反应的重要标志。但是这种构型的转化，只有当中心碳原子是手性碳原子时，才能观察出来。例如，(*S*)-2-溴丁烷在乙醇中的 S_N2 水解反应：

$$HO^- + \underset{C_2H_5}{\overset{H,\ CH_3}{C}}—Br \xrightarrow[\text{Walden转化}]{C_2H_5OH} HO—\underset{C_2H_5}{\overset{H,\ CH_3}{C}}$$

(*S*)-2-溴丁烷　　(*R*)-2-丁醇

(*S*)-2-溴丁烷进行 S_N2 水解反应机理示意如下：

$$\underset{\text{(从Br的背面进攻)}}{HO^-} \curvearrowright \underset{C_2H_5}{\overset{H,\ CH_3}{C}}—Br \longrightarrow \left[\overset{\delta^-}{HO} \cdots\cdots \underset{C_2H_5}{\overset{CH_3\ H}{C}} \cdots\cdots \overset{\delta^-}{Br} \right] \longrightarrow HO—\underset{C_2H_5}{\overset{H,\ CH_3}{C}} + Br^-$$

(*S*)-2-溴丁烷　　过渡状态　　(*R*)-2-丁醇

通过对 S_N2 反应的各种现象、事实分析和推理，可知 S_N2 反应具有以下几个特征。

① 是反应速率与卤代烷和亲核试剂两种分子有关的双分子反应。

② 亲核试剂从离去基团背面进攻碳原子。

③ 旧键断裂和新键形成是同时发生的一步协同反应。

④ 手性分子发生 S_N2 反应时，构型翻转（Walden 转化）。

9.7　影响亲核取代反应的因素

9.7.1　烃基结构的影响

（1）烃基结构对 S_N2 反应的影响

在 S_N2 反应中，由于亲核试剂是从 C—X 键背面进攻碳原子，因此与卤原子相连的中心碳原子上连有的烷基越多，对亲核试剂进攻的阻碍越大，越不利于 S_N2 反应。所以对于 S_N2 反应卤代烷的活性顺序为：

$$CH_3X > 1°RX > 2°R_2CHX > 3°R_3CX$$

一般来说，伯卤代烷进行 S_N2 反应最活泼，叔卤代烷进行 S_N2 反应最不活泼。例如，下列溴代烷在丙酮溶液中与 I^- 的反应为 S_N2 反应，其相对速率如下：

$$R—X + I^- \xrightarrow{\text{丙酮}} R—I + X^-$$

R—X：	CH_3Br		CH_3CH_2Br		$(CH_3)_2CHBr$		$(CH_3)_3CBr$
相对速率	150	>	1	>	0.01	>	0.001

卤代烷中烷基的空间位阻同样对 S_N2 反应产生影响，如新戊基溴［$(CH_3)_3CCH_2Br$］，尽管是伯卤代烷，但 β-碳上连有三个甲基，使其空间位阻增大，很难进行 S_N2 反应，甚至比叔丁基溴更困难。

（2）烃基结构对 S_N1 反应的影响

在 S_N1 反应中，由于反应第一步是生成碳正离子，碳正离子活性中间体是决定反应速率的一步，碳正离子越稳定，越易形成，因此与卤原子相连的中心碳原子上连有的烷基越多，形成的碳正离子活性中间体越稳定（由于超共轭效应），越有利于 S_N1 反应。所以对于 S_N1 反应卤代烷活性顺序为：

$$3°R_3CX > 2°R_2CHX > 1°RX > CH_3X$$

对于 S_N1 反应，叔卤代烷的活性最大，伯卤代烷的活性最小。例如，下列溴代烷在甲酸溶液中的水解反应为 S_N1 反应，其相对速率如下：

$$R—X + H_2O \xrightarrow{\text{甲酸}} R—OH + HX$$

R—X：	$(CH_3)_3CBr$		$(CH_3)_2CHBr$		CH_3CH_2Br		CH_3Br
相对速率：	$>10^6$	≫	45	>	1.7	>	1

通过以上对卤代烷中烃基结构的研究分析可知，卤代烷的亲核取代反应，$3°R_3CX$ 主要进行 S_N1 反应，$2°R_2CHX$ 可进行 S_N1 或 S_N2 反应，1°RX 主要进行 S_N2 反应。一般来说，伯卤代烷和叔卤代烷进行亲核取代反应的活性大于仲卤代烷。这是因为伯卤代烷可按 S_N2 机理来进行反应，叔卤代烷可按 S_N1 机理来进行反应，而仲卤代烷按两种机理中的任一种来反应活性都不大。

9.7.2　离去基团（卤原子）的影响

无论是 S_N1 还是 S_N2 反应，卤原子都要离去，C—X 键越弱，X^- 的碱性越小，X^- 越易离去。由于 C—F 键，485kJ/mol；C—Cl 键，339kJ/mol；C—Br 键，285kJ/mol；C—I 键，218kJ/mol 。所以 C—X 键的强度为：C—F>C—Cl>C—Br>C—I。

故不管是 S_N1 反应还是 S_N2 反应，各种卤代烷的反应活性都是：

$$R—I > R—Br > R—Cl > R—F$$

从另外一个角度来说，离去基团可以看成是酸的共轭碱。实验证明，易离去基团通常都是强酸（$pK_a < 5$）的共轭碱，即弱碱，碱性越弱越容易离去。

X^- 的碱性为：$F^- > Cl^- > Br^- > I^-$（因为 H—X 的酸性：$HI > HBr > HCl > HF$）

9.7.3 亲核试剂的影响

在 S_N1 反应中，亲核试剂不参与决定反应速率的一步，所以 S_N1 反应与亲核试剂关系不大 。但亲核试剂的亲核能力和浓度对 S_N2 反应的影响较大，亲核试剂的亲核性越强，越有利于 S_N2 反应。

（1）试剂的亲核性和碱性

对于同一周期元素组成的负离子亲核试剂，其亲核性与碱性强弱大致对应，试剂的碱性越强，其亲核性越强。例如，下列试剂的亲核性和碱性顺序都为：

$$RO^- > HO^- > ArO^- > RCOO^- > ROH > H_2O$$

$$NH_2^- > HO^- > F^-; \qquad R_3C^- > R_2N^- > RO^- > F^-$$

（2）试剂的亲核性和可极化性

对于同一族元素组成的负离子亲核试剂，其亲核性与碱性强弱在不同的溶剂中显示不同的结果。一般来说，对于同一族元素组成的负离子亲核试剂，亲核试剂中心原子的可极化性越大，被溶剂化的能力越差，其亲核性越强。

例如，在一般的溶剂中，下列试剂的亲核性顺序为：

$RS^- > RO^-$　　$RSH > ROH$　　$HS^- > HO^-$　　$I^- > Br^- > Cl^- > F^-$

而其碱性顺序为：

$RS^- < RO^-$　　$RSH < ROH$　　$HS^- < HO^-$　　$I^- < Br^- < Cl^- < F^-$

这时亲核性顺序和碱性顺序不一致，这主要是亲核试剂产生溶剂化作用的结果。在质子溶剂中，亲核试剂负离子被溶剂化（亲核试剂体积越小，越容易溶剂化），负电荷包裹在溶剂分子中，对于体积较小、极化能力差的负离子中心原子来说影响很大，其有效负电荷大大降低。而对体积相对较大，极化能力比较强的负离子中心原子来说影响要小得多，所以出现上述现象。

若在亲核试剂负离子不被溶剂化的非质子偶极溶剂中，如 DMF（*N*,*N*-二甲基甲酰胺 dimethylformamide），DMSO（二甲基亚砜 dimethylsulfoxide）和 HMPA（六甲基磷酰胺 hexamethylphosphoramine），试剂的亲核性顺序就与碱性顺序一致。这是因为这些非质子偶极溶剂的正电荷部分在分子中心，负电荷部分暴露在外，它们主要溶剂化正离子，不溶剂化负离子，这使得亲核试剂负离子几乎是裸露的，由于无溶剂化影响，其亲核性顺序就与碱性顺序一致了。

例如，F^-、Cl^-、Br^-、I^- 在不同溶剂中显示不同的亲核性。

在质子溶剂中，亲核性为：$F^- < Cl^- < Br^- < I^-$

在非质子偶极溶剂中，亲核性为：$F^- > Cl^- > Br^- > I^-$

DMF、DMSO 和 HMPA 非质子偶极溶剂的溶剂化作用情况如下：

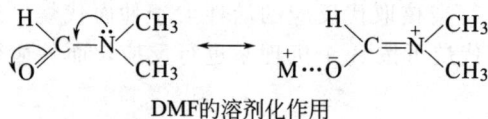

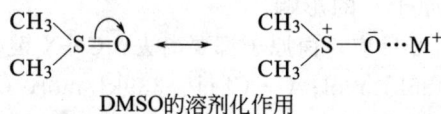

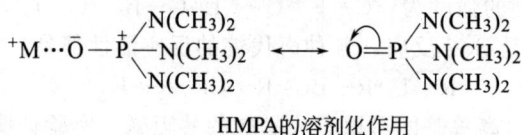

$$H(O{=})C{-}\ddot{N}(CH_3)_2 \longleftrightarrow \overset{+}{M}\cdots\overset{-}{O}{-}C(H){=}\overset{+}{N}(CH_3)_2$$

DMF的溶剂化作用

$$(CH_3)_2S{=}O \longleftrightarrow (CH_3)_2\overset{+}{S}{-}\overset{-}{O}\cdots M^+$$

DMSO的溶剂化作用

$$^+M\cdots\overset{-}{O}{-}\overset{+}{P}[N(CH_3)_2]_3 \longleftrightarrow O{=}P[N(CH_3)_2]_3$$

HMPA的溶剂化作用

对于具有相同原子带负电荷的亲核试剂，体积越大，越难接近中心碳原子，亲核性降低。例如，下列烷氧基的亲核性为：

$$CH_3O^- > CH_3CH_2O^- > (CH_3)_2CHO^- > (CH_3)_3CO^-$$

而其碱性顺序为：

$$(CH_3)_3CO^- > (CH_3)_2CHO^- > CH_3CH_2O^- > CH_3O^-$$

此时试剂的亲核性与碱性顺序不一致。

9.7.4　溶剂的影响

增加溶剂的极性有利于碳正离子的解离和稳定，所以对 S_N1 反应有利。

$$R{-}X \longrightarrow [R\cdots X] \longrightarrow \overset{\delta^-}{S}\cdots\overset{+}{R}\cdots\overset{\delta^-}{S} + X^-$$

S(solvent，溶剂)

溶剂极性增大，亲核试剂易溶剂化，降低了亲核试剂的亲核性，对 S_N2 反应不利。

$$\overset{\delta^+}{S}\cdots\overset{-}{Nu}\cdots\overset{\delta^+}{S}$$

所以 S_N1 反应适宜在极性大的溶剂中进行，而 S_N2 反应适宜在极性小的溶剂中进行。

课堂练习 9.3　卤代烷与氢氧化钠在水-乙醇溶液中进行反应，下列哪些属于 S_N2 机理？哪些属于 S_N1 机理？

（1）产物的构型发生转化；

（2）有重排反应；

（3）叔卤代烷反应速率大于仲卤代烷；

（4）增加溶剂的含水量反应速率明显加快；

（5）反应不分阶段，一步完成。

课堂练习 9.4　对于 S_N1 反应，下列说法是否正确？

（1）反应速率随亲核试剂浓度的改变而改变；

（2）反应速率随亲核试剂种类的改变而改变；

（3）极性溶剂能增加反应速率；

（4）亲核试剂在反应速率的决定步骤中起作用。

9.8　消除反应机理

像亲核取代反应一样，卤代烷的消除反应也可分为单分子消除反应（unimolecular elimination，E1）和双分子消除反应（bimolecular elimination，E2）这两种有代表性的反应机理。一般来说，叔（3°）卤代烷主要进行 E1 消除反应；伯（1°）卤代烷主要进行 E2 消除反应，仲（2°）卤代烷介于 E1 和 E2 之间。

9.8.1　单分子消除（E1）反应机理

和 S_N1 反应机理相似，单分子消除反应（E1）是分两步进行的反应，第一步是中心碳原子与离去基之间的键断裂，生成碳正离子中间体和离去基负离子（这一步与 S_N1 反应一样）。第二步是碳正离子脱去一个 β-H 质子，在 α-和 β-碳间形成双键，其中第一步为慢反应，决定整个反应速率，第二步是快反应，对整个反应速率没有影响。

E1 反应机理可用以下反应式描述：

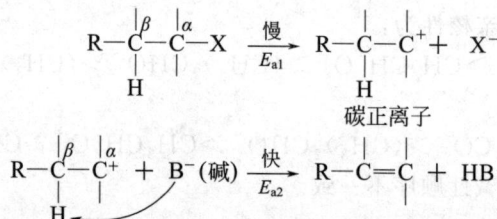

$$\text{R}-\underset{\text{H}}{\overset{\beta}{\text{C}}}-\overset{\alpha}{\text{C}}-\text{X} \xrightarrow[E_{a1}]{\text{慢}} \text{R}-\underset{\text{H}}{\text{C}}-\text{C}^{+} + \text{X}^{-}$$

碳正离子

$$\text{R}-\underset{\text{H}}{\overset{\beta}{\text{C}}}-\overset{\alpha}{\text{C}^{+}} + \text{B}^{-}(\text{碱}) \xrightarrow[E_{a2}]{\text{快}} \text{R}-\text{C}=\text{C} + \text{HB}$$

E1 反应的第一步与 S_N1 反应是一样的，不同的是第二步。在 E1 反应的第二步中，碱性试剂不是进攻碳正离子活性中间体的中心碳原子，而是进攻与它相连的 β-碳上的氢原子，脱去氢的同时形成一个双键。由此可知 E1 反应和 S_N1 反应机理相似，是一对相互竞争的反应，它们往往同时发生。例如：

$$CH_3-\underset{CH_3}{\overset{CH_3}{C}}-Br \xrightarrow[-Br^-]{\text{慢}} CH_3-\underset{CH_3}{\overset{CH_3}{C^+}} \begin{cases} \xrightarrow[\text{进攻 }\alpha\text{-C}]{OH^-\text{，快}} CH_3-\underset{CH_3}{\overset{CH_3}{C}}-OH \quad S_N1 \\ \xrightarrow[\text{进攻 }\beta\text{-H}]{C_2H_5O^-\text{，快}} CH_2=C(CH_3)_2 \quad E1 \end{cases}$$

由于 E1 反应决定速率的一步与 S_N1 反应相同，所以 E1 反应也是只与卤代烷的浓度有关的一级反应，其反应速率也可用以下公式表示：

反应速率： $v=k[\text{R—X}]$ （一级反应）

与 S_N1 反应一样，在 E1 消除反应中，有时也发生碳正离子重排，生成另一种烯烃。例如：新戊基溴，没有 β-H，也能发生消除反应，这显然是重排的结果。

$$CH_3-\underset{CH_3}{\overset{CH_3}{C}}-CH_2-Br \longrightarrow CH_3-\underset{CH_3}{C}=CH-CH_3 + HBr$$

其消除反应机理如下：

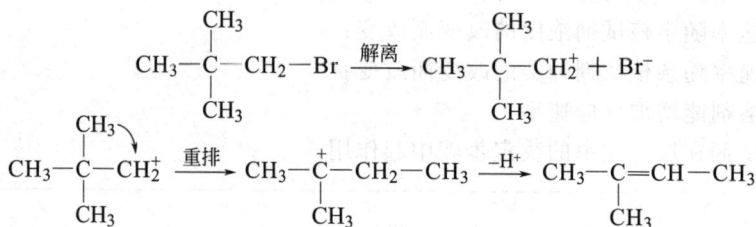

$$CH_3-\underset{CH_3}{\overset{CH_3}{C}}-CH_2-Br \xrightarrow{\text{解离}} CH_3-\underset{CH_3}{\overset{CH_3}{C}}-CH_2^+ + Br^-$$

$$CH_3-\underset{CH_3}{\overset{CH_3}{C}}-CH_2^+ \xrightarrow{\text{重排}} CH_3-\underset{CH_3}{\overset{+}{C}}-CH_2-CH_3 \xrightarrow{-H^+} CH_3-\underset{CH_3}{C}=CH-CH_3$$

E1 反应具有以下几个特征：

① 反应速率只与卤代烷有关的单分子反应。

② 反应为两步完成的反应。

③ 反应中有活性中间体碳正离子存在，并可能发生重排，生成重排烯烃。

④ E1 和 S_N1 反应是一对相互竞争的反应。

9.8.2 双分子消除（E2）反应机理

和 S_N2 反应机理相似，卤代烷的双分子消除（E2）反应机理是一步反应，碱性试剂进攻卤代烷的 β-氢原子，并开始逐渐与 β-氢原子成键，β-氢与 β-碳之间的键和卤素与碳原子之间的键逐渐拉长、变弱，最后双双断掉，脱去一分子卤化氢，形成一个 α-β 双键。

E2 反应机理可用以下反应式描述：

$$\underset{\text{B}^-\text{进攻 }\beta\text{-H}}{\text{R}-\underset{\text{B}^-\curvearrowright\text{H}}{\overset{\beta}{\text{C}}}-\overset{\alpha}{\text{C}}-\text{X}} \longrightarrow \underset{\text{过渡状态}}{\left[\text{R}-\underset{\text{B}\cdots\text{H}}{\text{C}}\cdots\text{C}\cdots\text{X}\right]} \longrightarrow \text{R}-\text{C}=\text{C} + \text{X}^- + \text{HB}$$

动力学研究也表明 E2 反应与卤代烷和碱的浓度都有关，是一个二级反应，其反应速率可用以下公式表示：

反应速率：　　$v=k[R—X][B^-]$　（二级反应）

由于 E2 反应和 S_N2 反应机理相似，不同的只是碱性试剂进攻的位置不同，因此它们也是一对相互竞争的反应。例如：

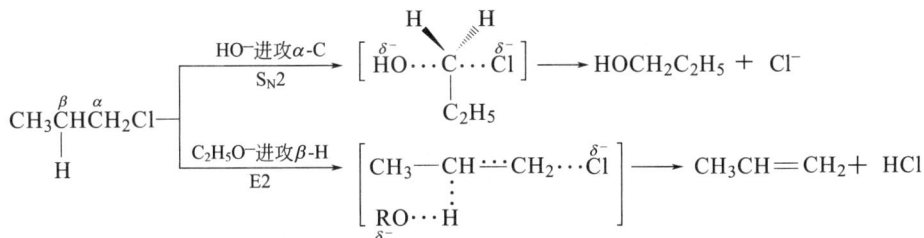

$$CH_3\overset{\beta}{C}H(H)\overset{\alpha}{C}H_2Cl \xrightarrow[S_N2]{HO^- 进攻\alpha\text{-}C} \left[\overset{\delta^-}{HO}\cdots C(H)(H)(C_2H_5)\cdots\overset{\delta^-}{Cl}\right] \longrightarrow HOCH_2C_2H_5 + Cl^-$$

$$CH_3\overset{\beta}{C}H(H)\overset{\alpha}{C}H_2Cl \xrightarrow[E2]{C_2H_5O^- 进攻\beta\text{-}H} \left[CH_3—CH(\cdots H\cdots \overset{\delta^-}{RO})\cdots CH_2\cdots\overset{\delta^-}{Cl}\right] \longrightarrow CH_3CH=CH_2 + HCl$$

E2 反应具有以下几个特征：

① 反应速率与卤代烷和亲核试剂两种分子有关的双分子反应。

② 碱性试剂进攻卤代烷的 β-氢原子。

③ 反应为一步协同完成的反应。

④ E2 和 S_N2 反应为一对相互竞争的反应。

9.8.3　消除反应的方向和活性——Saytzeff 规则

在消除反应中，当卤代烷分子中含有不同的 β-氢原子时，卤代烷消去卤化氢时，氢原子总是优先从含氢较少的 β-碳上脱去，得到双键上连有最多取代基的烯烃，这个经验规则叫 Saytzeff 规则。不管是 E1 反应，还是 E2 反应，消除反应的方向都符合 Saytzeff 规则。

例如，2-溴丁烷与乙醇钾的反应是按 E2 机理进行的，其主要产物是 2-丁烯：

$$CH_3—\overset{\beta}{C}H(H)—\overset{\alpha}{C}H(Br)—\overset{\beta}{C}H_2(H) \xrightarrow{KOC_2H_5} \underset{81\%}{CH_3CH=CHCH_3} + \underset{19\%}{CH_3CH_2CH=CH_2}$$

上述 E2 反应的能量变化曲线如图 9-7 所示。

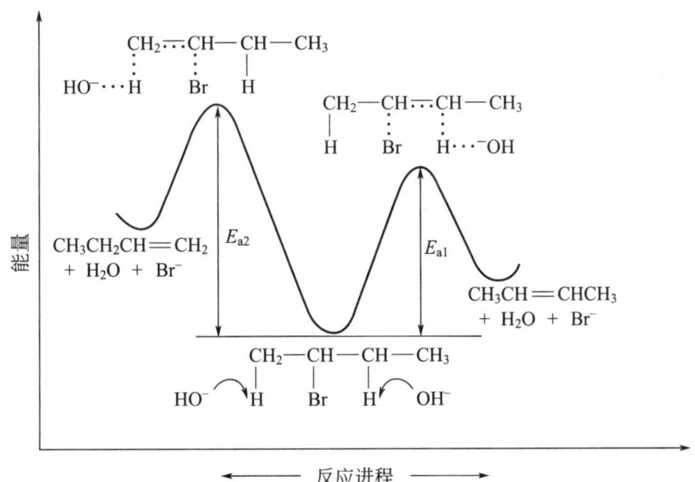

图 9-7　E2 反应的能量变化曲线

从以上反应的能量变化曲线可知，生成产物 2-丁烯所需的活化能小于生成 1-丁烯所需的活化能，而产物 2-丁烯的稳定性又大于 1-丁烯（即 2-丁烯的能量比 1-丁烯低），所以 2-丁烯是优先生成的产物，即优先生成符合 Saytzeff 规则的产物。

2-溴-2-甲基丁烷在氢氧化钠乙醇溶液中的反应是按 E1 机理进行的，其主要产物是 2-甲基-2-丁烯。

$$\overset{\beta}{CH_3}CH_2-\underset{\beta\,CH_3}{\overset{\beta\,CH_3}{\overset{|}{\underset{|}{C_{\alpha}}}}}-Br \xrightarrow[NaOH]{C_2H_5OH} \underset{\text{主产物}}{CH_3CH{=}C(CH_3)_2} + CH_3CH_2\underset{CH_3}{\underset{|}{C}}{=}CH_2$$

上述 E1 反应能量变化曲线如图 9-8 所示。

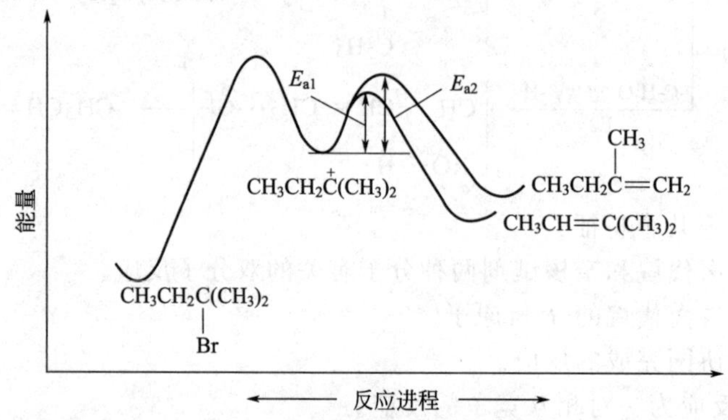

图 9-8 E1 反应能量变化曲线

从以上反应能量变化曲线也可看出，生成产物 2-甲基-2-丁烯所需的活化能小于生成 2-甲基-1-丁烯所需的活化能，而产物 2-甲基-2-丁烯的稳定性也大于 2-甲基-1-丁烯。所以优先生成符合 Saytzeff 规则的产物。

Saytzeff 规则的理论解释：

从产物的稳定性解释。无论是 E1 还是 E2，由于超共轭效应，烯烃的稳定性是 $R_2C{=}CR_2 > R_2C{=}CHR > RCH{=}CHR > R_2C{=}CH_2 > RCH{=}CH_2 > CH_2{=}CH_2$，所以生成 Saytzeff 规则产物的稳定性高，有利于反应的进行。即：产物越稳定，越优先生成。例如：

$$C_6H_5-CH_2\underset{}{\overset{Br}{\overset{|}{C}}}HCH_2CH_3 \xrightarrow[\text{乙醇}]{NaOH} C_6H_5-CH{=}CHCH_2CH_3$$

$$CH_2{=}CHCH_2\overset{Br}{\overset{|}{C}}HCH(CH_3)_2 \xrightarrow[\text{乙醇}]{KOH} CH_2{=}CHCH{=}CHCH(CH_3)_2$$

以上产物中存在共轭结构，使得产物更加稳定。

课堂练习 9.5 写出下列化合物的消除产物。

（1）2,3-二甲基-2-溴丁烷 （3）1-甲基-2-氯环己烷

（2）3-溴环己烯 （4）1-苯基-2-溴丁烷

9.8.4 消除反应的立体化学

由于 E1 反应历程的中间体是平面构型的碳正离子，顺式消除反应与反式消除反应都容易发生，所以通常没有立体选择性。

在 E2 反应历程的消除反应中，假设 X 为离去基团，由于 α-C—X 键和 β-C—H 键逐渐变弱，两个碳原子的成键轨道由 sp^3 杂化逐渐变到 sp^2 杂化，最后 C—X 键和 C—H 键完全断裂，两个 p 轨道完全平行重叠生成 π 键，整个过程几乎是协同进行的。

如果 β-H 和 X 在同一边发生消除反应，则为顺式消除（简称为 *syn* 消除）。

如果 β-H 和 X 在另一边发生消除反应，则为反式消除（简称为 *anti* 消除）。

许多实验事实表明，E2 反应多数是反式共平面消除。

例如：1,2-二苯基-1-溴丙烷，含有两个手性中心，有两对对映体。在消除 HBr 的 E2 反应中，一对对映体只产生顺式烯烃，而另一对对映体则只产生反式烯烃。

其中（1*R*,2*R*）异构体或它的对映体（1*S*,2*S*）消除后得到的是顺式烯烃。

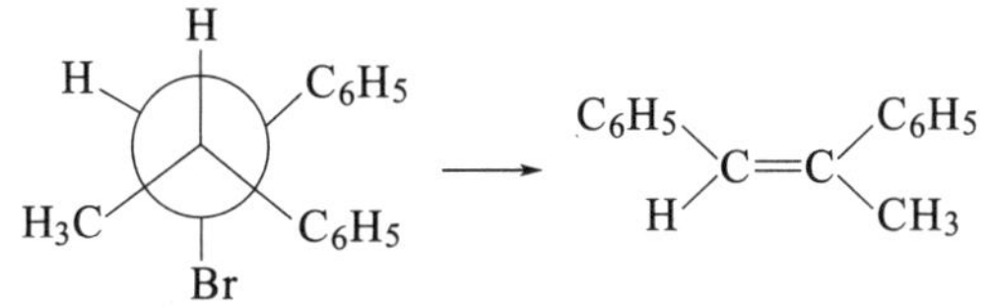

而（1*R*,2*S*）异构体或它的对映体（1*S*,2*R*）则得到反式烯烃。

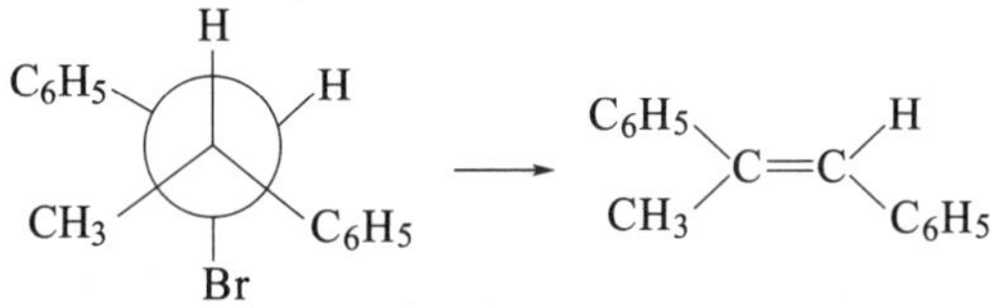

对于脂环族化合物的 E2 消除反应，只有当两个被消除的原子或基团都处于直立键位置（反式，对位交叉构象）时，才能顺利发生消除反应。两个处于平伏键（反式）位置的取代基一般不发生双分子消除，当消除的两个基团一个为直立键，另一个为平伏键时，消除反应也很难发生。例如：

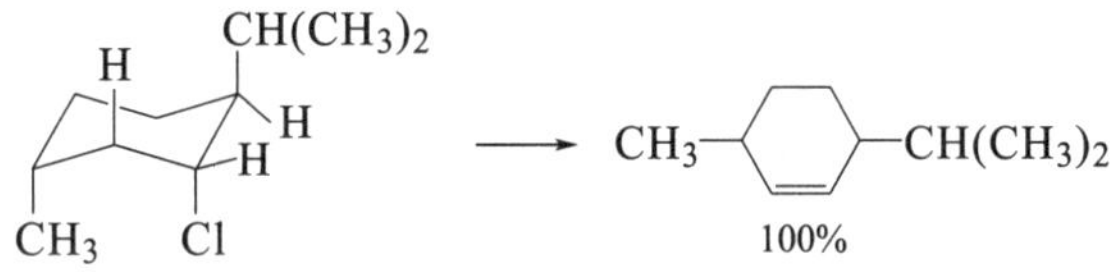

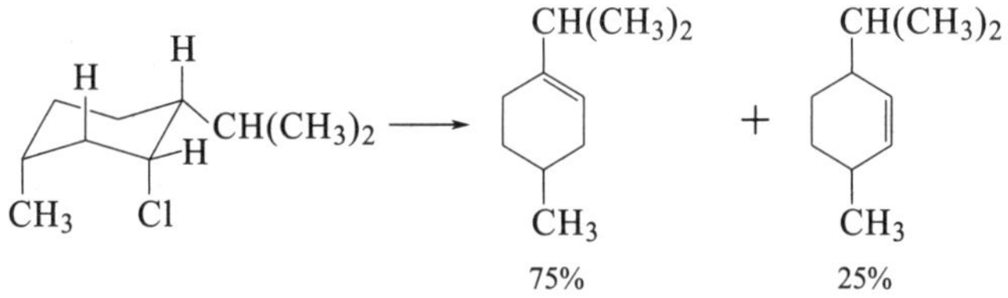

9.9 影响取代反应和消除反应的因素

S_N1 和 S_N2，E1 和 E2 是卤代烷在碱的作用下都可能发生的反应，其中 S_N1 和 E1 是一对相互竞争的反应，S_N2 和 E2 也是一对相互竞争的反应，因此卤代烷的结构、反应条件的控制直接影响反应的结果。

9.9.1 烷基结构的影响

一般来说，叔（3°）卤代烷有利于消除反应，伯（1°）卤代烷有利于取代反应。对于各类卤代烃，进行取代反应和消除反应的趋势如下：

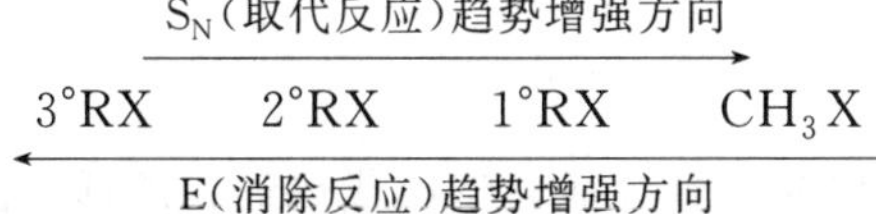

碳正离子的稳定性和碳正离子的重排

9.9.2　亲核试剂的影响

亲核试剂的碱性增强有利于消除反应，亲核试剂的亲核性增强则有利于取代反应。例如：

$$CH_3CH_2CH_2Br \xrightarrow[H_2O]{NaOH} CH_3CH_2CH_2OH(S_N2)$$

$$CH_3CH_2CH_2Br \xrightarrow[CH_3CH_2OH]{CH_3CH_2OK} CH_3CH{=}CH_2(E2)$$

卤代烷不溶于水，可溶于醇，所以用乙醇钾的乙醇溶液和卤代烷反应时，可以使反应在均相条件下进行，而用氢氧化钠的水溶液反应时，是在非均相条件下的反应，在非均相条件反应时，和卤代烷处在同一相的碱的有效浓度比均相下的反应要低得多。所以对卤代烷进行亲核取代反应时，通常用氢氧化钠水溶液，以控制体系的碱性减少消除反应发生。而对卤代烷进行消除反应时，通常用氢氧化钾醇溶液，目的是增强体系碱性有利于消除反应的发生。在消除反应时通常用氢氧化钾而不是氢氧化钠，是因为氢氧化钾在醇中的溶解度大于氢氧化钠。

9.9.3　溶剂的影响

溶剂极性的增大有利于卤代烷解离成碳正离子，并对碳正离子中间体有稳定作用，所以溶剂极性增大对 S_N1 和 E1 反应是有利的。但增加溶剂极性对 S_N2 和 E2 反应都是不利的，这是因为溶剂极性增加，溶剂化作用增强，进攻试剂的亲核性和碱性都降低，然而这种影响对 E2 反应更严重。也就是说，当反应只有 S_N2 和 E2 反应两种可能时，溶剂极性增加更易发生 S_N2 反应。

$$\overset{\delta^-}{Nu}\cdots R\cdots\overset{\delta^-}{X} \qquad \overset{\delta^-}{Nu}\cdots H\cdots C\overset{\cdots}{=}C\cdots\overset{\delta^-}{X}$$

$$S_N2 \longleftarrow 过渡状态 \longrightarrow E2$$

这是因为 E2 反应过渡状态的电荷比 S_N2 反应过渡状态的电荷更加分散，溶剂极性增加对电荷相对集中的 S_N2 反应过渡状态具有更好的稳定作用（溶剂化作用）。所以溶剂极性增加，相对来说有利于 S_N2 反应些。

反过来说降低溶剂的极性对 S_N2 和 E2 反应都有利，但对 E2 反应更有利。也就是说，当反应只有 S_N2 和 E2 反应两种可能时，溶剂极性降低更易发生 E2 反应。

9.9.4　反应温度的影响

尽管反应温度增加对取代反应（S_N）和消除反应（E）都有利，但对消除反应更加有利。也就是说，反应温度提高，发生消除反应的概率增大。这是因为进行消除反应的活化能大于取代反应的活化能。

$$E_{act}(消除反应) > E_{act}(取代反应)$$

综上所述，叔（3°）卤代烷在强碱作用下主要发生 E1 反应，伯（1°）卤代烷在强亲核试剂作用下主要发生 S_N2 反应，反应温度提高和试剂碱性增大，发生消除反应的概率增大；反应温度降低、试剂碱性减小以及试剂的亲核性增大，发生取代反应的概率增大。

课堂练习 9.6　无论实验条件如何，$(CH_3)_3CCH_2X$ 的亲核取代反应都较难进行，为什么？

9.10　卤代烯烃和卤代芳烃

9.10.1　卤代烯烃

根据卤原子与双键的位置可将卤代烯烃分为孤立型卤代烯烃、乙烯型卤代烯烃和烯丙基型卤代烯烃。这三类卤代烯烃由于卤原子和双键位置的差异而表现出不同的特性。

(1) 孤立型卤代烯烃

$$R—CH=CH—CH_2—(CH_2)_n—X \quad (n\geqslant 1)$$

这类卤代烯烃，双键和卤原子相距较远，彼此之间相互影响小，既具有烯烃的一般性质，也具有卤代烷的一般性质。

(2) 乙烯型卤代烯烃

$$R—CH=CH—X$$

这类卤代烯烃由于卤原子与双键产生共轭 (p-π 共轭)，使得 C—X 键强度增大，X 原子很不活泼。例如氯乙烯的结构：

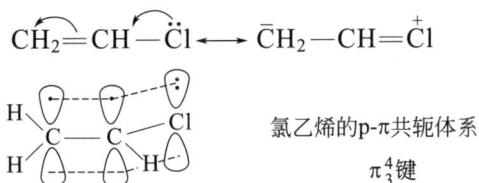

$$CH_2=CH—\ddot{C}l \longleftrightarrow \bar{C}H_2—CH=\overset{+}{C}l$$

氯乙烯的p-π共轭体系

π_3^4键

氯乙烯的 C—Cl 键和 C=C 键的键长和偶极矩与一般卤代烷和烯烃的比较：

化 合 物	C—Cl 键长	C=C 键 长	分子偶极矩
$CH_2=CHCl$	0.172nm	0.138nm	1.45D
CH_3CH_2Cl	0.178nm		2.05D
$CH_2=CH_2$		0.134nm	

从上表数据可知，氯乙烯的 C—Cl 键变短，C=C 键变长，偶极矩降低了。乙烯型卤代烯烃由于卤原子 p 轨道上的孤对电子与双键发生 p-π 共轭，形成 π_3^4 大 π 键，使得其碳-卤键也具有部分双键的性质，碳-卤键强度增加，更难断裂。分子偶极矩也降低。

这类卤代烃性质很不活泼。在一般情况下，乙烯型卤代烃中的卤原子不发生水解、醇解、氨解、氰解、卤离子交换等亲核取代反应，也不与 $AgNO_3$ 的醇溶液反应生成卤化银沉淀。它消除卤化氢的反应也比一般卤代烷困难得多。

尽管乙烯型卤代烃也可制成格氏试剂，但不能用无水乙醚作溶剂，必须用沸点较高的四氢呋喃等溶剂。乙烯型卤代烃双键的亲电加成反应活性也比一般烯烃差。

乙烯型卤代烃的亲电加成反应尽管活性差，但加成方向仍符合马氏规则 (Markovnikov 规则)。例如：

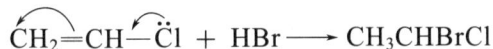

$$CH_2=CH—\ddot{C}l + HBr \longrightarrow CH_3CHBrCl$$

这是因为碳正离子的稳定性是：

$$[CH_3—\overset{+}{C}H—\ddot{C}l \longleftrightarrow CH_3—CH=\overset{+}{C}l] > \overset{+}{C}H_2—CH_2—Cl$$

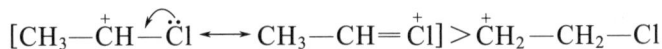

(3) 烯丙基型卤代烯烃

烯丙基型卤代烃 ($R—CH=CH—CH_2X$) 既具有烯烃的性质，也具有卤代烷的性质，由于双键和卤原子连在同一个碳上，使 X 原子显示出非常活泼的亲核取代反应活性。这类卤代烯烃，无论是进行 S_N1 反应还是 S_N2 反应，都比一般卤代烷容易。卤原子对双键也有影响，由于卤原子的吸电子诱导效应 (−I 效应)，使得它的双键反应活性有所降低。例如：

$$\underset{\text{烯丙基氯}}{CH_2=CHCH_2Cl} \xrightarrow[\text{亲核取代}]{NaOH/H_2O} CH_2=CHCH_2OH \quad (\text{I})$$

$$\underset{\text{正丙基氯}}{CH_3CH_2CH_2Cl} \xrightarrow[\text{亲核取代}]{NaOH/H_2O} CH_3CH_2CH_2OH \quad (\text{II})$$

反应速率：（Ⅰ）比（Ⅱ）快 80 倍。

当烯丙基型卤代烃按 S_N1 机理进行时，还可能产生两种产物。

例如，$CH_3CH{=}CHCH_2Br$ 非常容易进行 S_N1 水解反应，并产生两种水解产物。

$$CH_3CH{=}CHCH_2Br \xrightarrow[S_N1]{OH^-} CH_3\underset{\displaystyle OH}{\underset{|}{C}}H{-}CH{=}CH_2 + CH_3CH{=}CHCH_2OH$$

反应机理如下：

$$CH_3CH{=}CH{-}CH_2Br \longrightarrow CH_3CH{=}CH{-}CH_2^+ \quad \pi_3^2$$

$$CH_3CH{=}CH{-}CH_2^+ \longleftrightarrow CH_3\overset{+}{C}H{-}CH{=}CH_2$$

$$CH_3CH{=}CH{-}CH_2^+ \xrightarrow{OH^-} CH_3CH{=}CH{-}CH_2OH$$

$$CH_3\overset{+}{C}H{-}CH{=}CH_2 \xrightarrow{OH^-} CH_3\underset{\displaystyle OH}{\underset{|}{C}}H{-}CH{=}CH_2$$

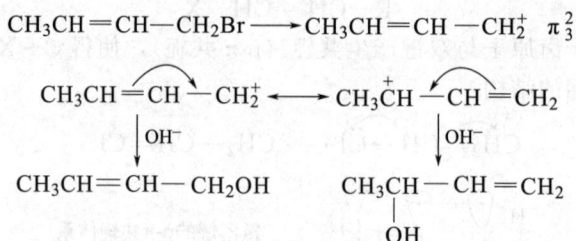

$CH_3CH{=}CHCH_2Br$ 也非常容易与 I^- 进行 S_N2 反应，因为双键可以稳定过渡状态。

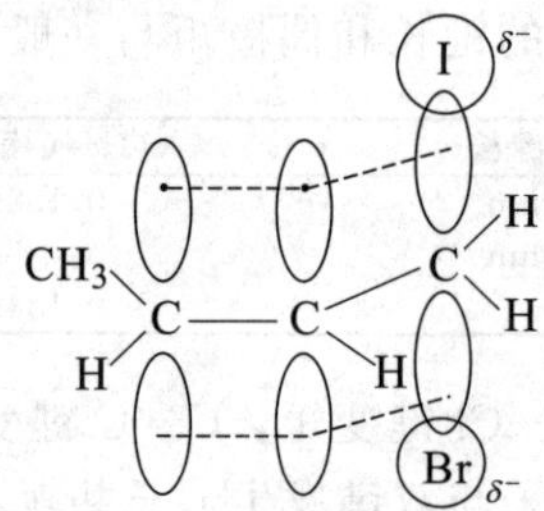

$CH_3CH{=}CHCH_2Br$ 与 I^- 进行 S_N2 反应的过渡状态

以上分析可知，卤代烯烃中卤原子的反应活性顺序为：

烯丙基型卤原子＞孤立型卤代烯烃卤原子＞乙烯型卤原子

9.10.2　卤代芳烃

根据卤原子与苯环的位置也可将卤代芳烃分为孤立型卤代芳烃、苯基型卤代芳烃和苄基型卤代芳烃。这三类卤代芳烃由于卤原子和苯环位置的差异而表现出不同的特性。

（1）孤立型卤代芳烃

$$R{-}C_6H_4{-}CH_2(CH_2)_nX \quad (n\geqslant 1)$$

这类卤代芳烃，卤原子和苯环相距较远，彼此之间相互影响小，此类化合物即有一般脂肪族卤代烷的性质又有芳烃的性质。

（2）苯基型卤代芳烃

$$R{-}C_6H_4{-}X$$

这类卤代芳烃上卤原子的性质很不活泼，其结构与乙烯型卤代烃相似。例如，氯苯的结构：

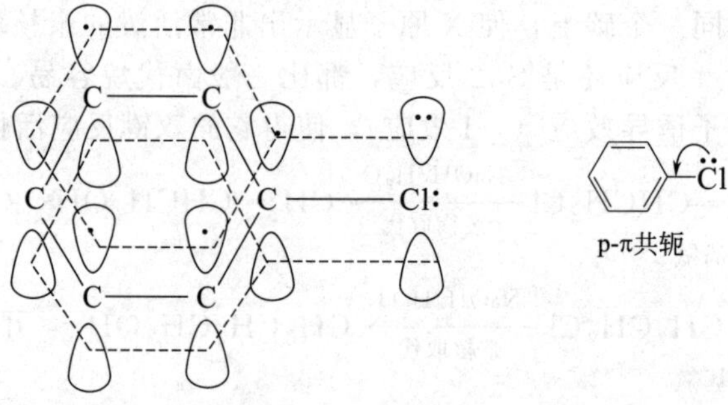

在氯苯分子中，由于氯原子与苯环存在共轭结构，因此氯原子不活泼，难以发生亲核取代反应。

（3）苄基型卤代芳烃

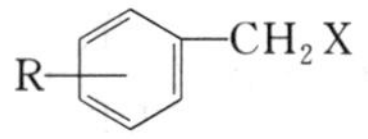

$R-C_6H_4-CH_2X$

这类卤代芳烃上卤原子的性质很活泼，与烯丙基型卤代烃相似。卤原子很容易发生 S_N1 或 S_N2 反应，这是因为无论是 S_N1 还是 S_N2 反应，其中间体都由于共轭结构而稳定，有利于取代反应的进行。例如苄基氯的取代反应：

S_N2 反应的中间过渡态结构：

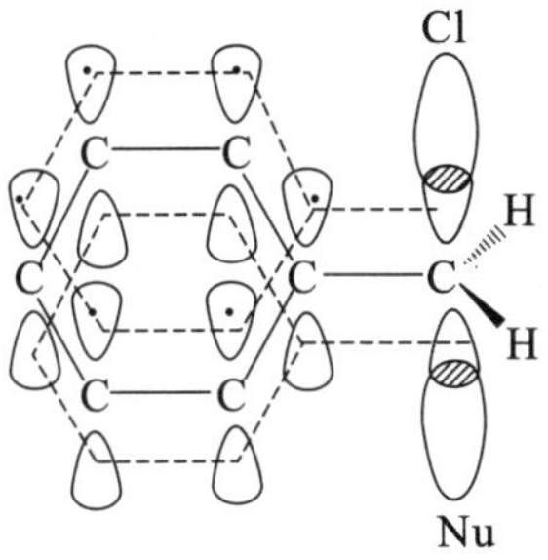

过渡态 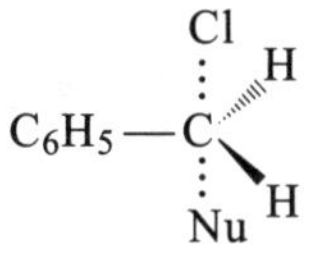 $C_6H_5—C(H)(H)$（Cl…C…Nu）的稳定性增加

S_N1 反应的中间碳正离子结构：

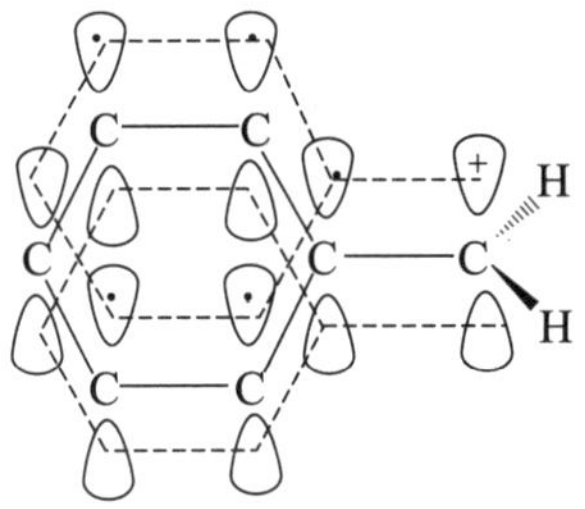

即：$C_6H_5\overset{+}{C}H_2$（环上邻、对位 δ^+）中的正电荷得以分散

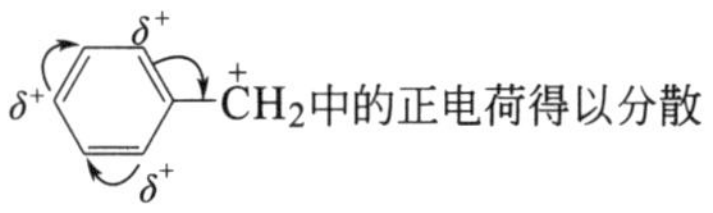

以上分析可知，卤代芳烃中卤原子的反应活性顺序为：

苄基型卤原子＞孤立型卤原子＞苯基型卤原子

根据卤原子的活性，可用硝酸银来鉴别不同结构的卤原子。例如：

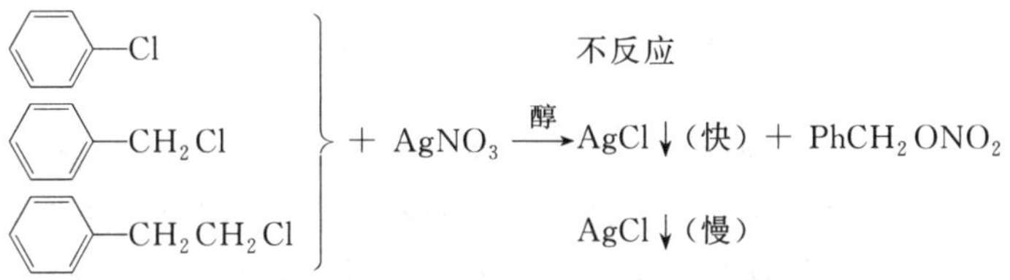

$$\left.\begin{array}{l} C_6H_5-Cl \\ C_6H_5-CH_2Cl \\ C_6H_5-CH_2CH_2Cl \end{array}\right\} + AgNO_3 \xrightarrow{\text{醇}} \begin{array}{l} \text{不反应} \\ AgCl\downarrow\text{（快）} + PhCH_2ONO_2 \\ AgCl\downarrow\text{（慢）} \end{array}$$

9.11 多卤代烃简介

多卤代烃包括两个或两个以上的卤原子连在不同碳原子上的卤代烃，例如：CH_2BrCH_2Br、$CH_3CHClCH_2Br$ 等；多个卤原子连在同一个碳原子上的多卤代烃，例如：CCl_4、$CHBr_3$、CH_2Cl_2 等。

同一个碳原子上连有多个卤原子后，分子的偶极矩和C—X键的亲核取代反应活性都降低。例如，下列卤代烃的偶极矩和亲核取代反应活性为：

反应活性：$CH_3X > CH_2X_2 > CHX_3 > CX_4$

偶极矩： 1.85D 1.57D 1.05D 0

$CHCl_3$ 在光的作用下，CCl_4 在高温下都可能分解生成毒性很大的光气。

$$2CHCl_3 + O_2 \xrightarrow{\text{光}} 2\,\underset{\text{光气}}{Cl_2C{=}O} + 2HCl$$

$$CCl_4 + H_2O \xrightarrow{\text{高温}} \underset{\text{光气}}{Cl_2C{=}O} + 2HCl$$

CCl_4 密度比空气大，且不燃烧，是一种化学灭火剂，由于它在高温下会与水作用生成毒性很大的光气，因此使用时一定要注意通风。

9.12 氟代烃简介

氟代烃不能通过直接氟化得到，一般是用其它卤代烃和无机氟化物制备，一氟化物不稳定，常自动消除氟化氢生成烯烃。例如：

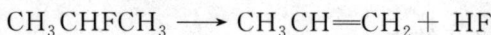

$$CH_3CHFCH_3 \longrightarrow CH_3CH{=}CH_2 + HF$$

下面介绍几种常见的氟代烃。

（1）氟利昂（Freon）

氟利昂是含 1～2 个碳原子氟氯烃的总称，例如：CCl_2F_2，商品名叫做 F-12，氟利昂商品按以下规则命名。

H 的数目＋1
↓
F-*abc*←F 的数目
↑
C 的数目－1（0 可以不写）

例如，下列氟利昂及对应的商品如下：

$$\underset{\text{F-111}}{Cl_3CCCl_2F} \qquad \underset{\text{F-112}}{Cl_2FCCCl_2F} \qquad \underset{\text{F-13}}{CClF_3}$$

卤代烷和无机氟化物反应通常生成多种氟化物。例如：

$$CCl_4 + HF \longrightarrow \underset{\text{F-12}}{CCl_2F_2} + \underset{\text{F-11}}{CCl_3F} + \underset{\text{F-13}}{CClF_3}$$

氟利昂工业上被作为制冷剂使用。以往冰箱和空调器中所使用的制冷剂大多是氟利昂。近年来发现氟利昂的使用带来了严重的环境污染问题。氟利昂在使用过程中排放到大气中的氟氯烷会逐渐积累并且会破坏保护人类免受紫外线辐射的屏障——臭氧层。现在许多国家已逐步限制或禁用氟利昂。

（2）四氟乙烯

四氟乙烯的制备：

$$CHCl_3 + 2HF \xrightarrow{SbCl_5} CHF_2Cl + 2HCl$$

$$2CHF_2Cl \xrightarrow{600\sim800^\circ C} CF_2{=}CF_2 + 2HCl$$

四氟乙烯的聚合反应：

$$nCF_2{=}CF_2 \xrightarrow[\text{或}(NH_4)_2S_2O_8]{K_2S_2O_8} {+\!\!\!\!-}CF_2{-}CF_2{-\!\!\!\!+}_n$$

聚四氟乙烯，其商品名叫“特氟隆（Teflon）”，聚四氟乙烯不仅耐酸、耐碱、耐腐蚀、耐各种有机溶剂和温度变化，同时也具有很好的耐磨性和良好的电绝缘性，是一种非常优秀的工程塑料，被称为“塑料王”。用它作工业材料耐高温可达250℃，耐低温可达－200℃，这是一般塑料无法比拟的。

习　题

1. 命名下列化合物：

(1) 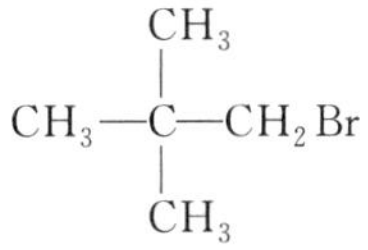 $CH_3-C(CH_3)_2-CH_2Br$（中心C上、下各连一个CH_3）

(2) $CH_3(H)C{=}C(C_2H_5)Br$（左侧碳连CH_3和H，右侧碳连C_2H_5和Br）

(3) $CH_3-CH(Br)-CH(CH_2Cl)-CH_2CH_2CH_3$

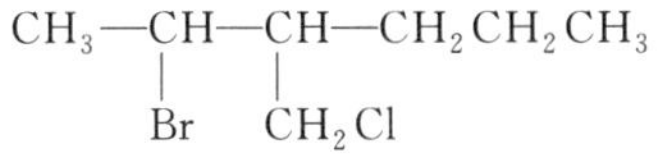

(4) 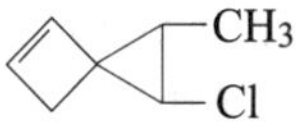 螺环化合物：环丁烯与环丙烷共用一个碳，环丙烷上连有$-CH_3$和$-Cl$

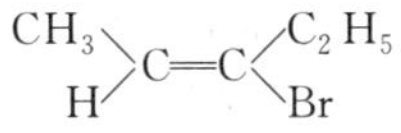

(5) 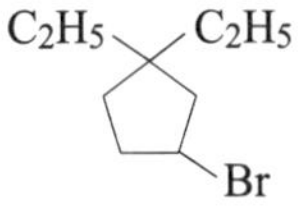 环戊烷：1位连两个C_2H_5，3位连Br

(6) 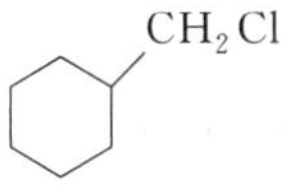 环己基连CH_2Cl

(7) 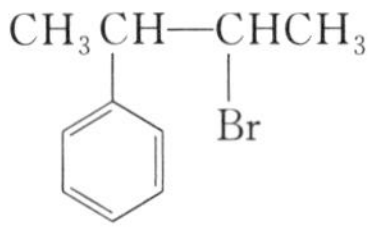 $CH_3CH(C_6H_5)-CHCH_3$，其中第二个CH上连Br

(8) 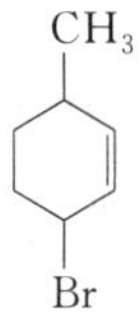 环己烯：一端连CH_3，另一端连Br

2. 写出下列化合物的结构式：

(1) 烯丙基溴　(2) 苄氯　(3) 氯仿

(4) 1-苯基-2-氯乙烷　(5) 乙基溴化镁　(6) (*R*)-2-溴戊烷

3. 用化学反应式表示$CH_3CH_2CH_2Br$与下列试剂反应的主要产物：

(1) $NaOH + H_2O$　(2) KOH + 醇　(3) Na（加热）　(4) Mg + 乙醚

4. 写出下列物质与1mol NaOH水解的方程式：

(1) $ICH_2CH_2CH_2CH_2Cl$　(2) $BrCH{=}CHCHBrCH_2CH_3$

(3) 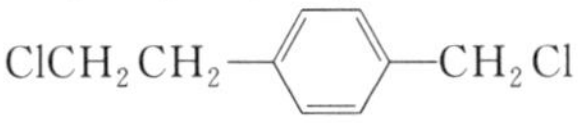 $ClCH_2CH_2-C_6H_4-CH_2Cl$（对位取代苯）

5. 将下列两组化合物按照与KOH醇溶液作用时，消除卤化氢的难易次序排列，并写出产物的构造式：

(1) (A) 2-溴戊烷；(B) 2-甲基-2-溴丁烷；(C) 1-溴戊烷

(2) (A) 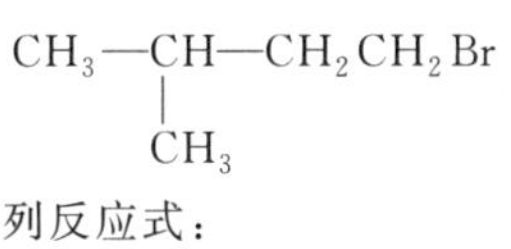 $CH_3-CH(CH_3)-CH_2CH_2Br$；(B) $CH_3-C(CH_3)(Br)-CH_2CH_3$；(C) $CH_3-CH(CH_3)-CH(Br)-CH_3$

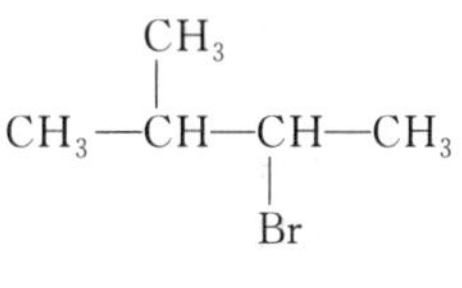

6. 完成下列反应式：

(1) $CH_3CH_2CH{=}CH_2 + Br_2 \xrightarrow{500℃} \quad \xrightarrow[C_2H_5ONa]{C_2H_5OH} \quad \xrightarrow{HBr}$

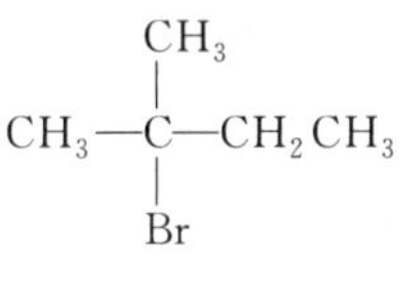

(2) 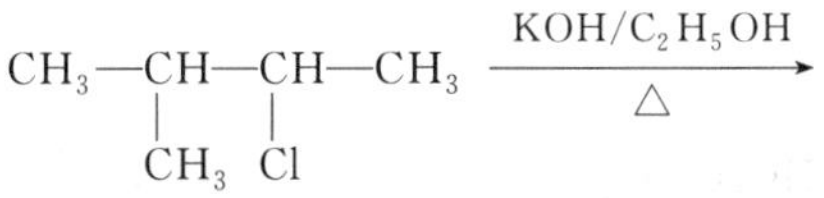 $CH_3-CH(CH_3)-CH(Cl)-CH_3 \xrightarrow[\triangle]{KOH/C_2H_5OH}$

(3) 2-甲基亚甲基环戊烷（环上连CH_3和$=CH_2$）$\xrightarrow[500℃]{Cl_2} \quad \xrightarrow[ROOR]{HBr}$

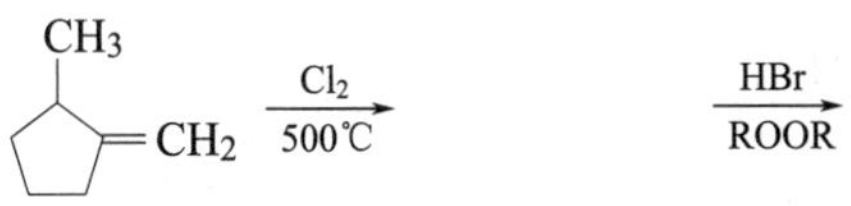

(4) 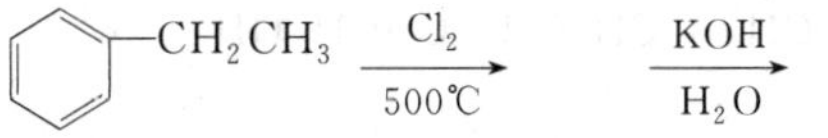 $C_6H_5-CH_2CH_3 \xrightarrow[500℃]{Cl_2} \quad \xrightarrow[H_2O]{KOH}$

（5）$C_2H_5MgBr + CH_3C\equiv CH \longrightarrow$

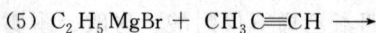

（6）甲苯 $\xrightarrow[ZnCl_2,\ HCl]{HCHO}$（A）$\xrightarrow[丙酮]{NaI}$（B）$\xrightarrow{NaCN}$（C）$\xrightarrow{H^+/H_2O}$（D）

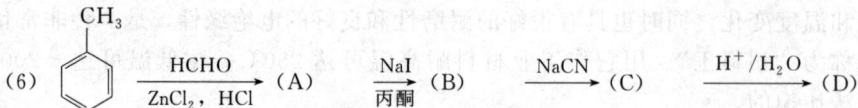

（7）$(CH_3)_3CCl + Mg \xrightarrow{纯醚}$

（8）7,7-二溴双环[4.1.0]庚烷 $\xrightarrow{(CH_3)_2CuLi}$

7. 将下列各组化合物按照与指定试剂反应的活性大小排列次序，并解释理由。

（1）按与 $AgNO_3$ 的醇溶液反应活性大小排列下列化合物：

(a)（A）1-溴丁烷；（B）1-氯丁烷；（C）1-碘丁烷

(b)（A）2-溴丁烷；（B）溴乙烷；（C）2-甲基-2-溴丁烷

（2）按与 KI 的丙酮溶液反应活性大小排列下列化合物：

（A）2-甲基-3-溴戊烷；（B）2-甲基-1-溴戊烷；（C）叔丁基溴

8. 用化学方法区别下列各组化合物。

（1）正丁烷和正丁基氯　（2）烯丙基氯和氯化苄　（3）对溴甲苯和溴化苄

9. 将下列各组化合物按 S_N1 反应活性下降次序排列：

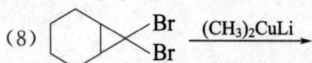

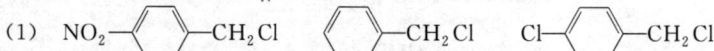

（1）$NO_2-C_6H_4-CH_2Cl$（对位）　$C_6H_5-CH_2Cl$　$Cl-C_6H_4-CH_2Cl$（对位）

（2）$C_6H_5-CH_2CH_2Br$　$C_6H_5-CH(Br)CH_3$　$C_6H_5-CH_2Br$

10. 将下列各组化合物按 S_N2 反应活性下降次序排列：

（1）$C_6H_{11}-CH(Br)-CH_3$　$C_6H_{11}-CH_2Br$　$C_6H_{11}-C(CH_3)_2-Br$

（2）$CH_3CH_2CH_2CH_2Br$　$CH_3CH_2CH(CH_3)CH_2Br$　$CH_3CH_2-C(CH_3)_2-CH_2Br$

（3）$C_6H_{11}-F$　$C_6H_{11}-Cl$　$C_6H_{11}-Br$　$C_6H_{11}-I$

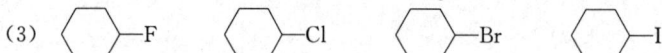

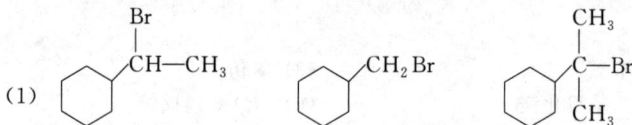

11. 下列卤代烃，按 E1 机理消除 HBr 时的反应速率由快到慢排序。

（1）$CH_3CHBr-C_6H_4-CH_3$（对位）　$CH_3CHBr-C_6H_4-NO_2$（对位）　$CH_3CHBr-C_6H_5$　$CH_3CHBr-C_6H_4-Cl$（对位）

（2）$CH_3CH(CH_3)CH(Br)CH_3$　$CH_3CH(CH_3)CH_2CH_2Br$　$CH_3C(CH_3)(Br)CH_2CH_3$

12. 为下列反应提出一个合理的反应机理。

（1）$CH_3-C(CH_3)_2-CH(Br)CH_2CH_3 \xrightarrow{OH^-} CH_3-C(OH)(CH_3)-CH(CH_3)CH_2CH_3$

（2）$CH_3CH(Br)CH=CH_2 \xrightarrow{NaOH/H_2O} CH_3CH(OH)CH=CH_2 + CH_3CH=CHCH_2OH$

第 10 章　醇、酚、醚

醇、酚、醚都是烃的含氧衍生物，也可以看作是水分子中的氢原子被烃基取代的衍生物。醇分子中的羟基直接与脂肪碳原子相连，酚分子中的羟基直接与芳环相连，醚分子中的氧连有两个烃基。

H—O—H　　R—O—H　　Ar—O—H　　R—O—R′

水　　醇　　酚　　醚

醇、酚、醚互为同分异构体。例如：分子式为 C_7H_8O 的物质可为醇、酚或醚。

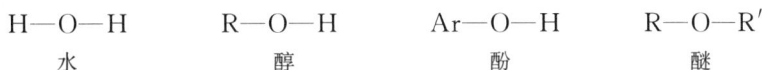

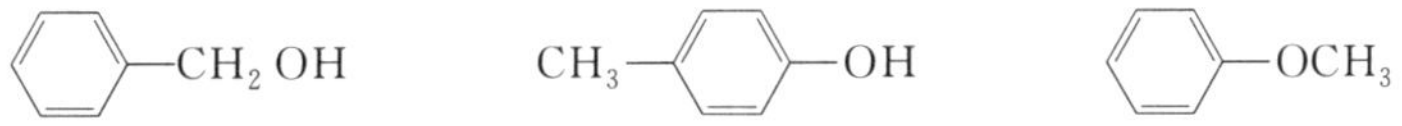

C_6H_5—CH_2OH　　CH_3—C_6H_4—OH　　C_6H_5—OCH_3

苯甲醇　　对甲基苯酚　　苯甲醚

10.1 醇

10.1.1 醇的分类

醇有多种分类方法。根据官能团羟基所连碳原子的种类，可分为伯（1°）醇、仲（2°）醇和叔（3°）醇。例如：

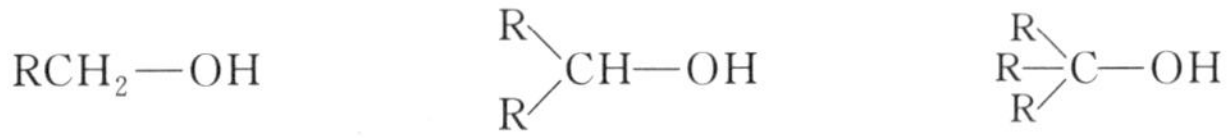

RCH_2—OH　　R_2CH—OH　　R_3C—OH

伯(1°)醇　　仲(2°)醇　　叔(3°)醇

根据烃基的种类可分为饱和醇、不饱和醇和芳香醇。例如：

饱和醇　　CH_3OH　　CH_3CH_2OH　　C_6H_{11}—OH

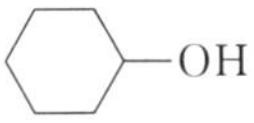

不饱和醇　　CH_2═$CHCH_2OH$　　CH≡CCH_2OH

芳香醇　　C_6H_5—CH_2OH　　邻-$CH_3C_6H_4$—CH_2OH

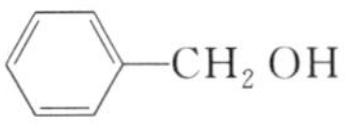

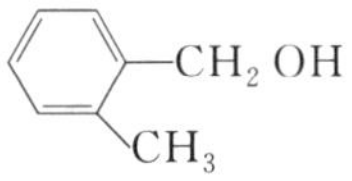

注意：以下类型的化合物（羟基直接与芳环相连的物质）不叫醇，叫酚。

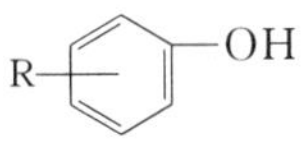

R—C_6H_4—OH

羟基直接连在双键上的不饱和醇叫烯醇，烯醇不稳定，会自动变成羰基化合物。例如：

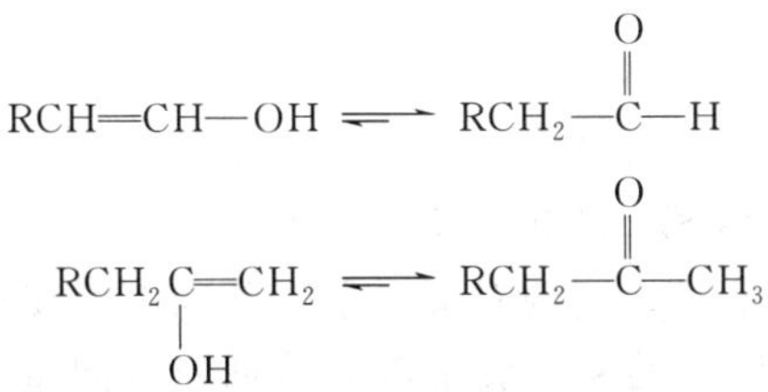

$$RCH{=}CH{-}OH \rightleftharpoons RCH_2{-}\overset{\overset{\displaystyle O}{\|}}{C}{-}H$$

$$RCH_2\underset{\underset{\displaystyle OH}{|}}{C}{=}CH_2 \rightleftharpoons RCH_2{-}\overset{\overset{\displaystyle O}{\|}}{C}{-}CH_3$$

根据羟基的多少可分为一元醇、二元醇和多元醇。例如：

CH_3OH　　$HOCH_2CH_2OH$　　$HOCH_2CH(OH)CH_2OH$

一元醇　　二元醇　　三元醇

10.1.2 醇的异构和命名

10.1.2.1 醇的构造异构

醇的构造异构包括：碳架的异构和羟基官能团的位置异构。例如，C_4H_9OH 的几种异构体：

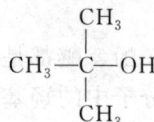

$CH_3CH_2CH_2CH_2OH$　　$CH_3—CH(CH_3)—CH_2OH$　　$CH_3CH_2—CH(CH_3)—OH$　　$(CH_3)_3C—OH$

正丁醇（1°醇）　　异丁醇（1°醇）　　仲丁醇（2°醇）　　叔丁醇（3°醇）

10.1.2.2 醇的系统命名法（IUPAC 命名法）

在醇的系统命名法中，必须选择含有羟基官能团在内的最长碳链作为主链，从离羟基最近的一端（不管是否有不饱和键）开始编号，命名时要标明羟基的位置。其它原则和烷烃命名原则相同。例如：

$CH_3CH_2CH_2\overset{4}{C}H(\overset{5}{C}H{=}\overset{6}{C}H_2)\overset{3}{C}H_2\overset{2}{C}H_2\overset{1}{C}H_2OH$

4-丙基-5-己烯-1-醇

$CH_3—\overset{2}{C}H(OH)—\overset{1}{C}H_2OH$　1,2-丙二醇（α-二醇）

$\overset{3}{C}H_2(OH)—CH_2—\overset{1}{C}H_2OH$　1,3-丙二醇（β-二醇）

$\overset{3}{C}H_2(OH)—\overset{2}{C}H(OH)—\overset{1}{C}H_2OH$　1,2,3-丙三醇（甘油）

$\overset{4}{C}H_2(OH)—\overset{3}{C}H_2—\overset{2}{C}H_2—\overset{1}{C}H_2OH$　1,4-丁二醇（γ-二醇）

$\overset{3}{H}OCH_2—\overset{2}{C}(CH_2OH)_2—\overset{1}{C}H_2OH$　2,2-二羟甲基-1,3-丙二醇（季戊四醇）

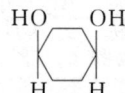

环己醇　　1-甲基-1-环戊醇　　顺-1,4-环己二醇

芳醇的命名，可以把芳基作为取代基。例如：

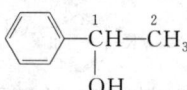

$C_6H_5—\overset{3}{C}H{=}\overset{2}{C}H—\overset{1}{C}H_2OH$　3-苯基-2-丙烯-1-醇（肉桂醇）

$C_6H_5—\overset{1}{C}H(OH)—\overset{2}{C}H_3$　1-苯基-1-乙醇

$C_6H_5—\overset{2}{C}H_2\overset{1}{C}H_2OH$　2-苯基-1-乙醇

10.1.3 醇的结构

醇分子的官能团是羟基，又称醇羟基。现以甲醇为例说明醇羟基的结构。在甲醇分子中，C 原子和 O 原子都是采取 sp^3 杂化。由于氧原子的电子构型是 $1s^22s^22p_x^22p_y^12p_z^1$，氧原子最外层轨道上有两对孤电子对，这两对孤电子对分别占据在两个 sp^3 杂化轨道上。氧原子拿出一个 sp^3 杂化轨道和碳原子的 sp^3 杂化轨道沿轴向方向重叠，形成 C—O σ 键，剩下的 sp^3 杂化轨道与氢原子形成 O—H σ 键。以下是甲醇的分子结构以及键角、键长数据，其它

醇的结构与甲醇相类似。

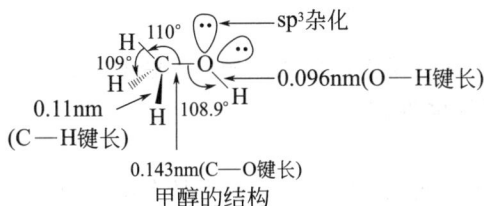

$$\text{(methanol structure: H–C–O–H; angles } 110^\circ, 109^\circ, 108.9^\circ\text{)}$$

sp³杂化
0.096nm(O—H键长)
0.11nm (C—H键长)
0.143nm(C—O键长)

甲醇的结构

10.1.4　醇的制法

10.1.4.1　烯烃水合

一些简单的醇如乙醇、异丙醇、叔丁醇等可用烯烃直接水合法制备，即用相应的烯烃与水蒸气在加热、加压和催化剂存在下直接生成醇。例如：

$$CH_2{=}CH_2 + HOH \xrightarrow[280\sim300^\circ C,8MPa]{H_3PO_4\text{-硅藻土}} CH_3{-}CH_2{-}OH$$

$$CH_3{-}CH{=}CH_2 + HOH \xrightarrow[195^\circ C,2MPa]{H_3PO_4\text{-硅藻土}} CH_3{-}\underset{\displaystyle OH}{\underset{|}{CH}}{-}CH_3$$

简单醇的制备也可用烯烃间接水合法，即烯烃用 98% 的硫酸吸收后先生成烷基硫酸氢酯，再经水解得到醇。例如：

$$CH_3{-}\overset{\displaystyle CH_3}{\overset{|}{C}}{=}CH_2 \xrightarrow{H_2SO_4} CH_3{-}\overset{\displaystyle CH_3}{\overset{|}{\underset{\displaystyle OSO_3H}{\underset{|}{C}}}}{-}CH_3 \xrightarrow{H_2O} CH_3{-}\overset{\displaystyle CH_3}{\overset{|}{\underset{\displaystyle OH}{\underset{|}{C}}}}{-}CH_3$$

不对称烯烃与水在酸催化下的直接水合或不对称烯烃的间接水合都要按马氏规则进行加成。除乙烯水合生成伯醇外，其它烯烃水合可得仲醇和叔醇。

10.1.4.2　烯烃的硼氢化反应

烯烃与乙硼烷（B_2H_6）通过硼氢化反应生成三烷基硼烷，产物不需分离，在碱性溶液中，用过氧化氢直接氧化得到醇。

$$CH_2{=}CH_2 \xrightarrow{B_2H_6} (CH_3CH_2)_3B \xrightarrow[NaOH]{H_2O_2} CH_3CH_2OH$$

硼氢化反应简单方便，有高度的方向选择性，产率高。不对称烯烃的硼氢化反应产物是反马氏规则的产物，所以它在有机合成上有很大的应用，可通过烯烃的硼氢化反应制备用其它方法不易制得的醇。若反应物为不对称的末端烯烃，经硼氢化反应可得到相应的伯醇，这是制备伯醇的一个很好的方法。

10.1.4.3　卤代烃的水解

卤代烃的水解可以制醇，但此制备反应有局限性，因为反应过程中会产生副产物烯烃。通常是由醇来制备卤代烃而不是由卤代烃来制备醇，只有在卤代烃容易得到的情况下才采用卤代烃制备醇。例如，用烯丙基氯水解制备烯丙醇，用苄氯制备苄醇：

$$CH_2{=}CHCH_2Cl + H_2O \xrightarrow{Na_2CO_3} CH_2{=}CHCH_2OH + HCl$$

$$C_6H_5CH_2Cl \xrightarrow[\text{或 } Na_2CO_3]{NaOH\text{ 水溶液}} C_6H_5CH_2OH$$

10.1.4.4　从醛、酮、羧酸及羧酸酯的还原

醛、酮、羧酸和羧酸酯的分子中都含有羰基，它们能催化加氢（催化剂为镍、铂或钯）或用还原剂（$LiAlH_4$或 $NaBH_4$）还原生成醇。除酮还原生成仲醇外，醛、羧酸、羧酸酯还

原都生成伯醇，制备反应详见第 11 章。

10.1.4.5 从格氏试剂制备

格氏试剂与醛或酮发生加成反应，加成产物经水解即生成醇，制备反应详见第 11 章。

10.1.5 醇的物理性质和光谱性质

10.1.5.1 醇的物理性质

低级醇是具有酒味的无色液体，$C_5 \sim C_{11}$ 醇为具有不愉快气味的油状液体，C_{12} 醇以上的高级醇是固体。醇由一个亲水基团 OH 和一个亲脂基团 R 组成，低级醇中亲水基团 OH 所占的比重较大，所以低级醇的性质与水有许多相似的地方。随着碳原子数的增大，羟基占的比重越来越小，所以高级醇的性质很接近于烃。

低级醇的沸点比分子量接近的烃要高得多。如甲醇（分子量 32）的沸点为 65℃，乙烷（分子量 30）的沸点只有−88.6℃，这是由于在醇分子间存在氢键作用力的缘故。氢键作用力（醇分子间）比范德华力（烃分子间）大，分子间作用力越大，分子间缔合越牢固，沸点越高。分子量相同的醇，支链增多，分子间引力减小、形成氢键的能力降低，沸点也降低。如正丁醇沸点 117.3℃、异丁醇沸点 108.4℃、叔丁醇沸点 88.2℃。醇除了在分子间形成氢键外，低级醇还可与水形成良好的氢键，所以能与水混溶。随着 R 增大，与水形成氢键的能力降低，其水溶性减小，高级醇不溶于水，而溶于一般的非极性烃类溶剂。醇分子中 OH 增多，形成氢键的位置增多、能力增强，所以多元醇的沸点和水溶性比同碳的一元醇要高。

醇分子间形成氢键以及醇分子与水分子间形成氢键情况如下：

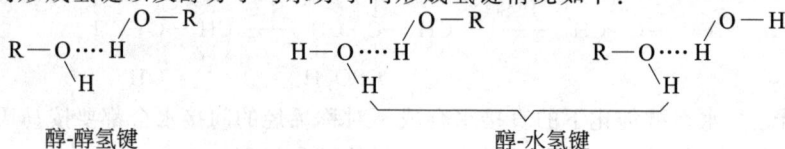

R—O(—H)⋯H—O—R　　H—O(—H)⋯H—O—R　　R—O(—H)⋯H—O—H

醇-醇氢键　　醇-水氢键

表 10-1 列出了一些常见醇的物理常数，表 10-2 列出了一些分子量相近化合物的沸点和分子结构的关系，表 10-3 列出了分子中羟基对沸点和水中溶解度的影响。

表 10-1 一些常见醇的物理常数

名称	构造式	熔点/℃	沸点/℃	相对密度/(g/cm³)	溶解度/(g/100g 水)
甲醇	CH_3OH	−97	64.5	0.793	∞
乙醇	CH_3CH_2OH	−115	78.3	0.789	∞
1-丙醇	$CH_3CH_2CH_2OH$	−126	97	0.804	∞
1-丁醇	$CH_3(CH_2)_2CH_2OH$	−90	118	0.810	7.9
1-戊醇	$CH_3(CH_2)_3CH_2OH$	−78.5	138	0.817	2.3
1-己醇	$CH_3(CH_2)_4CH_2OH$	−52	156.5	0.819	0.6
1-庚醇	$CH_3(CH_2)_5CH_2OH$	−34	176	0.822	0.2
1-辛醇	$CH_3(CH_2)_6CH_2OH$	−15	195	0.825	0.05
1-癸醇	$CH_3(CH_2)_8CH_2OH$	6	228	0.829	
1-十二醇	$CH_3(CH_2)_{10}CH_2OH$	24			
1-十四醇	$CH_3(CH_2)_{12}CH_2OH$	38			
1-十六醇	$CH_3(CH_2)_{14}CH_2OH$	49			
1-十八醇	$CH_3(CH_2)_{16}CH_2OH$	58.5			
异丙醇	$(CH_3)_2CHOH$	−86	82.5	0.789	∞
异丁醇	$(CH_3)_2CHCH_2OH$	−108	108	0.802	10
仲丁醇	$CH_3CH_2CHOHCH_3$	−114	99.5	0.806	12.5
叔丁醇	$(CH_3)_3COH$	25.5	83	0.789	∞
环戊醇	环-C_5H_9OH		140	0.949	
环己醇	环-$C_6H_{11}OH$	−24	161.5	0.969	
苄醇	$C_6H_5CH_2OH$	−15	205	1.046	4
乙二醇	$HOCH_2CH_2OH$	−16	197	1.113	∞
1,2-丙二醇	$CH_3CHOHCH_2OH$		187	1.040	
1,3-丙二醇	$HOCH_2CH_2CH_2OH$		215	1.060	
丙三醇	$HOCH_2CHOHCH_2OH$	18	290	1.261	∞
季戊四醇	$C(CH_2OH)_4$	260			6

表 10-2　一些分子量相近化合物的沸点和分子结构的关系

名　称	构　造　式	分子量	偶极矩/D	是否有氢键	沸点/℃
正戊烷	$CH_3CH_2CH_2CH_2CH_3$	72	0	无	36
乙醚	$CH_3CH_2OCH_2CH_3$	74	1.18	无	35
正丙基氯	$CH_3CH_2CH_2Cl$	79	2.10	无	47
正丁醛	$CH_3CH_2CH_2CHO$	72	2.72	无	76
正丁醇	$CH_3CH_2CH_2CH_2OH$	74	1.63	有	118

表 10-3　分子中羟基对沸点和水中溶解度的影响

名　称	构　造　式	分子量	羟基数	沸点/℃	水中溶解度
乙烷	CH_3CH_3	30	0	−88.6	不溶
甲醇	CH_3OH	32	1	64.5	互溶
正丙醇	$CH_3CH_2CH_2OH$	60	1	97	互溶
异丙醇	$(CH_3)_2CHOH$	60	1	82.5	互溶
乙醇	CH_3CH_2OH	46	1	78.3	互溶
乙二醇	$HOCH_2CH_2OH$	62	2	197	互溶
正辛醇	$CH_3(CH_2)_6CH_2OH$	130	1	195	不溶
丙三醇	$HOCH_2CHOHCH_2OH$	92	3	290	互溶

课堂练习 10.1　解释甲醇、乙醇和丙醇能与水以任意比例混溶的原因。

课堂练习 10.2　为什么甲醇的沸点（64.7℃）比分子量相近的乙烷的沸点（−88.6℃）高？

课堂练习 10.3　不用查表，比较下列化合物的沸点高低。

（1）正己醇　（2）2-甲基-2-戊醇　（3）1,2-己二醇　（4）正己烷

10.1.5.2　醇的光谱性质

（1）红外光谱

醇分子的红外光谱主要体现在 OH 上，醇分子中游离 O—H 的振动吸收峰在 3650～3610cm^{-1} 左右的区域，峰比较尖，氢键缔合的 O—H 的振动吸收峰在 3600～3200cm^{-1} 左右的区域，峰的强度大且比较宽，这个范围的吸收峰是醇的特征吸收峰。醇的主要红外特征吸收可描述如下：

$\tilde{\nu}$：3650～3610cm^{-1}（游离 O—H 伸缩振动）

$\tilde{\nu}$：3600～3200cm^{-1}（氢键缔合 O—H 伸缩振动）

$\tilde{\nu}$：1200～1100cm^{-1}（C—O 伸缩振动）

1° 醇：1060～1030cm^{-1}

2° 醇：1100～1125cm^{-1}

3° 醇：1150～1200cm^{-1}

3,3-二甲基-2-丁醇在不同溶剂中的红外光谱见图 10-1 和图 10-2 所示。

（2）核磁共振谱

RO—H 上的 H 是活泼氢，不但会形成氢键，还会相互之间动态交换，它的核磁共振化学位移范围较宽，并且通常不产生自旋裂分。由于羟基具有吸电子作用，所以直接与羟基相连的 α-碳原子上的 H 的化学位移向低场移动。醇羟基上的 H 和 α-H 的化学位移大致如下：

$$\begin{array}{l} \text{R}-\overset{\alpha}{\text{C}}\text{H}-\text{O}-\text{H}\ \ \delta：1\sim5.5 \\ \quad\ \ | \\ \quad\ \ \text{H}\ \ \delta：3.4\sim4 \end{array}$$

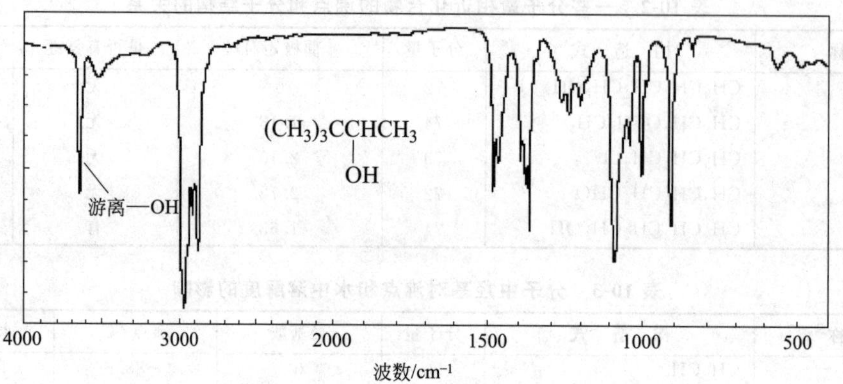

图 10-1　3,3-二甲基-2-丁醇（CCl_4 溶液）的红外光谱图

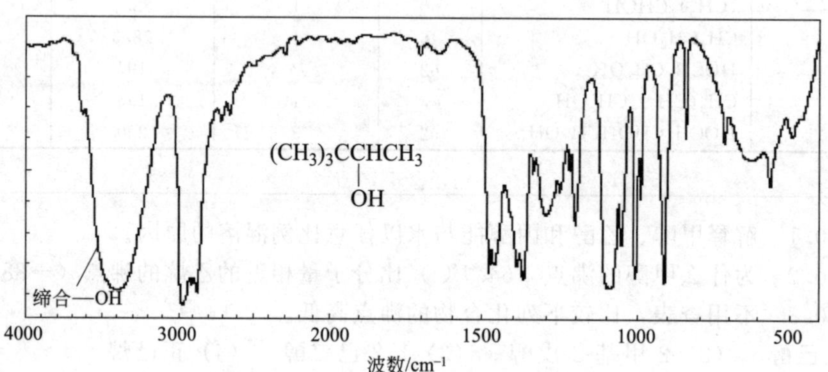

图 10-2　3,3-二甲基-2-丁醇（液膜）的红外光谱图

3,3-二甲基-2-丁醇和乙醇的核磁共振如图 10-3、图 10-4 所示。

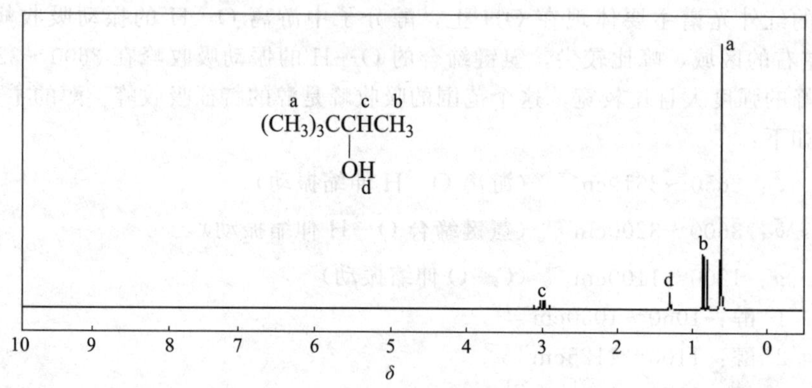

图 10-3　3,3-二甲基-2-丁醇的 ^1H NMR 谱图

10.1.6　醇的化学性质

醇的化学性质由它的官能团羟基（OH）确定，醇的反应包括如下两种键的破裂：

$$R\,\dotplus\,OH \qquad RO\,\dotplus\,H$$

C—OH 键破裂后，OH 被除去，O—H 键破裂后 H 被除去，两种键破裂的反应包括 H 和 OH 被取代的取代反应，以及脱去一分子水生成一个双键的消除反应。醇既可看作一种酸（有活泼氢原子），也可看作一种碱（醇羟基上的氧可提供电子对），所以醇的反应包括

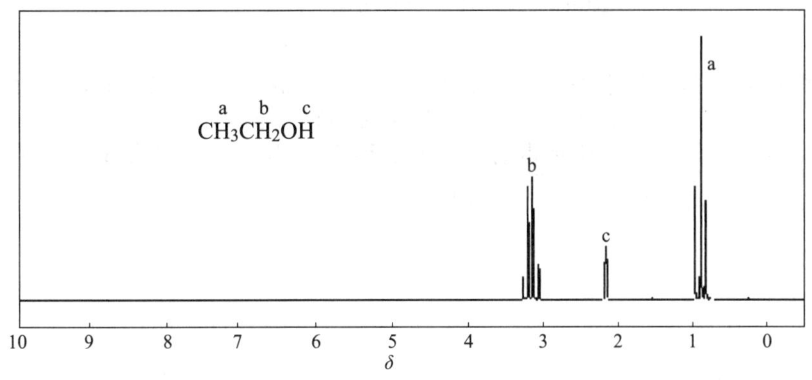

图 10-4　乙醇的[1]H NMR 谱图

"酸-碱"反应和"碱-酸"反应。

10.1.6.1　与活泼金属的反应

醇与水相似，羟基里的氢原子可被活泼金属取代生成氢气和醇盐。但醇与活泼金属的反应比水与活泼金属的反应要缓和得多。

$$RO—H + M \longrightarrow ROM + H_2\uparrow$$

（M=Na,K,Mg,Al 等）

水、醇的反应活性：

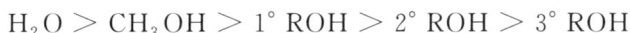

$$H_2O > CH_3OH > 1° ROH > 2° ROH > 3° ROH$$

例如：

$$2CH_3CH_2OH + 2Na \longrightarrow 2CH_3CH_2ONa + H_2\uparrow$$

$$6(CH_3)_2CHOH + 2Al \longrightarrow 2[(CH_3)_2CHO]_3Al + 3H_2\uparrow$$

醇与金属钠的反应不如水与金属钠反应那样剧烈，这是由于水中的氢被烃基取代后，由于烃基的推电子作用，使得羟基氧原子上电子云密度增加，降低了氧原子吸引氢氧键间电子对的能力，羟基氢的极性和酸性降低了的缘故。而烃基的推电子能力越强，醇羟基上氢的活性越低，所以伯、仲、叔醇中，伯醇与活泼金属的反应最快，叔醇最慢。例如，在下列反应中，R 增大，醇的反应活性降低：

$$CH_3CH_2OH + K \longrightarrow CH_3CH_2OK + 1/2\ H_2\uparrow$$

$$CH_3OH + K \longrightarrow CH_3OK + 1/2\ H_2\uparrow$$

$$H_2O + K \longrightarrow HOK + 1/2\ H_2\uparrow$$

上述反应的活性为：

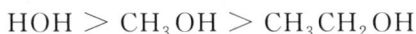

$$HOH > CH_3OH > CH_3CH_2OH$$

这可以用水的酸性大于醇的酸性来解释，因为这三个化合物的酸性顺序为：

$$HOH > CH_3OH > CH_3CH_2OH$$

而水的酸性大于醇，不仅可以用水羟基的极性大于醇羟基来解释，还可以用负离子的稳定性 $OH^- > OR^-$ 来解释

醇与金属钠作用生成醇钠，醇钠在有机合成中是非常有用的碱性试剂。工业上制备醇钠不用昂贵的金属钠而用 ROH 和 NaOH 来制备。ROH 和 NaOH 的反应，由于原料是较弱的酸和较弱的碱，而产物是较强的酸和较强的碱，因此这个反应对生成 RONa 是不利的。

$$\underset{较弱酸}{ROH} + \underset{较弱碱}{NaOH} \rightleftharpoons \underset{较强碱}{RONa} + \underset{较强酸}{H_2O}$$

工业上可以通过除去反应中生成的水来进行这个反应，以有利于醇钠的生成。

$$ROH + NaOH \rightleftharpoons RONa + H_2O \quad (H_2O \rightarrow \text{移走})$$

醇钠是强碱弱酸盐，遇水即水解，生成醇和氢氧化钠，所以醇钠的水溶液具有强碱性。

$$RONa + H_2O \longrightarrow ROH + NaOH$$

醇钠可以与卤代烃作用，生成混合醚，此法称为 Williamson 醚合成法。例如：

$$(CH_3)_2CHONa + C_6H_5-CH_2Cl \longrightarrow C_6H_5-CH_2-O-CH(CH_3)_2$$

异丙基苄基醚

醇钠也可以与酰卤作用，生成酯。例如：

$$(CH_3)_2CHONa + C_6H_5-COCl \longrightarrow C_6H_5-COOCH(CH_3)_2$$

10.1.6.2　与氢卤酸的反应

醇与氢卤酸反应时，醇中的羟基可被卤原子取代，生成卤代烃和水。此反应是可逆反应，反应物过量或移去生成的产物水，都可使平衡向右移动，提高卤代烃的收率。

$$R-OH + HX \rightleftharpoons R-X + H_2O$$

醇的活性：烯丙醇和苄醇 $>$ 3° ROH $>$ 2° ROH $>$ 1° ROH

氢卤酸的活性：HI $>$ HBr $>$ HCl

例如，正丁醇与 HI 很容易反应，而与 HCl 的反应需加入催化剂才能有效进行：

$$n\text{-}C_4H_9OH + HI \xrightarrow{\triangle} n\text{-}C_4H_9I + H_2O$$

$$n\text{-}C_4H_9OH + HBr \xrightarrow[\triangle]{H_2SO_4} n\text{-}C_4H_9Br + H_2O$$

$$n\text{-}C_4H_9OH + HCl \xrightarrow[\triangle]{\text{无水 } ZnCl_2} n\text{-}C_4H_9Cl + H_2O$$

一般情况下，烯丙基醇、苄醇、仲醇和叔醇与 HX 的反应按 S_N1 反应机理进行，伯醇按 S_N2 反应机理进行。

醇与氢卤酸 S_N1 反应机理：

$$R_3C-O-H \xrightarrow[\text{快}]{H^+} R_3C-\overset{+}{O}(H)-H \xrightarrow[\text{慢}]{-H_2O} R_3C^+$$

$$R_3C^+ \xrightarrow[\text{快}]{X^-} R_3C-X$$

醇与氢卤酸 S_N2 反应机理：

$$R-O-H \xrightarrow[\text{快}]{H^+} R-\overset{+}{O}(H)-H \xrightarrow[\text{慢}]{X^-} [\overset{\delta^-}{X}\cdots R\cdots \overset{\delta^+}{O}H_2] \xrightarrow[\text{快}]{-H_2O} RX + H_2O$$

立体化学研究证实了上述机理中，S_N2 反应构型反转，S_N1 反应外消旋化。在 S_N1 反应中碳正离子可能发生重排。

例如，下列反应中所生成的产物，显然是重排的结果。

$$CH_3-C(CH_3)_2-CH_2OH \xrightarrow{HBr} CH_3-CBr(CH_3)-CH_2CH_3 + CH_3-C(CH_3)_2-CH_2Br$$

主产物

上述反应的机理可描述如下：

$$CH_3-\underset{CH_3}{\overset{CH_3}{C}}-CH_2OH \xrightarrow{H^+} CH_3-\underset{CH_3}{\overset{CH_3}{C}}-CH_2\overset{+}{O}H_2 \xrightarrow{-H_2O} CH_3-\underset{CH_3}{\overset{CH_3}{C}}-CH_2^+$$

$$CH_3-\underset{CH_3}{\overset{CH_3}{C}}-CH_2^+ \xrightarrow{重排} CH_3-\underset{CH_3}{\overset{+}{C}}-CH_2CH_3$$

$$CH_3-\underset{CH_3}{\overset{CH_3}{C}}-CH_2^+ \xrightarrow{Br^-} CH_3-\underset{CH_3}{\overset{CH_3}{C}}-CH_2Br \qquad CH_3-\underset{CH_3}{\overset{+}{C}}-CH_2CH_3 \xrightarrow{Br^-} CH_3-\underset{CH_3}{\overset{Br}{C}}-CH_2CH_3$$

醇与氢卤酸的反应可用于卤代烃的制备，也可用于区别不同类型的醇。

用无水 $ZnCl_2$ 和浓 HCl 配成的溶液叫 Lucas（卢卡斯）试剂，利用 Lucas 试剂与伯、仲、叔醇反应速率的快慢，可以鉴别分子量不大的伯、仲、叔醇（根据反应液浑浊的情况来确定反应的发生）。

Lucas 反应：

$$(CH_3)_3COH + HCl \xrightarrow[1min 反应]{ZnCl_2/20℃} (CH_3)_3CCl + H_2O \qquad 立即出现浑浊$$

$$CH_3\underset{OH}{C}HCH_2CH_3 + HCl \xrightarrow[10min 反应]{ZnCl_2/20℃} CH_3\underset{Cl}{C}HCH_2CH_3 + H_2O \qquad 几分钟后出现浑浊$$

$$n\text{-}C_4H_9OH + HCl \xrightarrow[1h 不反应（加热才反应）]{ZnCl_2/20℃} n\text{-}C_4H_9Cl + H_2O \qquad 常温下不反应$$

需要强调的是，HCN 不可以取代醇羟基。

10.1.6.3　与三卤化磷和亚硫酰氯的反应

醇与三卤化磷或亚硫酰氯反应生成相应卤代烃，即使是叔醇，也不会发生碳正离子重排。这是一种制备卤代烃更好的方法。

$$3ROH + PX_3(P+X_2) \longrightarrow 3RX + P(OH)_3$$

$$ROH + SOCl_2 \longrightarrow RCl + SO_2\uparrow + HCl\uparrow$$

用亚硫酰氯反应，其它产物都是气体，分离提纯很方便。

10.1.6.4　与酸的酯化反应

醇可以与无机含氧酸如硫酸、磷酸和硝酸等作用，失去一分子水，生成无机酸酯。例如：

$$CH_3OH + HOSO_2OH \rightleftharpoons \underset{（硫酸氢甲酯）}{CH_3OSO_2OH} + H_2O$$

$$2CH_3OSO_2OH \xrightleftharpoons{减压蒸馏} \underset{（硫酸二甲酯）}{CH_3OSO_2OCH_3} + H_2SO_4$$

$$3C_4H_9OH + O{=}P(OH)_3 \rightleftharpoons \underset{磷酸三丁酯}{(C_4H_9O)_3P{=}O} + 3H_2O$$

上述反应用三氯氧磷代替磷酸效果更好

$$3C_4H_9OH + O{=}PCl_3 \rightleftharpoons \underset{磷酸三丁酯}{(C_4H_9O)_3P{=}O} + 3HCl$$

$$\begin{matrix}CH_2OH \\ | \\ CHOH \\ | \\ CH_2OH\end{matrix} + 3HNO_3 \longrightarrow \begin{matrix}CH_2ONO_2 \\ | \\ CHONO_2 \\ | \\ CH_2ONO_2\end{matrix} + 3H_2O$$

三硝酸甘油酯（俗称：硝化甘油）

醇与有机酸及其衍生物也能生成酯，称为酯化反应。例如：

$$CH_3COOH + CH_3CH_2OH \overset{H^+}{\rightleftharpoons} CH_3COOCH_2CH_3$$

$$CH_3CH_2OH + Cl-\overset{O}{\underset{O}{\overset{\|}{\underset{\|}{S}}}}-C_6H_4-CH_3 \xrightarrow[73\%]{\text{吡啶}} CH_3CH_2O-\overset{O}{\underset{O}{\overset{\|}{\underset{\|}{S}}}}-C_6H_4-CH_3$$

对甲苯磺酰氯　　　　对甲苯磺酸乙酯

（缩写为 TsCl，$Ts = CH_3-C_6H_4-SO_2-$）

醇与对甲苯磺酰氯的反应，通常在吡啶存在下进行。吡啶是一种有机碱，它能与反应中的酸结合，而有利于反应的进行。像吡啶这样能与反应过程中生成的酸结合的物质，常称为缚酸剂。

需要说明的是，—OH 是一个很难离去的基团，而—OTs 则是一个很好的离去基团，因此醇在进行取代反应时，为了使反应顺利进行，有时将醇转变为对甲苯磺酸酯再进行反应，因为对甲苯磺酸酯的取代反应能力与卤代烷类似，故醇与对甲苯磺酰氯的反应在有机合成中具有重要意义。例如：

$$H-\overset{CH_3}{\underset{C_2H_5}{+}}-OH \xrightarrow[\text{吡啶（构型保持）}]{TsCl} H-\overset{CH_3}{\underset{C_2H_5}{+}}-OTs \xrightarrow[\text{（构型翻转）}]{NaBr} Br-\overset{CH_3}{\underset{C_2H_5}{+}}-H$$

10.1.6.5 醇的脱水反应

醇与浓硫酸等脱水剂共热发生脱水反应，醇的脱水反应包括分子内的脱水反应和分子间的脱水反应。到底发生何种脱水反应随反应条件及醇的类型而异。

$$R-\underset{H}{\underset{|}{C}}-\underset{OH}{\underset{|}{C}}- \xrightarrow{\text{分子内脱水}} R-C{=}C- + H_2O$$

烯烃

$$R-OH + H-O-R \xrightarrow{\text{分子间脱水}} R-O-R + H_2O$$

醚

一般来说在较高温度下，主要发生分子内的脱水（消除反应）生成烯烃；而在较低温度下，则发生分子间脱水（取代反应）生成醚。例如，乙醇分子的脱水反应：

$$2CH_3CH_2OH \xrightarrow[\text{或 } Al_2O_3/240℃]{\text{浓 } H_2SO_4/140℃} CH_3CH_2OCH_2CH_3 + H_2O$$

$$CH_3CH_2OH \xrightarrow[\text{或 } Al_2O_3/360℃]{\text{浓 } H_2SO_4/170℃} CH_2{=}CH_2 + H_2O$$

醇分子间的脱水反应适用于伯醇制备单醚。醇的分子内脱水符合 Saytzeff 规则，脱水反应活性为：3° ROH ＞ 2° ROH ＞1° ROH。例如，仲丁醇的分子内脱水反应，主要产物是 2-丁烯：

$$\underset{OH}{CH_3\underset{|}{C}HCH_2CH_3} \xrightarrow[100℃]{60\%H_2SO_4} \underset{80\%}{CH_3CH{=}CHCH_3} + \underset{20\%}{CH_3CH_2CH{=}CH_2}$$

用硫酸做催化剂时，大多数醇的脱水反应是 E1 反应，烷基在反应中可能发生重排。例如，下列脱水反应用酸做脱水催化剂时，反应中发生了重排：

$$\underset{\substack{|\\CH_3}}{\overset{\substack{CH_3\\|}}{CH_3-C}}-\underset{\substack{|\\OH}}{CHCH_3} \xrightarrow[\triangle]{H^+} CH_3-\underset{\substack{|\\CH_3}}{C}=\underset{\substack{|\\CH_3}}{C}-CH_3$$

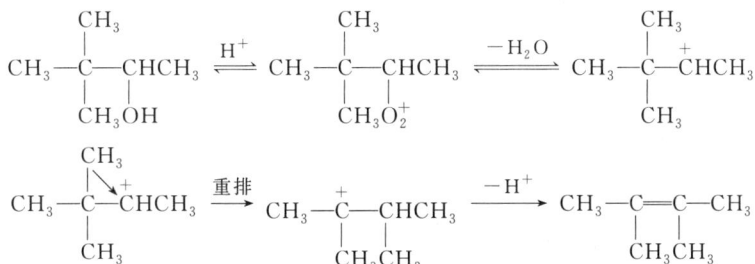

反应机理如下：

$$\underset{\substack{|\\CH_3}}{\overset{\substack{CH_3\\|}}{CH_3-C}}-\underset{\substack{|\\OH}}{CHCH_3} \overset{H^+}{\rightleftharpoons} \underset{\substack{|\\CH_3}}{\overset{\substack{CH_3\\|}}{CH_3-C}}-\underset{\substack{|\\O_2^+}}{CHCH_3} \overset{-H_2O}{\rightleftharpoons} \underset{\substack{|\\CH_3}}{\overset{\substack{CH_3\\|}}{CH_3-C}}-\overset{+}{C}HCH_3$$

$$\underset{\substack{|\\CH_3}}{\overset{\substack{CH_3\\|}}{CH_3-C}}-\overset{+}{C}HCH_3 \xrightarrow{\text{重排}} CH_3-\underset{\substack{|\\CH_3}}{\overset{+}{C}}-\underset{\substack{|\\CH_3}}{CHCH_3} \xrightarrow{-H^+} CH_3-\underset{\substack{|\\CH_3}}{C}=\underset{\substack{|\\CH_3}}{C}-CH_3$$

用 Al_2O_3 做催化剂脱水时，烷基一般不发生重排。例如：

$$\underset{\substack{|\\CH_3}}{\overset{\substack{CH_3\\|}}{CH_3-C}}-\underset{\substack{|\\OH}}{CHCH_3} \xrightarrow[\text{气相},\triangle]{Al_2O_3} \underset{\substack{|\\CH_3}}{\overset{\substack{CH_3\\|}}{CH_3-C}}-CH=CH_2$$

10.1.6.6 醇的氧化和脱氢

醇分子中的 α 碳上若有氢原子时，该氢原子受羟基的影响，比较活泼，易于被氧化。可以被高锰酸钾或重铬酸钾等氧化为相应的醛或酮。伯醇氧化首先生成醛，醛继续氧化生成羧酸；仲醇氧化生成酮。叔醇在同样条件下不易被氧化。

$$(1°\text{醇})\quad RCH_2OH \xrightarrow{[O]} \underset{\text{醛}}{RCHO} \xrightarrow{[O]} \underset{\text{羧酸}}{RCOOH}$$

$$(2°\text{醇})\quad \underset{\substack{|\\R'}}{RCH}OH \xrightarrow{[O]} \underset{\substack{|\\R'\\\text{酮}}}{RC}=O$$

$$(3°\text{醇})\quad R-\underset{\substack{|\\R'}}{\overset{\substack{R''\\|}}{C}}-OH \xrightarrow{[O]} \text{不氧化};\quad \xrightarrow{\text{强氧化}} \text{碳链断裂成小分子化合物}$$

$[O]= K_2Cr_2O_7$(或 $CrO_3 + H_2SO_4$)、$KMnO_4$ 等

环醇可以氧化生成酮或二元羧酸，例如：

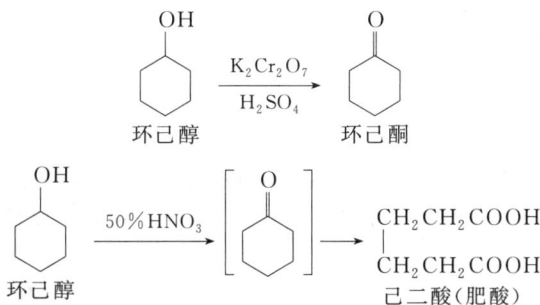

$$\underset{\text{环己醇}}{\text{(环己醇)}} \xrightarrow[H_2SO_4]{K_2Cr_2O_7} \underset{\text{环己酮}}{\text{(环己酮)}}$$

$$\underset{\text{环己醇}}{\text{(环己醇)}} \xrightarrow{50\%HNO_3} [\text{环己酮}] \longrightarrow \underset{\text{己二酸(肥酸)}}{\begin{matrix}CH_2CH_2COOH\\|\\CH_2CH_2COOH\end{matrix}}$$

用催化脱氢的方法也可将醇氧化。在 Cu 、Ag 等金属催化下，伯醇和仲醇经高温可脱

去两个氢原子而生成相应的醛和酮，此方法可用于工业化生产。

$$(1°醇)\quad R-\underset{H}{\overset{H}{\underset{|}{\overset{|}{C}}}}-OH \xrightarrow[\text{高温}]{\text{Cu 或 Ag}} R-\underset{H}{\underset{|}{C}}=O$$

$$(2°醇)\quad R-\underset{R'}{\overset{H}{\underset{|}{\overset{|}{C}}}}-OH \xrightarrow[\text{高温}]{\text{Cu 或 Ag}} R-\underset{R'}{\underset{|}{C}}=O$$

有两种选择性氧化剂，可以只氧化羟基，不氧化双键。一种是［CrO_3·吡啶］络合物，它将伯醇氧化成醛，而不氧化成酸。例如：

$$\underset{\text{正辛醇}}{CH_3(CH_2)_6CH_2OH} \xrightarrow[CH_2Cl_2,25℃]{\text{吡啶-}CrO_3} \underset{\text{正辛醛}}{CH_3(CH_2)_6CHO}$$

另一种叫 Oppenauer 氧化法，Oppenauer 氧化法是在碱（常用异丙醇铝或叔丁醇铝）的存在下，用过量的酮（常用的是丙酮）做氧化剂选择性地将仲醇或伯醇氧化成酮或醛，若分子中有不饱和键，亦不受影响。例如：

$$CH_3CH_2CH_2CH=CH\underset{OH}{\underset{|}{C}H}CH_3 + CH_3\underset{O}{\underset{\|}{C}}CH_3 \xrightarrow{Al[OC(CH_3)_2]_3} CH_3CH_2CH_2CH=CH\underset{O}{\underset{\|}{C}}CH_3 + CH_3\underset{OH}{\underset{|}{C}H}CH_3$$

$$(CH_3)_2C=CH(CH_2)_2CH_2OH + CH_3\underset{O}{\underset{\|}{C}}CH_3 \xrightarrow{Al[OC(CH_3)_2]_3} (CH_3)_2C=CH(CH_2)_2CHO + CH_3\underset{OH}{\underset{|}{C}H}CH_3$$

Oppenauer 氧化法制备酮比醛好，因为在异丙醇铝或叔丁醇铝等碱作用下，产物醛容易进一步发生羟醛缩合反应。

10.1.7 二元醇简介

10.1.7.1 二元醇的分类

根据二元醇分子中两个羟基的相对位置，可分为 1,2-二醇（α-二醇或邻二醇），1,3-二醇（β-二醇或间二醇）和 1,4-二醇（γ-二醇），邻二叔醇通称为频哪醇（pinacol）。例如：

$$CH_3-\underset{OH}{\underset{|}{CH}}-\underset{OH}{\underset{|}{CH_2}}$$

1,2-丙二醇（α-二醇）

$$\underset{OH}{\underset{|}{CH_2}}-CH_2-\underset{OH}{\underset{|}{CH_2}}$$

1,3-丙二醇（β-二醇）

$$\underset{OH}{\underset{|}{CH_2}}-CH_2-CH_2-\underset{OH}{\underset{|}{CH_2}}$$

1,4-丁二醇（γ-二醇）

$$CH_2-\underset{OH}{\overset{CH_3}{\underset{|}{\overset{|}{C}}}}-\underset{OH}{\overset{CH_3}{\underset{|}{\overset{|}{C}}}}-CH_3$$

2,3-二甲基-2,3-丁二醇（频哪醇）

10.1.7.2 二元醇的性质

同一个碳原子上连有两个或三个羟基的醇不稳定，很容易脱水生成相应的醛、酮或羧酸。邻二醇由于两个羟基相距较近，相互影响较大，与一元醇相比显示出一些特性。这里简要介绍其中的一些。

（1）邻二醇的酸性反应

邻二醇的酸性比一元醇大，不但能与碱金属氢氧化物反应，还能与 $Cu(OH)_2$ 反应，生成的产物水溶液呈深蓝色，此反应可以用来鉴别邻二醇。

$$\begin{matrix} CH_2-OH \\ | \\ CH_2-OH \end{matrix} + \begin{matrix} HO \\ HO \end{matrix}\!\!>\!Cu \longrightarrow \begin{matrix} CH_2-O \\ | \\ CH_2-O \end{matrix}\!\!>\!Cu + 2H_2O$$

乙二醇铜

（水溶液呈深蓝色）

（2）邻二醇与 HIO_4 的反应（定量反应）

邻二醇可被高碘酸氧化成酮或醛，这个反应是定量进行的，生成的碘酸可与硝酸银溶液反应产生白色沉淀，因此这个反应可用于邻二醇的分析鉴定，β-和 γ-二醇不发生此氧化反应。

$$R-\underset{OH}{\overset{R''}{C}}-\underset{OH}{CH}-R' + HIO_4 \longrightarrow R-\overset{O}{\overset{\|}{C}}-R'' + R'-\overset{O}{\overset{\|}{C}}-H + HIO_3 + H_2O$$

$$HIO_3 \xrightarrow{AgNO_3} AgIO_3\downarrow \text{（白色沉淀）}$$

（3）邻二醇与四醋酸铅的反应

邻二醇也可被四醋酸铅氧化成酮或醛，β-和 γ-二醇同样也不发生此氧化反应。

$$R-\underset{OH}{\overset{R''}{C}}-\underset{OH}{CH}-R' + Pb(OAc)_4 \longrightarrow R-\overset{O}{\overset{\|}{C}}-R'' + R'-\overset{O}{\overset{\|}{C}}-H + Pb(OAc)_2 + CH_3COOH$$

（4）频哪醇（pinacol）重排反应

频哪醇（邻二叔醇）在酸的催化作用下脱水并重排生成酮（频哪酮）的反应叫频哪醇重排反应。例如：

$$CH_3-\underset{OH}{\overset{CH_3}{C}}-\underset{OH}{\overset{CH_3}{C}}-CH_3 \xrightarrow{H_2SO_4} CH_3-\underset{CH_3}{\overset{CH_3}{C}}-\overset{}{\underset{O}{\underset{\|}{C}}}-CH_3$$

2,3-二甲基-2,3-丁二醇（频哪醇） 3,3-二甲基丁酮（频哪酮）

频哪醇重排机理：

$$CH_3-\underset{OH}{\overset{CH_3}{C}}-\underset{OH}{\overset{CH_3}{C}}-CH_3 \xrightleftharpoons{H^+} CH_3-\underset{OH}{\overset{CH_3}{C}}-\underset{O^+H_2}{\overset{CH_3}{C}}-CH_3 \xrightleftharpoons{-H_2O} CH_3-\underset{OH}{\overset{CH_3}{C}}-\overset{CH_3}{\underset{+}{C}}-CH_3$$

$$CH_3-\underset{OH}{\overset{CH_3}{C}}-\overset{CH_3}{\underset{+}{C}}-CH_3 \xrightleftharpoons{重排} CH_3-\underset{:OH}{\overset{+}{C}}-\underset{CH_3}{\overset{CH_3}{C}}-CH_3 \xrightleftharpoons{-H^+} CH_3-\underset{O}{\underset{\|}{C}}-\underset{CH_3}{\overset{CH_3}{C}}-CH_3$$

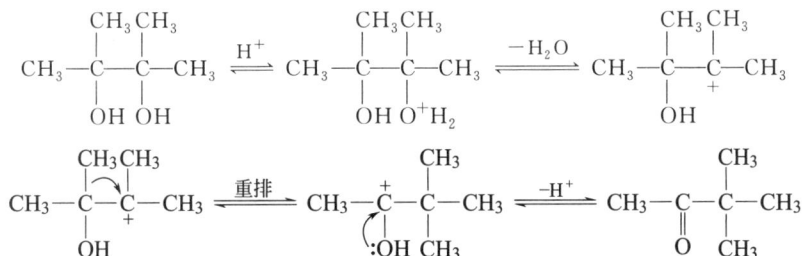

10.1.8 硫醇简介

醇分子中的氧被硫代替后所形成的化合物叫硫醇，—SH 叫巯基。

R—OH	R—SH	—SH
醇	硫醇	巯基

例如：

CH_3SH	CH_3CH_2SH	$CH_2=CHCH_2SH$
甲硫醇	乙硫醇	烯丙硫醇

10.1.8.1 硫醇的物理性质

由于硫醇不能形成氢键，所以硫醇比同碳醇的沸点低，硫醇也不溶于水。乙醇和乙硫醇的沸点和水溶性如下：

结　构	分子量	沸　点	水溶性
CH_3CH_2SH	62	37℃	不溶
CH_3CH_2OH	46	78.3℃	混溶

10.1.8.2 硫醇的化学性质

(1) 硫醇的酸性

硫醇的酸性比醇和水都大，硫醇能溶解在氢氧化钠水溶液中生成硫醇盐。例如：

$$CH_3CH_2SH \qquad\qquad CH_3CH_2OH$$
$$pK_a=10.5 \qquad\qquad pK_a=15.9$$

$$CH_3CH_2SH + NaOH \longrightarrow CH_3CH_2SNa + H_2O$$

硫醇还能与一些重金属离子生成不溶于水的硫醇盐，这些反应可用来定性鉴别硫醇类化合物。

$$2CH_3CH_2SH + HgO \longrightarrow \underset{\text{白色沉淀}}{(CH_3CH_2S)_2Hg\downarrow} + H_2O$$

$$2RSH + Pb(CH_3COO)_2 \longrightarrow \underset{\text{黄色沉淀}}{(RS)_2Pb} + 2CH_3COOH$$

(2) 硫醇的氧化反应

硫醇在缓和的氧化条件下，可氧化生成二硫化物，若用强氧化剂进行氧化，可生成磺酸。

$$2RSH + H_2O_2(\text{或 } NaIO, I_2) \longrightarrow \underset{\text{二硫化物}}{R—S—S—R} + 2H_2O$$

$$RSH + HNO_3(\text{或 } KMnO_4) \longrightarrow RSO_3H(\text{磺酸})$$

10.2 酚

10.2.1 酚的分类和命名

羟基直接与芳环相连的化合物叫做酚，根据芳环上羟基的数目，酚可以分为一元酚和多元酚。酚的命名一般是在酚字的前面加上芳环的名称作为母体，母体名称前再加上其它取代基的名称和位次。例如：

一元酚及其命名

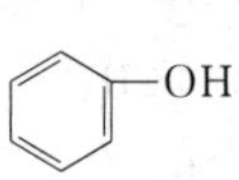

苯酚（石炭酸）　　α-萘酚 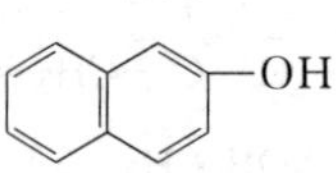　　β-萘酚 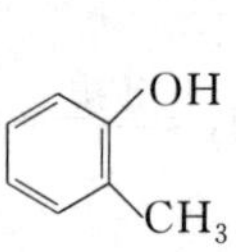　　2-甲基苯酚 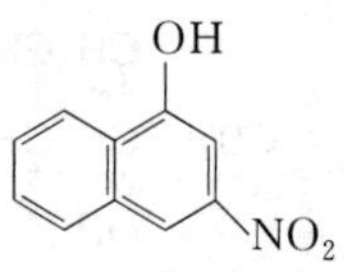　　3-硝基-1-萘酚

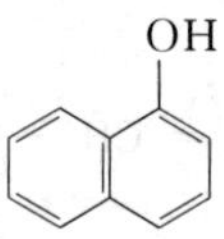

多元酚及其命名

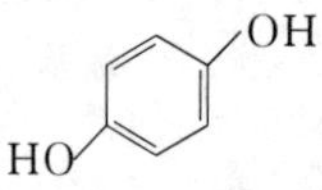

对苯二酚 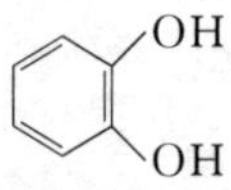　　邻苯二酚 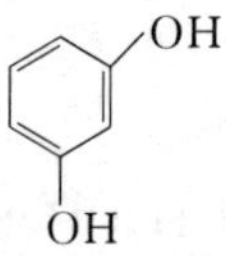　　间苯二酚 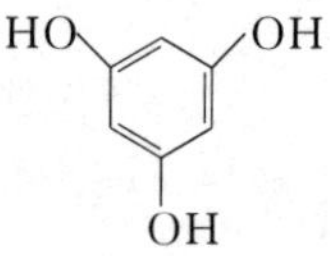　　均苯三酚

10.2.2　酚的结构

酚分子中的官能团是羟基，称为酚羟基。酚羟基的结构与醇羟基不同，如苯酚分子中，羟基氧原子是 sp^2 杂化，它以两个 sp^2 杂化轨道分别与苯环一个碳原子的 sp^2 杂化轨道和一个氢原子的 1s 轨道构成一个 C—O σ 键和一个 O—H σ 键，余下的一个 sp^2 杂化轨道和一个 p 轨道则分别被两对孤对电子所占据。

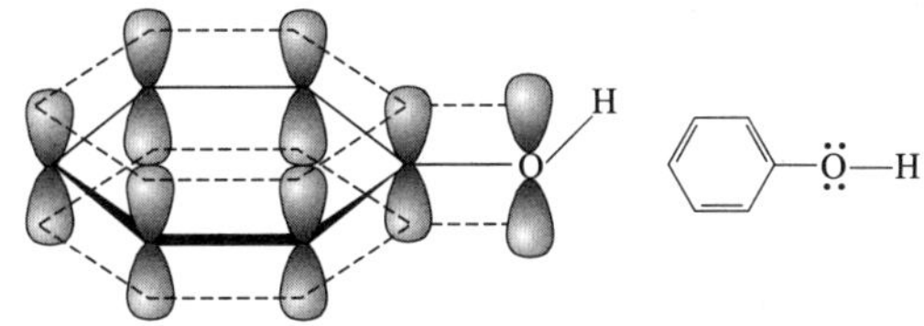

苯酚分子中，苯环与氧原子在同一平面内，氧原子 p 轨道上的孤对电子与苯环的 π 轨道形成 p-π 共轭体系，氧原子上的电子云向苯环转移，因此苯酚中的 C—O 键（键长 0.136nm）比甲醇中的 C—O 键（键长 0.143nm）短，苯酚 O—H 键中的氢原子比在醇中 O—H 键中的氢原子易解离，即苯酚的酸性比醇强。

10.2.3　酚的制法

10.2.3.1　异丙苯氧化法

异丙苯氧化法是以苯和丙烯为原料，通过苯与丙烯的烷基化反应生成异丙苯。异丙苯中的 α-氢被空气氧化生成氢过氧化异丙苯，后者在强酸或酸性离子交换树脂作用下分解，生成苯酚和丙酮。其中氧化反应一般在碱性条件下（pH＝8.8～10.5）和 1%乳化剂（硬脂酸钠或蓖麻酸钠）存在下进行。反应式如下：

$$C_6H_6 + CH_3CH{=}CH_2 \xrightarrow[85\sim95^\circ C]{\text{无水 } AlCl_3} C_6H_5CH(CH_3)_2 \xrightarrow[110\sim120^\circ C,\,0.4MPa]{\text{过氧化物},O_2(\text{空气})} C_6H_5C(CH_3)_2{-}O{-}OH$$

$$\xrightarrow[\text{约 }90^\circ C]{\text{约 }10\%\ H_2SO_4} C_6H_5OH + CH_3COCH_3$$

从以上反应式可知异丙苯法生产苯酚的同时可获得丙酮。通常一吨苯酚可同时获得 0.6 吨丙酮。苯酚和丙酮都是重要的工业原料，因此此方法是目前工业上合成苯酚的常用方法。

10.2.3.2　磺化碱熔法

将芳磺酸钠盐与氢氧化钠在高温下共熔得到相应的酚钠，再经酸化，即得相应的酚，此方法称为磺化碱熔法。例如：

$$C_6H_5SO_3Na + NaOH \xrightarrow[\text{共熔}]{300\sim320^\circ C} C_6H_5ONa \xrightarrow{H^+} C_6H_5OH$$

$$\alpha\text{-}C_{10}H_7SO_3Na \xrightarrow[300\sim320^\circ C]{NaOH} \alpha\text{-}C_{10}H_7ONa \xrightarrow{H^+} \alpha\text{-}C_{10}H_7OH$$

$$\beta\text{-}C_{10}H_7SO_3Na \xrightarrow[300\sim320^\circ C]{NaOH} \beta\text{-}C_{10}H_7ONa \xrightarrow{H^+} \beta\text{-}C_{10}H_7OH$$

磺化碱熔法与异丙苯法相比，其优点是设备简单、产率高、产品纯度好；缺点是生产工序多、劳动强度大、较难实行自动化生产，且需消耗大量酸碱等无机化工原料，成本较高。同时由于反应在高温下进行，当环上有羧基、卤素、硝基等易高温分解或脱去的基团时，副反应会增多，导致此法的应用受到一定的限制。

10.2.3.3 从芳卤衍生物制备

连在芳环上的卤原子很不活泼，需在高温、高压的条件下水解生成酚。但当卤原子的邻位或对位有强的吸电子基时，水解反应比较容易进行，可以制备相应的酚。例如：

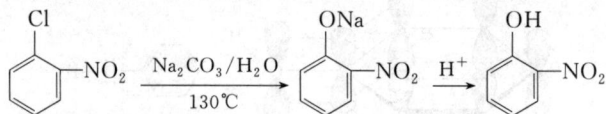

$$\text{邻硝基氯苯} \xrightarrow[130^\circ C]{Na_2CO_3/H_2O} \text{邻硝基苯酚钠 (ONa, NO}_2) \xrightarrow{H^+} \text{邻硝基苯酚 (OH, NO}_2)$$

10.2.4 酚的物理性质和光谱性质

10.2.4.1 物理性质

酚的物理性质在许多方面与醇相似，酚分子间可以形成氢键，所以酚的沸点比分子量相近的烃类化合物要高得多。例如：苯酚和甲苯分子量相差不大，而它们的熔点、沸点和水溶性则相差很大。

甲苯和苯酚的物理常数比较：

名　称	分子量	熔　点	沸　点	水溶性
甲苯	92	−93℃	110.6℃	不溶
苯酚	94	43℃	182℃	微溶

虽然酚分子与水分子间可以形成氢键，但由于酚羟基在分子中占的比重小，即使是最低级的酚——苯酚，也只微溶于水。

酚与水分子间形成氢键情况：

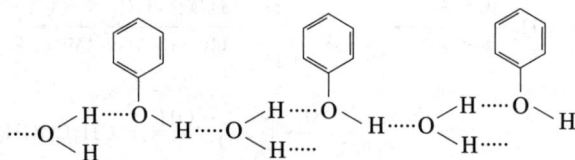

酚分子间形成氢键情况：

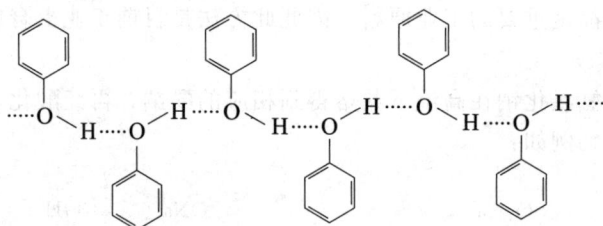

表 10-4 列出了一些常见酚的物理常数。

表 10-4　一些常见酚的物理常数

名　称	熔点/℃	沸点/℃	溶解度(25℃)/(g/100g 水)
苯酚	43	182	9.3
邻甲基苯酚	31	191	2.5
间甲基苯酚	11	201	2.6
对甲基苯酚	35	202	2.3
邻氟苯酚	16	152	
间氟苯酚	14	178	

续表

名　　称	熔点/℃	沸点/℃	溶解度(25℃)/(g/100g 水)
对氟苯酚	48	185	
邻氯苯酚	9	173	2.8
间氯苯酚	33	214	2.6
对氯苯酚	43	220	2.7
邻溴苯酚	5	194	
间溴苯酚	33	236	
对溴苯酚	64	236	1.4
邻碘苯酚	43		
间碘苯酚	40		
对碘苯酚	94		
邻氨基苯酚	174		1.7
间氨基苯酚	123		2.6
对氨基苯酚	186		1.1
邻硝基苯酚	45	217	0.2
间硝基苯酚	96		1.4
对硝基苯酚	114	279(分解)	1.7
2,4-二硝基苯酚	113		0.6
2,4,6-三硝基苯酚	122		1.4
α-萘酚	94	279	
β-萘酚	123	286	
邻苯二酚	105		
间苯二酚	110		
对苯二酚	170	285	8
1,2,3-苯三酚	133	309	62

10.2.4.2　酚的光谱性质

(1) 红外光谱

酚的红外光谱与醇一样，酚羟基的吸收也和是否形成氢键有关，形成氢键的羟基（缔合 OH）吸收向低波数方向移动，且吸收峰的强度变大，峰变宽。酚的主要红外特征吸收范围可描述如下：

$\tilde{\nu}$：3640～3600cm^{-1}（游离 O—H 伸缩振动）

$\tilde{\nu}$：3520～3100cm^{-1}（氢键缔合 O—H 伸缩振动）

$\tilde{\nu}$：约 1230cm^{-1}（C—O 伸缩振动）

图 10-5 和图 10-6 为对甲苯酚的红外光谱图。

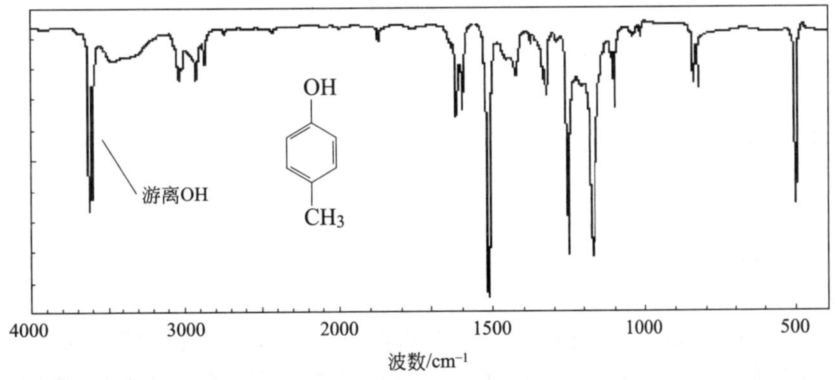

图 10-5　对甲苯酚（CCl_4 溶液）的红外光谱图

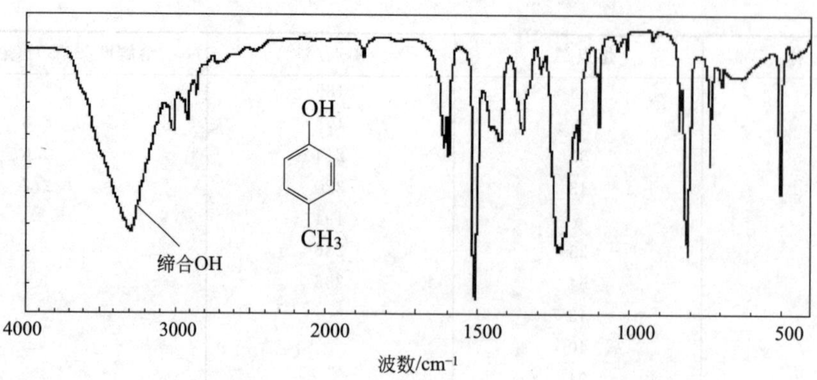

图 10-6 对甲苯酚（KBr 压片）的红外光谱图

（2）核磁共振谱

酚的核磁共振包括苯环上质子的吸收和酚羟基质子的吸收，苯环上质子的化学位移与一般芳香质子相同，酚羟基质子的吸收峰位置变化较大，一般在 $\delta=4.5\sim8$ 范围内，酚羟基上的 H 和苯环上 H 的化学位移如下：

OH（酚羟基 H 的 $\delta=4.5\sim8$）

R—（苯环）

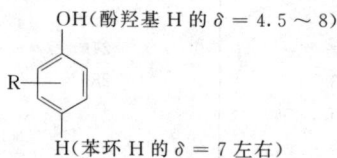

H（苯环 H 的 $\delta=7$ 左右）

图 10-7、图 10-8 为苯酚和对甲苯酚的 ^{1}H NMR 谱图。

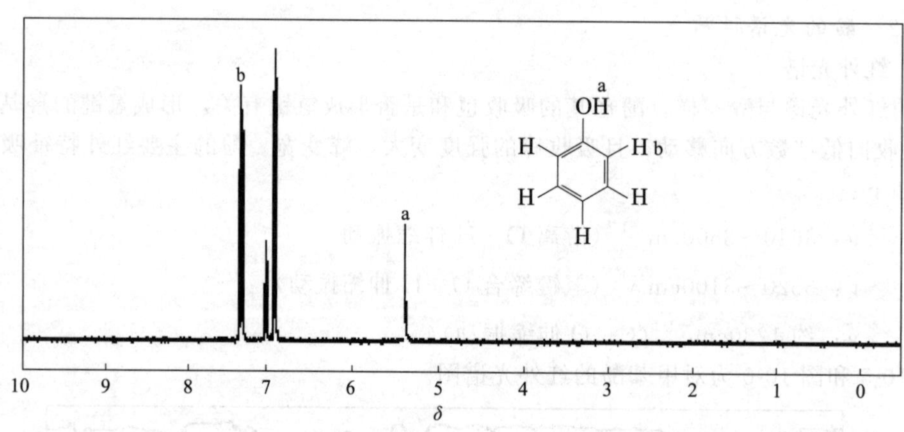

图 10-7 苯酚的 ^{1}H NMR 谱图

10.2.5 酚的化学性质

酚分子中包含一个羟基官能团（OH）和一个苯环，所以酚的反应包括酚羟基的反应和苯环上的反应。

10.2.5.1 酚羟基的反应

（1）酸性

酚的酸性比醇强，如苯酚的 $pK_a\approx10$，乙醇的 $pK_a\approx17$，但比碳酸（$pK_a=6.38$）的酸性弱。苯酚的水溶性虽然不是很大，但苯酚（或低级酚）可以溶于 NaOH 水溶液，生成水

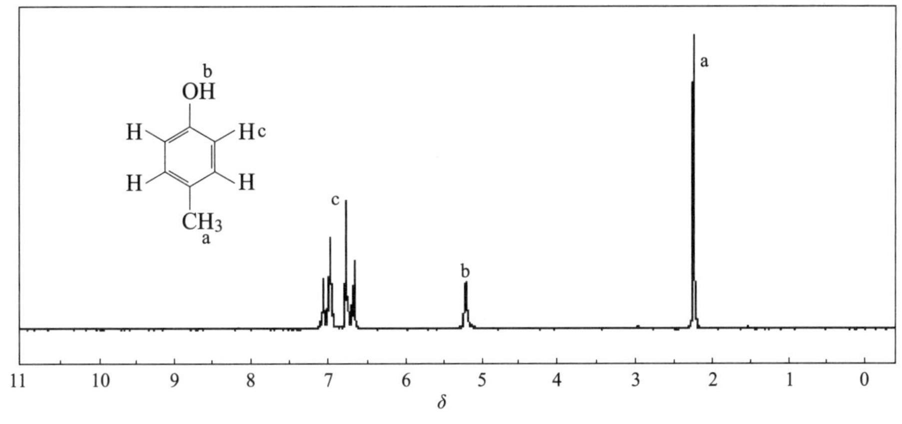

图 10-8　对甲苯酚的[1]H NMR 谱图

溶性的苯酚钠盐，但苯酚不能溶于 Na_2CO_3 或 $NaHCO_3$ 水溶液而成盐。例如：

$$C_6H_5OH + NaOH \rightleftharpoons C_6H_5ONa + H_2O$$

$$C_6H_5ONa + H_2CO_3 \rightleftharpoons C_6H_5OH + Na_2CO_3$$

以上反应的第一步由于生成苯酚盐而溶于水中，第二步通入二氧化碳（H_2CO_3），又可以将苯酚从水中置换出来。由于大部分有机化合物都不溶于 NaOH 水溶液，所以可以利用上述反应来分离和纯化苯酚和低级酚类化合物。

苯酚的酸性比醇强，这是因为酚羟基电离出氢质子后产生的苯氧基负离子与苯环产生共轭，增加了苯氧基负离子稳定性的缘故。

$$C_6H_5OH \rightleftharpoons C_6H_5O^- + H^+$$

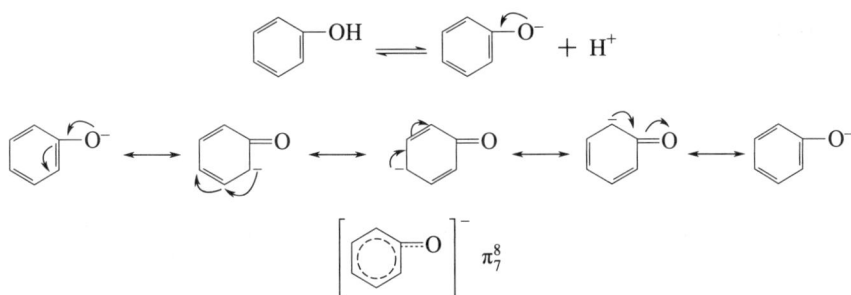

$$[C_6H_5O]^- \quad \pi_7^8$$

苯酚具有酸性，苯酚酸性大小与其结构有关。当苯环上有吸电子基团时，苯酚的酸性增强，尤其是吸电子基团位于酚羟基的邻、对位时影响更大。当苯环上有供电子基团时，苯酚的酸性减弱，尤其是在酚羟基的邻、对位时影响更大。因为吸电子基团可以稳定苯氧基负离子，而供电子基团则降低了苯氧基负离子的稳定性。尤其是基团处在邻、对位时影响更大。

例如，下列酚的酸性顺序是：

$$2,4,6\text{-}(NO_2)_3C_6H_2OH > 2,4\text{-}(NO_2)_2C_6H_3OH > p\text{-}NO_2C_6H_4OH \approx o\text{-}NO_2C_6H_4OH > m\text{-}NO_2C_6H_4OH > C_6H_5OH > p\text{-}CH_3C_6H_4OH$$

这是因为苯氧基负离子的稳定性顺序是：

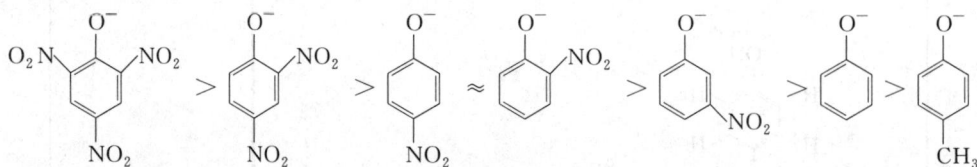

2,4,6-三硝基苯氧负离子 > 2,4-二硝基苯氧负离子 > 对硝基苯氧负离子 ≈ 邻硝基苯氧负离子 > 间硝基苯氧负离子 > 苯氧负离子 > 对甲基苯氧负离子

电离质子后生成的负离子越稳定，就越容易电离出质子，酸性就越强。

课堂练习 10.4 试解释为什么苯酚的酸性比醇的酸性大？

课堂练习 10.5 如何分离苯和苯酚的混合物，如何除去环己醇中含有的少量苯酚？

---

(2) 酚醚的生成

酚醚一般不能用酚和醇分子间脱水或酚和酚分子间脱水来制备，通常用酚盐和卤代烃或硫酸酯反应来合成。

$$ArONa + RX \longrightarrow Ar—O—R + NaX$$

$$ArONa + (RO)_2SO_2 \longrightarrow Ar—O—R + ROSO_2ONa$$

RX 一般不为叔卤代烃和乙烯型卤代烃等不活泼卤代烃。若用不活泼卤代烃反应，一般要在比较剧烈的条件和催化剂作用下才能反应。例如：

$$C_6H_5ONa + CH_3I \longrightarrow C_6H_5OCH_3 + NaI$$

$$C_6H_5ONa + (CH_3O)_2SO_2 \longrightarrow C_6H_5OCH_3 + CH_3OSO_2ONa$$

$$C_6H_5ONa + Br—C_6H_5 \xrightarrow[210℃]{Cu} C_6H_5—O—C_6H_5 + NaBr$$

但当卤代苯的邻对位有吸电子基时，则比较容易断裂 C—X 键。例如除草醚 2,4-二氯苯基-4′-硝基苯基醚的合成：

$$2,4\text{-}Cl_2C_6H_3—OH + Cl—C_6H_4—NO_2(p) \xrightarrow[\triangle]{KOH} 2,4\text{-}Cl_2C_6H_3—O—C_6H_4—NO_2(p)$$

2,4-二氯苯基-4′-硝基苯基醚

酚羟基易氧化，酚醚的化学性质比酚稳定，酚醚可通过和 HI 反应恢复原来的酚，在有机合成中常用生成酚醚的方法来保护酚羟基。

$$C_6H_5OCH_3 + HI \longrightarrow C_6H_5OH + CH_3I$$

(3) 酯的生成

在一般情况下，酚和羧酸不容易发生酯化反应生成相应的酯，但酚和更活泼的酰基化试剂酰卤和酸酐可以生成酯。

$$ArOH + R—\overset{O}{\overset{\|}{C}}—Cl \longrightarrow R—\overset{O}{\overset{\|}{C}}—OAr + HCl$$

$$ArOH + (R—\overset{O}{\overset{\|}{C}})_2O \longrightarrow R—\overset{O}{\overset{\|}{C}}—OAr + RCOOH$$

为使上述反应顺利进行，通常加入适量碱（如氢氧化钠、吡啶等）来吸收反应中生成的酸，或直接用酚盐来进行反应。例如：

$$C_6H_5OH + (CH_3-\overset{O}{\overset{\|}{C}})_2O \xrightarrow{NaOH} C_6H_5-O-\overset{O}{\overset{\|}{C}}-CH_3 + CH_3COOH$$

$$C_6H_5OH + C_6H_5-\overset{O}{\overset{\|}{C}}-Cl \xrightarrow{NaOH} C_6H_5-\overset{O}{\overset{\|}{C}}-O-C_6H_5 + HCl$$

（4）与三氯化铁的显色反应

酚类化合物可以与三氯化铁溶液发生反应，生成有颜色的络合物，其反应描述如下：

$$6ArOH + FeCl_3 \longrightarrow [Fe(OAr)_6]^{3-} + 6H^+ + 3Cl^-$$

不同的酚与三氯化铁反应显示的颜色不同，例如：苯酚显紫色，邻甲苯酚显红色，邻氯苯酚显绿色，对硝基苯酚显棕色，故此反应可用于酚的定性鉴定。此外，烯醇式化合物（$\gt C=\overset{|}{C}-OH$），例如戊二酮、乙酰乙酸乙酯等也都能与三氯化铁发生显色反应。

10.2.5.2　酚环上的反应

酚羟基的存在，增大了苯环上的电子云密度，活化了苯环，所以酚类化合物很容易在苯环上进行亲电取代反应。羟基是很强的邻、对位定位基，因此酚类化合物的亲电取代反应主要发生在羟基的邻、对位。

（1）卤代反应

酚类化合物很容易进行卤代反应，苯酚的溴代反应比苯快 10^{11} 倍，苯酚与过量的溴水反应，立即生成 2,4,6-三溴苯酚白色沉淀。

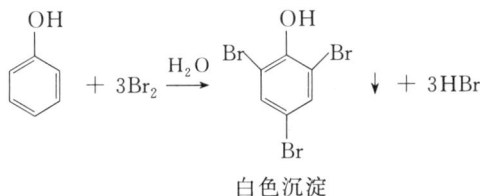

$$C_6H_5OH + 3Br_2 \xrightarrow{H_2O} \underset{\text{白色沉淀}}{2,4,6\text{-}Br_3C_6H_2OH}\downarrow + 3HBr$$

这个反应不仅现象明显，并且可定量进行，所以此反应可用于苯酚的定量分析和定性鉴定。

若要想得到一溴和二溴代苯酚，必须采取一些特殊的措施，通常是采取溶剂稀释的办法和低温下进行反应。例如：

$$C_6H_5OH + 2Br_2 \xrightarrow[HBr]{H_2O} 2,4\text{-}Br_2C_6H_3OH + 2HBr$$

$$C_6H_5OH + Br_2 \xrightarrow[5℃]{CS_2} \underset{\text{约 }80\%}{p\text{-}BrC_6H_4OH} + o\text{-}BrC_6H_4OH + HBr$$

苯酚和氯的反应比与溴的反应要缓和得多，控制反应条件可得到一氯代物和二氯代物。例如：

$$\text{苯酚} \xrightarrow{Cl_2/40\sim150℃} \text{4-氯苯酚} \xrightarrow{Cl_2} \text{2,4-二氯苯酚}$$

$$\text{苯酚} \xrightarrow{Cl_2/150\sim180℃} \text{2-氯苯酚} \xrightarrow{Cl_2} \text{2,4-二氯苯酚}$$

（2）磺化反应

酚的磺化反应也是可逆反应，磺化温度升高，其稳定性大的对位异构体的数量增加。例如：

$$\text{苯酚} \xrightarrow[20℃]{98\%\ H_2SO_4} \text{邻羟基苯磺酸}(49\%) + \text{对羟基苯磺酸}(51\%)$$

$$\text{苯酚} \xrightarrow[100℃]{98\%\ H_2SO_4} \text{邻羟基苯磺酸}(10\%) + \text{对羟基苯磺酸}(90\%)$$

（3）硝化反应

苯酚在室温下可用稀硝酸硝化，由于苯酚容易被氧化，硝化产率较低。

$$\text{苯酚} \xrightarrow[25℃]{20\%\ HNO_3} \text{邻硝基苯酚}(30\%\sim40\%) + \text{对硝基苯酚}(15\%)$$

苯酚硝化的两种产物沸点相差较大，可通过水蒸气蒸馏的方法进行分离。两种硝基酚的沸点相差较大的原因是邻硝基苯酚可形成分子内氢键，分子间不缔合，沸点低，能进行水蒸气蒸馏；而对硝基苯酚可形成分子间氢键，分子间缔合，沸点高，不能进行水蒸气蒸馏。两种硝基酚形成的氢键情况如下：

邻硝基苯酚形成分子内氢键　　　对硝基苯酚形成分子间氢键

苯酚硝化不能用浓硝酸，因酚羟基会被氧化，所以多硝基酚不能用浓硝酸高温硝化，但可用以下方法来制备：

$$\text{1-Cl-2,4-}(NO_2)_2C_6H_3 \xrightarrow[OH^-]{H_2O} \text{2,4-}(NO_2)_2C_6H_3OH$$

$$\text{1-Cl-2,4,6-}(NO_2)_3C_6H_2 \xrightarrow[OH^-]{H_2O} \text{2,4,6-}(NO_2)_3C_6H_2OH \quad \text{（苦味酸）}$$

$$C_6H_5OH \xrightarrow[100℃]{H_2SO_4} \text{2,4-}(SO_3H)_2C_6H_3OH \xrightarrow{HNO_3} \text{2,4,6-}(NO_2)_3C_6H_2OH$$

(4) Friedel-Crafts 反应

苯酚与 $AlCl_3$ 会形成不溶于有机溶剂的苯酚氯化铝盐，所以苯酚的傅氏反应一般不用金属盐作催化剂，而用 HF、H_2SO_4 等。例如：

$$C_6H_5OH + (CH_3)_3CCl \xrightarrow{HF} p\text{-}(CH_3)_3C\text{-}C_6H_4OH + HCl$$

$$p\text{-}CH_3C_6H_4OH + 2(CH_3)_2C{=}CH_2 \xrightarrow{H_2SO_4} \text{2,6-}[C(CH_3)_3]_2\text{-4-}CH_3C_6H_2OH$$

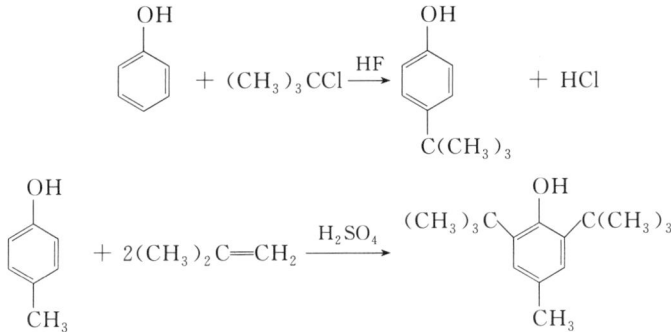

(5) 和甲醛的缩合反应

苯酚和甲醛作用，首先在酚羟基的邻位和对位引入羟甲基，所得到的产物可进一步缩合，最后生成高分子化合物酚醛树脂。例如：

$$2C_6H_5OH + 2HCHO \xrightarrow{\text{催化剂}} p\text{-}HOCH_2C_6H_4OH + o\text{-}HOCH_2C_6H_4OH$$

$$p\text{-}HOC_6H_4CH_2\boxed{OH + H}C_6H_4OH\text{-}p \longrightarrow HO\text{-}C_6H_4\text{-}CH_2\text{-}C_6H_4\text{-}OH + H_2O$$

$$o\text{-}HOC_6H_4CH_2\boxed{OH + H}C_6H_4OH\text{-}o \longrightarrow o\text{-}HOC_6H_4\text{-}CH_2\text{-}C_6H_4OH\text{-}o + H_2O$$

上述产物经多次缩合后，可得到高分子量的化合物酚醛树脂（线型或网状酚醛树脂）。酚醛树脂是重要的工业原料，用途广泛，可用做涂料、胶黏剂、酚醛塑料等，如果在酚醛树脂中引入磺酸基或羧基等酸性基团，则可得到酚醛型阳离子交换树脂。

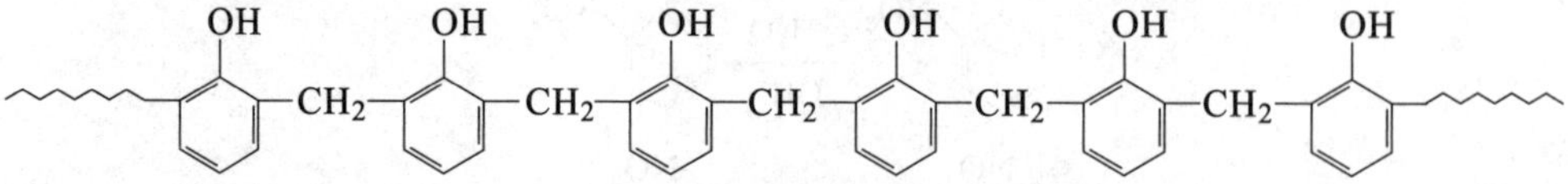

线型酚醛树脂

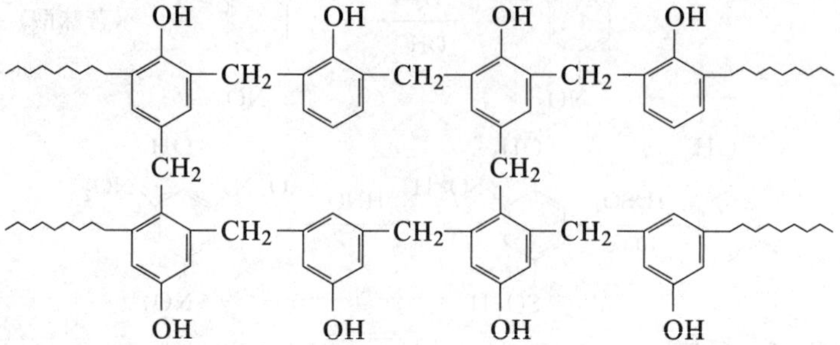

网状酚醛树脂

（6）和丙酮的缩合反应

在酸的催化作用下，两分子苯酚在羟基的对位和丙酮缩合，生成2,2-二对羟基苯基丙烷，俗称双酚A。双酚A是一种重要的化工原料，它可和环氧氯丙烷反应生成高分子化合物环氧树脂。

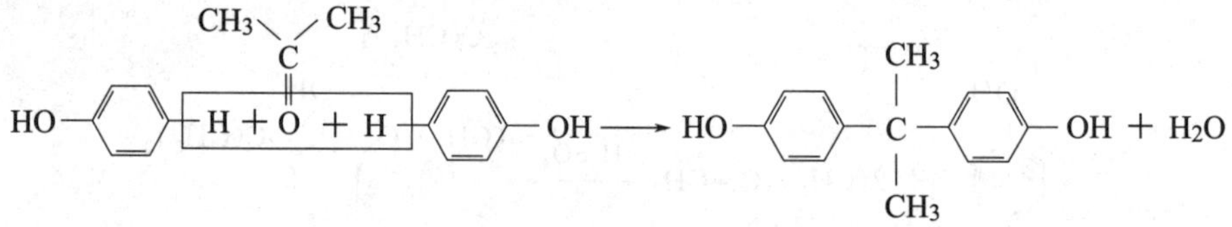

$$HO-C_6H_4-H + O{=}C(CH_3)_2 + H-C_6H_4-OH \longrightarrow HO-C_6H_4-C(CH_3)_2-C_6H_4-OH + H_2O$$

双酚A

$$n\,HO-C_6H_4-C(CH_3)_2-C_6H_4-OH + n\,\underset{\text{O}}{CH_2-CHCH_2Cl} \xrightarrow{OH^-} \left[O-C_6H_4-C(CH_3)_2-C_6H_4-OCH_2CH(OH)CH_2 \right]_n$$

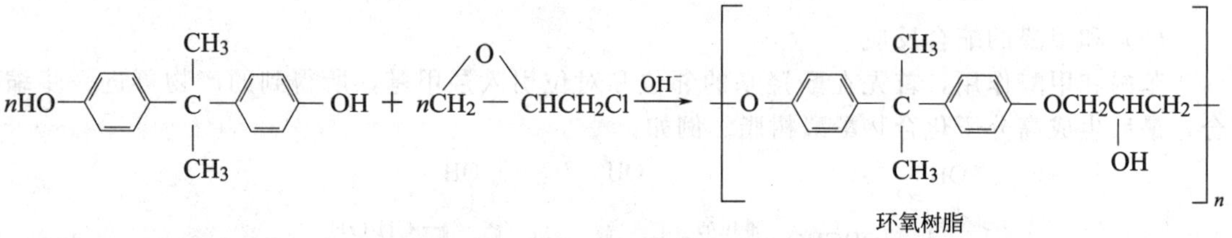

环氧树脂

环氧树脂与多元胺或多元酸酐等固化剂作用后，可形成网状体型、交联结构的高分子，具有很强的粘接力，俗称“万能胶”。

10.2.5.3 酚的氧化反应

酚比醇容易被氧化，空气中的氧就能氧化酚。酚在空气中放置，颜色逐渐变深就是氧化的缘故。酚氧化生成醌等物质。例如：

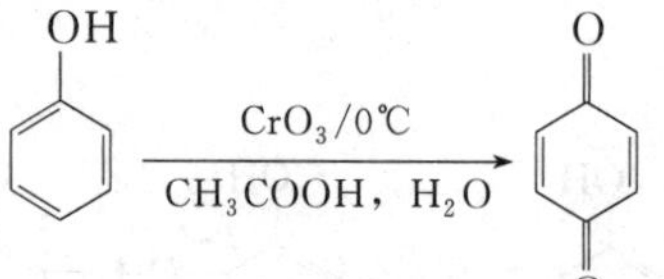

$$C_6H_5OH \xrightarrow[CH_3COOH,\ H_2O]{CrO_3/0℃} O{=}C_6H_4{=}O \quad (\text{对苯醌})$$

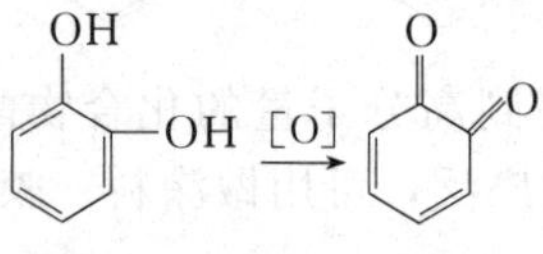

$$C_6H_4(OH)_2 \xrightarrow{[O]} C_6H_4O_2 \quad (\text{邻苯醌})$$

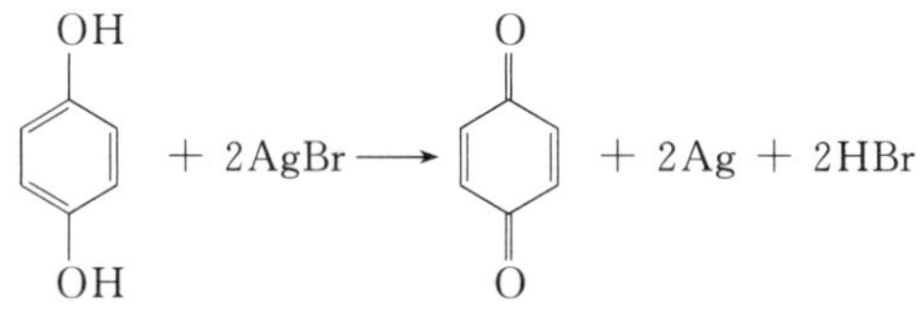

$$\text{对苯二酚 (HO-C}_6\text{H}_4\text{-OH)} + 2AgBr \longrightarrow \text{对苯醌 (O=C}_6\text{H}_4\text{=O)} + 2Ag + 2HBr$$

对苯二酚能将 AgBr 中的银还原出来，可以用作显影剂。

10.2.5.4 酚的还原反应

苯酚可以通过催化加氢的方法还原成环己醇类化合物，这是工业上生产环己醇的主要方法。环己醇是制备尼龙-6 的原料。

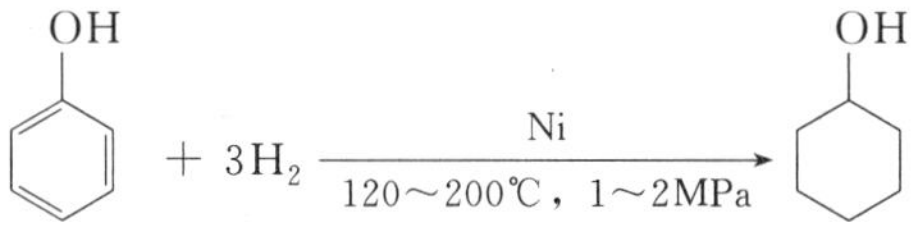

$$C_6H_5OH + 3H_2 \xrightarrow[120\sim200℃,\ 1\sim2MPa]{Ni} C_6H_{11}OH$$

10.3 醚

10.3.1 醚的分类和命名

醚的通式为 R—O—R′、Ar—O—R 或 Ar—O—Ar。醚分子中的氧（—O—）称为醚键。醚可根据醚键两端所连的烃基种类不同分为饱和醚、不饱和醚、芳醚。如醚键两端基团相同的醚称为单醚（R—O—R、Ar—O—Ar），不相同的称为混合物醚（R—O—R′）。醚也可以分为开链醚和环醚。

简单的醚一般用习惯命名法。对于混醚，称为某烃基某烃基醚。根据次序规则，较优先的基团后列出；若其中有一个芳基时，芳基放前面。对于单醚，称为某烃基醚，把“二”字省略。例如：

$CH_3—O—CH_2CH_3$ 甲乙醚　　$CH_3—O—CH_3$ 甲醚　　$(CH_3)_2CH—O—CH(CH_3)_2$ 异丙醚

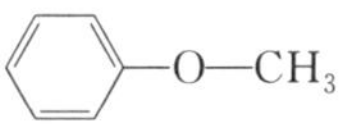

$C_6H_5—O—CH_3$ 苯甲醚　　$C_6H_5—O—C_6H_5$ 苯醚

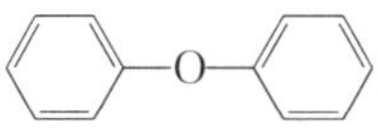

对于复杂的醚，把烷氧基作为取代基来命名，按烃命名。例如：

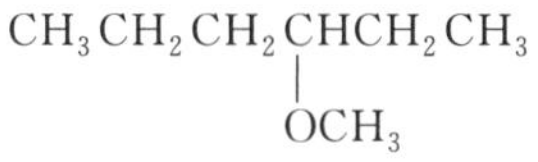

$CH_3CH_2CH_2CH(OCH_3)CH_2CH_3$ 3-甲氧基己烷　　$CH_3CH_2OCH(CH_3)CH_2CH(CH_3)CH_3$ 2-甲基-4-乙氧基戊烷

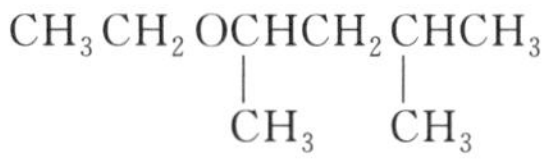

环醚一般叫环氧某烃，或按杂环化合物命名。例如：

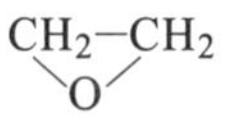

环氧乙烷 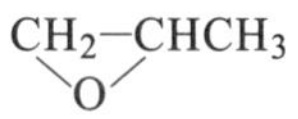　　环氧丙烷 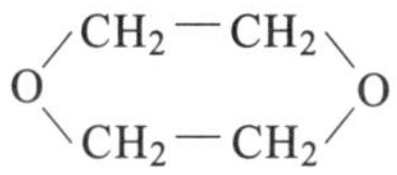　　1,4-二氧六环 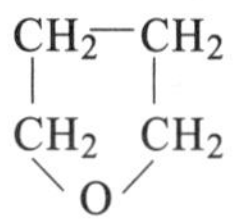　　1,4-环氧丁烷(四氢呋喃)

10.3.2 醚的结构

醚的官能团是醚键，醚键氧原子的结构与醇分子羟基结构中的氧原子相似，采取 sp^3 杂化。氧原子拿出两个 sp^3 杂化轨道分别与两个烃基形成两个 σ 键，剩下的两个 sp^3 杂化轨道被两对孤对电子所占据。

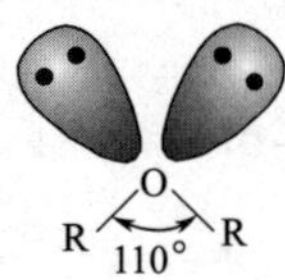

10.3.3 醚的制法

10.3.3.1 Williamson 合成法

醇钠与卤代烃发生亲核取代反应制备醚的方法称为 Williamson（威廉逊）合成法。此法特别适用于制备混合醚。Williamson 合成法由于是醇钠与卤代烷的亲核取代反应，因此应选用伯卤烷，因为醇钠为强碱，仲卤烷和叔卤烷容易发生消除反应而影响产率。例如：

$$R{-}X + NaOR' \longrightarrow ROR'(\text{醚}) + NaX$$

制备具有叔烃基的混醚时，应采用叔醇钠与伯卤烷反应，而要避免采用叔卤烷为原料，因为叔卤烷在反应过程中会发生脱卤化氢而生成烯烃的副反应。

$$(CH_3)_3CONa + ICH_3 \longrightarrow (CH_3)_3COCH_3 + NaI$$

$$(CH_3)_3C{-}X + NaOCH_3 \longrightarrow CH_3{-}\underset{\underset{CH_3}{|}}{C}{=}CH_2 + NaX + CH_3OH$$

制备具有苯基的混醚时应采用酚钠。例如，苯甲醚的制备只能采用酚钠与一卤甲烷反应得到：

$$C_6H_5{-}O^- Na^+ + CH_3Cl \longrightarrow C_6H_5{-}OCH_3 + NaCl$$

苯甲醚(茴香醚)

10.3.3.2 乙烯基醚的制备

乙烯基醚不能用乙烯醇钠与卤代烃反应制备，因为乙烯醇不稳定，难以存在。卤代乙烯中的卤原子不活泼，难以被取代，故也不能用醇钠和氯乙烯反应。所以乙烯基醚不能用 Williamson 合成法合成，可采用乙炔的亲核加成反应合成。

$$CH{\equiv}CH + CH_3OH \xrightarrow[\triangle]{20\%KOH\text{水溶液}} CH_2{=}CH{-}OCH_3$$

甲基乙烯基醚

10.3.3.3 醇的脱水

醇脱水是工业上和实验室中制取低级单醚的常用方法。例如工业上制乙醚是先将乙醇和浓硫酸在 65℃下混合，生成硫酸氢乙酯，然后加热到 125～140℃，再将过量的乙醇慢慢加到混合物中，然后将生成的乙醚蒸出。

$$2CH_3CH_2OH \xrightarrow[140℃]{\text{浓 }H_2SO_4} CH_3CH_2OCH_2CH_3 + H_2O$$

这个方法通常不能用来制备低级混合醚。因为用它来制混合醚时，不可避免地会有其它两种单醚生成，这样产率不高，同时分离也有困难。

课堂练习 10.6　选择较好的原料和方法合成下列化合物。

(1) 正丁醚　(2) 乙基异丙基醚

10.3.4 醚的物理性质和光谱性质

除甲醚和甲乙醚为气体外，一般醚为无色液体，大部分醚的密度小于 1。醚分子间不能形成氢键，所以醚的沸点比其同分异构体醇要低得多。例如乙醚和丁醇分子式都是

$C_4H_{10}O$，乙醚的沸点是 34.6℃，而丁醇的沸点为 118℃。醚能提供氧原子和水分子形成氢键，所以低级醚有一定水溶性。如 100g 水可溶解约 8g 乙醚。醚可和许多有机化合物混溶，是良好的有机溶剂。表 10-5 列出了一些常见醚的物理常数。

表 10-5　一些常见醚的物理常数

名　称	熔点/℃	沸点/℃	密度/(g/cm³)	折射率(n_D^{20})
甲醚	−138.5	−23		
乙醚	−116.6	34.6	0.7137	1.3526
丙醚	−122	90.1	0.7360	1.3809
异丙醚	−86	68	0.7241	1.3679
正丁醚	−95.3	142	0.7689	1.3992
乙烯基醚	−101	28	0.773	1.3989
苯甲醚	−37.5	155	0.9961	1.5179
苯乙醚	−29.5	170	0.9666	1.5076
二苯醚	−26.8	258	1.0748	
1,4-二氧六环	11.8	101	1.0337	1.4224
四氢呋喃	−65	67	0.8892	1.4050

醚与水分子形成氢键情况如下：

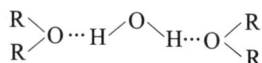

$$R_2O\cdots H-O(H)\cdots OR_2$$

醚的 IR 谱与醇相似，但没有醇中 OH 的吸收峰，醚中 C—O 键的吸收峰在 1050～1200cm^{-1} 区域，醚的红外光谱特征性不强，一般不能用红外光谱来确证醚。在醚的^{1}H NMR 谱中，直接与氧相连的碳上的氢（—O—C—H）的化学位移在 3.0～4.0 之间。图 10-9、图 10-10 分别为乙醚的红外光谱和^{1}H NMR 谱图。

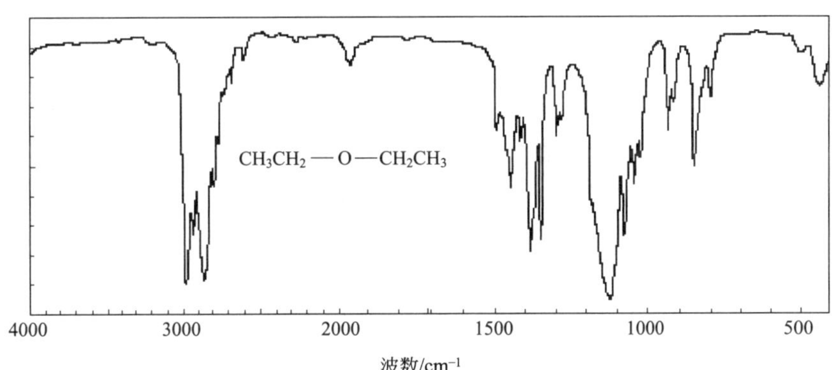

图 10-9　乙醚的红外光谱图

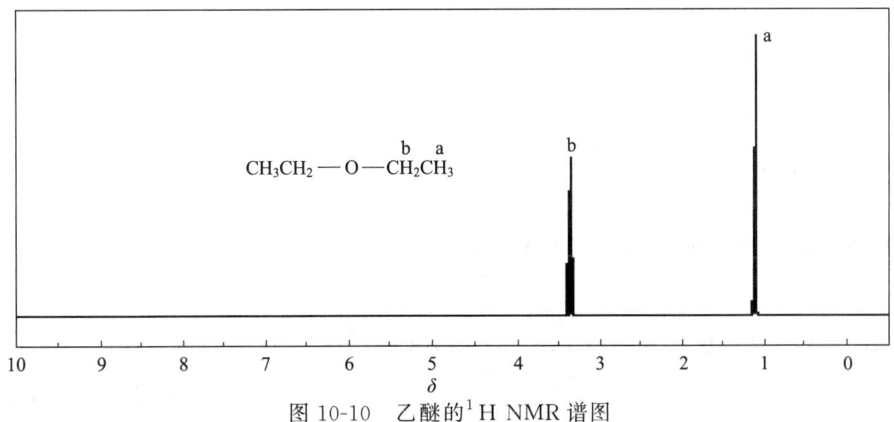

图 10-10　乙醚的^{1}H NMR 谱图

10.3.5 醚的化学性质

醚（R—O—R）是一类低极性化合物，分子中没有弱键。除分子中有张力的小环醚环氧乙烷外，醚的化学性质相当稳定，一般不容易发生化学反应。在常温下醚既不与强氧化剂、强还原剂反应，也不与活泼金属（如 Na、K）反应。但醚比烷烃活泼，醚键氧原子上的孤电子对能与强酸成盐，这种盐叫锌盐，醚键在一定条件下会发生断裂。

（1）锌盐的生成

醚中的氧可以提供孤对电子和强酸（如浓硫酸、浓盐酸）生成锌盐，锌盐加水即水解，又析出原来的醚，可以利用这个反应来分离醚。

$$R—O—R + HCl \longrightarrow [R—\overset{+}{\underset{H}{\ddot{O}}}—R]Cl^- \quad \text{锌盐}$$

$$[R—\overset{+}{\underset{H}{\ddot{O}}}—R]Cl^- + H_2O \longrightarrow R—O—R + H_3O^+ + Cl^-$$

醚也可利用氧上的孤对电子和一些 Lewis 酸如三氟化硼、格氏（Grignard）试剂等形成络合物。例如：

$$R—O—R + BF_3 \longrightarrow R_2O \rightarrow BF_3$$

$$2R—O—R + R'MgX \longrightarrow R'—Mg(\leftarrow OR_2)_2—X$$

（2）醚键的断裂

醚和质子形成锌盐后，醚键（C—O 键）变弱，在卤代酸（主要是浓氢碘酸或氢溴酸）的作用下，醚键会断裂生成卤代烃和醇或酚。氢卤酸过量时，醇可转变成卤代烃，而酚则不能。二芳基醚不和卤代酸发生醚键断裂的反应。例如：

$$CH_3—O—CH_2CH_3 + HI \longrightarrow [CH_3—\overset{+}{\underset{H}{\ddot{O}}}—CH_2CH_3]I^-$$

$$[CH_3—\overset{+}{\underset{H}{\ddot{O}}}—CH_2CH_3]I^- \xrightarrow[\text{或 } S_N1]{S_N2} CH_3I + CH_3CH_2OH$$

$$CH_3CH_2OH \xrightarrow{HI} CH_3CH_2I$$

$$C_6H_5—O—CH_3 + HI \longrightarrow CH_3I + C_6H_5—OH$$

$$C_6H_5—OH \xrightarrow{HI} \text{不反应}$$

$$C_6H_5—O—C_6H_5 + HI \longrightarrow \text{不反应}$$

对于甲基醚，上述反应是定量完成的，所以这个反应可用于 CH_3—O—R 类醚的定量测定，这个方法叫 Zeisel 甲氧基测定法。

伯烷基醚与 HI 作用时，按 S_N2 机理进行：

$$CH_3—O—CH_2CH_3 + HI \longrightarrow CH_3—\overset{+}{\underset{H}{O}}—CH_2CH_3 \xrightarrow{I^-} CH_3I + CH_3CH_2OH$$

$$CH_3CH_2OH \xrightarrow{HI} CH_3CH_2I$$

小烷基形成卤代烃，大烷基形成醇。

叔烷基醚与 HI 作用时，按 S_N1 机理进行：

$$(CH_3)_3C-O-CH_3 \xrightarrow{H^+} (CH_3)_3C-\overset{+}{O}(H)-CH_3 \xrightarrow[S_N1]{-HOCH_3} (CH_3)_3C^+ + CH_3OH$$

$$(CH_3)_3C^+ \xrightarrow{-H^+} CH_3-C(CH_3)=CH_2$$

(3) 过氧化物的形成

醚对氧化剂较稳定，但含有 α-氢的醚长期和氧接触会逐渐发生自由基氧化，形成有机过氧化物。例如乙醚在长期贮存过程中，易被空气中的氧氧化生成过氧化物：

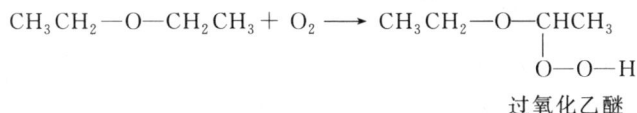

$$CH_3CH_2-O-CH_2CH_3 + O_2 \longrightarrow CH_3CH_2-O-CH(O-O-H)CH_3$$

过氧化乙醚

过氧化物不稳定，受热分解容易引起爆炸，所以保存醚类化合物要注意隔绝空气，或加入少量抗氧剂。长时间放置的醚类化合物使用时，要检查是否有过氧化物存在。若有，必须除去后才能使用。

(4) 环氧乙烷的反应

环氧乙烷是一个有张力的小环，化学性质活泼，很容易发生开环反应，生成没有张力的开链化合物，它可和许多常用试剂，如 H_2O、HCl、CH_3CH_2OH、NH_3 和 HCN 等反应开环。

$$\overset{\delta^+}{C}H_2-\overset{\delta^+}{C}H_2(\overset{\delta^-}{O}) \longrightarrow \begin{cases} \xrightarrow{H_2O/H^+} HOCH_2CH_2OH \\ \xrightarrow{HCl} HOCH_2CH_2Cl \\ \xrightarrow{CH_3CH_2OH/H^+} HOCH_2CH_2OCH_2CH_3 \\ \xrightarrow{NH_3} HOCH_2CH_2NH_2 \\ \xrightarrow{HCN} HOCH_2CH_2CN \end{cases}$$

环氧乙烷和格氏试剂反应后水解，可制备增加两个碳原子的伯醇。

$$CH_2-CH_2(O) + RMgX \xrightarrow{干醚} RCH_2CH_2OMgX$$

$$RCH_2CH_2OMgX \xrightarrow{H_2O/H^+} RCH_2CH_2OH + Mg(OH)X$$

伯醇

环氧乙烷开环后的产物可进一步与环氧乙烷加成，生成碳链增长的化合物。在碱催化条件下，环氧乙烷可聚合成高分子量的聚环氧乙烷。例如：

$$CH_2-CH_2(O) \xrightarrow{OH^-} HOCH_2CH_2O^- \longrightarrow \begin{cases} \xrightarrow{H_2O} HOCH_2CH_2OH \\ \xrightarrow{CH_2-CH_2(O)} HOCH_2CH_2OCH_2CH_2O^- \end{cases}$$

$$HOCH_2CH_2OCH_2CH_2O^- \longrightarrow \begin{cases} \xrightarrow{H_2O} HOCH_2CH_2OCH_2CH_2OH \ (一缩二乙二醇) \\ \xrightarrow{CH_2-CH_2(O)} HOCH_2CH_2OCH_2CH_2OCH_2CH_2O^- \cdots \end{cases}$$

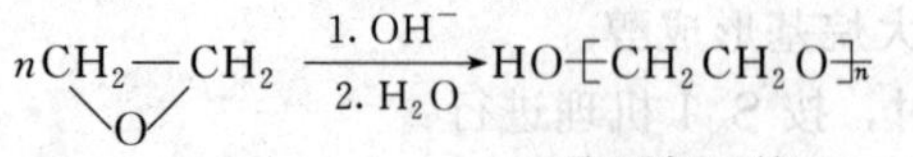

$$nCH_2-CH_2(-O-) \xrightarrow[2.\ H_2O]{1.\ OH^-} HO\!\left[CH_2CH_2O\right]_n$$

聚环氧乙烷

两分子环氧乙烷自身加成或其开环产物乙二醇分子之间脱水，都可生成没有张力的六元环醚 1,4-二氧六环（俗称：二噁烷）。

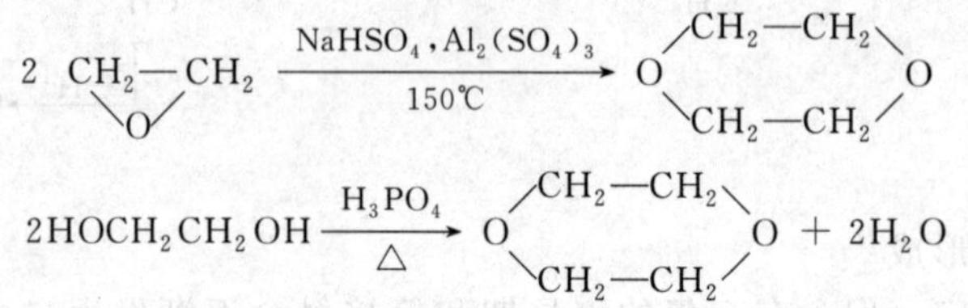

$$2\ CH_2-CH_2(-O-) \xrightarrow[150℃]{NaHSO_4,Al_2(SO_4)_3} O\langle{}^{CH_2-CH_2}_{CH_2-CH_2}\rangle O$$

$$2HOCH_2CH_2OH \xrightarrow[\triangle]{H_3PO_4} O\langle{}^{CH_2-CH_2}_{CH_2-CH_2}\rangle O + 2H_2O$$

不对称的环氧化物在酸性条件下进行亲核取代反应时，易于按 S_N1 机理进行反应，优先在取代基多的碳原子上进行取代。例如：

$$CH_3CH-C(CH_3)_2\ (-O-) \xrightarrow[H_2SO_4]{CH_3OH} CH_3CH-C(CH_3)_2\ (-O^{+}H-) \longrightarrow CH_3CH(OH)-\overset{+}{C}(CH_3)-CH_3 \xrightarrow{CH_3OH}$$

$$CH_3CH(OH)-C(CH_3)(\overset{+}{O}HCH_3)-CH_3 \xrightarrow{H^+} CH_3CH(OH)-C(CH_3)(OCH_3)-CH_3$$

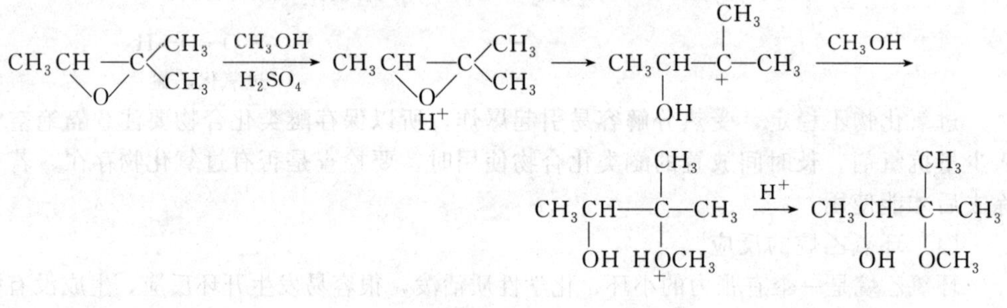

76%

不对称的环氧化物在碱性条件下进行亲核取代反应时，易于按 S_N2 机理进行反应，优先在取代基少的碳原子上进行取代。例如：

$$CH_3CH-C(CH_3)-CH_3\ (-O-) \xrightarrow[CH_3ONa,CH_3OH]{CH_3O^-,S_N2} CH_3CH(OCH_3)-C(CH_3)(O^-)-CH_3 \xrightarrow{CH_3OH} CH_3CH(OCH_3)-C(CH_3)(OH)-CH_3$$

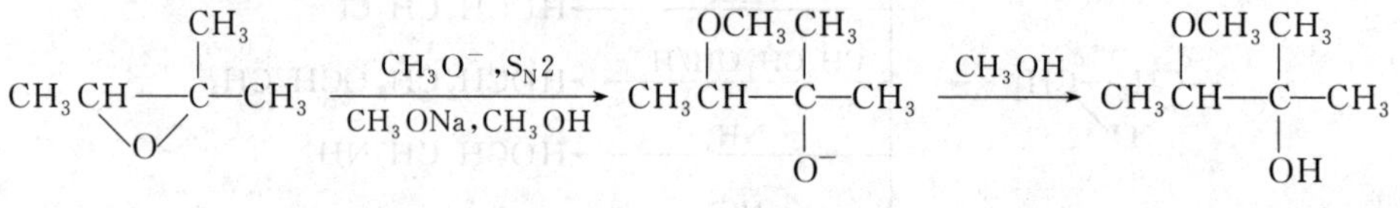

53%

10.3.6 冠醚和硫醚简介

（1）冠醚

冠醚是含有多个氧原子的大环多醚，有些冠醚的结构有点像皇冠，因此叫冠醚。

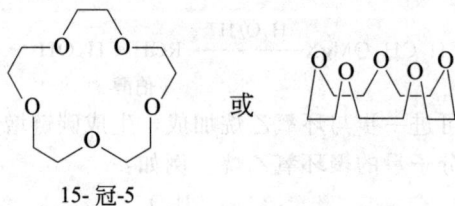

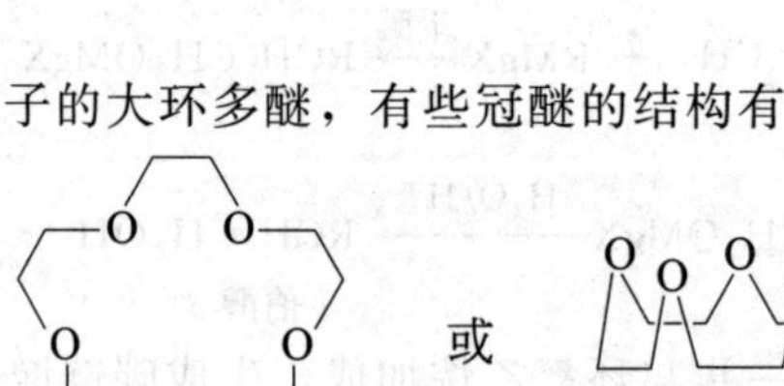

15-冠-5

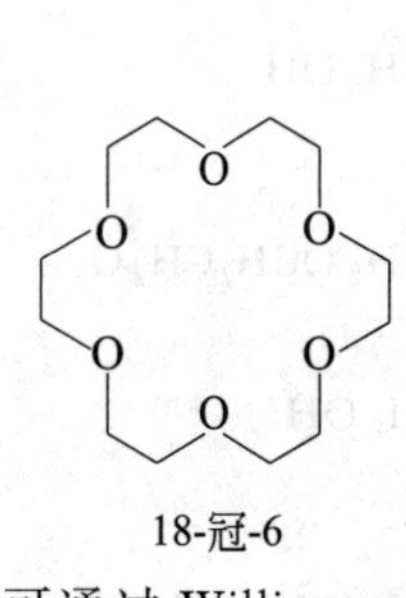

18-冠-6 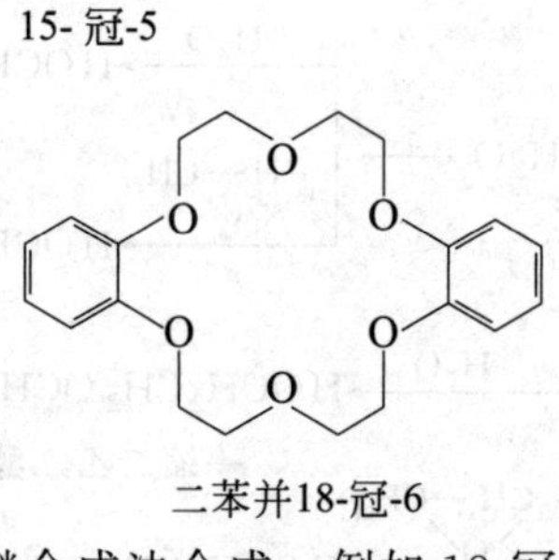　　二苯并18-冠-6 　　二环己烷并18-冠-6

冠醚可通过 Williamson 醚合成法合成。例如 18-冠-6 的合成：

$$\xrightarrow[\triangle,18h]{KOH/THF}$$

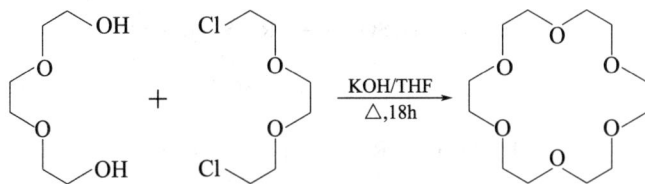

冠醚中间的空穴对某些金属离子有选择性络合作用，如 18-冠-6 中的空穴与钾离子相当，它可和 $KMnO_4$ 形成很好的络合物。冠醚的这种作用可使其用作相转移催化剂。例如：

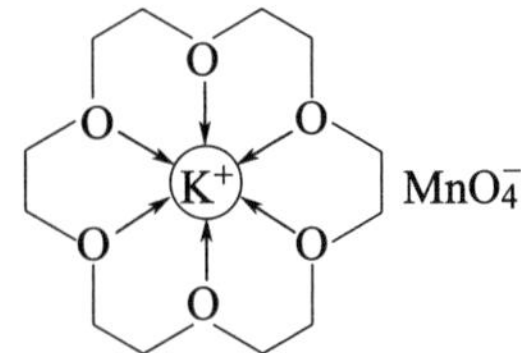

18-冠-6与$KMnO_4$形成的络合物

$KMnO_4$ 不溶于有机物，用它做氧化剂来氧化有机物，由于互不相溶，有时很不理想。当加入冠醚后，由于它和冠醚形成的络合物可进入有机相中，使得反应效率大大提高。例如：

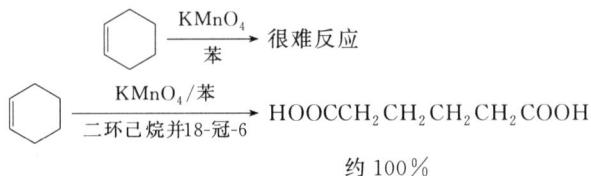

$$\xrightarrow[\text{苯}]{KMnO_4} \text{很难反应}$$

$$\xrightarrow[\text{二环己烷并18-冠-6}]{KMnO_4/\text{苯}} HOOCCH_2CH_2CH_2CH_2COOH$$

约 100%

(2) 硫醚

醚分子中的氧被硫原子代替后形成的化合物叫硫醚。例如：

$CH_3—S—CH_3$　　　　$CH_3—S—CH═CH_2$

甲硫醚　　　　甲基乙烯基硫醚(甲硫基乙烯)

由于 RS^- 亲核性比 RO^- 强而碱性弱，所以硫醚很容易用类似 Williamson 醚合成法来合成。例如：

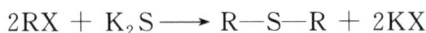

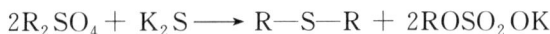

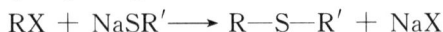

$$2RX + K_2S \longrightarrow R—S—R + 2KX$$

$$2R_2SO_4 + K_2S \longrightarrow R—S—R + 2ROSO_2OK$$

$$RX + NaSR' \longrightarrow R—S—R' + NaX$$

硫醚的性质与醚相似，也比较稳定，但容易氧化生成亚砜及砜。

$$CH_3—S—CH_3 \xrightarrow{H_2O_2} CH_3—\overset{\overset{O}{\|}}{S}—CH_3$$

二甲亚砜

$$CH_3—S—CH_3 \xrightarrow{\text{发烟 }HNO_3} CH_3—\underset{\underset{O}{\|}}{\overset{\overset{O}{\|}}{S}}—CH_3$$

二甲砜(dimethyl sulfone)

二甲亚砜（DMSO，dimethyl sulfoxide）是一种优良的非质子偶极溶剂，硫醚可以与强酸和卤代烷形成锍盐

$$(CH_3)_2S═O \longleftrightarrow (CH_3)_2\overset{+}{S}—\overset{-}{O}$$

$$R—S—R + H_2SO_4 \longrightarrow [R—\overset{+}{\underset{H}{\ddot{S}}}—R]HSO_4^-$$

锍盐

$$R—S—R + R'X \longrightarrow [R—\overset{+}{\underset{\downarrow R'}{S}}—R]X^-$$

锍盐

习　题

1. 用系统命名法命名下列化合物。

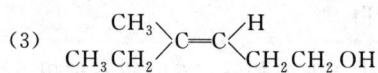

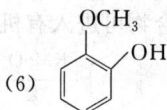

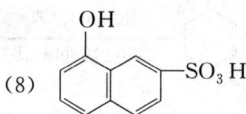

(1) $CH_3CH(CH_3)CH(Cl)CH(CH_3)CH(CH_2CH_3)CH_2OH$　　(2) 环己-2-烯基醇（环上连 —OH）

(3) $(CH_3)(CH_3CH_2)C{=}CH—CH_2CH_2OH$　　(4) $C_6H_5—CH(OH)—CH_2—CH_3$

(5) $CH_2{=}CHOCH{=}CH_2$　　(6) 苯环上连 $—OCH_3$ 与 $—OH$（邻位）

(7) $CH_3O—C_6H_4—O—C_6H_4—OCH_3$（对位）　　(8) 萘环上连 —OH 与 $—SO_3H$

2. 写出下列化合物的构造式：

(1) 木醇（甲醇）　(2) 甘油　(3) 仲丁醇

(4) 石炭酸　(5) 苦味酸　(6) 苯甲醚（茴香醚）

(7) (*E*)-2-丁烯-1-醇　(8) (2*R*,3*S*)-2,3-丁二醇　(9) 环氧氯丙烷

3. 写出下列反应的主要产物：

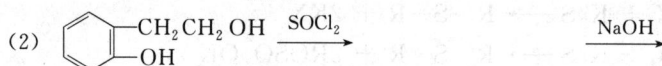

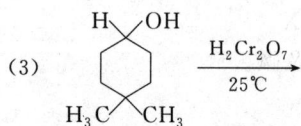

(1) $CH_3CH_2CH_2OH \xrightarrow[140℃]{H_2SO_4}$

(2) 邻羟基苯乙醇（苯环上连 $—CH_2CH_2OH$ 与 —OH）$\xrightarrow{SOCl_2}$　　$\xrightarrow{NaOH}$

(3) 4,4-二甲基环己醇（H_3C、CH_3；H、OH）$\xrightarrow[25℃]{H_2Cr_2O_7}$

(4) $CH_3CH_2CH_2O^-Na^+ + (CH_3)_3CCl \longrightarrow$

(5) $C_6H_5—CH{=}CHCH_2OH \xrightarrow{CrO_3/吡啶}$

(6) $C_6H_5—ONa + ClCH_2CH{=}CH_2 \longrightarrow$

(7) 环戊醇（环戊基—OH）$\xrightarrow[\triangle]{H^+}$　　$\xrightarrow[2)\ Zn/H_2O]{1)\ O_3}$

(8) $C_6H_5—CH_2OH \xrightarrow[CH_2Cl_2]{MnO_2}$

(9) 5-甲基-2-异丙基环己醇（环上 CH_3、OH、$CH(CH_3)_2$）$\xrightarrow[\triangle]{浓H_2SO_4}$

(10) （两个三取代双键的链状烯丙醇）$CH_2OH + PCl_3 \longrightarrow$

(11) $(H_3C)_2C\overset{O}{—}CH_2 + CH_3OH \xrightarrow{H^+}$

(12) $(CH_3)_3COCH_3 + HI \longrightarrow$

(13) $C_6H_5—CH\overset{O}{—}CH_2 \xrightarrow[CH_3OH]{CH_3ONa}$

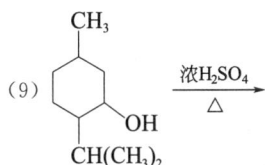

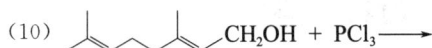

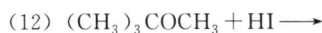

4. 用化学方法区别下列各组化合物：

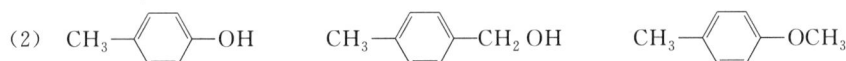

(1) $CH_3—CH(OH)—CH_2CH_3$　　$CH_3—CH(Cl)—CH_2CH_3$　　$CH_3—O—CH_2CH_2CH_3$

(2) $CH_3—C_6H_4—OH$　　$CH_3—C_6H_4—CH_2OH$　　$CH_3—C_6H_4—OCH_3$

5. 下列各醇在催化剂存在下脱水，应得何产物？

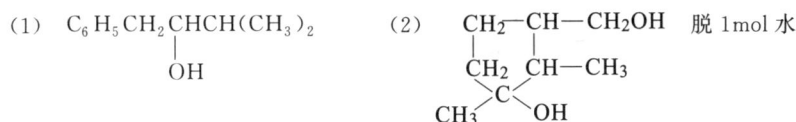

(1) $C_6H_5CH_2CH(OH)CH(CH_3)_2$

(2) 环状醇（$CH_2—CH—CH_2OH$，CH_2、$CH—CH_3$，$C(CH_3)(OH)$）脱 1mol 水

6. 将下列化合物按酸性从强到弱排列：

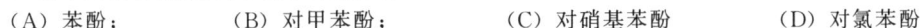

(A) 苯酚；　(B) 对甲苯酚；　(C) 对硝基苯酚　(D) 对氯苯酚

7. 排列下列化合物与 HBr 反应的相对速率：

(a) 对甲苄醇、对硝基苄醇、苄醇

(b) α-苯乙醇、β-苯乙醇、苄醇

8. 按脱水反应从易到难排列下列化合物：

$CH_3—C(CH_3)(OH)—CH_2CH_3$　　$CH_3CH(CH_3)—CH(OH)CH_3$　　$CH_3CH(CH_3)CH_2CH_2OH$

9. 合成下列化合物：

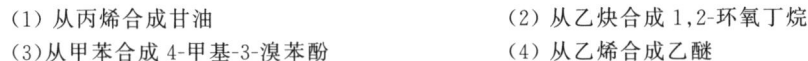

(1) 从丙烯合成甘油　　(2) 从乙炔合成 1,2-环氧丁烷

(3)从甲苯合成 4-甲基-3-溴苯酚　　(4) 从乙烯合成乙醚

10. 某化合物 A($C_{10}H_{14}O$) 能溶于 NaOH 溶液，但不溶于 $NaHCO_3$ 溶液，它与溴水作用生成一种对称二溴衍生物 B($C_{10}H_{12}Br_2O$)，A 的 IR 波谱在 $3250cm^{-1}$ 和 $834cm^{-1}$ 处有吸收峰，它的 ^1H NMR 波谱为：$\delta=1.3$(9H，单峰)；$\delta=4.9$(1H，单峰)；$\delta=7.6$(4H，多重峰)，试写出化合物 A 和 B 的结构式。

11. 一未知物 A ($C_9H_{12}O$) 不溶于水、稀酸和 $NaHCO_3$ 溶液，但可溶于 NaOH，与 $FeCl_3$ 溶液作用显色，在常温下不与溴水反应，A 用苯甲酰氯处理生成 B，并放出 HCl，试确定 A、B 的结构。

12. 化合物 A，分子式为 C_6H_{10}，与溴水作用，生成化合物 B ($C_6H_{11}OBr$)，B 用 NaOH 处理，然后在酸性条件下水解生成 C，C 是一个外消旋的二醇。A 用稀冷 $KMnO_4$ 处理，得到化合物 D，D 无光学活性，是 C 的非对映异构体。试推测 A、B、C、D 的结构。

13. 乙二醇及其醚衍生物的沸点随着分子量的增加而降低，是何原因？请给出合理的解释。

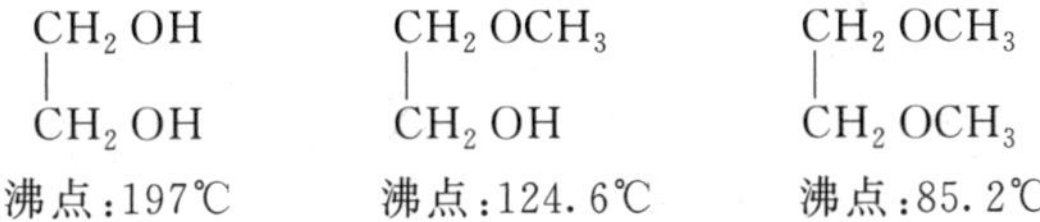

第 11 章 醛、酮、醌

醛和酮分子中都含有羰基（C ═O），所以醛和酮统称为羰基化合物。醛和酮是同分异构体，醛的羰基上连有一个氢和一个烃基（只有甲醛羰基上连有两个氢），酮的羰基上连有两个烃基。醛分子中去掉羰基上的烃基后剩下的部分叫醛基（醛基也叫甲酰基）。醛基和羰基分别是醛和酮分子中的官能团。

$$\underset{\text{醛}}{R-\overset{\overset{\large O}{\|}}{C}-H} \qquad \underset{\text{酮}}{R-\overset{\overset{\large O}{\|}}{C}-R'} \qquad \underset{\text{醛基}}{-\overset{\overset{\large O}{\|}}{C}-H} \qquad \underset{\text{羰基}}{-\overset{\overset{\large O}{\|}}{C}-}$$

醛和酮可以根据与羰基相连烃基的不同分为脂肪族醛酮、脂环族醛酮和芳香族醛酮；又可根据烃基是否饱和分为饱和醛酮和不饱和醛酮；根据分子中所含羰基的多少，分为单羰基化合物和多羰基化合物。酮分子中与羰基直接相连的两个烃基可以相同，也可以不相同。相同的叫单酮，不相同的叫混酮。本章主要讨论单羰基化合物。

11.1 醛、酮的命名

简单的醛、酮通常采用普通命名法，结构复杂的醛、酮则采用系统命名法。

脂肪族醛、酮命名时以含有羰基的最长碳链为主链，支链作为取代基，主链上碳原子的编号应从靠近羰基的一端开始。在醛分子中醛基总是在链端，因此命名时不需标明醛基的位次。酮的羰基位于碳链中间，因此应标明羰基的位次。例如

$$\underset{\text{3-甲基丁醛(异戊醛)}}{CH_3-\overset{\overset{\large CH_3}{|}}{CH}-CH_2-\overset{\overset{\large O}{\|}}{C}-H} \qquad \underset{\text{2-丁酮}}{CH_3-\overset{\overset{\large O}{\|}}{C}-CH_2-CH_3}$$

$$\underset{\text{5-甲基-3-乙基辛醛}}{CH_3-CH_2-CH_2-\overset{\overset{\large CH_3}{|}}{CH}-CH_2-\overset{\overset{\large CH_2CH_3}{|}}{CH}-CH_2-\overset{\overset{\large O}{\|}}{C}-H}$$

芳香族醛、酮命名时，芳环常作为取代基。例如：

$$\underset{\text{苯甲醛}}{C_6H_5-\overset{\overset{\large O}{\|}}{C}-H} \qquad \underset{\text{3-苯基丙烯醛（肉桂醛）}}{C_6H_5-CH{=}CH-\overset{\overset{\large O}{\|}}{C}-H}$$

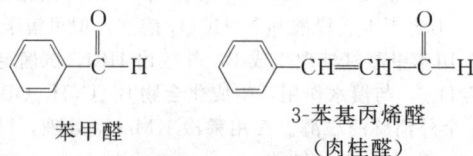

结构简单的酮可用羰基两边烃基的名称来命名。例如：

$$\underset{\text{甲基乙基甲酮（简称甲乙酮）}}{CH_3-\overset{\overset{\large O}{\|}}{C}-CH_2-CH_3} \qquad \underset{\text{二苯甲酮}}{C_6H_5-\overset{\overset{\large O}{\|}}{C}-C_6H_5}$$

二元羰基化合物命名时，两个羰基的位置除可用数字标明外，还可用 α、β、γ 等表示。例如：

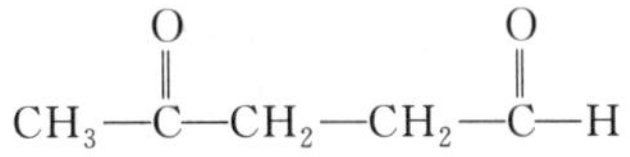

$$CH_3-\overset{\overset{O}{\|}}{C}-CH_2-CH_2-\overset{\overset{O}{\|}}{C}-H \qquad CH_3-\overset{\overset{O}{\|}}{C}-CH_2-\overset{\overset{O}{\|}}{C}-CH_3$$

4-羰基戊醛(4-氧代戊醛) 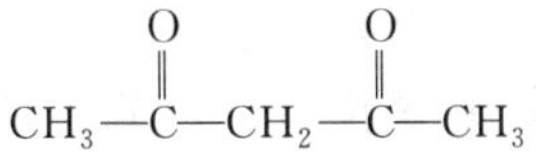　　2,4-戊二酮(β-戊二酮)

11.2　醛、酮的结构

醛和酮的官能团是羰基。在羰基中，碳和氧以双键相连。羰基碳原子是 sp^2 杂化，三个 sp^2 杂化轨道分别与氧原子和两个其它原子形成三个 σ 键，这三个 σ 键分布在同一平面上，键角近似于 120°。羰基碳原子上剩下的一个未参加杂化的 p 轨道与氧原子的一个 p 轨道从侧面相互交盖形成一个 π 键，氧原子还有两对孤对电子分别在 2s 和 $2p_x$ 轨道上。例如甲醛分子的结构如图 11-1 所示。

碳氧双键与碳碳双键相似，由一个 σ 键和一个 π 键组成，但碳氧双键中由于氧原子的电负性较大，电子云偏向于氧原子，从而使氧原子周围的电子云密度较高，碳原子周围的电子云密度较低，因此，羰基是一个极性基团，氧原子带部分负电荷，碳原子则带部分正电荷，见图 11-2 所示。

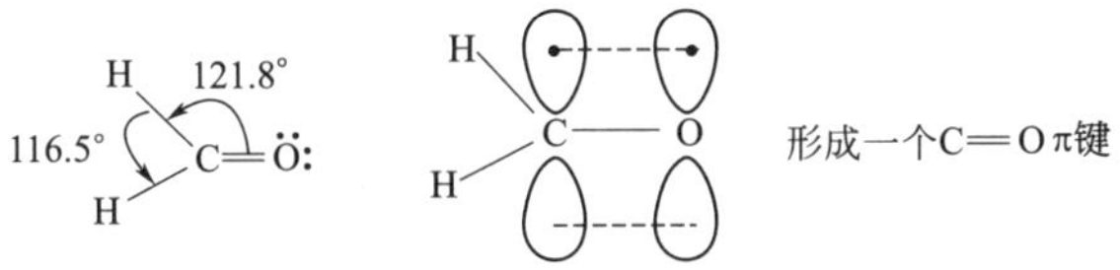

图 11-1　甲醛的结构

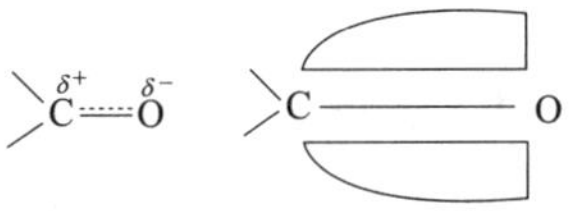

图 11-2　羰基 π 电子分布示意图

羰基具有极性，因此羰基化合物是极性分子，有一定的偶极矩，例如：

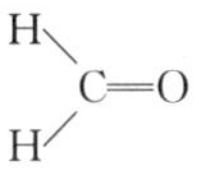

$$\begin{matrix}H\diagdown\\ \quad C{=}O\\ H\diagup\end{matrix} \qquad \begin{matrix}CH_3\diagdown\\ \quad C{=}O\\ CH_3\diagup\end{matrix}$$

甲醛(μ=2.27D) 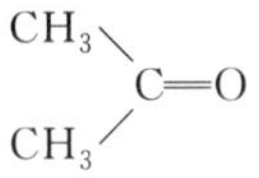　　丙酮(μ=2.85D)

11.3　醛、酮的制法

11.3.1　醇的氧化和脱氢

伯醇和仲醇用重铬酸盐、三氧化铬等氧化剂氧化得到醛和酮。由仲醇氧化制备酮产率较高。将醇的蒸气通过加热的催化剂（铜粉、银粉、亚铬酸铜等），可以发生脱氢反应生成醛或酮。例如：

$$CH_3CH_2CH_2OH \xrightarrow[400℃]{CuCrO_2} CH_3CH_2CHO$$

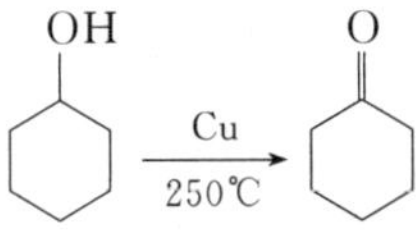

$$\text{环己醇(OH)} \xrightarrow[250℃]{Cu} \text{环己酮(O)}$$

11.3.2 芳烃侧链的氧化

芳烃侧链上的α-氢原子易被氧化。例如采用 MnO_2/H_2SO_4、$CrO_3/(CH_3CO)_2O$ 等氧化剂时，侧链甲基被氧化为醛基，其它具有两个α-氢原子的烃则被氧化为酮。芳烃侧链的氧化制备芳醛时应控制氧化条件，氧化剂不要过量，否则生成的醛易被进一步氧化生成羧酸。例如：

$$C_6H_5-CH_3 + O_2 \xrightarrow[\triangle]{MnO_2/H_2SO_4} C_6H_5-CHO + H_2O$$

$$C_6H_5CH_2CH_3 + O_2 \xrightarrow[130℃]{Mn(OAc)_2} C_6H_5-\overset{O}{\overset{\|}{C}}-CH_3$$

$$m\text{-}BrC_6H_4CH_3 \xrightarrow[HOAc,H_2SO_4]{CrO_3,乙酐} m\text{-}BrC_6H_4CH(O-\overset{O}{\overset{\|}{C}}CH_3)_2 \xrightarrow{H_2O} m\text{-}BrC_6H_4CHO \quad 45\%$$

11.3.3 芳环上的酰基化反应

芳烃在无水三氯化铝等催化剂存在下与酰氯或酸酐反应得到芳酮。这是合成芳酮的重要方法。若芳烃为液体，可使用过量芳烃为溶剂，此外可以使用二硫化碳、硝基苯等作为溶剂。

$$ArH + RCOCl \xrightarrow{AlCl_3} ArCOR + HCl$$

11.3.4 盖特曼-柯赫（Gattermann-Koch）反应

在无水三氯化铝和氯化亚铜催化剂存在下，芳烃与氯化氢和一氧化碳混合气体作用，生成芳香醛的反应，称为盖特曼-柯赫反应。它是一种特殊的傅氏酰基化反应。

$$C_6H_6 + CO + HCl \xrightarrow[CuCl]{AlCl_3} C_6H_5CHO$$

当芳环上有甲基、甲氧基时，醛基按定位规则主要进入其对位。如果芳环上有羟基，反应效果不好，如果连有吸电子基，则反应不发生。

$$C_6H_5-CH_3 + CO + HCl \xrightarrow[20℃]{AlCl_3,CuCl} CH_3-C_6H_4-CHO \quad 50\%\sim56\%$$

11.3.5 瑞穆-梯曼（Reimer-Tiemann）反应

酚类化合物在碱性溶液中与氯仿加热回流，在羟基的邻位或对位上引入醛基的反应，生成酚醛，称为瑞穆-梯曼反应。

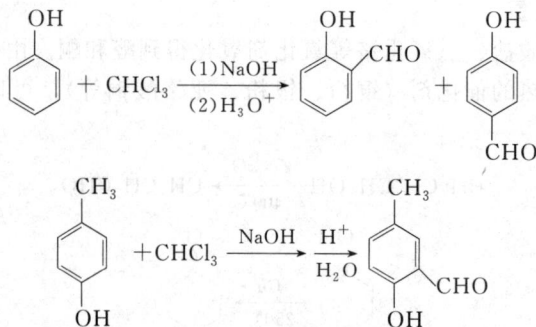

$$C_6H_5OH + CHCl_3 \xrightarrow[(2)H_3O^+]{(1)NaOH} o\text{-}HOC_6H_4CHO + p\text{-}HOC_6H_4CHO$$

$$p\text{-}CH_3C_6H_4OH + CHCl_3 \xrightarrow{NaOH} \xrightarrow[H_2O]{H^+} \text{2-羟基-5-甲基苯甲醛 (OH 邻位 CHO, 对位 } CH_3)$$

11.3.6　炔烃加水

炔烃与水的加成可制备醛或酮。乙炔加水，产物为乙醛；其余炔烃加水，产物为酮。例如：

$$HC \equiv CH + H_2O \xrightarrow[98\sim105℃]{HgSO_4, 稀 H_2SO_4} H-\overset{\overset{O}{\|}}{C}-CH_3$$

$$RC \equiv CH + H_2O \xrightarrow{HgSO_4, 稀 H_2SO_4} \underset{酮式}{R-\overset{\overset{O}{\|}}{C}-CH_3}$$

11.4　醛、酮的物理性质和光谱性质

11.4.1　物理性质

醛和酮是极性化合物，所以它们比分子量相近的非极性化合物的沸点要高。但是醛和酮分子间不能形成氢键，所以它们的沸点又比分子量相近的醇要低。例如：戊烷、丁醛和丁醇的沸点随着它们的极性和分子间形成氢键能力的增加显著增加。如表 11-1 所示。

表 11-1　几种化合物的沸点和形成氢键的关系

名　称	构　造　式	分子量	沸点/℃	分子间是否形成氢键
戊烷	$CH_3(CH_2)_3CH_3$	72	36	否
丁醛	$CH_3CH_2CH_2CHO$	72	76	否
丁醇	$CH_3CH_2CH_2CH_2OH$	74	118	形成

醛和酮能提供氧原子与水形成氢键，因而低级醛、酮能溶于水。醛、酮能溶解在一般的有机溶剂中。表 11-2 列出了一些常见醛、酮的物理常数。

表 11-2　一些常见醛、酮的物理常数

名　称	熔点/℃	沸点/℃	密度/(g/cm³)	溶解度/(g/100g 水)
甲醛	−92	−21		易溶
乙醛	−121	21	0.7813	∞
丙醛	−81	48.8	0.8058	16
正丁醛	−99	75.7	0.8170	7
2-甲基丙醛	−65.9	63	0.7938	
正戊醛	−91.5	103	0.8095	微溶
苯甲醛	−26	178	1.0415	0.3
苯乙醛	33	195	1.0272	
水杨醛 (邻羟基苯甲醛)	2	197		1.7
丙酮	−95.4	56.2	0.7899	∞
丁酮	−86.4	79.6	0.8054	26
2-戊酮	−77.8	102.4	0.8089	6.3
3-戊酮	−40	101.7	0.8138	5
2-辛酮	−16	173	0.8202	
苯丙酮	−15	216.5	1.0157	
二苯甲酮	48	306		

醛、酮与水分子形成氢键情况如下：

$$\begin{matrix}(H)R \\ R'\end{matrix}\rangle C{=}O\cdots H\diagup^{O}\diagdown H\cdots O{=}C\langle\begin{matrix}R(H) \\ R'\end{matrix}$$

11.4.2　醛酮的光谱性质

（1）红外光谱

醛、酮的红外光谱在 $1650\sim1750\text{cm}^{-1}$ 有一个很强的羰基（C═O）伸缩振动吸收峰，特征性强，这个特征吸收峰通常用来检验分子中是否有羰基存在。醛、酮分子的主要红外特征吸收峰可归类为：

一般醛羰基 R—C(═O)—H	$\tilde{\nu}$　$1720\sim1740\text{cm}^{-1}$	（C═O 吸收峰）
	$\tilde{\nu}$　$2720\sim2830\text{cm}^{-1}$	（醛基上的 C—H 吸收峰）
α,β-不饱和醛羰基 —C═C—C(H)═O	$\tilde{\nu}$　$1680\sim1705\text{cm}^{-1}$	
	$\tilde{\nu}$　$2720\sim2830\text{cm}^{-1}$	（醛基上的 C—H 吸收峰）
一般酮羰基 R—C(═O)—R′	$\tilde{\nu}$　$1705\sim1725\text{cm}^{-1}$	（C═O 吸收峰）
α,β-不饱和酮羰基 —C═C—C(R)═O	$\tilde{\nu}$　$1665\sim1685\text{cm}^{-1}$	（C═O 吸收峰）

图 11-3～图 11-6 分别为丁醛、丁酮、反-2-丁烯醛、3-丁烯-2-酮的红外光谱图。

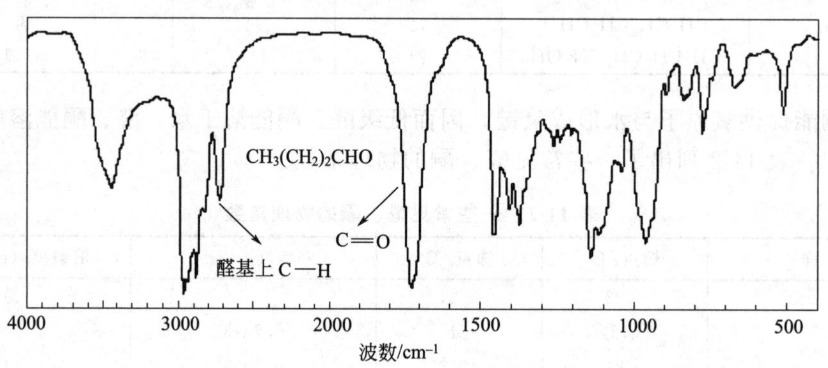

图 11-3　丁醛的红外光谱图

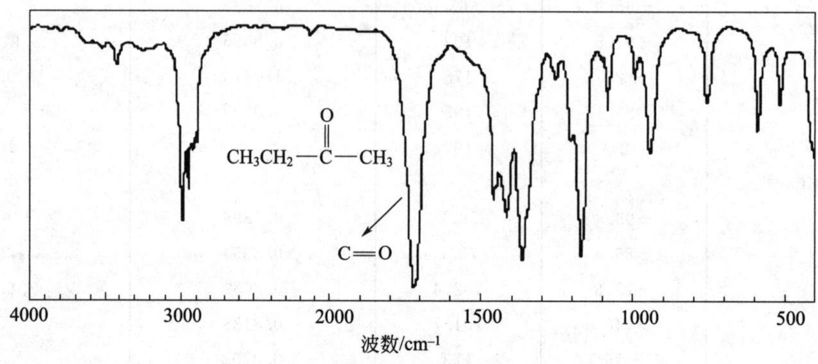

图 11-4　丁酮的红外光谱图

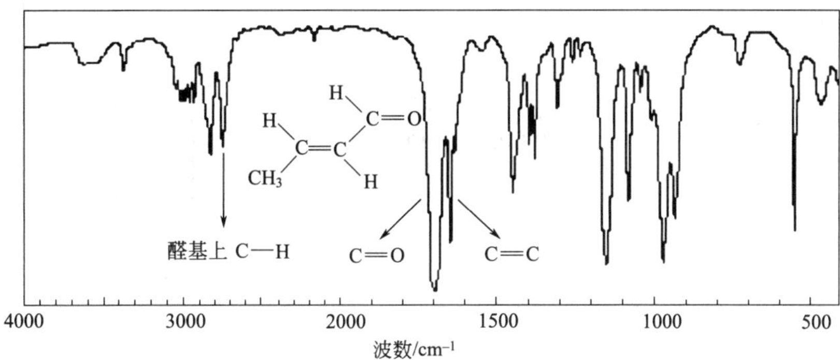

图 11-5　反-2-丁烯醛的红外光谱图
（α,β-不饱和醛）

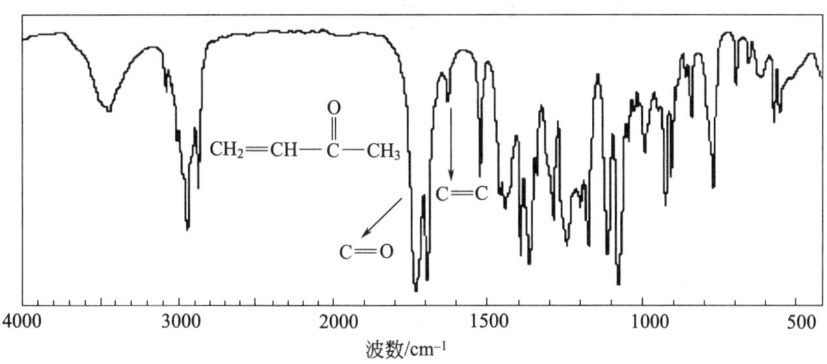

图 11-6　3-丁烯-2-酮的红外光谱图
（α,β-不饱和酮）

（2）核磁共振谱

在核磁共振谱中，由于羰基是极性基团，具有较强的吸电子效应，所以直接与羰基相连的 α 碳原子上的 H 的化学位移向低场移动，而直接连在醛基上的 H，由于具有强的去屏蔽作用，在很低的磁场处发生共振。酮分子没有这种 H，所以利用这一点可用核磁共振谱鉴别醛和酮。

$$R-\underset{H}{\overset{\alpha}{C}}-\overset{O}{\overset{\|}{C}}-H$$

δ: 2～2.5（α-H）；δ: 9～10（醛基 H）

图 11-7 和图 11-8 分别为丁醛、丁酮的 ^{1}H NMR 谱图。

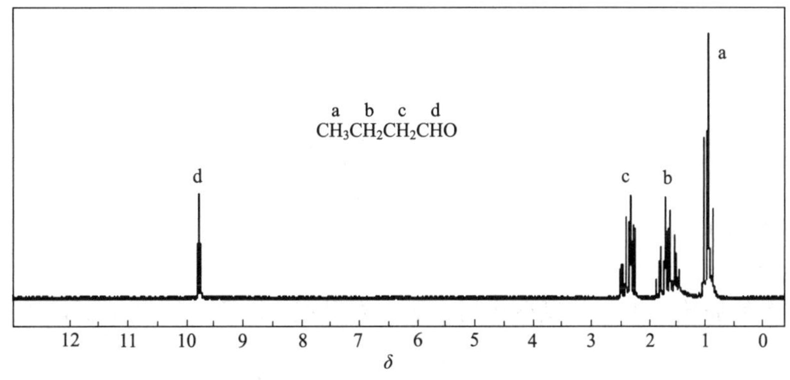

图 11-7　丁醛的 ^{1}H NMR 谱

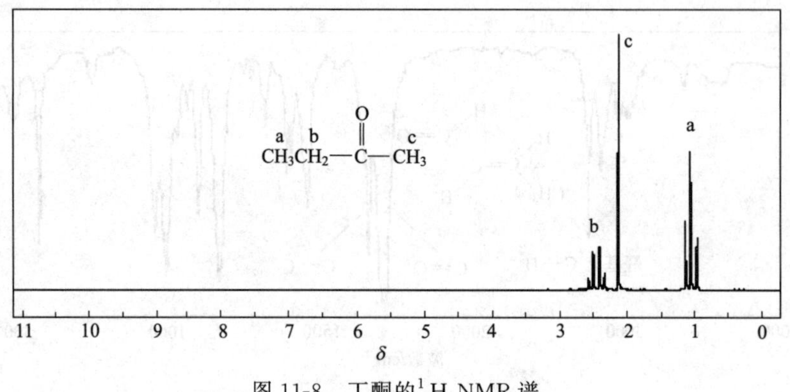

图 11-8 丁酮的[1]H NMR 谱

11.5 醛、酮的化学性质

醛和酮分子中含有羰基官能团，羰基是极性基团，羰基碳原子上带有部分正电荷，很容易受亲核试剂进攻，发生 π 键断裂的亲核加成反应。亲核加成反应的一般式表示如下：

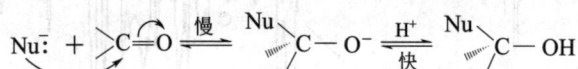

$$Nu^{-} + >C=O \xrightarrow{\text{慢}} Nu-C-O^{-} \underset{\text{快}}{\overset{H^{+}}{\rightleftharpoons}} Nu-C-OH$$

羰基亲核加成反应的活性与羰基碳原子上的正电性和碳原子周围的空间位阻有关。羰基碳上带的正电荷越多，羰基周围的空间位阻越小，反应越容易发生。醛、酮羰基上连的烃基增加，由于烃基的＋I 和＋C 效应使得羰基碳原子上的正电荷降低，不利于发生亲核加成反应。同时烃基增多，空间位阻增大，也不利于亲核试剂进攻，因此羰基上连的烃基越少、越小，亲核加成反应活性越大。醛的亲核加成反应活性大于酮。

反应活性：甲醛＞醛＞脂肪族甲基酮＞其它脂肪酮＞芳香酮

例如，下列醛、酮亲核加成反应活性为：

$$\text{H(H)C=O} > \text{R(H)C=O} > \text{Ar(H)C=O} > \text{CH}_3\text{(CH}_3\text{)C=O} > \text{CH}_3\text{(R)C=O} > \text{环己酮} > \text{R(R)C=O} > \text{Ar(Ar)C=O}$$

醛、酮的化学性质还表现在 α-氢原子上。由于羰基的强吸电子作用，使得 α-氢原子具有一定的活泼性。因此醛、酮的化学反应主要包括羰基的亲核加成反应和 α-活泼氢的反应。

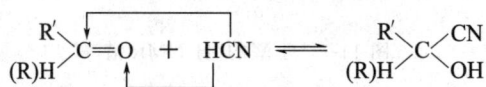

$$-\overset{\alpha}{\underset{H}{C}}-C(=O^{\delta-})^{\delta+}-R(H)$$

羰基的亲核加成

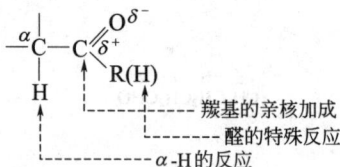

醛的特殊反应

α-H的反应

11.5.1 亲核加成反应

（1）加氢氰酸

醛和大多数脂肪族酮可与氢氰酸作用生成 α-羟基腈，α-羟基腈也叫 α-氰醇。

$$\text{R}'\text{(R)HC=O} + \text{HCN} \rightleftharpoons \text{R}'\text{(R)HC(CN)(OH)}$$

醛、酮加氢氰酸的反应机理为：

$$HCN \underset{H^+}{\overset{OH^-}{\rightleftharpoons}} CN^- + H^+ \xrightarrow{OH^-} H_2O$$

$$\begin{matrix} R' \\ (R)H \end{matrix}\!\!>C{=}O + CN^- \underset{}{\overset{慢}{\rightleftharpoons}} \begin{matrix} R' \\ (R)H \end{matrix}\!\!>C<\!\!\begin{matrix} CN \\ O^- \end{matrix} \underset{快}{\overset{HCN}{\rightleftharpoons}} \begin{matrix} R' \\ (R)H \end{matrix}\!\!>C<\!\!\begin{matrix} CN \\ OH \end{matrix}$$

碱可以加速这个反应，而酸则减慢反应。这是因为此反应中的进攻试剂是 CN^- 负离子，CN^- 负离子浓度的大小直接影响反应速率。HCN 是一种很弱的酸，在酸性介质中 CN^- 浓度很低，而在碱性介质中，氢氰酸可生成盐，使 CN^- 浓度大大增加。

醛酮与氢氰酸的加成可制备 α-羟基酸，增加一个碳原子的羧酸。例如工业上以丙酮为原料制备有机玻璃的单体 α-甲基丙烯酸甲酯。

$$\underset{丙酮}{CH_3-\overset{\overset{O}{\|}}{C}-CH_3} + HCN \overset{OH^-}{\rightleftharpoons} \underset{丙酮氰醇}{CH_3-\overset{\overset{OH}{|}}{\underset{\underset{CH_3}{|}}{C}}-CN} \xrightarrow[(2)CH_3OH,H_2SO_4]{(1)水解,脱水} \underset{\alpha-甲基丙烯酸甲酯\ MMA}{CH_2{=}\overset{\overset{CH_3}{|}}{C}-COOCH_3}$$

(2) 加亚硫酸氢钠

醛、脂肪族甲基酮、碳原子不多于 8 的环酮可与亚硫酸氢钠饱和溶液作用生成 α-羟基磺酸钠，生成的产物不溶于亚硫酸氢钠饱和溶液中，而以沉淀的形式出现，所以本反应可用于定性鉴定醛和脂肪族甲基酮。

$$\begin{matrix} R' \\ (R)H \end{matrix}\!\!>C{=}O + NaHSO_3 \overset{可逆反应}{\rightleftharpoons} \underset{不溶于饱和\ NaHSO_3}{\begin{matrix} R' \\ (R)H \end{matrix}\!\!>C<\!\!\begin{matrix} SO_3Na \\ OH \end{matrix}} \downarrow$$

以上反应是一个可逆反应，加入稀酸或稀碱到产物 α-羟基磺酸钠中，可使 α-羟基磺酸钠分解，从而使原来的醛、酮又游离出来，因此本反应不仅可用于醛、酮的定性鉴定，而且可用来分离提纯醛、酮。

α-羟基磺酸钠被稀酸、稀碱分解的反应原理如下：

$$\begin{matrix} R' \\ (R)H \end{matrix}\!\!>C<\!\!\begin{matrix} SO_3Na \\ OH \end{matrix} \overset{可逆反应}{\rightleftharpoons} \begin{matrix} R' \\ (R)H \end{matrix}\!\!>C{=}O + NaHSO_3 \xrightarrow{HCl} NaCl + SO_2\uparrow + H_2O$$

$$\begin{matrix} R' \\ (R)H \end{matrix}\!\!>C<\!\!\begin{matrix} SO_3Na \\ OH \end{matrix} \overset{可逆反应}{\rightleftharpoons} \begin{matrix} R' \\ (R)H \end{matrix}\!\!>C{=}O + NaHSO_3 \xrightarrow{Na_2CO_3} NaHCO_3 + Na_2SO_3$$

将 α-羟基磺酸钠与 NaCN 作用，磺酸基可被氰基取代生成 α-羟基腈（α-氰醇），此方法可以避免使用剧毒且挥发性强的 HCN，产率也较高。

例如，α-羟基苯乙酸可用以下路线合成：

$$C_6H_5-CHO + NaHSO_3 \rightleftharpoons C_6H_5-CH<\!\!\begin{matrix} SO_3Na \\ OH \end{matrix}$$

$$C_6H_5-CH<\!\!\begin{matrix} SO_3Na \\ OH \end{matrix} \xrightarrow{NaCN} C_6H_5-CH<\!\!\begin{matrix} CN \\ OH \end{matrix} \xrightarrow[H_2O]{HCl} \underset{\alpha-羟基苯乙酸(67\%)}{C_6H_5-CH<\!\!\begin{matrix} COOH \\ OH \end{matrix}}$$

醛、酮与亚硫酸氢钠的加成反应与加氢氰酸相似，醛、酮羰基周围的空间位阻对反应影响较大，羰基周围的空间位阻增大时，其活性显著降低。例如，下列羰基化合物与亚硫酸氢钠溶液反应 1h 后，生成的加成产物 α-羟基磺酸钠的百分数如下：

羰基化合物	CH_3CHO	CH_3COCH_3	$C_2H_5COCH_3$	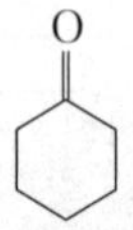 环己酮
加成产物百分数	89%	56%	36%	35%
羰基化合物	$(CH_3)_2CHCOCH_3$	$(CH_3)_3CCOCH_3$	$C_2H_5COC_2H_5$	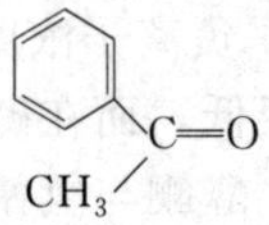 $C_6H_5COCH_3$
加成产物百分数	12%	6%	2%	1%

（3）加格氏试剂

醛、酮可与亲核试剂格氏（Grignard）试剂发生亲核加成反应。醛、酮与格氏试剂进行加成反应后，中间产物不必分离，直接用水分解可生成醇。

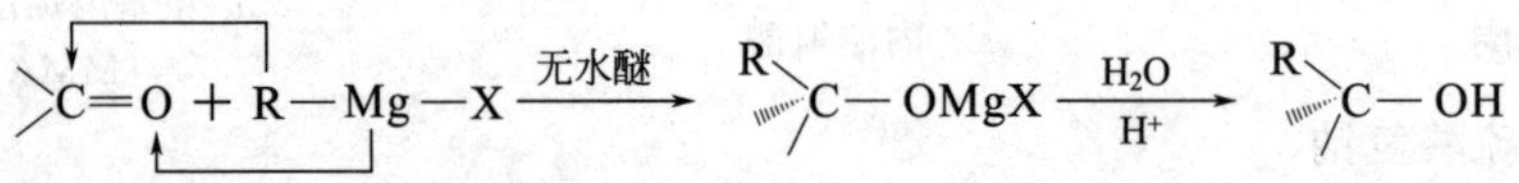

$$>C{=}O + R{-}Mg{-}X \xrightarrow{\text{无水醚}} R{-}\overset{|}{C}{-}OMgX \xrightarrow[H^+]{H_2O} R{-}\overset{|}{C}{-}OH$$

其中格氏试剂与甲醛反应后生成伯醇，与其它醛反应后生成仲醇，而与酮反应后则生成叔醇，这是一种合成醇的重要方法。例如：

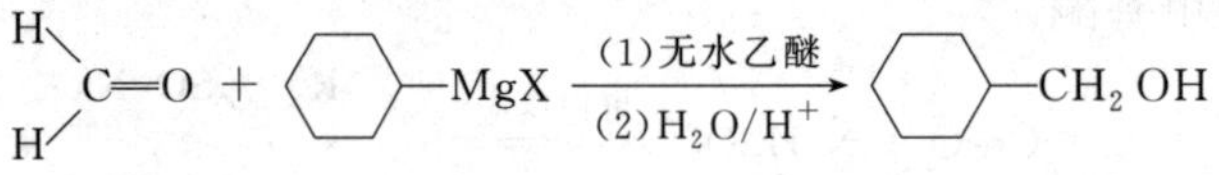

$$\underset{\text{甲醛}}{HCHO} + C_6H_{11}MgX \xrightarrow[(2)H_2O/H^+]{(1)\text{无水乙醚}} \underset{\text{伯醇}}{C_6H_{11}{-}CH_2OH}$$

$$\underset{\text{乙醛}}{CH_3CHO} + C_6H_{11}MgX \xrightarrow[(2)H_2O/H^+]{(1)\text{无水乙醚}} \underset{\text{仲醇}}{C_6H_{11}{-}CH(OH)CH_3}$$

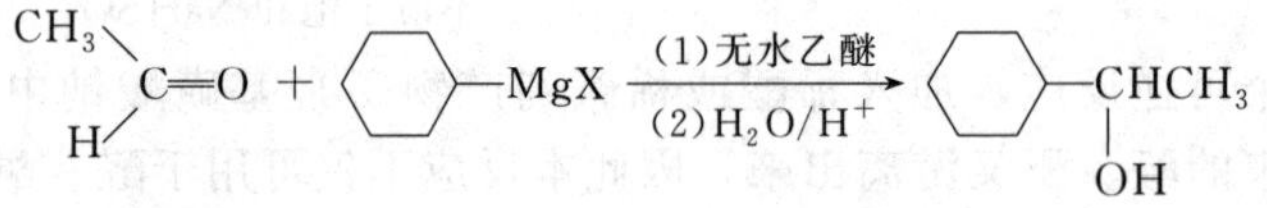

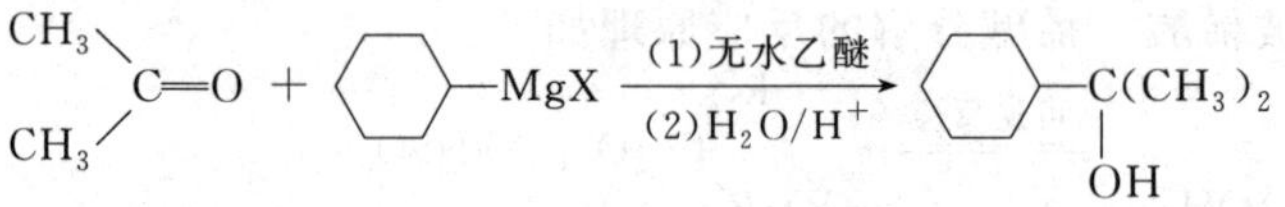

$$\underset{\text{丙酮}}{CH_3COCH_3} + C_6H_{11}MgX \xrightarrow[(2)H_2O/H^+]{(1)\text{无水乙醚}} \underset{\text{叔醇}}{C_6H_{11}{-}C(OH)(CH_3)_2}$$

同一种醇可用不同的格氏试剂与不同的羰基化合物作用生成。可根据目标化合物的结构选择合适的原料。

例如，用格氏反应制备 3-甲基-2-丁醇。

方法 A

$$CH_3{-}CHO + CH_3{-}\underset{CH_3}{CH}MgBr \xrightarrow[(2)H_2O/H^+]{(1)\text{干醚}} CH_3{-}\underset{CH_3}{CH}{-}\underset{OH}{CH}{-}CH_3$$

方法 B

$$CH_3MgBr + CH_3{-}\underset{CH_3}{CH}{-}CHO \xrightarrow[(2)H_2O/H^+]{(1)\text{干醚}} CH_3{-}\underset{CH_3}{CH}{-}\underset{OH}{CH}{-}CH_3$$

由于乙醛及 2-溴丙烷都很容易得到，故方法 A 较方便。

格氏试剂可与二氧化碳加成，加成后的产物水解可合成羧酸。

$$O{=}C{=}O + RMgX \xrightarrow{\text{无水醚}} R-\overset{\overset{\Large O}{\|}}{C}-OMgX \xrightarrow[H^+]{H_2O} R-\overset{\overset{\Large O}{\|}}{C}-OH$$

二氧化碳　　　　羧酸

$$CO_2 + C_6H_5-MgBr \xrightarrow[(2)H_2O/H^+]{(1)THF} C_6H_5-\overset{\overset{\Large O}{\|}}{C}-OH$$

(4) 加醇

在酸性条件下，醛、酮可和一分子醇加成生成的产物叫半缩醛（酮），半缩醛（酮）继续与醇反应，失去一分子水生成的产物叫缩醛或缩酮。

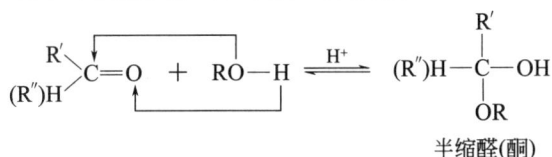

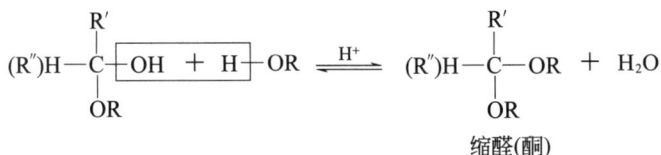

$$\begin{matrix}R' \\ (R'')H\end{matrix}\!\!>C{=}O + RO-H \overset{H^+}{\rightleftharpoons} (R'')H-\underset{\underset{\Large OR}{|}}{\overset{\overset{\Large R'}{|}}{C}}-OH$$

半缩醛(酮)

$$(R'')H-\underset{\underset{\Large OR}{|}}{\overset{\overset{\Large R'}{|}}{C}}-OH + H-OR \overset{H^+}{\rightleftharpoons} (R'')H-\underset{\underset{\Large OR}{|}}{\overset{\overset{\Large R'}{|}}{C}}-OR + H_2O$$

缩醛(酮)

半缩醛（酮）一般不稳定，它容易分解成原来的醛、酮，因此半缩醛（酮）不易分离出来，但有些环状半缩醛较稳定，也能够分离出来。例如：下列分子内反应生成的环状半缩醛是稳定的，可以分离出来。

$$HOCH_2CH_2CH_2CHO \overset{H^+}{\rightleftharpoons} \text{(环状半缩醛：五元环 O，C 上连 OH、H)}$$

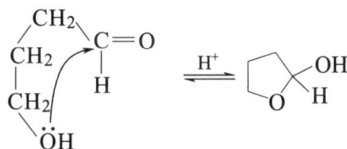

而缩醛或缩酮是稳定的化合物，可以从反应中分离出来。缩醛（酮）对碱、氧化剂和还原剂都很稳定，在酸催化下又可水解成原来的醛、酮。因此在有机合成中常用生成缩醛（酮）的方法来保护羰基。例如：下列合成反应中，第一步就是通过生成缩醛来保护羰基的反应。

$$BrCH_2CH_2-\overset{\overset{\Large O}{\|}}{C}-H + HOCH_2CH_2OH \xrightarrow{H^+} BrCH_2CH_2CH\begin{matrix}O-CH_2 \\ | \\ O-CH_2\end{matrix}$$

$$BrCH_2CH_2CH\begin{matrix}O-CH_2 \\ | \\ O-CH_2\end{matrix} + Mg \xrightarrow{\text{无水乙醚}} BrMgCH_2CH_2CH\begin{matrix}O-CH_2 \\ | \\ O-CH_2\end{matrix}$$

$$BrMgCH_2CH_2CH\begin{matrix}O-CH_2 \\ | \\ O-CH_2\end{matrix} + C_6H_5-CHO \longrightarrow C_6H_5-\underset{\underset{\Large OMgBr}{|}}{C}HCH_2CH_2CH\begin{matrix}O-CH_2 \\ | \\ O-CH_2\end{matrix}$$

$$C_6H_5-\underset{\underset{\Large OMgBr}{|}}{C}HCH_2CH_2CH\begin{matrix}O-CH_2 \\ | \\ O-CH_2\end{matrix} \xrightarrow[H^+]{H_2O} C_6H_5-\underset{\underset{\Large OH}{|}}{C}HCH_2CH_2-\overset{\overset{\Large O}{\|}}{C}-H + HOCH_2CH_2OH + Mg\begin{matrix}OH \\ Br\end{matrix}$$

（5）加 Wittig 试剂

魏悌希（Wittig）试剂为磷的内鎓盐，也叫磷叶立德（Ylide）。Wittig 试剂的制备首先由卤代烃和三苯基膦反应生成季鏻盐，再与强碱苯基锂反应得到。

Wittig 试剂的制备：

$$(C_6H_5)_3P + CH_3CH_2Br \longrightarrow (C_6H_5)_3\overset{+}{P}CH_2CH_3Br^- \quad \text{(季鏻盐)}$$

$$(C_6H_5)_3\overset{+}{P}CH_2CH_3Br^- + C_6H_5Li \longrightarrow (C_6H_5)_3\overset{+}{P}-\overset{-}{C}HCH_3 + C_6H_6 + LiBr \quad \text{(Wittig 试剂)}$$

Wittig 试剂既可用内鏻盐结构的形式表示，也可以用 P═C 双键结构形式表示：

$$(C_6H_5)_3\overset{+}{P}-\overset{-}{C}HCH_3 \longleftrightarrow (C_6H_5)_3P{=}CHCH_3$$

Wittig 试剂是一种强的亲核试剂，羰基化合物和 Wittig 试剂反应，生成烯烃类化合物。

$$\rangle C{=}O + (C_6H_5)_3P{=}C\langle \rightleftharpoons \rangle C{=}C\langle + (C_6H_5)_3P{=}O$$

Wittig试剂　　烯烃

反应机理：Wittig 试剂首先进攻羰基发生加成反应生成另一种内鏻盐，然后消去三苯基氧化膦，得到烯烃，这种反应叫做 Wittig 反应。

$$(CH_3)_2C{=}O + (C_6H_5)_3\overset{+}{P}-\overset{-}{C}HCH_3 \longrightarrow \left[CH_3-\underset{CH_3}{\overset{O^-}{C}}-\overset{\overset{+}{P}(C_6H_5)_3}{C}HCH_3\right]$$

$$\left[CH_3-\underset{CH_3}{\overset{O^-}{C}}-\overset{\overset{+}{P}(C_6H_5)_3}{C}HCH_3\right] \longrightarrow \left[CH_3-\underset{CH_3}{\overset{O\,-}{C}}-\overset{P(C_6H_5)_3}{C}HCH_3\right] \xrightarrow{0℃} CH_3-\underset{CH_3}{C}{=}CHCH_3 + (C_6H_5)_3P{=}O$$

Wittig 反应通常用于合成一些特定结构的烯烃以及一般方法不易得到的烯烃。例如：

$$\text{环己酮}{=}O + H_2C{=}P(C_6H_5)_3 \longrightarrow \text{环己烷}{=}CH_2 + O{=}P(C_6H_5)_3$$

（6）与氨及其衍生物的加成缩合

所有的醛、酮都能与 NH_3 及其衍生物反应。但醛、酮与 NH_3 反应的产物不稳定，而与 NH_3 的衍生物反应的产物稳定。醛、酮与氨衍生物的反应可用以下通式表示，反应实际上为加成-缩合反应。

$$\rangle C{=}O + NH_2-Y \rightleftharpoons \left[\rangle\underset{O^-}{C}-N^+H_2-Y\right] \rightleftharpoons \rangle\underset{OH}{C}-NH-Y \xrightleftharpoons{-H_2O} \rangle C{=}N-Y$$

简单记忆为：

$$\rangle C{=}O + H_2N-Y \rightleftharpoons \rangle C{=}N-Y$$

醛、酮与氨衍生物如羟胺（NH_2OH）、肼（NH_2NH_2）、苯肼（$NH_2NHC_6H_5$）、氨基脲（$NH_2NHCONH_2$）、2,4-二硝基苯肼反应，分别生成肟、腙、苯腙、缩胺脲、2,4-二硝基苯腙等产物。

例如：

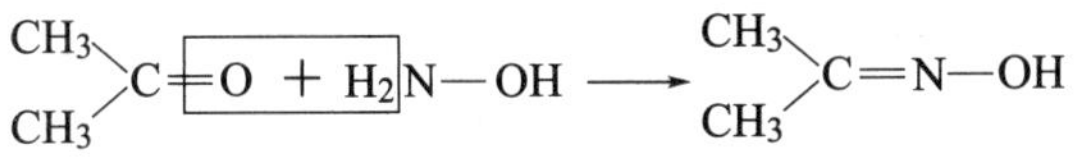

$$\begin{matrix}CH_3\\ \quad\end{matrix}\!\!>C\boxed{=O + H_2}N-OH \longrightarrow \begin{matrix}CH_3\\ \quad\end{matrix}\!\!>C=N-OH$$

(左右两侧甲基均为 CH_3，即 $(CH_3)_2C=O + H_2N-OH \longrightarrow (CH_3)_2C=N-OH$)

丙酮　　　羟胺　　　丙酮肟

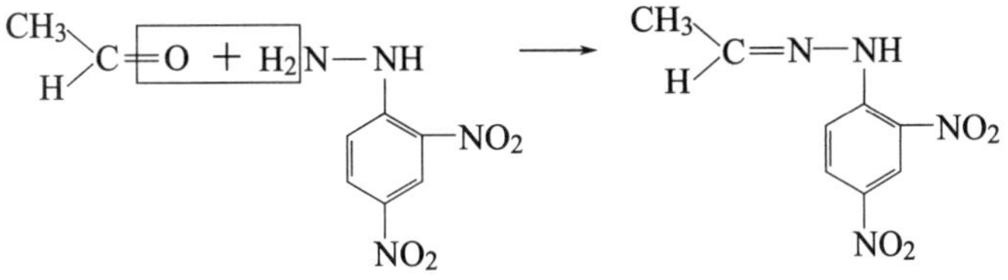

$$CH_3(H)C\boxed{=O + H_2}N-NH-C_6H_3(NO_2)_2 \longrightarrow CH_3(H)C=N-NH-C_6H_3(NO_2)_2$$

（苯环 2,4 位为 NO_2）

乙醛　　　2,4-二硝基苯肼　　　乙醛-2,4-二硝基苯腙

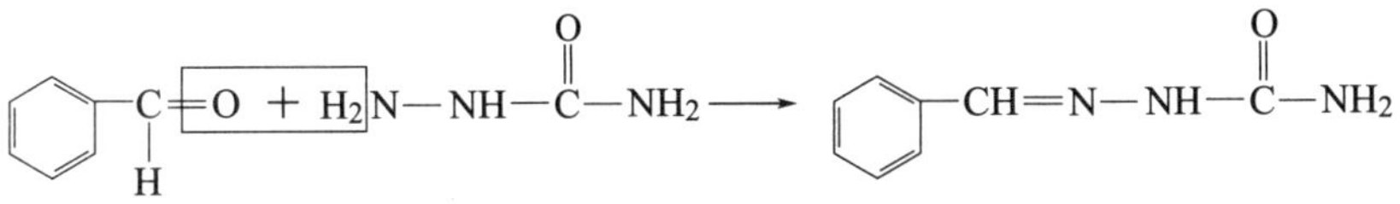

$$C_6H_5-CH\boxed{=O + H_2}N-NH-\overset{\overset{\displaystyle O}{\|}}{C}-NH_2 \longrightarrow C_6H_5-CH=N-NH-\overset{\overset{\displaystyle O}{\|}}{C}-NH_2$$

苯甲醛　　　氨基脲　　　苯甲醛缩胺脲

肟、腙和缩胺脲一般都是很好的结晶，具有固定的熔点，所以这些反应可用来定性分析鉴别醛、酮，同时它们都能在稀酸作用下水解成原来的醛、酮，因此，还可利用这些反应来分离提纯醛、酮。

课堂练习 11.1　试解释为什么醛比酮易发生亲核加成反应，比较下列化合物发生亲核加成反应的难易顺序。

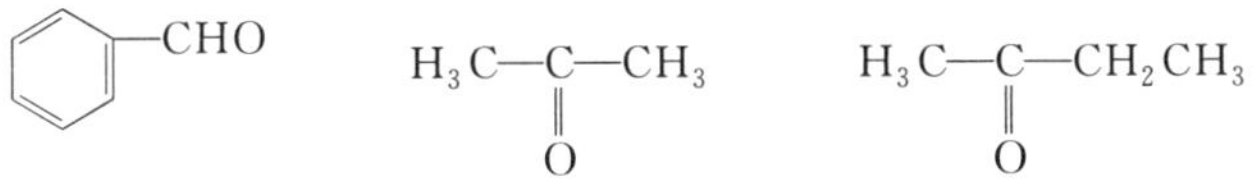

$$C_6H_5-CHO \qquad H_3C-\underset{\underset{\displaystyle O}{\|}}{C}-CH_3 \qquad H_3C-\underset{\underset{\displaystyle O}{\|}}{C}-CH_2CH_3$$

课堂练习 11.2　将下列化合物按亲核加成反应的活性次序排列：

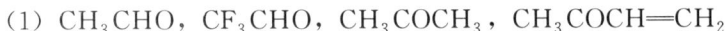

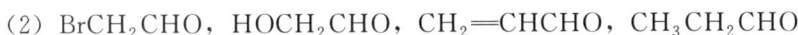

(1) CH_3CHO，CF_3CHO，CH_3COCH_3，$CH_3COCH{=}CH_2$

(2) $BrCH_2CHO$，$HOCH_2CHO$，$CH_2{=}CHCHO$，CH_3CH_2CHO

课堂练习 11.3　给下列反应提出一个可能的机理：

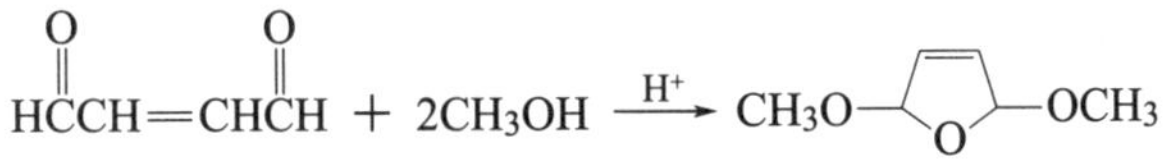

$$H\overset{\overset{\displaystyle O}{\|}}{C}CH=CH\overset{\overset{\displaystyle O}{\|}}{C}H + 2CH_3OH \xrightarrow{H^+} CH_3O-\text{(2,5-二氢呋喃-2,5-二基)}-OCH_3$$

课堂练习 11.4　判断下列化合物是否可与过饱和的 $NaHSO_3$ 生成沉淀？

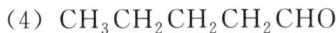

(1) $CH_3CH_2COCH_2CH_3$　　　(2) $CH_3COCH_2CH_3$

(3) C_6H_5CHO　　　(4) $CH_3CH_2CH_2CH_2CHO$

11.5.2　醛、酮 α-氢的反应

(1) α-氢的酸性和酮-烯醇式互变异构

醛、酮的 α-氢原子由于受到羰基较强的吸电子效应而具有一定的酸性。醛、酮 α-氢的酸性比乙炔的酸性大（见表 11-3）。

表 11-3　几种化合物的 pK_a 值

化合物	乙醛	丙酮	乙炔	乙烷
pK_a 值	17	20	25	50

醛、酮的 α-氢具有一定的酸性是因为醛、酮离去一个 α-氢后，生成的碳负离子能和羰

基产生 p-π 共轭，从而比较稳定的缘故。

$$R-\overset{O}{\overset{\|}{C}}-CH_2-R' \rightleftharpoons R-\overset{O}{\overset{\|}{C}}-\overset{-}{C}H-R'+H^+$$

p-π共轭体系

在强碱作用下，醛、酮的α-氢可被夺去。

$$R-\overset{O}{\overset{\|}{C}}-CH_2-R'+B^- \rightleftharpoons R-\overset{O}{\overset{\|}{C}}-\overset{-}{C}H-R'+HB$$

$$R-\overset{O}{\overset{\|}{C}}-\overset{-}{C}H-R' \longleftrightarrow R-\overset{O^-}{\overset{|}{C}}=CH-R'$$

在醛、酮分子中，还存在下列酮式与烯醇式的互变异构现象

$$\underset{\text{酮式}}{R-\overset{O}{\overset{\|}{C}}-CH_2-R'} \rightleftharpoons \underset{\text{烯醇式}}{R-\overset{OH}{\overset{|}{C}}=CH-R'}$$

对大部分的醛、酮而言，由于烯醇式结构通常不稳定，互变异构平衡偏向于酮式的一边。例如，乙醛和丙酮的互变异构平衡中，几乎是100％的酮式。

$$\underset{\text{酮式}\approx 100\%}{CH_3-\overset{O}{\overset{\|}{C}}-H} \rightleftharpoons \underset{\text{烯醇式}}{CH_2=\overset{OH}{\overset{|}{C}}-H} \qquad \underset{\text{酮式}\approx 100\%}{CH_3-\overset{O}{\overset{\|}{C}}-CH_3} \rightleftharpoons \underset{\text{烯醇式}}{CH_3-\overset{OH}{\overset{|}{C}}=CH_2}$$

（2）羟醛缩合反应

在稀碱作用下，一分子醛（或酮）的α-氢原子加到另一分子醛（或酮）羰基的氧原子上，其余部分加到羰基碳原子上，生成碳原子数扩大一倍的β-羟基醛（或β-羟基酮），这个反应叫羟醛缩合反应，也叫醇醛缩合反应。

$$\begin{matrix}RCH_2\\ H(R)\end{matrix}\!>C=O + R\overset{\alpha}{C}H(H)-CHO \xrightarrow{\text{稀碱}} RCH_2\overset{\beta}{C}H(OH)-\overset{\alpha}{C}H(R)-C(=O)H(R)$$

β-羟基醛(酮)

例如，乙醛的羟醛缩合反应：

$$CH_3CHO + CH_2(H)-CHO \xrightarrow[5℃]{10\%NaOH} CH_3CH(OH)-CH_2-CHO$$

β-羟基丁醛

羟醛缩合产物β-羟基醛（酮），在受热情况下或在酸的作用下，很容易发生分子内脱水反应，生成α,β-不饱和醛（酮）。α,β-不饱和醛（酮）进一步催化加氢，可得到饱和醇。因此通过羟醛缩合反应可制备碳原子数增加一倍的醛（酮）或醇。例如：

$$CH_3\underset{OH}{CH}-\underset{H}{CH}-CHO \xrightarrow{\triangle} CH_3CH=CH-CHO + H_2O$$

2-丁烯醛
（α，β -不饱和醛）

$$CH_3CH=CH-CHO + 2H_2 \xrightarrow{Ni} CH_3CH_2CH_2CH_2OH$$

正丁醇

在碱催化条件下，乙醛的羟醛缩合反应机理：

$$CH_3-\overset{O}{\overset{\|}{C}}-H + OH^- \xrightleftharpoons{慢} {}^-CH_2-\overset{O}{\overset{\|}{C}}-H + H_2O$$

$$CH_3-\overset{O}{\overset{\|}{C}}-H + {}^-CH_2-\overset{O}{\overset{\|}{C}}-H \xrightleftharpoons{快} CH_3-\overset{O^-}{\overset{|}{CH}}-CH_2-\overset{O}{\overset{\|}{C}}-H$$

$$CH_3-\overset{O^-}{\overset{|}{CH}}-CH_2-\overset{O}{\overset{\|}{C}}-H + H_2O \xrightleftharpoons{快} CH_3-\overset{OH}{\overset{|}{CH}}-CH_2-\overset{O}{\overset{\|}{C}}-H + OH^-$$

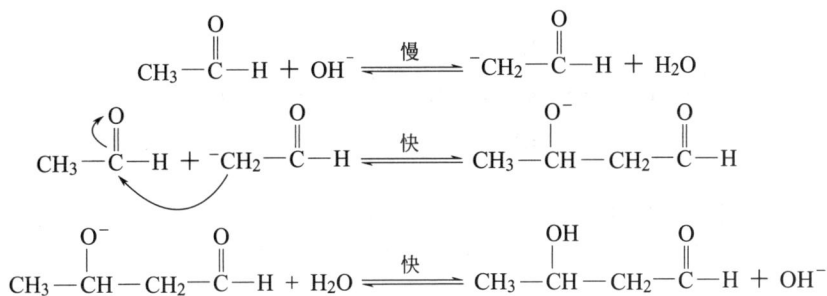

在羟醛缩合反应中，醛的活性大于酮。酮的缩合反应比醛困难得多，例如：丙酮的缩合反应，只能得到少量的β-羟基酮，要想使反应进行下去，必须将产物不断从反应体系中分离出来。

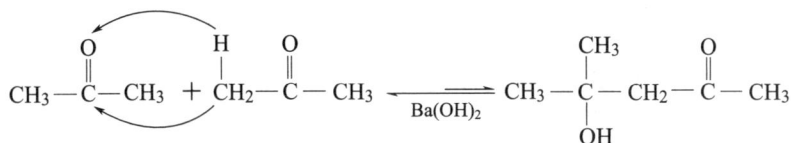

$$CH_3-\overset{O}{\overset{\|}{C}}-CH_3 + \overset{H}{\overset{|}{CH_2}}-\overset{O}{\overset{\|}{C}}-CH_3 \xrightleftharpoons[Ba(OH)_2]{} CH_3-\underset{OH}{\underset{|}{\overset{CH_3}{\overset{|}{C}}}}-CH_2-\overset{O}{\overset{\|}{C}}-CH_3$$

但适当结构的二酮分子内缩合反应很有意义，可以顺利进行。

$$\underset{6}{CH_3}-\underset{5}{\overset{O}{\overset{\|}{C}}}-\underset{4}{CH_2}-\underset{3}{CH_2}-\underset{2}{\overset{O}{\overset{\|}{C}}}-\underset{1}{CH_3} \xrightarrow[100/℃]{NaOH/H_2O} \text{3-甲基-2-环戊烯-1-酮（环上编号 1～5，甲基碳为 6）}$$

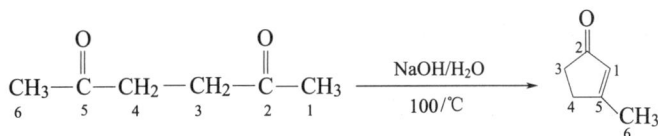

不同的醛或酮交叉羟醛缩合产物复杂。如两种都含有α-氢的醛（酮）缩合，理论上可产生四种产物，包括两种分子的自身缩合产物和两种交叉缩合产物，这些混合产物不易分离，反应无意义。例如：

$$\underset{A}{R-CH_2-\overset{O}{\overset{\|}{C}}-H} + \underset{B}{R''-CH_2-\overset{O}{\overset{\|}{C}}-H} \xrightarrow{OH^-}$$

$$R-CH_2-\underset{OH}{\underset{|}{CH}}-\underset{R}{\underset{|}{CH}}-\overset{O}{\overset{\|}{C}}-H \quad \text{A自身缩合产物}$$

$$R''-CH_2-\underset{OH}{\underset{|}{CH}}-\underset{R''}{\underset{|}{CH}}-\overset{O}{\overset{\|}{C}}-H \quad \text{B自身缩合产物}$$

$$R-CH_2-\underset{OH}{\underset{|}{CH}}-\underset{R''}{\underset{|}{CH}}-\overset{O}{\overset{\|}{C}}-H \quad \text{A、B交叉缩合产物}$$

$$R''-CH_2-\underset{OH}{\underset{|}{CH}}-\underset{R}{\underset{|}{CH}}-\overset{O}{\overset{\|}{C}}-H \quad \text{B、A交叉缩合产物}$$

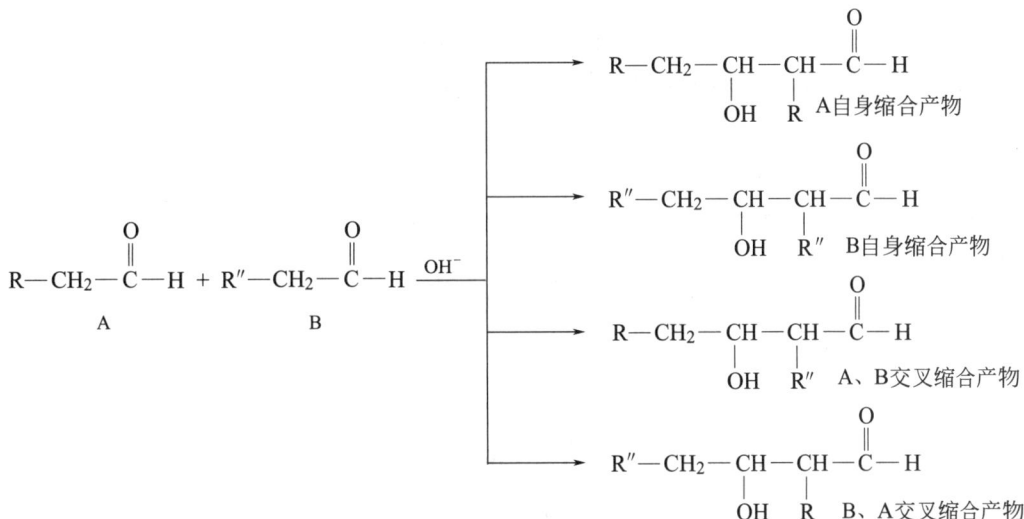

但在交叉羟醛缩合反应中，若有一种为不含α-氢的醛（酮）和含α-氢的醛、酮缩合，缩合产物则要简单得多，通过控制反应条件可以得到预期的产物。如首先将不含α-氢的醛（酮）和催化剂混合，然后慢慢滴加另一种含α-氢的醛（酮），这样就可避免含α-氢的醛（酮）的自身缩合反应。例如：

$$H-\overset{O}{\overset{\|}{C}}-H + CH_3-\overset{H}{\underset{CH_3}{C}}-\overset{O}{\overset{\|}{C}}-H \xrightarrow[40℃]{稀Na_2CO_3} HOCH_2-\overset{CH_3}{\underset{CH_3}{C}}-\overset{O}{\overset{\|}{C}}-H$$

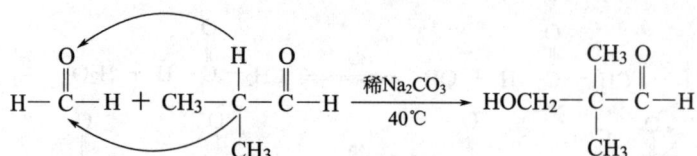

不含α-氢的芳香醛与含有α-氢的醛、酮在碱性条件下发生交叉羟醛缩合，并脱水生成α,β-不饱和醛、酮的反应叫 Claisen-Schmidt 缩合反应。例如：

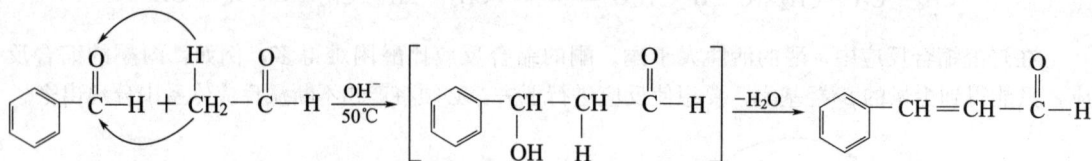

$$C_6H_5-\overset{O}{\overset{\|}{C}}-H + \overset{H}{CH_2}-\overset{O}{\overset{\|}{C}}-H \xrightarrow[50℃]{OH^-} \left[C_6H_5-\underset{OH}{CH}-\underset{H}{CH}-\overset{O}{\overset{\|}{C}}-H\right] \xrightarrow{-H_2O} C_6H_5-CH=CH-\overset{O}{\overset{\|}{C}}-H$$

（3）醛、酮α-氢的卤代反应和卤仿反应

醛、酮分子中的α-氢原子在酸或碱的催化作用下可以被卤素取代，生成α-卤代醛、酮。在这个反应中，卤素进攻醛、酮的α-碳原子，而不是进攻羰基碳。

$$H\overset{\alpha}{-}\overset{|}{\underset{|}{C}}-\overset{O}{\overset{\|}{C}}-H(R) + X_2 \xrightarrow[或OH^-]{H^+} X\overset{\alpha}{-}\overset{|}{\underset{|}{C}}-\overset{O}{\overset{\|}{C}}-H(R) + HX$$

在酸催化的卤代反应中，控制卤素用量，可生成一卤、二卤或三卤代物。例如：

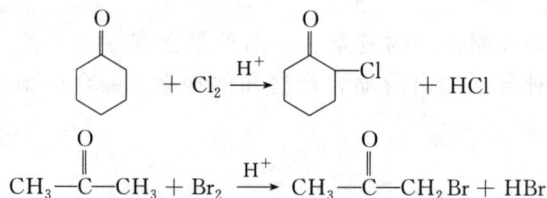

$$环己酮 + Cl_2 \xrightarrow{H^+} 2\text{-氯环己酮} + HCl$$

$$CH_3-\overset{O}{\overset{\|}{C}}-CH_3 + Br_2 \xrightarrow{H^+} CH_3-\overset{O}{\overset{\|}{C}}-CH_2Br + HBr$$

碱催化的卤代反应，产物主要是多卤代物。例如：

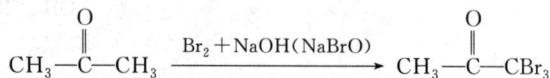

$$CH_3-\overset{O}{\overset{\|}{C}}-CH_3 \xrightarrow{Br_2+NaOH(NaBrO)} CH_3-\overset{O}{\overset{\|}{C}}-CBr_3$$

生成的产物α-三溴丙酮在碱性条件下会进一步分解成三溴甲烷（卤仿）和羧酸盐。

$$CH_3-\overset{O}{\overset{\|}{C}}-CBr_3 \xrightarrow{OH^-} CH_3-\overset{O}{\overset{\|}{C}}-O^- + CHBr_3$$

α-三溴丙酮在碱性条件下的分解过程如下：

$$CH_3-\overset{O}{\overset{\|}{C}}-CBr_3 \xrightarrow{OH^-} CH_3-\overset{O^-}{\underset{OH}{C}}-CBr_3 \longrightarrow CH_3-\overset{O}{\overset{\|}{C}}-OH + CBr_3^-$$

$$CH_3-\overset{O}{\overset{\|}{C}}-OH + {}^-CBr_3 \longrightarrow CH_3-\overset{O}{\overset{\|}{C}}-O^- + CHBr_3$$

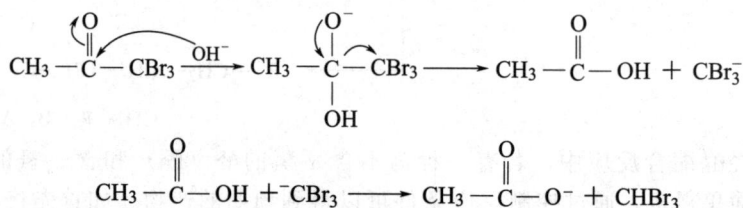

醛、酮分子中α-氢原子的卤代反应在酸和碱的催化条件下，其反应产物不同的主要原因是其反应机理的不同。例如：

丙酮在酸性条件下的溴代反应机理为：

$$CH_3-\overset{O}{\overset{\|}{C}}-CH_3 + H^+ \xrightleftharpoons{快} \left[CH_3-\overset{\overset{+}{O}H}{\overset{\|}{C}}-\underset{H}{\underset{|}{CH_2}}\right] \underset{-H^+}{\overset{慢}{\rightleftharpoons}} \left[CH_3-\overset{OH}{\overset{|}{C}}=CH_2\right]$$

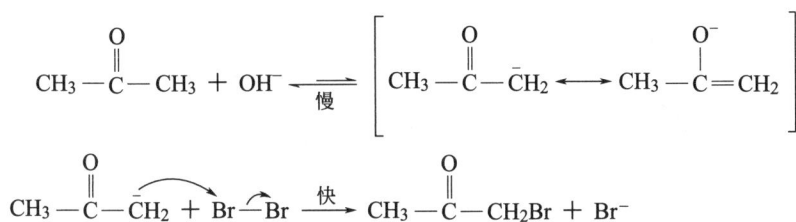

$$\left[CH_3-\overset{OH}{\overset{|}{C}}=CH_2\right] + Br-Br \xrightarrow{快} \left[CH_3-\underset{+}{\overset{OH}{\overset{|}{C}}}-CH_2Br \longleftrightarrow CH_3-\overset{\overset{+}{O}H}{\overset{\|}{C}}-CH_2Br\right] + Br^-$$

$$\left[CH_3-\overset{\overset{+}{O}H}{\overset{\|}{C}}-CH_2Br\right] \xrightleftharpoons{快} CH_3-\overset{O}{\overset{\|}{C}}-CH_2Br + H^+$$

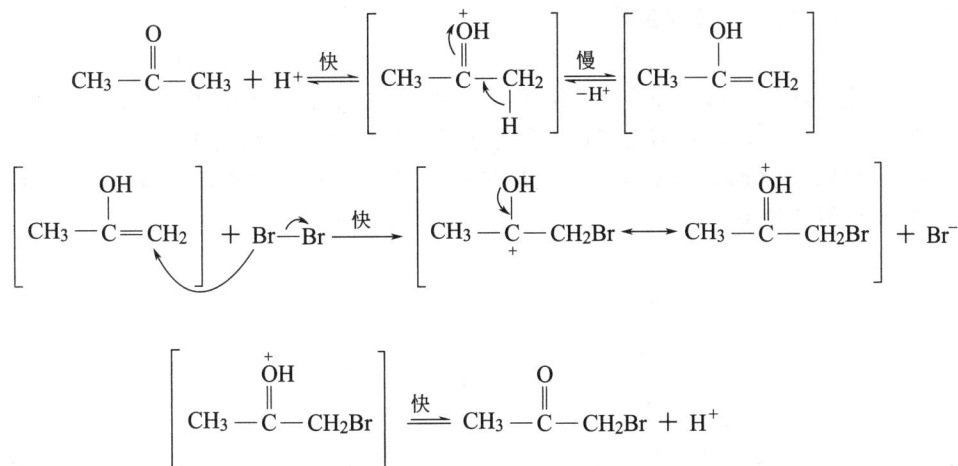

丙酮在碱性条件下的溴代反应机理为：

$$CH_3-\overset{O}{\overset{\|}{C}}-CH_3 + OH^- \underset{慢}{\rightleftharpoons} \left[CH_3-\overset{O}{\overset{\|}{C}}-\overset{-}{C}H_2 \longleftrightarrow CH_3-\overset{O^-}{\overset{|}{C}}=CH_2\right]$$

$$CH_3-\overset{O}{\overset{\|}{C}}-\overset{-}{C}H_2 + Br-Br \xrightarrow{快} CH_3-\overset{O}{\overset{\|}{C}}-CH_2Br + Br^-$$

通常把甲基醛（乙醛）或甲基酮与卤素的碱溶液或次卤酸钠溶液反应生成三卤甲烷（卤仿）的反应叫卤仿反应。卤仿反应也可用来制备羧酸。

卤仿反应可直接写成下列形式：

$$R-\overset{O}{\overset{\|}{C}}-CH_3 + 3NaXO \longrightarrow R-\overset{O}{\overset{\|}{C}}-ONa + CHX_3 + 2NaOH$$

当用次碘酸钠（或碘加氢氧化钠）与甲基醛（乙醛）或甲基酮反应时，生成具有特殊气味的黄色结晶碘仿（CHI_3），这个反应叫碘仿反应。碘仿反应由于具有特殊的现象，可用来鉴别具有以下结构的醛和酮：

$$R-\overset{O}{\overset{\|}{C}}-CH_3 \qquad CH_3-\overset{O}{\overset{\|}{C}}-H$$

由于结构为 CH_3CHOHR 的醇在碘仿反应的条件下（NaOI 是一种氧化剂）可以氧化成甲基醛酮类化合物，因此也可利用碘仿反应来鉴别。

$$R-\overset{OH}{\overset{|}{CH}}-CH_3 \xrightarrow[或\ NaOI]{I_2+NaOH} R-\overset{O}{\overset{\|}{C}}-CH_3$$

课堂练习 11.5　判断下列化合物是否可以进行自身的羟醛缩合：

(1) C_6H_5—CHO　(2) HCHO　(3) $(CH_3CH_2)_2CHCHO$　(4) $(CH_3)_3CCHO$

课堂练习 11.6　指出下列化合物中，哪些能发生碘仿反应：

(1) ICH_2CHO　(2) CH_3CH_2CHO　(3) $CH_3CH_2\underset{OH}{\underset{|}{C}}HCH_3$　(4) C_6H_5—$COCH_3$

11.5.3 醛、酮的氧化和还原反应

（1）氧化反应

醛、酮的化学性质在以上许多反应中基本相同，但在氧化反应中却有较大的差别。醛的羰基上连有一个氢原子，而酮则没有这个氢原子，所以醛比酮容易氧化。

醛能被一般的氧化剂如 $KMnO_4$ 氧化成羧酸。使用弱氧化剂如 Tollens 试剂、Fehling 试剂等也可氧化醛成羧酸。

Tollens 试剂是硝酸银的氨溶液，通常写为：$Ag(NH_3)_2OH$。

Fehling 试剂是由硫酸铜溶液（A）和酒石酸钾钠的氢氧化钠溶液（B）的混合物。

$$CuSO_4 + NaOH + \begin{array}{l}HO—CH—COONa\\ \quad\quad | \\ HO—CH—COOK\end{array}$$

Fehling 试剂通常写为：$Cu^{2+} + OH^-$。

Tollens 试剂使醛氧化成羧酸，本身被还原成金属银，如果反应容器很干净，析出的银在容器内壁形成银镜，此反应称为银镜反应。

$$R—\overset{O}{\overset{\|}{C}}—H + 2Ag(NH_3)_2OH \xrightarrow{\triangle} R—\overset{O}{\overset{\|}{C}}—ONH_4 + \underset{银镜}{2Ag\downarrow} + H_2O + 3NH_3$$

Fehling 试剂也使醛氧化成羧酸，试剂中的二价铜被还原成一价铜，并产生红色的氧化亚铜沉淀。

$$R—\overset{O}{\overset{\|}{C}}—H + 2Cu^{2+} + 5OH^- \xrightarrow{\triangle} R—\overset{O}{\overset{\|}{C}}—O^- + \underset{红色沉淀}{Cu_2O\downarrow} + 3H_2O$$

以上两个反应的现象非常明显，可以用来鉴别醛和酮（酮不发生反应）。值得注意的是 Tollens 试剂能将脂肪醛和芳香醛氧化成酸，但 Fehling 试剂只能氧化脂肪醛，不能将芳香醛氧化成相应的酸。

Tollens 试剂和 Fehling 试剂是弱的氧化剂，氧化反应的选择性强，它们只氧化醛，不氧化酮，也不氧化双键，所以可以利用这两个反应氧化不饱和醛来制备不饱和羧酸。例如：

$$RCH═CHCHO \xrightarrow{Tollens\ 试剂} RCH═CHCOOH$$

$$RCH═CHCHO \xrightarrow{Fehling\ 试剂} RCH═CHCOOH$$

$$RCH═CHCHO \xrightarrow{KMnO_4/OH^-} RCOOH + HOOC—COOH$$

酮不易被氧化，但强氧化剂（如高锰酸钾、重铬酸钾、硝酸等）氧化酮生成低级羧酸混合物，制备意义不大。

$$R—CH_2 \overset{①}{\vdots} \overset{O}{\overset{\|}{C}} \overset{②}{\vdots} CH_2—R' \xrightarrow{[O]} \begin{cases} \xrightarrow{①} RCOOH + R'CH_2COOH \\ \xrightarrow{②} RCH_2COOH + R'COOH \end{cases}$$

但环酮的氧化具有制备意义。例如，环己酮在强氧化剂作用下，氧化成己二酸，这是工业上制备己二酸的方法之一。

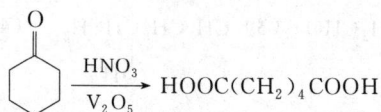

$$环己酮 \xrightarrow[V_2O_5]{HNO_3} HOOC(CH_2)_4COOH$$

课堂练习 11.7　下列化合物，哪些能进行银镜反应？

(1) $CH_3COCH_2CH_3$　(2) 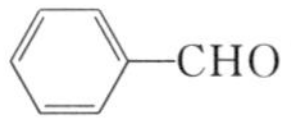 C_6H_5-CHO　(3) $CH_3C(CH_3)=CHCHO$

(4) $CH_3CH(OH)CH_2CH_3$　(5) 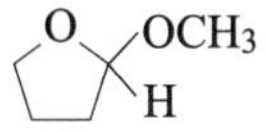 2-甲氧基四氢呋喃（环上 C 连 OCH_3 和 H）　(6) 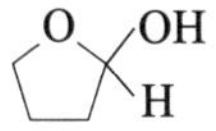 2-羟基四氢呋喃（环上 C 连 OH 和 H）

(2) 还原反应

① 催化氢化还原　醛、酮在金属催化剂的存在下加氢分别生成伯醇和仲醇。

$$\underset{\text{醛}}{R-\overset{\overset{O}{\|}}{C}-H} + H_2 \xrightarrow{\text{金属催化剂}} \underset{\text{伯醇}}{R-CH_2-OH}$$

$$\underset{\text{酮}}{R-\overset{\overset{O}{\|}}{C}-R'} + H_2 \xrightarrow{\text{金属催化剂}} \underset{\text{仲醇}}{R-\overset{\overset{R'}{|}}{C}H-OH}$$

例如：

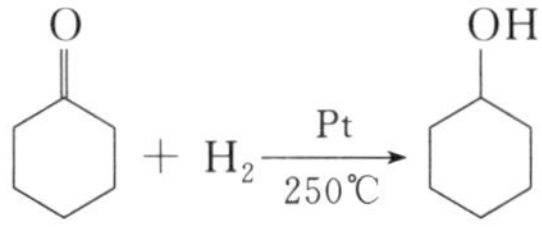

$$\text{环己酮} + H_2 \xrightarrow[250℃]{Pt} \text{环己醇}$$

在催化氢化条件下，$-CH=CH-$、$-C\equiv C-$、$-NO_2$ 和$-C\equiv N$ 等也都被还原。

$$-CH=CH- \xrightarrow{[H]} -CH_2-CH_2-$$

$$-C\equiv C- \xrightarrow{[H]} -CH_2-CH_2-$$

$$-C\equiv N \xrightarrow{[H]} -CH_2NH_2$$

$$-NO_2 \xrightarrow{[H]} -NH_2$$

例如：

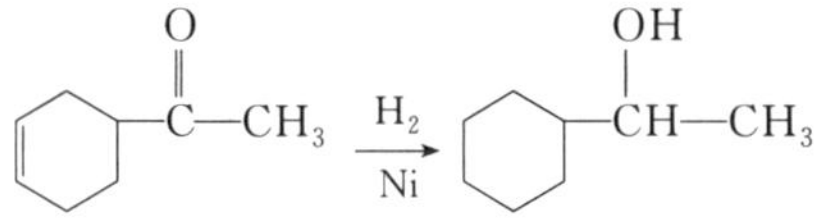

$$\text{环己烯基}-\overset{\overset{O}{\|}}{C}-CH_3 \xrightarrow[Ni]{H_2} \text{环己基}-\overset{\overset{OH}{|}}{C}H-CH_3$$

② 金属氢化物还原　醛、酮可被金属氢化物还原成相应的醇。常用的金属氢化物有 $NaBH_4$、$LiAlH_4$。

$$R-\overset{\overset{O}{\|}}{C}-H(R') \xrightarrow[\text{或 } LiAlH_4/\text{干醚}]{NaBH_4/H_2O} R-\overset{\overset{H}{|}}{\underset{\underset{OH}{|}}{C}}-H(R')$$

例如：

$$CH_3CH=CH-\overset{\overset{O}{\|}}{C}-H \xrightarrow[\text{或 } LiAlH_4/\text{干醚}]{NaBH_4/H_2O} CH_3CH=CHCH_2OH$$

$NaBH_4$ 在水或醇溶液中是一种缓和的还原剂，选择性高，还原效果好，它只还原醛、酮的羰基，对分子中的其它不饱和基团不还原。$LiAlH_4$ 也是一种选择性还原剂，它不还原碳碳双键和碳碳叁键，但它的还原性比 $NaBH_4$ 强，除能还原醛、酮外，也可还原酯、羧酸、酰胺、硝基、氰基等。

③ Clemmensen 还原反应　在锌汞齐加盐酸（Zn-Hg＋HCl）的条件下，将羰基直接还原成亚甲基的方法叫 Clemmensen 还原反应。此反应适合对碱敏感羰基化合物的还原。

$$R-\overset{O}{\overset{\|}{C}}-R' \xrightarrow{Zn\text{-}Hg/HCl} RCH_2R'$$

Clemmensen 还原反应适用于还原芳香酮，是间接在芳环上引入直链烷基的方法，在有机合成上有广泛的应用。例如：

$$C_6H_6 \xrightarrow[AlCl_3]{CH_3CH_2CH_2\overset{O}{\overset{\|}{C}}-Cl} C_6H_5-\overset{O}{\overset{\|}{C}}CH_2CH_2CH_3 \xrightarrow[Zn\text{-}Hg]{HCl} C_6H_5-CH_2CH_2CH_2CH_3$$

④ Wolff-Kishner-黄鸣龙还原反应 将醛、酮与无水肼作用生成腙，然后将腙和无水乙醇钠在高压容器中加热到 180～200℃分解放出氮气，羰基转变成亚甲基，这个反应叫 Wolff-Kishner 还原反应。

$$\begin{matrix}R\\(R')H\end{matrix}\!\!>C=O \xrightarrow{NH_2NH_2} \begin{matrix}R\\(R')H\end{matrix}\!\!>C=NNH_2 \xrightarrow[\text{无水乙醇,加压}]{NaOC_2H_5} \begin{matrix}R\\(R')H\end{matrix}\!\!>CH_2 + N_2$$

我国化学家黄鸣龙对 Wolff-Kishner 还原反应进行了改进，先将醛、酮、氢氧化钠、肼的水溶液和一种高沸点溶剂（如一缩二乙二醇等）一起加热，生成腙后再蒸出过量的肼和水，反应达到腙的分解温度后，继续回流至反应完成。这样可以不必使用无水肼，也不用在高压下进行反应，且还原产率更好。这种改进后的方法叫 Wolff-Kishner-黄鸣龙还原反应。

$$\begin{matrix}R\\(R')H\end{matrix}\!\!>C=O \xrightarrow[(HOCH_2CH_2)_2O,\triangle]{NH_2NH_2,NaOH} \begin{matrix}R\\(R')H\end{matrix}\!\!>CH_2$$

Clemmensen 还原反应和 Wolff-Kishner-黄鸣龙还原反应都是将羰基还原成亚甲基，但前者是在强酸性条件下进行，后者则是在强碱性条件下进行。这两种还原方法，可以根据反应物分子中所含其它基团对反应条件的要求选择使用。

⑤ Cannizzaro 反应（歧化反应） 不含 α-氢的醛（如甲醛、苯甲醛等）在浓碱作用下，一分子醛被氧化成羧酸，一分子醛被还原成醇，这种发生在分子内的自身氧化-还原反应称为 Cannizzaro 反应。例如：

$$HCHO + HCHO \xrightarrow{\text{浓 }NaOH} HCOONa + CH_3OH$$

$$C_6H_5-CHO + C_6H_5-CHO \xrightarrow{\text{浓 }NaOH} C_6H_5-COONa + C_6H_5-CH_2OH$$

像这种在同种分子间进行性质相反的反应，也叫做歧化反应。Cannizzaro 反应就是一种歧化反应。

Cannizzaro 反应可以看作是醛分子进行了两次连续亲核加成。首先是 OH^- 进攻羰基碳，生成氧负离子中间体，然后氧负离子中间体产生的氢负离子进攻另一分子醛羰基。例如，甲醛的 Cannizzaro 反应过程如下：

$$H-\overset{O}{\overset{\|}{C}}-H + OH^- \longrightarrow H-\overset{O^-}{\overset{|}{\underset{OH}{\underset{|}{C}}}}-H \quad \text{氧负离子中间体}$$

$$H-\overset{O^-}{\overset{|}{\underset{OH}{\underset{|}{C}}}}-H + H-\overset{O}{\overset{\|}{C}}-H \longrightarrow H-\overset{O}{\overset{\|}{C}}-OH + CH_3O^-$$

$$H-\overset{O}{\overset{\|}{C}}-OH + CH_3O^- \longrightarrow H-\overset{O}{\overset{\|}{C}}-O^- + CH_3OH$$

两种不同的不含 α-氢的醛进行 Cannizzaro 反应时，产物复杂，若其中一种是甲醛时，由于甲醛的还原性强，总是另一种醛还原成醇，而甲醛氧化成羧酸。例如：

$$\mathrm{H-\overset{\overset{\displaystyle O}{\|}}{C}-H} + \mathrm{C_6H_5{-}CHO} \xrightarrow{\text{浓 NaOH}} \mathrm{H-\overset{\overset{\displaystyle O}{\|}}{C}-ONa} + \mathrm{C_6H_5{-}CH_2OH}$$

季戊四醇可由甲醛和乙醛首先在稀碱的作用下进行羟醛缩合反应，然后在浓碱作用下进行交叉 Cannizzaro 反应来制备。

乙醛有三个 α-氢，可以和三分子甲醛进行交叉羟醛缩合生成三羟甲基乙醛，所生成的羟醛缩合产物随后和甲醛进行交叉 Cannizzaro 反应产生季戊四醇和甲酸盐。

$$3\ \mathrm{H-\overset{\overset{\displaystyle O}{\|}}{C}-H} + \mathrm{H-\underset{\underset{\displaystyle H}{|}}{\overset{\overset{\displaystyle H}{|}}{C}}-\overset{\overset{\displaystyle O}{\|}}{C}-H} \xrightarrow[55℃]{\text{稀 } \mathrm{Ca(OH)_2}} \mathrm{HOCH_2-\underset{\underset{\displaystyle CH_2OH}{|}}{\overset{\overset{\displaystyle CH_2OH}{|}}{C}}-CHO}$$

三羟甲基乙醛

$$\mathrm{HOCH_2-\underset{\underset{\displaystyle CH_2OH}{|}}{\overset{\overset{\displaystyle CH_2OH}{|}}{C}}-CHO} + \mathrm{H-\overset{\overset{\displaystyle O}{\|}}{C}-H} \xrightarrow[\triangle]{\mathrm{Ca(OH)_2}} \mathrm{HOCH_2-\underset{\underset{\displaystyle CH_2OH}{|}}{\overset{\overset{\displaystyle CH_2OH}{|}}{C}}-CH_2OH} + \frac{1}{2}\mathrm{(HCOO)_2Ca}$$

季戊四醇

11.6 不饱和醛、酮

根据羰基和碳碳双键的相对位置不同，不饱和醛酮可分为三类。

① $\mathrm{>C{=}C-(CH_2)_n-\overset{\overset{\displaystyle O}{\|}}{C}-}$　($n\geqslant1$)

这类化合物由于羰基和碳碳双键的相对位置较远，相互影响较小，同时具有烯烃和醛、酮的性质。

② $\mathrm{>C{=}C{=}O}$　（烯酮）

这类化合物由于羰基和双键直接相连，其化学性质比一般醛、酮活泼，可以进行许多一般醛、酮不能进行的反应。

③ $\mathrm{>C{=}\overset{|}{C}-\overset{|}{C}{=}O}$　(α,β-不饱和醛、酮)

这类化合物由于羰基和碳碳双键形成共轭体系，除了具有各自官能团的性质外，还具有一些与一般醛、酮不同的化学性质。

11.6.1　乙烯酮的性质

乙烯酮是一种类似累积二烯烃的结构，这种结构的成键形式非常不稳定，因而表现出很强的化学反应活性。乙烯酮可以和许多含活泼氢化合物加成，在原活泼氢的位置引入一个乙酰基，因此乙烯酮是一种很好的乙酰化试剂。例如：

$$\mathrm{CH_2{=}C{=}O + HOH \longrightarrow CH_3COOH}$$

$$\mathrm{CH_2{=}C{=}O + HNH_2 \longrightarrow CH_3CONH_2}$$

$$CH_2{=}C{=}O + HOR \longrightarrow CH_3COOR$$
$$CH_2{=}C{=}O + HCl \longrightarrow CH_3COCl$$
$$CH_2{=}C{=}O + CH_3COOH \longrightarrow CH_3COOCOCH_3$$

乙烯酮加成反应机理可表示如下：

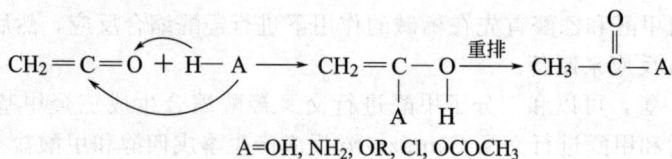

$$CH_2{=}C{=}O + H{-}A \longrightarrow CH_2{=}\underset{A}{\underset{|}{C}}{-}\underset{H}{\underset{|}{O}} \xrightarrow{\text{重排}} CH_3{-}\overset{O}{\overset{\|}{C}}{-}A$$

A=OH, NH_2, OR, Cl, $OCOCH_3$

乙烯酮和 Grignard 试剂加成生成甲基酮类化合物。

$$CH_2{=}C{=}O + RMgX \longrightarrow CH_2{=}\underset{R}{\underset{|}{C}}{-}OMgX$$

$$CH_2{=}\underset{R}{\underset{|}{C}}{-}OMgX + H_2O \longrightarrow \left[CH_2{=}\underset{R}{\underset{|}{C}}{-}OH \right] \xrightarrow{\text{重排}} CH_3{-}\overset{O}{\overset{\|}{C}}{-}R$$

乙烯酮容易聚合成二乙烯酮

$$2\,CH_2{=}C{=}O \longrightarrow \begin{array}{l} CH_2{=}C{-}O \\ \quad\ \ |\quad\ \ | \\ \ \ CH_2{-}C{=}O \end{array}$$

二乙烯酮易与活泼氢化合物加成，生成乙酰乙酸及其衍生物。例如：

$$\begin{array}{l} CH_2{=}C{-}O \\ \quad\ \ |\quad\ \ | \\ \ \ CH_2{-}C{=}O \end{array} \begin{cases} \xrightarrow{H_2O} CH_3{-}\overset{O}{\overset{\|}{C}}{-}CH_2{-}\overset{O}{\overset{\|}{C}}{-}OH \\ \xrightarrow{NH_3} CH_3{-}\overset{O}{\overset{\|}{C}}{-}CH_2{-}\overset{O}{\overset{\|}{C}}{-}NH_2 \\ \xrightarrow{C_2H_5OH} CH_3{-}\overset{O}{\overset{\|}{C}}{-}CH_2{-}\overset{O}{\overset{\|}{C}}{-}OC_2H_5 \end{cases}$$

乙烯酮可通过以下方法制备：

$$CH_3COOH \xrightarrow[AlPO_4]{700℃} CH_2{=}C{=}O$$

$$CH_3COCH_3 \xrightarrow[\text{加压}]{700\sim850℃} CH_2{=}C{=}O$$

$$2CO + H_2 \xrightarrow[\text{高温,加压}]{ZnO} CH_2{=}C{=}O$$

乙烯酮在常温下是具有难闻气味、毒性很大的气体，在合成和使用中要特别小心，其它烯酮的性质与乙烯酮相似，但由于制备困难，应用较少。

11.6.2 α,β-不饱和醛、酮的特性

α,β-不饱和醛、酮分子中同时包含羰基和碳碳双键，所以它既可进行与碳碳双键有关的亲电加成反应，也可进行与羰基有关的亲核加成反应，由于羰基和双键形成了一个共轭体系，所以在这些反应中也包含了共轭加成。

（1）1,4-亲电加成反应

α,β-不饱和醛、酮分子中羰基和双键形成一个共轭体系，可用如下共振结构式来表示：

$$CH_2=CH-\underset{H}{\underset{|}{C}}=O \longleftrightarrow \overset{+}{C}H_2-CH=\underset{H}{\underset{|}{C}}-\overset{-}{O} \longleftrightarrow CH_2=CH-\underset{H}{\underset{|}{\overset{+}{C}}}-\overset{-}{O}$$

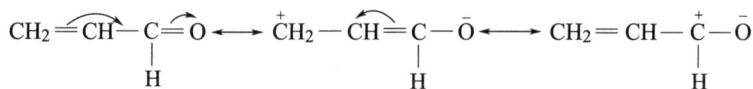

α,β-不饱和醛、酮可发生 1,4-亲电加成反应。例如：

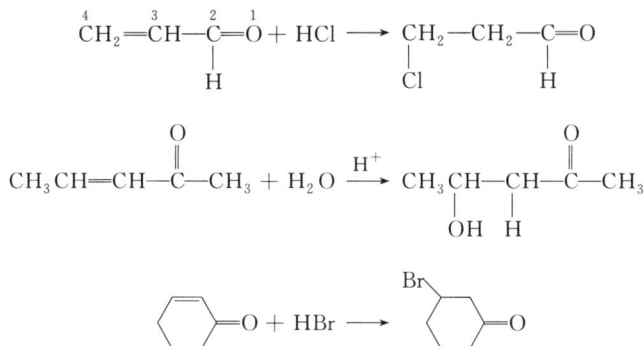

$$\overset{4}{C}H_2=\overset{3}{C}H-\underset{H}{\underset{|}{\overset{2}{C}}}=\overset{1}{O}+HCl \longrightarrow \underset{Cl}{\underset{|}{CH_2}}-CH_2-\underset{H}{\underset{|}{C}}=O$$

$$CH_3CH=CH-\overset{O}{\overset{\|}{C}}-CH_3+H_2O \xrightarrow{H^+} CH_3\underset{OH}{\underset{|}{C}H}-\underset{H}{\underset{|}{C}H}-\overset{O}{\overset{\|}{C}}-CH_3$$

$$\text{环己-2-烯酮}=O + HBr \longrightarrow \text{3-溴环己酮}(Br)=O$$

α,β-不饱和醛、酮的 1,4-亲电加成反应机理：亲电试剂中的带正电部分首先加到羰基的氧上，带负电部分加到β-碳原子上生成不稳定的烯醇式中间体，然后重排成稳定的酮式结构产物。

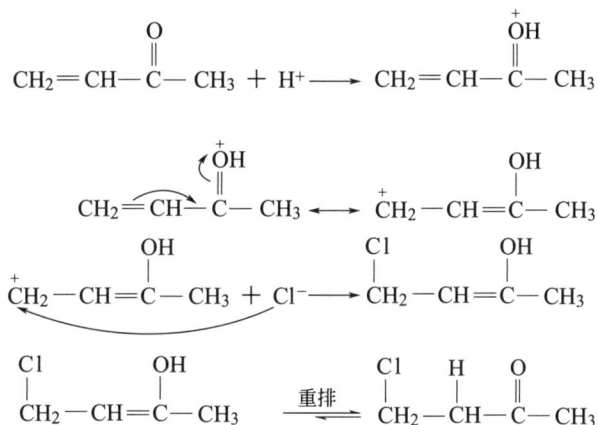

$$CH_2=CH-\overset{O}{\overset{\|}{C}}-CH_3+H^+ \longrightarrow CH_2=CH-\overset{\overset{+}{O}H}{\overset{\|}{C}}-CH_3$$

$$CH_2=CH-\overset{\overset{+}{O}H}{\overset{\|}{C}}-CH_3 \longleftrightarrow \overset{+}{C}H_2-CH=\overset{OH}{\overset{|}{C}}-CH_3$$

$$\overset{+}{C}H_2-CH=\overset{OH}{\overset{|}{C}}-CH_3+Cl^- \longrightarrow \overset{Cl}{\overset{|}{C}H_2}-CH=\overset{OH}{\overset{|}{C}}-CH_3$$

$$\overset{Cl}{\overset{|}{C}H_2}-CH=\overset{OH}{\overset{|}{C}}-CH_3 \xrightleftharpoons{\text{重排}} \overset{Cl}{\overset{|}{C}H_2}-\overset{H}{\overset{|}{C}H}-\overset{O}{\overset{\|}{C}}-CH_3$$

(2) 1,2-和 1,4-亲核加成反应

由于α,β-不饱和醛、酮分子中羰基和双键形成一个共轭体系，羰基碳和β-双键碳都带部分正电荷，所以在进行亲核加成反应时，亲核试剂既可进攻羰基碳也可进攻β-双键碳，进攻羰基碳形成 1,2-加成产物，进攻β-双键碳形成 1,4-加成产物。例如：

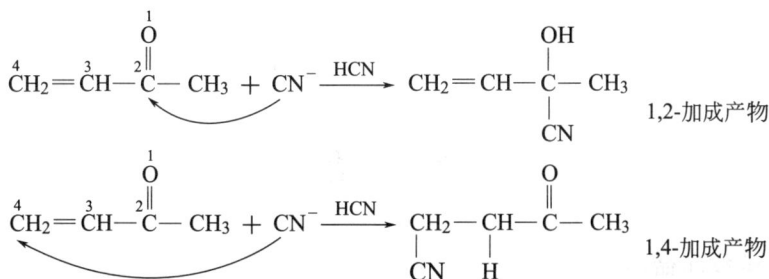

$$\overset{4}{C}H_2=\overset{3}{C}H-\overset{\overset{1}{O}}{\overset{\|}{\overset{2}{C}}}-CH_3+CN^- \xrightarrow{HCN} CH_2=CH-\underset{CN}{\underset{|}{\overset{OH}{\overset{|}{C}}}}-CH_3 \quad \text{1,2-加成产物}$$

$$\overset{4}{C}H_2=\overset{3}{C}H-\overset{\overset{1}{O}}{\overset{\|}{\overset{2}{C}}}-CH_3+CN^- \xrightarrow{HCN} \underset{CN}{\underset{|}{CH_2}}-\underset{H}{\underset{|}{CH}}-\overset{O}{\overset{\|}{C}}-CH_3 \quad \text{1,4-加成产物}$$

α,β-不饱和醛、酮 1,4-亲核加成反应机理：

$$CH_2{=}CH{-}\overset{\overset{O}{\|}}{C}{-}CH_3 + CN^- \rightleftharpoons \underset{\underset{CN}{|}}{CH_2}{-}\bar{C}H{-}\overset{\overset{O}{\|}}{C}{-}CH_3$$

$$\underset{\underset{CN}{|}}{CH_2}{-}\bar{C}H{-}\overset{\overset{O}{\|}}{C}{-}CH_3 \longleftrightarrow \underset{\underset{CN}{|}}{CH_2}{-}CH{=}\overset{\overset{\bar{O}}{|}}{C}{-}CH_3$$

$$\underset{\underset{CN}{|}}{CH_2}{-}CH{=}\overset{\overset{\bar{O}}{|}}{C}{-}CH_3 + HCN \rightleftharpoons \underset{\underset{CN}{|}}{CH_2}{-}CH{=}\overset{\overset{OH}{|}}{C}{-}CH_3 + CN^-$$

$$\underset{\underset{CN}{|}}{CH_2}{-}CH{=}\overset{\overset{OH}{|}}{C}{-}CH_3 \xrightleftharpoons{\text{重排}} \underset{\underset{CN}{|}}{CH_2}{-}\underset{\underset{H}{|}}{CH}{-}\overset{\overset{O}{\|}}{C}{-}CH_3$$

α,β-不饱和醛、酮进行亲核加成反应方向主要受下列因素控制：

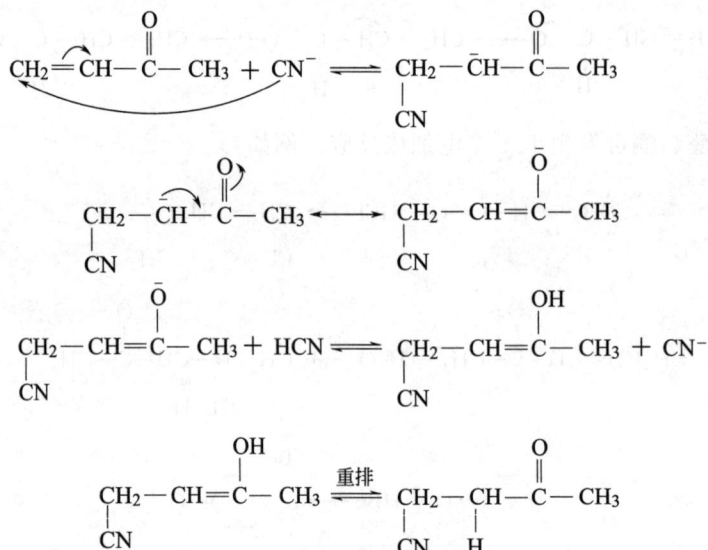

① 羰基旁边的空间位阻小有利于1,2-加成，空间位阻大有利于1,4-加成，因此醛比酮更易进行1,2-加成。

$$(CH_3)_2C{=}CH{-}\overset{\overset{O}{\|}}{C}{-}H \quad (\uparrow :Nu \text{ 进攻羰基碳}) \qquad CH_2{=}\underset{\underset{CH_3}{|}}{C}{-}\overset{\overset{O}{\|}}{C}{-}CH_2CH_3 \quad (\uparrow :Nu \text{ 进攻 } CH_2)$$

亲核试剂主要进攻位置

② 强碱性亲核试剂（如 $LiAlH_4$、RMgX 等）主要进攻羰基；弱碱性亲核试剂（如 RNH_2、CN^-等）主要进攻碳碳双键。例如：

$$CH_2{=}CH{-}\overset{\overset{O}{\|}}{C}{-}CH_3 \xrightarrow[(2)\,H_2O]{(1)\,LiAlH_4} CH_2{=}CH{-}\underset{\underset{H}{|}}{\overset{\overset{OH}{|}}{C}}{-}CH_3$$

$$CH_2{=}CH{-}\overset{\overset{O}{\|}}{C}{-}CH_3 \xrightarrow{RNH_2} \underset{\underset{RNH}{|}}{CH_2}{-}\underset{\underset{H}{|}}{CH}{-}\overset{\overset{O}{\|}}{C}{-}CH_3$$

③ Diels-Alder 反应

α,β-不饱和醛、酮也可利用共轭体系进行 Diels-Alder 反应，生成含氧的六元杂环化合物。例如：

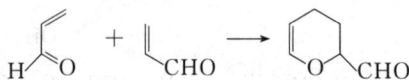

$$CH_2{=}CH{-}CHO + CH_2{=}CH{-}CHO \longrightarrow \text{2-甲酰基-3,4-二氢-2H-吡喃（环上 CHO）}$$

11.7 醌

11.7.1 醌的结构和命名

醌是一类特殊的环状不饱和共轭二酮，由于醌类化合物通常都是由芳香烃衍生物氧化而制得，所以醌类化合物的命名都和芳烃有关。例如：

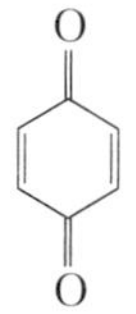

对苯醌 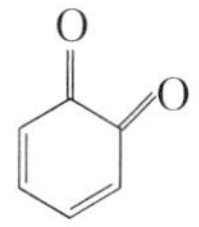　邻苯醌 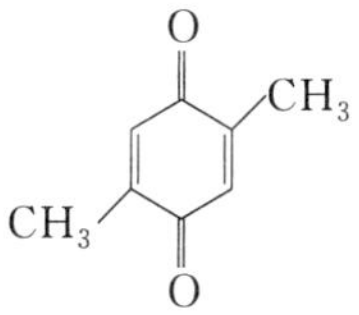　2,5-二甲基-1,4-苯醌 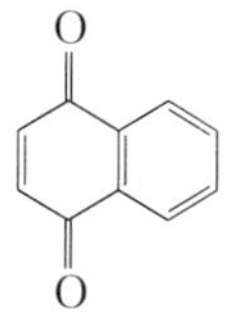　1,4-萘醌

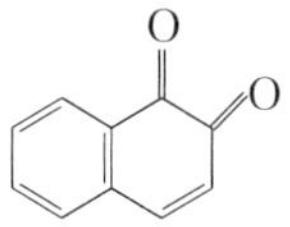

1,2-萘醌 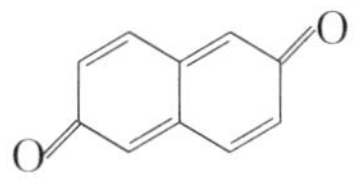　2,6-萘醌 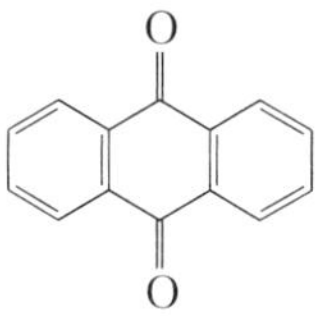　9,10-蒽醌 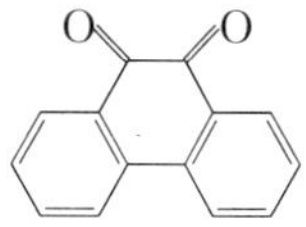　9,10-菲醌

11.7.2 醌的性质

由于醌是环状不饱和二酮，也是 α,β-不饱和酮，所以它具有 α,β-不饱和酮的性质。加成反应既可发生在碳碳双键上，也可发生在羰基上，同时还可发生共轭加成反应。

（1）醌羰基的加成反应

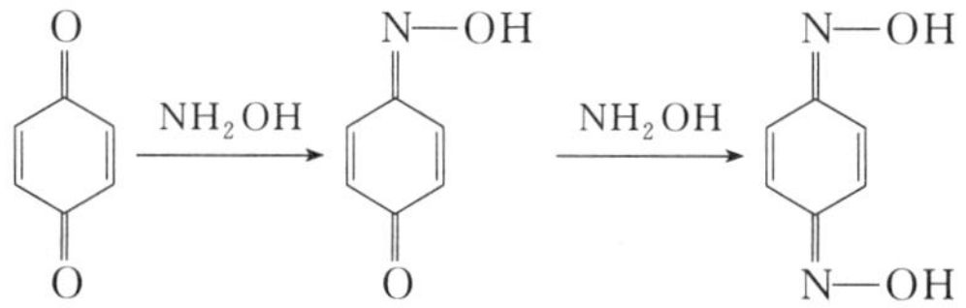

NH_2OH　NH_2OH

（2）醌碳碳双键上的加成反应

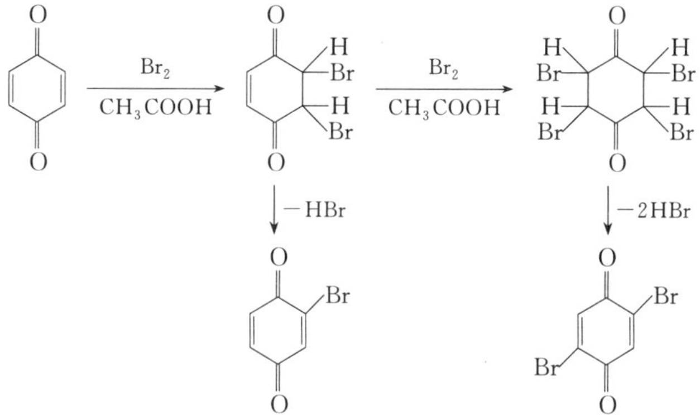

Br_2 / CH_3COOH　Br_2 / CH_3COOH　$-HBr$　$-2HBr$

（3）醌的共轭加成反应

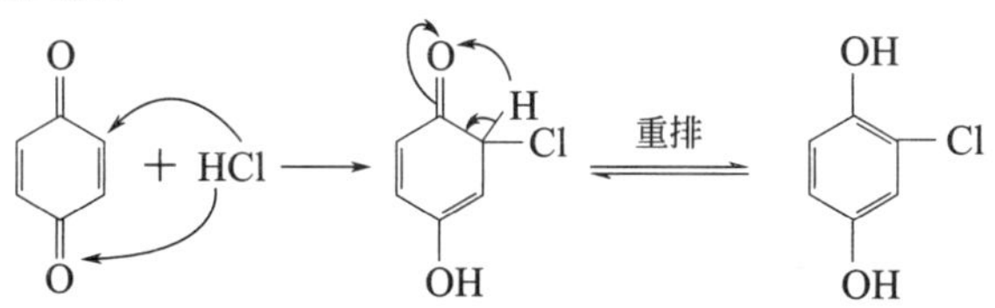

+ HCl　重排

（4）Diels-Alder 反应

醌分子中碳碳双键上连有两个羰基，双键上的电子云密度较低，是一种良好的亲双烯体，可以和共轭二烯发生 Diels-Alder 反应。

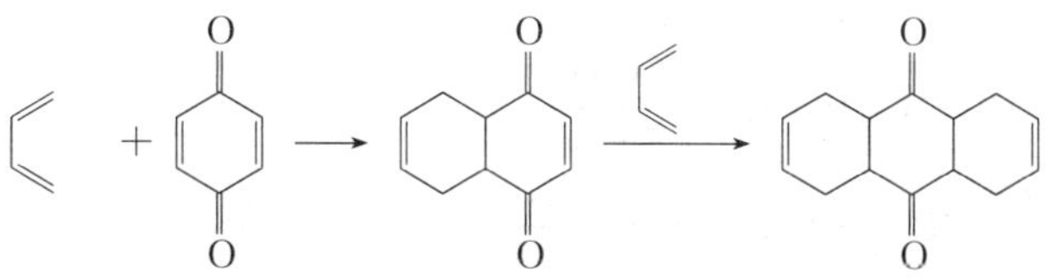

习　题

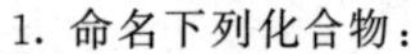

1. 命名下列化合物：

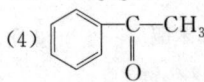

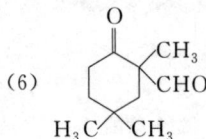

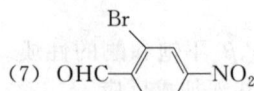

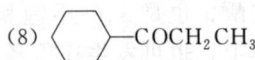

(1) Cl_3CCHO　　(2) $(CH_3)_3CCHO$

(3) $CH_3CH{=}CHCH_2CH(OH)CH_2CHO$　　(4) $C_6H_5COCH_3$

(5) $CH_3COCH{=}CH_2$　　(6) 2,5,5-三甲基-2-甲酰基环己酮结构（环己酮，C2 上有 CH_3 和 CHO，C4 上有两个 CH_3）

(7) OHC—(2-Br)—C_6H_3—NO_2　　(8) 环己基—$COCH_2CH_3$

2. 写出下列化合物的结构式：

(1) α-溴代丙醛　　(2) 1,3-环已二酮

(3) 2-丁酮苯腙　　(4) 丙醛肟

3. 不查表排列下列化合物沸点高低次序，并说明理由。

(1) $CH_3CH_2CH_2CHO$　　(2) $CH_3CH_2CH_2CH_2OH$

(3) CH_3CH_2COOH　　(4) $CH_3CH_2CH_2CH_2CH_3$

4. 按照与 HCN 发生亲核加成反应从易到难的顺序排列下列化合物，并简述理由。

(1) CH_3CH_2CHO　　(2) CH_3COCH_3　　(3) C_6H_5CHO

(4) HCHO　　(5) $C_6H_5COC_6H_5$

5. 把下列羰基化合物按与 $NaHSO_3$ 加成反应速率由快到慢的顺序排序，并简述理由。

A. 苯乙酮　　B. 苯甲醛　　C. 2-氯乙醛　　D. 乙醛

6. 完成下列反应：

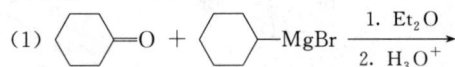

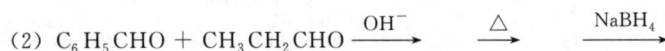

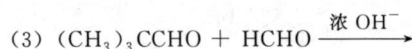

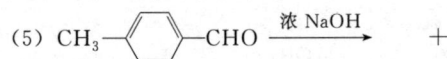

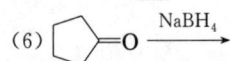

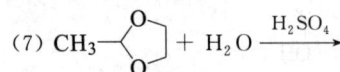

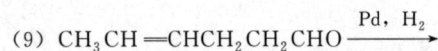

(1) 环己酮 + 环己基MgBr $\xrightarrow[2.\ H_3O^+]{1.\ Et_2O}$

(2) $C_6H_5CHO + CH_3CH_2CHO \xrightarrow{OH^-}$ 　 $\xrightarrow{\triangle}$ 　 $\xrightarrow{NaBH_4}$

(3) $(CH_3)_3CCHO + HCHO \xrightarrow{浓\ OH^-}$

(4) $CH_3COCH_2CH_3 + NH_2OH \longrightarrow$ 　 $\longrightarrow$

(5) CH_3—C_6H_4—CHO $\xrightarrow{浓\ NaOH}$ 　 +

(6) 环戊酮 $\xrightarrow{NaBH_4}$

(7) 2-甲基-1,3-二氧戊环（CH_3—） + $H_2O \xrightarrow{H_2SO_4}$

(8) C_6H_5—CHO + C_6H_5—MgBr $\longrightarrow$ 　 $\xrightarrow[H_2O]{H^+}$

(9) $CH_3CH{=}CHCH_2CH_2CHO \xrightarrow{Pd,\ H_2}$

(10) C_6H_5—$CH{=}CHCH_2CH_2CHO \xrightarrow[浓，热]{KMnO_4}$

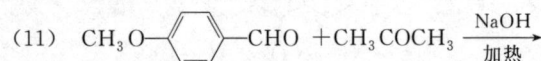

(11) CH_3O—C_6H_4—CHO $+ CH_3COCH_3 \xrightarrow[加热]{NaOH}$

(12) C_6H_5—$COCH_2CH_2COOH \xrightarrow[\text{回流}]{\text{Zn-Hg，浓 HCl}}$

(13) $CH_3COCH_2CH_3 + I_2 + NaOH \longrightarrow \quad + $

(14) (环己酮)=O $+ Ph_3P{=}CH_2 \longrightarrow$

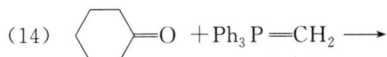

7. 用简单的化学方法鉴别下列各组化合物：

(1) 丙醛、丙酮、丙醇和异丙醇　　(2) 戊醛、2-戊酮，环戊酮和苯甲醛

8. 用指定原料合成下列化合物：

(1) 由乙炔合成 4-辛酮

(2) 由乙醛合成 2-氯丁烷

(3) 由苯和 1-丙醇合成正丙苯

(4) 由丙酮合成 3-甲基-2-丁烯酸

(5) 由 3-溴丙醛和乙醇合成 2,3-二羟基丙醛

(6) 由丙烯和丙酮为原料合成 $CH_2{=}CHCH_2OC(CH_3)_2CH_2CH_2CH_3$

9. 推导结构

化合物 A 的分子式为 $C_{10}H_{12}O$，IR 表明在 $1710cm^{-1}$ 处有强吸收峰，^1H NMR 表明：$\delta=1.1$(三重峰，3 个 H)；$\delta=2.2$(四重峰，2 个 H)；$\delta=3.5$(单峰，2 个 H)；$\delta=7.7$(单峰，5 个 H)；写出 A 的构造式。

10. 有化合物 A、B、C，分子式均为 C_4H_8O；A、B 可以和氨基脲反应生成沉淀而 C 不能；B 可以与费林试剂反应而 A、C 不能；A、C 能发生碘仿反应而 B 不能；写出 A、B、C 的结构式。

11. 饱和酮 A（$C_7H_{12}O$），与 CH_3MgI 反应再经酸水解后得到醇 B（$C_8H_{16}O$），B 通过 $KHSO_4$ 处理脱水得到两个异构烯烃 C 和 D（C_8H_{14}）的混合物。C 还能通过 A 和 $CH_2{=}PPh_3$ 反应制得。通过臭氧分解 D 转化为酮醛 E（$C_8H_{14}O_2$），E 用湿的氧化银氧化变为酮酸 F（$C_8H_{14}O_3$）。F 用溴和氢氧化钠处理，酸化后得到 3-甲基-1,6-己二酸。试推导 A、B、C、D、E 和 F 的构造式，并写出相关的反应式。

第 12 章　羧酸及其衍生物

羧酸的官能团为羧基，其通式可用 RCOOH 或 ArCOOH 表示，其中 R 代表脂肪族烃基，Ar 代表芳香族烃基。羧酸去掉羧基上的氢剩下的部分叫羧酸根，去掉羧基上的羟基剩下的部分叫酰基。

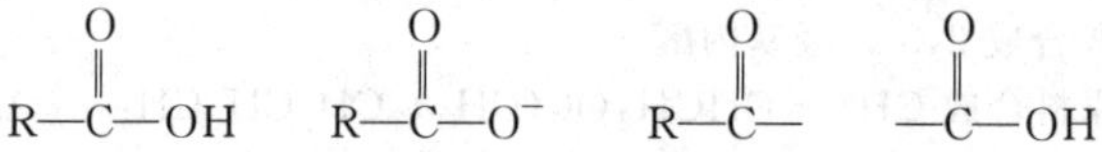

$$\underset{\text{羧酸}}{R-\overset{\overset{O}{\|}}{C}-OH}\qquad \underset{\text{羧酸根}}{R-\overset{\overset{O}{\|}}{C}-O^-}\qquad \underset{\text{酰基}}{R-\overset{\overset{O}{\|}}{C}-}\qquad \underset{\text{羧基}}{-\overset{\overset{O}{\|}}{C}-OH}$$

羧酸分子中羧基上的羟基被其它基团取代后的化合物叫羧酸衍生物，羟基被卤素取代后的化合物叫酰卤，被烷氧基、氨基和羧酸根取代后的化合物分别叫酯、酰胺和酸酐。

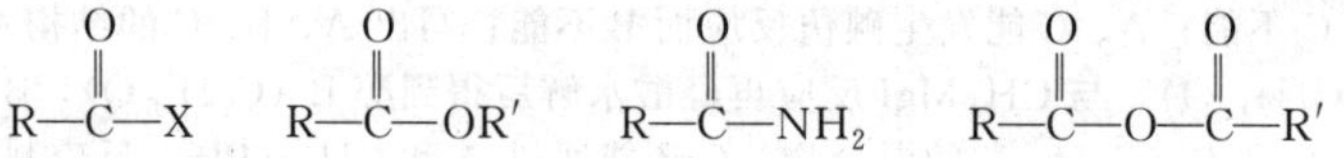

$$\underset{\text{酰卤}}{R-\overset{\overset{O}{\|}}{C}-X}\qquad \underset{\text{酯}}{R-\overset{\overset{O}{\|}}{C}-OR'}\qquad \underset{\text{酰胺}}{R-\overset{\overset{O}{\|}}{C}-NH_2}\qquad \underset{\text{酸酐}}{R-\overset{\overset{O}{\|}}{C}-O-\overset{\overset{O}{\|}}{C}-R'}$$

酰卤、酸酐、酯和酰胺是最常见的羧酸衍生物，本章主要介绍这几种羧酸衍生物。

12.1　羧酸的分类和命名

根据羧酸中烃基的种类可分为饱和羧酸、不饱和羧酸和芳香羧酸。根据羧基的多少可分为一元羧酸、二元羧酸和多元羧酸。

许多羧酸以酯或盐的形式广泛存在于自然界中，因此羧酸可根据其来源来命名，即得到俗名。常见羧酸的俗名可参见表 12-1。羧酸的系统命名法与醛相似。例如：

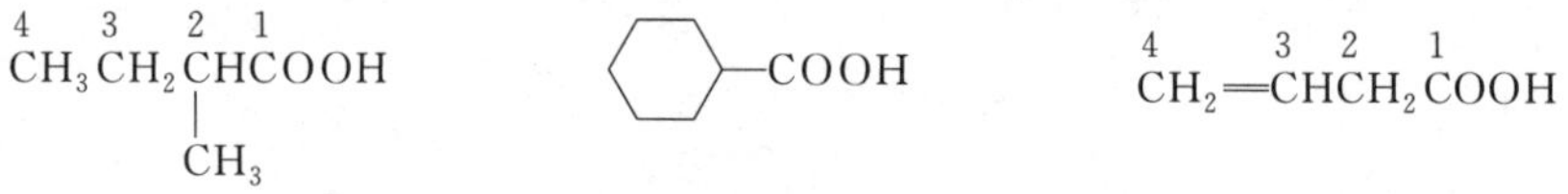

$$\overset{4}{C}H_3\overset{3}{C}H_2\overset{2}{C}H(CH_3)\overset{1}{C}OOH$$

2-甲基丁酸

$$C_6H_{11}-COOH$$

环己基甲酸

$$\overset{4}{C}H_2{=}\overset{3}{C}H\overset{2}{C}H_2\overset{1}{C}OOH$$

3-丁烯酸

$$\overset{5}{C}H{\equiv}\overset{4}{C}\overset{3}{C}H_2\overset{2}{C}H(C_6H_{11})\overset{1}{C}OOH$$

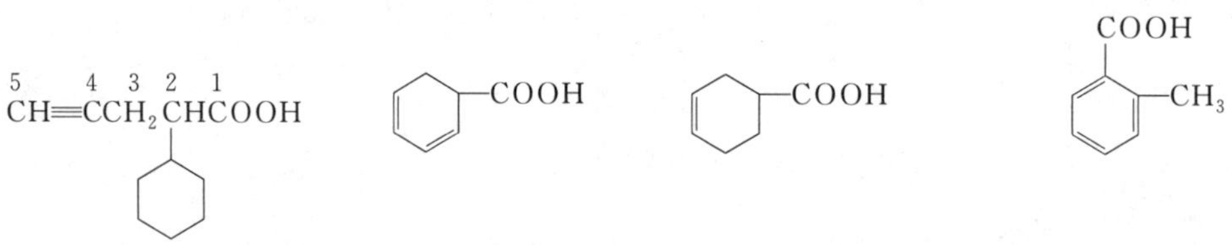

2-环己基-4-戊炔酸

2,4-环己二烯甲酸

3-环己烯甲酸

2-甲基苯甲酸(邻甲基苯甲酸)

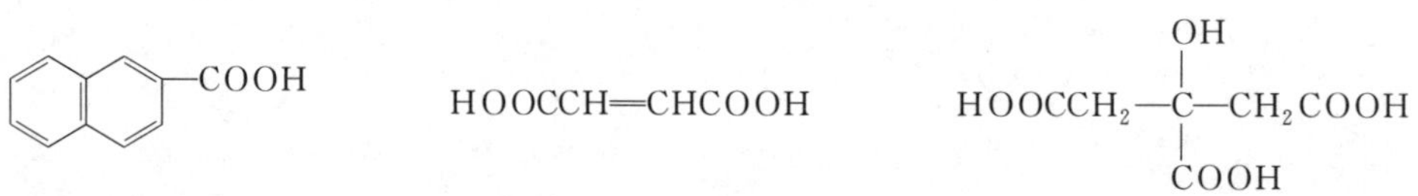

β-萘甲酸

$$HOOCCH{=}CHCOOH$$

丁烯二酸(二元羧酸)

$$HOOCCH_2-\overset{\overset{OH}{|}}{\underset{\underset{COOH}{|}}{C}}-CH_2COOH$$

3-羟基-3-羧基戊二酸(三元羧酸)

12.2 羧酸的结构

羧酸分子中羧基碳原子是 sp^2 杂化，它的三个 sp^2 杂化轨道分别与烃基、羟基氧和羰基氧形成三个 σ 键，这三个 σ 键在同一平面上。sp^2 杂化碳原子剩下的一个 p 轨道和一个氧原子的 p 轨道形成一个碳-氧 π 键。C═O 双键和 C—O 单键的键长不同，例如甲酸的结构和键长数据如下：

H—C(═O)—O—H（∠H—C═O 124.1°，∠H—C—O 110°，∠O═C—O 106.3°）

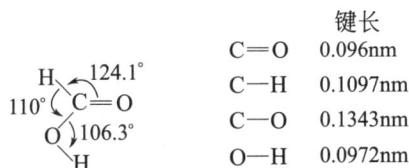

	键长
C═O	0.096nm
C—H	0.1097nm
C—O	0.1343nm
O—H	0.0972nm

12.3 羧酸的制备

12.3.1 氧化法

伯醇、醛、含 α-氢的烷基苯等都可被氧化成羧酸。

$$RCH_2OH \xrightarrow{[O]} RCOOH$$

$$RCHO \xrightarrow{[O]} RCOOH$$

$$ArCH_3 \xrightarrow{[O]} ArCOOH$$

$$RCOCH_3 \xrightarrow{\text{卤仿反应}} RCOOH$$

12.3.2 水解法

腈水解生成羧酸，这是制备羧酸的常用方法。腈在中性溶液中水解较慢，通常加酸或碱催化以加速水解反应的进行，产率较高。

$$RCN + H_2O \longrightarrow RCOOH + NH_3$$

12.3.3 格氏试剂与二氧化碳的加成

格氏试剂与 CO_2 的加成可用于合成增长一个碳原子的羧酸。

$$RMgX + CO_2 \longrightarrow R—\overset{\overset{O}{\|}}{C}—OMgX \xrightarrow{H_2O} RCOOH$$

$$C_6H_5—Br + Mg \xrightarrow{\text{无水醚}} C_6H_5—MgBr \xrightarrow{O═C═O} C_6H_5—COOMgBr \xrightarrow{H_2O} C_6H_5—COOH$$

如要增长两个碳原子可先用格氏试剂与环氧乙烷作用，然后氧化。

$$CH_3CH_2Br \xrightarrow[\text{干醚}]{Mg} CH_3CH_2MgBr \xrightarrow[(2)H_2O,H^+]{(1)\text{环氧乙烷},\text{干醚}} CH_3CH_2CH_2CH_2OH \xrightarrow{K_2Cr_2O_7,H_2SO_4} CH_3CH_2CH_2COOH$$

12.3.4 酚酸合成

在加热加压条件下，苯酚钠与二氧化碳作用生成邻羟基苯甲酸。苯酚钾与二氧化碳作用，几乎定量得到对羟基苯甲酸。

$$C_6H_5—ONa + CO_2 \xrightarrow[0.4\sim0.7MPa]{150\sim160℃} o\text{-}C_6H_4(OH)COONa \xrightarrow[90\%]{H_2O/H^+} o\text{-}C_6H_4(OH)COOH$$

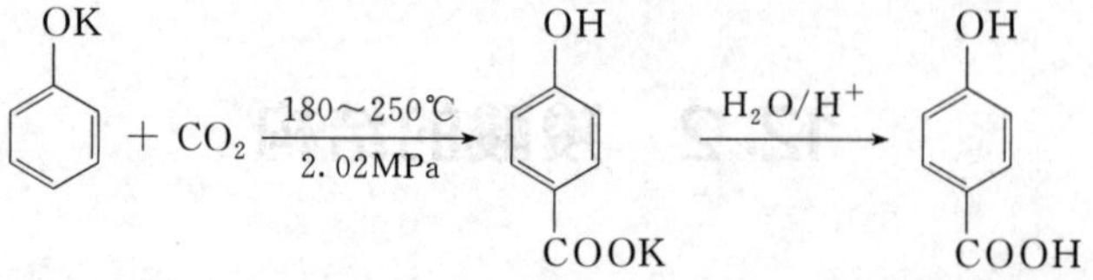

$$C_6H_5OK + CO_2 \xrightarrow[2.02MPa]{180\sim250℃} p\text{-}HOC_6H_4COOK \xrightarrow{H_2O/H^+} p\text{-}HOC_6H_4COOH$$

12.4 羧酸的物理性质和光谱性质

12.4.1 物理性质

羧酸是极性分子，像醇一样不但分子间可以形成氢键，还可以与水形成氢键。由于羧酸分子间形成的氢键比醇强，所以羧酸的沸点比分子量接近的醇高。羧酸的水溶性也比醇好。低级羧酸可与水混溶。随着碳原子数目增加，水溶性降低。羧酸可溶解在一般的低极性有机溶剂中。

羧酸分子间及与水分子形成氢键情况如下：

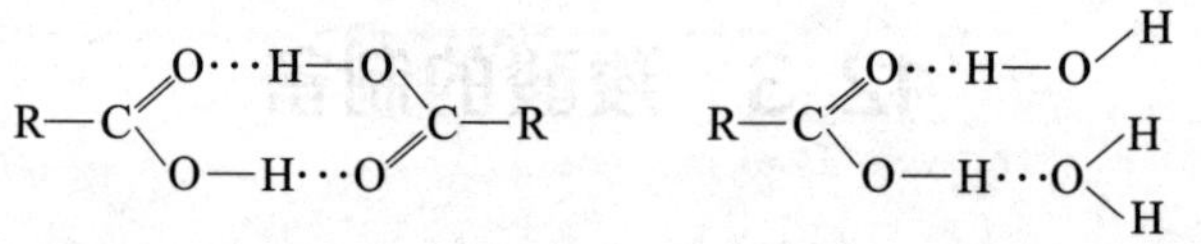

$$R-C\begin{matrix}\nearrow O\cdots H-O \searrow \\ \searrow O-H\cdots O \nearrow\end{matrix}C-R \qquad R-C\begin{matrix}\nearrow O\cdots H-O-H \\ \searrow O-H\cdots O(H)_2\end{matrix}$$

(二聚体)羧酸形成分子间氢键情况　　羧酸和水分子形成氢键情况

表 12-1 列出了一些常见羧酸的物理常数，表 12-2 列出了同分子量的羧酸和醇的沸点的比较。

表 12-1　一些常见羧酸的物理常数

名　称	俗 名	构 造 式	熔点/℃	沸点/℃	溶解度/(g/100g 水)
甲酸	蚁酸	HCOOH	8	100.5	∞
乙酸	醋酸	CH_3COOH	16.6	118	∞
丙酸	初油酸	CH_3CH_2COOH	−22	141	∞
丁酸	酪酸	$CH_3CH_2CH_2COOH$	−6	164	∞
戊酸	缬草酸	$CH_3(CH_2)_2CH_2COOH$	−34	187	3.7
己酸	羊油酸	$CH_3(CH_2)_3CH_2COOH$	−3	205	1.0
辛酸	羊脂酸	$CH_3(CH_2)_5CH_2COOH$	16	239	0.7
癸酸	羊腊酸	$CH_3(CH_2)_7CH_2COOH$	31	269	0.2
十二酸	月桂酸	$CH_3(CH_2)_9CH_2COOH$	44		不溶
十四酸	肉豆蔻酸	$CH_3(CH_2)_{11}CH_2COOH$	54	326.2	不溶
十六酸	棕榈酸	$CH_3(CH_2)_{13}CH_2COOH$	63	351.53	不溶
十八酸	硬脂酸	$CH_3(CH_2)_{15}CH_2COOH$	70	383	不溶
顺-9-十八碳烯酸	油酸	$C_{17}H_{33}COOH$	16		不溶
环己烷甲酸		$C_6H_{11}COOH$	31		0.2
苯乙酸		$C_6H_5CH_2COOH$	77	266	1.66
苯甲酸	安息香酸	C_6H_5COOH	122	250	0.34
邻甲基苯甲酸		$o\text{-}CH_3C_6H_4COOH$	106	259	
间甲基苯甲酸		$m\text{-}CH_3C_6H_4COOH$	112	263	
对甲基苯甲酸		$p\text{-}CH_3C_6H_4COOH$	180	275	
丙烯酸		$CH_2=CHCOOH$	13.5		
乙二酸	草酸	HOOC—COOH	189.5		9
丙二酸	缩苹果酸	$HOOCCH_2COOH$	135.6		
丁二酸	琥珀酸	$HOOCCH_2CH_2COOH$	188		5.8
戊二酸	胶酸	$HOOC(CH_2)_3COOH$	98		
己二酸	肥酸	$HOOC(CH_2)_4COOH$	153		1.5
顺丁烯二酸	马来酸	顺 HOOCCH═CHCOOH	138		
反丁烯二酸	富马酸	反 HOOCCH═CHCOOH	287		
邻苯二甲酸	酞酸	$o\text{-}C_6H_4(COOH)_2$	231		
对苯二甲酸	对酞酸	$p\text{-}C_6H_4(COOH)_2$	300 升华		
3-苯基丙烯酸	肉桂酸	Ph-CH═CHCOOH	135		
邻羟基苯甲酸	水杨酸	$o\text{-}HOC_6H_4COOH$	159		

表 12-2　同分子量的羧酸和醇的物理常数比较

名 称	构 造 式	分 子 量	羟 基 数	沸 点/℃	水中溶解度
甲酸	HCOOH	46	1	100.5	互溶
乙醇	CH_3CH_2OH	46	1	78	互溶
丙酸	CH_3CH_2COOH	74	1	141	互溶
丁醇	$CH_3CH_2CH_2CH_2OH$	74	1	117	8g/100g 水

12.4.2　光谱性质

（1）红外光谱

羧酸分子的官能团是羧基（COOH），羧基由羰基（C═O）和羟基（OH）构成，因此羧酸的红外特征吸收包括 C═O 和 OH 的吸收峰，由于羧酸分子通常是通过分子间氢键以二聚体的形式存在的，氢键的存在降低了 O—H 的键强度，所以羧酸分子中的羟基吸收峰比一般羟基低，且是一个很宽的吸收峰。羧酸分子中羰基和羟基的吸收峰可归类为：

R—C(═O)—OH

C═O（羰基）

$\tilde{\nu}$ 1710～1760cm^{-1}（强吸收峰）

O—H（二聚体羟基）

$\tilde{\nu}$ 2500～3300cm^{-1}（宽）

在羧酸盐分子中，由于羧酸根上的氧和羰基共轭，降低了 C═O 双键的强度，所以羧酸盐上的羰基吸收峰比一般羰基低，且有两个吸收峰。

R—C(═O)—O⁻ ⟷ R—C(—O⁻)═O ≡ R—C(O…O)⊖

R—C(O…O)⊖

C═O（羧酸盐羰基）

$\tilde{\nu}$　1610～1550cm^{-1}

$\tilde{\nu}$　1420～1300cm^{-1}

图 12-1 和图 12-2 分别是乙酸、乙酸钠的红外光谱图。

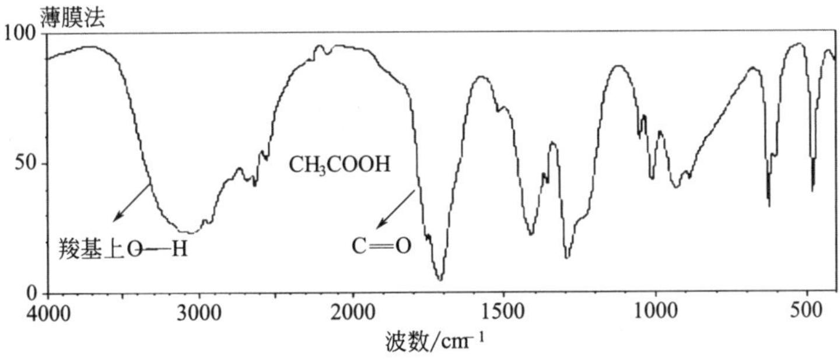

图 12-1　乙酸的红外光谱图

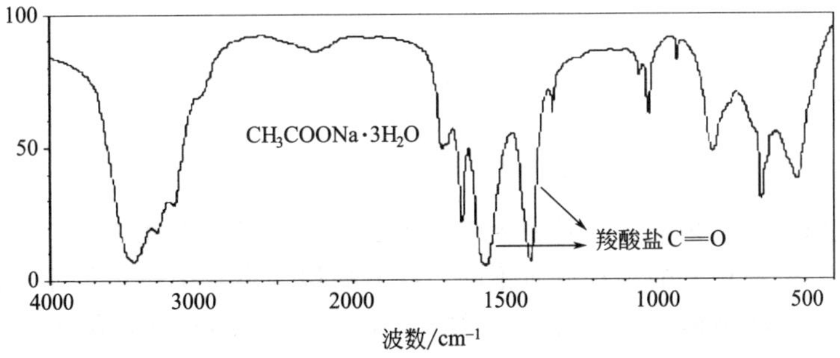

图 12-2　乙酸钠（含三个结晶水）的红外光谱图

（2）核磁共振谱

由于羧基是吸电子基团，所以直接与羧基相连的 α-碳原子上的 H 的化学位移向低场移动，羧基上的 H，由于具有很强的去屏蔽作用，在很低的磁场处发生共振。羧酸中羧基上的 H 和 α-H 的化学位移大致如下：

$$\mathrm{R{-}\overset{\alpha}{\underset{\underset{\delta=2\sim3}{H}}{C}}{-}\overset{O}{\overset{\|}{C}}{-}O{-}H}\quad \delta=9.5\sim13$$

图 12-3 为乙酸的 ^{1}H NMR 谱。

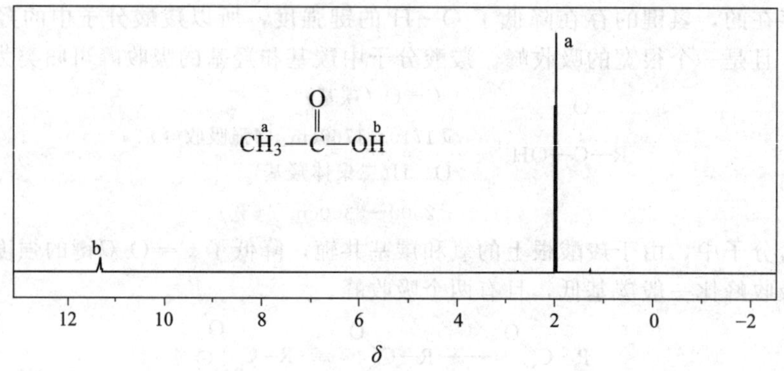

图 12-3　乙酸的 ^{1}H NMR 谱

12.5　羧酸的化学性质

羧酸的主要化学性质表现在官能团羧基上，同时，由于羧基的吸电子作用，使得 α-氢原子也具有一定的活性。因此羧酸的反应主要包括羧基上的反应和 α-活泼氢的反应，羧酸的主要反应如下图所示：

$$\mathrm{R{-}\overset{\alpha}{\underset{H}{C}}{-}\overset{O}{\overset{\|}{C}}{-}O{-}H}$$

脱羧反应

取代羟基的反应

酸碱反应

α-H取代反应

12.5.1　酸性

羧酸显弱酸性，在水溶液中按以下方式解离出质子和羧酸根负离子：

$$\mathrm{R{-}C}\begin{matrix}\nearrow O\\ \searrow OH\end{matrix} + H_2O \rightleftharpoons \mathrm{R{-}C}\begin{matrix}\nearrow O\\ \searrow O^-\end{matrix} + H_3\overset{+}{O}$$

羧基中的氢原子能呈现酸性，是因为羧基失去氢后生成的羧酸根负离子更稳定的缘故。羧酸根负离子的结构与羧基的结构有所不同，在羧酸根负离子中每个氧原子都提供了一个 p 轨道，形成了 p-π 共轭结构。由于共轭结构的存在，π 电子的离域，羧酸根负离子中负电荷能均匀地分布在两个氧原子上，从而使羧酸根负离子稳定。

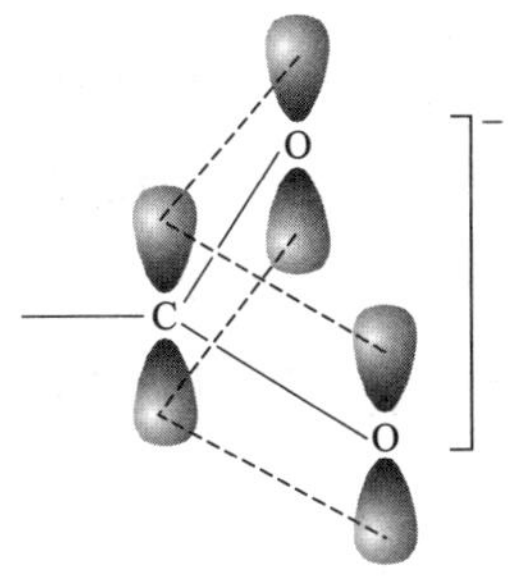

羧酸根负离子中的 p-π 共轭结构

羧酸的酸性强弱，可用以下解离常数 K_a 来表示。在水中，水的浓度是一个常数，所以不在 K_a 中表现出来。

$$K_a=\frac{[H_3^+O][RCOO^-]}{[RCOOH]} \qquad pK_a=-\lg K_a$$

K_a 越大（或 pK_a 越小），酸性越强，一般羧酸的 $pK_a=3\sim5$，酸性比碳酸强，但比一般无机酸弱，例如：碳酸（$pK_a=6.38$），乙酸（$pK_a=4.74$），所以羧酸可以和碳酸钠或碳酸氢钠反应生成羧酸盐，而溶解其中，并将碳酸盐分解成二氧化碳和水。

$$RCOOH + NaHCO_3 \longrightarrow \underset{\text{(溶于水中)}}{RCOONa} + CO_2\uparrow + H_2O$$

羧酸盐与强无机酸反应又重新游离出羧酸，可利用这个性质来分离和纯化羧酸。

$$RCOONa + HCl \longrightarrow \underset{\text{(从水中析出)}}{RCOOH} + NaCl$$

羧酸也可和有机胺反应生成有机铵盐，

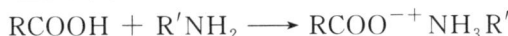

$$RCOOH + R'NH_2 \longrightarrow RCOO^{-+}NH_3R'$$

有机铵盐是弱酸弱碱盐，很容易水解成原来的羧酸和胺：

$$RCOO^{-+}NH_3R' \xrightarrow{NaOH} RCOONa + R'NH_2$$
$$RCOONa \xrightarrow{H^+} RCOOH$$

羧酸具有酸性，羧酸的酸性大小与其结构有密切的关系。当羧酸 α 碳原子上连有吸电子（−I）基团时，酸性增加，连有推电子（+I）基团时，酸性减弱。例如：下列化合物中甲酸的氢被吸电子基团取代后酸性增强，被推电子基团取代后酸性减弱，羧酸 α 碳原子上含有的吸电子基团越多，吸电子基团的吸电子能力越强，酸性增强得越多。

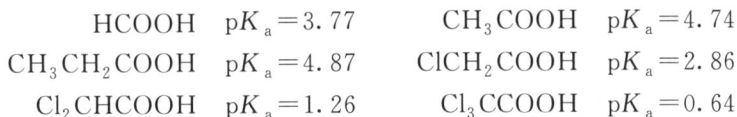

HCOOH	$pK_a=3.77$	CH_3COOH	$pK_a=4.74$
CH_3CH_2COOH	$pK_a=4.87$	$ClCH_2COOH$	$pK_a=2.86$
$Cl_2CHCOOH$	$pK_a=1.26$	Cl_3CCOOH	$pK_a=0.64$

以上吸电子基团和推电子基团对羧酸酸性的影响可解释为：吸电子基团由于吸电子诱导效应分散了羧酸根负离子上的负电荷，使羧酸根负离子更加稳定，从而有利于羧酸电离；而推电子基团由于供电子诱导效应不利于羧酸根负离子上的负电荷分散，使羧酸根负离子更加不稳定，不利于羧酸电离。

例如，羧酸的电离情况如下：

$$CH_3\rightarrow CH_2\rightarrow C\begin{smallmatrix}\nearrow O\\ \searrow OH\end{smallmatrix} \rightleftharpoons CH_3\rightarrow CH_2\rightarrow C\begin{smallmatrix}\nearrow O\\ \searrow O^-\end{smallmatrix} + H^+$$

供电子诱导效应

$$Cl \leftarrow CH_2 \leftarrow C\begin{matrix}\nearrow O \\ \searrow OH\end{matrix} \rightleftharpoons Cl \leftarrow CH_2 \leftarrow C\begin{matrix}\nearrow O \\ \searrow O^-\end{matrix} + H^+$$

吸电子诱导效应

羧酸根负离子的稳定性：

$$Cl \leftarrow CH_2 \leftarrow C\begin{matrix}\nearrow O \\ \searrow O^-\end{matrix} > CH_3 \rightarrow CH_2 \rightarrow C\begin{matrix}\nearrow O \\ \searrow O^-\end{matrix}$$

羧酸的酸性大小：

$$Cl \leftarrow CH_2 \leftarrow C\begin{matrix}\nearrow O \\ \searrow OH\end{matrix} > CH_3 \rightarrow CH_2 \rightarrow C\begin{matrix}\nearrow O \\ \searrow OH\end{matrix}$$

在有机化合物中，一些常见基团的诱导效应相对强弱次序如下：

吸电子诱导效应（－I 效应）：$NH_4^+ > NO_2 > SO_2R > CN > SO_2Ar > COOH > F > Cl > Br > I > OAr > COOR > OR > COR > OH > C\equiv CR > C_6H_5$（苯基）$> CH=CH_2 > H$

供电子诱导效应（＋I 效应）：$O^- > COO^- > (CH_3)_3C > (CH_3)_2CH > CH_3CH_2 > CH_3 > H$

除了诱导效应外，其它因素（如共轭效应、空间效应等）也会对羧酸的酸性产生影响，以取代苯甲酸的酸性为例。

C_6H_5-COOH	$pK_a=4.20$
p-$HO-C_6H_4-COOH$	$pK_a=4.57$
m-$HO-C_6H_4-COOH$	$pK_a=4.08$
p-$CH_3O-C_6H_4-COOH$	$pK_a=4.47$
m-$CH_3O-C_6H_4-COOH$	$pK_a=4.08$

当苯甲酸的对位是羟基、甲氧基时，就诱导效应来看，它们是吸电子（－I）效应，但它们与苯环又存在供电子的共轭效应（＋C），共轭效应的作用远比诱导效应强，综合的结果是取代苯甲酸的酸性减弱。如果羟基、甲氧基在间位，共轭将受到阻碍，共轭效应的作用小而诱导效应起主要的作用，所以间羟基苯甲酸和间甲氧基苯甲酸的酸性大于苯甲酸。

此外，温度和溶剂等也会影响羧酸的酸性强弱，任何使羧酸根负离子稳定性增加的因素都将增强其酸性，任何使羧酸根负离子稳定性降低的因素都将减弱其酸性。表 12-3 列出了一些常见羧酸的 pK_a 值。

表 12-3　一些常见羧酸的 pK_a 值

羧酸名称	构造式	pK_a 值(25℃)	
		pK_{a1}	pK_{a2}
甲酸	$HCOOH$	3.75	
乙酸	CH_3COOH	4.75	
丙酸	CH_3CH_2COOH	4.87	
丁酸	$CH_3CH_2CH_2COOH$	4.82	
三甲基乙酸	$(CH_3)_3CCOOH$	5.03	
氟乙酸	FCH_2COOH	2.66	
氯乙酸	$ClCH_2COOH$	2.81	
二氯乙酸	$Cl_2CHCOOH$	1.26	
三氯乙酸	Cl_3CCOOH	0.64	
溴乙酸	$BrCH_2COOH$	2.87	
碘乙酸	ICH_2COOH	3.13	
羟基乙酸	$HOCH_2COOH$	3.87	
苯乙酸	$C_6H_5CH_2COOH$	4.31	
3-丁烯酸	$CH_2=CHCH_2COOH$	4.35	

续表

羧酸名称	构造式	pK_a 值(25℃)	
		pK_{a1}	pK_{a2}
乙二酸	HOOC—COOH	1.2	4.2
丙二酸	$HOOCCH_2COOH$	2.9	5.7
丁二酸	$HOOCCH_2CH_2COOH$	4.2	5.6
己二酸	$HOOCCH_2CH_2CH_2CH_2COOH$	4.4	5.6
顺丁烯二酸	顺 HOOCCH═CHCOOH	1.9	6.1
反丁烯二酸	反 HOOCCH═CHCOOH	3.0	4.4
苯甲酸	C_6H_5COOH	4.2	
对甲基苯甲酸	p-$CH_3C_6H_4COOH$	4.38	
对硝基苯甲酸	p-$NO_2C_6H_4COOH$	3.42	
邻苯二甲酸	o-$HOOCC_6H_4COOH$	2.9	3.5
间苯二甲酸	m-$HOOCC_6H_4COOH$	3.5	4.6
对苯二甲酸	p-$HOOCC_6H_4COOH$	3.5	4.8
α-氯代丁酸	$CH_3CH_2CHClCOOH$	2.84	
β-氯代丁酸	$CH_3CHClCH_2COOH$	4.06	
γ-氯代丁酸	$ClCH_2CH_2CH_2COOH$	4.52	

课堂练习 12.1　比较下列化合物的酸性大小，并解释之。

（1）乙酸　（2）乙醇　（3）乙炔

课堂练习 12.2　比较下列化合物的酸性大小：

（1）
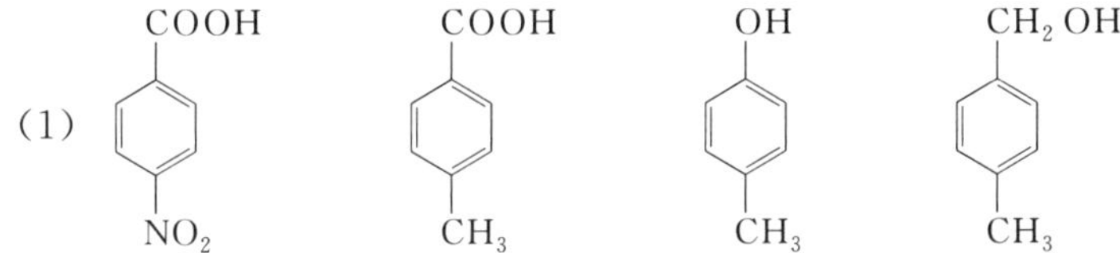

（2）CH_3CCl_2COOH、$CH_3CHClCOOH$、$ClCH_2CH_2COOH$、$ClCH_2CH_2CH_2COOH$

12.5.2　羧酸衍生物的生成

（1）酰卤的生成

最常见的酰卤是酰氯，羧酸与三氯化磷（PCl_3）、五氯化磷（PCl_5）或亚硫酰氯（$SOCl_2$）反应，羧基上的羟基被氯取代生成酰氯。

$$3RCOOH + PCl_3 \longrightarrow 3RCOCl + H_3PO_3$$

$$RCOOH + PCl_5 \longrightarrow RCOCl + HCl\uparrow + POCl_3$$

$$RCOOH + SOCl_2 \longrightarrow RCOCl + HCl\uparrow + SO_2\uparrow$$

在上述反应中，由于酰氯见水就水解，所以不能用水来除去反应中的无机物，一般通过蒸馏的方法分离产物。当用亚硫酰氯（$SOCl_2$）做原料时，生成的副产物是两种气体，分离十分方便，这是实验室制备酰氯最方便的方法之一。

（2）酯的生成

羧酸和醇在催化剂的作用下生成酯和水，这个反应称为酯化反应。酯化反应是一个可逆平衡反应，为使反应顺利进行，通常采用过量一种原料，或者将产物及时移走的方法使平衡向生成酯的方向移动。

$$R-\overset{O}{\overset{\|}{C}}-\boxed{OH + H}-OR' \underset{\triangle}{\overset{H^+}{\rightleftharpoons}} R-\overset{O}{\overset{\|}{C}}-OR' + H_2O$$

例如，工业上生产乙酸乙酯，是采用乙酸过量，同时不断蒸出生成的乙酸乙酯和水的混合物，蒸出产物的同时，加入乙酸和乙醇，这样实现连续化生产。

$$CH_3COOH + CH_3CH_2OH \underset{\triangle}{\overset{H^+}{\rightleftharpoons}} \underline{CH_3COOCH_2CH_3 + H_2O}$$

及时蒸出

酯化反应通常用强酸做催化剂，在酸的催化作用下，羧酸的酯化反应机理为：

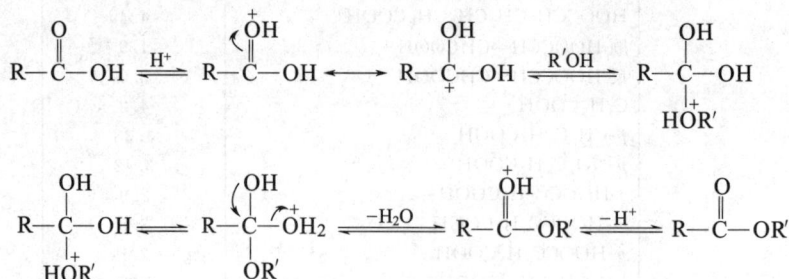

$$R-\overset{O}{\overset{\|}{C}}-OH \overset{H^+}{\rightleftharpoons} R-\overset{\overset{+}{O}H}{\overset{\|}{C}}-OH \longleftrightarrow R-\overset{OH}{\overset{|}{\underset{+}{C}}}-OH \overset{R'OH}{\rightleftharpoons} R-\overset{OH}{\overset{|}{\underset{\underset{HOR'}{\overset{+}{|}}}{C}}}-OH$$

$$R-\overset{OH}{\overset{|}{\underset{\underset{HOR'}{\overset{+}{|}}}{C}}}-OH \rightleftharpoons R-\overset{OH}{\overset{|}{\underset{\underset{OR'}{|}}{C}}}-\overset{+}{O}H_2 \overset{-H_2O}{\rightleftharpoons} R-\overset{\overset{+}{O}H}{\overset{\|}{C}}-OR' \overset{-H^+}{\rightleftharpoons} R-\overset{O}{\overset{\|}{C}}-OR'$$

（3）酸酐的生成

在脱水剂的作用下加热（有些羧酸不需要加脱水剂），一元羧酸发生分子间脱水反应，生成酸酐。常用的脱水剂是硫酸、醋酸酐和五氧化二磷。

$$\begin{matrix} R-\overset{O}{\overset{\|}{C}}-\boxed{OH} \\ R-\underset{O}{\underset{\|}{C}}-O-\boxed{H} \end{matrix} \xrightarrow[\triangle]{\text{脱水剂}} \begin{matrix} R-C{=}O \\ \quad O \\ R-C{=}O \end{matrix} + H_2O$$

甲酸脱水生成一氧化碳。

$$H-\overset{O}{\overset{\|}{C}}-OH \xrightarrow[60\sim80℃]{H_2SO_4} CO + H_2O$$

由于乙酸酐容易获得，通常用乙酸酐作脱水剂来制备其它酸酐。

$$2R-\overset{O}{\overset{\|}{C}}-OH + \begin{matrix} CH_3-C{=}O \\ \quad O \\ CH_3-C{=}O \end{matrix} \overset{\triangle}{\rightleftharpoons} \begin{matrix} R-C{=}O \\ \quad O \\ R-C{=}O \end{matrix} + 2CH_3-\overset{O}{\overset{\|}{C}}-OH$$

上述反应是可逆反应，通过将反应中生成的乙酸不断蒸出，可以使反应顺利进行。

二元羧酸脱水生成酸酐的反应发生在分子的内部，更容易进行，许多二元羧酸脱水生成酸酐的反应都不需加脱水剂。例如：

$$\begin{matrix} CH_2-\overset{O}{\overset{\|}{C}}-OH \\ | \\ CH_2-\underset{O}{\underset{\|}{C}}-OH \end{matrix} \xrightarrow{300℃} \begin{matrix} CH_2-C{=}O \\ | \quad\quad O \\ CH_2-C{=}O \end{matrix} + H_2O$$

混合酸酐可由酰卤与羧酸盐来制备，例如：

$$\begin{matrix} R-\overset{O}{\overset{\|}{C}}-\boxed{Cl} \\ R'-\underset{O}{\underset{\|}{C}}-O-\boxed{Na} \end{matrix} \xrightarrow{\triangle} \begin{matrix} R-C{=}O \\ \quad O \\ R'-C{=}O \end{matrix} + NaCl$$

(4) 酰胺的生成

羧酸与氨(或胺)反应，首先生成铵盐，铵盐加热后脱水生成酰胺。

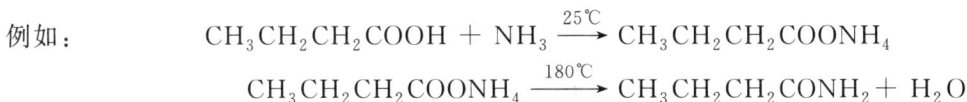

$$R-\overset{\overset{O}{\|}}{C}-OH + NH_3 \longrightarrow R-\overset{\overset{O}{\|}}{C}-ONH_4$$

$$R-\overset{\overset{O}{\|}}{C}-ONH_4 \xrightarrow{\triangle} R-\overset{\overset{O}{\|}}{C}-NH_2 + H_2O$$

例如：

$$CH_3CH_2CH_2COOH + NH_3 \xrightarrow{25℃} CH_3CH_2CH_2COONH_4$$

$$CH_3CH_2CH_2COONH_4 \xrightarrow{180℃} CH_3CH_2CH_2CONH_2 + H_2O$$

12.5.3 羧酸的还原反应

羧酸中羧基上的羰基比醛、酮中的羰基难还原，还原醛、酮羰基的一般条件不能还原羧基，只有用 $LiAlH_4$ 才能将羧酸还原成醇(伯醇)。

$$RCOOH \xrightarrow[(2)H_2O/H^+]{(1)LiAlH_4/干醚} RCH_2OH(伯醇)$$

例如：

$$(CH_3)_3CCOOH \xrightarrow[(2)H_2O/H^+]{(1)LiAlH_4/干醚} (CH_3)_3CCH_2OH$$

12.5.4 羧酸的脱羧反应

羧酸分子中在适当条件下脱去 CO_2 的反应叫脱羧反应。饱和一元羧酸一般不容易脱羧，当 α-碳原子上连有强吸电子基团时，脱羧的趋势增大。例如：

$$CH_3COOH + NaOH(CaO) \xrightarrow{热熔} CH_4\uparrow + Na_2CO_3$$

$$O_2NCH_2COOH \xrightarrow{100\sim150℃} CH_3NO_2 + CO_2\uparrow$$

$$CH_3\overset{\overset{O}{\|}}{C}CH_2COOH \xrightarrow{\triangle} CH_3\overset{\overset{O}{\|}}{C}CH_3 + CO_2\uparrow$$

羰酸的钙、钡、铅盐强烈加热时，发生部分脱羧作用，生成酮。

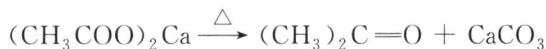

$$(CH_3COO)_2Ca \xrightarrow{\triangle} (CH_3)_2C=O + CaCO_3$$

二元羧酸中乙二酸和丙二酸很容易加热脱羧。例如：

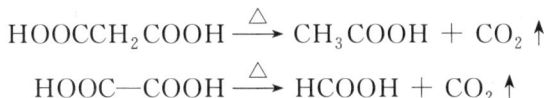

$$HOOCCH_2COOH \xrightarrow{\triangle} CH_3COOH + CO_2\uparrow$$

$$HOOC-COOH \xrightarrow{\triangle} HCOOH + CO_2\uparrow$$

12.5.5 α-氢的卤代反应

由于羧基的吸电子作用，饱和一元羧酸 α-碳原子上的氢有一定的活性，它可被卤素取代生成 α-卤代羧酸，但羧酸 α-氢的活性不及醛、酮的 α-氢，反应通常要在少量红磷的催化作用下才能顺利进行。例如：

$$CH_3COOH \xrightarrow[P]{Br_2} CH_2BrCOOH \xrightarrow[P]{Br_2} CHBr_2COOH \xrightarrow[P]{Br_2} CBr_3COOH$$

$$CH_3COOH \xrightarrow[P]{Cl_2} CH_2ClCOOH \xrightarrow[P]{Cl_2} CHCl_2COOH \xrightarrow[P]{Cl_2} CCl_3COOH$$

α-卤代羧酸可以发生卤代烃中的亲核取代反应和消除反应。利用这些反应可以制备取代羧酸。例如：

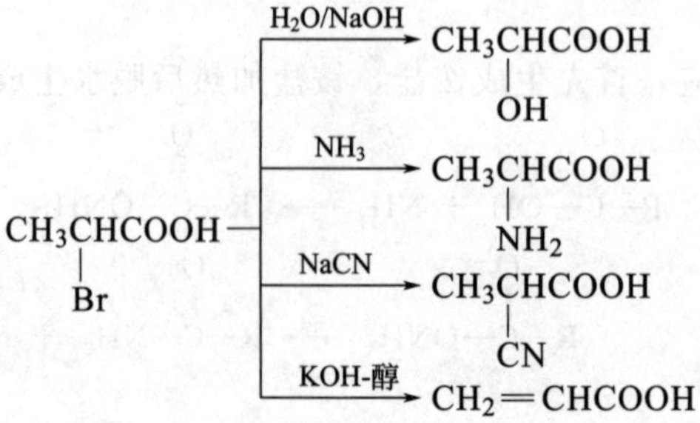

$$CH_3\underset{\large Br}{CH}COOH \begin{cases} \xrightarrow{H_2O/NaOH} CH_3\underset{\large OH}{CH}COOH \\ \xrightarrow{NH_3} CH_3\underset{\large NH_2}{CH}COOH \\ \xrightarrow{NaCN} CH_3\underset{\large CN}{CH}COOH \\ \xrightarrow{KOH\text{-醇}} CH_2{=}CHCOOH \end{cases}$$

12.6 羟 基 酸

羧酸分子中烃基上的氢原子被其它基团取代后的产物叫取代羧酸，取代羧酸包括羟基酸、氨基酸和卤代酸等，以下简要介绍羟基酸。

羟基酸分子中同时含有羧基和羟基官能团，羟基酸也叫醇酸。根据羟基和羧基的相对位置，羟基酸分为 α-羟基酸、β-羟基酸、γ-羟基酸和 δ-羟基酸等，通常把羟基连在碳链末端的也叫 ω-羟基酸。许多羟基酸通常根据其天然来源而使用俗名。例如：

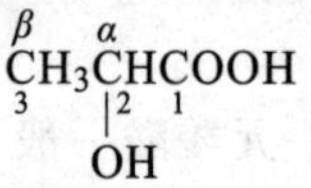

$$\overset{\beta}{\underset{3}{C}}H_3\overset{\alpha}{\underset{2}{C}}H(OH)\underset{1}{C}OOH$$

2-羟基丙酸(乳酸)(α-羟基丙酸)

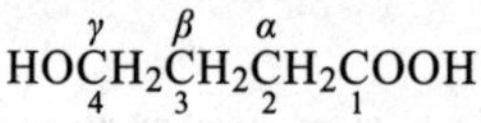

$$HO\overset{\gamma}{\underset{4}{C}}H_2\overset{\beta}{\underset{3}{C}}H_2\overset{\alpha}{\underset{2}{C}}H_2\underset{1}{C}OOH$$

4-羟基丁酸(γ-羟基丁酸)

$$HOO\underset{1}{C}\overset{\alpha}{\underset{2}{C}}H(OH)\overset{\alpha'}{\underset{3}{C}}H_2\underset{4}{C}OOH$$

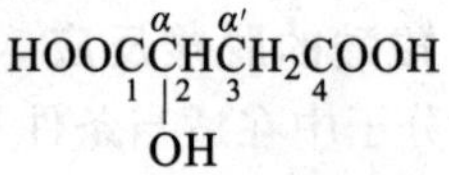

2-羟基丁二酸(苹果酸)

(α-羟基丁二酸)

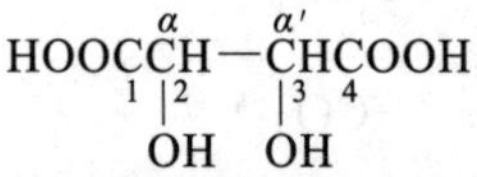

$$HOO\underset{1}{C}\overset{\alpha}{\underset{2}{C}}H(OH)-\overset{\alpha'}{\underset{3}{C}}H(OH)\underset{4}{C}OOH$$

2,3-二羟基丁二酸(酒石酸)

(α,α'-二羟基丁二酸)

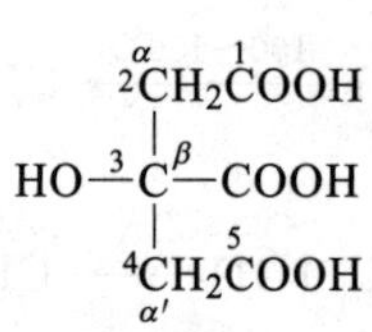

$$HO-\overset{\beta}{\underset{3}{C}}(\overset{\alpha}{{}^2CH_2}\overset{1}{C}OOH)(\underset{\alpha'}{{}^4CH_2}\overset{5}{C}OOH)-COOH$$

3-羟基-3-羧基戊二酸(柠檬酸)

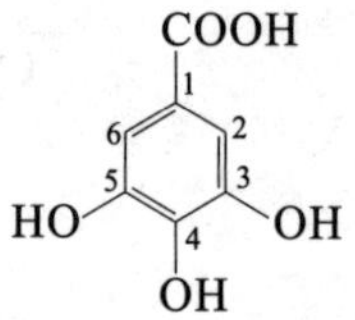

$$C_6H_2(COOH)^{1}(OH)_3^{3,4,5}$$

3,4,5-三羟基苯甲酸(没食子酸)

12.6.1 羟基酸的制备

（1）卤代酸的水解

$$ClCH_2COOH + H_2O \longrightarrow \underset{\alpha\text{-羟基酸}}{HOCH_2COOH} + HCl$$

卤代酸的水解主要用来制备 α-羟基酸，而 β-卤代酸水解主要产生 α,β-不饱和羧酸；γ-和 δ-卤代酸水解主要产生内酯。

（2）羟基腈的水解

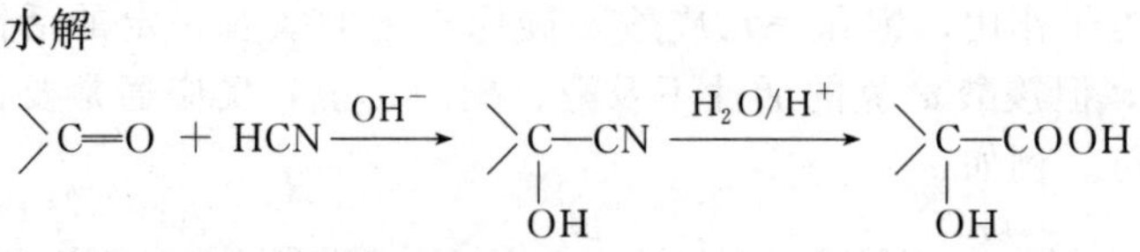

$$\rangle C{=}O + HCN \xrightarrow{OH^-} \rangle\underset{\large OH}{C}-CN \xrightarrow{H_2O/H^+} \underset{\alpha\text{-羟基酸}}{\rangle\underset{\large OH}{C}-COOH}$$

$$RCH{=}CH_2 \xrightarrow{HOCl} R\underset{\large OH}{CH}CH_2Cl \xrightarrow{KCN} R\underset{\large OH}{CH}CH_2CN \xrightarrow{H_2O/H^+} \underset{\beta\text{-羟基酸}}{R\underset{\large OH}{CH}CH_2COOH}$$

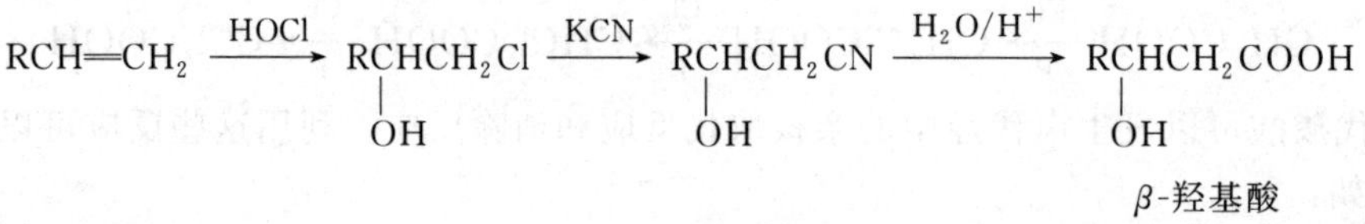

（3）Reformatsky 反应

将 α-溴代酸酯制成有机锌化合物，然后与醛或酮反应，最后进行水解可制得 β-羟基酸，这种反应叫 Reformatsky 反应。

$$BrCH_2COOC_2H_5 \xrightarrow{Zn} BrZnCH_2COOC_2H_5 \xrightarrow{R_2C=O} R_2C(OZnBr)CH_2COOC_2H_5$$

$$R_2C(OZnBr)CH_2COOC_2H_5 \xrightarrow{H_2O} R_2C(OH)CH_2COOC_2H_5 \xrightarrow[\triangle]{H_2O/H^+} R_2C(OH)CH_2COOH$$

β-羟基酸

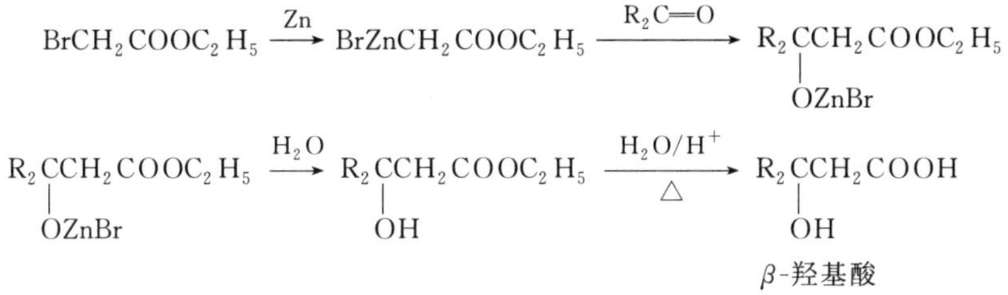

有机锌化合物的活性比有机镁化合物（Grignard 试剂）的活性小，它不和酯羰基反应，这个反应不能用 Grignard 试剂代替有机锌化合物，因为卤代酸酯生成的 Grignard 试剂会立即与另一分子卤代酸酯反应，最后生成醇。

12.6.2　羟基酸的特性

羟基酸既含有羟基又含有羧基，羟基和羧基都具有很强的形成氢键的能力，所以羟基酸比羧酸和醇的沸点要高。低级的羟基酸可以和水混溶。羟基酸随羟基和羧基的相对位置不同而显示一些特有的化学性质。

（1）羟基酸的酸性

由于羟基具有吸电子诱导效应（—I），所以羟基酸的酸性大于对应的非羟基酸。例如：

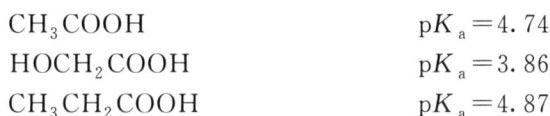

CH_3COOH	$pK_a=4.74$
$HOCH_2COOH$	$pK_a=3.86$
CH_3CH_2COOH	$pK_a=4.87$

当羟基的存在可以稳定羧酸根负离子时，其酸性增加显著。例如：

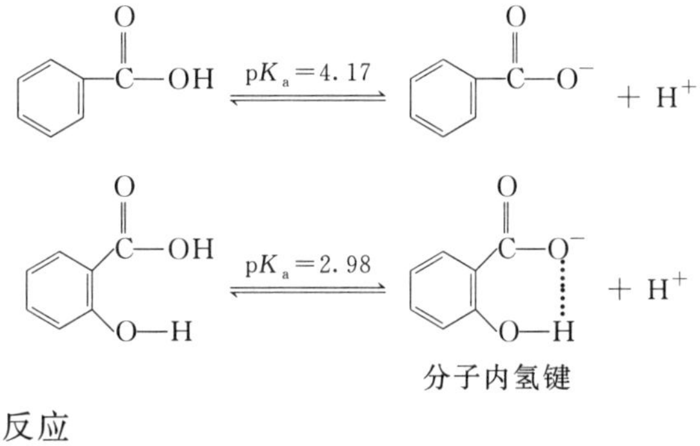

$$C_6H_5COOH \underset{}{\overset{pK_a=4.17}{\rightleftharpoons}} C_6H_5COO^- + H^+$$

$$o\text{-}HOC_6H_4COOH \overset{pK_a=2.98}{\rightleftharpoons} o\text{-}HOC_6H_4COO^- + H^+$$

分子内氢键

（2）羟基酸的脱水反应

羟基酸分子中同时有羟基和羧基，羟基酸最主要的反应就是羟基和羧基之间进行的脱水反应，随羟基和羧基的相对位置不同，脱水产物也各不相同。

两分子 α-羟基酸脱水生成交酯：

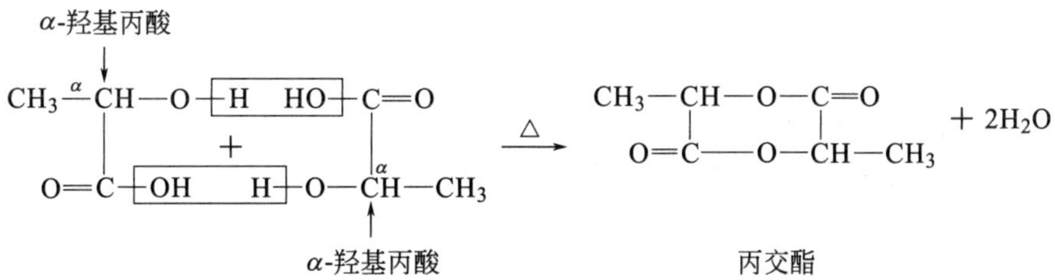

$$2\,CH_3\overset{\alpha}{C}H(OH)COOH \xrightarrow{\triangle} \text{丙交酯} + 2H_2O$$

α-羟基丙酸　　α-羟基丙酸　　丙交酯

β-羟基酸脱水生成α,β-不饱和酸：

例如：

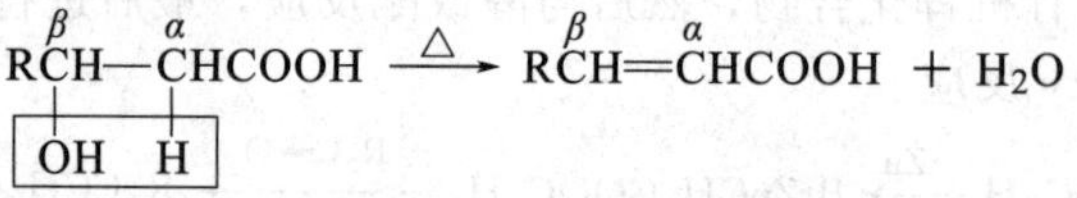

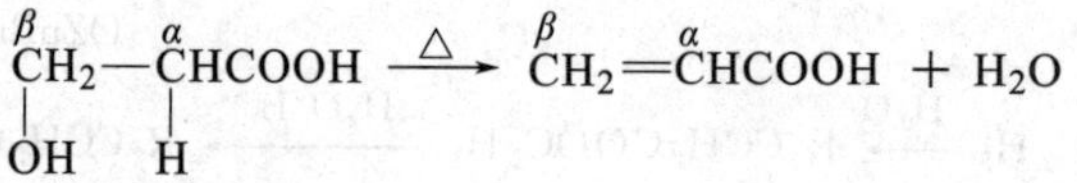

$$\underset{\boxed{OH\quad H}}{\overset{\beta}{R\text{CH}}-\overset{\alpha}{\text{CH}}COOH} \xrightarrow{\triangle} R\overset{\beta}{C}H=\overset{\alpha}{C}HCOOH + H_2O$$

$$\underset{OH\quad H}{\overset{\beta}{CH_2}-\overset{\alpha}{C}HCOOH} \xrightarrow{\triangle} \overset{\beta}{C}H_2=\overset{\alpha}{C}HCOOH + H_2O$$

β-羟基丙酸　　　　丙烯酸

γ,δ-羟基酸脱水生成内酯：

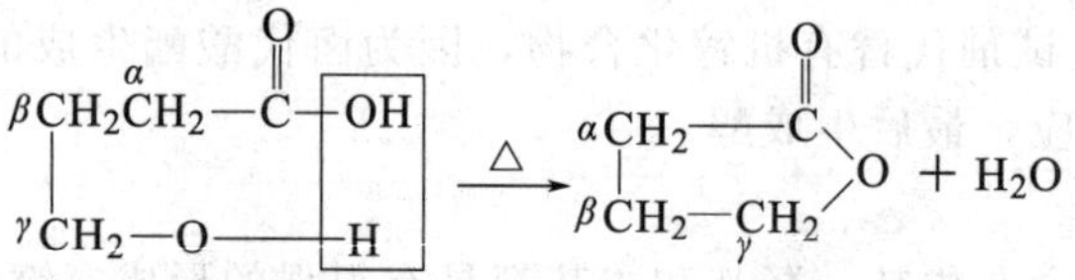

$$\gamma\text{-}HOCH_2CH_2CH_2COOH \xrightarrow{\triangle} \gamma\text{-丁内酯} + H_2O$$

γ-羟基丁酸　　　　γ-丁内酯

$$\delta\text{-}HOCH_2CH_2CH_2CH_2COOH \xrightarrow{\triangle} \delta\text{-戊内酯} + H_2O$$

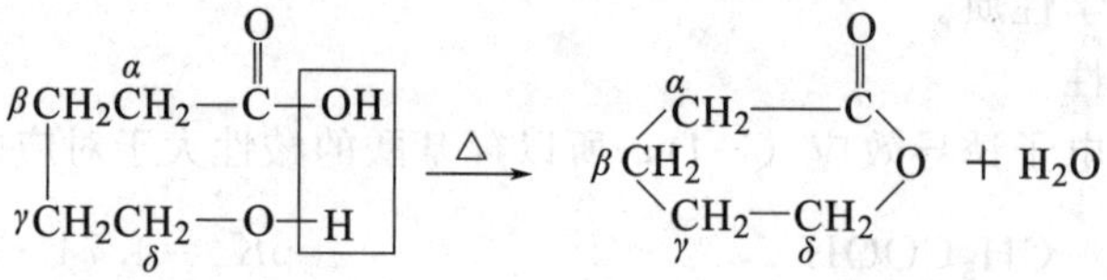

δ-羟基戊酸　　　　δ-戊内酯

γ-丁内酯和δ-戊内酯分别是五元环和六元环化合物，稳定性好，因此γ,δ-羟基酸很容易自动脱水生成相应的内酯。γ,δ-羟基酸难以游离存在，但它们的盐是稳定的。例如：

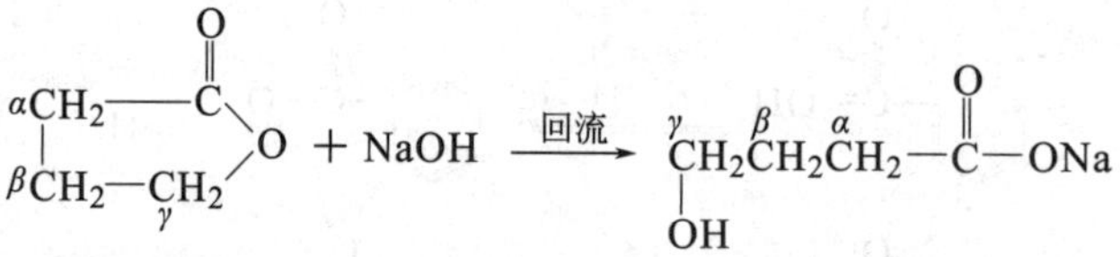

$$\gamma\text{-丁内酯} + NaOH \xrightarrow{\text{回流}} \underset{OH}{\overset{\gamma}{C}H_2}\overset{\beta}{C}H_2\overset{\alpha}{C}H_2-\overset{O}{\overset{\|}{C}}-ONa$$

δ-丁内酯　　　　δ-羟基丁酸钠

有些内酯容易与KCN反应，生成的产物水解后可制备二元羧酸。例如：

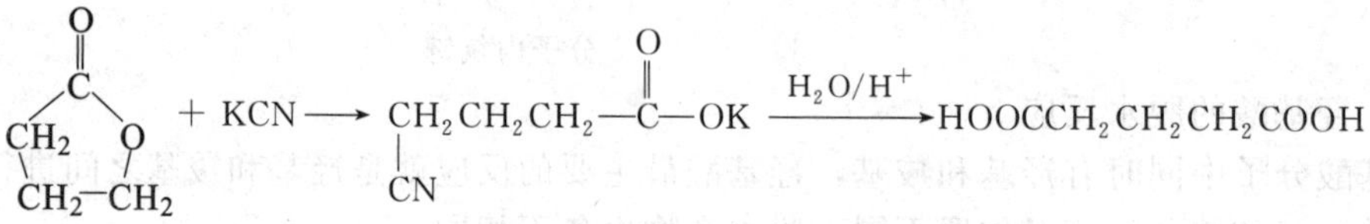

$$\gamma\text{-丁内酯} + KCN \longrightarrow \underset{CN}{CH_2}CH_2CH_2-\overset{O}{\overset{\|}{C}}-OK \xrightarrow{H_2O/H^+} HOOCCH_2CH_2CH_2COOH$$

δ-以上的羟基酸，分子间脱水生成链状结构的高分子化合物聚酯：

$$m\,HO\!\left(CH_2\right)_n\!COOH(n \geqslant 5) \xrightarrow{\triangle} H\!\left[O(CH_2)_nCO\right]_m\!OH + (m-1)H_2O$$

聚酯

12.6.3 α-羟基酸的分解反应

α-羟基酸能与硫酸和高锰酸钾溶液作用，分解成醛和酮。

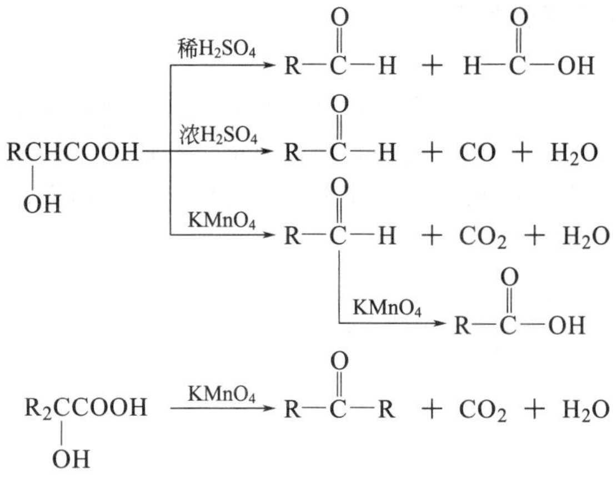

$$\mathrm{RCH(OH)COOH}\begin{cases}\xrightarrow{\text{稀}H_2SO_4} R-\overset{O}{\overset{\|}{C}}-H + H-\overset{O}{\overset{\|}{C}}-OH \\ \xrightarrow{\text{浓}H_2SO_4} R-\overset{O}{\overset{\|}{C}}-H + CO + H_2O \\ \xrightarrow{KMnO_4} R-\overset{O}{\overset{\|}{C}}-H + CO_2 + H_2O \xrightarrow{KMnO_4} R-\overset{O}{\overset{\|}{C}}-OH \end{cases}$$

$$\mathrm{R_2C(OH)COOH} \xrightarrow{KMnO_4} R-\overset{O}{\overset{\|}{C}}-R + CO_2 + H_2O$$

12.7 羧酸衍生物

羧酸羧基上的羟基被其它基团取代后的化合物叫羧酸衍生物。羧酸衍生物主要包括酰卤、酸酐、酯和酰胺。

12.7.1 羧酸衍生物的命名

羧酸衍生物可用以下结构式表示：

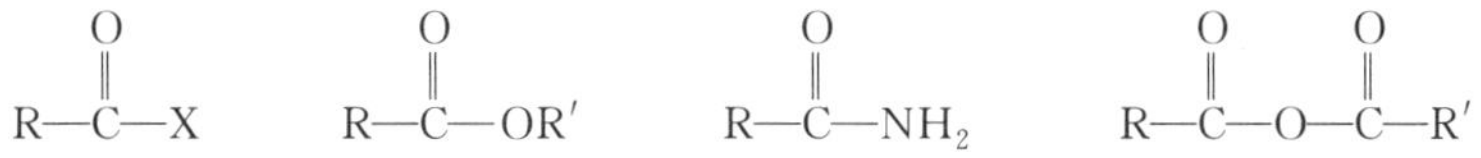

$R-\overset{O}{\overset{\|}{C}}-X$　酰卤　　$R-\overset{O}{\overset{\|}{C}}-OR'$　酯　　$R-\overset{O}{\overset{\|}{C}}-NH_2$　酰胺　　$R-\overset{O}{\overset{\|}{C}}-O-\overset{O}{\overset{\|}{C}}-R'$　酸酐

酰卤和酰胺通常根据相应的酰基来命名，例如：

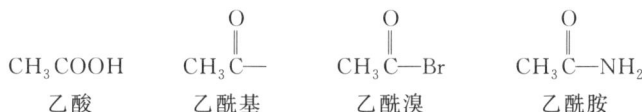

CH_3COOH　乙酸　　$CH_3\overset{O}{\overset{\|}{C}}-$　乙酰基　　$CH_3\overset{O}{\overset{\|}{C}}-Br$　乙酰溴　　$CH_3\overset{O}{\overset{\|}{C}}-NH_2$　乙酰胺

酰胺分子中氮上的氢原子被烃基取代后所生成的取代酰胺，称为 *N*-烃基某酰胺，两个酰基连在同一氮原子上形成酰亚胺，由分子内的氨基和酰基形成的酰胺称为内酰胺。例如：

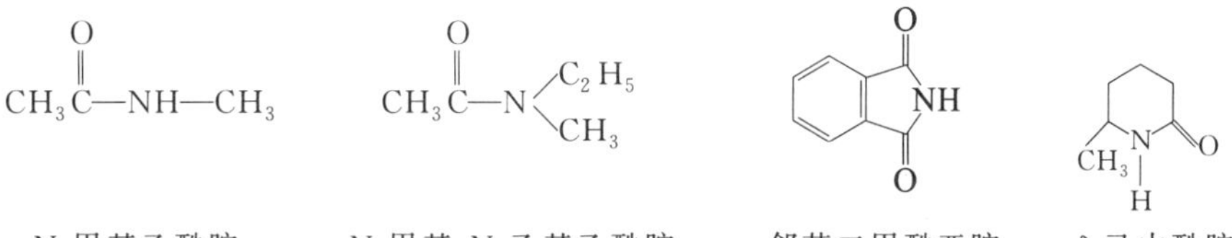

$CH_3\overset{O}{\overset{\|}{C}}-NH-CH_3$　*N*-甲基乙酰胺

$CH_3\overset{O}{\overset{\|}{C}}-N(C_2H_5)(CH_3)$　*N*-甲基-*N*-乙基乙酰胺

邻苯二甲酰亚胺（结构式）

δ-己内酰胺（结构式）

酸酐根据相应的羧酸命名，例如：

$CH_3-\overset{O}{\overset{\|}{C}}-O-\overset{O}{\overset{\|}{C}}-CH_3$　乙酸酐

$CH_3-\overset{O}{\overset{\|}{C}}-O-\overset{O}{\overset{\|}{C}}-CH_2CH_3$　乙酸丙酸酐（乙丙酐）

酯根据相应的醇和羧酸来命名，例如：

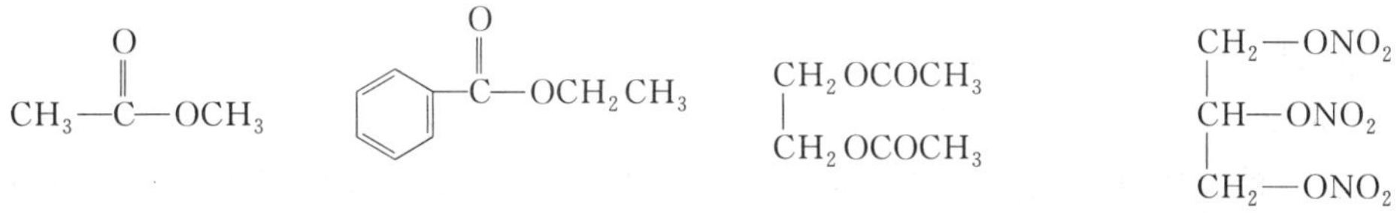

$CH_3-\overset{O}{\overset{\|}{C}}-OCH_3$　乙酸甲酯

$C_6H_5-\overset{O}{\overset{\|}{C}}-OCH_2CH_3$　苯甲酸乙酯

$\begin{matrix}CH_2OCOCH_3\\ |\\ CH_2OCOCH_3\end{matrix}$　乙二醇二乙酸酯

$\begin{matrix}CH_2-ONO_2\\ |\\ CH-ONO_2\\ |\\ CH_2-ONO_2\end{matrix}$　丙三醇三硝酸酯（甘油三硝酸酯）

12.7.2 羧酸衍生物的物理性质和光谱性质

（1）物理性质

羧酸衍生物是极性分子，其熔点和沸点高于一般的非极性化合物。酰卤、酸酐和酯分子间不能形成氢键，酰胺分子间能形成氢键，所以酰卤、酸酐和酯的沸点比羧酸和酰胺低。但当酰胺氮原子上的氢被烃基取代后，形成氢键的能力降低甚至消失，其沸点也大大降低，具体见表12-4。

表12-4 取代与非取代酰胺的物理常数对比

化合物	构造式	分子量	沸点/℃	熔点/℃
乙酰胺	CH_3CONH_2	59	221	82
N-甲基乙酰胺	$CH_3CONHCH_3$	73	204	28
N,*N*-二甲基乙酰胺	$CH_3CON(CH_3)_2$	87	165	−20

酰卤和酸酐不溶于水（低级酰卤和酸酐遇水分解生成溶于水的羧酸）。低级酯微溶于水。低级酰胺由于能和水形成良好氢键而能与水混溶。低级 *N*,*N*-二取代酰胺是良好的非质子偶极溶剂。羧酸衍生物可溶解在一般有机溶剂中。低级酯是优良的有机溶剂。表12-5列出了一些常见羧酸衍生物的物理常数。

表12-5 一些常见羧酸衍生物的物理常数

化合物	构造式	沸点/℃	熔点/℃
乙酰氯	CH_3COCl	51	−112
丙酰氯	CH_3CH_2COCl	80	−94
正丁酰氯	$CH_3CH_2CH_2COCl$	102	−89
苯甲酰氯	C_6H_5COCl	197	−1
乙酸酐	$(CH_3CO)_2O$	140	−73
丙酸酐	$(CH_3CH_2CO)_2O$	169	−45
丁二酸酐		261	119.6
顺丁烯二酸酐		202	60
苯甲酸酐	$(C_6H_5CO)_2O$	360	42
邻苯二甲酸酐		284	131
甲酸甲酯	$HCOOCH_3$	30	−100
甲酸乙酯	$HCOOCH_2CH_3$	54	−80
乙酸甲酯	CH_3COOCH_3	57.5	−98
乙酸乙酯	$CH_3COOCH_2CH_3$	77	−83
乙酸丁酯	$CH_3COOCH_2CH_2CH_2CH_3$	126	−77
乙酸异戊酯	$CH_3COOCH_2CH_2CH(CH_3)_2$	142	−78
苯甲酸乙酯	$C_6H_5COOCH_2CH_3$	213	−32.7
丙二酸二乙酯	$CH_3CH_2OOCCH_2COOCH_2CH_3$	199	−50
乙酰乙酸乙酯	$CH_3COCH_2COOCH_2CH_3$	180.4	−80
甲酰胺	$HCONH_2$	200(分解)	3
乙酰胺	CH_3CONH_2	221	82
丙酰胺	$CH_3CH_2CONH_2$	213	79
正丁酰胺	$CH_3CH_2CH_2CONH_2$	216	116
苯甲酰胺	$C_6H_5CONH_2$	290	130
N,*N*-二甲基甲酰胺	$HCON(CH_3)_2$	153	−61

（2）光谱性质

① 红外光谱　羧酸衍生物中都含有羰基，当羰基上连有吸电子基团时，C═O 的吸收峰增强，当含有能与羰基形成良好共轭效应的基团时，C═O 的吸收峰减弱，在羧酸衍生物中，酰卤和酸酐的吸收峰最大，酰胺的吸收峰最低。酰胺中除了羰基的吸收外，还有 N—H

键的吸收（$RCONR_2$ 型酰胺无），以下是各类羧酸衍生物的红外光谱吸收范围。

酰卤 C═O(羰基)

$R—\overset{\overset{O}{\|}}{C}—Cl$ 脂肪族酰卤 C═O $\tilde{\nu}$ 约 $1800cm^{-1}$(强吸收峰)

$Ar—\overset{\overset{O}{\|}}{C}—Cl$ 芳香族酰卤 C═O $\tilde{\nu}1765\sim1785cm^{-1}$(强吸收峰)

酸酐 C═O（羰基有两个吸收峰）

$R—\overset{\overset{O}{\|}}{C}—O—\overset{\overset{O}{\|}}{C}—R$ 脂肪族酸酐 C═O $\tilde{\nu}1800\sim1850cm^{-1}$(强吸收峰) $\tilde{\nu}1740\sim1790cm^{-1}$(强吸收峰)

$Ar—\overset{\overset{O}{\|}}{C}—O—\overset{\overset{O}{\|}}{C}—Ar$ 芳香族酸酐 C═O $\tilde{\nu}1780\sim1830cm^{-1}$(强吸收峰) $\tilde{\nu}1730\sim1770cm^{-1}$(强吸收峰)

酯 C═O（羰基）

$R—\overset{\overset{O}{\|}}{C}—OR'$ 脂肪酸酯 C═O $\tilde{\nu}1735\sim1750cm^{-1}$(强吸收峰)

$Ar—\overset{\overset{O}{\|}}{C}—OR'$ 芳香酸酯 C═O $\tilde{\nu}1730\sim1715cm^{-1}$(强吸收峰)

酰胺 C═O（羰基）

$R—\overset{\overset{O}{\|}}{C}—NH_2$ $\tilde{\nu}1650\sim1690cm^{-1}$(强吸收峰)

酰胺 N—H

$R—\overset{\overset{O}{\|}}{C}—NH_2$ N—H 有两个吸收峰 $\tilde{\nu}$ 约 $3350cm^{-1}$；约 $3180cm^{-1}$

$R—\overset{\overset{O}{\|}}{C}—NHR'$ N—H 只有一个吸收峰 $\tilde{\nu}3060\sim3320cm^{-1}$

$R—\overset{\overset{O}{\|}}{C}—NR'_2$ 无 N—H 吸收峰

图 12-4～图 12-7 分别为乙酰氯、乙酸酐、乙酸乙酯和 *N*-甲基甲酰胺的红外光谱图。

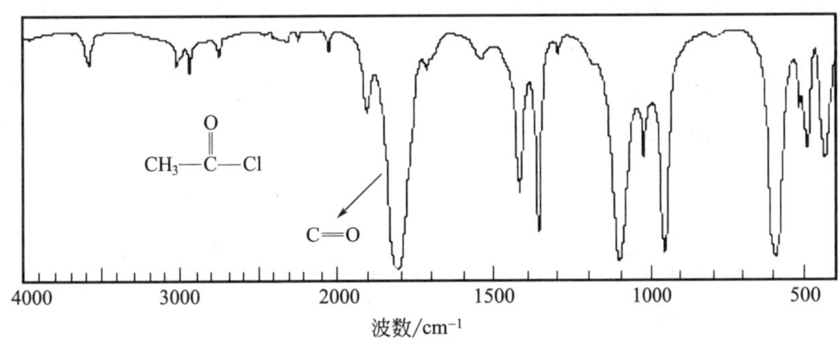

图 12-4 乙酰氯的红外光谱图

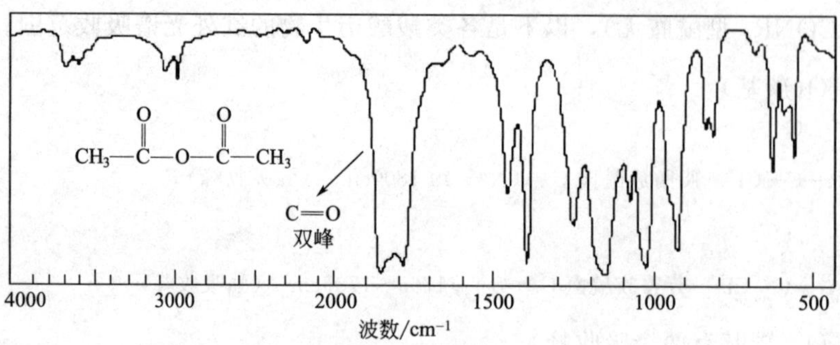

图 12-5　乙酸酐的红外光谱图

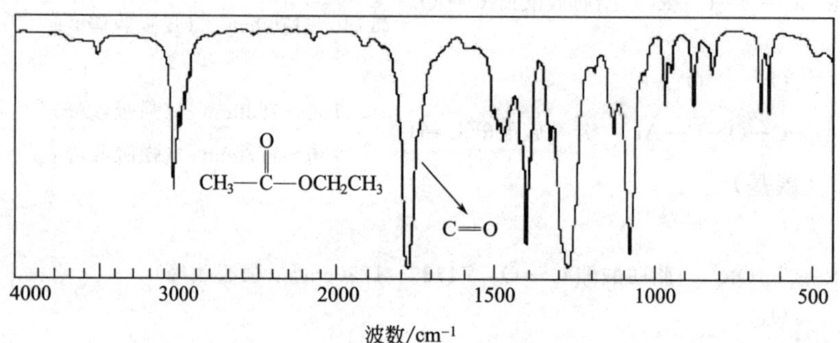

图 12-6　乙酸乙酯的红外光谱图

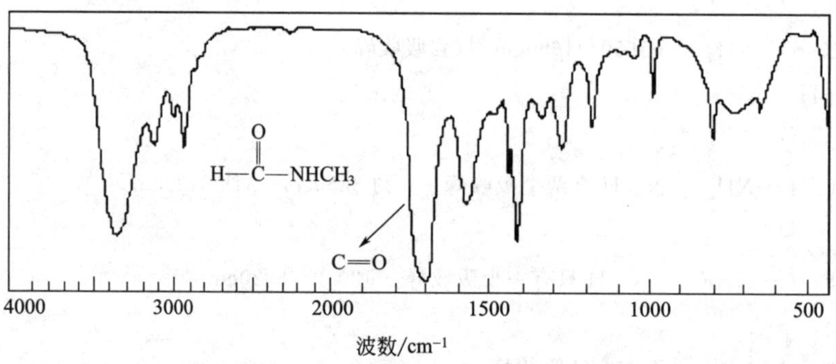

图 12-7　*N*-甲基甲酰胺的红外光谱图

② 核磁共振谱　由于羧酸衍生物中羰基的吸电子作用，直接与羰基相连的 α-碳原子上的 H 的化学位移向低场移动，羧酸衍生物中 α-H 的化学位移约为 $\delta=2\sim3$，酯中烷氧基上与氧相连的碳上的 H 的化学位移约为 $\delta=3.7\sim4.1$，酰胺氮原子上的质子化学位移通常在很宽的范围内得到一个宽而矮的峰，化学位移约为 $\delta=5\sim8$。羧酸衍生物的核磁共振谱可用如下结构图表示：

$$R—\underset{H}{\overset{|\,\alpha}{\underset{|}{C}}}—\overset{O}{\overset{\|}{C}}—Y \qquad R—\overset{O}{\overset{\|}{C}}—O—\underset{H}{\overset{|}{\underset{|}{C}}}— \qquad R—\overset{O}{\overset{\|}{C}}—\underset{H}{\underset{|}{N}}—$$

$$\delta=2\sim3 \qquad \delta=3.7\sim4.1 \qquad \delta=5\sim8$$

Y＝X（卤素），OR，NH_2（NHR，NR_2），OCOR

图 12-8～图 12-11 分别为乙酰氯、丁酸酐、乙酸乙酯和 *N*-甲基甲酰胺的 ^{1}H NMR 谱图。

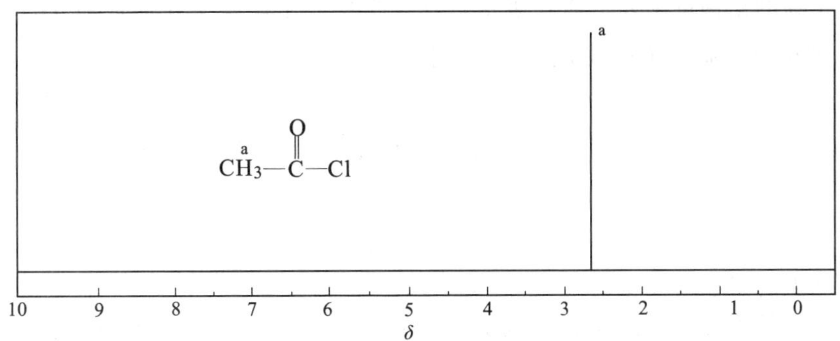

图 12-8　乙酰氯的 ^{1}H NMR 谱

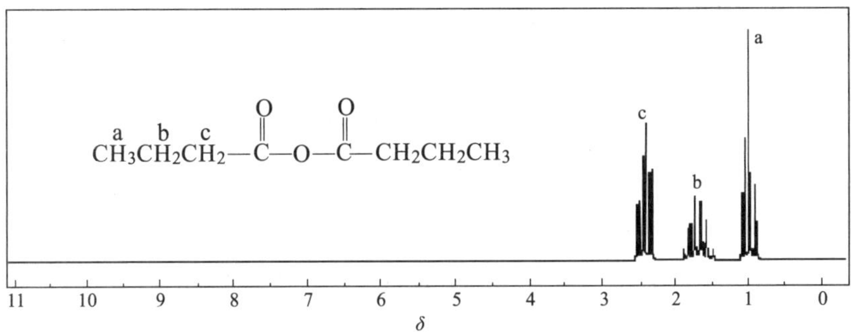

图 12-9　丁酸酐的 ^{1}H NMR 谱

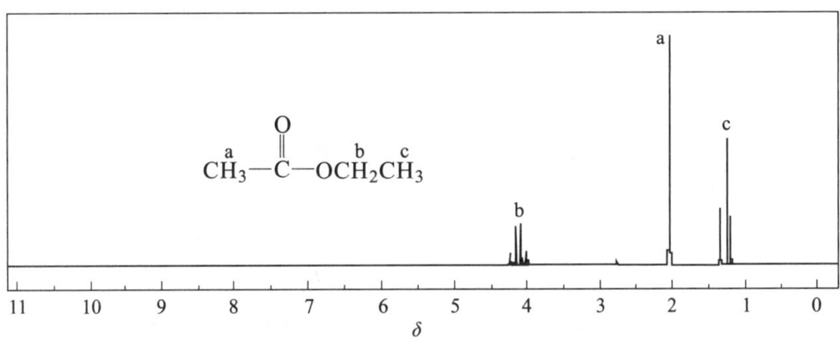

图 12-10　乙酸乙酯的 ^{1}H NMR 谱

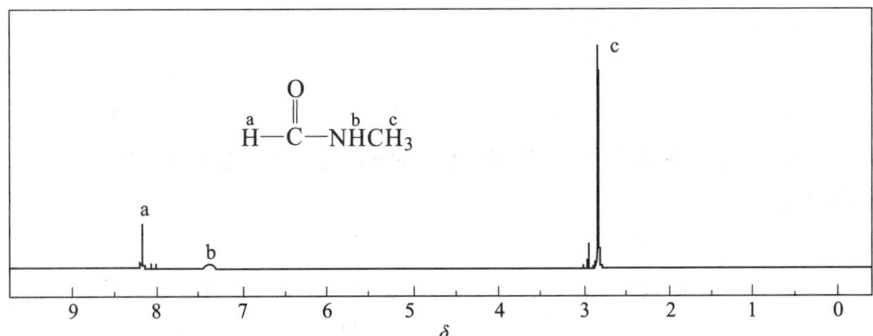

图 12-11　*N*-甲基甲酰胺的 ^{1}H NMR 谱

12.7.3 羧酸衍生物的化学性质

羧酸衍生物的结构可用如下通式表示，其化学反应主要发生在羰基和 α-H 上，它们的反应活性因羰基所连基团（Y）的不同而不同。

$$\mathrm{R-\overset{|}{\underset{H}{\overset{\alpha}{C}}}-\overset{O}{\overset{\|}{C}}-Y}$$

Y=Cl,OR,OCOR,NH_2(NHR,NR_2)等

（1）羰基上的亲核取代反应

羧酸衍生物的主要反应是 Y 被亲核试剂（$:Nu^-$）取代的亲核取代反应。反应实际分两步进行，第一步是酰基碳原子上的亲核加成，形成一个带负电的中间体，它的中心碳原子是 sp^3 杂化，因而是四面体结构。第二步是中间体消除一个离去基团，最终生成取代产物，即新一种羧酸衍生物。可用如下反应通式表示：

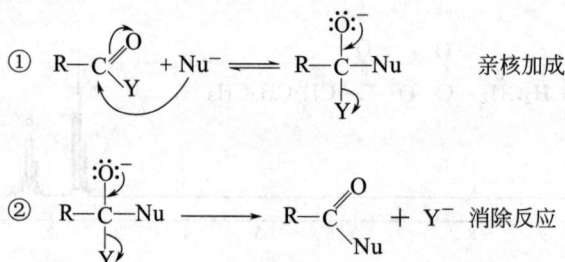

① $$\mathrm{R-\overset{O}{\overset{\|}{C}}-Y + Nu^- \rightleftharpoons R-\overset{:\ddot{O}:^-}{\overset{|}{\underset{Y}{\underset{|}{C}}}}-Nu}$$ 亲核加成

② $$\mathrm{R-\overset{:\ddot{O}:^-}{\overset{|}{\underset{Y}{\underset{|}{C}}}}-Nu \longrightarrow R-\overset{O}{\overset{\|}{C}}-Nu + Y^-}$$ 消除反应

Y=X(卤素)，OCOR，OR，NH_2(NHR，NR_2)，$:Nu^-$=亲核试剂

从羧酸衍生物的亲核取代反应机理而言，羧酸衍生物的亲核取代反应又称为羰基的亲核加成-消除反应。

① 水解　羧酸衍生物与水反应，生成相应的羧酸，这个反应叫水解反应。

$$\mathrm{R-\overset{O}{\overset{\|}{C}}-Cl + H-OH \longrightarrow R-\overset{O}{\overset{\|}{C}}-OH + HCl}$$

$$\mathrm{R-\overset{O}{\overset{\|}{C}}-O-\overset{O}{\overset{\|}{C}}-R' + H-OH \longrightarrow R-\overset{O}{\overset{\|}{C}}-OH + R'-\overset{O}{\overset{\|}{C}}-OH}$$

$$\mathrm{R-\overset{O}{\overset{\|}{C}}-OR' + H-OH \longrightarrow R-\overset{O}{\overset{\|}{C}}-OH + R'OH}$$

$$\mathrm{R-\overset{O}{\overset{\|}{C}}-NH_2 + H-OH \longrightarrow R-\overset{O}{\overset{\|}{C}}-OH + NH_3}$$

羧酸衍生物的水解反应活性次序为：

$$\mathrm{R-\overset{O}{\overset{\|}{C}}-X > R-\overset{O}{\overset{\|}{C}}-O-\overset{O}{\overset{\|}{C}}-R' > R-\overset{O}{\overset{\|}{C}}-OR' > R-\overset{O}{\overset{\|}{C}}-NH_2}$$

② 醇解　羧酸衍生物与醇反应，生成相应的酯，这个反应叫醇解反应。一般情况下，酰胺较难进行醇解反应。

$$\mathrm{R-\overset{O}{\overset{\|}{C}}-Cl + R''OH \longrightarrow R-\overset{O}{\overset{\|}{C}}-OR'' + HCl}$$

$$\mathrm{R-\overset{O}{\overset{\|}{C}}-O-\overset{O}{\overset{\|}{C}}-R' + R''OH \longrightarrow R-\overset{O}{\overset{\|}{C}}-OR'' + R'-\overset{O}{\overset{\|}{C}}-OH}$$

$$R-\overset{O}{\overset{\|}{C}}-OR' + R''OH \longrightarrow R-\overset{O}{\overset{\|}{C}}-OR'' + R'OH$$

$$R-\overset{O}{\overset{\|}{C}}-NH_2 + R''OH \longrightarrow \text{难反应}$$

羧酸衍生物醇解反应的活性次序为：

$$R-\overset{O}{\overset{\|}{C}}-X > R-\overset{O}{\overset{\|}{C}}-O-\overset{O}{\overset{\|}{C}}-R' > R-\overset{O}{\overset{\|}{C}}-OR' > R-\overset{O}{\overset{\|}{C}}-NH_2$$

③ 氨解　羧酸衍生物与氨或胺反应，生成相应的酰胺，这个反应叫氨解（胺解）反应。一般情况下，酰胺也较难进行氨解反应。

$$R-\overset{O}{\overset{\|}{C}}-Cl + 2NH_3 \longrightarrow R-\overset{O}{\overset{\|}{C}}-NH_2 + NH_4Cl$$

$$R-\overset{O}{\overset{\|}{C}}-O-\overset{O}{\overset{\|}{C}}-R' + 2NH_3 \longrightarrow R-\overset{O}{\overset{\|}{C}}-NH_2 + R'-\overset{O}{\overset{\|}{C}}-ONH_4$$

$$R-\overset{O}{\overset{\|}{C}}-OR' + NH_3 \longrightarrow R-\overset{O}{\overset{\|}{C}}-NH_2 + R'OH$$

$$R-\overset{O}{\overset{\|}{C}}-NH_2 + NH_2R'(\text{过量}) \longrightarrow R-\overset{O}{\overset{\|}{C}}-NHR' + NH_3\uparrow$$

羧酸衍生物氨解反应的活性次序为：

$$R-\overset{O}{\overset{\|}{C}}-X > R-\overset{O}{\overset{\|}{C}}-O-\overset{O}{\overset{\|}{C}}-R' > R-\overset{O}{\overset{\|}{C}}-OR' > R-\overset{O}{\overset{\|}{C}}-NH_2$$

在羧酸衍生物的水解、醇解和氨解反应中，都是在试剂中引入一个酰基，所以也叫做酰基化反应。羧酸衍生物是酰基化试剂。最有效的酰化剂是酰卤和酸酐。上述酰基化反应活性次序都是：

$$R-\overset{O}{\overset{\|}{C}}-X > R-\overset{O}{\overset{\|}{C}}-O-\overset{O}{\overset{\|}{C}}-R' > R-\overset{O}{\overset{\|}{C}}-OR' > R-\overset{O}{\overset{\|}{C}}-NH_2$$

④ 羧酸衍生物的相对反应活性　水解、醇解、氨解的实验事实证明，羧酸衍生物酰化活性大小的顺序为：酰氯＞酸酐＞酯＞酰胺。这可从羧酸衍生物的亲核加成-消除反应机理来解释。在下列酰基化反应中：

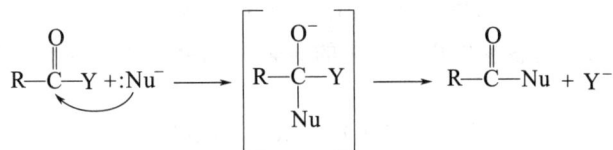

$$R-\overset{O}{\overset{\|}{C}}-Y + :Nu^- \longrightarrow \left[R-\overset{O^-}{\overset{|}{\underset{Nu}{\underset{|}{C}}}}-Y\right] \longrightarrow R-\overset{O}{\overset{\|}{C}}-Nu + Y^-$$

Y 的吸电子作用越强，羰基带的正电荷越多，亲核试剂越容易加上去，反应越快。Y^- 的碱性越弱，越容易离去，反应也越易进行。

Y 的电子效应包括－I 效应和＋C 效应（p-π 共轭）。羧酸衍生物的＋C 效应（p-π 共轭）可用下列共振杂化体表示。

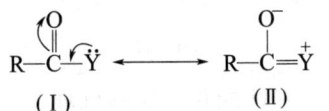

$$\underset{(\text{I})}{R-\overset{O}{\overset{\|}{C}}-\ddot{Y}} \longleftrightarrow \underset{(\text{II})}{R-\overset{O^-}{\overset{|}{C}}=\overset{+}{Y}}$$

（Ⅱ）的贡献越大，＋C 效应越大

四种羧酸衍生物中的 p-π 共轭情况：

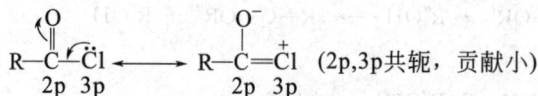

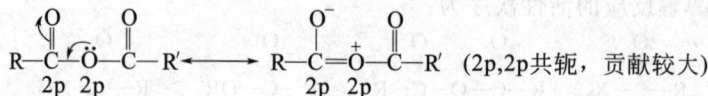

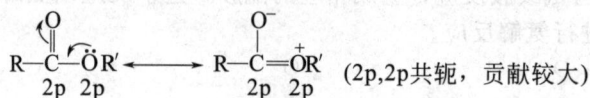

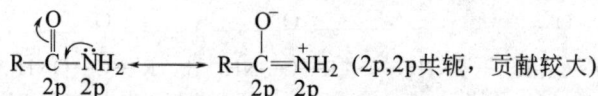

$$R-\overset{O}{\overset{\|}{C}}-\ddot{C}l \longleftrightarrow R-\overset{O^-}{\overset{|}{C}}=\overset{+}{C}l \quad (2p,3p共轭，贡献小)$$

$$R-\overset{O}{\overset{\|}{C}}-\ddot{O}-\overset{O}{\overset{\|}{C}}-R' \longleftrightarrow R-\overset{O^-}{\overset{|}{C}}=\overset{+}{O}-\overset{O}{\overset{\|}{C}}-R' \quad (2p,2p共轭，贡献较大)$$

$$R-\overset{O}{\overset{\|}{C}}-\ddot{O}R' \longleftrightarrow R-\overset{O^-}{\overset{|}{C}}=\overset{+}{O}R' \quad (2p,2p共轭，贡献较大)$$

$$R-\overset{O}{\overset{\|}{C}}-\ddot{N}H_2 \longleftrightarrow R-\overset{O^-}{\overset{|}{C}}=\overset{+}{N}H_2 \quad (2p,2p共轭，贡献较大)$$

在上述羧酸衍生物的+C 效应（p-π 共轭）中，酰氯是 2p 轨道和 3p 轨道共轭，轨道大小不一致，共轭效果差，所以（Ⅱ）的贡献小。酸酐、酯和酰胺都是 2p 轨道和 2p 轨道共轭，轨道大小一致，共轭效果较好，（Ⅱ）的贡献较大，而酰胺中参与 p-π 共轭的 N 原子的电负性比 O 原子小，提供电子能力更强，酰胺中（Ⅱ）的贡献是最大的。

因此，Y 的+C 效应（供电子能力）大小为：

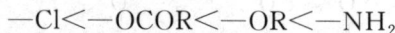

$$-Cl<-OCOR<-OR<-NH_2$$

尽管 Cl 的电负性（2.83）比 O(3.50) 和 N(3.07) 小，－I 效应相对较小，但 Y 的吸电子能力是+C 效应和－I 效应共同作用的结果。

综合两者，羧酸衍生物中 Y 的吸电子能力为：

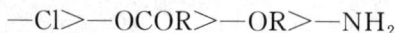

$$-Cl>-OCOR>-OR>-NH_2$$

Y^- 的离去能力为：

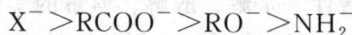

$$X^->RCOO^->RO^->NH_2^-$$

其原因是 Y^- 对应共轭酸的酸性大小为：

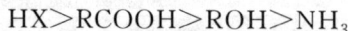

$$HX>RCOOH>ROH>NH_3$$

共轭酸的酸性越强，越容易电离，相应的共轭碱的碱性也就越弱，越容易离去。所以，Y^- 的碱性大小为：

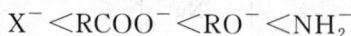

$$X^-<RCOO^-<RO^-<NH_2^-$$

课堂练习 12.3　试总结羧酸、酰卤、酸酐、酯、酰胺之间的相互转变关系。

课堂练习 12.4　比较下列化合物在碱性条件下的水解反应速率。

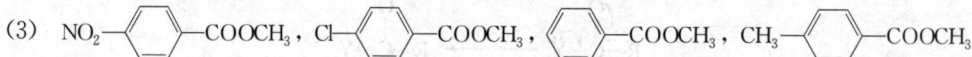

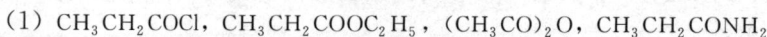

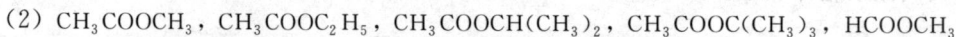

（1）CH_3CH_2COCl，$CH_3CH_2COOC_2H_5$，$(CH_3CO)_2O$，$CH_3CH_2CONH_2$

（2）CH_3COOCH_3，$CH_3COOC_2H_5$，$CH_3COOCH(CH_3)_2$，$CH_3COOC(CH_3)_3$，$HCOOCH_3$

（3）$NO_2-C_6H_4-COOCH_3$，$Cl-C_6H_4-COOCH_3$，$C_6H_5-COOCH_3$，$CH_3-C_6H_4-COOCH_3$

课堂练习 12.5　写出乙酸和 $CH_3{}^{18}OH$ 酯化反应的机理。

（2）还原反应

在羧酸衍生物中，酰氯最易被还原，而酰胺最难还原（甚至比羧酸还难还原）。羧酸衍生物还原活性为：

酰氯＞酸酐＞酯＞酰胺

① 用 $LiAlH_4$ 还原　与羧酸相似，羧酸衍生物都可以被 $LiAlH_4$ 还原，除酰胺被还原成胺外，酰氯、酸酐和酯都被还原成醇。

$$R-\overset{O}{\overset{\|}{C}}-Cl \xrightarrow[(2)H_2O]{(1)LiAlH_4} RCH_2OH$$

$$R-\overset{O}{\overset{\|}{C}}-O-\overset{O}{\overset{\|}{C}}-R' \xrightarrow[(2)H_2O]{(1)LiAlH_4} RCH_2OH + R'CH_2OH$$

$$R-\overset{O}{\overset{\|}{C}}-OR' \xrightarrow[(2)H_2O]{(1)LiAlH_4} RCH_2OH + R'OH$$

$$R-\overset{O}{\overset{\|}{C}}-NH_2 \xrightarrow[(2)H_2O]{(1)LiAlH_4} RCH_2NH_2\text{（伯胺）}$$

$$R-\overset{O}{\overset{\|}{C}}-NHR' \xrightarrow[(2)H_2O]{(1)LiAlH_4} RCH_2NHR'\text{（仲胺）}$$

$$R-\overset{O}{\overset{\|}{C}}-NR'_2 \xrightarrow[(2)H_2O]{(1)LiAlH_4} RCH_2NR'_2\text{（叔胺）}$$

② Rosenmund 还原（还原酰氯成醛）　将 Pd 沉淀在 $BaSO_4$ 上作催化剂，并加入硫和喹啉等作为“毒化剂”，常压下加氢使酰氯还原成相应醛的反应叫 Rosenmund 还原反应。Rosenmund 还原反应只还原羧酸衍生物中的酰氯，是制备醛的一种好方法。

$$R-\overset{O}{\overset{\|}{C}}-Cl + H_2 \xrightarrow[\text{硫-喹啉}]{Pd\text{-}BaSO_4} R-\overset{O}{\overset{\|}{C}}-H + HCl$$

例如：
$$CH_3O-\overset{O}{\overset{\|}{C}}-CH_2CH_2-\overset{O}{\overset{\|}{C}}-Cl + H_2 \xrightarrow[\text{硫-喹啉}]{Pd\text{-}BaSO_4} CH_3O-\overset{O}{\overset{\|}{C}}-CH_2CH_2-\overset{O}{\overset{\|}{C}}-H + HCl$$

③ Bouveault-Blanc 反应（还原酯成醇）　酯和金属钠在醇（常用乙醇、丁醇和戊醇等，由反应温度决定使用何种醇）溶液中加热回流反应，酯可被还原成醇，这个反应叫 Bouveault-Blanc 反应。

$$R-\overset{O}{\overset{\|}{C}}-OR' \xrightarrow{Na+C_2H_5OH} RCH_2OH + R'OH$$

例如：

$$\underset{\text{油酸乙酯}}{CH_3(CH_2)_7CH{=}CH(CH_2)_7-\overset{O}{\overset{\|}{C}}-OC_2H_5} \xrightarrow{Na+C_2H_5OH} \underset{\text{油醇}}{CH_3(CH_2)_7CH{=}CH(CH_2)_7CH_2OH}$$

（3）与 Grignard 试剂反应

酰氯与 Grignard 试剂反应，通过控制 Grignard 试剂的用量，可生成酮或叔醇。

$$R-\overset{O}{\overset{\|}{C}}-Cl + R'MgX \longrightarrow R-\overset{OMgX}{\overset{|}{\underset{R'}{\underset{|}{C}}}}-Cl \longrightarrow \underset{\text{酮}}{R-\overset{O}{\overset{\|}{C}}-R'} + MgXCl$$

$$R-\overset{O}{\overset{\|}{C}}-R' + R'MgX \longrightarrow R-\overset{OMgX}{\overset{|}{\underset{R'}{\underset{|}{C}}}}-R' \xrightarrow{H_2O} \underset{\text{叔醇}}{R-\overset{OH}{\overset{|}{\underset{R'}{\underset{|}{C}}}}-R'}$$

上述反应的第二步酮与 Grignard 试剂的反应比酰卤与 Grignard 试剂的反应慢，因此可控制反应在生成酮的阶段。例如：

$$CH_3-\overset{O}{\overset{\|}{C}}-Cl + CH_3CH_2CH_2CH_2MgCl \xrightarrow[FeCl_3,\,-70℃]{\text{干醚}} CH_3-\overset{O}{\overset{\|}{C}}-CH_2CH_2CH_2CH_3 + MgCl_2$$

酸酐、酯和酰胺与 Grignard 试剂反应主要生成叔醇。

$$R-\overset{O}{\overset{\|}{C}}-Z + R'MgX \longrightarrow R-\overset{OMgX}{\overset{|}{\underset{R'}{\underset{|}{C}}}}-Z \longrightarrow R-\overset{O}{\overset{\|}{C}}-R' + MgZX$$

$$(Z=OCOR'',OR'',NR''_2)$$

$$R-\overset{O}{\overset{\|}{C}}-R' + R'MgX \longrightarrow R-\overset{OMgX}{\overset{|}{\underset{R'}{\underset{|}{C}}}}-R' \xrightarrow{H_2O} \underset{\text{叔醇}}{R-\overset{OH}{\overset{|}{\underset{R'}{\underset{|}{C}}}}-R'}$$

上述反应的第二步酮与 Grignard 试剂的反应比前一步反应快，一般不能控制反应在生成酮的阶段。

酰氯与 Grignard 试剂反应可生成酮或叔醇，而酸酐、酯和酰胺与 Grignard 试剂反应主要生成叔醇。这是因为：酰氯的羰基与 Grignard 试剂反应的活性大于酮羰基；酸酐、酯和酰胺的羰基与 Grignard 试剂反应的活性小于酮羰基。

氮上含有氢的酰胺（$RCONH_2$，RCONHR）可分解 Grignard 试剂，但用过量 Grignard 试剂（过量 2～3 倍），仍可得到酮或叔醇。例如：

$$C_6H_5-\overset{O}{\overset{\|}{C}}-NH_2 + \underset{(\text{过量})}{C_6H_5-CH_2MgCl} \longrightarrow C_6H_5-\overset{O}{\overset{\|}{C}}-CH_2-C_6H_5$$

课堂练习 12.6　用合适的 Grignard 试剂与羧酸酯反应合成 3-戊醇。

（4）酰胺氮原子上的反应

① 酰胺的弱酸性和弱碱性　酰胺不能使石蕊变色，一般来说，酰胺是中性化合物，但有时酰胺可表现出弱酸性和弱碱性。

把氯化氢气体通入乙酰胺的乙醚溶液中，生成不溶于乙醚的酰胺盐沉淀。

$$CH_3-\overset{\overset{\displaystyle O}{\|}}{C}-NH_2 + HCl \longrightarrow CH_3-\overset{\overset{\displaystyle O}{\|}}{C}-NH_2\cdot HCl\downarrow$$

这种盐很不稳定，遇水即分解成原来的酰胺和盐酸，说明酰胺的碱性非常弱。

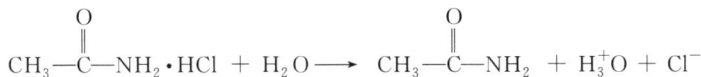

$$CH_3-\overset{\overset{\displaystyle O}{\|}}{C}-NH_2\cdot HCl + H_2O \longrightarrow CH_3-\overset{\overset{\displaystyle O}{\|}}{C}-NH_2 + H_3^+O + Cl^-$$

酰胺能与某些金属氧化物生成金属盐，说明酰胺也具有弱酸性。例如，乙酰胺与 HgO 作用生成汞盐。

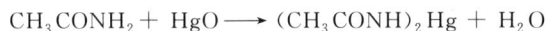

$$CH_3CONH_2 + HgO \longrightarrow (CH_3CONH)_2Hg + H_2O$$

酰亚胺分子中由于 N 原子与两个羰基相连，其酸性比酰胺大。

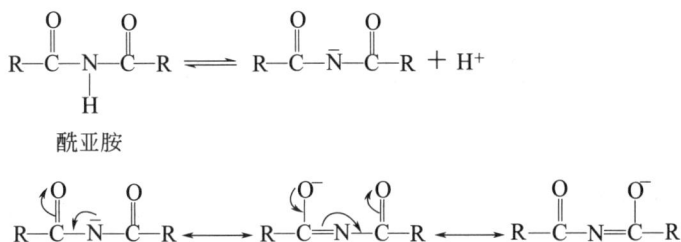

$$\underset{\text{酰亚胺}}{R-\overset{\overset{\displaystyle O}{\|}}{C}-\underset{\underset{\displaystyle H}{|}}{N}-\overset{\overset{\displaystyle O}{\|}}{C}-R} \rightleftharpoons R-\overset{\overset{\displaystyle O}{\|}}{C}-\bar{N}-\overset{\overset{\displaystyle O}{\|}}{C}-R + H^+$$

$$R-\overset{\overset{\displaystyle O}{\|}}{C}-\bar{N}-\overset{\overset{\displaystyle O}{\|}}{C}-R \longleftrightarrow R-\overset{\overset{\displaystyle O^-}{|}}{C}=N-\overset{\overset{\displaystyle O}{\|}}{C}-R \longleftrightarrow R-\overset{\overset{\displaystyle O}{\|}}{C}-N=\overset{\overset{\displaystyle O^-}{|}}{C}-R$$

② 酰胺的脱水反应　酰胺与强脱水剂共热或高温加热，可发生分子内脱水反应生成腈，这是合成腈的常用方法之一，通常采用的脱水剂是五氧化二磷和亚硫酰氯等。

$$R-\overset{\overset{\displaystyle O}{\|}}{C}-NH_2 \xrightarrow[\triangle]{P_2O_5} RC\equiv N + H_2O$$

例如：

$$CH_3CH_2CH_2CH_2\overset{\overset{\displaystyle CH_2CH_3}{|}}{C}HCONH_2 \xrightarrow[\text{苯}]{SOCl_2/75\sim80^\circ C} \underset{\text{约 }90\%}{CH_3CH_2CH_2CH_2\overset{\overset{\displaystyle CH_2CH_3}{|}}{C}HC\equiv N}$$

③ Hofmann 降级反应　酰胺与溴（或氯）的氢氧化钠溶液反应，脱去羰基，生成伯胺，这个反应叫做酰胺的 Hofmann 降级反应。该反应可从酰胺制备少一个碳的伯胺。

$$R-\overset{\overset{\displaystyle O}{\|}}{C}-NH_2 + Br_2(\text{或 }Cl_2) + 4NaOH \longrightarrow \underset{\text{伯胺}}{RNH_2} + 2NaBr(\text{或 }2NaCl) + Na_2CO_3 + 2H_2O$$

Hofmann 降级反应也可写成：

$$R-\overset{\overset{\displaystyle O}{\|}}{C}-NH_2 + NaXO + 2NaOH \longrightarrow \underset{\text{伯胺}}{RNH_2} + NaX + Na_2CO_3 + H_2O$$

Hofmann 降级反应机理如下：

$$R-\overset{O}{\overset{\|}{C}}-\ddot{N}H_2 + Br_2 + OH^- \longrightarrow R-\overset{O}{\overset{\|}{C}}-\underset{H}{\underset{|}{\ddot{N}}}-Br + Br^- + H_2O$$

$$R-\overset{O}{\overset{\|}{C}}-\underset{H}{\underset{|}{\ddot{N}}}-Br + OH^- \longrightarrow \underset{\text{氮烯}}{R-\overset{O}{\overset{\|}{C}}-\ddot{N}:} + Br^- + H_2O$$

$$R-\overset{O}{\overset{\|}{C}}-\ddot{N}: \xrightarrow{\text{重排}} R-\ddot{N}=C=O\ (\text{异氰酸酯})$$

$$R-N=C=O + H_2O \longrightarrow RNH-\overset{O}{\overset{\|}{C}}-OH \xrightarrow{-CO_2} RNH_2 + CO_2$$

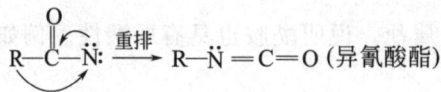

12.8　油脂、蜡和磷脂

12.8.1　油脂

油脂是油和脂肪的简称，存在于动植物体内。在常温下是液体的叫油，如花生油、桐油等。在常温下是固体或半固体的叫脂肪，如猪油、牛油等。油脂的主要成分是多种长链高级脂肪酸的甘油酯。可用以下构造式表示：

$$\begin{array}{l} R-\overset{O}{\overset{\|}{C}}-O-CH_2 \\ R'-\overset{O}{\overset{\|}{C}}-O-CH \\ R''-\overset{O}{\overset{\|}{C}}-O-CH_2 \end{array}$$

R，R′，R″代表脂肪烃基，它们可以相同，也可以不同，可以是饱和烃基或不饱和烃基。天然油脂中的脂肪酸主要是含偶数碳原子的直链羧酸。

天然油脂中常见的饱和羧酸有：

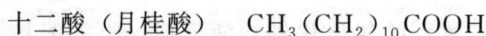

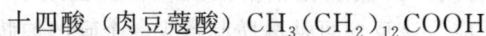

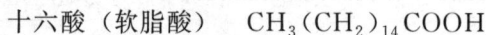

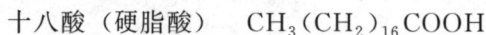

十二酸（月桂酸）　$CH_3(CH_2)_{10}COOH$

十四酸（肉豆蔻酸）$CH_3(CH_2)_{12}COOH$

十六酸（软脂酸）　$CH_3(CH_2)_{14}COOH$

十八酸（硬脂酸）　$CH_3(CH_2)_{16}COOH$

常见的不饱和羧酸有：

顺-9-十八碳烯酸（油酸）

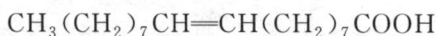

$CH_3(CH_2)_7CH=CH(CH_2)_7COOH$

顺-9,12-十八碳二烯酸（亚油酸）

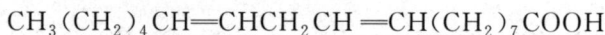

$CH_3(CH_2)_4CH=CHCH_2CH=CH(CH_2)_7COOH$

顺，顺，顺-9,12,15-十八碳三烯酸（亚麻酸）

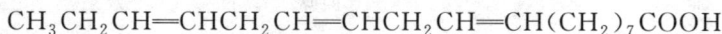

$CH_3CH_2CH=CHCH_2CH=CHCH_2CH=CH(CH_2)_7COOH$

（1）油脂的主要性质

① 皂化（油脂的碱性水解） 油脂在碱性条件下的水解叫皂化，后来推广到把酯的碱性水解都叫做皂化。油脂在氢氧化钠溶液中水解生成甘油和长链脂肪酸钠盐，长链脂肪酸钠盐可做肥皂用。

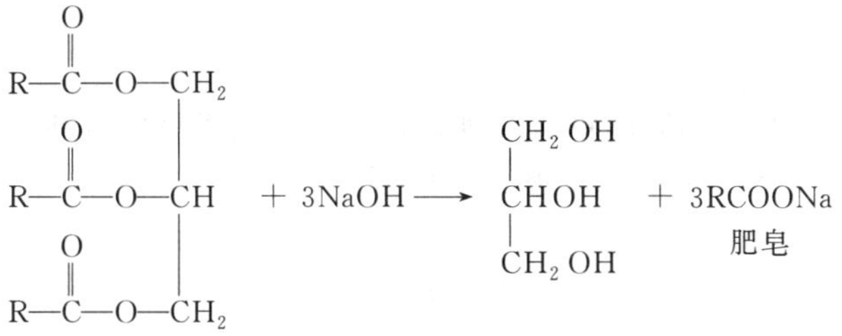

$$\begin{array}{l} R-\overset{\overset{\displaystyle O}{\|}}{C}-O-CH_2 \\ \qquad\qquad\quad | \\ R-\overset{\overset{\displaystyle O}{\|}}{C}-O-CH \\ \qquad\qquad\quad | \\ R-\overset{\overset{\displaystyle O}{\|}}{C}-O-CH_2 \end{array} + 3NaOH \longrightarrow \begin{array}{l} CH_2OH \\ | \\ CHOH \\ | \\ CH_2OH \end{array} + \underset{\text{肥皂}}{3RCOONa}$$

油脂 甘油

使 1g 油脂完全皂化所需的氢氧化钾的毫克数，叫做皂化值。根据皂化值的大小，可大致知道油脂的平均分子量。皂化值越大，油脂的平均分子量越小。

② 油脂的加成反应 在催化剂的作用下，不饱和油脂可以和氢加成，生成不饱和度减少的油脂。这个反应叫油脂的氢化。

$$\text{不饱和油脂} \xrightarrow[\text{催化剂}]{H_2} \text{氢化油}$$

油 硬化油

油脂的氢化过程也叫油脂的硬化。油脂氢化后，不饱和度减小，不易被空气氧化变质，更易保存。油脂也可与卤素发生加成反应。利用和卤素的加成反应，可测定油脂的不饱和程度。

工业上把 100g 油脂所能吸收的碘的克数叫做碘值。碘值越大，油脂的不饱和程度越大。

（2）干性

某些油在空气中放置，能生成一层干燥而有韧性的薄膜，这种现象叫做干化。具有这种性质的油叫干性油。例如桐油是一种很好的干性油。

（3）酸值

酸值是指油脂中游离脂肪酸的量度。工业上把中和 1g 油脂所需要的氢氧化钾的毫克数叫油脂的酸值。

12.8.2 蜡

蜡是高级脂肪酸和一元醇形成的酯。可用以下构造式表示：RCOOR′，式中羧酸部分和醇部分碳原子数通常都是 16 个碳以上的偶数。

例如，蜂蜡的构造式为：$C_{15}H_{31}COOC_{30}H_{61}$。

12.8.3 磷脂

磷脂是一类含磷的类脂化合物，存在于细胞膜中，是生物的基本结构要素。广泛存在于动植物体内。比较常见的有卵磷脂和脑磷脂。

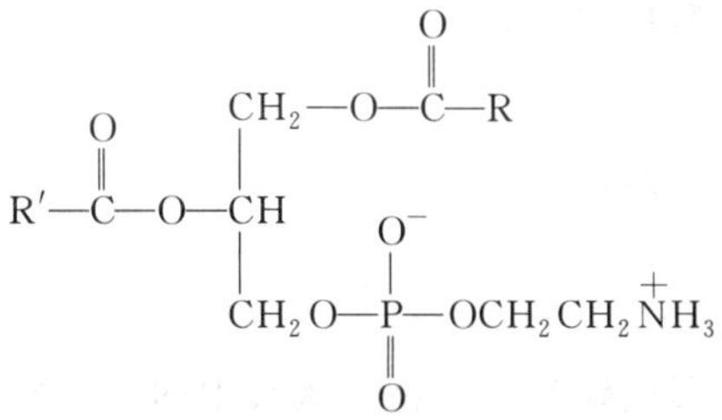

$$\begin{array}{l} \qquad\qquad\qquad CH_2-O-\overset{\overset{\displaystyle O}{\|}}{C}-R \\ \qquad\qquad\qquad | \\ R'-\overset{\overset{\displaystyle O}{\|}}{C}-O-CH \qquad \overset{\displaystyle O^-}{|} \\ \qquad\qquad\qquad | \\ \qquad\qquad\qquad CH_2O-\underset{\underset{\displaystyle O}{\|}}{P}-OCH_2CH_2\overset{+}{N}H_3 \end{array}$$

脑磷脂(PE)

$$\begin{array}{l} \qquad\qquad\qquad CH_2-O-\overset{\overset{\displaystyle O}{\|}}{C}-R \\ \qquad\qquad\qquad | \\ R'-\overset{\overset{\displaystyle O}{\|}}{C}-O-CH \qquad \overset{\displaystyle O^-}{|} \\ \qquad\qquad\qquad | \\ \qquad\qquad\qquad CH_2O-\underset{\underset{\displaystyle O}{\|}}{P}-OCH_2CH_2\overset{+}{N}(CH_3)_3 \end{array}$$

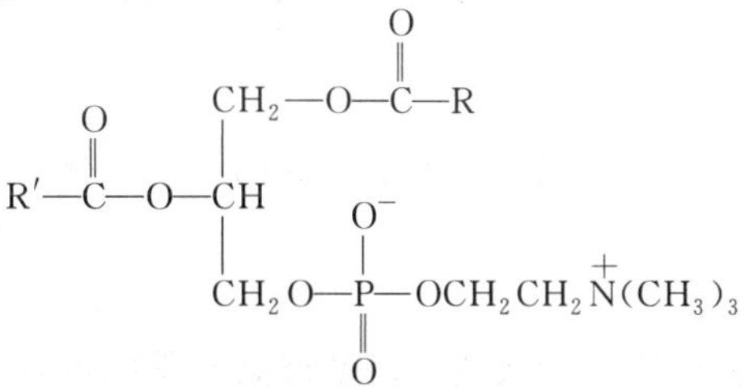

卵磷脂(PC)

12.9 肥皂及合成表面活性剂

（1）肥皂

肥皂的主要成分是长链脂肪酸钠盐或钾盐，通常由油脂皂化得到。肥皂中的长链脂肪酸盐分子中既包含有一个溶于水的亲水基团—COO^-Na^+，又包含一个不溶于水的疏水基团（长链烃基）R，所以肥皂具有去油作用。肥皂在洗涤时所起的作用叫乳化作用。具有这种作用的物质叫乳化剂。乳化剂是表面活性剂中的一类。由于肥皂与硬水中的Ca^{2+}、Mg^{2+}会产生沉淀。所以肥皂的应用有一定的限制。现在已合成出许多具有肥皂功能的物质。这些物质叫合成表面活性剂。

（2）合成表面活性剂

能降低液体表面张力的物质叫表面活性剂。表面活性剂分子中同时含有亲水基团和疏水基团。表面活性剂就其用途可分为乳化剂、湿润剂、起泡剂、洗涤剂和分散等剂。就结构特点可分为阳离子型表面活性剂、阴离子型表面活性剂和非离子型表面活性剂。

① 阴离子型表面活性剂　阴离子型表面活性剂起表面活性作用的是阴离子。例如：

$RCOO^-Na^+$	$RSO_3^-Na^+$	$R-C_6H_4-SO_3^-Na^+$
脂肪酸钠	烷基磺酸钠	烷基苯磺酸钠
（R：$C_{15}\sim C_{17}$）	（R：$C_{12}\sim C_{20}$）	（R：$C_{10}\sim C_{12}$）

脂肪酸钠用做肥皂用，烷基磺酸钠和烷基苯磺酸钠是常见的合成洗涤剂。这类化合物可做起泡剂、湿润剂和洗涤剂用。是重要的日用化学工业原料。

② 阳离子型表面活性剂　阳离子型表面活性剂起表面活性作用的是阳离子。例如：

$$[C_{12}H_{25}N(CH_3)_2CH_2Ph]^+Br^-$$

二甲基苄基十二烷基溴化铵（新洁尔灭）

阳离子型表面活性剂主要有季铵盐，也有一些含磷和硫的化合物。它们除了做表面活性剂外还可做消毒剂用，如新洁尔灭用于医用器械消毒，还有一些季铵盐如四丁基溴化铵是很好的相转移催化剂。

③ 非离子型表面活性剂　非离子型表面活性剂起表面活性作用的是中性分子，在它们的分子中有许多能和水形成氢键的基团。例如：

$$C_{12}H_{25}O\leftarrow\!\!\!\left(CH_2-CH_2-O\right)_nH$$

十二烷基聚氧乙烯醚（平平加）（$n=2\sim20$）

这类化合物常是黏稠液体，与水能混溶，可做增溶剂用，也具有良好的洗涤作用。

12.10 碳酸衍生物

碳酸是二氧化碳溶于水形成的不稳定化合物，其结构式为：

$$HO-\overset{\overset{\displaystyle O}{\|}}{C}-OH$$

碳酸中的一个或两个羟基被其它基团取代后，形成碳酸衍生物。碳酸中的一个羟基被取代后形成的碳酸衍生物通常是不稳定的。例如：以下类型的化合物不稳定。

$$\mathrm{HO{-}\overset{\overset{\displaystyle O}{\|}}{C}{-}Y}\ [\mathrm{Y{=}X}(\text{卤素}),\mathrm{OR},\mathrm{NH_2}\ \text{等}]$$

碳酸衍生物主要是指碳酸中的两个羟基都被取代的衍生物。

(1) 碳酰氯（光气）

碳酰氯也叫光气，在室温时为有甜味的气体，沸点 8.3℃，剧毒，工业上可由一氧化碳和氯气来合成。

$$\mathrm{CO + Cl_2 \xrightarrow[\text{活性炭}]{200℃} Cl{-}\overset{\overset{\displaystyle O}{\|}}{C}{-}Cl}\ (\text{剧毒气体})$$

碳酰氯

碳酰氯具有酰氯的典型化学性质，它很容易发生水解、醇解和氨解等反应。例如：

$$\mathrm{Cl{-}\overset{\overset{\displaystyle O}{\|}}{C}{-}Cl \xrightarrow{H_2O} HO{-}\overset{\overset{\displaystyle O}{\|}}{C}{-}Cl \longrightarrow CO_2 + HCl}$$

氯甲酸

$$\mathrm{Cl{-}\overset{\overset{\displaystyle O}{\|}}{C}{-}Cl \xrightarrow[-HCl]{C_2H_5OH} Cl{-}\overset{\overset{\displaystyle O}{\|}}{C}{-}OC_2H_5 \xrightarrow[-HCl]{C_2H_5OH} C_2H_5O{-}\overset{\overset{\displaystyle O}{\|}}{C}{-}OC_2H_5}$$

氯甲酸乙酯　　碳酸二乙酯

$$\mathrm{Cl{-}\overset{\overset{\displaystyle O}{\|}}{C}{-}Cl \xrightarrow[-HCl]{NH_3} Cl{-}\overset{\overset{\displaystyle O}{\|}}{C}{-}NH_2 \xrightarrow[-HCl]{NH_3} NH_2{-}\overset{\overset{\displaystyle O}{\|}}{C}{-}NH_2}$$

氨基甲酰氯　　脲

$$\mathrm{Cl{-}\overset{\overset{\displaystyle O}{\|}}{C}{-}Cl \xrightarrow[-HCl]{CH_3NH_2} Cl{-}\overset{\overset{\displaystyle O}{\|}}{C}{-}NHCH_3 \xrightarrow[-HCl]{\triangle} CH_3N{=}C{=}O}$$

异氰酸甲酯

(2) 碳酰胺（脲）

碳酰胺也叫脲，俗称尿素。存在于人和哺乳动物的尿液中，是重要的氮肥，工业上由二氧化碳和氨在高温高压下合成。

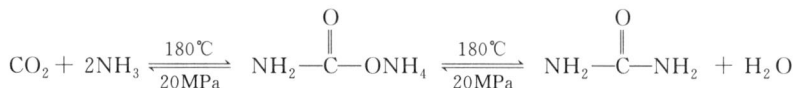

$$\mathrm{CO_2 + 2NH_3 \underset{20MPa}{\overset{180℃}{\rightleftharpoons}} NH_2{-}\overset{\overset{\displaystyle O}{\|}}{C}{-}ONH_4 \underset{20MPa}{\overset{180℃}{\rightleftharpoons}} NH_2{-}\overset{\overset{\displaystyle O}{\|}}{C}{-}NH_2 + H_2O}$$

碳酰胺具有酰胺的一般化学性质。同时由于羰基上连有两个氨基，又有一些特性。碳酰胺（脲）的主要反应包括：

① 成盐反应　脲分子中有两个氨基，显弱碱性，可以与强酸作用生成盐。例如：

$$\mathrm{NH_2{-}\overset{\overset{\displaystyle O}{\|}}{C}{-}NH_2 + HNO_3 \longrightarrow NH_2{-}\overset{\overset{\displaystyle O}{\|}}{C}{-}NH_2 \cdot HNO_3 \downarrow}$$

硝酸脲

$$\mathrm{NH_2{-}\overset{\overset{\displaystyle O}{\|}}{C}{-}NH_2 + (COOH)_2 \longrightarrow (NH_2{-}\overset{\overset{\displaystyle O}{\|}}{C}{-}NH_2)_2 \cdot (COOH)_2 \downarrow}$$

草酸脲

脲本身溶于水，而其盐则不溶于水和酸中，利用这个性质可以将脲从水溶液中分离出来。

② 水解反应　脲在酸、碱或尿素酶的作用下，可以发生水解反应生成氨。例如：

$$NH_2-\overset{O}{\overset{\|}{C}}-NH_2 \begin{cases} \xrightarrow{H_2O/H^+} NH_4^+ + CO_2 \\ \xrightarrow{H_2O/OH^-} NH_3 + CO_3^{2-} \\ \xrightarrow{H_2O/尿素酶} NH_3 + CO_2 \end{cases}$$

③ Hofmann 降级反应　脲和一般的酰胺一样，可以发生脱去羰基的 Hofmann 降级反应，生成肼，这也是一种制备肼的方法，但反应中次氯酸钠不要过量，否则会使肼分解。

$$NH_2-\overset{O}{\overset{\|}{C}}-NH_2 + NaClO + 2NaOH \longrightarrow \underset{肼}{NH_2-NH_2} + NaCl + Na_2CO_3 + H_2O$$

④ 酰基化反应　脲分子中具有两个氨基，与酰氯或酸酐作用时，可生成单酰脲和二酰脲。例如：

$$NH_2-\overset{O}{\overset{\|}{C}}-NH_2 \xrightarrow[或(CH_3CO)_2O]{CH_3COCl} \underset{乙酰脲}{CH_3-\overset{O}{\overset{\|}{C}}-NH-\overset{O}{\overset{\|}{C}}-NH_2}$$

$$CH_3-\overset{O}{\overset{\|}{C}}-NH-\overset{O}{\overset{\|}{C}}-NH_2 \xrightarrow[或(CH_3CO)_2O]{CH_3COCl} \underset{二乙酰脲}{CH_3-\overset{O}{\overset{\|}{C}}-NH-\overset{O}{\overset{\|}{C}}-NH-\overset{O}{\overset{\|}{C}}-CH_3}$$

在乙醇钠的存在下，脲可以与丙二酸酯反应。生成环状的丙二酰脲。

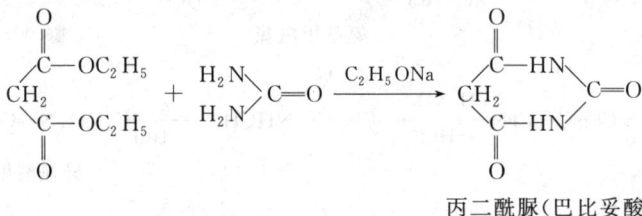

$$CH_2(COOC_2H_5)_2 + (H_2N)_2C{=}O \xrightarrow{C_2H_5ONa} \text{丙二酰脲（环状）}$$

丙二酰脲(巴比妥酸)

丙二酰脲也叫巴比妥酸（barbituric acid），具有弱酸性，它的一些衍生物可做安眠药用。例如，下列两个化合物就可作安眠药：

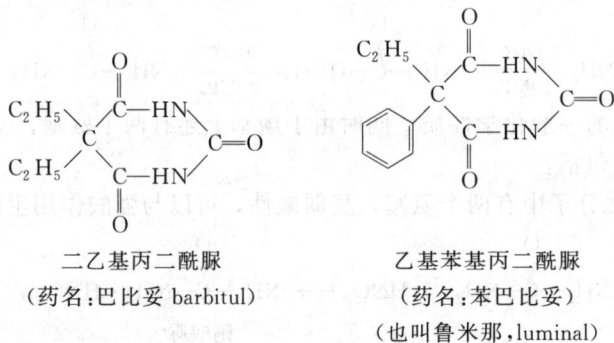

二乙基丙二酰脲
（药名：巴比妥 barbitul）

乙基苯基丙二酰脲
（药名：苯巴比妥）
（也叫鲁米那，luminal）

⑤ 与亚硝酸的反应　脲可以和亚硝酸反应，生成氮气和二氧化碳，本反应在有机合成中用来分解过量的亚硝酸。

$$NH_2-\overset{O}{\overset{\|}{C}}-NH_2 + 2HNO_2 \longrightarrow CO_2\uparrow + 2N_2\uparrow + 3H_2O$$

⑥ 脲受热后的反应　在缓慢加热的情况下，当达到某一温度时，两分子脲脱去一分子氨，生成缩二脲。

$$NH_2-\overset{\overset{O}{\|}}{C}-\boxed{NH_2 + H}NH-\overset{\overset{O}{\|}}{C}-NH_2 \xrightarrow{\triangle} NH_2-\overset{\overset{O}{\|}}{C}-NH-\overset{\overset{O}{\|}}{C}-NH_2 + NH_3\uparrow$$

缩二脲

缩二脲和硫酸铜的碱性溶液作用呈紫色，凡分子中含有两个或两个以上酰胺链段（—CONH—）的化合物都发生这个显色反应。因此本反应通常用来鉴别蛋白质（蛋白质分子中含有许多—CONH—链段）。

若将脲在高压下加热到 330℃左右，六分子脲脱去六分子氨和三分子二氧化碳生成三聚氰胺。

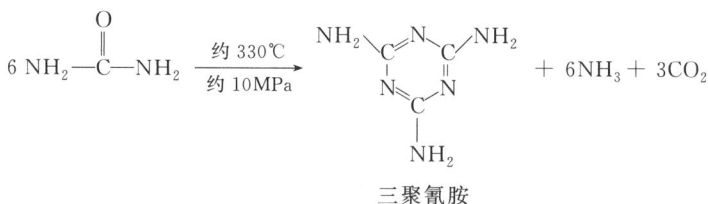

$$6\,NH_2-\overset{\overset{O}{\|}}{C}-NH_2 \xrightarrow[\text{约 10MPa}]{\text{约 330℃}} C_3N_3(NH_2)_3 + 6NH_3 + 3CO_2$$

三聚氰胺

⑦ 与甲醛的缩合反应　脲可以和甲醛反应生成高分子量的脲醛树脂，脲醛树脂具有较好的强度和良好的电绝缘性，工业上用做各种电气产品的材料。

$$n\,NH_2-\overset{\overset{O}{\|}}{C}-NH_2 + 2n\,H-\overset{\overset{O}{\|}}{C}-H \longrightarrow \left[\begin{array}{c}-N-CH_2-\\ | \\ C=O \\ | \\ -N-CH_2-\end{array}\right]_n + 2n\,H_2O$$

脲醛树脂

12.11　缩聚反应简介

许多分子相互反应，生成高分子化合物的同时，释放出水、醇、氨、氯化氢等小分子，这种反应叫缩聚反应。起缩聚反应的原料（单体）必须具有两个或两个以上的官能团。以下简要介绍聚酰胺和聚酯所进行的缩聚反应。

(1) 聚酰胺

聚酰胺既可从二元羧酸和二元胺反应来制备，也可从 ω-氨基酸分子的自身反应来制备。例如：

① 尼龙-66 的聚合反应：

$$\underset{\text{己二酸}}{HOOC(CH_2)_4COOH} + \underset{\text{己二胺}}{NH_2(CH_2)_6NH_2} \xrightarrow{\text{60℃以下}} \underset{\text{尼龙-66 盐}}{^{-}OOC(CH_2)_4COO^{-} + NH_3(CH_2)_6NH_3^{+}}$$

$$n\,^{-}OOC(CH_2)_4COO^{-}\,^{+}NH_3(CH_2)_6NH_3^{+} \xrightarrow{200\sim250℃} HO\!\left[\overset{\overset{O}{\|}}{C}-(CH_2)_4-\overset{\overset{O}{\|}}{C}-NH(CH_2)_6NH\right]_n\!H + (n-1)H_2O$$

聚己二酰己二胺(尼龙-66)

② 尼龙-9 的聚合反应：

$$\underset{\omega\text{-氨基壬酸}}{n\,H_2N(CH_2)_8COOH} \xrightarrow{\text{聚合}} \underset{\text{聚壬酰胺(尼龙-9)}}{H\!\left[NH-(CH_2)_8-\overset{\overset{O}{\|}}{C}\right]_n\!OH} + (n-1)H_2O$$

③ 尼龙-6 的聚合反应：

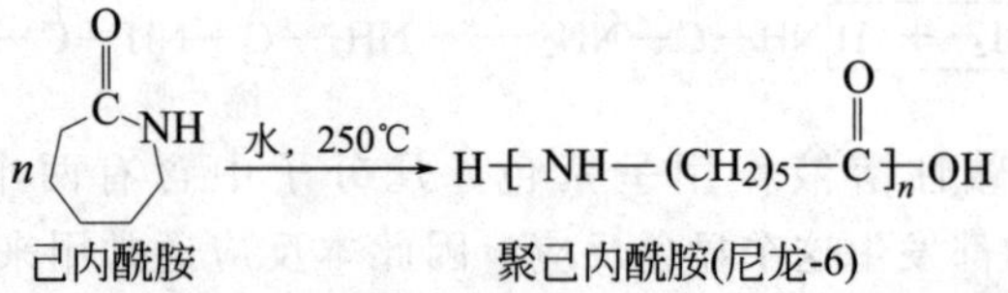

$$n\ \text{(己内酰胺，环状 } -\overset{\displaystyle O}{\overset{\|}{C}}-NH-\text{)} \xrightarrow{\text{水，250℃}} H\!\!+\!NH-(CH_2)_5-\overset{\displaystyle O}{\overset{\|}{C}}\!+_{n}\!OH$$

己内酰胺　　聚己内酰胺(尼龙-6)

（2）聚酯

聚酯通常由二元酸和二元醇形成的酯的聚合反应来制备，也可由二元酸和二元醇直接酯化来制备。例如，聚对苯二甲酸二乙二醇酯的合成反应如下：

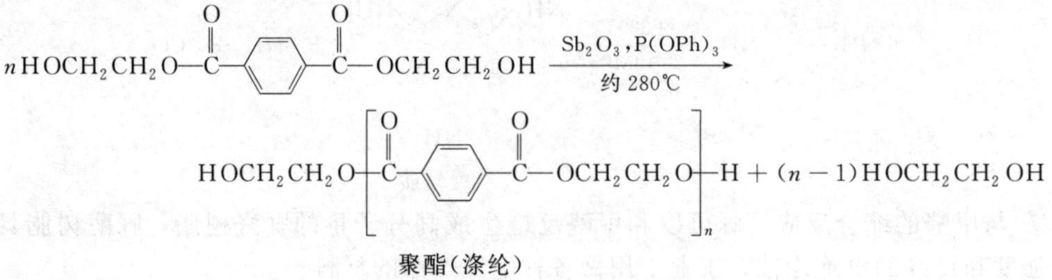

$$n\,HOCH_2CH_2O-\overset{\displaystyle O}{\overset{\|}{C}}-C_6H_4-\overset{\displaystyle O}{\overset{\|}{C}}-OCH_2CH_2OH \xrightarrow[\text{约 280℃}]{Sb_2O_3,\,P(OPh)_3}$$

$$HOCH_2CH_2O\left[\overset{\displaystyle O}{\overset{\|}{C}}-C_6H_4-\overset{\displaystyle O}{\overset{\|}{C}}-OCH_2CH_2O\right]_nH+(n-1)HOCH_2CH_2OH$$

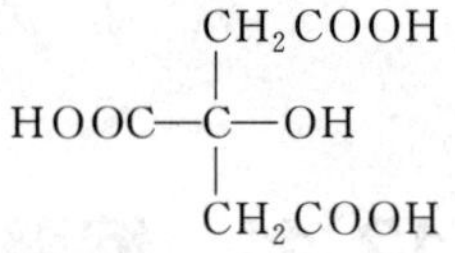

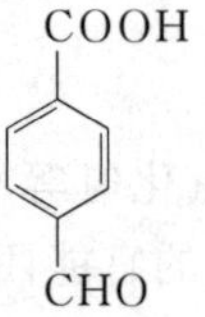

聚酯(涤纶)

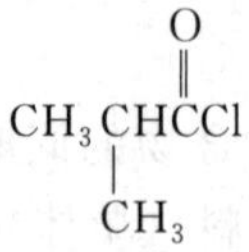

习　题

1. 用系统命名法命名下列化合物：

(1) 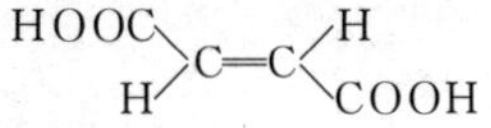 $\underset{H}{HOOC}\!\!>\!C=C\!<\!\!\underset{COOH}{H}$

(2) $HOOC-\underset{CH_2COOH}{\overset{CH_2COOH}{\underset{|}{\overset{|}{C}}}}-OH$

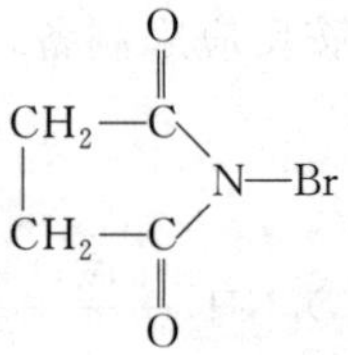

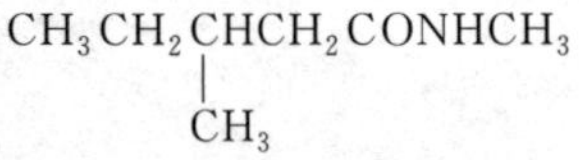

(3) 对位取代苯：$COOH$（上）、CHO（下）

(4) $CH_3\underset{CH_3}{\underset{|}{CH}}\overset{O}{\overset{\|}{C}}Cl$

(5) 环丙烷同一碳上连 OH 和 $COOH$

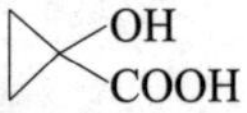

(6) $ClCH_2CH_2COOC_6H_5$

(7) 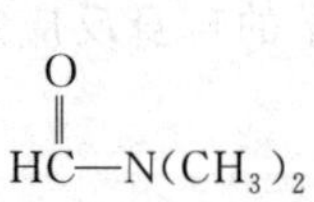 $H\overset{O}{\overset{\|}{C}}-N(CH_3)_2$

(8) $\begin{matrix} CH_2-\overset{O}{\overset{\|}{C}} \\ | \qquad\quad N-Br \\ CH_2-\underset{O}{\underset{\|}{C}} \end{matrix}$

(9) $CH_3CH_2\underset{CH_3}{\underset{|}{CH}}CH_2CONHCH_3$

(10) $H_2C\!\!<\!\!\begin{matrix} CH_2-C(=O) \\ \quad\qquad\quad O \\ CH_2-C(=O) \end{matrix}$

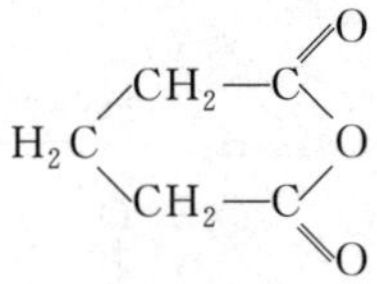

2. 写出下列化合物的结构式：

(1) 草酸　(2) 酒石酸　(3) 肉桂酸　(4) 乙酰苯胺

(5) ε-己内酰胺　(6) 邻苯二甲酸酐　(7) α-甲基丙烯酸甲酯　(8) 富马酸

3. 比较下列各对羧酸的酸性强弱：

(1) $CH_3CH_2CHClCOOH$ 和 $CH_3CHClCH_2COOH$

(2) CH_2FCOOH 和 $CH_2ClCOOH$

(3) $CH_2=CHCH_2COOH$ 和 $HOCH_2COOH$

(4) $HO-C_6H_4-COOH$（对位）和 $C_6H_4(OH)COOH$（间位）

(5) $O_2N-C_6H_4-COOH$（对位）和 $C_6H_4(NO_2)COOH$（间位）

(6) $H-\overset{O}{\overset{\|}{C}}-C_6H_4-COOH$ 和 $O_2N-C_6H_4-COOH$

(7) $(CH_3)_2CHCOOH$ 和 CH_3COOH

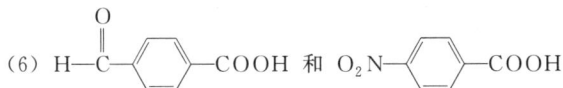

4. 用化学方法区别下列化合物：

(1) 甲酸、乙酸、丙二酸

(2) CH_3COCl 和 $ClCH_2COOH$

5. 完成下列反应方程式：

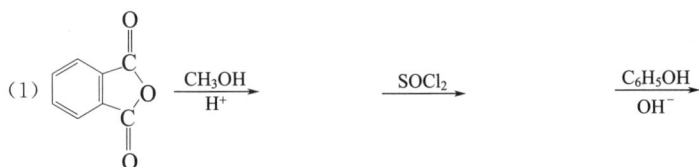

(1) 邻苯二甲酸酐 $\xrightarrow[H^+]{CH_3OH}$ $\xrightarrow{SOCl_2}$ $\xrightarrow[OH^-]{C_6H_5OH}$

(2) $CH_3COOH \xrightarrow{SOCl_2}$ $\xrightarrow{(CH_3)_2CHNH_2}$

(3) $CH_3CH=CH_2 \xrightarrow{HBr}$ $\xrightarrow{?} (CH_3)_2CHMgBr \xrightarrow{?}$

$\xrightarrow[H_2O]{H^+} (CH_3)_2CHCOOH \xrightarrow{PCl_3}$ $\xrightarrow{NH_3}$ $\xrightarrow[NaOH]{NaOBr}$

(4) $C_6H_4(CH_2COOH)_2$（邻位）$\xrightarrow[\triangle]{P_2O_5}$

(5) $C_6H_5-OH + (CH_3CO)_2O \longrightarrow$

(6) $CH_3\underset{OH}{\underset{|}{C}}HCH_2COOH \xrightarrow{\triangle}$

(7) $C_6H_5-CH_3 \xrightarrow[H^+]{KMnO_4}$ $\xrightarrow{NH_3}$

(8) $C_6H_5-CONH_2 + NaOBr \xrightarrow{OH^-}$

6. 排列下列化合物的水溶性大小次序，并用有关理论给予解释。

(A) $HOCH_2CH_2COOH$　　(B) $CH_3CH_2CH_2CH_2OH$

(C) $CH_3CH_2OCH_2CH_2CH_3$　　(D) $ClCH_2CH_2CH_2CH_2Cl$

7. 由指定原料合成下列化合物：

(1) 由乙醇合成丙酸丁酯

(2) 由苯和 $C_6H_5-CH_3$ 合成 $CH_3-C_6H_4-\overset{O}{\overset{\|}{C}}-O-C_6H_5$

8. 用合适的试剂完成下列转变：

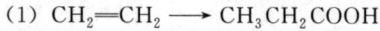

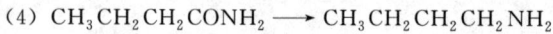

(1) $CH_2=CH_2 \longrightarrow CH_3CH_2COOH$

(2) 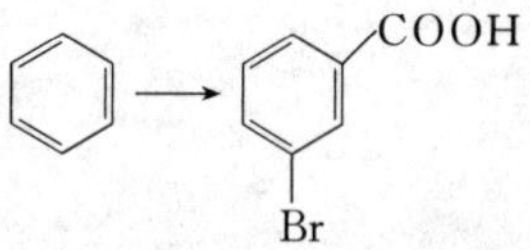 苯 $\longrightarrow$ 间溴苯甲酸（3-溴苯甲酸，苯环上连 COOH 和 Br）

(3) $CH_3CH_2CH_2COOC_2H_5 \longrightarrow CH_3CH_2CH_2C(OH)(C_2H_5)-C_2H_5$

(4) $CH_3CH_2CH_2CONH_2 \longrightarrow CH_3CH_2CH_2CH_2NH_2$

(5) $CH_3CH_2COOH \longrightarrow CH_3CH_2CH(Cl)CH_2CH_3$

(6) 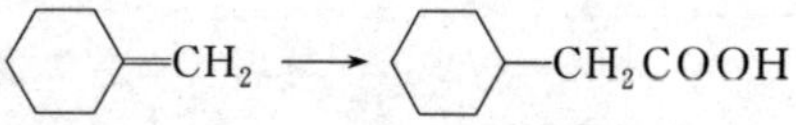 亚甲基环己烷（环己烷$=CH_2$） $\longrightarrow$ 环己基$-CH_2COOH$

9. 某化合物，分子式为 $C_3H_5O_2Cl$，红外光谱证明分子中有羰基吸收峰，其^1H NMR 波谱数据为：$\delta=1.73$(双峰，3H)，$\delta=11.2$(1H)，$\delta=4.47$(四重峰，1H)，推测其结构。

10. 有三个化合物 A、B、C，分子式都为 $C_4H_6O_4$。A 和 B 能溶于 NaOH 水溶液，和 Na_2CO_3 作用放出 CO_2。A 加热时脱水生成酸酐；B 加热脱羧生成丙酸。C 不溶于冷的 NaOH 溶液，也不和 Na_2CO_3 作用，但和 NaOH 水溶液共热时，则生成两个化合物，其中一个化合物具有酸性，另一个化合物呈中性。试推测 A、B、C 的结构式，并写出各步反应式。

第 13 章　β-二羰基化合物

分子中两个羰基彼此相互处于 β-位的化合物称为 β-二羰基化合物。常见的 β-二羰基化合物主要有：

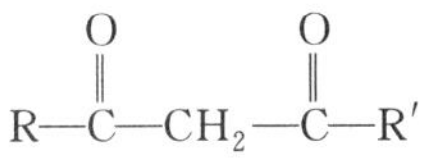

$$\underset{\beta\text{-二酮}}{R-\overset{\overset{\displaystyle O}{\|}}{C}-CH_2-\overset{\overset{\displaystyle O}{\|}}{C}-R'} \qquad \underset{\beta\text{-酮酸酯}}{R-\overset{\overset{\displaystyle O}{\|}}{C}-CH_2-\overset{\overset{\displaystyle O}{\|}}{C}-OR'} \qquad \underset{\text{丙二酸酯}}{RO-\overset{\overset{\displaystyle O}{\|}}{C}-CH_2-\overset{\overset{\displaystyle O}{\|}}{C}-OR}$$

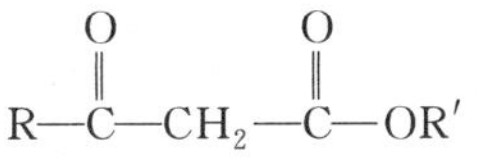

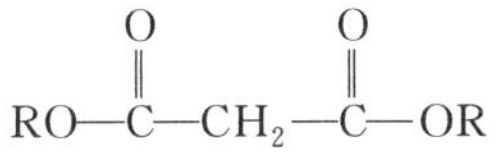

13.1　酮式-烯醇式的互变异构

在 β-二羰基化合物中有一个亚甲基 CH_2 与两个羰基相连，由于羰基具有较强的吸电子作用，使 CH_2 上的氢原子具有一定的活泼性，存在酮式-烯醇式互变异构体。例如，乙酰乙酸乙酯除了具有羰基的特性外，还具有烯烃的一些性质（如能使溴的四氯化碳溶液褪色）。同时它还能与金属钠反应放出氢气，也能使 $FeCl_3$ 溶液产生颜色（紫色）。这表明乙酰乙酸乙酯中含有 C═C—OH 型结构。波谱分析也证明乙酰乙酸乙酯分子中既含有羰基也含有羟基和碳碳双键，实际上乙酰乙酸乙酯是一个由酮式异构体和烯醇式异构体组成的混合物，在这个混合物中酮式和烯醇式处于动态相互转变之中，常温下酮式异构体约占 92.5%，烯醇式异构体约占 7.5%。乙酰乙酸乙酯的酮式结构和烯醇式结构的互变异构体示意如下：

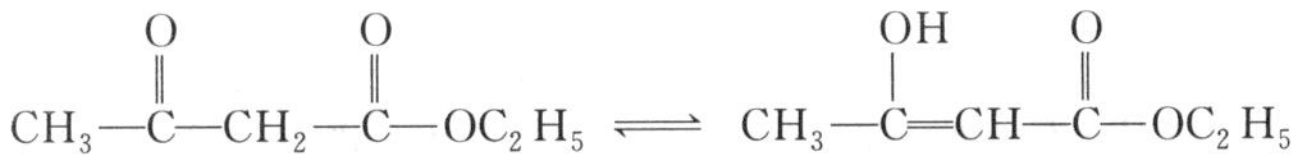

$$\underset{\text{酮式}}{CH_3-\overset{\overset{\displaystyle O}{\|}}{C}-CH_2-\overset{\overset{\displaystyle O}{\|}}{C}-OC_2H_5} \rightleftharpoons \underset{\text{烯醇式}}{CH_3-\overset{\overset{\displaystyle OH}{|}}{C}=CH-\overset{\overset{\displaystyle O}{\|}}{C}-OC_2H_5}$$

一般的烯醇式化合物非常不稳定，能量高，会自动变成羰基化合物，而乙酰乙酸乙酯中烯醇式结构之所以有一定的比例，是因为它的烯醇式结构可以通过分子内氢键形成一个稳定的六元环，同时碳碳双键和酯羰基可以形成共轭体系，这些都降低了分子的能量。

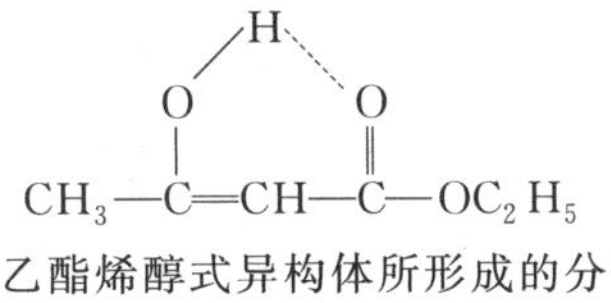

$$CH_3-\overset{\overset{\displaystyle O}{|}}{C}=CH-\overset{\overset{\displaystyle O}{\|}}{C}-OC_2H_5 \quad (\text{O—H}\cdots\text{O 分子内氢键})$$

乙酰乙酸乙酯烯醇式异构体所形成的分子内氢键

又如，β-戊二酮的互变异构：

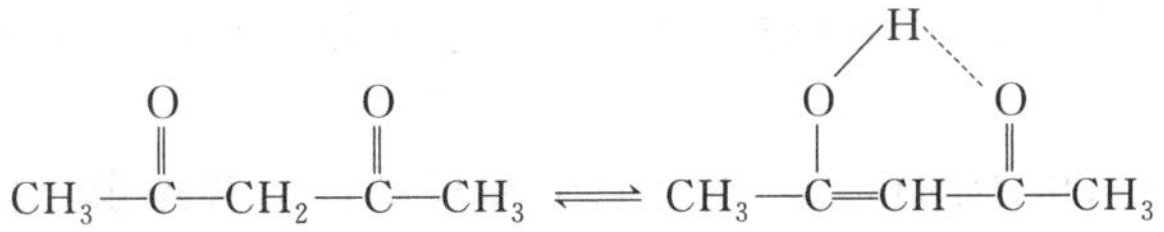

$$\underset{\text{酮式 }20\%}{CH_3-\overset{\overset{\displaystyle O}{\|}}{C}-CH_2-\overset{\overset{\displaystyle O}{\|}}{C}-CH_3} \rightleftharpoons \underset{\text{烯醇式 }80\%}{CH_3-\overset{\overset{\displaystyle O}{|}}{C}=CH-\overset{\overset{\displaystyle O}{\|}}{C}-CH_3} \quad (\text{O—H}\cdots\text{O})$$

β-戊二酮的互变异构过程如下：

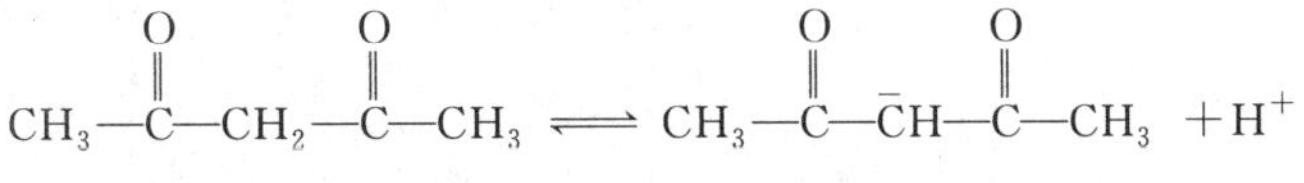

$$CH_3-\overset{\overset{\displaystyle O}{\|}}{C}-CH_2-\overset{\overset{\displaystyle O}{\|}}{C}-CH_3 \rightleftharpoons CH_3-\overset{\overset{\displaystyle O}{\|}}{C}-\overset{-}{C}H-\overset{\overset{\displaystyle O}{\|}}{C}-CH_3 \;+H^+$$

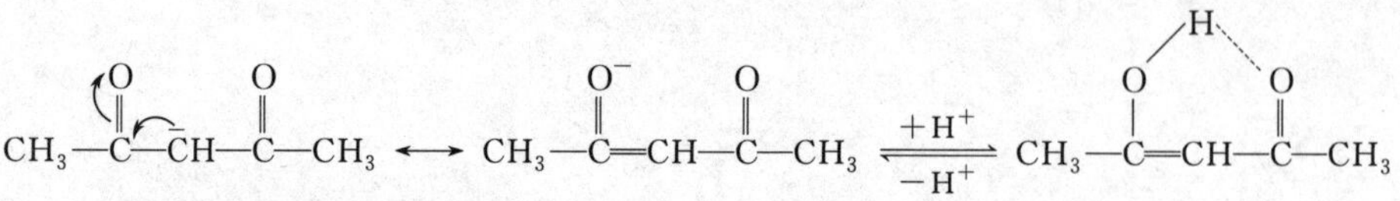

$$CH_3-\overset{\overset{O}{\|}}{C}-CH-\overset{\overset{O}{\|}}{C}-CH_3 \longleftrightarrow CH_3-\overset{\overset{O^-}{|}}{C}=CH-\overset{\overset{O}{\|}}{C}-CH_3 \underset{-H^+}{\overset{+H^+}{\rightleftharpoons}} CH_3-\overset{\overset{O-H}{|}}{C}=CH-\overset{\overset{O}{\|}}{C}-CH_3$$

β-戊二酮互变异构平衡偏向于烯醇式是因为烯醇式分子中，分子内的羟基和羰基可形成氢键，从而使烯醇式结构稳定的缘故。

苯酚是高度稳定的烯醇式结构的典型代表，苯酚之所以是烯醇式结构，是因为这种结构中包含了一个能使体系能量大大降低的苯环。

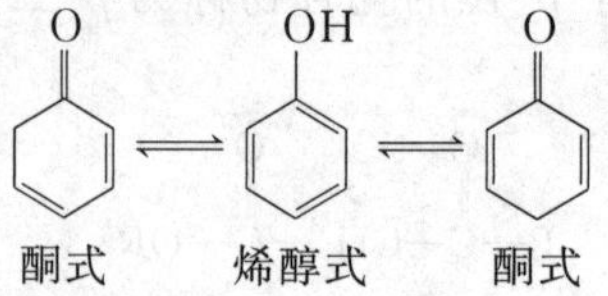

酮式 ⇌ 烯醇式 ⇌ 酮式

对于只含一个羰基的化合物，烯醇式结构的含量是很少的，但对于同一个 CH_2 上连有两个羰基的β-二羰基化合物，互变异构体中烯醇式结构的含量则大大增加，且烯醇式结构越稳定，其含量越高，某些β-二羰基化合物甚至主要以烯醇式结构存在，如苯甲酰丙酮。表 13-1 列出了一些常见的羰基化合物烯醇式结构的相对含量。从表中数据大体可以看出分子结构对形成烯醇式结构的影响。

表 13-1　一些常见羰基化合物烯醇式结构的相对含量

化合物名称	酮式结构	烯醇式结构	烯醇式含量
乙醛	$CH_3-\overset{\overset{O}{\|}}{C}-H$	$CH_2=\overset{\overset{OH}{\|}}{C}H$	极少
丙酮	$CH_3-\overset{\overset{O}{\|}}{C}-CH_3$	$CH_2=\overset{\overset{OH}{\|}}{C}-CH_3$	0.00015%
乙酸乙酯	$CH_3-\overset{\overset{O}{\|}}{C}-OC_2H_5$	$CH_2=\overset{\overset{OH}{\|}}{C}-OC_2H_5$	极少
乙酰乙酸乙酯	$CH_3-\overset{\overset{O}{\|}}{C}-CH_2-\overset{\overset{O}{\|}}{C}-OC_2H_5$	$CH_3-\overset{\overset{OH}{\|}}{C}=CH-\overset{\overset{O}{\|}}{C}-OC_2H_5$	7.5%
丙二酸二乙酯	$C_2H_5O-\overset{\overset{O}{\|}}{C}-CH_2-\overset{\overset{O}{\|}}{C}-OC_2H_5$	$C_2H_5O-\overset{\overset{OH}{\|}}{C}=CH-\overset{\overset{O}{\|}}{C}-OC_2H_5$	0.1%
苯甲酰丙酮	$C_6H_5-\overset{\overset{O}{\|}}{C}-CH_2-\overset{\overset{O}{\|}}{C}-CH_3$	$C_6H_5-\overset{\overset{OH}{\|}}{C}=CH-\overset{\overset{O}{\|}}{C}-CH_3$	90%

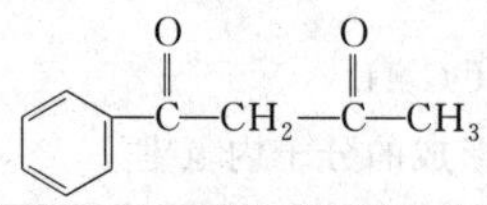

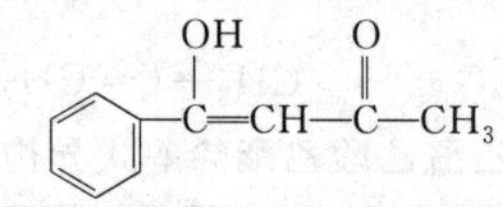

在书写酮式和烯醇式互变异构体时，要特别注意区分互变异构体与同一化合物的共振杂化体之间的区别。

互变异构体之间既有电子的移动，也有原子的移动，而共振杂化体之间只有电子移动，没有原子移动。

例如，下列两个结构互为互变异构体：

$$CH_2(H)-C(=O)-CH_3 \rightleftharpoons CH_2=C(OH)-CH_3$$

(互为互变异构体：既有电子的移动，也有原子的移动)

而以下两个结构互为共振杂化体：

$$^{-}CH_2-C(=O)-CH_3 \longleftrightarrow CH_2=C(O^-)-CH_3$$

(共振杂化体：只有电子的移动，没有原子的移动)

13.2 乙酰乙酸乙酯的合成及应用

13.2.1 乙酰乙酸乙酯的合成——Clainsen 缩合反应

乙酰乙酸乙酯可以由乙酸乙酯在强碱（如乙醇钠等）的催化作用下发生缩合反应来制备。

$$CH_3-\overset{O}{\overset{\|}{C}}-OC_2H_5 + H-CH_2-\overset{O}{\overset{\|}{C}}-OC_2H_5 \xrightarrow[(2)\ H^+]{(1)\ C_2H_5ONa} CH_3-\overset{O}{\overset{\|}{C}}-CH_2-\overset{O}{\overset{\|}{C}}-OC_2H_5 + C_2H_5OH$$

这个反应条件可以适合很多种不同酯的缩合，通常把含有 α-氢原子的酯在碱催化条件下发生缩合生成 β-酮酸酯的反应叫 Clainsen 缩合反应。

以乙酸乙酯在乙醇钠催化作用下的缩合反应为例说明 Clainsen 缩合反应的机理。

$$CH_3-\overset{O}{\overset{\|}{C}}-OC_2H_5 + C_2H_5O^- \rightleftharpoons {}^{-}CH_2-\overset{O}{\overset{\|}{C}}-OC_2H_5 + C_2H_5OH$$

$$CH_3-\overset{O}{\overset{\|}{C}}-OC_2H_5 + {}^{-}CH_2-\overset{O}{\overset{\|}{C}}-OC_2H_5 \rightleftharpoons CH_3-\underset{OC_2H_5}{\underset{|}{\overset{O^-}{\overset{|}{C}}}}-CH_2-\overset{O}{\overset{\|}{C}}-OC_2H_5$$

$$CH_3-\underset{OC_2H_5}{\underset{|}{\overset{O^-}{\overset{|}{C}}}}-CH_2-\overset{O}{\overset{\|}{C}}-OC_2H_5 \rightleftharpoons CH_3-\overset{O}{\overset{\|}{C}}-CH_2-\overset{O}{\overset{\|}{C}}-OC_2H_5 + C_2H_5O^-$$

$$CH_3-\overset{O}{\overset{\|}{C}}-CH_2-\overset{O}{\overset{\|}{C}}-OC_2H_5 + C_2H_5O^- \rightleftharpoons CH_3-\overset{O}{\overset{\|}{C}}-\bar{C}H-\overset{O}{\overset{\|}{C}}-OC_2H_5 + C_2H_5OH$$

$$CH_3-\overset{O}{\overset{\|}{C}}-\bar{C}H-\overset{O}{\overset{\|}{C}}-OC_2H_5 \xrightarrow{H^+} CH_3-\overset{O}{\overset{\|}{C}}-CH_2-\overset{O}{\overset{\|}{C}}-OC_2H_5$$

$$CH_3-\overset{O}{\overset{\|}{C}}-CH_2-\overset{O}{\overset{\|}{C}}-OC_2H_5 \rightleftharpoons CH_3-\overset{OH}{\overset{|}{C}}=CH-\overset{O}{\overset{\|}{C}}-OC_2H_5$$

从以上反应机理可知：Clainsen 缩合反应的本质是利用羰基使酯 α-氢的酸性增大，在强碱（碱性大于 OH^-）作用下，形成 α-碳负离子，发生亲核加成-消除反应，最终得到乙酰乙酸乙酯。

含有α-氢的酯都可发生 Clainsen 缩合反应，但两种不同的都含α-氢的酯缩合后会生成四种产物。

$$RCH_2\overset{O}{\overset{\|}{C}}OC_2H_5 + R'CH_2\overset{O}{\overset{\|}{C}}OC_2H_5 \xrightarrow[(2)H^+]{(1)C_2H_5ONa} \begin{cases} RCH_2\overset{O}{\overset{\|}{C}}\underset{R}{\underset{|}{C}H}\overset{O}{\overset{\|}{C}}OC_2H_5 \\ R'CH_2\overset{O}{\overset{\|}{C}}\underset{R'}{\underset{|}{C}H}\overset{O}{\overset{\|}{C}}OC_2H_5 \\ RCH_2\overset{O}{\overset{\|}{C}}\underset{R'}{\underset{|}{C}H}\overset{O}{\overset{\|}{C}}OC_2H_5 \\ R'CH_2\overset{O}{\overset{\|}{C}}\underset{R}{\underset{|}{C}H}\overset{O}{\overset{\|}{C}}OC_2H_5 \end{cases}$$

若将一个含α-氢的酯和另一个不含α-氢的酯缩合，控制合适条件可生成主要产物。例如，苯甲酰乙酸乙酯可通过苯甲酸乙酯和乙酸乙酯的缩合反应来制备：

$$C_6H_5-\overset{O}{\overset{\|}{C}}-OC_2H_5 + CH_3-\overset{O}{\overset{\|}{C}}-OC_2H_5 \xrightarrow[(2)H^+]{(1)C_2H_5ONa} C_6H_5-\overset{O}{\overset{\|}{C}}-CH_2-\overset{O}{\overset{\|}{C}}-OC_2H_5$$

为避免乙酸乙酯的自身缩合，可将苯甲酸乙酯和催化剂（乙醇钠）首先加入反应容器中，待达到反应温度时，再将乙酸乙酯慢慢滴加到苯甲酸乙酯和催化剂的混合溶液中。

在工业上乙酰乙酸乙酯可通过二乙烯酮和乙醇反应来制备。

$$\begin{matrix} CH_2=C-O \\ \quad | \qquad | \\ CH_2-C=O \end{matrix} \xrightarrow{C_2H_5OH} CH_3-\overset{O}{\overset{\|}{C}}-CH_2-\overset{O}{\overset{\|}{C}}-OC_2H_5$$

分子中同时含有两个酯基的二元酸酯，在碱的催化作用下可以发生类似于 Clainsen 缩合反应的分子内缩合反应，生成β-环状酮酸酯，这种环化缩合反应叫 Dieckmann 缩合反应，由于五元环和六元环是没有张力的环，所以用 Dieckmann 缩合反应来合成五元和六元环状酮酸酯效果较好。例如：

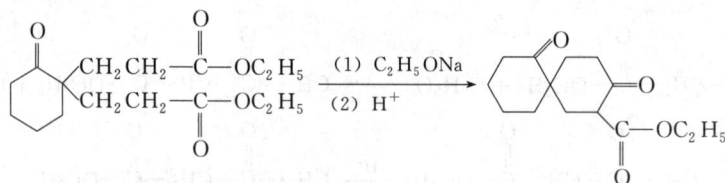

$$\text{2,2-双}(CH_2CH_2-\overset{O}{\overset{\|}{C}}-OC_2H_5)\text{环己酮} \xrightarrow[(2)\ H^+]{(1)\ C_2H_5ONa} \text{螺环二酮}-\overset{O}{\overset{\|}{C}}-OC_2H_5$$

13.2.2 乙酰乙酸乙酯在有机合成中的应用

（1）乙酰乙酸乙酯类化合物的酮式分解

用氢氧化钠或氢氧化钾的稀碱溶液（5%的 NaOH 或 KOH）对乙酰乙酸乙酯类化合物进行水解，首先生成β-酮酸，β-酮酸在加热情况下分解成甲基酮和二氧化碳，这个反应叫乙酰乙酸乙酯类化合物的酮式分解反应。

$$CH_3-\overset{O}{\overset{\|}{C}}-CH_2-\overset{O}{\overset{\|}{C}}-OC_2H_5 \xrightarrow[(2)\ H^+/\triangle]{(1)\ 5\%\ NaOH(稀碱)} CH_3-\overset{O}{\overset{\|}{C}}-CH_3 + CO_2 + C_2H_5OH$$

$$CH_3-\overset{O}{\overset{\|}{C}}-\underset{R}{\underset{|}{CH}}-\overset{O}{\overset{\|}{C}}-OC_2H_5 \xrightarrow[(2)\ H^+/\triangle]{(1)\ 5\%\ NaOH(稀碱)} CH_3-\overset{O}{\overset{\|}{C}}-CH_2R + CO_2 + C_2H_5OH$$

$$CH_3-\overset{O}{\overset{\|}{C}}-\underset{R}{\underset{|}{\overset{R'}{\overset{|}{C}}}}-\overset{O}{\overset{\|}{C}}-OC_2H_5 \xrightarrow[(2)\ H^+/\triangle]{(1)\ 5\%\ NaOH(稀碱)} CH_3-\overset{O}{\overset{\|}{C}}-\underset{R'}{\underset{|}{CH}}-R + CO_2 + C_2H_5OH$$

从上述反应可知，利用乙酰乙酸乙酯类化合物的酮式分解反应可以制备各种甲基酮类化合物。

乙酰乙酸乙酯的酮式分解反应过程如下：

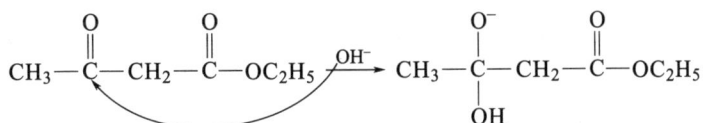

$$CH_3-\overset{O}{\overset{\|}{C}}-CH_2-\overset{O}{\overset{\|}{C}}-OC_2H_5 \xrightarrow{5\%NaOH} CH_3-\overset{O}{\overset{\|}{C}}-CH_2-\overset{O}{\overset{\|}{C}}-ONa$$

$$CH_3-\overset{O}{\overset{\|}{C}}-CH_2-\overset{O}{\overset{\|}{C}}-ONa \xrightarrow{H_3^+O} CH_3-\overset{O}{\overset{\|}{C}}-CH_2-\overset{O}{\overset{\|}{C}}-OH$$

$$CH_3-\overset{O}{\overset{\|}{C}}-CH_2-\overset{O}{\overset{\|}{C}}-OH \xrightarrow{\triangle} CH_3-\overset{O}{\overset{\|}{C}}-CH_3 + CO_2$$

(2) 乙酰乙酸乙酯类化合物的酸式分解

当用氢氧化钠或氢氧化钾的浓碱溶液（40%的 NaOH 或 KOH）和乙酰乙酸乙酯类化合物反应时，则发生另一种分解反应，生成两分子羧酸，这个反应叫乙酰乙酸乙酯类化合物的酸式分解反应。

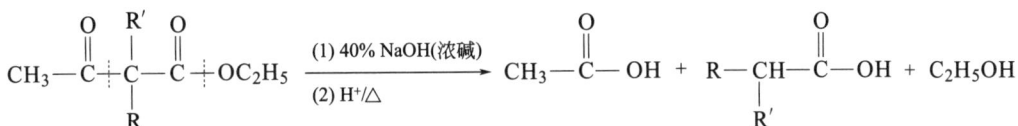

$$CH_3-\overset{O}{\overset{\|}{C}}-CH_2-\overset{O}{\overset{\|}{C}}-OC_2H_5 \xrightarrow[(2)\ H^+/\triangle]{(1)\ 40\%\ NaOH(浓碱)} CH_3-\overset{O}{\overset{\|}{C}}-OH + CH_3-\overset{O}{\overset{\|}{C}}-OH + C_2H_5OH$$

$$CH_3-\overset{O}{\overset{\|}{C}}-\underset{R}{\underset{|}{CH}}-\overset{O}{\overset{\|}{C}}-OC_2H_5 \xrightarrow[(2)\ H^+/\triangle]{(1)\ 40\%\ NaOH(浓碱)} CH_3-\overset{O}{\overset{\|}{C}}-OH + RCH_2-\overset{O}{\overset{\|}{C}}-OH + C_2H_5OH$$

$$CH_3-\overset{O}{\overset{\|}{C}}-\underset{R}{\underset{|}{\overset{R'}{\overset{|}{C}}}}-\overset{O}{\overset{\|}{C}}-OC_2H_5 \xrightarrow[(2)\ H^+/\triangle]{(1)\ 40\%\ NaOH(浓碱)} CH_3-\overset{O}{\overset{\|}{C}}-OH + R-\underset{R'}{\underset{|}{CH}}-\overset{O}{\overset{\|}{C}}-OH + C_2H_5OH$$

从上述反应可知，利用乙酰乙酸乙酯类化合物的酸式分解反应可以制备各种羧酸类化合物。

酸式分解反应过程如下：

$$CH_3-\overset{O}{\overset{\|}{C}}-CH_2-\overset{O}{\overset{\|}{C}}-OC_2H_5 \xrightarrow{OH^-} CH_3-\underset{OH}{\underset{|}{\overset{O^-}{\overset{|}{C}}}}-CH_2-\overset{O}{\overset{\|}{C}}-OC_2H_5$$

$$CH_3-\underset{OH}{\overset{O^-}{C}}-CH_2-\overset{O}{\overset{\|}{C}}-OC_2H_5 \longrightarrow CH_3-\overset{O}{\overset{\|}{C}}-OH + {}^-CH_2-\overset{O}{\overset{\|}{C}}-OC_2H_5$$

$$CH_3-\overset{O}{\overset{\|}{C}}-OH + {}^-CH_2-\overset{O}{\overset{\|}{C}}-OC_2H_5 \longrightarrow CH_3-\overset{O}{\overset{\|}{C}}-O^- + CH_3-\overset{O}{\overset{\|}{C}}-OC_2H_5$$

$$CH_3-\overset{O}{\overset{\|}{C}}-O^- \xrightarrow{H_3^+O} CH_3-\overset{O}{\overset{\|}{C}}-OH$$

$$CH_3-\overset{O}{\overset{\|}{C}}-OC_2H_5 \xrightarrow[(2)H_3^+O]{(1)OH^-} CH_3-\overset{O}{\overset{\|}{C}}-OH + C_2H_5OH$$

乙酰乙酸乙酯类化合物的酮式分解和酸式分解是一对相互竞争的反应，实验证明，碱的浓度越大，越有利于酸式分解，反之，则有利于酮式分解。

(3) 乙酰乙酸乙酯活泼氢的烷基化反应

由于乙酰乙酸乙酯的 α-氢比一般的醛、酮和酯的酸性要强得多，在强碱（通常用乙醇钠）的作用下能够形成亲核性的负碳离子，可以和卤代烃发生亲核取代反应，即乙酰乙酸乙酯的 α-氢可以被烃基取代。通过对烃基取代后的乙酰乙酸乙酯进行酮式分解或酸式分解可以合成一大类甲基酮类化合物和羧酸类化合物，这些反应在有机合成上具有非常重要的意义，称为乙酰乙酸乙酯合成法。例如：

$$CH_3-\overset{O}{\overset{\|}{C}}-CH_2-\overset{O}{\overset{\|}{C}}-OC_2H_5 \xrightarrow{C_2H_5ONa} CH_3-\overset{O}{\overset{\|}{C}}-\overset{-}{C}H-\overset{O}{\overset{\|}{C}}-OC_2H_5 + C_2H_5OH$$

$$CH_3-\overset{O}{\overset{\|}{C}}-\overset{-}{C}H-\overset{O}{\overset{\|}{C}}-OC_2H_5 \xrightarrow{RX} CH_3-\overset{O}{\overset{\|}{C}}-\underset{R}{\underset{|}{C}H}-\overset{O}{\overset{\|}{C}}-OC_2H_5$$

上述一取代的乙酰乙酸乙酯还有一个 α-氢，可进一步和卤代烃反应生成二取代物：

$$CH_3-\overset{O}{\overset{\|}{C}}-\underset{R}{\underset{|}{C}H}-\overset{O}{\overset{\|}{C}}-OC_2H_5 \xrightarrow[(2)\ R'X]{(1)\ C_2H_5ONa} CH_3-\overset{O}{\overset{\|}{C}}-\underset{R}{\underset{|}{\overset{R'}{\overset{|}{C}}}}-\overset{O}{\overset{\|}{C}}-OC_2H_5$$

对一取代物进行酮式分解或酸式分解可以合成甲基酮或羧酸。

$$CH_3-\overset{O}{\overset{\|}{C}}-\underset{R}{\underset{|}{C}H}-\overset{O}{\overset{\|}{C}}-OC_2H_5 \xrightarrow[(2)\ H_3^+O/\triangle]{(1)\ 5\%NaOH} CH_3-\overset{O}{\overset{\|}{C}}-\underset{R}{\underset{|}{C}H_2} + CO_2 + C_2H_5OH$$

$$CH_3-\overset{O}{\overset{\|}{C}}-\underset{R}{\underset{|}{C}H}-\overset{O}{\overset{\|}{C}}-OC_2H_5 \xrightarrow[(2)\ H_3^+O/\triangle]{(1)\ 40\%NaOH} CH_3-\overset{O}{\overset{\|}{C}}-OH + R-CH_2-\overset{O}{\overset{\|}{C}}-OH + C_2H_5OH$$

对二取代物进行酮式分解或酸式分解又可以合成新的甲基酮或新的羧酸。

$$CH_3-\overset{O}{\overset{\|}{C}}-\underset{R}{\underset{|}{\overset{R'}{\overset{|}{C}}}}-\overset{O}{\overset{\|}{C}}-OC_2H_5 \xrightarrow[(2)\ H_3^+O/\triangle]{(1)\ 5\%NaOH} CH_3-\overset{O}{\overset{\|}{C}}-\underset{R}{\underset{|}{C}H}-R' + CO_2 + C_2H_5OH$$

$$CH_3-\overset{O}{\overset{\|}{C}}-\underset{R}{\overset{R'}{C}}-\overset{O}{\overset{\|}{C}}-OC_2H_5 \xrightarrow[(2)\ H_3^+O/\triangle]{(1)\ 40\%NaOH} CH_3-\overset{O}{\overset{\|}{C}}-OH + R-\underset{R'}{CH}-\overset{O}{\overset{\|}{C}}-OH + C_2H_5OH$$

能与乙酰乙酸乙酯发生烷基化反应的卤代烃包括：1° RX、2° RX、$RCOCH_2X$、$X-(CH_2)_n-X$ 和 $X-CH_2(CH_2)_nCOOR$ 等。

乙烯型卤代烃（RCH═CH—X）、卤原子直接和芳环相连的卤代烃等不活泼卤代烃不能与乙酰乙酸乙酯发生烷基化反应，叔卤代烃（3°RX）在这种条件下（强碱）会发生消除反应，也不与乙酰乙酸乙酯发生烷基化反应。

乙酰乙酸乙酯的钠盐与碘作用，两分子偶合，偶合产物经酮式分解可得到 2,5-己二酮。

$$2CH_3-\overset{O}{\overset{\|}{C}}-\overset{Na^+}{\bar{C}H}-\overset{O}{\overset{\|}{C}}-OC_2H_5 \xrightarrow{I_2} \begin{array}{l} CH_3-\overset{O}{\overset{\|}{C}}-CH-\overset{O}{\overset{\|}{C}}-OC_2H_5 \\ \qquad\qquad\ \ | \\ CH_3-\underset{O}{\underset{\|}{C}}-CH-\underset{O}{\underset{\|}{C}}-OC_2H_5 \end{array} + 2NaI$$

$$\begin{array}{l} CH_3-\overset{O}{\overset{\|}{C}}-CH-\overset{O}{\overset{\|}{C}}-OC_2H_5 \\ \qquad\qquad\ \ | \\ CH_3-\underset{O}{\underset{\|}{C}}-CH-\underset{O}{\underset{\|}{C}}-OC_2H_5 \end{array} \xrightarrow[(2)\ H_3^+O/\triangle]{(1)\ 5\%NaOH} \underset{\text{2,5-己二酮（}\gamma\text{-二酮）}}{CH_3-\overset{O}{\overset{\|}{C}}-CH_2CH_2-\overset{O}{\overset{\|}{C}}-CH_3} + 2CO_2 + 2C_2H_5OH$$

乙酰乙酸乙酯钠盐与卤代酸酯作用后生成的产物经酮式或酸式分解可得到酮酸或二元羧酸。

$$2CH_3-\overset{O}{\overset{\|}{C}}-\overset{Na^+}{\bar{C}H}-\overset{O}{\overset{\|}{C}}-OC_2H_5 + BrCH_2(CH_2)_n-\overset{O}{\overset{\|}{C}}-OC_2H_5 \longrightarrow \begin{array}{l} CH_3-\overset{O}{\overset{\|}{C}}-CH-\overset{O}{\overset{\|}{C}}-OC_2H_5 \\ \qquad\qquad\ \ | \\ \qquad\qquad CH_2(CH_2)_n-\underset{O}{\underset{\|}{C}}-OC_2H_5 \end{array} + NaBr$$

$$\begin{array}{l} CH_3-\overset{O}{\overset{\|}{C}}-CH-\overset{O}{\overset{\|}{C}}-OC_2H_5 \\ \qquad\qquad\ \ | \\ \qquad\qquad CH_2(CH_2)_n-\underset{O}{\underset{\|}{C}}-OC_2H_5 \end{array} \xrightarrow[(2)\ H_3^+O/\triangle]{(1)\ 5\%NaOH}$$

$$\underset{\text{酮酸（酮式分解）}}{CH_3-\overset{O}{\overset{\|}{C}}-CH_2CH_2(CH_2)_n-\overset{O}{\overset{\|}{C}}-OH} + CO_2 + 2C_2H_5OH$$

$$\begin{array}{l} CH_3-\overset{O}{\overset{\|}{C}}-CH-\overset{O}{\overset{\|}{C}}-OC_2H_5 \\ \qquad\qquad\ \ | \\ \qquad\qquad CH_2(CH_2)_n-\underset{O}{\underset{\|}{C}}-OC_2H_5 \end{array} \xrightarrow[(2)\ H_3^+O/\triangle]{(1)\ 40\%NaOH}$$

$$\underset{\text{二元羧酸（酸式分解）}}{HO-\overset{O}{\overset{\|}{C}}-CH_2CH_2(CH_2)_n-\overset{O}{\overset{\|}{C}}-OH} + CH_3-\overset{O}{\overset{\|}{C}}-OH + 2C_2H_5OH$$

（4）乙酰乙酸乙酯活泼氢的酰基化反应

乙酰乙酸乙酯也可以与酰氯作用，α-氢被酰基取代，但此时要用氢化钠（NaH）代替乙醇钠作为催化剂，因为乙醇钠会与酰氯作用生成酯。利用该方法可以合成β-二酮。例如，乙酰乙酸乙酯与苯甲酰氯（PhCOCl）的反应：

$$CH_3-\overset{O}{\overset{\|}{C}}-CH_2-\overset{O}{\overset{\|}{C}}-OC_2H_5 \xrightarrow{NaH} CH_3-\overset{O}{\overset{\|}{C}}-\overset{Na^+}{\bar{C}H}-\overset{O}{\overset{\|}{C}}-OC_2H_5 + H_2\uparrow$$

$$CH_3-\overset{O}{\overset{\|}{C}}-\overset{Na^+}{\bar{C}H}-\overset{O}{\overset{\|}{C}}-OC_2H_5 \xrightarrow{Ph-\overset{O}{\overset{\|}{C}}-Cl} CH_3-\overset{O}{\overset{\|}{C}}-\underset{Ph-C=O}{\underset{|}{CH}}-\overset{O}{\overset{\|}{C}}-OC_2H_5 + NaCl$$

$$CH_3-\overset{O}{\overset{\|}{C}}-\underset{Ph-C=O}{\underset{|}{CH}}-\overset{O}{\overset{\|}{C}}-OC_2H_5 \xrightarrow[(2)\ H_3^+O/\triangle]{(1)\ 5\%\ NaOH} \underset{\beta\text{-二酮}}{CH_3-\overset{O}{\overset{\|}{C}}-CH_2-\overset{O}{\overset{\|}{C}}-Ph} + CO_2 + C_2H_5OH$$

课堂练习 13.1　下列化合物能否用乙酰乙酸乙酯法合成？如能请写出反应式。

（1）2-戊酮　（2）3-戊酮　（3）3-甲基戊酸　（4）2,7-辛二酮　（5）乙酸

13.3 丙二酸二乙酯的合成及应用

13.3.1 丙二酸二乙酯的合成

丙二酸二乙酯一般不从丙二酸直接酯化而得，而是以氯乙酸钠为原料经过以下反应而制备。

$$\underset{Cl}{\underset{|}{CH_2COONa}} \xrightarrow{NaCN} \underset{CN}{\underset{|}{CH_2COONa}} \xrightarrow[H_2SO_4]{2C_2H_5OH} CH_2\begin{cases}COOC_2H_5\\COOC_2H_5\end{cases}$$

13.3.2 丙二酸二乙酯在有机合成中的应用

丙二酸酯中的 CH_2 上连有两个较强的吸电子基团，这个碳上的氢（α-氢）和乙酰乙酸乙酯上的活泼氢相似，具有较强的酸性。例如：丙二酸二乙酯 $CH_2(COOC_2H_5)_2$ 的 $pK_a \approx 13$。在强碱作用下它可以发生和乙酰乙酸乙酯相类似的反应，CH_2 上的氢被烃基取代生成丙二酸酯的衍生物，通过对生成物进行水解可生成取代的丙二酸，最后进行热分解可合成取代乙酸类化合物。这种利用丙二酸酯来合成取代乙酸的方法叫丙二酸酯合成法。用丙二酸酯法来合成取代乙酸比乙酰乙酸乙酯法更普遍，效果也更好。因为由乙酰乙酸乙酯进行酸式分解来制备羧酸时，很难完全避免酮式分解的发生，使得制备羧酸的收率不是很高，而用丙二酸酯法来合成羧酸就不会有这种情况。

丙二酸二乙酯与卤代烃反应后，经水解和热分解可合成取代乙酸类化合物。例如：

$$CH_2(COOC_2H_5)_2 \xrightarrow{C_2H_5ONa} Na^+[\bar{C}H(COOC_2H_5)_2] \xrightarrow{RX} RCH(COOC_2H_5)_2$$

$$RCH(COOC_2H_5)_2 \xrightarrow[(2)H^+]{(1)H_2O/OH^-} RCH(COOH)_2 \xrightarrow[\triangle]{-CO_2} RCH_2COOH$$

$$RCH(COOC_2H_5)_2 \xrightarrow{C_2H_5ONa} Na^+[R\bar{C}(COOC_2H_5)_2] \xrightarrow{RX} R-\underset{R}{\underset{|}{C}}(COOC_2H_5)_2$$

$$R-\underset{\displaystyle R}{\underset{|}{C}}(COOC_2H_5)_2 \xrightarrow[(2)H^+]{(1)H_2O/OH^-} R-\underset{\displaystyle R}{\underset{|}{C}}(COOH)_2 \xrightarrow[\triangle]{-CO_2} R-\underset{\displaystyle R}{\underset{|}{C}}HCOOH$$

丙二酸二乙酯与二卤代烃或卤代酸酯反应后，经水解和热分解可合成二元羧酸类化合物。例如：

$$CH_2(COOC_2H_5)_2 \xrightarrow{C_2H_5ONa} Na^+[\bar{C}H(COOC_2H_5)_2]$$

$$\begin{matrix} CH_2Br \\ | \\ CH_2Br \end{matrix} + \begin{matrix} Na^+[\bar{C}H(COOC_2H_5)_2] \\ Na^+[\bar{C}H(COOC_2H_5)_2] \end{matrix} \longrightarrow \begin{matrix} CH_2CH(COOC_2H_5)_2 \\ | \\ CH_2CH(COOC_2H_5)_2 \end{matrix}$$

$$\begin{matrix} CH_2CH(COOC_2H_5)_2 \\ | \\ CH_2CH(COOC_2H_5)_2 \end{matrix} \xrightarrow[(2)H^+]{(1)H_2O/OH^-} \begin{matrix} CH_2CH(COOH)_2 \\ | \\ CH_2CH(COOH)_2 \end{matrix} \xrightarrow[\triangle]{-2CO_2} \begin{matrix} CH_2CH_2COOH \\ | \\ CH_2CH_2COOH \end{matrix}$$

丙二酸二乙酯与适当结构的二卤代烃反应，控制反应条件和原料比例还可合成环状羧酸。例如：

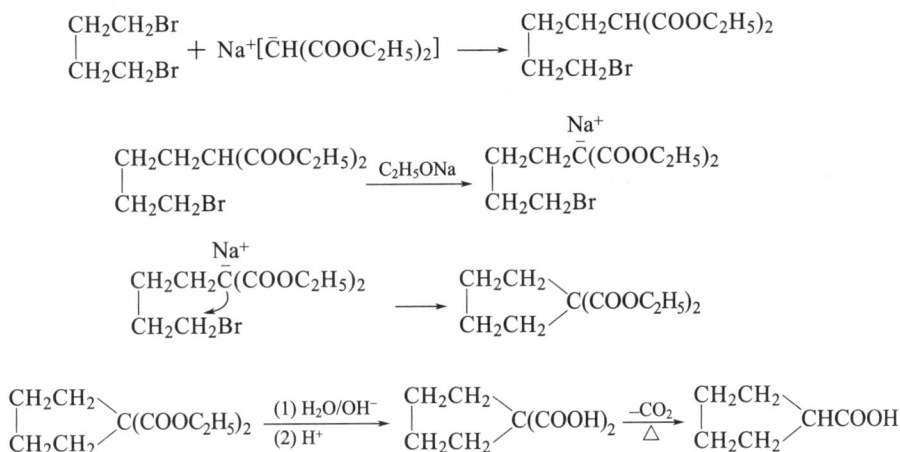

$$\begin{matrix} CH_2CH_2Br \\ | \\ CH_2CH_2Br \end{matrix} + Na^+[\bar{C}H(COOC_2H_5)_2] \longrightarrow \begin{matrix} CH_2CH_2CH(COOC_2H_5)_2 \\ | \\ CH_2CH_2Br \end{matrix}$$

$$\begin{matrix} CH_2CH_2CH(COOC_2H_5)_2 \\ | \\ CH_2CH_2Br \end{matrix} \xrightarrow{C_2H_5ONa} \begin{matrix} Na^+ \\ CH_2CH_2\bar{C}(COOC_2H_5)_2 \\ | \\ CH_2CH_2Br \end{matrix}$$

$$\begin{matrix} Na^+ \\ CH_2CH_2\bar{C}(COOC_2H_5)_2 \\ | \\ CH_2CH_2Br \end{matrix} \longrightarrow \begin{matrix} CH_2CH_2 \\ | \\ CH_2CH_2 \end{matrix}\!\!>C(COOC_2H_5)_2$$

$$\begin{matrix} CH_2CH_2 \\ | \\ CH_2CH_2 \end{matrix}\!\!>C(COOC_2H_5)_2 \xrightarrow[(2)\ H^+]{(1)\ H_2O/OH^-} \begin{matrix} CH_2CH_2 \\ | \\ CH_2CH_2 \end{matrix}\!\!>C(COOH)_2 \xrightarrow[\triangle]{-CO_2} \begin{matrix} CH_2CH_2 \\ | \\ CH_2CH_2 \end{matrix}\!\!>CHCOOH$$

能与丙二酸酯发生烷基化反应的卤代烃包括：1° RX、2° RX、$RCOCH_2X$、$X-(CH_2)_n-X$ 和 $X-CH_2(CH_2)_nCOOR$ 等。

乙烯型卤代烃（RCH═CH—X）、卤原子直接和芳环相连的卤代烃等不活泼卤代烃不能与丙二酸酯发生烷基化反应，叔卤代烃（3°RX）在这种条件下（强碱）会发生消除反应，也不与丙二酸酯发生烷基化反应。

课堂练习 13.2 用丙二酸酯合成法合成下列化合物：

（1）丁二酸 （2）γ-戊酮酸 （3）4-甲基戊酸

13.4 活泼亚甲基化合物

当亚甲基或次甲基上连有两个强吸电子基团时，这个亚甲基或次甲基上的氢具有较强的酸性，这些化合物称为活泼亚甲基或次甲基化合物。此类化合物具有和乙酰乙酸乙酯和丙二酸酯相似的反应性质。以下类型的化合物为活泼亚甲基或活泼次甲基化合物：

$$A-CH_2-A'(A-\overset{|}{C}H-A')$$

A 或 A′= $-\overset{O}{\overset{\|}{C}}R$ ，$-\overset{O}{\overset{\|}{C}}H$ ，$-\overset{O}{\overset{\|}{C}}OR$ ，$-\overset{O}{\overset{\|}{C}}NR_2$ ，$-\overset{O}{\overset{\|}{S}}R$ ，$-C{\equiv}N$ ，$-NO_2$，$-SO_2R$ 等。

活泼亚甲基化合物上的氢原子，在强碱的作用下可以离去，生成具有亲核性质的碳负离子，这个碳负离子可以和卤代烃发生亲核取代反应。例如：

$$N{\equiv}C-CH_2-\overset{O}{\overset{\|}{C}}-OC_2H_5 \xrightarrow[(C_2H_5)_2CHI]{C_2H_5ONa} N{\equiv}C-\underset{CH(C_2H_5)_2}{\underset{|}{CH}}-\overset{O}{\overset{\|}{C}}-OC_2H_5$$

$$C_6H_5-\overset{O}{\overset{\|}{C}}-CH_2-SO_2CH_3 \xrightarrow[CH_3I]{NaH/DMSO} C_6H_5-\overset{O}{\overset{\|}{C}}-\underset{CH_3}{\underset{|}{CH}}-SO_2CH_3$$

（1）Knoevenagel 缩合反应

醛、酮在弱碱（胺、吡啶等）的催化下，与具有活泼 α-氢原子化合物的缩合反应称为 Knoevenagel 缩合反应。例如：

$$(C_2H_5)_2C{=}\boxed{O + H_2}C(C{\equiv}N)COOH \xrightarrow[苯]{CH_3COONH_4^+} (C_2H_5)_2C{=}C(C{\equiv}N)COOH + H_2O$$

缩合产物也可发生热脱羧反应。

$$(C_2H_5)_2C{=}C(C{\equiv}N)COOH \xrightarrow[-CO_2]{150℃} (C_2H_5)_2C{=}C(C{\equiv}N)H$$

（2）Michael 加成反应（1,4-亲核加成）

碳负离子与 α,β-不饱和羰基化合物进行亲核（1,4-亲核加成）加成，生成 1,5-二羰基化合物的反应称为 Michael 加成反应。Michael 加成是制取 1,5-二羰基化合物的方法。例如：

$$CH_3\overset{O}{\overset{\|}{C}}CH_2COOC_2H_5 + CH_2{=}CH-\overset{O}{\overset{\|}{C}}-CH_3 \xrightarrow{NaOC_2H_5} CH_3\overset{O}{\overset{\|}{C}}\underset{COOC_2H_5}{\underset{|}{CH}}-CH_2-CH{=}\overset{ONa}{\overset{|}{C}}CH_3 \xrightarrow{HOC_2H_5}$$

$$CH_3\overset{O}{\overset{\|}{C}}\underset{COOC_2H_5}{\underset{|}{CH}}-CH_2CH_2\overset{O}{\overset{\|}{C}}CH_3 \xrightarrow[\triangle]{5\%\ NaOH\quad H^+} CH_3\overset{O}{\overset{\|}{C}}CH_2CH_2CH_2\overset{O}{\overset{\|}{C}}CH_3$$

$$C_6H_5-CH{=}CH-\overset{O}{\overset{\|}{C}}-OC_2H_5 + CH_2(COOC_2H_5)_2 \xrightarrow{C_2H_5ONa}$$

$$C_6H_5-\underset{CH(COOC_2H_5)_2}{\underset{|}{CH}}-CH_2-\overset{O}{\overset{\|}{C}}-OC_2H_5 \xrightarrow[\triangle]{H_2O} C_6H_5-\underset{CH_2COOH}{\underset{|}{CH}}-CH_2-COOH$$

习 题

1. 写出下列 Claisen 缩合反应的产物：

（1）丙酸乙酯＋草酸二乙酯 $\xrightarrow[(2)\ H^+]{(1)\ C_2H_5ONa}$

(2) 乙酸乙酯＋甲酸乙酯 $\xrightarrow[(2)\ H^+]{(1)\ C_2H_5ONa}$

(3) $2CH_3CH_2COOC_2H_5 \xrightarrow[(2)\ H^+]{(1)\ C_2H_5ONa}$

2. 用简单的化学方法鉴别下列化合物：

(1) CH_3COCH_2COOH 与 $HOOCCH_2CH_2CH_2COOH$

(2) $CH_3-\overset{\overset{\displaystyle O}{\|}}{C}-CH_2-\overset{\overset{\displaystyle O}{\|}}{C}-CH_3$ 与 $CH_3-\overset{\overset{\displaystyle O}{\|}}{C}-CH_3$

3. 以甲醇、乙醇为原料，经乙酰乙酸乙酯合成下列化合物：

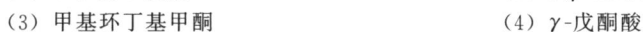

(1) 3-甲基-2-戊酮　　(2) α,β-二甲基丁二酸

(3) 甲基环丁基甲酮　　(4) γ-戊酮酸

4. 以甲醇、乙醇为原料，经丙二酸酯合成下列化合物：

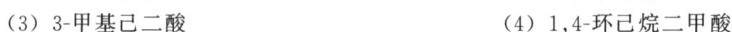

(1) α-甲基丙酸　　(2) 环丙烷甲酸

(3) 3-甲基己二酸　　(4) 1,4-环己烷二甲酸

5. 从以下转变推测 A、B、C 的结构。

$$2Na^+[CH(COOC_2H_5)_2]^- + Br(CH_2)_3Br \longrightarrow A\ (C_{17}H_{28}O_8) \xrightarrow[(2)H^+]{(1)OH^-/H_2O} B(C_9H_{12}O_8) \xrightarrow{\triangle} C$$

6. 从乙炔合成 $CH_3-\overset{\overset{\displaystyle O}{\|}}{C}-CH_2CH_2CH_2CH_2-\overset{\overset{\displaystyle O}{\|}}{C}-CH_3$ （无机试剂任选）。

• 重难点讲解

• 参考答案

• 课件

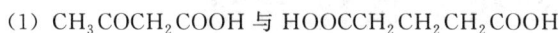

第 14 章　有机含氮化合物

组成有机化合物常见的元素除碳、氢、氧外，氮是第四种常见的元素，分子中含有氮原子的有机化合物称为有机含氮化合物，含氮化合物的种类繁多，一些常见的含氮化合物见表 14-1。本章主要讨论芳香族硝基化合物、胺、季铵盐、季铵碱、重氮化合物、偶氮化合物、腈和异腈。

表 14-1　一些常见的含氮化合物

含氮化合物种类	分子中的官能团		化合物实例	
胺	$—NH_2$	氨基	$CH_3CH_2NH_2$	乙胺
季铵盐	R_4N^+	铵离子	$(CH_3)_4N^+Cl^-$	四甲基氯化铵
季铵碱	R_4N^+	铵离子	$(CH_3)_4N^+OH^-$	四甲基氢氧化铵
重氮化合物	$—N_2$	重氮基	$C_6H_5N^+{\equiv}NCl^-$	氯化重氮苯
偶氮化合物	$—N{=}N—$	偶氮基	$C_6H_5—N{=}N—C_6H_5$	偶氮苯
硝基化合物	$—NO_2$	硝基	CH_3NO_2	硝基甲烷
腈	$—C{\equiv}N$	氰基	$CH_3C{\equiv}N$	乙腈
异腈	$—N{\equiv}C$	异氰基	$CH_3N{\equiv}C$	异氰基甲烷
硝酸酯	$—ONO_2$	硝酸根	CH_3ONO_2	硝酸甲酯
亚硝酸酯	$—ONO$	亚硝酸根	C_4H_9ONO	亚硝酸丁酯
亚硝基化合物	$—NO$	亚硝基	C_6H_5NO	亚硝基苯
酰胺	$—CONH_2$	酰胺基	$HCONH_2$	甲酰胺
肼	$—NHNH_2$	肼基	CH_3NHNH_2	甲基肼
肟	$=N—OH$	肟基	$(CH_3)_2C{=}N—OH$	丙酮肟
异氰酸酯	$—N{=}C{=}O$	异氰酸基	$CH_3—N{=}C{=}O$	异氰酸甲酯

14.1　硝基化合物

14.1.1　硝基化合物的结构

烃分子中的氢被硝基取代的化合物叫硝基化合物，硝基化合物分成两大类：一类是硝基直接与脂肪族碳原子相连的化合物，称为脂肪族硝基化合物；另一类是硝基直接连在芳环上的化合物，称为芳香族硝基化合物。硝基化合物的结构可表示如下：

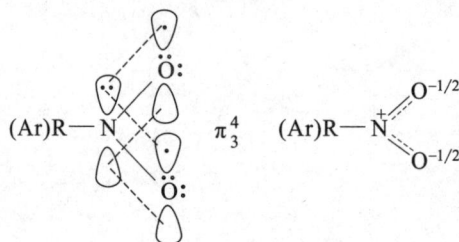

(Ar)R—N (Ö: / Ö:)　π_3^4　(Ar)R—$\overset{+}{N}$ ($O^{-1/2}$ / $O^{-1/2}$)

硝基化合物的结构

现代仪器分析证明硝基化合物中硝基的两个氮氧键的键长完全相等，都是 0.122nm。这充分说明硝基形成了一个三中心四电子的共轭体系。以下是一些典型的硝基化合物。

脂肪族硝基化合物：

CH_3NO_2　硝基甲烷

$CH_3CH_2NO_2$ 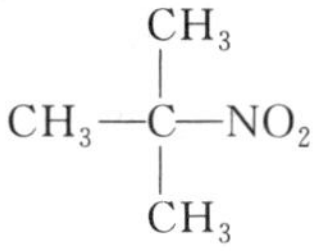　硝基乙烷

$CH_3-C(CH_3)_2-NO_2$　硝基叔丁烷

芳香族硝基化合物：

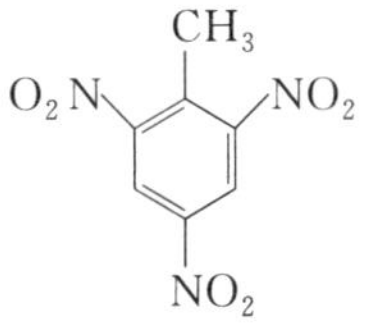

2,4,6-三硝基甲苯（TNT）

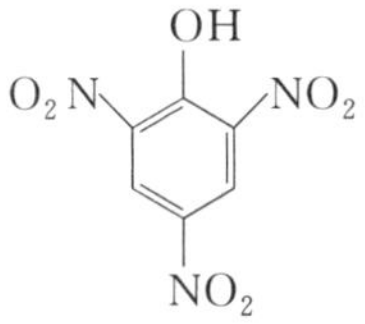

2,4,6-三硝基苯酚（苦味酸）

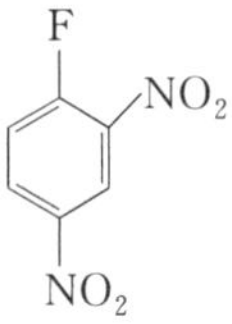

2,4-二硝基氟苯

14.1.2　硝基化合物的制法

脂肪族硝基化合物在工业上的应用较少。芳香族硝基化合物是重要的工业原料，其制备方法一般采用直接硝化法。

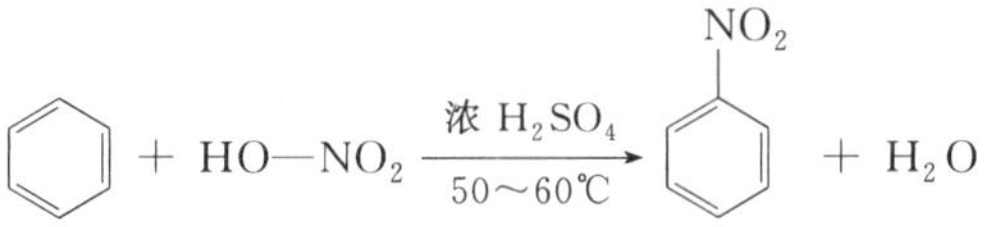

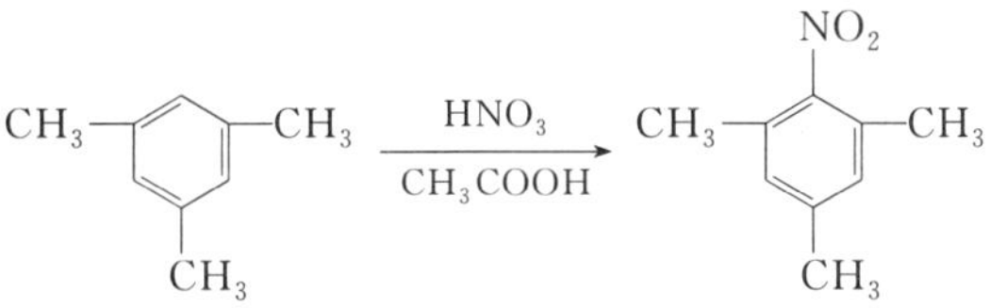

$$C_6H_6 + HO-NO_2 \xrightarrow[50\sim60℃]{浓\ H_2SO_4} C_6H_5NO_2 + H_2O$$

$$1,3,5-(CH_3)_3C_6H_3 \xrightarrow[CH_3COOH]{HNO_3} 2,4,6-(CH_3)_3C_6H_2NO_2$$

14.1.3　硝基化合物的物理性质

硝基化合物不溶于水，溶于醇、醚等一般有机溶剂。硝基化合物的密度大于 1。芳香族一硝基化合物是无色或淡黄色的高沸点液体或固体，极性大，沸点高，有苦杏仁味。硝基化合物尤其是芳香族硝基化合物都有毒性，既可以通过呼吸道也可通过皮肤被人体吸收。芳香族硝基化合物特别是多硝基苯类化合物具有爆炸性，因此使用和贮存硝基化合物时，不仅要注意其毒性，还要注意其爆炸性，要严格遵守操作规程，防止事故发生。硝基化合物中，以芳香族硝基化合物在有机合成上的应用较多，芳香族硝基化合物是合成芳胺、酚等许多芳香化合物的中间体。

14.1.4　硝基化合物的化学性质

硝基是一个强吸电子基团，脂肪族硝基化合物的 α-H 具有一定酸性，芳香族硝基化合物由于硝基的钝化作用，芳环上的亲电取代反应活性大大降低。

14.1.4.1　硝基化合物 α-H 的活性

（1）与强碱的反应

与硝基直接相连的碳原子上的氢具有一定的酸性，如硝基甲烷、硝基乙烷和 2-硝基丙烷的 pK_a 值分别是 10.2、8.5 和 7.8。它们可以与强碱反应生成盐：

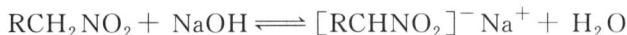

$$RCH_2NO_2 + NaOH \rightleftharpoons [RCHNO_2]^- Na^+ + H_2O$$

硝基化合物存在如下硝基式和假酸式的互变异构现象：

$$R-CH(H)-N(=O)\rightarrow O \rightleftharpoons R-CH=N(OH)\rightarrow O$$

硝基式　　　　假酸式

硝基化合物与强碱的反应是通过假酸式进行的。

$$R-CH=N(OH)\rightarrow O + NaOH \rightleftharpoons R-CH=N(ONa)\rightarrow O + H_2O$$

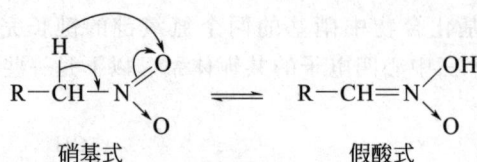

硝基化合物的假酸式中有烯醇式的结构特征，能与 $FeCl_3$ 发生显色反应。一般情况下硝基化合物中的这种烯醇式假酸式结构较少。

(2) α-H 的缩合反应

硝基化合物中的 α-H 能与羰基化合物和酯等发生缩合反应。例如：

$$C_6H_5-\overset{O}{\overset{\|}{C}}-H + CH_3NO_2 \xrightarrow[2)-H_2O/\triangle]{1)OH^-} C_6H_5-CH=CHNO_2 + H_2O$$

$$C_6H_5-\overset{O}{\overset{\|}{C}}-OC_2H_5 + CH_3NO_2 \xrightarrow{C_2H_5O^-} C_6H_5-\overset{O}{\overset{\|}{C}}-CH_2NO_2 + C_2H_5OH$$

14.1.4.2　*硝基的还原反应（以芳香硝基为例）*

(1) 在酸性介质中还原

硝基在酸性介质中还原成胺，催化加氢也还原成胺。

$$ArNO_2 \xrightarrow{[H]} ArNH_2$$

$$[H]=Zn+HCl, Fe+HCl, Sn+HCl, H_2/Pt \text{ 等}$$

例如：

$$C_6H_5NO_2 \xrightarrow[\text{或 } Fe+HCl]{Zn+HCl} C_6H_5NH_2$$

$$p\text{-}O_2NC_6H_4NO_2 \xrightarrow[\text{或 } Fe+HCl]{Zn+HCl} p\text{-}H_2NC_6H_4NH_2$$

硝基的还原过程如下：

$$C_6H_5NO_2 \xrightarrow{[H]} C_6H_5NO \xrightarrow{[H]} C_6H_5NHOH \xrightarrow{[H]} C_6H_5NH_2$$

硝基苯　　亚硝基苯　　*N*-羟基苯胺　　苯胺

由于在酸性介质中，亚硝基苯和 *N*-羟基苯胺比硝基苯更容易还原，所以最终只能生成苯胺。

(2) 在中性介质中还原

在中性介质中硝基苯被还原成 *N*-羟基苯胺。例如：

$$C_6H_5NO_2 \xrightarrow[60℃]{Zn, NH_4Cl/H_2O} C_6H_5NHOH$$

由于在中性介质中，亚硝基苯比硝基苯更容易还原，所以不能直接由硝基苯还原来制备亚硝基苯。亚硝基苯可通过下列氧化反应来制备。

$$C_6H_5NHOH \xrightarrow[-5℃]{Na_2Cr_2O_7+H_2SO_4} C_6H_5NO$$

(3) 在碱性介质中还原

在碱性介质中，利用不同的还原剂，可得到不同的还原产物。

$$2\,C_6H_5NO_2 \xrightarrow{As_2O_3,NaOH} C_6H_5-N=\overset{O}{\overset{\uparrow}{N}}-C_6H_5$$

氧化偶氮苯

$$2\,C_6H_5NO_2 \xrightarrow{Fe,NaOH} C_6H_5-N=N-C_6H_5$$

偶氮苯

$$2\,C_6H_5NO_2 \xrightarrow{过量\ Zn,NaOH} C_6H_5-NH-NH-C_6H_5$$

氢化偶氮苯

氧化偶氮苯、偶氮苯和氢化偶氮苯在酸性介质中都可以被还原成苯胺。

(4) 选择性还原

多硝基化合物在 Na_2S、NH_4HS、$(NH_4)_2S$ 等硫化物还原剂作用下，可以进行选择性还原，即只还原一个硝基。例如：

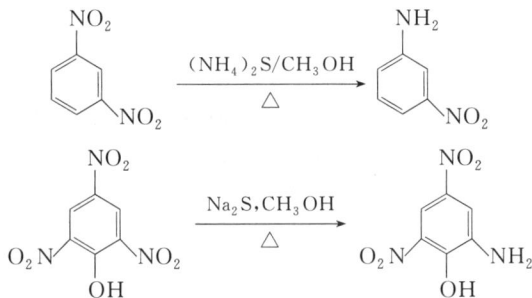

$$m\text{-}C_6H_4(NO_2)_2 \xrightarrow[\triangle]{(NH_4)_2S/CH_3OH} m\text{-}O_2NC_6H_4NH_2$$

$$2,4,6\text{-}(O_2N)_3C_6H_2OH \xrightarrow[\triangle]{Na_2S,CH_3OH} 2\text{-}H_2N\text{-}4,6\text{-}(O_2N)_2C_6H_2OH$$

14.1.4.3　芳环上的取代反应

硝基是强吸电子基团，它严重钝化苯环，硝基苯类化合物不能进行 Friedel-Crafts 反应。它的芳环上的亲电取代反应也比苯要困难得多。在较剧烈的条件下，硝基苯类化合物能发生硝化、磺化、卤化等反应。例如：

$$C_6H_5NO_2 \xrightarrow[\triangle]{发烟\ HNO_3,浓\ H_2SO_4} m\text{-}C_6H_4(NO_2)_2$$

$$C_6H_5NO_2 \xrightarrow[\triangle]{发烟\ H_2SO_4} m\text{-}O_2NC_6H_4SO_3H$$

$$C_6H_5NO_2 \xrightarrow{Fe,Br_2/\triangle} m\text{-}BrC_6H_4NO_2$$

14.1.4.4 硝基对邻位、对位取代基的影响

（1）对卤原子活性的影响

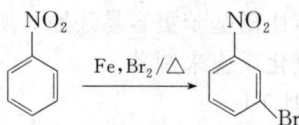

卤苯中的卤原子是不活泼的卤原子，较难发生亲核取代反应。例如氯苯与氢氧化钠溶液共热到 200℃，也难以水解生成苯酚。若在氯苯的邻位或对位上连有硝基，氯原子就变得活泼。例如邻硝基氯苯或对硝基氯苯与碳酸钠溶液共热到 130℃左右，就能水解生成相应的硝基苯酚。如果邻对位上硝基数目越多，氯原子就更活泼，水解反应更易进行。例如，氯原子的水解反应为：

$$Ar—Cl \longrightarrow Ar—OH$$

ArCl	氯苯	4-硝基氯苯	2,4-二硝基氯苯	2,4,6-三硝基氯苯
反应条件	NaOH,360℃ 20MPa,铜催化剂 反应条件苛刻	Na_2CO_3/130℃	Na_2CO_3/100℃	Na_2CO_3/35℃ 反应条件温和

上表中氯原子水解条件的变化说明了硝基对氯原子活性的影响。若氯原子的邻、对位有硝基等强吸电子基时，水解反应容易进行。其原因是硝基的引入有利于碱或亲核试剂的进攻。

（2）对酚羟基酸性的影响

苯酚具有弱酸性，苯酚酸性的大小与其结构有关。当酚羟基的邻、对位上有硝基时，其酸性增大，且硝基越多，酸性越强。这是因为硝基的引入，使苯氧负离子的负电荷得到有效分散的缘故。例如：

化合物	苯　酚	对硝基苯酚	2,4-二硝基苯酚	2,4,6-三硝基苯酚
pK_a	10	7.16	4.0	0.71

（3）对苯甲酸酸性的影响

当苯甲酸羧基的邻、对位上有硝基时，其酸性增强，且硝基越多，酸性越强。这同样是因为硝基的引入，使苯甲酸负离子的负电荷得到有效分散的缘故。例如：

化合物	苯甲酸	对硝基苯甲酸	邻硝基苯甲酸	3,5-二硝基苯甲酸
pK_a	4.20	3.43	2.17	2.83

课堂练习 14.1　将下列化合物按酸性大小排列：

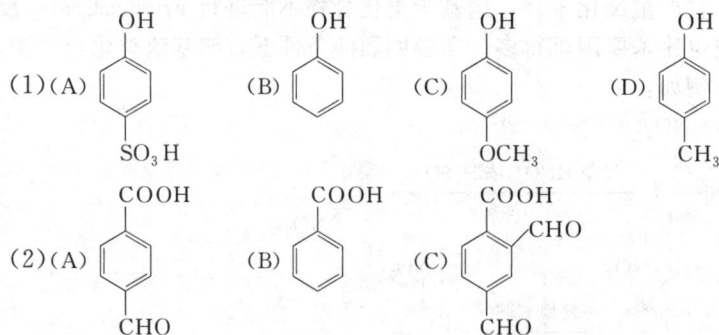

（1）（A）对羟基苯磺酸（OH，SO_3H）　（B）苯酚（OH）　（C）对甲氧基苯酚（OH，OCH_3）　（D）对甲基苯酚（OH，CH_3）

（2）（A）对甲酰基苯甲酸（COOH，CHO）　（B）苯甲酸（COOH）　（C）2,4-二甲酰基苯甲酸（COOH，CHO，CHO）

14.2 胺

14.2.1 胺的分类和命名

氨（NH_3）分子中的氢原子被烃基取代后的衍生物叫胺。根据氮原子上所连烃基数目的不同，可将胺分为伯胺（1°胺）、仲胺（2°胺）和叔胺（3°胺）。氮原子上连有一个烃基的胺称伯胺；氮原子上连两个烃基的胺称仲胺；氮原子上连三个烃基的胺称叔胺。例如：

NH_3	NH_2R	NHR_2	NR_3
氨	伯胺	仲胺	叔胺

在上述伯胺、仲胺、叔胺中如 R 是脂肪族烃基时，为脂肪胺；如氮原子连有芳环则为芳香胺，简称芳胺。例如：

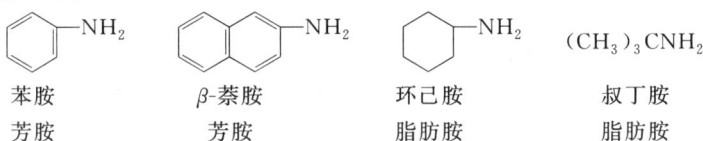

$C_6H_5-NH_2$	β-萘基$-NH_2$	环己基$-NH_2$	$(CH_3)_3CNH_2$
苯胺	β-萘胺	环己胺	叔丁胺
芳胺	芳胺	脂肪胺	脂肪胺

根据分子中氨基（—NH_2）的数目，胺可分为一元胺、二元胺和多元胺。例如：

$CH_3CH_2CH_2NH_2$	$NH_2\overset{4}{C}H_2\overset{3}{C}H_2\overset{2}{C}H_2\overset{1}{C}H_2NH_2$	$NH_2\overset{6}{C}H_2\overset{5}{C}H_2\overset{4}{C}H_2\overset{3}{C}H_2\overset{2}{C}H(NH_2)\overset{1}{C}H_2NH_2$
丙胺	1,4-丁二胺	2-氨基-1,6-己二胺
一元胺	二元胺	三元胺

如果氮原子与四个烃基相连，称为季铵化合物，其中 $R_4N^+X^-$ 称为季铵盐，$R_4N^+OH^-$ 称为季铵碱。

值得注意的是伯、仲、叔胺与伯、仲、叔醇的涵义不同。例如：$(CH_3)_3C—OH$ 为叔醇；$(CH_3)_3C—NH_2$ 为伯胺。

简单的脂肪胺或芳胺的命名是在烃基名称后加上“胺”字。烃基相同时，用二、三等表明相同烃基的数目。烃基不同时先写小的基团后写大的基团。例如：

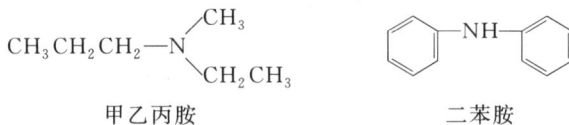

$CH_3CH_2NH_2$	CH_3NHCH_3	$CH_3CH_2CH_2NHCH_3$
乙胺	二甲胺	甲丙胺

$CH_3CH_2CH_2—N(CH_3)CH_2CH_3$	$C_6H_5—NH—C_6H_5$
甲乙丙胺	二苯胺

氮原子上连有脂肪烃基和芳香烃基胺的命名：

$C_6H_5—NH—CH_3$	$C_6H_5—N(CH_3)—CH_2CH_3$	$C_6H_5—N(CH_3)—CH_3$
N-甲基苯胺	*N*-甲基-*N*-乙基苯胺	*N*,*N*-二甲基苯胺

比较复杂的脂肪胺是以烃作为母体，氨基作为取代基来命名的。

$CH_3CH_2CH_2CH(CH_3)NH_2$	$CH_3CH_2CH(CH_3)—CH(NH_2)CH_3$	$CH_3CH_2CH(NHCH_3)CH_2CH_2CH_3$
2-氨基戊烷	3-甲基-2-氨基戊烷	3-甲氨基己烷

季铵盐和季铵碱的命名：

$(CH_3)_4N^+Cl^-$	$(CH_3)_3\overset{+}{N}CH_2CH_3OH^-$
四甲基氯化铵	三甲基乙基氢氧化铵
（氯化四甲铵）	（氢氧化三甲基乙基铵）

课堂练习 14.2　分别指出下列化合物属于伯、仲、叔胺哪一类。

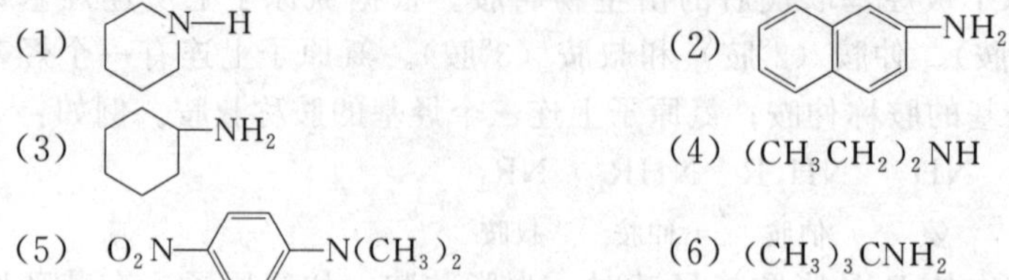

(4) $(CH_3CH_2)_2NH$

(6) $(CH_3)_3CNH_2$

14.2.2 胺的结构

胺的结构和氨相似，氮原子以 sp^3 杂化轨道与其它三个原子形成三个 σ 键，还有一对孤对电子在剩下的一个 sp^3 杂化轨道上，分子呈棱锥形结构。例如氨、甲胺和三甲胺的结构如下：

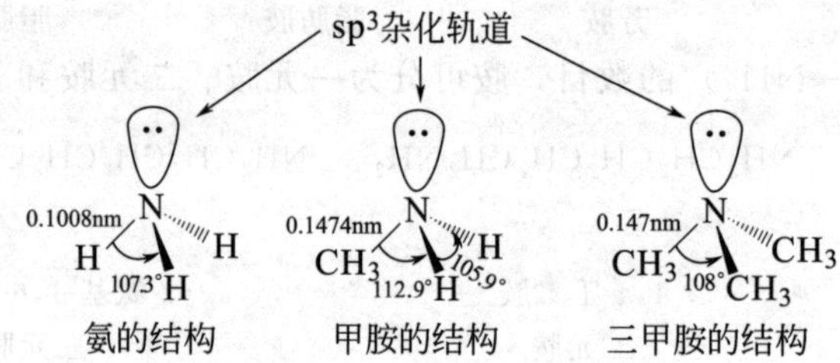

氨的结构　甲胺的结构　三甲胺的结构

氨基直接与芳环相连的芳胺结构与脂肪胺的结构有所不同，氮原子上剩下的一对孤对电子与芳环上的 π 电子产生了共轭，使整个分子的能量有所降低，同时也使氮原子提供孤电子对的能力大大降低。例如，苯胺的结构如下：

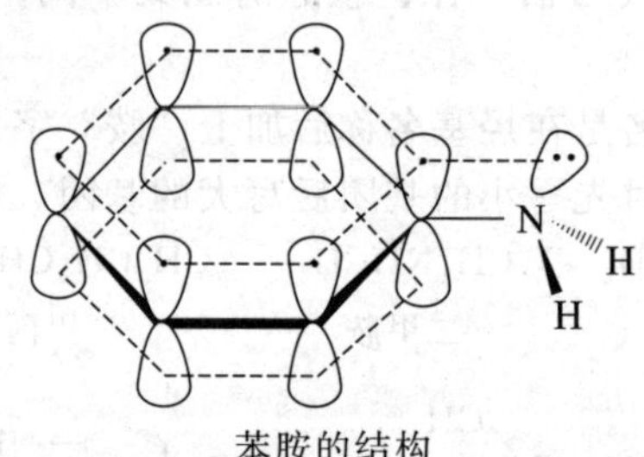

苯胺的结构

在氮原子上连有三个不同基团的伯胺和仲胺，氮原子理论上来说是手性的，存在一对对映异构体，但由于在常温下这对对映异构体就能发生下列转变，不能分离其中的对映体，所以分子并无手性。

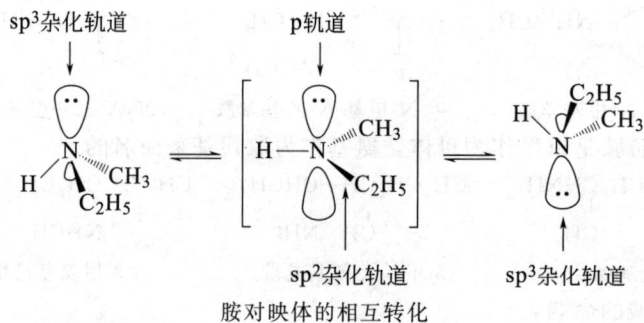

sp³杂化轨道　p轨道

$H-N(CH_3)(C_2H_5)$ ⇌ $[H—N(CH_3)(C_2H_5)]$ ⇌ $H-N(C_2H_5)(CH_3)$

sp²杂化轨道　sp³杂化轨道

胺对映体的相互转化

而对于季铵盐和季铵碱，四个 sp^3 杂化轨道都和其它原子形成了 σ 键，所以对于连有四个不同基团的季铵盐来说是有手性的，具有对映异构体。例如，下列季铵盐有一对对映异构体：

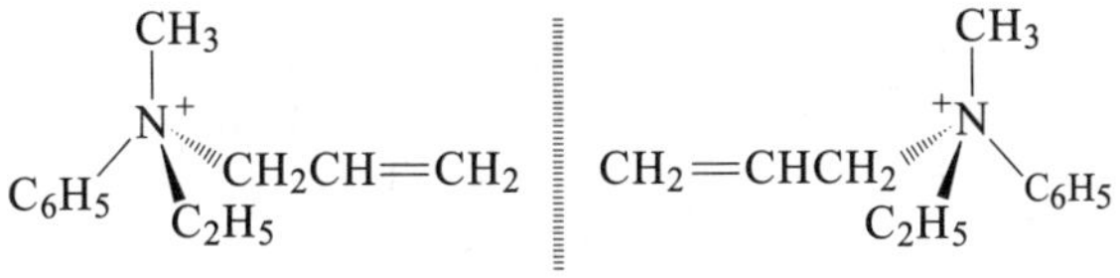

(S)　　(R)

不对称季铵盐的一对对映异构体

课堂练习 14.3　下列化合物是否存在对映异构体？

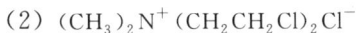

(1) $CH_3NHCH_2CH_2CH_3$　　(2) $(CH_3)_2N^+(CH_2CH_2Cl)_2Cl^-$

(3) 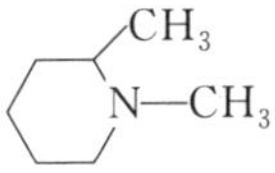 　　(4)

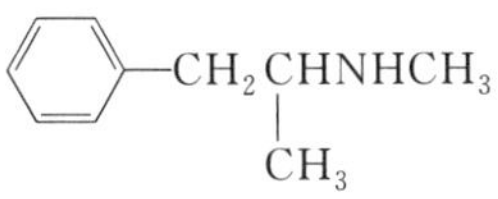

14.2.3　胺的制法

14.2.3.1　氨或胺的烃基化

氨或胺是亲核试剂，可与卤代烃反应，在烃中引入氨或氨基，生成胺。例如：

$$RNH_2 + RCl \longrightarrow R_2\overset{+}{N}H_2Cl^-$$

$$R_2\overset{+}{N}H_2Cl^- + OH^- \longrightarrow R_2NH + H_2O + Cl^-$$

$$R_2NH + RCl \longrightarrow R_3\overset{+}{N}HCl^-$$

$$R_3\overset{+}{N}HCl^- + OH^- \longrightarrow R_3N + H_2O + Cl^-$$

卤代烃被氨基取代的产物通常是混合物，须经分离后才能得到各种产物。如工业上用此法生产甲胺、二甲胺、三甲胺，首先得到三种胺的混合物，然后经分离精制才能得到较高纯度的甲胺、二甲胺和三甲胺。

14.2.3.2　腈和酰胺的还原

腈经催化加氢还原得到伯胺，酰胺催化加氢后得到胺。例如：

$$RC\equiv N + H_2 \xrightarrow[\text{高温高压}]{Ni} R-CH=NH \longrightarrow RCH_2NH_2$$

$$RC\equiv N + C_2H_5OH + Na \longrightarrow RCH_2NH_2 + C_2H_5ONa$$

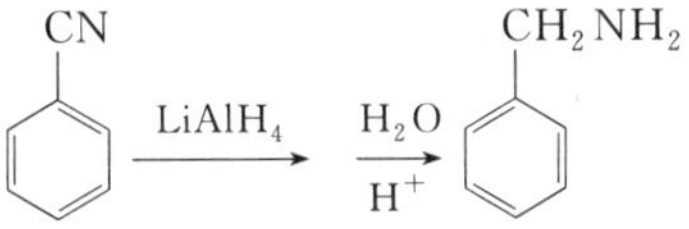

$$C_6H_5CN \xrightarrow{LiAlH_4} \xrightarrow[H^+]{H_2O} C_6H_5CH_2NH_2$$

$$NC(CH_2)_4CN \xrightarrow{H_2/Ni} H_2NCH_2(CH_2)_4CH_2NH_2$$

$$R-\overset{O}{\overset{\|}{C}}-NH_2 \xrightarrow{LiAlH_4} \xrightarrow{H_2O} RCH_2NH_2\text{(伯胺)}$$

$$R-\overset{O}{\overset{\|}{C}}-NHR' \xrightarrow{LiAlH_4} \xrightarrow{H_2O} RCH_2NHR'\text{(仲胺)}$$

$$R-\overset{O}{\overset{\|}{C}}-NR'_2 \xrightarrow{LiAlH_4} \xrightarrow{H_2O} RCH_2NR'_2\text{(叔胺)}$$

14.2.3.3 醛和酮的还原氨化

酮和醛与氨（胺）作用，经催化加氢转变为相应的胺。

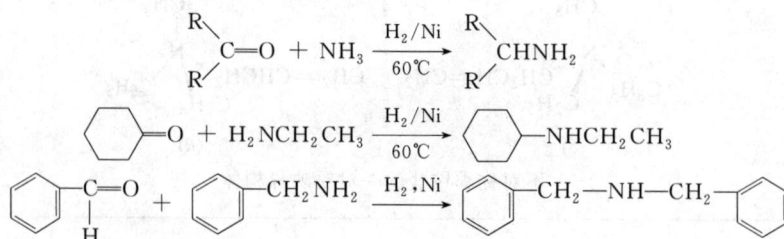

$$\mathrm{R(R')C{=}O + NH_3 \xrightarrow[60℃]{H_2/Ni} R(R')CHNH_2}$$

$$\text{环己酮} + \mathrm{H_2NCH_2CH_3 \xrightarrow[60℃]{H_2/Ni}} \text{环己基}\mathrm{{-}NHCH_2CH_3}$$

$$\mathrm{C_6H_5CHO + C_6H_5CH_2NH_2 \xrightarrow{H_2,Ni} C_6H_5CH_2{-}NH{-}CH_2C_6H_5}$$

14.2.3.4 酰胺的降级反应

酰胺经 Hofmann 降级反应可得到少一个碳原子的伯胺。

$$\mathrm{R{-}\overset{O}{\overset{\|}{C}}{-}NH_2 + NaOBr + 2NaOH \longrightarrow RNH_2 + Na_2CO_3 + NaBr + H_2O}$$

14.2.3.5 Gabriel 合成法

Gabriel（加布里埃耳）合成法产率一般较高，是制取伯胺的有效方法。

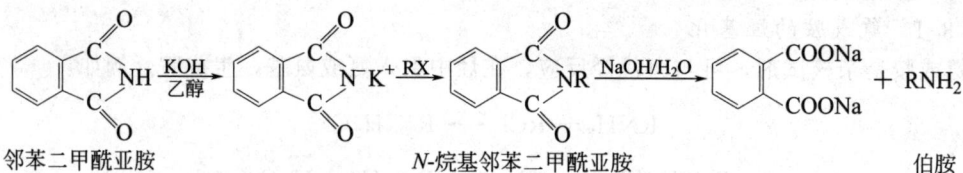

$$\text{邻苯二甲酰亚胺} \xrightarrow[\text{乙醇}]{KOH} \text{邻苯二甲酰亚胺}\mathrm{N^-K^+} \xrightarrow{RX} N\text{-烷基邻苯二甲酰亚胺} \xrightarrow{NaOH/H_2O} \mathrm{C_6H_4(COONa)_2} + \mathrm{RNH_2}\ (\text{伯胺})$$

邻苯二甲酰亚胺　　*N*-烷基邻苯二甲酰亚胺　　伯胺

氨基酸可利用 Gabriel 合成法来制备。例如：

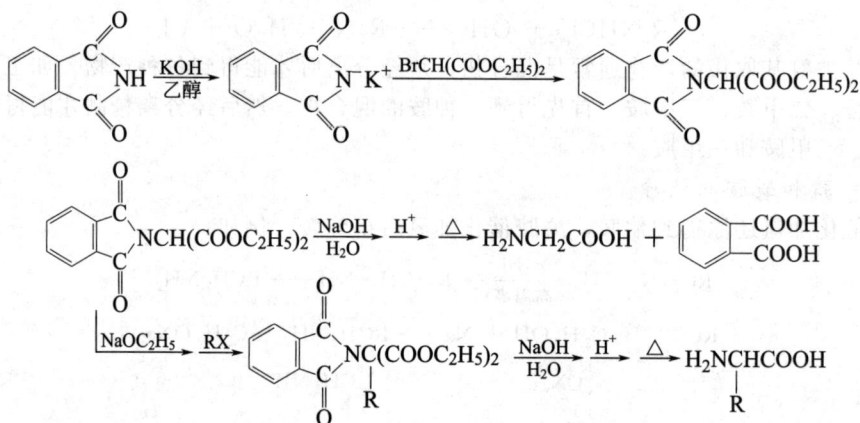

$$\text{邻苯二甲酰亚胺} \xrightarrow[\text{乙醇}]{KOH} \mathrm{N^-K^+} \xrightarrow{BrCH(COOC_2H_5)_2} \text{邻苯二甲酰亚胺基}\mathrm{{-}NCH(COOC_2H_5)_2}$$

$$\text{邻苯二甲酰亚胺基}\mathrm{{-}NCH(COOC_2H_5)_2 \xrightarrow[H_2O]{NaOH} \xrightarrow{H^+} \xrightarrow{\triangle} H_2NCH_2COOH} + \mathrm{C_6H_4(COOH)_2}$$

$$\xrightarrow{NaOC_2H_5} \xrightarrow{RX} \text{邻苯二甲酰亚胺基}\mathrm{{-}NC(R)(COOC_2H_5)_2 \xrightarrow[H_2O]{NaOH} \xrightarrow{H^+} \xrightarrow{\triangle} H_2NCH(R)COOH}$$

14.2.3.6 硝基化合物的还原

硝基化合物的还原主要用于制备芳胺。

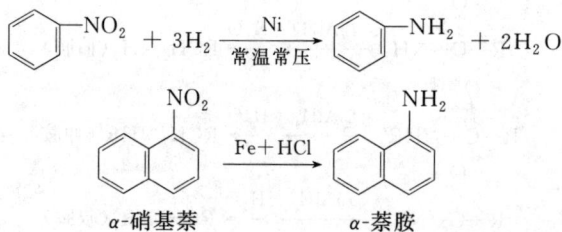

$$\mathrm{C_6H_5NO_2 + 3H_2 \xrightarrow[\text{常温常压}]{Ni} C_6H_5NH_2 + 2H_2O}$$

$$\alpha\text{-硝基萘} \xrightarrow{Fe+HCl} \alpha\text{-萘胺}$$

14.2.4　胺的物理性质和光谱性质

14.2.4.1　胺的物理性质

低级胺有氨味或鱼腥味，高级胺无味，芳胺有毒。像氨一样，胺也是极性化合物，伯胺和仲胺可以形成分子间氢键，叔胺不能形成分子间氢键，所以伯胺和仲胺的沸点比分子量相近的烃类（非极性）化合物要高。而叔胺的沸点与分子量相近的烃类（非极性）化合物接近。脂肪胺的密度比水小，芳香胺的密度与水接近。伯胺、仲胺和叔胺都能与水分子形成氢键，所以低级的脂肪胺溶于水。芳香胺不溶于水。胺可溶解在醇、醚、苯等低极性有机溶剂中。表 14-2 列出了一些常见胺的物理常数。

表 14-2　一些常见胺的物理常数

名　称	构 造 式	熔点/℃	沸点/℃	溶解度/(g/100g 水)
甲胺	CH_3NH_2	−92	−7.5	易溶
二甲胺	$(CH_3)_2NH$	−96	7.5	易溶
三甲胺	$(CH_3)_3N$	−117	3	91
乙胺	$CH_3CH_2NH_2$	−80	17	∞
二乙胺	$(CH_3CH_2)_2NH$	−39	55	易溶
三乙胺	$(CH_3CH_2)_3N$	−115	89	14
正丙胺	$CH_3CH_2CH_2NH_2$	−83	49	∞
二正丙胺	$(CH_3CH_2CH_2)_2NH$	−63	110	微溶
三正丙胺	$(CH_3CH_2CH_2)_3N$	−93	157	微溶
异丙胺	$(CH_3)_2CHNH_2$	−101	34	∞
正丁胺	$CH_3CH_2CH_2CH_2NH_2$	−50	78	易溶
异丁胺	$(CH_3)_2CHCH_2NH_2$	−85	68	∞
仲丁胺	$CH_3CH_2CH(CH_3)NH_2$	−104	63	∞
叔丁胺	$(CH_3)_3CNH_2$	−67	46	∞
环己胺	$C_6H_{11}NH_2$		134	微溶
苄胺	$C_6H_5CH_2NH_2$		185	
苯胺	$C_6H_5NH_2$	−6	184	3.7
二苯胺	$(C_6H_5)_2NH$	53	302	不溶
三苯胺	$(C_6H_5)_3N$	127	365	不溶
乙二胺	$NH_2CH_2CH_2NH_2$	8	117	溶
N-甲基苯胺	$C_6H_5NHCH_3$	−57	196	难溶
N,*N*-二甲基苯胺	$C_6H_5N(CH_3)_2$	3	194	1.4

14.2.4.2　胺的光谱性质

(1) 红外光谱

胺类化合物的红外光谱主要与 N—H 键和 C—N 键有关，伯胺和仲胺有 N—H 键的吸收峰，其中伯胺的 N—H 键吸收峰为双峰，仲胺为单峰，叔胺没有 N—H 键，无此吸收峰，利用这一点可区别伯胺、仲胺和叔胺。胺分子中的红外吸收峰可大致解析为：

N—H 吸收峰

RNH_2　（伯胺）　$\tilde{\nu}$：3400～3600cm^{-1}　（双峰）

R_2NH　（仲胺）　$\tilde{\nu}$：3400～3600cm^{-1}　（单峰）

R_3N　（叔胺）　无 N—H 吸收峰

C—N 吸收峰　$\tilde{\nu}$：1180～1360cm^{-1}

图 14-1～图 14-3 分别为苯胺、*N*-甲基苯胺、*N*,*N*-二甲基苯胺的红外光谱图。

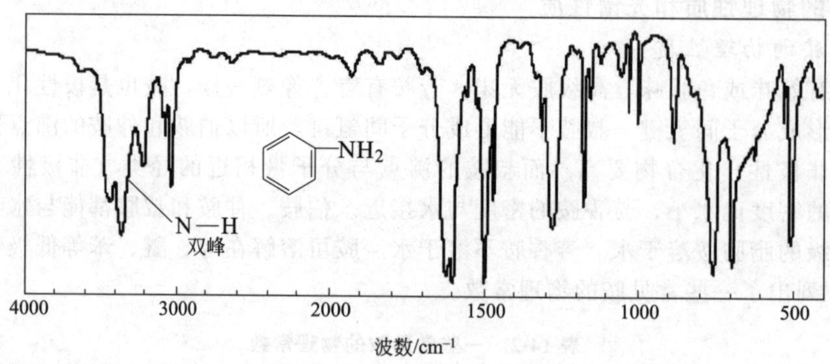

图 14-1　苯胺的红外光谱图

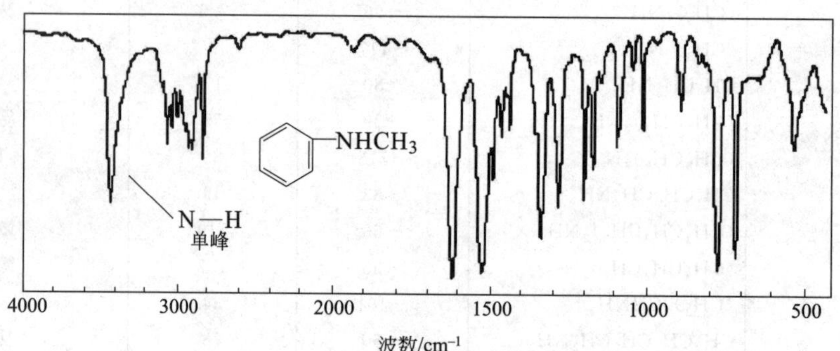

图 14-2　*N*-甲基苯胺的红外光谱图

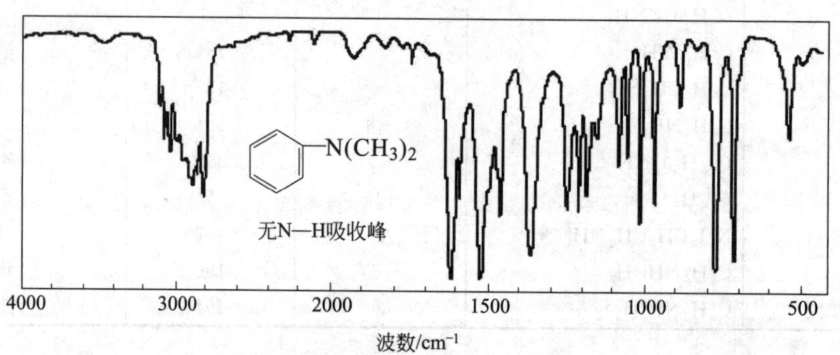

图 14-3　*N*,*N*-二甲基苯胺的红外光谱图

（2）核磁共振谱

胺的核磁共振谱中 N—H 质子吸收范围变化较大，且通常不被邻近的质子裂分，有时出现一个很宽的峰，不易被觉察到，由于氮的电负性较大，所以连在氨基的 α 碳原子上的 H 的化学位移也向低场移动，胺的核磁共振谱的化学位移范围如下：

$$\mathrm{R-\overset{|}{\underset{\underset{H}{|}}{C^{\alpha}}}-\underset{|}{N}-H}\quad \delta:0.6\sim 5$$

$$\delta:2\sim 3$$

图 14-4、图 14-5 分别为苯胺、*N*-甲基苯胺的核磁共振谱图。

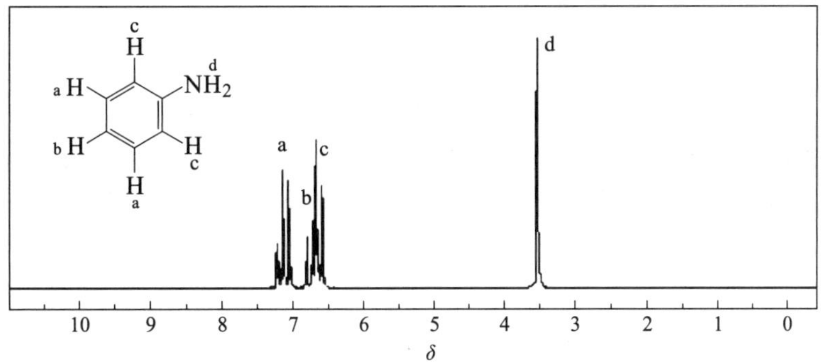

图 14-4　苯胺的 ^1H NMR 谱

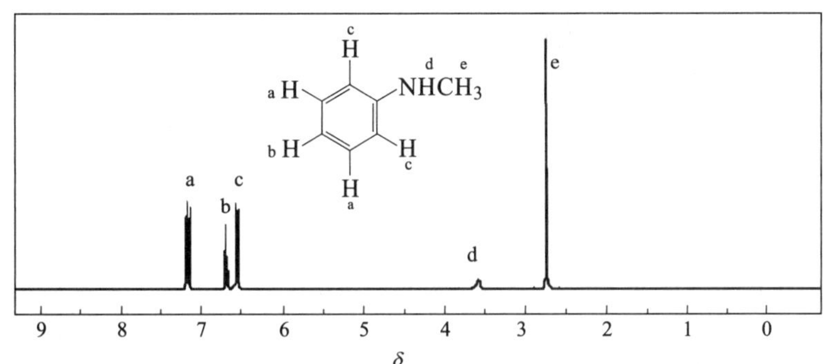

图 14-5　*N*-甲基苯胺的 ^1H NMR 谱

课堂练习 14.4　下列化合物能否形成分子间氢键？

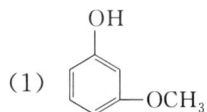

（1）（苯环结构：OH，OCH_3）　　（2）CH_3COOH

（3）CH_3COOCH_3　　（4）$(CH_3CH_2CH_2)_2NH$

14.2.5　胺的化学性质

14.2.5.1　碱性

胺的氮原子上有孤对电子，可提供与质子结合，所以胺具有碱性。

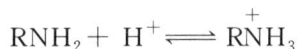

$$RNH_2 + H^+ \rightleftharpoons R\overset{+}{N}H_3$$

在水溶液中，胺以以下方式与水作用，产生 OH^-，这个反应进行得越彻底，胺的碱性越强，胺的碱性大小可用解离常数 K_b（或 pK_b，$pK_b = -\lg K_b$）来表示，

$$RNH_2 + H_2O \rightleftharpoons R\overset{+}{N}H_3 + OH^-$$

$$K_b = \frac{[R\overset{+}{N}H_3][OH^-]}{[RNH_2]} \qquad pK_b = -\lg K_b$$

K_b越大（或 pK_b越小），碱性越强。氮原子提供孤对电子的能力越强时，上述反应进行得越彻底，其碱性越大，芳香胺由于氮原子上的孤电子对与苯环共轭，提供电子的能力降低，所以芳香胺的碱性比脂肪胺小。相对氢原子而言，烃基是供电子基团，所以脂肪胺的碱

性大于无机氨，例如：

	$(CH_3)_2NH$	CH_3NH_2	$(CH_3)_3N$	NH_3	$C_6H_5-NH_2$
pK_b	3.27	3.38	4.21	4.76	9.37

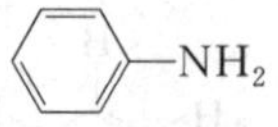

对于芳胺来说，当苯环上连有第一类取代基（尤其是在氨基的对位）即给电子取代基时，碱性增强。当苯环上连有第二类取代基（尤其是在氨基的对位）即吸电子取代基时，碱性减弱。例如：

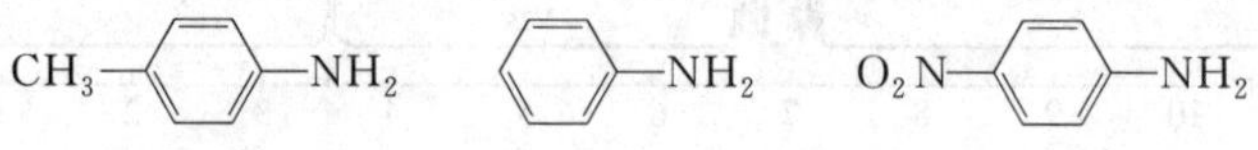

	$CH_3-C_6H_4-NH_2$	$C_6H_5-NH_2$	$O_2N-C_6H_4-NH_2$
pK_b	8.98	9.37	13.0

但碱性的大小除了与电子效应有关外，还与溶剂化效应和空间效应有关。例如，甲胺、二甲胺、三甲胺和氨在水溶液中的碱性为：

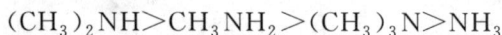

$$(CH_3)_2NH > CH_3NH_2 > (CH_3)_3N > NH_3$$

在气态情况下的碱性为：

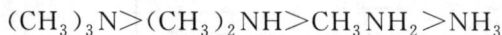

$$(CH_3)_3N > (CH_3)_2NH > CH_3NH_2 > NH_3$$

出现以上现象是因为三甲胺形成铵离子后不容易被水溶剂化，所以三甲胺在水溶液中碱性不是最大，而在气态情况下，不存在溶剂化，所以三甲胺的碱性就和它提供电子的能力一致了。

对于以下三种芳胺碱性的大小，可以用邻位甲基产生空间位阻效应来解释。

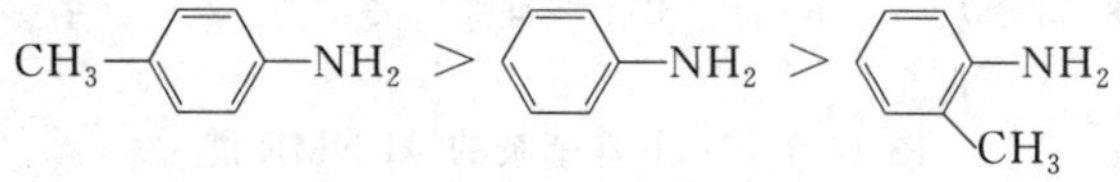

$$CH_3-C_6H_4-NH_2\ (对位) > C_6H_5-NH_2 > C_6H_4(NH_2)(CH_3)\ (邻位)$$

综上所述，对脂肪胺而言，影响其碱性强弱的因素可归纳如下。

电子效应：N 上 R 取代越多，碱性越大，因此 3°胺＞2°胺＞1°胺。

空间效应：N 上 R 取代越多，空间障碍越大，碱性越小，因此 1°胺＞2°胺＞3°胺。

溶剂化效应：溶剂化程度大，碱性大，因此 NH_3＞1°胺＞2°胺＞3°胺。

电子效应、溶剂化效应、空间效应综合作用的结果，使胺在水溶液中的碱性强弱次序为：

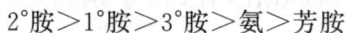

2°胺＞1°胺＞3°胺＞氨＞芳胺

在非极性或弱极性介质中，脂肪胺的碱性强弱次序为：

3°胺＞2°胺＞1°胺

芳胺：当环上连有给电子基团时，其碱性增强；当环上连有吸电子基团时，其碱性减弱。

利用胺的碱性，可以分离和纯化胺，例如，一种胺中混有其它有机杂质时，可以用以下反应来纯化：

$$RNH_2 + HCl \longrightarrow R\overset{+}{N}H_3Cl^-$$

（胺生成的盐溶于盐酸水溶液中，杂质不溶，通过分液除去杂质）

$$R\overset{+}{N}H_3Cl^- + NaOH \longrightarrow RNH_2 + NaCl + H_2O$$

（用氢氧化钠中和铵盐，胺又从水溶液中析出，再次分液回收原来的胺）

课堂练习 14.5　比较下列化合物的碱性强弱。

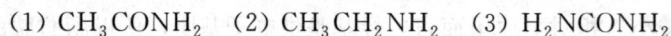

(1) CH_3CONH_2　(2) $CH_3CH_2NH_2$　(3) H_2NCONH_2

(4) $(CH_3CH_2)_2NH$ (5) $(CH_3CH_2)_4N^+OH^-$

课堂练习 14.6 解释为何苄胺（$C_6H_5CH_2NH_2$）的碱性与烷基胺基本相同，而与芳胺不同。

14.2.5.2 烷基化反应

胺和氨一样，可以作为亲核试剂与卤代烃发生亲核取代反应，胺和卤代烷的反应称为胺的烷基化反应，控制反应条件和原料配比可生成仲胺、叔胺和季铵盐。

$$RNH_2 + RCl \longrightarrow R_2\overset{+}{N}H_2Cl^-$$

$$R_2\overset{+}{N}H_2Cl^- + OH^- \longrightarrow R_2NH + H_2O + Cl^-$$

$$R_2NH + RCl \longrightarrow R_3\overset{+}{N}HCl^-$$

$$R_3\overset{+}{N}HCl^- + OH^- \longrightarrow R_3N + H_2O + Cl^-$$

$$R_3N + RCl \longrightarrow R_4\overset{+}{N}Cl^-$$

$$C_6H_5{-}NH_2 \xrightarrow{CH_3I} C_6H_5{-}\overset{+}{N}H_2CH_3I^- \xrightarrow{OH^-} C_6H_5{-}NHCH_3$$

14.2.5.3 酰基化反应

伯胺和仲胺氮原子上有氢原子，可以和酰卤、酸酐和磺酰氯反应，得到相应的酰基化产物，这种反应叫胺的酰基化反应。叔胺氮原子上没有氢原子，不能发生酰基化反应。

$$RNH_2 \xrightarrow[\text{或}(R'CO)_2O]{R'COCl} R'CONHR + HCl(R'COOH)$$

$$R_2NH \xrightarrow[\text{或}(R'CO)_2O]{R'COCl} R'CONR_2 + HCl(R'COOH)$$

$$R_3N \xrightarrow[\text{或}(R'CO)_2O]{R'COCl} \text{不反应}$$

在用酰氯来进行酰基化反应时，通常加入适量碱（如 NaOH 或吡啶）来中和生成的氯化氢，以避免氯化氢和胺反应浪费原料。这种在碱存在下酰氯和胺作用得到酰胺的反应叫 Schotten-Baumann 反应。例如：

$$C_6H_5{-}\overset{O}{\overset{\|}{C}}{-}Cl + C_6H_5{-}NH_2 \xrightarrow{\text{吡啶}} C_6H_5{-}\overset{O}{\overset{\|}{C}}{-}NH{-}C_6H_5$$

胺的酰基化反应可用于胺的鉴定。例如酰胺都是具有固定熔点的良好结晶，通过测定熔点，可以确定酰胺。

$$C_6H_5{-}NH_2 \xrightarrow{(CH_3CO)_2O} \underset{\text{乙酰苯胺}}{C_6H_5{-}NH\overset{O}{\overset{\|}{C}}CH_3} + CH_3COOH$$

m. p. 114℃

在芳胺的氮原子上引入酰基，这在有机合成上用于保护氨基，具有重要的合成意义。例如：

$$C_6H_5NH_2 \xrightarrow{(CH_3CO)_2O} C_6H_5NH\overset{O}{\overset{\|}{C}}CH_3 \xrightarrow[H_2SO_4]{HNO_3} p\text{-}O_2N{-}C_6H_4{-}NH\overset{O}{\overset{\|}{C}}CH_3 \xrightarrow{NaOH/H_2O} p\text{-}O_2N{-}C_6H_4{-}NH_2$$

以上反应若不保护氨基，苯胺直接硝化时芳环将会被氧化破裂。

14.2.5.4 磺酰化反应（Hinsberg 反应）

与酰基化反应相似，伯胺和仲胺可以和磺酰化试剂如苯磺酰氯或对甲苯磺酰氯反应，生成相应的磺酰胺，伯胺生成的磺酰胺，氮原子上还有一个氢原子，这个氢原子受磺酰基强吸电子作用而呈酸性，能与 NaOH 水溶液反应成盐而溶于其中，仲胺生成的磺酰胺，氮原子上没有氢原子，不能与 NaOH 反应成盐，所以不溶于 NaOH 水溶液中，而叔胺氮原子上无氢原子不能发生磺酰化反应。

$$RNH_2 + C_6H_5SO_2Cl \xrightarrow{NaOH} C_6H_5SO_2NHR \xrightarrow{NaOH\,水溶液} [C_6H_5SO_2\overset{-}{N}R]Na^+$$

溶于 NaOH 水溶液

$$R_2NH + C_6H_5SO_2Cl \xrightarrow{NaOH} C_6H_5SO_2NR_2\downarrow$$

不溶于 NaOH 水溶液

$$R_3N + C_6H_5SO_2Cl \xrightarrow{NaOH} 不反应，和\ NaOH\ 溶液分成两层$$

磺酰胺容易水解，水解后又得到原来的胺。

$$C_6H_5SO_2NHR + H_2O \xrightarrow[\triangle]{H^+} RNH_2 + C_6H_5SO_2OH$$

$$C_6H_5SO_2NR_2 + H_2O \xrightarrow[\triangle]{H^+} R_2NH + C_6H_5SO_2OH$$

因此利用伯、仲、叔胺与芳磺酰氯反应以及生成物性质上的差别，可以定性鉴别和分离伯、仲、叔胺（胺的碳原子数一般不大于 8），这个反应也叫做 Hinsberg 反应。

14.2.5.5 与亚硝酸的反应

（1）伯胺与亚硝酸的反应

脂肪族伯胺与亚硝酸反应首先生成重氮盐，由于脂肪族重氮盐极不稳定，一旦生成就立即分解，因此这个反应没有合成上的意义，但由于放出氮气是定量的，可用来定量分析氨基。由于亚硝酸不稳定，通常是用亚硝酸钠和反应物混合后，然后滴加盐酸，使亚硝酸一生成就立刻与胺反应。

$$RNH_2(脂肪胺) + NaNO_2 + HCl \longrightarrow N_2\uparrow + 醇 + 烯烃 + 氯代烃等$$

芳香伯胺在低温及强酸性水溶液中与亚硝酸反应可生成重氮盐，这是制备重氮盐的基本反应，在有机合成上有重要的意义，这个反应叫重氮化反应。

$$C_6H_5NH_2 + NaNO_2 + HCl \xrightarrow{<5℃} C_6H_5\overset{+}{N}\equiv NCl^-$$

重氮盐

氯化重氮苯

（2）仲胺与亚硝酸的反应

无论是脂肪族仲胺还是芳香族仲胺，与亚硝酸反应后生成 *N*-亚硝基胺。*N*-亚硝基胺通常是黄色油状物或黄色固体。它水解后又可得到原来的胺。

$$R_2NH + NaNO_2 \xrightarrow{HCl} R_2N—N=O \xrightarrow[(2)OH^-]{(1)H_3O^+/\triangle} R_2NH$$

$$ArNHR + NaNO_2 \xrightarrow{HCl} Ar—N(N=O)—R \xrightarrow[(2)OH^-]{(1)H_3O^+/\triangle} ArNHR$$

例如，*N*-甲基苯胺与亚硝酸反应生成 *N*-亚硝基-*N*-甲基苯胺黄色油状物：

$$C_6H_5NHCH_3 + NaNO_2 \xrightarrow{HCl} C_6H_5N(N=O)—CH_3$$

N-亚硝基-*N*-甲基苯胺

当它和稀酸水溶液一起加热时，又可生成原来的 *N*-甲基苯胺。利用这种方法也可用来分离提纯仲胺。

$$C_6H_5N(N=O)—CH_3 \xrightarrow[(2)OH^-]{(1)H_3^+O/\triangle} C_6H_5NHCH_3$$

$$(CH_3)_2NH + NaNO_2 \xrightarrow{HCl} (CH_3)_2N—N=O$$

N-亚硝基二甲胺

(3) 叔胺与亚硝酸的反应

脂肪族叔胺与亚硝酸不反应，在低温时生成不稳定的盐。芳香叔胺与亚硝酸作用，反应发生在芳环上，生成对亚硝基芳胺。

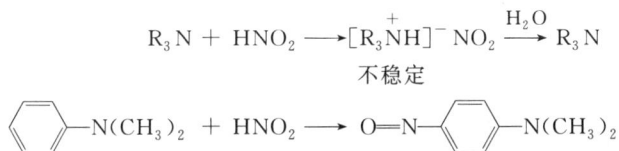

$$R_3N + HNO_2 \longrightarrow [R_3\overset{+}{N}H]^- NO_2 \xrightarrow{H_2O} R_3N$$

不稳定

$$C_6H_5N(CH_3)_2 + HNO_2 \longrightarrow O=N—C_6H_4—N(CH_3)_2$$

从以上反应可知，也可利用三种胺和亚硝酸反应的不同现象来鉴别伯、仲、叔胺。

14.2.5.6　芳环上的亲电取代反应

$—NH_2$、$—NHR$ 和$—NR_2$ 与苯环相连时，可以使苯环上的电子云密度大大增加，因此芳胺苯环上的亲电取代反应活性很高。

(1) 卤代反应

苯胺与氯或溴反应时，邻、对位上的氢都可以被取代，生成三卤代产物：

$$C_6H_5NH_2 + 3Br_2 \longrightarrow 2,4,6\text{-}Br_3C_6H_2NH_2\downarrow + 3HBr$$

白色沉淀

上述反应中的 2,4,6-三溴苯胺是白色固体，现象明显，且反应可定量进行，此反应可用于苯胺的定性鉴别和定量测定。其他的苯胺类化合物与溴作用时，也很容易得到多溴代物。若想得到一卤代产物，必须降低氨基对苯环的致活作用。比如，将氨基先转变成酰胺基，再进行溴代反应，溴代反应完成后再通过水解来恢复氨基。例如：

$$C_6H_5NH_2 \xrightarrow{(CH_3CO)_2O} C_6H_5NHCOCH_3 \xrightarrow{Br_2} p\text{-}Br\text{-}C_6H_4NHCOCH_3 \xrightarrow{H_2O/OH^-} p\text{-}Br\text{-}C_6H_4NH_2$$

（2）硝化反应

苯胺直接硝化时很容易被氧化，所以在硝化前要先保护氨基，常用的保护方法是将氨基转变成酰胺基，硝化反应完成后，再通过水解还原氨基。将氨基转变成酰胺基再进行硝化反应，得到的产物主要是邻对位产物。例如：

$$C_6H_5NH_2 \xrightarrow{(CH_3CO)_2O} C_6H_5NHCOCH_3 \xrightarrow[CH_3COOH]{HNO_3/H_2SO_4} p\text{-}NO_2\text{-}C_6H_4NHCOCH_3 \xrightarrow{H_2O/OH^-} p\text{-}NO_2\text{-}C_6H_4NH_2$$

$$C_6H_5NH_2 \xrightarrow{(CH_3CO)_2O} C_6H_5NHCOCH_3 \xrightarrow[(CH_3CO)_2O]{HNO_3} o\text{-}NO_2\text{-}C_6H_4NHCOCH_3 \xrightarrow{H_2O/OH^-} o\text{-}NO_2\text{-}C_6H_4NH_2$$

若苯胺先与浓硫酸作用生成苯胺的硫酸盐后再进行硝化，则得到间硝基苯胺。

$$C_6H_5NH_2 \xrightarrow{H_2SO_4} C_6H_5NH_3^+HSO_4^- \xrightarrow[\triangle]{HNO_3/H_2SO_4} m\text{-}NO_2\text{-}C_6H_4NH_3^+HSO_4^- \xrightarrow{OH^-} m\text{-}NO_2\text{-}C_6H_4NH_2$$

（3）磺化反应

苯胺与浓硫酸作用时，首先发生酸碱反应生成酸式硫酸盐，将苯胺的酸式硫酸盐在180～190℃温度下烘焙，可得到对氨基苯磺酸。

$$C_6H_5NH_2 \xrightarrow{H_2SO_4} C_6H_5NH_3^+HSO_4^- \xrightarrow[\text{烘焙}]{180\sim190℃} p\text{-}H_2N\text{-}C_6H_4SO_3H$$

对氨基苯磺酸分子中既含有碱性的氨基，又含有酸性的磺酸基，是一种内盐结构。

$$H_3\overset{+}{N}\text{-}C_6H_4\text{-}SO_3^-$$

14.2.5.7　苯胺的氧化反应

苯胺很容易被氧化，且氧化产物复杂，如用适当的氧化剂，控制氧化条件，苯胺可氧化生成对苯醌。如苯胺久置后，空气中的氧可使苯胺由无色透明→黄→浅棕→红棕。

$$C_6H_5NH_2 \xrightarrow{MnO_2/H_2SO_4} O{=}C_6H_4{=}O \quad (\text{对苯醌})$$

苯胺遇漂白粉显紫色，可用该反应检验苯胺：

$$C_6H_5NH_2 \xrightarrow{Ca(OCl)_2} O{=}C_6H_4{=}N\text{-}C_6H_4\text{-}NH_2 \quad (\text{紫色})$$

14.2.5.8　伯胺的异腈反应

伯胺和氯仿、氢氧化钾的醇溶液共热可得到异腈（胩），这个反应叫异腈反应。

$$RNH_2 + CHCl_3 + 3KOH \xrightarrow[\triangle]{\text{醇}} \underset{\text{异腈}}{RN\equiv C} + 3KCl + 3H_2O$$

反应中产生的异腈有恶臭，并有剧毒。可利用这个反应有恶臭味来定性鉴别伯胺和氯仿。

14.2.6 季铵盐和季铵碱

14.2.6.1 季铵盐和季铵碱的制备

氮原子上连有四个烃基的化合物叫季铵盐，季铵盐可由叔胺和卤代烃反应来制备。季铵盐加热分解又产生叔胺和卤代烃。

$$R_3N + RX \longrightarrow \underset{\text{季铵盐}}{R_4N^+X^-}$$

$$R_4N^+X^- \xrightarrow{\triangle} R_3N + RX$$

季铵盐中的负离子被氢氧根取代后的化合物叫季铵碱。季铵碱是强碱，其碱性强度与氢氧化钠或氢氧化钾相当。伯、仲、叔胺的铵盐与强碱作用，可得到游离的胺，但季铵盐与强碱作用，不能使胺游离出来，而是得到季铵盐和季铵碱的平衡混合物：

$$\underset{\text{季铵盐}}{R_4N^+X^-} + OH^- \rightleftharpoons \underset{\text{季铵碱}}{R_4N^+OH^-} + X^-$$

若季铵盐溶液用湿的氧化银处理，由于形成的卤化银不溶于水而沉淀出来，能使反应进行到底。

$$\underset{\text{季铵盐}}{2R_4N^+X^-} + Ag_2O + H_2O \longrightarrow \underset{\text{季铵碱}}{2R_4N^+OH^-} + 2AgX\downarrow$$

例如，在四甲基氢氧化铵的制备：

$$2(CH_3)_4N^+I^- + Ag_2O + H_2O \longrightarrow \underset{\text{四甲基氢氧化铵}}{2(CH_3)_4N^+OH^-} + 2AgI\downarrow$$

反应后，过滤沉淀，蒸发除去溶剂即可得到四甲基氢氧化铵。

也可用氢氧化钾的醇溶液来处理季铵盐制备季铵碱，因为反应中生成的卤化钾不溶于醇，也可使反应顺利进行。

$$\underset{\text{季铵盐}}{R_4N^+X^-} + KOH \xrightarrow{\text{醇}} \underset{\text{季铵碱}}{R_4N^+OH^-} + KX\downarrow\text{(不溶于醇)}$$

一些长链的季铵盐用来做表面活性剂。如$[CH_3(CH_2)_{11}N(CH_3)_3]^+Br^-$是一种阳离子表面活性剂。季铵盐也可用作相转移催化剂使用（相转移催化剂用 PTC 表示）。例如，下列反应中，RCl 和 NaCN 互不相溶，且 RCl 溶于有机溶剂不溶于水，而 NaCN 溶于水，不溶于有机溶剂，因此它们之间的反应效果很不理想，而用相转移催化剂催化可将反应物从一相带到另一相，效果很好。

$$RCl + NaCN \xrightarrow[\text{辛烷/水}]{(C_4H_9)_4N^+Cl^-\text{(PTC)}} RCN + NaCl$$

14.2.6.2 季铵碱的分解

季铵碱受热发生热分解反应，没有 β-氢原子的季铵碱分解成叔胺和醇。例如：

$$(CH_3)_4N^+OH^- \xrightarrow{\triangle} (CH_3)_3N + CH_3OH$$

含有 β-氢原子的季铵碱受热分解成叔胺、烯烃和水。含有 β-氢原子的季铵碱在加热条件所进行的分解反应称为 Hofmann 消除反应。

$$\mathrm{HO^- + H{-}\overset{\beta}{C}{-}\overset{\alpha}{C}{-}NR_3^+ \xrightarrow{\triangle} {>}C{=}C{<} + R_3N + H_2O}$$

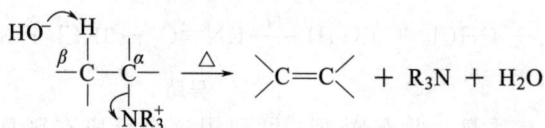

Hofmann 消除反应规则：当季铵碱氮原子上连有不同的烃基时，消除反应的产物主要是双键上连有烃基最少的烯烃，这个规则叫 Hofmann 规则。季铵碱发生消除反应所生成烯烃的规则正好与卤代烃发生消除反应生成烯烃的 Saytzeff 规则相反。例如：

$$\left[\mathrm{CH_3\overset{\beta}{C}H_2{-}\overset{\alpha}{C}H(\overset{+}{N}(CH_3)_3){-}\overset{\beta}{C}H_3}\right]\mathrm{OH^-} \xrightarrow{\triangle} \underset{95\%}{\mathrm{CH_3CH_2CH{=}CH_2}} + \underset{5\%}{\mathrm{CH_3CH{=}CHCH_3}} + \mathrm{N(CH_3)_3} + \mathrm{H_2O}$$

产生 Hofmann 消除产物的原因：这个消除反应发生在分子的内部，分子中的 OH^- 进攻 β-H 原子形成碳负离子中间体的同时，脱去叔胺分子形成消除产物，OH^- 进攻两个不同的 β-H 原子会产生两种不同的消除产物。以下是 OH^- 进攻两个不同的 β-H 原子所形成的中间体的情况。

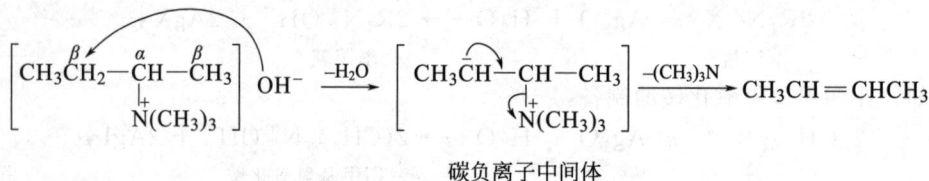

进攻方式 1（OH^- 进攻酸性较大的 β-H）

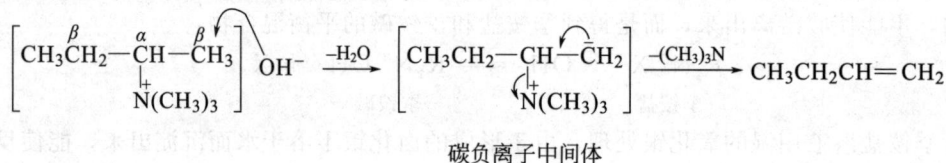

$$\left[\mathrm{CH_3\overset{\beta}{C}H_2{-}\overset{\alpha}{C}H(\overset{+}{N}(CH_3)_3){-}\overset{\beta}{C}H_3}\right]\mathrm{OH^-} \xrightarrow{-H_2O} \underset{\text{碳负离子中间体}}{\left[\mathrm{CH_3CH_2{-}CH(\overset{+}{N}(CH_3)_3){-}\overset{-}{C}H_2}\right]} \xrightarrow{-(CH_3)_3N} \mathrm{CH_3CH_2CH{=}CH_2}$$

进攻方式 2（OH^- 进攻酸性较小的 β-H）

$$\left[\mathrm{CH_3\overset{\beta}{C}H_2{-}\overset{\alpha}{C}H(\overset{+}{N}(CH_3)_3){-}\overset{\beta}{C}H_3}\right]\mathrm{OH^-} \xrightarrow{-H_2O} \underset{\text{碳负离子中间体}}{\left[\mathrm{CH_3\overset{-}{C}H{-}CH(\overset{+}{N}(CH_3)_3){-}CH_3}\right]} \xrightarrow{-(CH_3)_3N} \mathrm{CH_3CH{=}CHCH_3}$$

两种进攻方式中，碳负离子中间体的稳定性为：

$$\left[\mathrm{CH_3CH_2{-}CH(\overset{+}{N}(CH_3)_3){-}\overset{-}{C}H_2}\right] > \left[\mathrm{CH_3\overset{-}{C}H{-}CH(\overset{+}{N}(CH_3)_3){-}CH_3}\right]$$

所以 OH^- 进攻酸性较大的 β-H 原子所形成的消除产物为优先生成的产物，也就是符合 Hofmann 规则的消除产物。

Hofmann 消除规则的第二种表述：当季铵碱消除生成烯烃时，优先消除酸性较大的 β-氢，形成稳定性较大的碳负离子中间体。然后消除一分子叔胺，生成产物烯烃。例如：下列季铵碱的消除产物不符合 Hofmann 消除规则的第一种描述，但用 Hofmann 消除规则的第二种描述就很自然了。

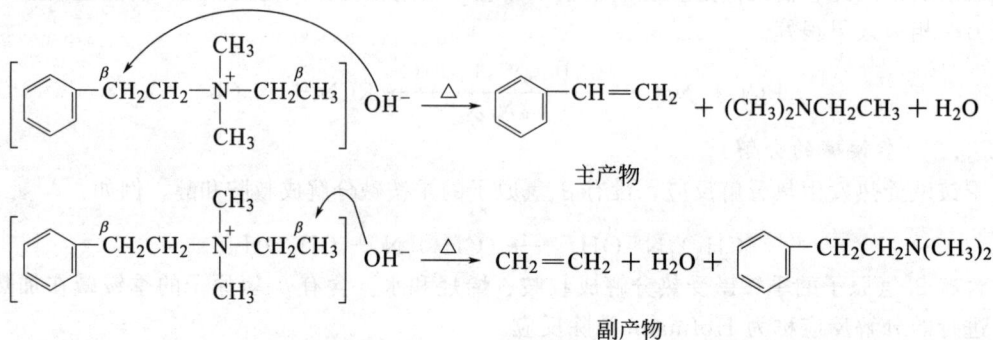

$$\left[\mathrm{C_6H_5\overset{\beta}{C}H_2CH_2{-}\overset{+}{N}(CH_3)_2{-}CH_2\overset{\beta}{C}H_3}\right]\mathrm{OH^-} \xrightarrow{\triangle} \underset{\text{主产物}}{\mathrm{C_6H_5CH{=}CH_2}} + \mathrm{(CH_3)_2NCH_2CH_3 + H_2O}$$

$$\left[\mathrm{C_6H_5\overset{\beta}{C}H_2CH_2{-}\overset{+}{N}(CH_3)_2{-}CH_2\overset{\beta}{C}H_3}\right]\mathrm{OH^-} \xrightarrow{\triangle} \mathrm{CH_2{=}CH_2 + H_2O} + \underset{\text{副产物}}{\mathrm{C_6H_5CH_2CH_2N(CH_3)_2}}$$

消除方式 1（主产物）可形成较稳定的共轭体系负离子，即

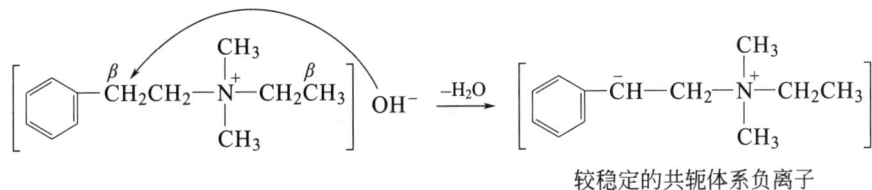

$$\left[C_6H_5-\overset{\beta}{C}H_2CH_2-\overset{+}{N}(CH_3)_2-CH_2\overset{\beta}{C}H_3\right]OH^- \xrightarrow{-H_2O} \left[C_6H_5-\overset{-}{C}H-CH_2-\overset{+}{N}(CH_3)_2-CH_2CH_3\right]$$

较稳定的共轭体系负离子

$$\left[C_6H_5-\overset{-}{C}H-CH_2-\overset{+}{N}(CH_3)_2-CH_2CH_3\right] \longrightarrow C_6H_5-CH=CH_2 + (CH_3)_2NCH_2CH_3$$

消除方式 2（副产物）只能形成无共轭体系的负离子，即

$$\left[C_6H_5-\overset{\beta}{C}H_2CH_2-\overset{+}{N}(CH_3)_2-CH_2\overset{\beta}{C}H_3\right]OH^- \xrightarrow{-H_2O} \left[C_6H_5-CH_2CH_2-\overset{+}{N}(CH_3)_2-CH_2-\overset{-}{C}H_2\right]$$

无共轭体系的负离子

$$\left[C_6H_5-CH_2CH_2-\overset{+}{N}(CH_3)_2-CH_2-\overset{-}{C}H_2\right] \longrightarrow CH_2=CH_2 + C_6H_5-CH_2CH_2N(CH_3)_2$$

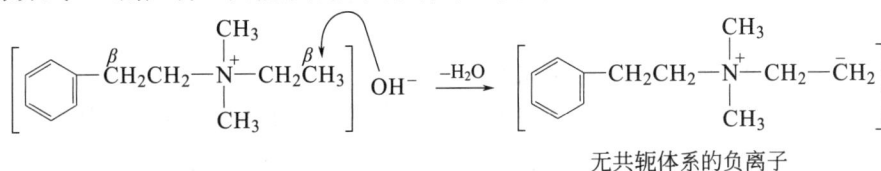

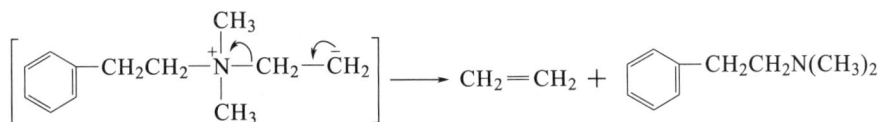

在上述两种消除方式中，形成苯乙烯的消除反应可形成较稳定的共轭体系碳负离子，苯乙烯当然应该是主要产物。

课堂练习 14.7　写出下列季铵碱受热分解时的主要产物。

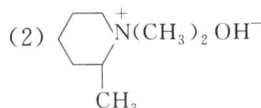

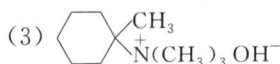

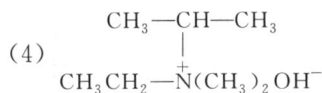

(1) $C_6H_{11}-\overset{+}{N}(CH_3)_3\,OH^-$（环己基）

(2) 3-甲基哌啶环，$\overset{+}{N}(CH_3)_2\,OH^-$，环上 CH_3

(3) 1-甲基环己基：$\overset{+}{N}(CH_3)_3\,OH^-$，$CH_3$

(4) $CH_3CH_2-\overset{+}{N}(CH_3)_2\,OH^-$ 连接 $CH_3-CH-CH_3$

14.3　重氮和偶氮化合物

—N═N—叫偶氮基，偶氮基两端都与碳原子相连的化合物叫偶氮化合物。如果偶氮基只有一端与碳原子相连，另一端与其它原子相连，这类化合物叫重氮化合物。例如：

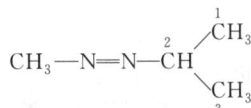

$$C_6H_5-N=N-C_6H_5$$

偶氮苯

$$2\text{-}CH_3C_6H_4-N=N-C_6H_4\text{-}4'\text{-}NH_2$$

2-甲基-4′-氨基偶氮苯

$$2,4\text{-}(CH_3)_2C_6H_3-N=N-C_6H_4\text{-}4'\text{-}N(CH_3)_2$$

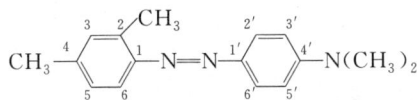

2,4-二甲基-4′-(*N*,*N*-二甲氨基)偶氮苯

$$CH_3-N=N-CH(CH_3)_2$$

2-甲基偶氮丙烷

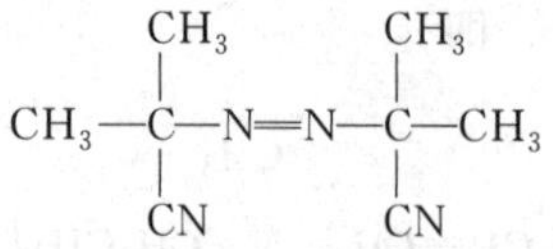

$$(CH_3)_2C(CN)-N=N-C(CN)(CH_3)_2$$

偶氮二异丁腈

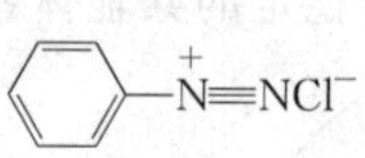

$$C_6H_5-\overset{+}{N}\equiv NCl^-$$

氯化重氮苯（苯重氮盐酸盐）

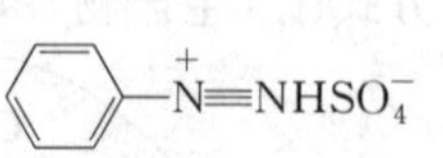

$$C_6H_5-\overset{+}{N}\equiv NHSO_4^-$$

苯重氮硫酸盐

$$\overset{-}{C}H_2-\overset{+}{N}\equiv N$$

重氮甲烷

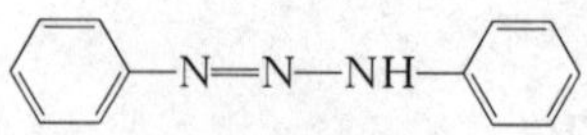

$$C_6H_5-N=N-NH-C_6H_5$$

苯重氮氨基苯

$$C_6H_5-N=N-OH$$

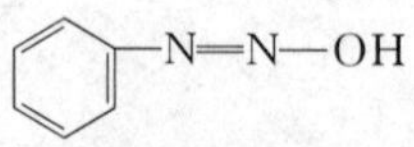

氢氧化重氮苯

在重氮化合物中，重氮盐在有机合成中有重要的意义。由于脂肪族重氮盐非常不稳定，一旦生成立刻分解。芳香族重氮盐也很活泼，但在0～5℃可稳定存在。所以，芳香族重氮盐在有机合成上可用来制备一系列芳香族化合物和有颜色的化合物。以下主要讨论芳香族重氮化合物。

14.3.1 芳香重氮盐的制备——重氮化反应

芳香伯胺在低温和强酸性溶液中与亚硝酸作用生成重氮盐的反应叫重氮化反应。例如：

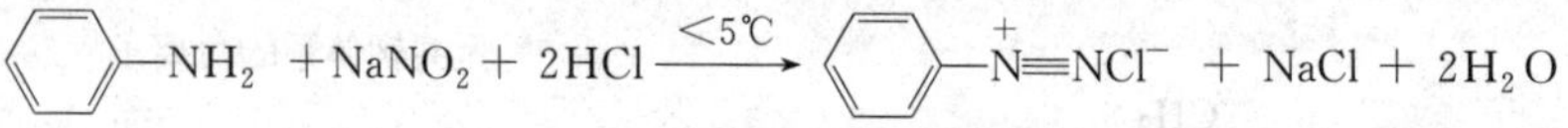

$$C_6H_5-NH_2 + NaNO_2 + 2HCl \xrightarrow{<5℃} C_6H_5-\overset{+}{N}\equiv NCl^- + NaCl + 2H_2O$$

苯重氮盐酸盐

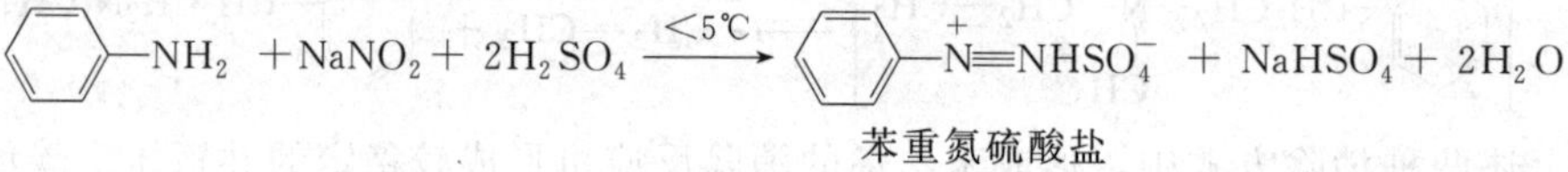

$$C_6H_5-NH_2 + NaNO_2 + 2H_2SO_4 \xrightarrow{<5℃} C_6H_5-\overset{+}{N}\equiv NHSO_4^- + NaHSO_4 + 2H_2O$$

苯重氮硫酸盐

$$C_6H_5-NH_2 + NaNO_2 + HCl + HBF_4 \xrightarrow{<5℃} C_6H_5-\overset{+}{N}\equiv NBF_4^- + NaCl + 2H_2O$$

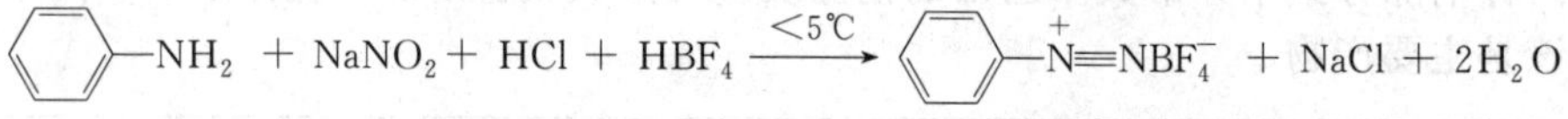

苯重氮氟硼酸盐

重氮化反应须在0～5℃以及过量的酸作用下进行。重氮盐通常不从溶液中分离，而直接使用。重氮盐具有一般盐的性质，绝大部分重氮盐易溶于水，而不溶于有机溶剂，其水溶液能导电。干燥的重氮盐如重氮盐酸盐和重氮硫酸盐，极不稳定，受热或震动或摩擦容易发生爆炸，但它们的水溶液在低温下是稳定的，温度升高则会分解，所以重氮盐通常是随时用随时做。然而，氟硼酸重氮盐则相当稳定，其固体在常温下也不分解，它的水溶性也很小，因此可制备出具有较高纯度和干燥的氟硼酸重氮盐。

芳香族重氮盐的稳定性大于脂肪族重氮盐的原因是因为苯重氮盐的结构中存在共轭体系。

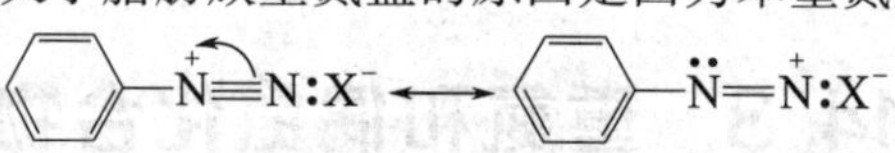

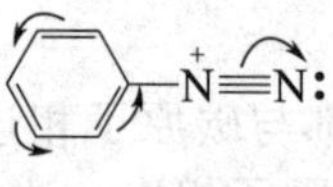

$$C_6H_5-\overset{+}{N}\equiv N:X^- \longleftrightarrow C_6H_5-\ddot{N}=\overset{+}{N}:X^-$$

$$C_6H_5-\overset{+}{N}\equiv N:$$

重氮基离子形成的共轭体系

14.3.2 芳香重氮盐的反应及在有机合成中的应用

芳香重氮盐可以发生多种反应，从氮原子是否被保留在目标产物中，可分为两大类：一类是重氮基被其它基团取代，同时放出氮气的反应；另一类是其它基团与氮原子相连而保留氮原子的反应。

14.3.2.1 放出氮气的反应

（1）重氮基被卤原子取代

芳香重氮盐与氯化亚铜的盐酸溶液或溴化亚铜的氢溴酸溶液反应，重氮基被卤原子（氯和溴原子）取代，这个反应叫Sandmeyer（桑德迈尔）反应。

$$ArNH_2 \xrightarrow[<5℃]{NaNO_2, HCl} Ar\overset{+}{N}{\equiv}NCl^- \xrightarrow{CuCl, HCl} ArCl + N_2\uparrow$$

$$ArNH_2 \xrightarrow[<5℃]{NaNO_2, HBr} Ar\overset{+}{N}{\equiv}NBr^- \xrightarrow{CuBr, HBr} ArBr + N_2\uparrow$$

Sandmeyer 反应

如果反应中使用铜粉代替氯化亚铜或溴化亚铜，反应同样也能进行，这时反应叫做 Gattermann(加特曼）反应。

$$ArNH_2 \xrightarrow[<5℃]{NaNO_2, HCl} Ar\overset{+}{N}{\equiv}NCl^- \xrightarrow{Cu, HCl} ArCl + N_2\uparrow$$

$$ArNH_2 \xrightarrow[<5℃]{NaNO_2, HBr} Ar\overset{+}{N}{\equiv}NBr^- \xrightarrow{Cu, HBr} ArBr + N_2\uparrow$$

Gattermann 反应

芳香重氮盐与碘化钾反应，重氮基可被碘原子取代，生成碘代产物。

$$Ar\overset{+}{N}{\equiv}NHSO_4^- + KI \xrightarrow{\triangle} ArI + N_2\uparrow + KHSO_4$$

例如，碘苯可按以下路线合成：

$$C_6H_5NH_2 \xrightarrow[0℃]{NaNO_2, H_2SO_4} C_6H_5N_2HSO_4 \xrightarrow{KI} C_6H_5I$$

将芳胺制成氟硼酸重氮盐，然后收集氟硼酸重氮盐沉淀，干燥后进行热分解，可得到芳香氟代烃，这个反应叫 Schiemann(席曼）反应。Schiemann 反应是制备芳香氟代烃的一种重要方法。

$$ArNH_2 \xrightarrow[<5℃]{NaNO_2, HCl} Ar\overset{+}{N}{\equiv}NCl^- \xrightarrow{HBF_4} Ar\overset{+}{N}{\equiv}NBF_4^-\downarrow$$

$$Ar\overset{+}{N}{\equiv}NBF_4^- \xrightarrow{\triangle} ArF + N_2\uparrow + BF_3\uparrow$$

Schiemann 反应

例如，氟苯的制备：

$$C_6H_5NH_2 \xrightarrow[0℃]{NaNO_2, HCl} C_6H_5N_2Cl \xrightarrow{HBF_4} C_6H_5N_2BF_4 \xrightarrow[(2)加热分解]{(1)过滤干燥} C_6H_5F$$

重氮盐卤代反应的应用举例：

卤原子是邻、对位定位基，所以间二卤代苯不能通过苯的直接卤化来制备，但可以通过以下重氮化反应路线来合成，例如，间二溴苯的制备：

$$C_6H_6 \xrightarrow[\triangle]{发烟硝酸} m\text{-}C_6H_4(NO_2)_2 \xrightarrow{Zn, HCl} m\text{-}C_6H_4(NH_2)_2$$

$$m\text{-}C_6H_4(NH_2)_2 \xrightarrow[0℃]{NaNO_2, HBr} m\text{-}C_6H_4(N_2Br)_2 \xrightarrow{CuBr, HBr} m\text{-}C_6H_4Br_2$$

(2) 重氮基被氰基取代

芳香重氮盐在 CuCN 的催化作用下与 KCN 反应，重氮基被 CN 取代生成芳香腈化合物，这类反应叫 Sandmeyer 反应，若用铜粉代替 CuCN 则属于 Gattermann 反应。利用此反应，可在苯环上引入氰基。

$$Ar\overset{+}{N}\equiv NCl^- \xrightarrow[\text{或 Cu，KCN}]{\text{CuCN，KCN}} ArCN + N_2\uparrow$$

$$Ar\overset{+}{N}\equiv NHSO_4^- \xrightarrow[\text{或 Cu，KCN}]{\text{CuCN，KCN}} ArCN + N_2\uparrow$$

例如，邻甲基苯甲腈的合成：

$$C_6H_5-CH_3 \xrightarrow{\text{混酸}} o\text{-}NO_2C_6H_4CH_3 \xrightarrow{Fe,HCl} o\text{-}NH_2C_6H_4CH_3$$

$$o\text{-}NH_2C_6H_4CH_3 \xrightarrow[0\sim5℃]{NaNO_2,HCl} o\text{-}N_2ClC_6H_4CH_3 \xrightarrow[50℃]{CuCN,KCN} o\text{-}CNC_6H_4CH_3$$

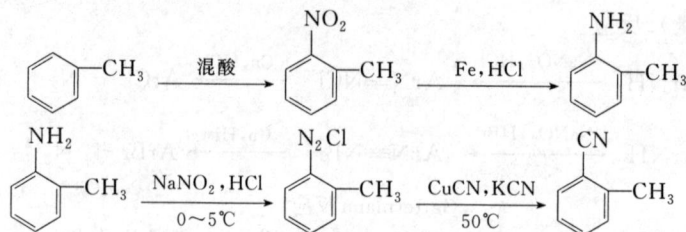

由于氰基水解可生成羧酸，还原可得到胺，因此可通过重氮基被氰基取代进一步制备芳香族羧酸和芳胺类化合物。例如：

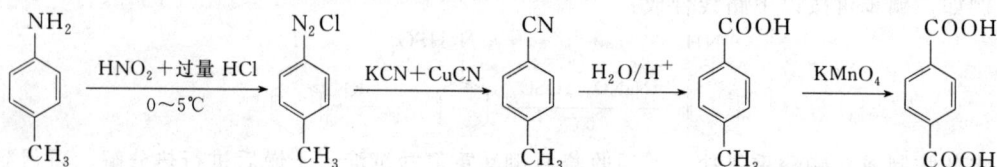

$$p\text{-}NH_2C_6H_4CH_3 \xrightarrow[0\sim5℃]{HNO_2+\text{过量 HCl}} p\text{-}N_2ClC_6H_4CH_3 \xrightarrow{KCN+CuCN} p\text{-}CNC_6H_4CH_3 \xrightarrow{H_2O/H^+} p\text{-}COOHC_6H_4CH_3 \xrightarrow{KMnO_4} p\text{-}HOOCC_6H_4COOH$$

(3) 重氮基被羟基取代

加热芳香族重氮盐水溶液，即有氮气放出，同时重氮基被羟基取代，生成酚类化合物。

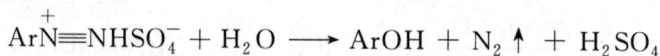

$$Ar\overset{+}{N}\equiv NHSO_4^- + H_2O \longrightarrow ArOH + N_2\uparrow + H_2SO_4$$

重氮基被羟基取代的反应是按 S_N1 机理进行的，其机理可描述如下：

$$Ar\overset{+}{N}\equiv N \longrightarrow Ar^+ + N_2\uparrow$$

$$Ar^+ + H_2O \longrightarrow Ar\overset{+}{O}H_2 \longrightarrow ArOH + H^+$$

例如,下列路线可制备间溴苯酚：

$$C_6H_6 \xrightarrow{\text{混酸}} C_6H_5NO_2 \xrightarrow{Br_2,FeBr_3} m\text{-}BrC_6H_4NO_2 \xrightarrow{Zn,HCl} m\text{-}BrC_6H_4NH_2$$

$$m\text{-}BrC_6H_4NH_2 \xrightarrow[<5℃]{NaNO_2,H_2SO_4} m\text{-}BrC_6H_4N_2HSO_4 \xrightarrow[\triangle]{H_2O} m\text{-}BrC_6H_4OH$$

(4) 重氮基被氢原子取代

芳香重氮盐与次磷酸（H_3PO_2）作用，重氮基可以被氢原子取代，由于重氮基来自氨基，所以这个反应也称为去氨基反应。

$$Ar\overset{+}{N}\equiv NCl^- + H_3PO_2 + H_2O \longrightarrow Ar—H + H_3PO_3 + N_2\uparrow + HCl$$

也可用乙醇代替 H_3PO_2 与重氮盐反应，但此时存在生成醚的副反应。

$$Ar\overset{+}{N}\equiv NCl^- + CH_3CH_2OH \longrightarrow Ar—H + CH_3CHO + N_2\uparrow + HCl$$

$$Ar\overset{+}{N}\equiv NCl^- + CH_3CH_2OH \xrightarrow{\text{副反应}} ArOCH_2CH_3 + N_2\uparrow + HCl$$

这个反应在有机合成中很有用，因为氨基是很强的邻、对位定位基，通过在芳环上引入氨基和去氨基的方法，可以合成许多用其它方法不易或不能得到的化合物。例如，1,3,5-三溴苯不能通过苯的直接溴化得到，而用以下方法合成很方便：

$$C_6H_5NH_2 \xrightarrow{Br_2} 2,4,6\text{-}Br_3C_6H_2NH_2 \xrightarrow[<5℃]{NaNO_2,H_2SO_4} 2,4,6\text{-}Br_3C_6H_2N_2HSO_4 \xrightarrow[\text{或 } C_2H_5OH]{H_3PO_2+H_2O} 1,3,5\text{-}Br_3C_6H_3$$

(5) 重氮基被硝基取代

重氮基还可以被硝基取代，这个反应可以用来合成一些其它方法不易得到的硝基化合物。

$$C_6H_5NH_2 \xrightarrow[<5℃]{NaNO_2,HCl} C_6H_5N_2Cl \xrightarrow[NaHCO_3,Cu^+]{NaNO_2} C_6H_5NO_2$$

例如，对二硝基苯的制备：

$$C_6H_5NH_2 \xrightarrow{(CH_3CO)_2O} C_6H_5NHCOCH_3 \xrightarrow{HNO_3} p\text{-}O_2NC_6H_4NHCOCH_3 \xrightarrow{H_2O/H^+} p\text{-}O_2NC_6H_4NH_2$$

$$p\text{-}O_2NC_6H_4NH_2 \xrightarrow[<5℃]{NaNO_2,HCl} p\text{-}O_2NC_6H_4N_2Cl \xrightarrow[NaHCO_3,Cu^+]{NaNO_2} p\text{-}O_2NC_6H_4NO_2$$

14.3.2.2　保留氮原子的反应

(1) 还原反应

芳香重氮盐与亚硫酸钠或二氯化锡的盐酸溶液作用可被还原成芳基肼，反应完成后加入碱使肼游离出来。

$$C_6H_5N_2Cl \xrightarrow[\text{或 } SnCl_2,HCl]{Na_2SO_3,HCl} C_6H_5NHNH_2\cdot HCl \xrightarrow{NaOH} C_6H_5NHNH_2$$

若用锌粉和盐酸等更强的还原剂来还原，通常只能得到苯胺。

$$C_6H_5N_2Cl \xrightarrow{Zn,HCl} C_6H_5NH_2\cdot HCl \xrightarrow{NaOH} C_6H_5NH_2$$

(2) 偶合反应

在适当的酸碱条件下，重氮盐可以和酚和芳胺等连有强供电子基团的芳香化合物作用，生成偶氮化合物，这个反应叫偶合反应。重氮盐与酚类化合物的偶合反应在弱碱性条件下进行（pH≈10），而重氮盐与芳胺类化合物的偶合反应在弱酸性或中性条件下进行（pH＝5～7）。例如：

$$C_6H_5\overset{+}{N}\equiv NCl^- + C_6H_5N(CH_3)_2 \xrightarrow[0℃,pH=5\sim7]{CH_3COOH,H_2O} C_6H_5N{=}N\text{-}C_6H_4\text{-}N(CH_3)_2$$

对(*N*,*N*-二甲氨基)偶氮苯

$$C_6H_5-\overset{+}{N}\equiv NCl^- + C_6H_5-OH \xrightarrow[0℃,pH\approx 10]{NaOH,H_2O} C_6H_5-N=N-C_6H_4-OH$$

对羟基偶氮苯

重氮盐与酚类化合物的偶合反应之所以在弱碱性条件下进行，是因为在弱碱性条件下，酚（ArOH）变成芳氧基负离子 ArO^-，氧负离子（O^-）是一个比羟基（—OH）更强的活化芳环的基团，有利于偶合反应进行。但重氮盐与酚的偶合不能在强碱性条件下进行。因为当 pH＞10 时，重氮离子会形成不能发生偶合反应的重氮酸。

$$\underset{\text{可偶合}}{Ar-\overset{+}{N}\equiv N} + OH^- \underset{H^+}{\overset{OH^-}{\rightleftharpoons}} \underset{\text{不可偶合}}{Ar-N=N-OH}\text{(重氮酸)}$$

$$\underset{\text{不可偶合}}{Ar-N=N-OH} \underset{H^+}{\overset{OH^-}{\rightleftharpoons}} \underset{\text{不可偶合}}{Ar-N=N-O^-} + H^+$$

重氮盐与芳胺的偶合反应要在弱酸性或中性条件下进行（pH＝5～7），是因为在强酸性条件下，芳胺（$ArNR_2$）变成芳铵盐（Ar^+NHR_2），而 $^+NHR_2$ 正离子是一个强的钝化芳环的基团。只含钝化基团的芳环不能进行偶合反应。

重氮盐的偶合反应是芳香族亲电取代反应。由于重氮基是弱的亲电试剂，因此通常只与酚类和芳胺或含有强的活化基团的芳香化合物才能发生偶合反应。例如，甲基橙可由下列步骤合成：

$$HO_3S-C_6H_4-NH_2 + NaNO_2 + 2HCl \longrightarrow HO_3S-C_6H_4-\overset{+}{N}\equiv NCl^- + NaCl + 2H_2O$$

$$HO_3S-C_6H_4-\overset{+}{N}\equiv NCl^- + C_6H_5-N(CH_3)_2 \longrightarrow HO_3S-C_6H_4-N=N-C_6H_4-N(CH_3)_2$$

甲基橙

但甲基橙不能由下列步骤合成：

$$(CH_3)_2N-C_6H_4-NH_2 + NaNO_2 + 2HCl \longrightarrow (CH_3)_2N-C_6H_4-\overset{+}{N}\equiv NCl^- + NaCl + 2H_2O$$

$$(CH_3)_2N-C_6H_4-\overset{+}{N}\equiv NCl^- + C_6H_5-SO_3H \not\longrightarrow HO_3S-C_6H_4-N=N-C_6H_4-N(CH_3)_2$$

重氮盐的偶合反应通常发生在酚羟基或芳胺的对位，如对位被其它基团占据，也能在羟基或氨基的邻位偶联。例如：

$$C_6H_5-\overset{+}{N}\equiv NCl^- + CH_3-C_6H_4-OH \xrightarrow[pH\approx 10]{NaOH,H_2O} C_6H_5-N=N-C_6H_3(OH)(CH_3)$$

当重氮盐与 α-萘酚或 α-萘胺反应时，偶合反应发生在 4 位，若 4 位被占，则发生在 2 位。例如：

$$C_6H_5-\overset{+}{N}\equiv NCl^- + \text{1-萘酚} \longrightarrow C_6H_5-N=N-C_{10}H_6-OH\ (4\text{位})$$

$$C_6H_5-\overset{+}{N}\equiv NCl^- + \text{1-萘胺} \longrightarrow C_6H_5-N=N-C_{10}H_6-NH_2\ (4\text{位})$$

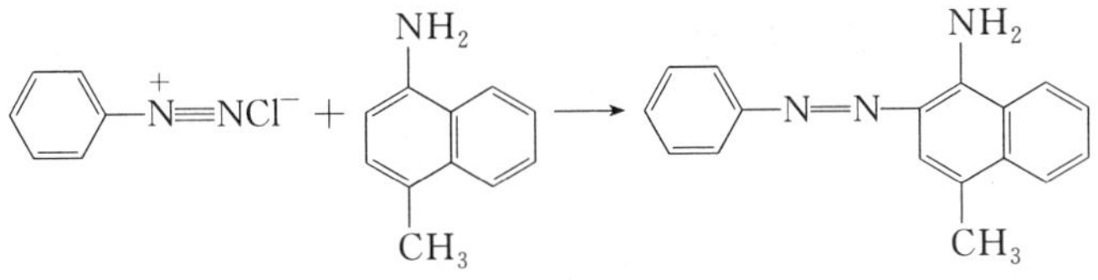

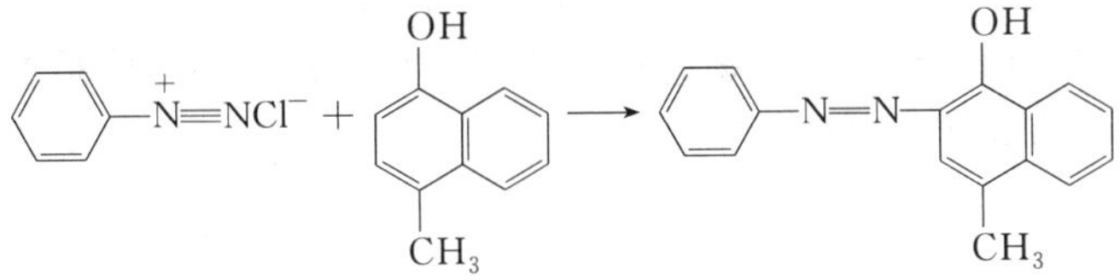

而当重氮盐与β-萘酚或β-萘胺偶合时，反应发生在 1 位，若 1 位被占，则不发生偶合。例如：

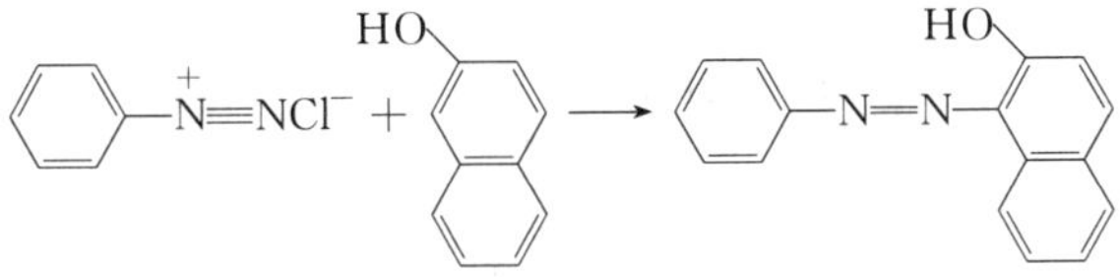

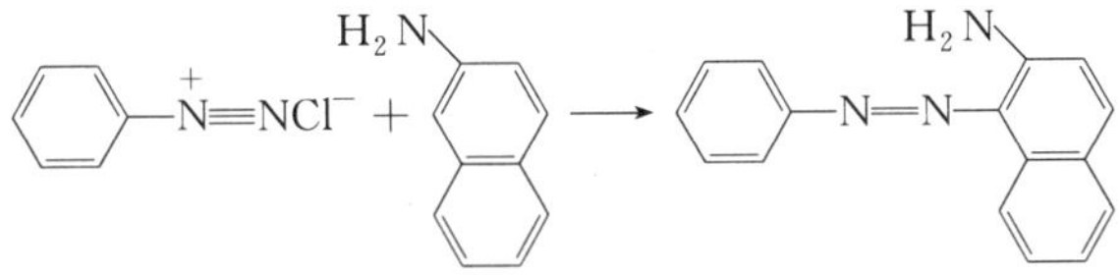

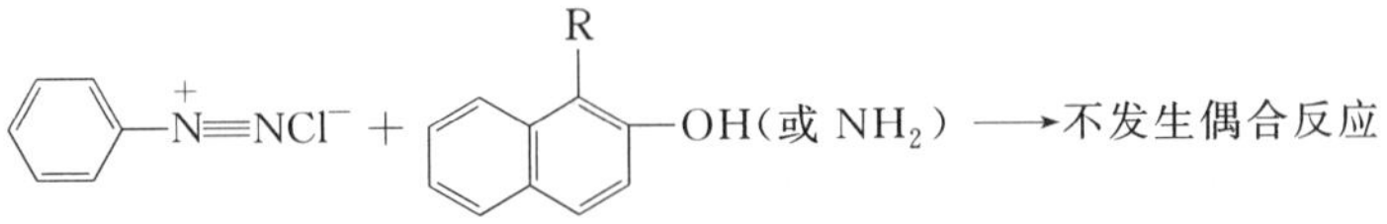

OH(或 NH_2) ——→不发生偶合反应

14.3.3 偶氮染料简介

酚和芳胺与芳香重氮盐的偶合产物可用通式 Ar—N ═N—Ar′表示，这类化合物都带有颜色，同时分子中都含有偶氮基，所以这类化合物称为偶氮染料。例如：

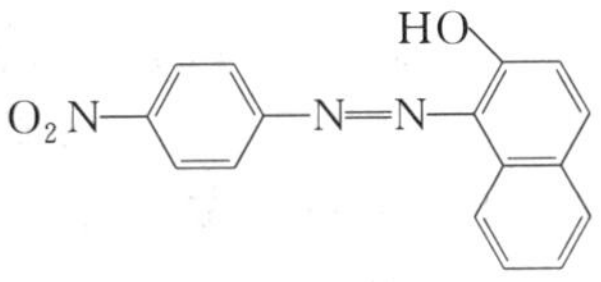

对位红(染料)

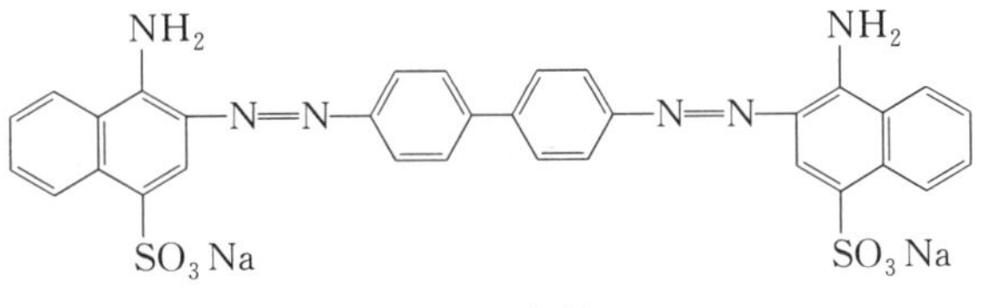

刚果红(染料)

染料品种繁多，偶氮染料是其中应用较广的一类。偶氮染料的偶氮基可被 $SnCl_2/HCl$ 还原成两分子胺。可利用此反应来测定偶氮染料的结构。

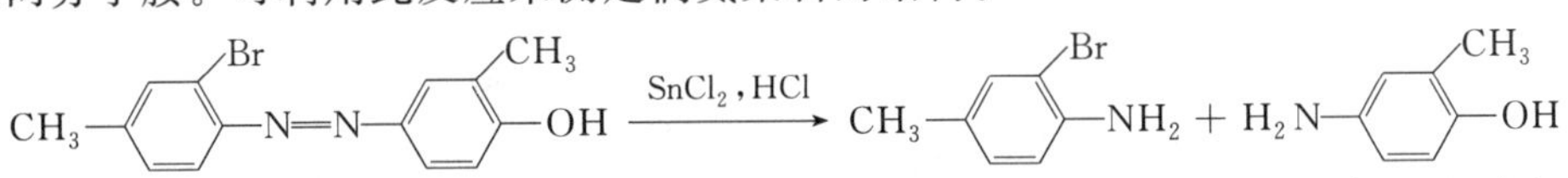

$SnCl_2$, HCl

偶氮染料之所以有颜色是因为其分子结构中存在共轭体系，且含有生色基和助色基。生色基是可以造成有机物分子在紫外及可见光区域内（200～700nm）吸收峰的基团。助色基是可使共轭链或生色基的吸收波长移向长波方向。

生色基一般含有共轭体系，例如：C_6H_5—、—N═N—、═C_6H_4═、—C═C—C═C—、

—N(═O)—O、—N═O 等。

助色基一般含有孤对电子，例如：—$\ddot{N}H_2$、—$\ddot{O}H$、—$\ddot{N}R_2$ 等。

通常共轭结构的增长会导致化合物颜色的加深。在有机物共轭体系中引入助色基或生色基一般也伴随着颜色的加深。例如：

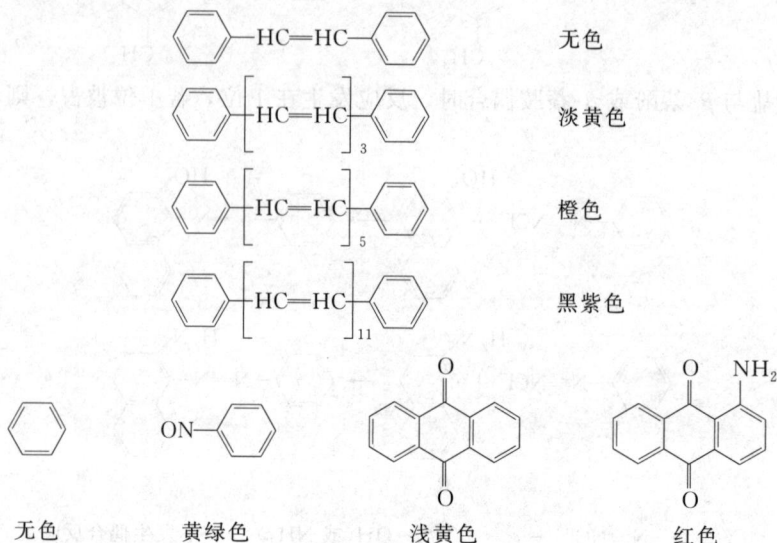

C_6H_5—HC═HC—C_6H_5　　无色

C_6H_5—[HC═HC]$_3$—C_6H_5　　淡黄色

C_6H_5—[HC═HC]$_5$—C_6H_5　　橙色

C_6H_5—[HC═HC]$_{11}$—C_6H_5　　黑紫色

苯　无色　　ON—C_6H_5　黄绿色　　蒽醌　浅黄色　　1-氨基蒽醌（NH_2）　红色

14.3.4 腈和异腈

腈可以看作是烃分子中的氢原子被氰基（CN）取代后的衍生物，腈的通式是 RCN。异腈又叫胩，异腈的通式可写成 RNC，异腈中异氰基的氮原子直接与碳原子相连，异腈和腈是同分异构体。分子量小的腈和异腈都有较大的毒性。腈和异腈的结构如下：

$$(Ar)R—C\equiv N \qquad (Ar)R—\overset{+}{N}\equiv \bar{C}:$$

腈　　　　异腈

腈的命名可以根据腈分子中碳原子的个数叫做某腈，也可以用氰基作为取代基来命名，异腈通常把异氰基作为取代基来命名。例如：

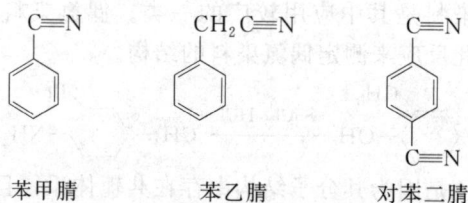

$CH_3C\equiv N$　乙腈

$CH_3—CH(CH_3)—C\equiv N$　异丁腈

$CH_3CH_2N\equiv C$　异氰基乙烷

$N\equiv CCH_2CH_2CH_2CH_2C\equiv N$　己二腈

$N\equiv CCH_2COOH$　氰基乙酸

$C_6H_5C\equiv N$　苯甲腈

$C_6H_5CH_2C\equiv N$　苯乙腈

$N\equiv C—C_6H_4—C\equiv N$　对苯二腈

分子量不大的低级腈是无色液体，高级腈为固体，低级腈具有较大的极性（如乙腈的偶极矩为 4.0D）。低级腈不仅可以和水混溶，而且可以溶解一些无机盐，同时也可以与苯乙醚

等有机溶剂混溶，所以低级腈是有机反应中很好的溶剂。

14.3.4.1　腈的主要反应

(1) 腈的水解和醇解反应

在酸或碱存在和加热条件下，腈可以水解成羧酸，这是制备羧酸的重要方法之一，若在酸性条件下水解的同时加入醇，可以水解、酯化同时进行，这个反应也可称为醇解。

$$R{-}C{\equiv}N + 2H_2O \xrightarrow{H^+ 或 OH^-} RCOOH + NH_3$$

$$R{-}C{\equiv}N + R'OH + H_2O \xrightarrow{H^+} RCOOR' + NH_3$$

(2) 腈和 Grignard 试剂的反应

腈与 Grignard 试剂可发生加成反应，加成产物水解后，可生成酮，因此也可利用腈来合成酮。

$$R{-}C{\equiv}N + R'MgX \xrightarrow{干醚} R{-}\underset{R'}{\underset{|}{C}}{=}N{-}MgX$$

$$R{-}\underset{R'}{\underset{|}{C}}{=}N{-}MgX \xrightarrow{H_2O} R{-}\underset{R'}{\underset{|}{C}}{=}NH \xrightarrow[-NH_3]{H_2O} R{-}\overset{O}{\overset{\|}{C}}{-}R'$$

(3) 腈的还原反应

腈用催化加氢的方法可以还原生成胺。例如：

$$\underset{己二腈}{N{\equiv}C(CH_2)_4C{\equiv}N} \xrightarrow{H_2/Ni} \underset{己二胺}{H_2NCH_2(CH_2)_4CH_2NH_2}$$

14.3.4.2　异腈的主要反应

(1) 异腈的水解反应

异腈在碱性条件下很稳定，在酸性条件下可水解成伯胺和甲酸。

$$R{-}N{\equiv}C + 2H_2O \xrightarrow{H^+} RNH_2 + HCOOH$$

(2) 异腈的还原反应

异腈在催化加氢的条件下还原，可生成甲基仲胺。

$$R{-}N{\equiv}C + 2H_2 \xrightarrow{Ni} RNHCH_3$$

(3) 异腈的异构化反应

异腈和腈是同分异构体，在高温下，异腈可异构化为腈，说明腈的稳定性大于异腈。

$$R{-}N{\equiv}C \xrightarrow{300℃} R{-}C{\equiv}N$$

(4) 异腈的氧化反应

异腈可以被 HgO 氧化为异氰酸酯。

$$R{-}N{\equiv}C + HgO \longrightarrow \underset{异氰酸酯}{R{-}N{=}C{=}O} + Hg$$

异腈可以由伯胺、氯仿、氢氧化钾通过下列反应来制备，由于生成的异腈通常有难闻的恶臭味，这个反应也可用来鉴别伯胺和氯仿。

$$RNH_2 + CHCl_3 + 3KOH \xrightarrow[\triangle]{醇} \underset{异腈}{RN{\equiv}C} + 3KCl + 3H_2O$$

习　题

1. 命名下列化合物：

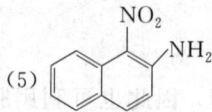

(1) $(CH_3)_2CHNH_2$

(2) $H_2NCH_2—CH(CH_3)—CH_2NH_2$

(3) $O_2N—C_6H_4—N(CH_3)_2$（对位）

(4) $C_6H_5CH_2NH_2$

(5) 1-硝基-2-氨基萘（NO_2，NH_2）

(6) $\left[C_6H_5CH_2—N^+(CH_3)_2—C_{12}H_{25}\right]Br^-$

(7) $(C_2H_5)_2N^+(CH_3)_2OH^-$

(8) $^-Br\overset{+}{N_2}—C_6H_4—CH_3$（对位）

2. 写出下列化合物的结构式：

(1) 乙二胺　(2) 二乙异丙胺　(3) 对氨基苯甲酸甲酯

(4) 氢氧化四乙铵　(5) 碘化二甲基二乙基铵　(6) *N*-甲基-*N*-乙基苯胺

3. 按碱性强弱排列下列各组化合物：

(1) 氨、苯胺、二苯胺、对硝基二苯胺

(2) 苯胺、对甲苯胺、对硝基苯胺

(3) 三苯胺、三甲胺、对甲氧基苯胺

(4) 乙酰胺、乙胺、氢氧化四甲铵、三乙胺

4. 用化学方法鉴别下列化合物：

(1) 苯胺　苯酚　苯甲酸　环己醇

(2) 邻甲苯胺　*N*-甲基苯胺　苯甲酸　邻羟基苯甲酸

5. 完成下列转化：

(1) $CH_3CH_2CH_2Br \longrightarrow CH_3CH_2CH_2CH_2NH_2$

(2) $C_6H_5COOH \longrightarrow C_6H_5NH_2$

(3) $C_6H_5NH_2 + (CH_3CO)_2O \longrightarrow O_2N—C_6H_4—NH_2$（对位）

(4) $CH_3CH_2OH \longrightarrow CH_3CH(NH_2)CH_2CH_3$

6. 写出对硝基硫酸重氮苯转变成下列化合物所需的试剂。

(1) 对氟硝基苯　(2) 对氯硝基苯　(3) 对溴硝基苯

(4) 对碘硝基苯　(5) 对硝基苯肼　(6) 对硝基对氨基偶氮苯

(7) 硝基苯　(8) 对硝基苯甲腈　(9) 对硝基苯酚

7. 将 $CH_3CH═CHCH_2CH_2NH_2$ 进行彻底甲基化反应，并将彻底甲基化反应产物制成季铵碱，然后进行热分解，写出上述反应的所有化学方程式。

8. 从指定原料经重氮化反应合成下列化合物，无机试剂任选。

(1) 从苯合成间硝基苯甲酸

(2) 从苯合成

间苯二甲腈（1,3-二氰基苯，$C_6H_4(CN)_2$）

(3) 从甲苯合成 3,5-二溴甲苯

(4) 从苯和碘甲烷合成 $C_6H_5-N=N-C_6H_4-N(CH_3)_2$

9. 化合物 A 不溶于苯、乙醚等有机溶剂，能溶于水，分子中只含 C、H、N、O 四种元素。A 加热后失去 1mol 水得到 B，B 可以和溴的氢氧化钠溶液反应生成比 B 少一个氧和碳的化合物 C。C 和 $NaNO_2$ 的 HCl 溶液在低温下反应后再和次磷酸作用生成苯。写出 A、B、C 的构造式。

第 15 章　杂环化合物

构成环状化合物的原子，除了碳原子以外，还含有其它原子的化合物叫杂环化合物，这些其它原子被称为杂原子，最常见的杂原子是 O、S、N 等。例如，下列化合物都是杂环化合物：

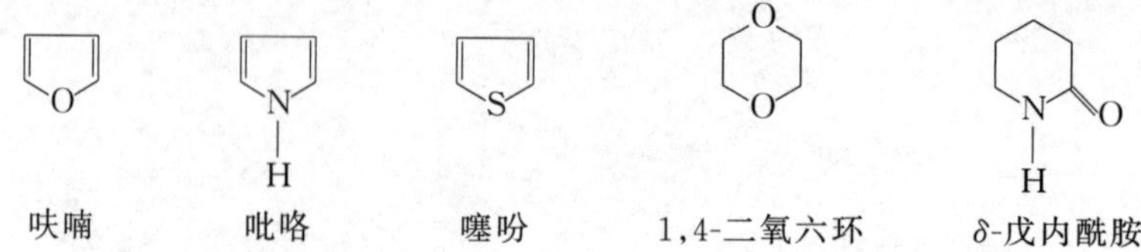

呋喃　　吡咯　　噻吩　　1,4-二氧六环　　δ-戊内酰胺

15.1　杂环化合物的分类

杂环化合物有各种分类方法，根据其分子是否具有芳香性，可分为芳香杂环化合物和非芳香杂环化合物。

例如，下列化合物为芳香杂环化合物：

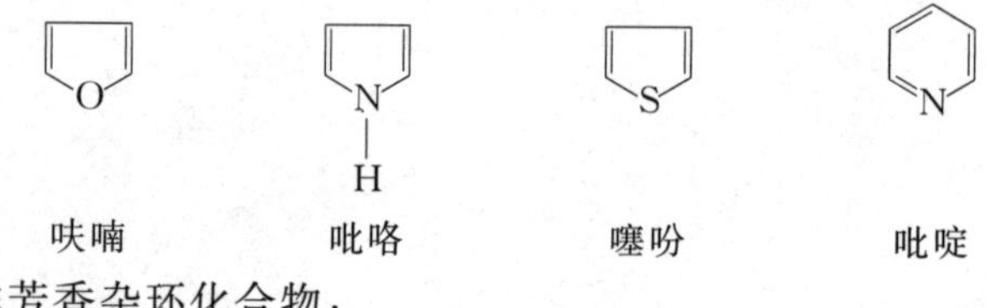

呋喃　　吡咯　　噻吩　　吡啶

下列化合物为非芳香杂环化合物：

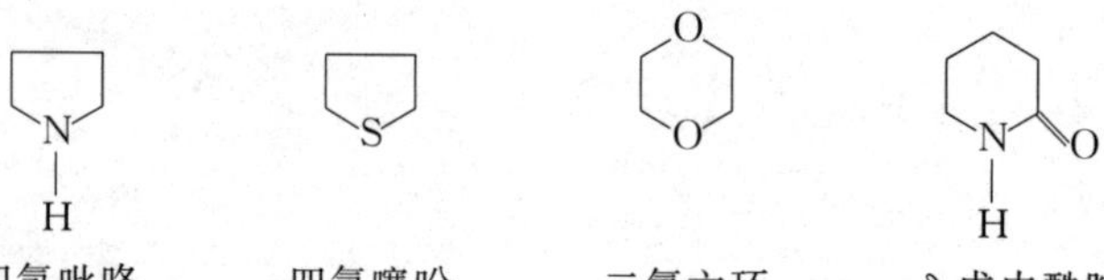

四氢吡咯　　四氢噻吩　　二氧六环　　δ-戊内酰胺

根据杂环内原子的个数可分为三元、四元、五元……杂环化合物。例如：

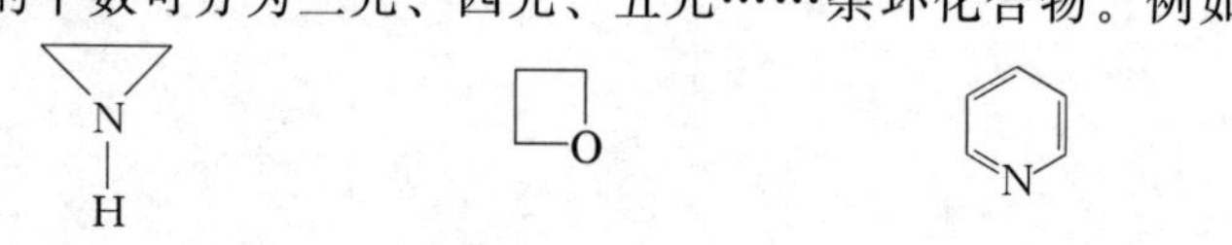

三元杂环化合物　　四元杂环化合物　　六元杂环化合物

根据杂环的数目和连接方式可分为单杂环化合物和稠杂环化合物。例如：

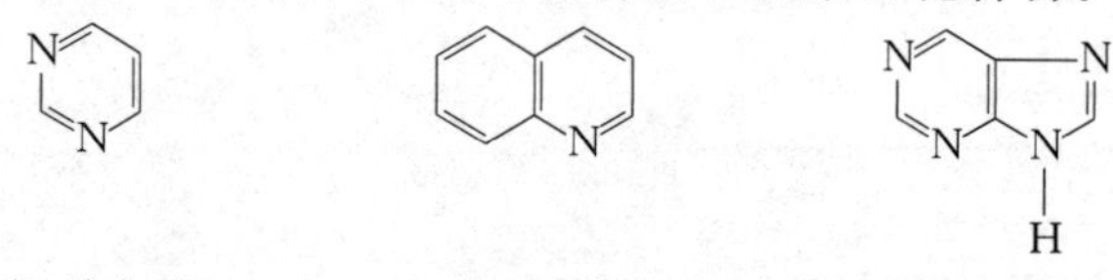

嘧啶(单杂环)　　喹啉(稠杂环)　　嘌呤(稠杂环)

杂环化合物种类繁多，结构复杂。由于非芳香性的杂环化合物的性质与开链化合物的性质相似，因此本章主要讨论的杂环化合物是含有杂原子且有芳香性的杂环化合物。这类化合

物包括五元杂环、六元杂环和稠杂环化合物及其衍生物。

15.2　杂环化合物的命名

杂环化合物的命名常用音译法，即按英文名称的读音选用同音的汉字，再加“口”字旁表示杂环的名称。当杂环化合物上有取代基时，须对杂环上的原子进行编号，编号的规则是从杂原子开始编号，同时要使取代基的位置越小越好。如果同一环上有多个杂原子，应使杂原子所在位次的编号最小，并按 O、S、—NH—、—N═的顺序决定优先的杂原子。例如：

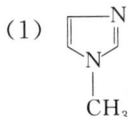

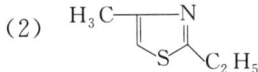

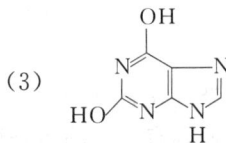

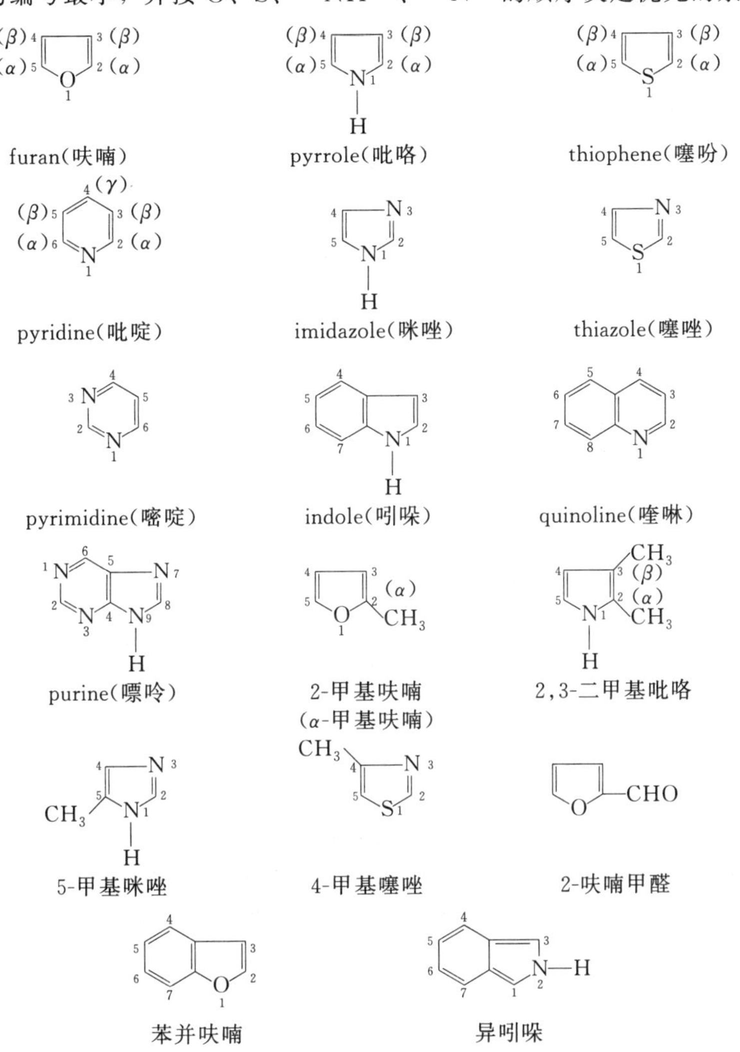

课堂练习 15.1　写出下列化合物的名称：

(1)　　(2)　　(3)

15.3 杂环化合物的结构和芳香性

杂环化合物是否具有芳香性可用休克尔规则（$4n+2$）来判断。如果化合物的结构符合休克尔规则，则该化合物具有芳香性。

15.3.1 五元杂环化合物的结构

以呋喃、噻吩、吡咯为例说明五元杂环化合物的结构。

在呋喃、噻吩中，碳原子均采取 sp^2 杂化。氧原子或硫原子，它们的最外层电子排布都为 $2s^2 2p_x^2 2p_y^1 2p_z^1$，在未成键之前，氧原子或硫原子同样采取 sp^2 杂化（其中参与杂化的 s 轨道有 2 个电子，2 个 p 轨道分别有一个电子），形成三个 sp^2 杂化轨道，其中的两个 sp^2 杂化轨道上分别有两个单电子，剩下的一个 sp^2 杂化轨道被孤对电子所占据。未参与杂化的 p 轨道上有两个电子，它垂直于 sp^2 杂化轨道所在的平面。由于呋喃、噻吩中的原子均采取 sp^2 杂化，因此组成五元环的五个原子均在同一平面上，彼此以 σ 键相连，五个原子未参与杂化的 p 轨道都垂直于 σ 键所在的平面，能从侧面相互交盖形成大 π 键。大 π 键中的 π 电子数为 6（其中 4 个电子来源于碳原子，2 个电子来源于杂原子）。符合（$4n+2$）中的 π 电子离域体系，因此具有芳香性。例如：

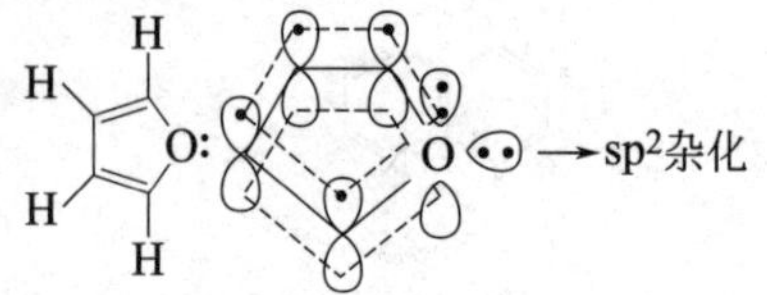

碳原子和氧原子都以 sp^2 杂化，形成一个 π_5^6 键

呋喃的结构

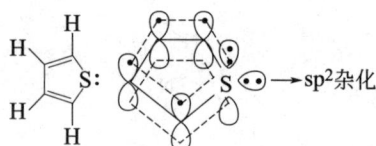

碳原子和硫原子都以 sp^2 杂化，形成一个 π_5^6 键

噻吩的结构

在吡咯分子中，碳原子同样采取 sp^2 杂化。氮原子的最外层电子排布为 $2s^2 2p_x^1 2p_y^1 2p_z^1$，激发态的电子排布为 $2s^1 2p_x^1 2p_y^1 2p_z^2$。在未成键之前，氮原子采取 sp^2 杂化（其中参与杂化的 s 轨道和 2 个 p 轨道上各有一个电子），形成三个 sp^2 杂化轨道。未参与杂化的 p 轨道上有两个电子，它垂直于 sp^2 杂化轨道所在的平面。由于吡咯中的原子均采取 sp^2 杂化，因此组成五元环的五个原子均在同一平面上，彼此以 σ 键相连，同时氮原子还与一个氢原子的 1s 轨道形成一个 σ 键。五个原子未参与杂化的 p 轨道都垂直于 σ 键所在的平面，能从侧面相互交盖形成大 π 键。大 π 键中的 π 电子数为 6（其中 4 个电子来源于碳原子，2 个电子来源于氮原子）。符合 $4n+2$ 中的 π 电子离域体系，因此具有芳香性。例如：

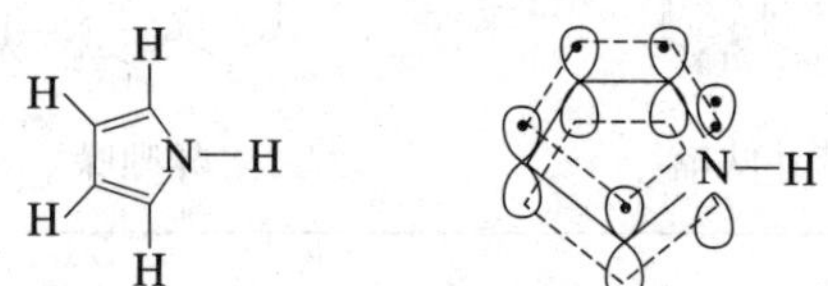

碳原子和氮原子都以 sp^2 杂化，形成一个 π_5^6 键

吡咯的结构

从以上对五元杂环化合物的结构分析可知，五元杂环化合物均符合休克尔（$4n+2$）规则的要求，所以它们具有一定的芳香性，可发生环上的亲电取代反应。由于环上的 5 个原子共享 6 个 π 电子，属于富电子芳环，因此五元杂环化合物的电子云密度比苯环大，发生亲电

取代反应的速率也比苯快得多。

以下实验事实均说明呋喃、噻吩、吡咯具有芳香性。

呋喃、吡咯、噻吩的键长数据如下：

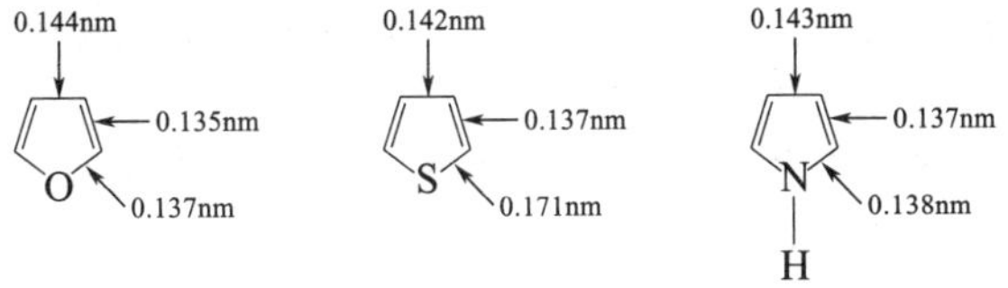

已知典型键长数据

C—C：0.154nm	C—O：0.143nm	C—S：0.182nm	C—N：0.147nm
C═C：0.134nm	C═O：0.122nm	C═S：0.160nm	C═N：0.128nm

将呋喃、吡咯、噻吩的键长数据与已知典型键长数据比较可知，这些化合物中的键已有相当大程度的平均化，即单键变短，双键变长。

呋喃、吡咯和噻吩的离域能

化合物	离域能	化合物	离域能
呋喃	67kJ/mol	吡咯	88kJ/mol
噻吩	117kJ/mol	苯	150.6kJ/mol

从离域能大小可知，五元杂环化合物芳香性的大小为：噻吩＞吡咯＞呋喃，但它们的离域能都远小于苯。

15.3.2　六元杂环化合物的结构

以吡啶为例说明六元杂环化合物的结构。

在吡啶分子中，碳原子采取 sp^2 杂化，氮原子的最外层电子排布为 $2s^2 2p_x^1 2p_y^1 2p_z^1$，激发态的电子排布为 $2s^1 2p_x^2 2p_y^1 2p_z^1$。在未成键之前，氮原子采取 sp^2 杂化（其中参与杂化的 s 轨道上有一个电子，1 个 p 轨道上有一个电子，另一个 p 轨道上有两个电子），形成三个 sp^2 杂化轨道。未参与杂化的 p 轨道上有一个电子，它垂直于 sp^2 杂化轨道所在的平面。由于吡啶中的原子均采取 sp^2 杂化，因此组成六元环的六个原子均在同一平面上，彼此以 σ 键相连。六个原子未参与杂化的 p 轨道都垂直于 σ 键所在的平面，能从侧面相互交盖形成大 π 键。大 π 键中的 π 电子数为 6（其中 5 个电子来源于碳原子，1 个电子来源于氮原子），符合 $4n+2$ 中的 π 电子离域体系，因此具有芳香性。例如：

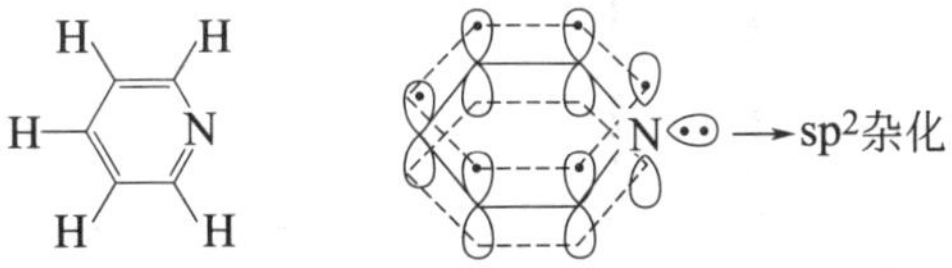

碳原子和氮原子都以 sp^2 杂化，形成一个 π_6^6 键

吡啶的结构

吡啶分子结构中的键长数据如下：

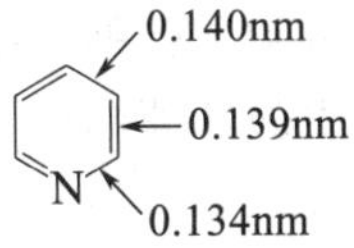

从以上对六元杂环化合物的结构分析可知，六元杂环化合物符合休克尔 $4n+2$ 规则的要求，所以具有一定的芳香性，可发生环上的亲电取代反应，但由于键长未完全平均化，因此其芳香性不及苯。吡啶环上的 6 个原子共享 6 个 π 电子，且氮原子的电负性比碳原子大，因此氮原子周围的电子云密度较大，其它碳原子上的电子云密度有所下降，因此吡啶属于缺电子芳环，其发生亲电取代反应的速率比苯慢。

从以下五元和六元杂环化合物各原子上的电子云密度数据也可知其反应的活性。呋喃、吡咯、噻吩和吡啶环上的电子云密度：

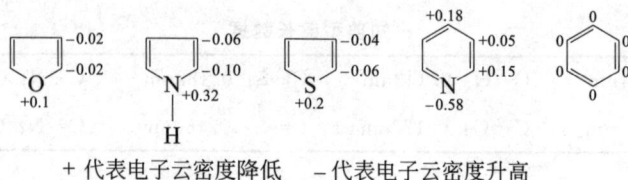

+ 代表电子云密度降低　– 代表电子云密度升高

上述电子云密度的含义是：将苯环上碳原子的电子云密度看作 0，若比苯环上碳原子的电子云密度大，则是负数，若比苯环上碳原子的电子云密度小，则是正数，某原子的电子云密度数据负值越大，电子云密度越大，某原子的电子云密度的数据正值越大，电子云密度越小。

呋喃、吡咯、噻吩环上的电子云密度比苯大，吡啶环上的电子云密度比苯小。所以呋喃、吡咯和噻吩的反应活性比苯大。吡啶的反应活性比苯小。呋喃、吡咯、噻吩 α-碳的电子云密度比 β-碳位大（呋喃基本相同），吡啶 β-碳的电子云密度比 α-碳和 γ-碳大。所以它们进行亲电取代反应时，呋喃、吡咯、噻吩主要生成 α 取代产物，吡啶主要生成 β 取代产物。由于芳香性的大小是：噻吩＞吡咯＞呋喃，所以三个五元杂环化合物中，呋喃环的稳定性最差，噻吩环的稳定性最好。在许多情况下呋喃显示一些共轭二烯的性质。

在这些杂环化合物分子中都存在一个稳定的芳环体系。对于呋喃、吡咯和噻吩都是每一个碳原子提供一个电子，杂原子提供两个电子形成一个五中心六电子大 π 键，而吡啶是每一个原子（包括杂原子）都是提供一个电子形成一个六中心六电子大 π 键，呋喃、噻吩和吡啶都还有一对孤电子在 sp^2 杂化轨道上，它们都组成了一个 $4n+2(n=1)$ 的 π 电子离域体系。

呋喃、吡咯、噻吩和吡啶的 ^1H NMR 图谱分别如图 15-1～图 15-4 所示。

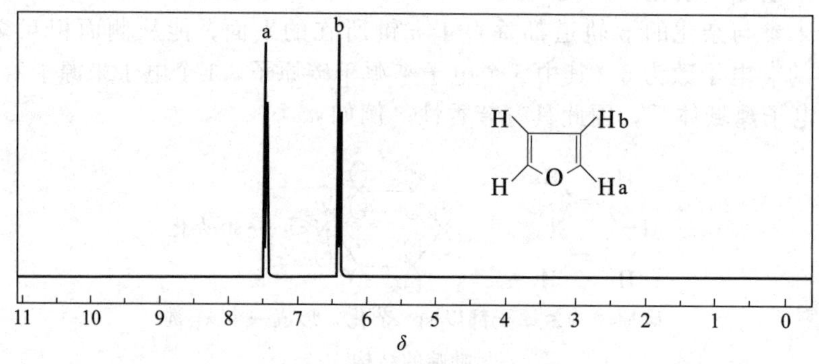

图 15-1　呋喃的 ^1H NMR 谱

从它们核磁共振图谱上的化学位移可知，呋喃、吡咯、噻吩和吡啶上的 π 电子产生很强的磁各向异性效应。它们的质子都是位于与外加磁场方向一致的去屏蔽区。它们环上质子的化学位移与苯环上的质子相当。

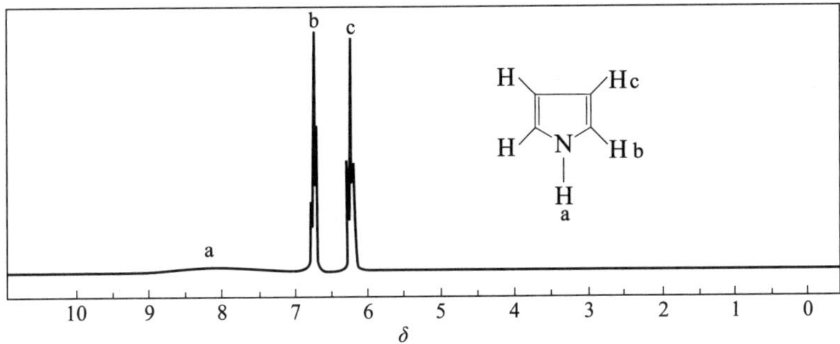

图 15-2　吡咯的 ^{1}H NMR 谱

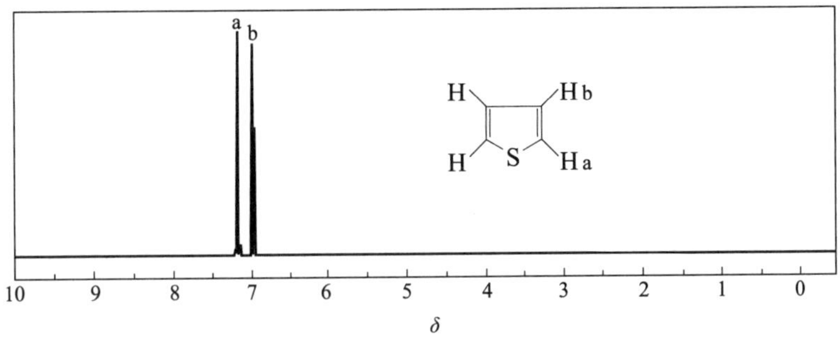

图 15-3　噻吩的 ^{1}H NMR 谱

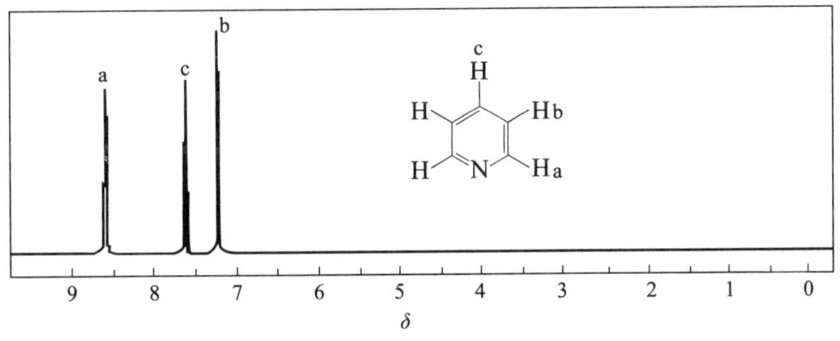

图 15-4　吡啶的 ^{1}H NMR 谱

课堂练习 15.2　试解释为何呋喃、噻吩及吡咯比苯容易发生亲电取代反应？而吡啶却比苯难发生亲电取代反应？且呋喃、吡咯、噻吩的亲电取代反应发生在 2 位；吡啶的亲电取代反应发生在 3 位，而亲核取代反应发生在 2 和 6 位？

课堂练习 15.3　下列化合物有无芳香性？如有，请指出参与 π 体系的未共用电子对。

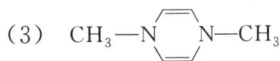

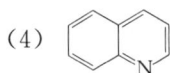

(1) N H　　(2) N S　　(3) CH_3—N　N—CH_3

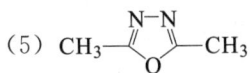

(4) N　　(5) CH_3—(N—N, O)—CH_3

15.4 五元杂环化合物的性质

15.4.1 呋喃的性质

呋喃是一种无色液体，在酸性条件下不稳定，容易发生开环等反应。所以呋喃的硝化反应和磺化反应要在特殊条件下进行。呋喃蒸气遇到被盐酸浸过的松木片时呈深绿色，利用此反应可检验呋喃的存在。

(1) 呋喃的取代反应

① 卤代反应　呋喃进行卤代反应比苯活泼，它的氯代反应在常温下进行时会生成二氯代物，即使在低温下进行，也难避免二氯代物的生成。溴代反应通常也要加溶剂稀释，以降低反应活性，防止反应剧烈而使呋喃环破坏。

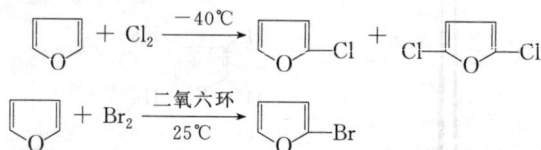

$$\text{呋喃} + Cl_2 \xrightarrow{-40℃} \text{2-氯呋喃} + \text{2,5-二氯呋喃}$$

$$\text{呋喃} + Br_2 \xrightarrow[25℃]{\text{二氧六环}} \text{2-溴呋喃}$$

② 硝化反应　浓酸会破坏呋喃环，所以呋喃不能用混酸（HNO_3-H_2SO_4）来进行硝化反应，要用温和的硝化试剂才能达到目的，呋喃通常在低温条件下用硝酸乙酰酯（CH_3COONO_2）来进行硝化反应。

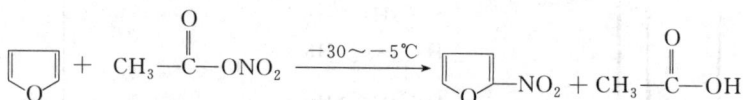

$$(CH_3-\overset{O}{\overset{\|}{C}}-)_2O + HNO_3 \xrightarrow{<-5℃} \underset{\text{硝酸乙酰酯}}{CH_3-\overset{O}{\overset{\|}{C}}-ONO_2} + CH_3-\overset{O}{\overset{\|}{C}}-OH$$

$$\text{呋喃} + CH_3-\overset{O}{\overset{\|}{C}}-ONO_2 \xrightarrow{-30\sim-5℃} \text{2-硝基呋喃}(-NO_2) + CH_3-\overset{O}{\overset{\|}{C}}-OH$$

③ 磺化反应　呋喃也不能用浓硫酸来进行磺化反应，能使呋喃磺化的常用试剂是三氧化硫和吡啶形成的配合物，反应用1,2-二氯乙烷作溶剂。

$$\text{呋喃} + \text{吡啶}^{+}\text{-}SO_3^- \xrightarrow{ClCH_2CH_2Cl} \text{呋喃-2-}SO_3^- \;\; \text{吡啶}^{+}\text{-H} \xrightarrow{H^+} \text{呋喃-2-}SO_3H$$

④ Friedel-Crafts 反应　由于呋喃的亲电取代反应比苯要活泼，环上引入一个烷基后反应活性更大，所以呋喃的烷基化反应总是生成多种复杂产物的混合物，没有合成价值。但呋喃可以进行酰基化反应生成一酰基化产物，因为环上引入一个酰基后，使呋喃环的活性降低，进一步酰化就不容易了。

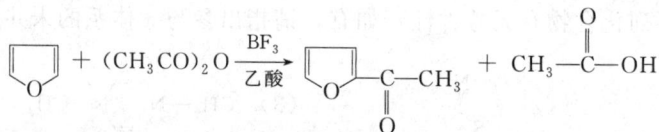

$$\text{呋喃} + (CH_3CO)_2O \xrightarrow[\text{乙酸}]{BF_3} \text{呋喃-2-}\underset{\overset{\|}{O}}{C}-CH_3 + CH_3-\overset{O}{\overset{\|}{C}}-OH$$

以上呋喃的卤化、硝化、磺化和 Friedel-Crafts 反应都是亲电取代反应，反应首先发生在电子云密度大的 α-位，若 α-位被占，则发生在 β-位，无论是 α-位还是 β-位，其反应活性都比苯高。

(2) 呋喃的加成反应

尽管呋喃具有芳香性，但由于呋喃的共轭能只有 67kJ/mol，比苯的共轭能 150.6kJ/mol 要小得多，破坏这个共轭体系比破坏苯环要容易，不需要太多的能量，所以呋喃在许多情况下显示出共轭二烯的性质。

① 加卤素（低温）　呋喃除了能与卤素进行亲电取代反应外，控制反应条件，还可以与卤素在低温下进行共轭加成反应。

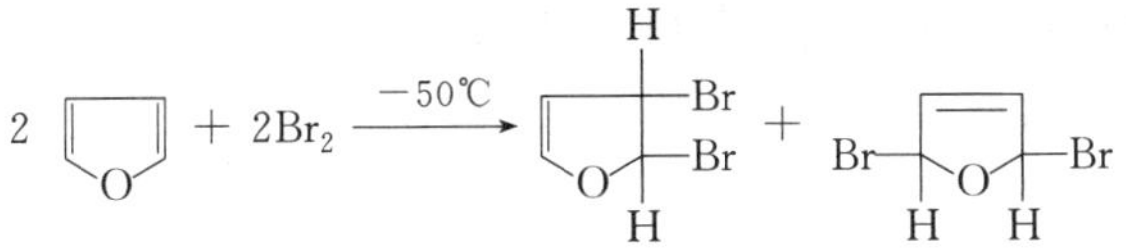

$$2\,\text{呋喃} + 2Br_2 \xrightarrow{-50℃} \text{2,3-二溴-2,3-二氢呋喃} + \text{2,5-二溴-2,5-二氢呋喃}$$

② 催化加氢　在金属催化剂的作用下，呋喃可以和氢加成生成饱和杂环化合物四氢呋喃，四氢呋喃是一种很重要的有机合成溶剂，它和有机物、一些无机物都具有很好的溶解性。特别适合做有机物和无机物反应时的溶剂。

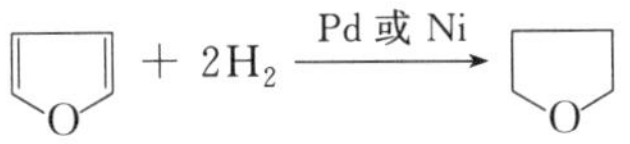

$$\text{呋喃} + 2H_2 \xrightarrow{\text{Pd 或 Ni}} \text{四氢呋喃}$$

四氢呋喃(THF)

③ Diels-Alder 反应　呋喃可以与顺丁烯二酸酐等亲双烯体发生 Diels-Alder 反应，生成多环化合物。

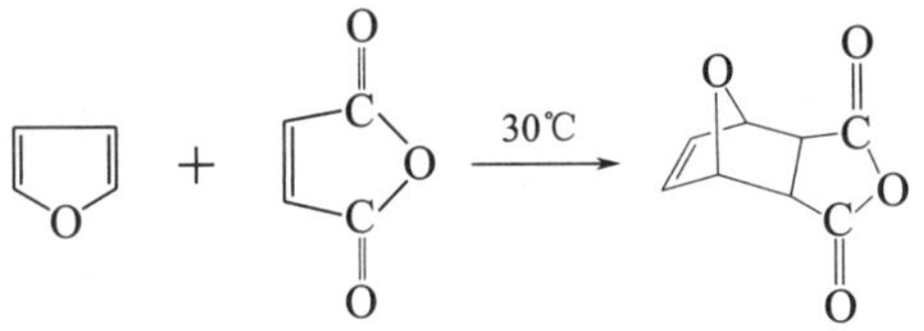

$$\text{呋喃} + \text{顺丁烯二酸酐} \xrightarrow{30℃} \text{加成产物}$$

15.4.2　吡咯的性质

纯吡咯是无色油状液体，在强酸性条件下，吡咯容易聚合破坏吡咯环。所以吡咯的硝化和磺化等反应要在特殊条件下进行。吡咯蒸气能使浸过盐酸的松木片显红色，利用此反应可检验吡咯的存在。吡咯的一对电子参与了吡咯环共轭，不能再和酸共享，所以吡咯和一般胺不同，它的碱性很小（吡咯的 $K_b \approx 2.5\times10^{-14}$）。吡咯进行亲电取代反应的条件与呋喃相似。

（1）吡咯的取代反应

① 卤代反应

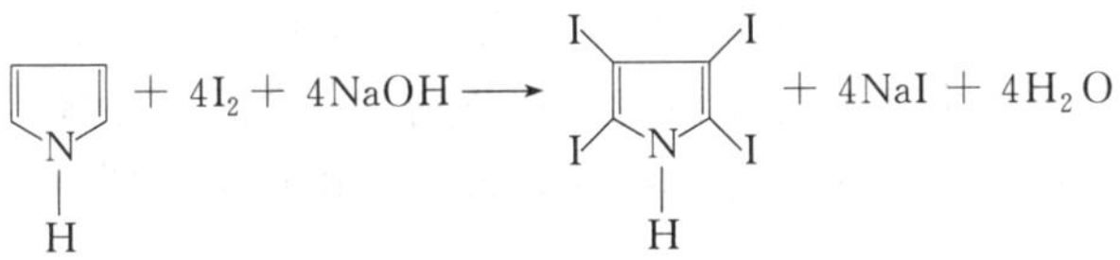

$$\text{吡咯} + 4I_2 + 4NaOH \longrightarrow \text{2,3,4,5-四碘吡咯} + 4NaI + 4H_2O$$

② 硝化反应

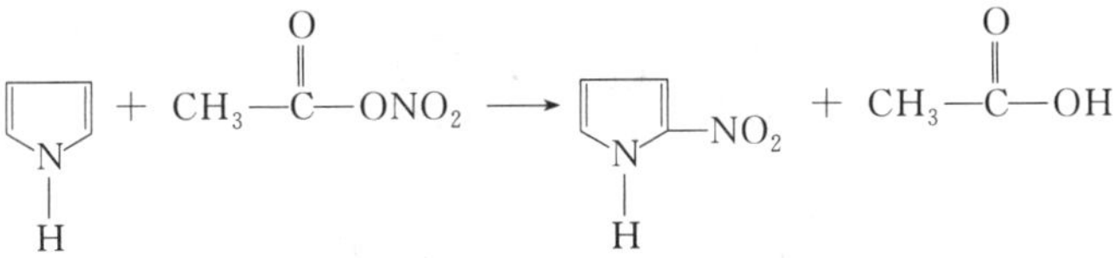

$$\text{吡咯} + CH_3-\overset{O}{\overset{\|}{C}}-ONO_2 \longrightarrow \text{2-硝基吡咯}(-NO_2) + CH_3-\overset{O}{\overset{\|}{C}}-OH$$

③ 磺化反应

$$\text{吡咯} + \text{吡啶}^{+}-SO_3^- \longrightarrow \text{吡咯-2-}SO_3H$$

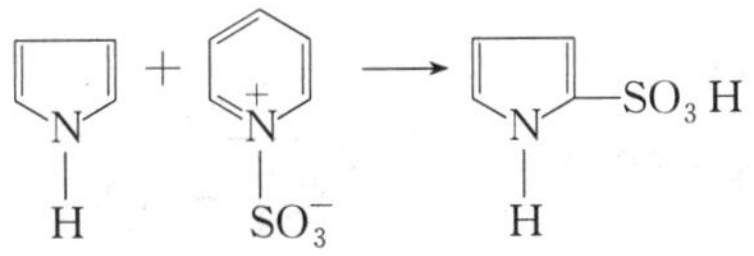

④ Friedel-Crafts 酰基化反应

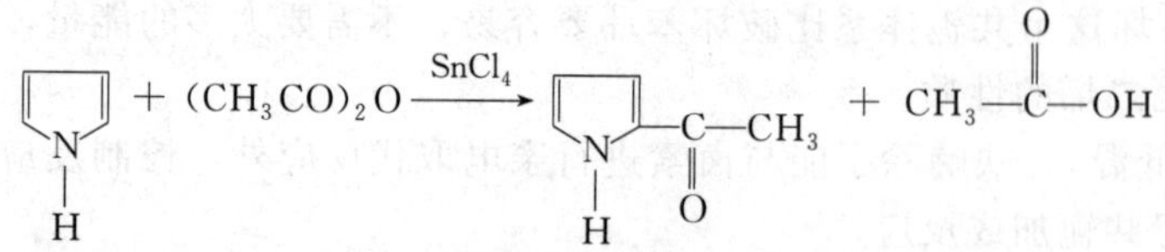

$$\text{吡咯} + (CH_3CO)_2O \xrightarrow{SnCl_4} \text{2-乙酰基吡咯}\ (C_4H_3NH-C(=O)-CH_3) + CH_3-\overset{O}{\overset{\|}{C}}-OH$$

吡咯进行以上亲电取代反应的活性与呋喃相似。

（2）吡咯的催化加氢反应

吡咯的催化加氢比呋喃要困难得多，只有在较高的温度和活泼金属的催化作用下才能与氢加成生成四氢吡咯。

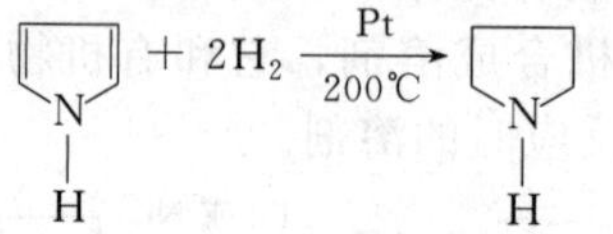

$$\text{吡咯} + 2H_2 \xrightarrow[200℃]{Pt} \text{四氢吡咯}$$

四氢吡咯

（3）吡咯的弱碱性和弱酸性

吡咯氮原子上的一对孤对电子参与了共轭，从而使氮原子上的电子云密度降低，孤对电子难以给出，所以吡咯的碱性很弱（$pK_b=13.6$），甚至大大弱于苯胺的碱性（$pK_b=9.37$）。四氢吡咯也叫吡咯烷，它的碱性（$pK_b=2.7$）比吡咯强得多，具有脂肪族仲胺的性质。相反，吡咯氮原子上的氢具弱酸性（$pK_a=17$），能与强碱反应生成盐，但吡咯的酸性非常小，甚至远远小于苯酚（$pK_a=10$）的酸性。

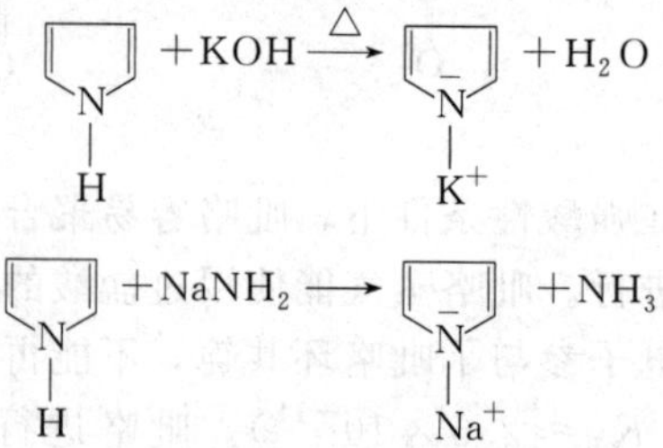

$$\text{吡咯} + KOH \xrightarrow{\triangle} \text{吡咯}^-K^+ + H_2O$$

$$\text{吡咯} + NaNH_2 \longrightarrow \text{吡咯}^-Na^+ + NH_3$$

15.4.3　噻吩的性质

噻吩是无色液体，在浓硫酸作用下，噻吩与靛红作用显蓝色，利用此反应可检验噻吩的存在。在呋喃、吡咯和噻吩这三个五元杂环化合物中，噻吩环是最稳定的。噻吩不能进行共轭二烯的反应（如：Diels-Alder 反应），但噻吩仍比苯环容易进行亲电取代反应，因为噻吩环上的电子云密度比苯环要大。噻吩环稳定，加热到 800℃ 仍不分解，噻吩对氧化剂的稳定性也较高。噻吩的亲电取代反应条件也与呋喃相似，但操作更方便。

（1）噻吩的取代反应

① 卤代反应

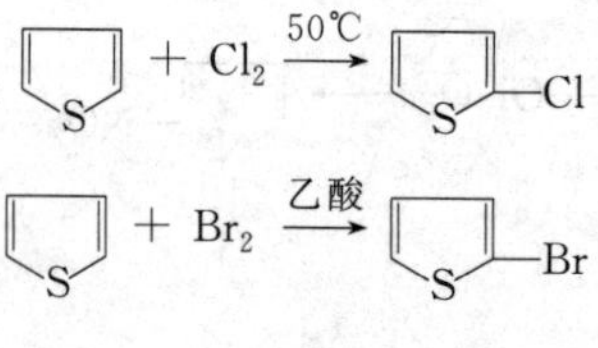

$$\text{噻吩} + Cl_2 \xrightarrow{50℃} \text{2-氯噻吩}$$

$$\text{噻吩} + Br_2 \xrightarrow{\text{乙酸}} \text{2-溴噻吩}$$

② 硝化反应

$$\text{噻吩} + CH_3-\overset{O}{\overset{\|}{C}}-ONO_2 \xrightarrow{-10℃} \text{2-硝基噻吩}\ (-NO_2) + CH_3-\overset{O}{\overset{\|}{C}}-OH$$

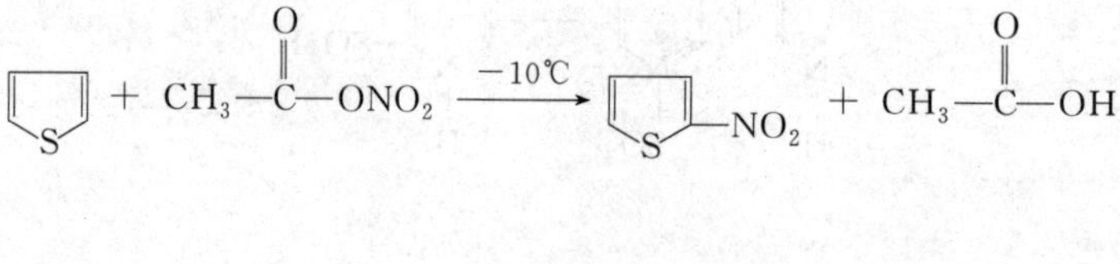

③ 磺化反应

噻吩不仅可用三氧化硫和吡啶形成的配合物进行磺化，也可用硫酸直接进行磺化。

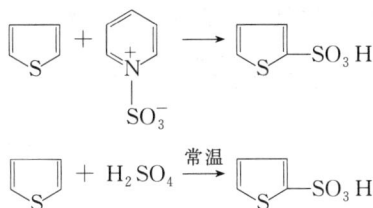

$$\text{噻吩} + C_5H_5\overset{+}{N}-SO_3^- \longrightarrow \text{2-噻吩}-SO_3H$$

$$\text{噻吩} + H_2SO_4 \xrightarrow{\text{常温}} \text{2-噻吩}-SO_3H$$

噻吩和硫酸的磺化反应可以在室温下进行，利用这个反应可以从粗苯中除去噻吩（因为苯的磺化反应不能在室温下进行）。

④ Friedel-Crafts 酰基化反应

$$\text{噻吩} + (CH_3CO)_2O \xrightarrow{SnCl_4} \text{2-噻吩}-\underset{\underset{O}{\|}}{C}-CH_3 + CH_3-\overset{\overset{O}{\|}}{C}-OH$$

（2）噻吩的催化加氢反应

噻吩的催化加氢比较困难，催化加氢反应要在高温高压下进行。

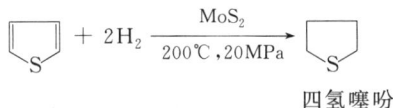

$$\text{噻吩} + 2H_2 \xrightarrow[200℃,20MPa]{MoS_2} \text{四氢噻吩}$$

噻吩也可以被金属钠和醇还原，生成 2,3-二氢噻吩和 2,5-二氢噻吩。

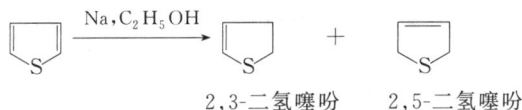

$$\text{噻吩} \xrightarrow{Na,C_2H_5OH} \text{2,3-二氢噻吩} + \text{2,5-二氢噻吩}$$

15.4.4　糠醛的性质

糠醛是呋喃的衍生物，也叫 α-呋喃甲醛。由于最初它是从米糠中得到，所以叫糠醛，糠醛的结构为：

$$\text{2-呋喃}-\underset{\underset{O}{\|}}{C}-H$$

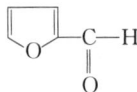

糠醛是一种不含 α-H 的醛，纯的糠醛为无色液体，可溶于水，也可溶于许多有机溶剂。糠醛在乙酸存在下与苯胺作用显红色，此反应可用来检验糠醛的存在。

（1）糠醛的氧化反应

糠醛在光、热的作用下与空气中的氧发生复杂的反应，使糠醛颜色变黄，最终变黑从而变质，所以糠醛要低温避光保存。在碱性条件下，糠醛可以被高锰酸钾氧化成糠酸（α-呋喃甲酸）。糠酸可做杀菌剂和防腐剂。

$$\text{2-呋喃}-CHO \xrightarrow[(2)H^+/H_2O]{(1)KMnO_4/OH^-} \text{2-呋喃}-COOH\ (\text{糠酸})$$

在高温和催化剂作用下，糠醛还可被氧气氧化成顺丁烯二酸酐（马来酸酐）。

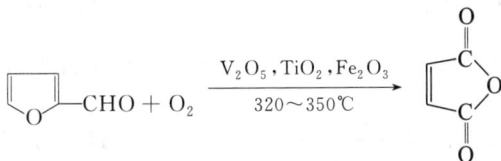

$$\text{2-呋喃}-CHO + O_2 \xrightarrow[320\sim350℃]{V_2O_5,TiO_2,Fe_2O_3} \text{马来酸酐}$$

顺丁烯二酸酐

（2）糠醛的还原反应

在不同催化剂的作用下，糠醛加氢可分别被还原成糠醇（α-呋喃甲醇）和四氢糠醇。

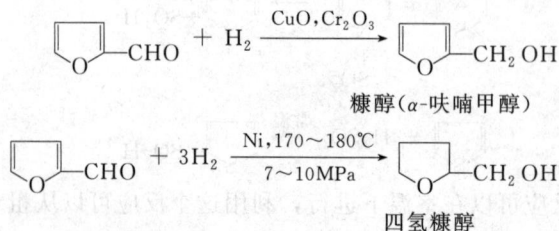

$$\text{糠醛(-CHO)} + H_2 \xrightarrow{CuO, Cr_2O_3} \text{呋喃环}-CH_2OH$$

糠醇（α-呋喃甲醇）

$$\text{糠醛(-CHO)} + 3H_2 \xrightarrow[7\sim10\text{MPa}]{Ni, 170\sim180^{\circ}C} \text{四氢呋喃环}-CH_2OH$$

四氢糠醇

（3）糠醛的 Cannizzaro 反应（歧化反应）

糠醛是不含 α-H 的醛，在浓碱的作用下会发生歧化反应（Cannizzaro 反应），生成糠酸和糠醇。

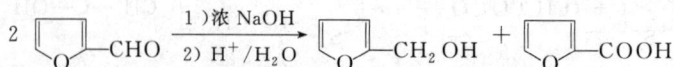

$$2\ \text{呋喃环}-CHO \xrightarrow[2)\ H^+/H_2O]{1)\text{浓}\ NaOH} \text{呋喃环}-CH_2OH + \text{呋喃环}-COOH$$

（4）糠醛的 Perkin 反应（缩合反应）

像其它不含 α-H 的醛一样，糠醛可以和乙酸酐发生 Perkin 反应，生成 α,β-不饱和羧酸。例如：

$$\text{呋喃环}-CHO + (CH_3CO)_2O \xrightarrow[2)H^+/H_2O]{1)CH_3COOK} \text{呋喃环}-CH=CHCOOH$$

2-呋喃丙烯酸

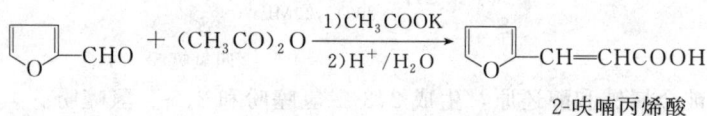

2-呋喃丙烯酸热脱羧可合成 2-乙烯基呋喃，2-乙烯基呋喃是一种高分子聚合物的单体。

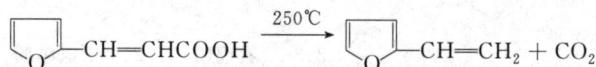

$$\text{呋喃环}-CH=CHCOOH \xrightarrow{250^{\circ}C} \text{呋喃环}-CH=CH_2 + CO_2$$

（5）糠醛的脱羰基反应

在高温和催化剂（如 ZnO、Cr_2O_3 和 MnO_2）作用下，糠醛可以脱去羰基生成呋喃，这是一种制备呋喃的方法。

$$\text{呋喃环}-CHO + H_2O \xrightarrow[400\sim415^{\circ}C]{ZnO, Cr_2O_3, MnO_2} \text{呋喃} + CO_2 + H_2$$

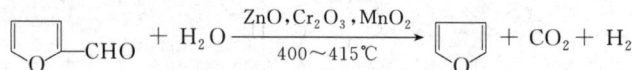

15.4.5 四氢呋喃

四氢呋喃是一种无色透明液体，它既能与水混溶，也能与许多有机物混溶，是一种优良的有机溶剂。四氢呋喃同时也是重要的有机合成原料，可以用来合成己二胺、己二酸和丁内酯。从结构上看四氢呋喃是一种环醚。它也具有醚的性质，容易被空气中的氧氧化成过氧化物，所以久置的四氢呋喃进行蒸馏前要检查过氧化物，若存在过氧化物，一定要破坏过氧化物后才能进行蒸馏。

四氢呋喃在有机合成中的应用：

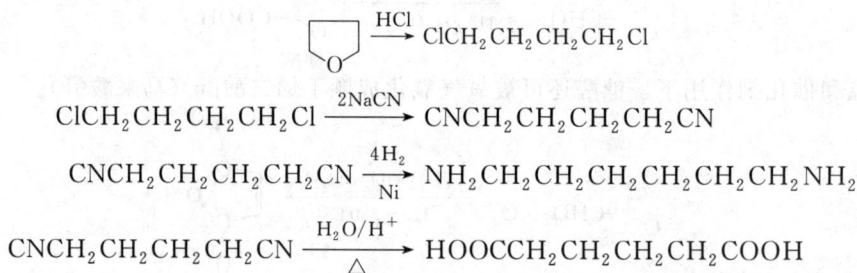

$$\text{四氢呋喃} \xrightarrow{HCl} ClCH_2CH_2CH_2CH_2Cl$$

$$ClCH_2CH_2CH_2CH_2Cl \xrightarrow{2NaCN} CNCH_2CH_2CH_2CH_2CN$$

$$CNCH_2CH_2CH_2CH_2CN \xrightarrow[Ni]{4H_2} NH_2CH_2CH_2CH_2CH_2CH_2CH_2NH_2$$

$$CNCH_2CH_2CH_2CH_2CN \xrightarrow[\triangle]{H_2O/H^+} HOOCCH_2CH_2CH_2CH_2COOH$$

（四氢呋喃 $\xrightarrow{\text{催化氧化}}$ γ-丁内酯）

15.5 六元杂环化合物的性质

15.5.1 吡啶的性质

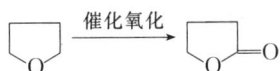

吡啶具有芳香性，由于吡啶环上的电子云密度比苯小，所以吡啶比苯更难进行环上的亲电取代反应。吡啶 β 位的电子云密度比 α、γ 位大，故吡啶进行亲电取代反应时，主要发生在 β 位。吡啶还可在 α 位发生亲核取代反应。吡啶是良好的溶剂，能与水以任意比例混溶，能溶于大多数极性或非极性有机化合物。氮原子上的孤对电子能作为配位体，故可作为无机盐类的溶剂。

（1）吡啶的碱性

吡啶有一对孤对电子在 sp^2 杂化轨道上，这对孤对电子没有参与共轭，所以吡啶的碱性（$pK_b=8.8$）比苯胺（$pK_b=9.3$）和吡咯（$pK_b=13.4$）强，但比脂肪胺的碱性（$pK_b\approx 3\sim5$）弱。

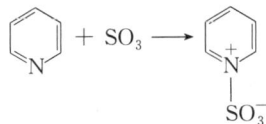

吡啶作为碱可以和强酸反应生成盐。例如：

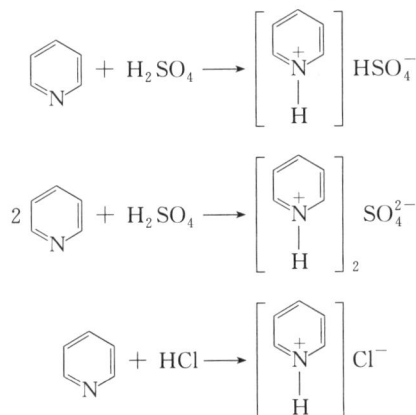

$$C_5H_5N + H_2SO_4 \longrightarrow [C_5H_5N^+H]HSO_4^-$$

$$2C_5H_5N + H_2SO_4 \longrightarrow [C_5H_5N^+H]_2SO_4^{2-}$$

$$C_5H_5N + HCl \longrightarrow [C_5H_5N^+H]Cl^-$$

吡啶作为一种叔胺也可以与卤代烃或酰卤反应生成季铵盐。例如：

$$C_5H_5N + CH_3I \longrightarrow [C_5H_5N^+CH_3]I^-$$

$$C_5H_5N + PhCOCl \xrightarrow[-20℃]{\text{石油醚}} [C_5H_5N^+COPh]Cl^-$$

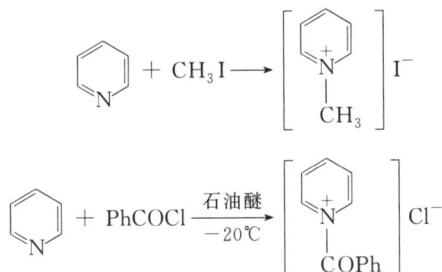

吡啶能与三氧化硫反应生成吡啶-三氧化硫配合物。例如：

$$C_5H_5N + SO_3 \longrightarrow C_5H_5N^+-SO_3^-$$

这种配合物是一种温和的磺化试剂，通常用来磺化呋喃、吡咯、噻吩等活性较高的芳香杂环化合物。

课堂练习 15.4 比较下列各组化合物的碱性大小，并解释。

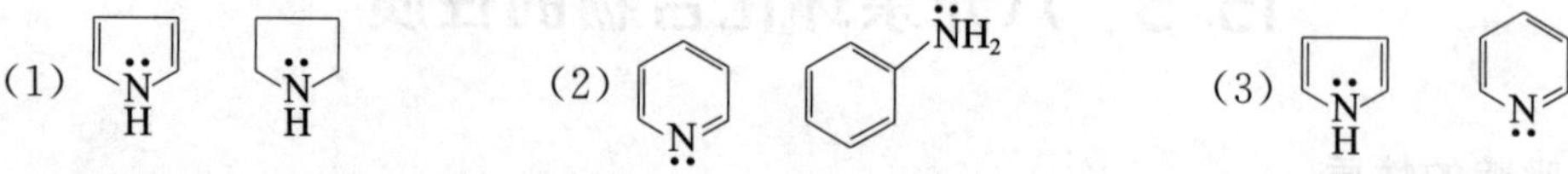

(2) 吡啶环上的亲电取代反应

吡啶是芳香化合物，可以发生芳香化合物的特征反应——亲电取代反应。由于吡啶环上的电子云密度比苯环小，所以吡啶进行亲电取代反应比苯困难，且反应主要发生在 β-位。吡啶的亲电取代反应通常要在高温和一些特殊条件下进行。像其它不活泼芳烃一样，吡啶也不能进行 Friedel-Crafts 反应。

吡啶的卤代反应通常在高温气相环境下进行：

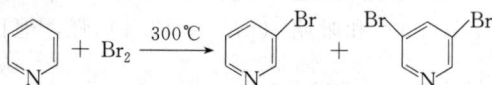

吡啶 + Br_2 →(300℃) 3-溴吡啶 + 3,5-二溴吡啶

吡啶的硝化反应很困难，要在高温条件下，用 KNO_3 和 H_2SO_4 进行硝化，通常还要加入催化剂，当吡啶环上含有供电子基团时，有利于反应的进行。例如：

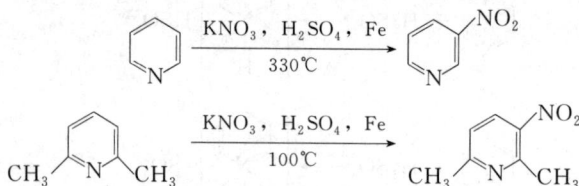

吡啶 →(KNO_3，H_2SO_4，Fe；330℃) 3-硝基吡啶（NO_2）

2,6-二甲基吡啶（CH_3，CH_3）→(KNO_3，H_2SO_4，Fe；100℃) 2,6-二甲基-3-硝基吡啶（NO_2）

吡啶的磺化反应也是在高温和硫酸汞催化剂的条件下用发烟硫酸来进行。

吡啶 →(H_2SO_4，$HgSO_4$；230℃) 3-吡啶磺酸（SO_3H）

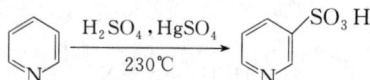

(3) 吡啶环上的亲核取代反应

吡啶环上的电子云密度低，不利于进行亲电取代反应，相对来说则有利于进行亲核取代反应，吡啶环上的氢也可被某些强碱性亲核试剂（如：氨基钠，苯基锂）取代，被取代的氢是连在电子云密度最低的 α-位上的氢。例如：

吡啶 + $NaNH_2$ → 2-氨基吡啶（NH_2）

吡啶 + PhLi →(1) 干醚，0℃；2) H_2O) 2-苯基吡啶（Ph）

吡啶和氨基钠的反应叫 Chichibabin（齐齐巴宾）反应，这个反应是在吡啶、喹啉及其衍生物的氮杂环上直接引入氨基的有效方法。

吡啶环上的卤原子比苯环上的卤原子更容易被亲核试剂取代。吡啶 α-和 γ-位的卤原子也比 β-位的卤原子更容易被亲核试剂取代，吡啶的亲核取代反应主要发生在 α-和 γ-位，只有 β-位有很好的离去基团时，才会发生在 β-位。

2-溴吡啶（Br）→(H_2O/OH^-；△) 2-羟基吡啶（OH）

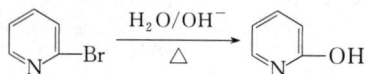

$$2\text{-溴吡啶} \xrightarrow[180\sim200^\circ C]{NH_3} 2\text{-氨基吡啶}\ (-NH_2)$$

$$2\text{-氯吡啶} \xrightarrow[\triangle]{CH_3ONa,\ CH_3OH} 2\text{-甲氧基吡啶}\ (-OCH_3)$$

$$4\text{-氯吡啶} \xrightarrow[\triangle]{PhNH_2} 4\text{-}NHPh\text{吡啶}$$

(4) 吡啶的氧化反应

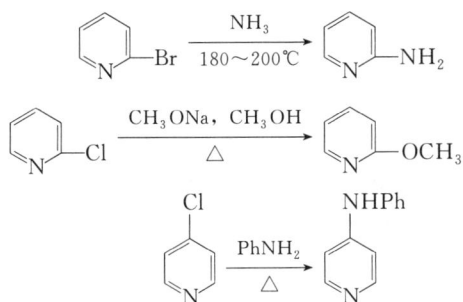

吡啶环对氧化剂的稳定性比苯环还高，氧化反应总是发生在侧链。

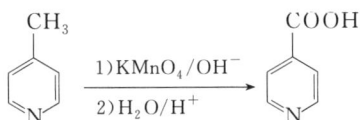

$$4\text{-}CH_3\text{吡啶} \xrightarrow[2)H_2O/H^+]{1)KMnO_4/OH^-} 4\text{-}COOH\text{吡啶}$$

若分子中同时有苯环和吡啶环，则是苯环被氧化，这也说明吡啶环比苯环更不容易被破坏。

$$\text{喹啉} \xrightarrow[2)H_2O/H^+]{1)KMnO_4/OH^-} 2,3\text{-吡啶二甲酸}\ (COOH,\ COOH)$$

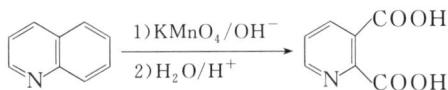

吡啶与过氧化氢或过氧酸作用可以生成一种称为氧化吡啶的化合物，此化合物中，吡啶的氮原子提供一对电子和氧原子形成一个配价键。

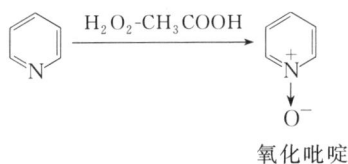

$$\text{吡啶} \xrightarrow{H_2O_2\text{-}CH_3COOH} \overset{+}{N}\rightarrow O^-$$

氧化吡啶

氧化吡啶不仅可进行亲电取代反应，也可进行亲核取代反应。它的两种反应主要发生在对位。

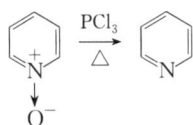

氧化吡啶的亲电取代反应：

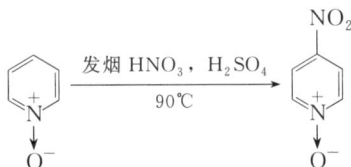

$$\text{氧化吡啶} \xrightarrow[90^\circ C]{\text{发烟}\ HNO_3,\ H_2SO_4} 4\text{-}NO_2\text{氧化吡啶}$$

氧化吡啶的亲核取代反应：

$$\text{氧化吡啶} \xrightarrow[\triangle]{CH_3ONa,\ CH_3OH} 4\text{-}OCH_3\text{氧化吡啶}$$

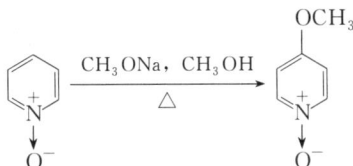

氧化吡啶用三氯化磷处理又可得到吡啶：

$$\text{氧化吡啶} \xrightarrow[\triangle]{PCl_3} \text{吡啶}$$

氧化吡啶进行亲电取代反应或亲核取代反应都比吡啶容易，并且氧化吡啶又可以用三氯化磷处理恢复吡啶，所以可以利用氧化吡啶作为一个中间物来合成一些用吡啶不能直接得到的取代产物。

（5）吡啶的还原反应

吡啶比苯更容易还原，在较低温度下，吡啶就可催化加氢生成六氢吡啶，六氢吡啶也叫哌啶，哌啶是一种环状仲胺，碱性比吡啶强。在有机合成中，哌啶常用来作酸的吸收剂。

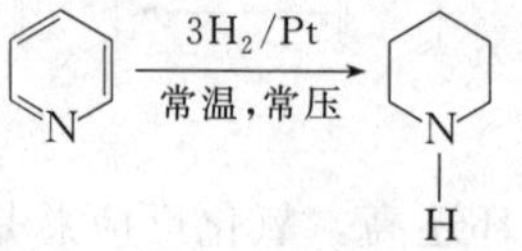

$$\text{吡啶} \xrightarrow[\text{常温,常压}]{3H_2/Pt} \text{六氢吡啶（哌啶）}$$

（6）吡啶侧链的 α-H 的反应

α-和 γ-烷基吡啶由于受吡啶环的吸电子作用，其 α-H 具有一定酸性，在碱性条件下，可以作为活泼氢和羰基化合物发生反应。例如，在碱的存在下 α-和 γ-甲基吡啶和甲醛的亲核加成反应：

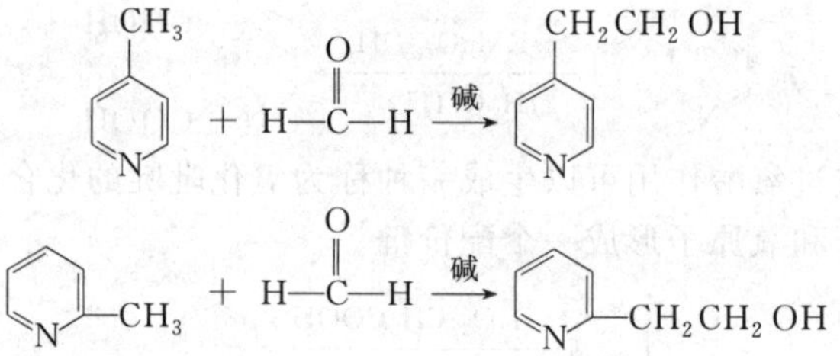

$$\gamma\text{-}CH_3C_5H_4N + H-\overset{O}{\overset{\|}{C}}-H \xrightarrow{\text{碱}} \gamma\text{-}CH_2CH_2OH\text{-}C_5H_4N$$

$$\alpha\text{-}CH_3C_5H_4N + H-\overset{O}{\overset{\|}{C}}-H \xrightarrow{\text{碱}} \alpha\text{-}C_5H_4N\text{-}CH_2CH_2OH$$

15.5.2 吡啶的重要衍生物

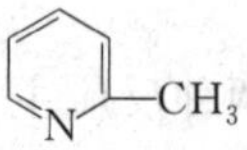

α-甲基吡啶 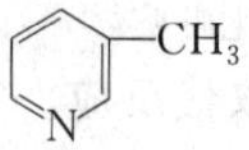　　β-甲基吡啶 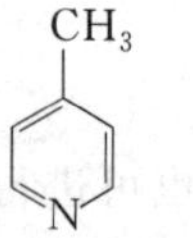　　γ-甲基吡啶 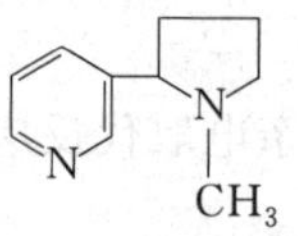　　烟碱（尼古丁） 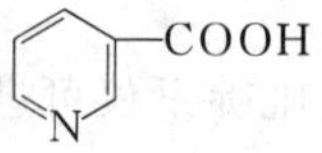　　β-吡啶甲酸（烟酸）

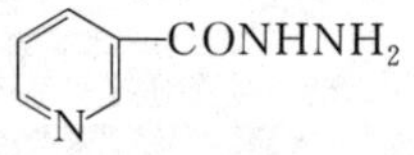

β-吡啶甲酰肼（烟酰肼） 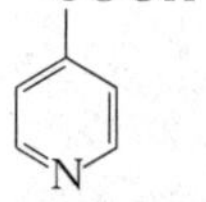　　γ-吡啶甲酸（异烟酸） 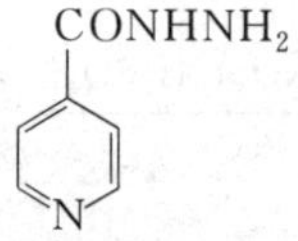　　γ-吡啶甲酰肼（异烟酰肼，也叫雷米封） 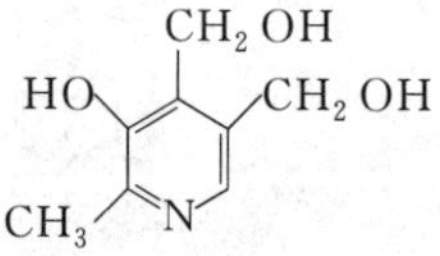　　维生素 B_6 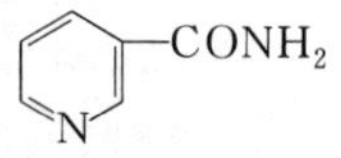　　烟酰胺

γ-吡啶甲酰肼也叫雷米封，是一种治疗肺结核的有效药物，它可以用 γ-甲基吡啶为原料按以下路线合成：

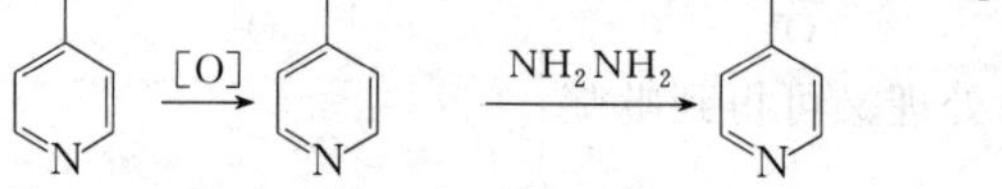

$$\gamma\text{-}CH_3C_5H_4N \xrightarrow{[O]} \gamma\text{-}COOH\text{-}C_5H_4N \xrightarrow{NH_2NH_2} \gamma\text{-}CONHNH_2\text{-}C_5H_4N$$

雷米封

15.6　稠杂环化合物（喹啉、异喹啉）

喹啉、异喹啉的结构如下：

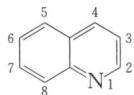

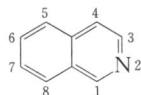

喹啉　　　　异喹啉

喹啉及其衍生物的制法通常采用 Skraup 合成法，总反应为：

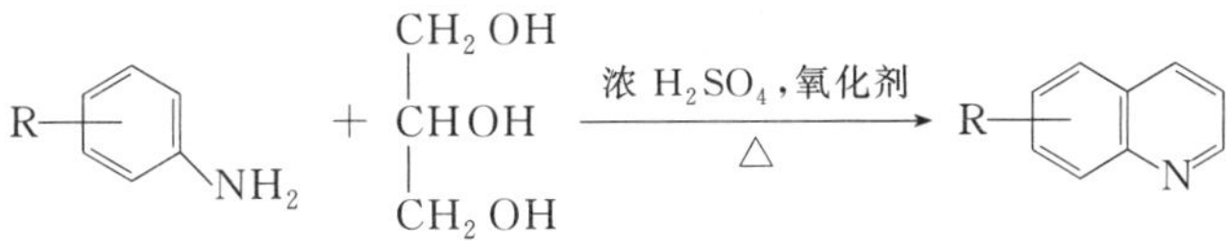

$$\text{R—C}_6\text{H}_4\text{—NH}_2 + \begin{matrix}\text{CH}_2\text{OH}\\ |\\ \text{CHOH}\\ |\\ \text{CH}_2\text{OH}\end{matrix} \xrightarrow[\triangle]{\text{浓 }H_2SO_4\text{，氧化剂}} \text{R—喹啉}$$

反应机理如下：

$$\begin{matrix}\text{CH}_2\text{—CH—CH}_2\\ | \quad\ \ | \quad\ \ |\\ \text{OH}\ \ \text{OH}\ \ \text{OH}\end{matrix} \xrightarrow[-2H_2O]{H_2SO_4,\triangle} CH_2{=}CH{-}CH{=}O \xrightarrow[\text{麦克尔加成}]{C_6H_5NH_2} \text{C}_6\text{H}_5\text{—NH—CH}_2\text{—CH}_2\text{—CHO} \rightleftharpoons$$

$$\left[\text{C}_6\text{H}_5\text{—NH—CH}_2\text{—CH=CH—OH}\right] \xrightarrow[-2H_2O]{H_2SO_4} \text{1,2-二氢喹啉} \xrightarrow[\text{[O]}]{C_6H_5NO_2} \text{喹啉}$$

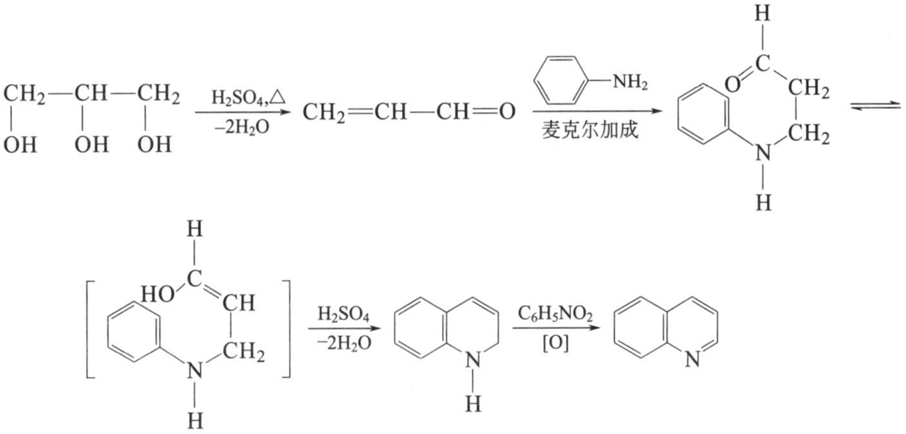

例如，8-羟基喹啉的制备：

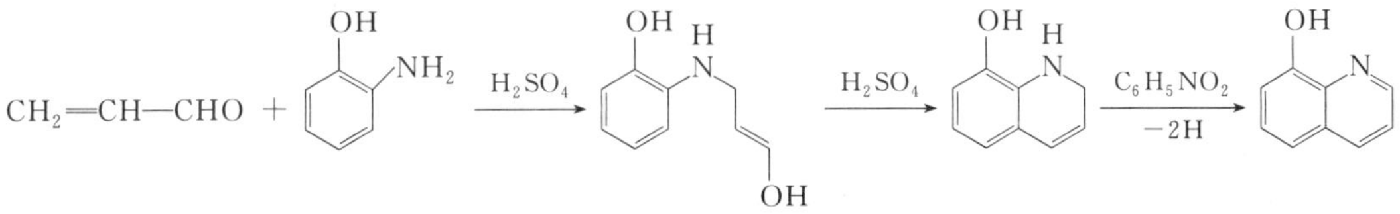

$$CH_2{=}CH{-}CHO + \text{邻氨基苯酚} \xrightarrow{H_2SO_4} \text{(2-羟基苯基)-NH—CH}_2\text{—CH=CH—OH} \xrightarrow{H_2SO_4} \text{8-羟基-1,2-二氢喹啉} \xrightarrow[-2H]{C_6H_5NO_2} \text{8-羟基喹啉}$$

与吡啶相比较，喹啉与异喹啉易发生亲电取代反应，且亲电取代反应主要发生在苯环上。喹啉与异喹啉也易发生亲核取代反应，且亲核取代反应主要发生在吡啶环上。喹啉与异喹啉中的苯环易氧化，吡啶环较易还原。

（1）亲电取代反应

喹啉的亲电取代反应中，取代基主要进入苯环，且在 C-5 和 C-8 位上取代，异喹啉的亲电取代反应，取代基也主要进入苯环，且在 C-5 位上取代：

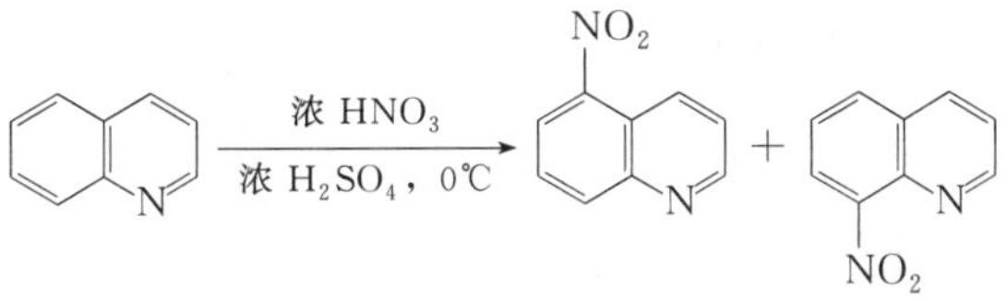

$$\text{喹啉} \xrightarrow[\text{浓 }H_2SO_4\text{，}0℃]{\text{浓 }HNO_3} \text{5-硝基喹啉} + \text{8-硝基喹啉}$$

50%　　　48%

喹啉 —浓 H_2SO_4，220℃→ 8-喹啉磺酸（SO_3H）　54%

喹啉 —Br_2，Ag_2SO_4；浓 H_2SO_4，△→ 5-溴喹啉（Br） + 8-溴喹啉（Br）

1　：　1

异喹啉 —浓 HNO_3；浓 H_2SO_4，0℃→ 5-硝基异喹啉（NO_2） + 8-硝基异喹啉（NO_2）

72%　　8%

（2）亲核取代反应

喹啉的亲核取代反应主要发生在吡啶环，取代基进入 C-2 位，异喹啉的亲核取代反应也发生在吡啶环，取代基进入 C-1 位。

喹啉 —$Ba(NH_2)_2$，液 NH_3，20℃→ 2-氨基喹啉（NH_2）　80%

异喹啉 —KNH_2，液 NH_3，25℃→ 1-氨基异喹啉（NH_2）　83%

习　题

1. 给出下列化合物的名称：

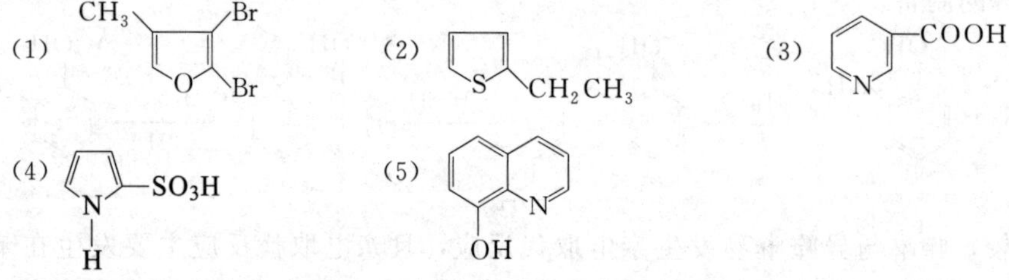

2. 写出下列化合物的结构式：

（1）糠醛　（2）3-甲基吲哚　（3）六氢吡啶　（4）γ-吡啶甲酸

3. 完成下列反应：

（1）糠醛（2-呋喃甲醛，—CHO） —浓 NaOH 溶液→ ＿＿ + ＿＿

（2）吡啶 —H_2/Pt→ ＿＿ —CH_3I(过量)→ ＿＿

（3）呋喃 —H_2/Ni，压力→ ＿＿ —HCl，△→ ＿＿ —KCN→ ＿＿ —H_2/Ni→ ＿＿；—H^+，△→ ＿＿

(4) 吡啶 $\xrightarrow[H_2SO_4]{HNO_3}$ $\xrightarrow[HCl]{Fe}$ $\xrightarrow[HCl]{NaNO_2}$ $\xrightarrow[HCl]{Cu_2Cl_2}$

(5) 吡咯(NH) + C_6H_5—COCl $\longrightarrow$ $\xrightarrow{Br_2}$

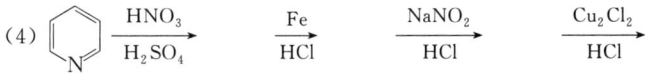

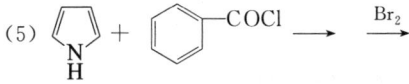

4. 将苯胺、苄胺、吡咯、吡啶、氨按其碱性大小排列。

5. 从糠醛和乙醇为原料合成以下化合物。

$$\text{(2-呋喃基)}—CH{=}CHCOOC_2H_5$$

第16章 碳水化合物

碳水化合物也称为糖，它是由碳、氢、氧三种元素组成。许多碳水化合物的分子式可以写成 $C_m(H_2O)_n$，即从组成上可看作是由碳和水组成，故碳水化合物名字由此而来。但有一些碳水化合物的分子组成并不符合 $C_m(H_2O)_n$ 的通式，如鼠李糖是一种甲基戊糖，分子式为 $C_6H_{12}O_5$，此外符合 $C_m(H_2O)_n$ 通式的化合物也并非都是碳水化合物，如乳酸分子式为 $C_3(H_2O)_3$，但它却没有碳水化合物的性质，因此不是碳水化合物。然而“碳水化合物”这一名称沿用已久，所以至今仍普遍使用。

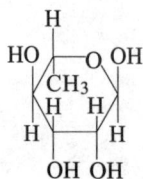

α-L-鼠李糖（$C_6H_{12}O_5$）
（α-L-rhamnose）

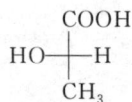

乳酸（$C_3H_6O_3$）
（lactic acid）

从结构上看，碳水化合物是多羟基醛酮或能水解成多羟基醛酮的化合物。碳水化合物按分子大小可分为三大类。

（1）单糖

将不能再水解成低分子量糖的多羟基醛或多羟基酮称为单糖。例如，葡萄糖（$C_6H_{12}O_6$）是单糖。

（2）低聚糖

将能水解成几个（2～10个）单糖的化合物称为低聚糖。纤维二糖、蔗糖和麦芽糖都是二糖，还有三糖、四糖等。

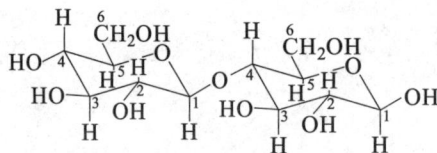

β-(+)-纤维二糖($C_{12}H_{22}O_{11}$)

（3）多糖

将能水解成许多个单糖的化合物称为多糖。淀粉和纤维素等是多糖。它们能水解生成成千上万个单糖分子。

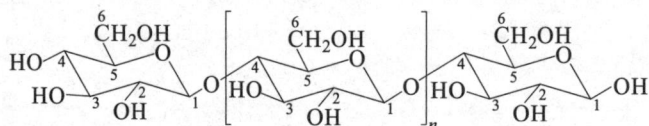

纤维素[$(C_6H_{10}O_5)_n$]

16.1 单 糖

16.1.1 单糖的命名和构型标记

根据单糖分子中的羰基是醛基或是酮基分别称为醛糖或酮糖。根据单糖分子中碳原子的个数，可称为丙糖、丁糖、戊糖、己糖等。

最简单的单糖是丙醛糖和丙酮糖，除丙酮糖外，其它的单糖分子都含有一个或多个手性碳原子，因此都有对映异构体。在书写单糖的开链结构时，一般将碳链竖写，羰基写在上面。碳链的编号从靠近羰基的一端开始。例如：

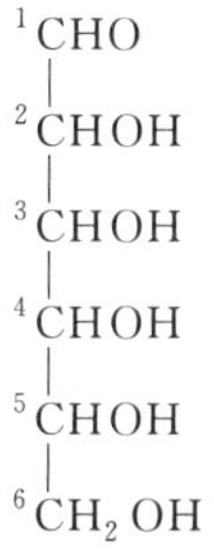

$$\begin{array}{cccc}
{}^{1}CHO & {}^{1}CH_2OH & & \\
| & | & & \\
{}^{2}CHOH & {}^{2}C{=}O & {}^{1}CHO & \\
| & | & | & \\
{}^{3}CHOH & {}^{3}CHOH & {}^{2}CHOH & \\
| & | & | & \\
{}^{4}CHOH & {}^{4}CHOH & {}^{3}CHOH & {}^{1}CHO \\
| & | & | & | \\
{}^{5}CHOH & {}^{5}CHOH & {}^{4}CHOH & {}^{2}CHOH \\
| & | & | & | \\
{}^{6}CH_2OH & {}^{6}CH_2OH & {}^{5}CH_2OH & {}^{3}CH_2OH
\end{array}$$

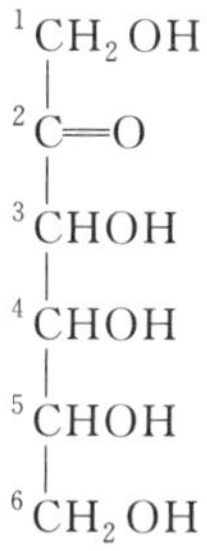

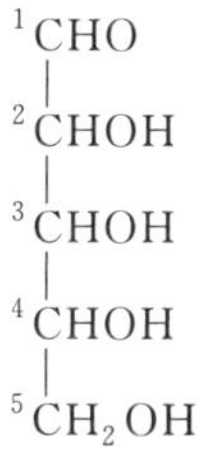

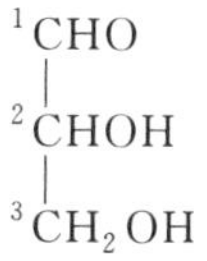

己醛糖	己酮糖	戊醛糖	丙醛糖
4 个*C	3 个*C	3 个*C	
16 个对映异构	8 个对映异构	8 个对映异构	2 个对映异构

单糖的构型可用（D/L）或（R/S）法来进行标记。用（R/S）法须标记单糖分子中每一个手性碳原子的构型。用（D/L）法只须标记单糖分子中距离羰基最远的手性碳原子的构型，若与 D-甘油醛一致的构型为 D 型，若与 L-甘油醛一致的构型为 L 型。由于单糖用（D/L）法标记构型较为方便，因此使用较多的是（D/L）标记法。

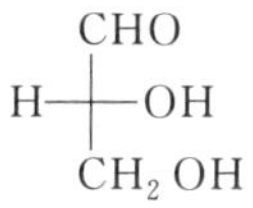

$$\begin{array}{c} CHO \\ H-\!\!\!+\!\!\!-OH \\ CH_2OH \end{array} \qquad \begin{array}{c} CHO \\ HO-\!\!\!+\!\!\!-H \\ CH_2OH \end{array} \qquad \begin{array}{c} {}^{1}CHO \\ H-\!\!\!+_{2R}\!\!\!-OH \\ HO-\!\!\!+_{3S}\!\!\!-H \\ H-\!\!\!+_{4R}\!\!\!-OH \\ H-\!\!\!+_{5R}\!\!\!-OH \\ {}^{6}CH_2OH \end{array}$$

D-(+)-丙醛糖（R-2,3-二羟基丙醛）　　L-(−)-丙醛糖（S-2,3-二羟基丙醛）　　D-(+)-葡萄糖（2R,3S,4R,5R)-2,3,4,5,6-五羟基己醛

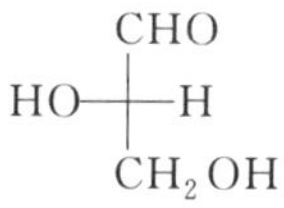

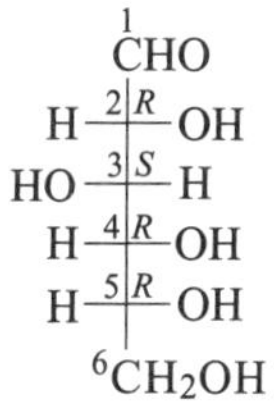

注意单糖的构型（D/L）或（R/S）与旋光方向没有固定的关系。

在单糖中葡萄糖和果糖是最具有代表性的单糖，以下主要讨论它们的结构和性质。

16.1.2 葡萄糖的结构

（1）D-(+)-葡萄糖的直链结构

通过化学方法已经确定天然葡萄糖是一种己醛糖，葡萄糖的 C-5 构型与 D-甘油醛的相同，所以它是 D-葡萄糖，通过旋光仪测定 D-葡萄糖是右旋糖，因此葡萄糖的名称为 D-(+)-葡萄糖或（2R,3S,4R,5R)-2,3,4,5,6-五羟基己醛。天然存在的单糖大多数为 D 型，如天然葡萄糖和果糖都是 D 型。

葡萄糖的直链结构可以写成如下三种形式：

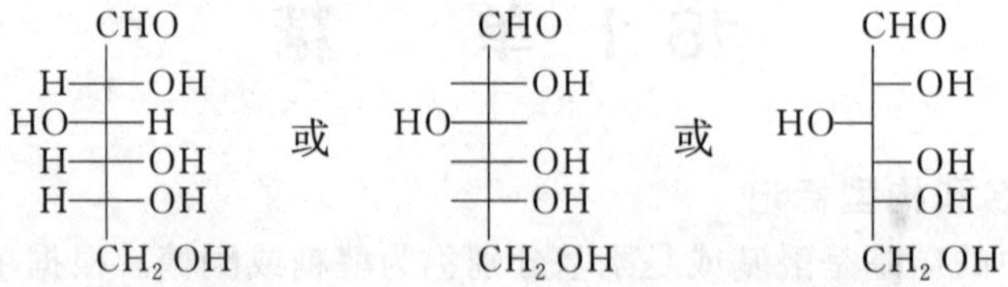

（2）D-(＋)-葡萄糖的环状结构

葡萄糖分子中同时含有醛基和羟基，分子内的羟基会与羰基发生加成反应生成半缩醛，在溶液中葡萄糖实际上是以半缩醛形式存在的，直链结构的葡萄糖占的比例很少。葡萄糖的环状半缩醛结构可用以下结构式表示：

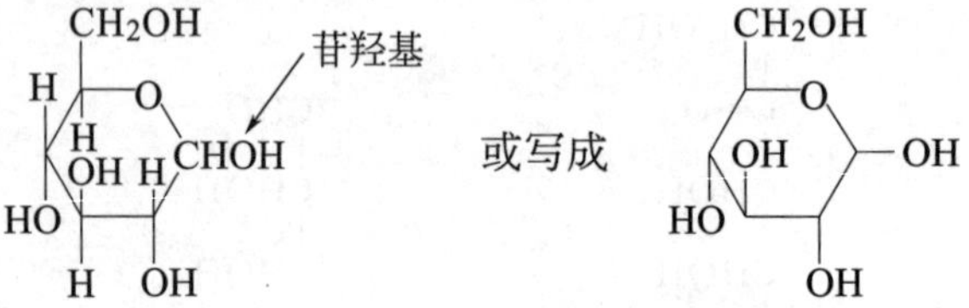

D-(＋)-葡萄糖的半缩醛环状结构

上述葡萄糖的六元环状结构中，有一个羟基是从醛羰基变来的，这个羟基叫苷羟基。D-(＋)-葡萄糖的半缩醛六元环状结构具有吡喃的构架，具有这种构架的糖叫吡喃糖。

直链结构的D-(＋)-葡萄糖形成环状半缩醛结构时，可以产生以下两种构型：

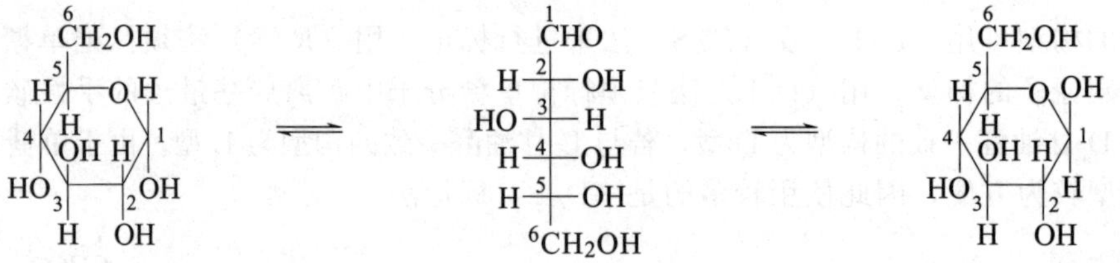

α-D-(＋)-葡萄糖
［α-D-(＋)-吡喃葡萄糖］
m. p. 146℃
［α］＝＋112°

直链 D-(＋)-葡萄糖

β-D-(＋)-葡萄糖
［β-D-(＋)-吡喃葡萄糖］
m. p. 150℃
［α］＝＋18.7°

一种是苷羟基和相邻的羟基处于反式的构型，这种构型叫β-构型，对应的葡萄糖叫β-D-(＋)-葡萄糖，另一种是苷羟基和相邻的羟基处于顺式的构型，这种构型叫α-构型，对应的葡萄糖叫α-D-(＋)-葡萄糖。

在水溶液中α-D-(＋)-葡萄糖、β-D-(＋)-葡萄糖和直链D-(＋)-葡萄糖可以相互转化，达到动态平衡时，α-D-(＋)-葡萄糖约占36%，β-D-(＋)-葡萄糖约占64%，直链式D-(＋)-葡萄糖含量极少。所以葡萄糖水溶液不管是用比旋光度为＋112°的α-D-(＋)-葡萄糖配制，还是用比旋光度为＋18.7°的β-D-(＋)-葡萄糖配制，溶液的比旋光度都逐渐变为＋52.7°。葡萄糖溶液的这种旋光度的变化叫变旋光现象。

16.1.3 果糖的结构

果糖是一种己酮糖，果糖为D构型，是左旋糖。果糖也有直链结构和环状半缩酮结构，像葡萄糖一样，在水溶液中果糖的直链结构和环状半缩酮结构也可以相互转化，最后达到动态平衡，所以果糖也存在变旋光现象。果糖转变成环状半缩酮时，不但可以形成六元环状的吡喃构架，还可形成五元环状的呋喃构架。例如：

α-D-(－)-吡喃果糖　⇌　直链 D-(－)-果糖　⇌　β-D-(－)-吡喃果糖

α-D-(－)-呋喃果糖　⇌　直链 D-(－)-果糖　⇌　β-D-(－)-呋喃果糖

在水溶液中，果糖主要以五元环状即呋喃果糖的形式存在。

16.1.4　单糖的构象

吡喃糖环状半缩醛的六元环与环己烷相似，具有椅式构象。例如研究分析表明，α-D-(＋)-葡萄糖和 β-D-(＋)-葡萄糖都具有椅式构象，通过对构象分析可知，β-D-(＋)-葡萄糖分子中每个碳原子上的较大基团都连在平伏键（e 键）上，而 α-D-(＋)-葡萄糖有一个较大的基团（苷羟基）连在直立键（a 键）上，所以 β-D-(＋)-葡萄糖分子的稳定性比 α-D-(＋)-葡萄糖大，正因为如此，在溶液中葡萄糖的几种结构达到动态平衡时，β-D-(＋)-葡萄糖占的比例最大（64％）。

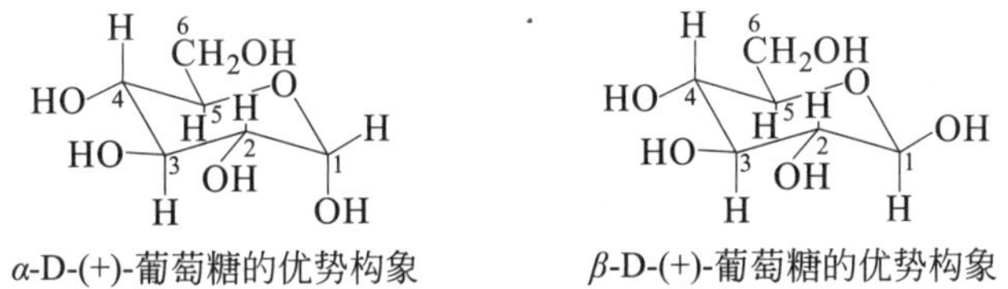

α-D-(+)-葡萄糖的优势构象　　β-D-(+)-葡萄糖的优势构象

16.1.5　单糖的化学性质

(1) 单糖的氧化反应

① 被 Tollens 试剂和 Fehling 试剂氧化　醛糖和酮糖都能被 Tollens 试剂和 Fehling 试剂氧化。在碳水化合物中，能还原这两种试剂的糖叫还原糖，不能还原这两种试剂的糖叫非还原糖。具有半缩醛结构和半缩酮结构的糖都是还原糖。或者说分子中有游离苷羟基的糖是还原糖，没有苷羟基的糖是非还原糖。单糖都是还原糖。糖被 Tollens 试剂和 Fehling 试剂氧化的产物复杂，此反应主要用来鉴别是否为还原糖。例如：

D-(＋)-葡萄糖　或　D-(－)-果糖　$\xrightarrow{\text{Tollens 试剂}}$　氧化产物 ＋ Ag↓（银镜）

D-(+)-葡萄糖 或 D-(−)-果糖 $\xrightarrow{\text{Fehling 试剂}}$ 氧化产物 + $Cu_2O\downarrow$（砖红色）

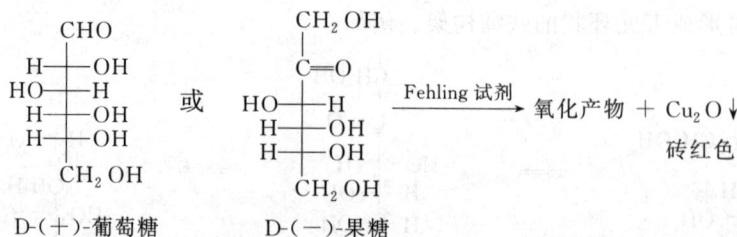

Tollens 试剂和 Fehling 试剂能氧化酮糖的原因：酮糖都是 α-羟基酮，α-羟基酮在发生氧化反应时会发生两次烯醇式重排，通过互变异构变成 α-羟基醛。

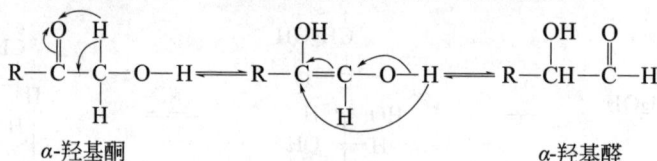

$$R-CO-CH_2-OH \rightleftharpoons R-C(OH)=CH-OH \rightleftharpoons R-CH(OH)-CHO$$

α-羟基酮 α-羟基醛

② 被溴水氧化 溴水只氧化醛糖，不氧化酮糖，醛糖中醛基被溴水氧化成羧基，生成糖酸。例如：

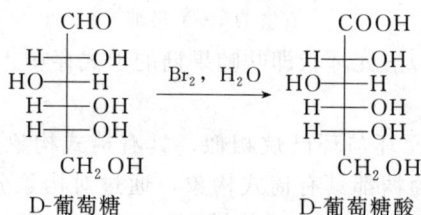

D-葡萄糖 $\xrightarrow{Br_2,\ H_2O}$ D-葡萄糖酸

若将葡萄糖酸变成钙盐，再用过氧化氢和铁盐处理可生成少一个碳的醛糖。

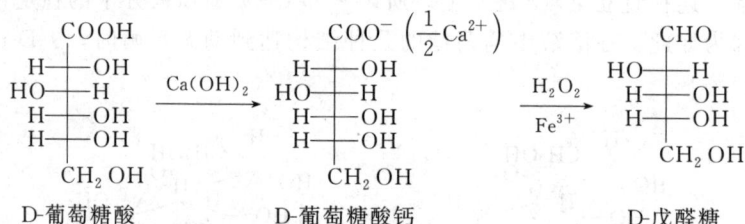

D-葡萄糖酸 $\xrightarrow{Ca(OH)_2}$ D-葡萄糖酸钙 $COO^-\left(\frac{1}{2}Ca^{2+}\right)$ $\xrightarrow[Fe^{3+}]{H_2O_2}$ D-戊醛糖

由于溴水（pH=6.00）不能氧化酮基，用该反应可鉴别醛糖和酮糖。

③ 被硝酸氧化 硝酸的氧化性比溴水强，可以将醛糖的醛基和末端的羟甲基氧化成羧基生成二酸。例如：

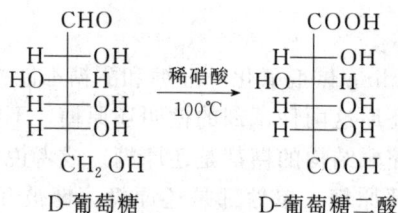

D-葡萄糖 $\xrightarrow[100℃]{\text{稀硝酸}}$ D-葡萄糖二酸

果糖可以被硝酸氧化成少一个碳的二酸：

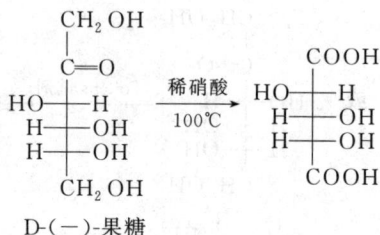

D-(−)-果糖 $\xrightarrow[100℃]{\text{稀硝酸}}$ COOH–CH(OH)(HO–H)–(H–OH)–(H–OH)–COOH

④ 被高碘酸氧化（定量反应） 单糖分子中含有邻二醇结构片段，因而能与高碘酸反应，发生碳碳键断裂，这个反应可以定量进行，每断裂一个碳碳键需要一分子的高碘酸，此反应可用于糖的结构研究。例如：

```
      CHO
   H──┼──OH
  HO──┼──H      5HIO4
   H──┼──OH   ────────→  5HCOOH + HCHO
   H──┼──OH
      CH2OH
   D-葡萄糖
```

(2) 单糖的还原反应

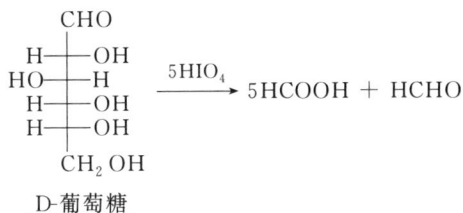

单糖的羰基可以被许多试剂还原成羟基，常用的还原剂有 $LiAlH_4$、$NaBH_4$ 和 H_2/Ni 等。还原产物是多元醇。例如：

```
      CHO                     CH2OH
   H──┼──OH                H──┼──OH
  HO──┼──H      NaBH4     HO──┼──H
   H──┼──OH   ────────→    H──┼──OH
   H──┼──OH                H──┼──OH
      CH2OH                   CH2OH
   D-葡萄糖
```

(3) 糖脎的生成

单糖分子中的羰基可以和苯肼反应生成腙，当苯肼过量时，生成的腙可进一步和苯肼反应生成两个苯腙相连的化合物，这种化合物叫做脎，α-羟基醛和 α-羟基酮都可以生成脎。例如：

```
                                                                    CH=NNHC6H5
      CHO                                  CH=NNHC6H5                |
   H──┼──OH     NH2NHC6H5(苯肼)         H──┼──OH      2NH2NHC6H5    C=NNHC6H5
  HO──┼──H    ──────────────→          HO──┼──H     ──────────→  HO──┼──H
   H──┼──OH                             H──┼──OH                  H──┼──OH
   H──┼──OH                             H──┼──OH                  H──┼──OH
      CH2OH                                CH2OH                     CH2OH
   D-葡萄糖                             D-葡萄糖苯腙                   糖脎

      CH2OH                     CH=NNHC6H5
      |                         |
      C=O                       C=NNHC6H5
  HO──┼──H     3NH2NHC6H5   HO──┼──H
   H──┼──OH   ──────────→    H──┼──OH
   H──┼──OH                  H──┼──OH
      CH2OH                     CH2OH
    D-果糖                       糖脎
```

D-葡萄糖和 D-果糖与过量苯肼反应生成相同的脎，说明 D-果糖的三个手性碳原子的构型和 D-葡萄糖后面的三个手性碳原子的构型相同。糖脎是不溶于水的晶体，不同的糖脎晶形和熔点都不同，因此可以根据生成糖脎的性质来鉴别糖的结构。

D-葡萄糖和 D-甘露糖与过量苯肼反应也生成相同的脎，说明 D-甘露糖的后三个手性碳原子的构型与 D-葡萄糖也是相同的。

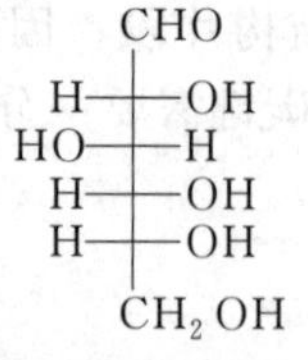

D-葡萄糖 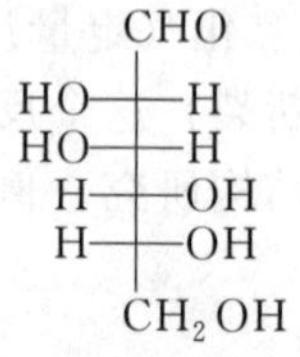　D-甘露糖

(4) 糖苷的生成

单糖的环状半缩醛结构在酸的催化作用下，与醇反应生成缩醛。单糖中只有苷羟基才能与醇发生缩合反应，其它羟基不缩合。碳水化合物中苷羟基与醇缩合生成的产物缩醛叫作苷。例如，甲基葡萄糖苷的生成：

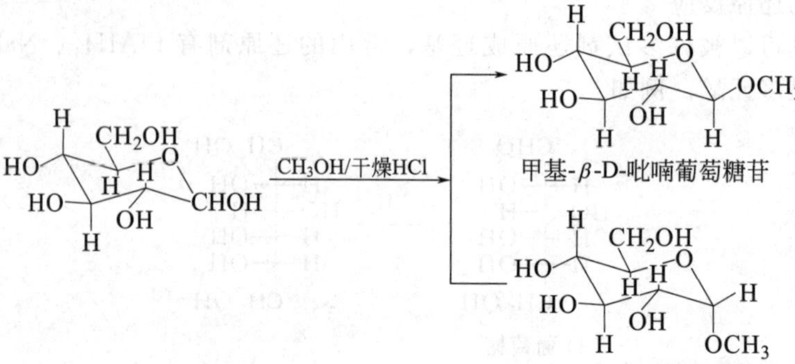

CH_3OH/干燥HCl

甲基-β-D-吡喃葡萄糖苷

甲基-α-D-吡喃葡萄糖苷

苷是一种缩醛，在碱性和中性条件下是稳定的，由于苷中已没有苷羟基，所以在碱性和中性条件下，苷没有变旋光现象，也不与 Tollens 试剂和 Fehling 试剂发生反应。但在酸性条件下苷会水解成糖和醇，所以苷在酸性条件下由于水解作用的发生又有了变旋光现象。

(5) 醚的生成（葡萄糖的甲基化）

在碱性条件下糖分子中的羟基可以与硫酸二甲酯发生烷基化反应生成醚，反应结果是糖分子中所有的羟基都被甲基化。例如，葡萄糖甲基化生成五甲基葡萄糖：

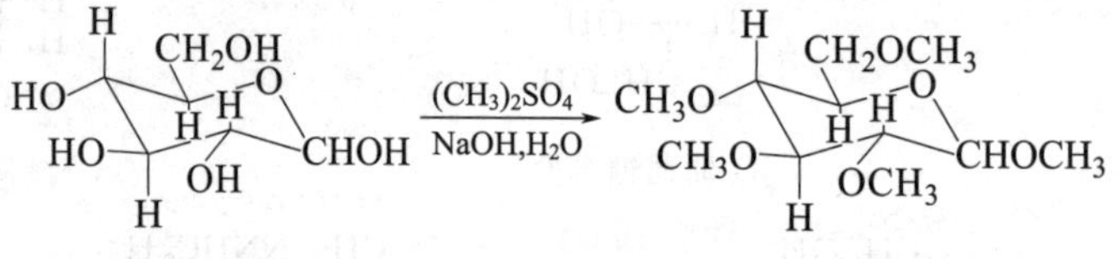

$(CH_3)_2SO_4$, $NaOH, H_2O$

(6) 酯的生成

糖分子中的羟基也可以发生酯化反应。例如葡萄糖的酯化反应，葡萄糖与乙酸酐作用五个羟基全部被酯化生成五乙酸葡萄糖酯。

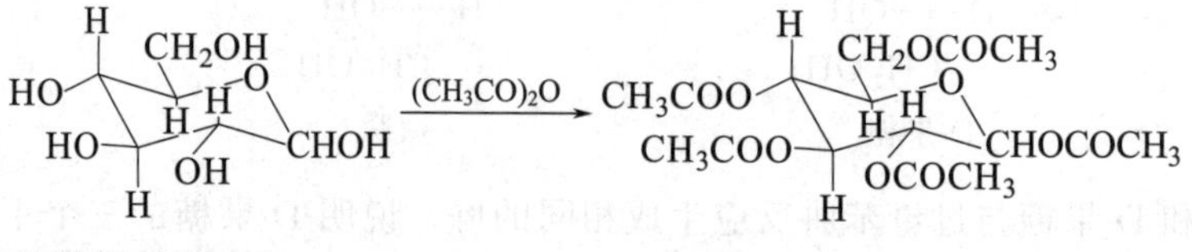

$(CH_3CO)_2O$

16.1.6 核糖和脱氧核糖

核糖和脱氧核糖是含五个碳的戊醛糖，其中β-D-核糖和β-D-2-脱氧核糖与生命现象中的遗传有关系，它们是生物中核酸的组成部分，广泛存在于生物体中。核糖也有直链结构和环状半缩醛结构的互变异构现象，最终直链结构和环状半缩醛结构达到动态平衡状态。单糖分子中的羟基脱去氧原子后的多羟基醛或多羟基酮，称为脱氧糖。

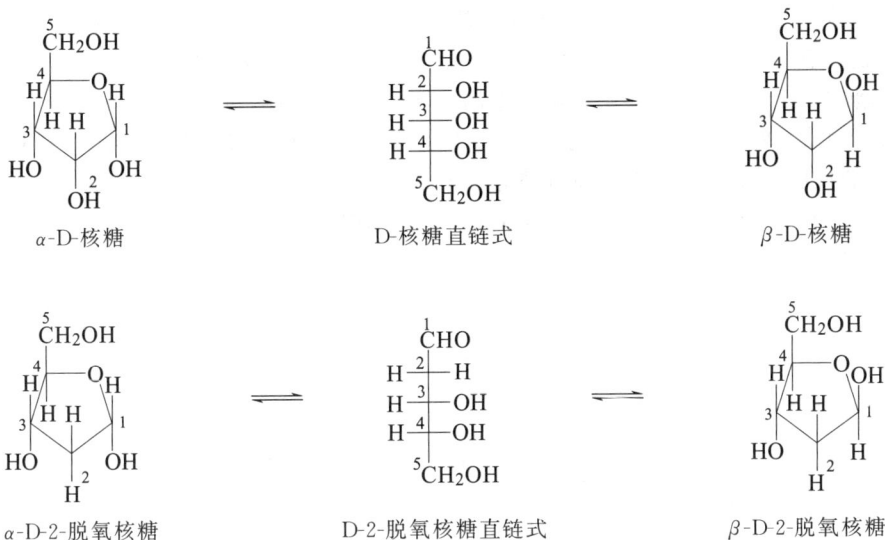

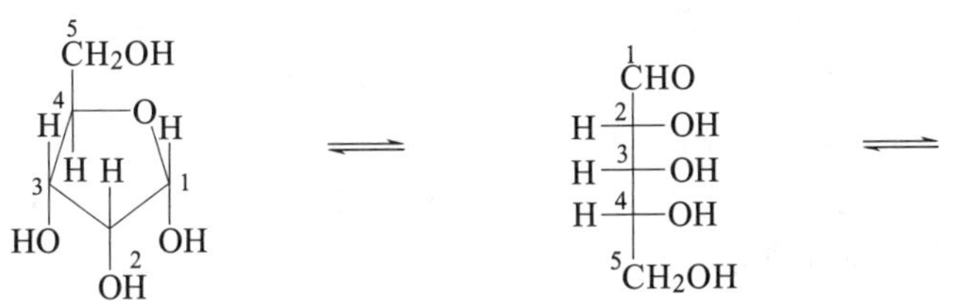

α-D-核糖　⇌　D-核糖直链式　⇌　β-D-核糖

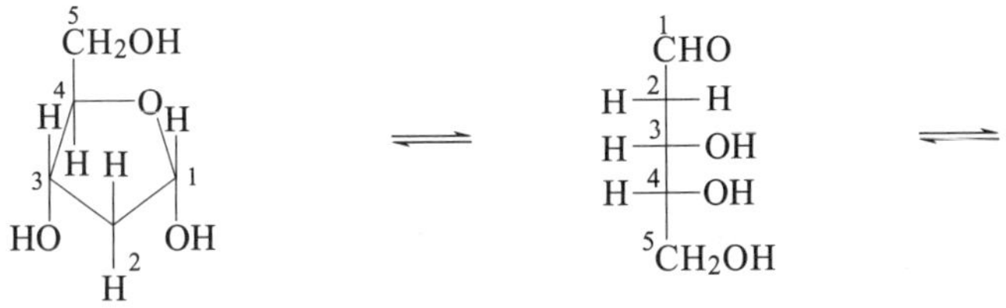

α-D-2-脱氧核糖　⇌　D-2-脱氧核糖直链式　⇌　β-D-2-脱氧核糖

16.2 二　糖

低聚糖中二糖是最重要的糖。二糖是由一个单糖分子中的苷羟基与另一个单糖分子中的苷羟基或醇羟基之间脱水后的缩合物，最常见的二糖是麦芽糖、纤维二糖和蔗糖。

16.2.1 麦芽糖

麦芽糖（分子式 $C_{12}H_{22}O_{11}$）是由淀粉在麦芽糖酶作用下部分水解得到的。麦芽糖是白色晶体，熔点 160～165℃，有甜味，但不如葡萄糖甜。用无机酸或麦芽糖酶水解，一分子麦芽糖生成两分子 D-葡萄糖，因此麦芽糖可看作是一个葡萄糖分子的 α-苷羟基与另一个葡萄糖分子的 4-羟基之间脱水，通过 α-1,4-糖苷键相连而成的。在麦芽糖分子中，第二个葡萄糖单元仍保留有苷羟基，因此麦芽糖是还原糖，具有一般单糖的性质，能与 Tollens 试剂和 Fehling 试剂反应，能成脎，有变旋光现象，并能使溴水褪色。在结晶状态下，麦芽糖含有的苷羟基是 β 型的。

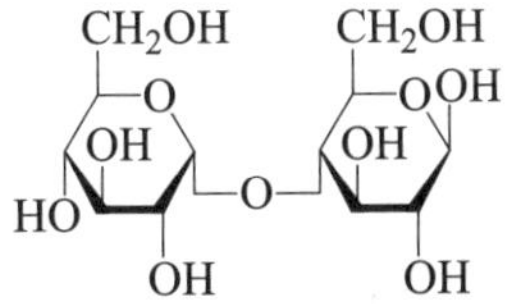

β-(+)-麦芽糖的结构

β-(+)-麦芽糖的构象：

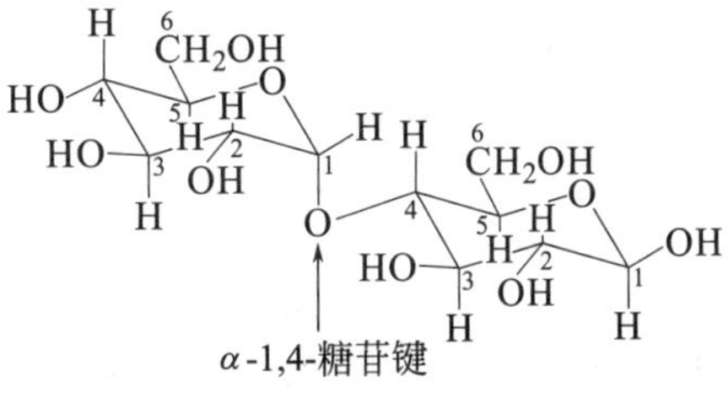

α-1,4-糖苷键

4-O-(α-D-吡喃葡萄糖基)-β-D-吡喃葡萄糖苷

16.2.2 纤维二糖

纤维二糖（分子式 $C_{12}H_{22}O_{11}$）是由纤维素（如棉花）部分水解得到的二糖，它是一种白色晶体，熔点 225℃，可溶于水。纤维二糖不能被麦芽糖酶水解，只能被无机酸或专门水解 β-糖苷键的苦杏仁酶水解，完全水解后，能得到两分子 D-葡萄糖。因此纤维二糖是由一分子葡萄糖的 β-苷羟基与另一分子葡萄糖的 4-羟基之间脱水，形成 β-1,4-糖苷键将两分子葡萄糖相连而成。纤维二糖与麦芽糖相似，由于存在苷羟基是还原糖，能与 Tollens 试剂和 Fehling 试剂反应，能成脎，有变旋光现象，有旋光性。固态时，纤维二糖是 β 型。

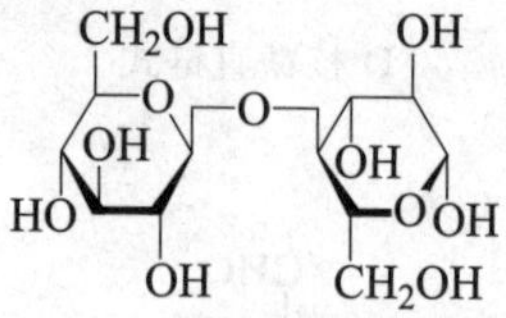

β-(+)-纤维二糖的结构

β-(＋)-纤维二糖的构象：

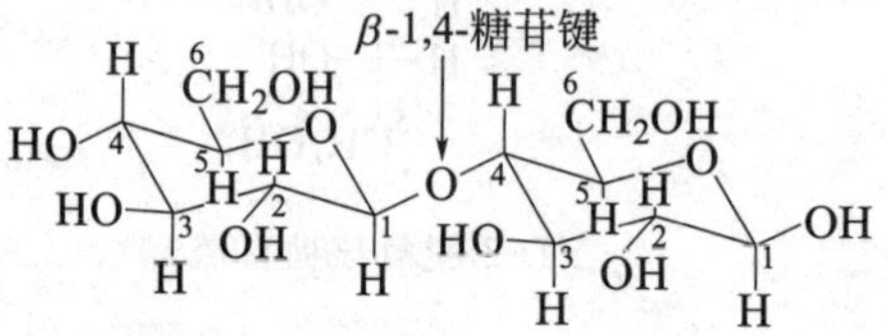

β-1,4-糖苷键

4-*O*-(β-D-吡喃葡萄糖基)-β-D-吡喃葡萄糖苷

16.2.3 蔗糖

蔗糖（分子式 $C_{12}H_{22}O_{11}$）是自然界分布最广的二糖，在甘蔗和甜菜中含量最多，甘蔗中含蔗糖 16%～20%，甜菜中含蔗糖 12%～15%，故称为蔗糖或甜菜糖。蔗糖是无色结晶，熔点 180℃，易溶于水，比葡萄糖甜，但不如果糖甜。蔗糖是工业生产数量最大的天然有机化合物。

在酸或酶的催化作用下，一分子蔗糖水解生成一分子 D-葡萄糖和一分子 D-果糖的等量混合物。因此蔗糖可看作是一个 α-D-葡萄糖的 α-苷羟基与一分子 β-D-呋喃果糖分子的苷羟基脱去一分子水形成的二糖。蔗糖分子中没有苷羟基，是非还原糖，已不显示单糖的一般性质。在水溶液中无变旋光现象，也不能还原 Tollens 试剂和 Fehling 试剂，不能与苯肼生成脎。

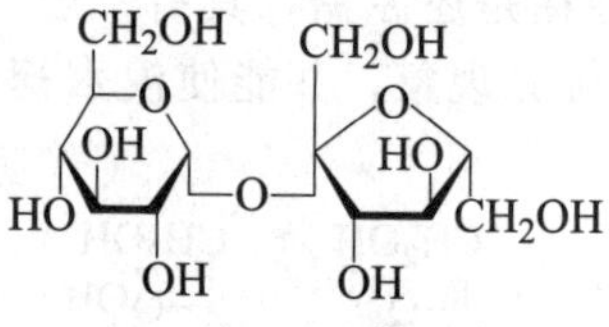

蔗糖的结构

蔗糖的构象：

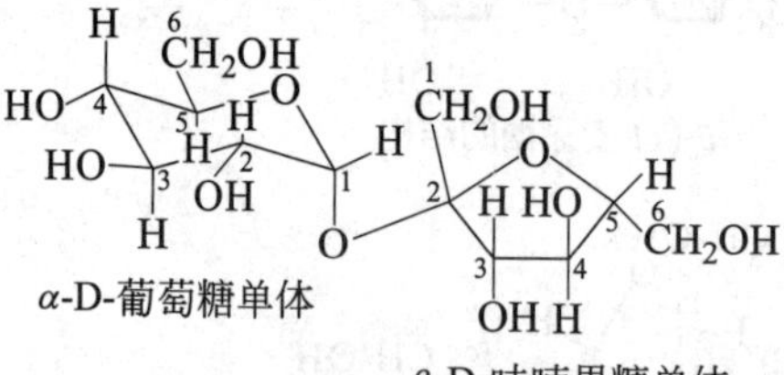

α-D-葡萄糖单体

β-D-呋喃果糖单体

α-D-吡喃葡萄糖基-β-D-呋喃果糖苷

蔗糖是右旋糖，比旋光度＋66°。蔗糖水解后生成一分子葡萄糖和一分子果糖的等量混合物。葡萄糖是右旋糖，比旋光度＋52.7°，果糖是左旋糖，比旋光度－92.4°。这两种单糖的等量混合物的比旋光度是－20°。蔗糖水解前溶液是右旋的，水解后溶液变成左旋了，即旋光方向发生了转化，因此把蔗糖的水解反应叫转化反应，水解后生成的葡萄糖和果糖的混合物叫转化糖。

$$\underset{\text{蔗糖}}{C_{12}H_{22}O_{11}} + H_2O \longrightarrow \underset{\text{D-葡萄糖}}{C_6H_{12}O_6} + \underset{\text{D-果糖}}{C_6H_{12}O_6}$$

$[\alpha]_D^{20}=+66°$　　$[\alpha]_D^{20}=+52.7°$　$[\alpha]_D^{20}=-92.4°$

转化糖 $[\alpha]_D^{20}=-20°$

16.3　多糖（无还原性）

多糖广泛存在于自然界中，许多天然植物、动物中都含有丰富的多糖。多糖是由许多单糖分子通过糖苷键相连而成的天然高分子化合物。多糖的分子量很大，它们的性质与单糖、二糖的性质不同，一般不溶于水，没有甜味，也无还原性。最常见的多糖是淀粉和纤维素。

16.3.1　淀粉

淀粉是植物光合作用的产物，存在于许多植物的种子、根和果实中，是人类主要的食物之一。如大米中约含淀粉 62%～82%、小麦 57%～72%、土豆 12%～14%、玉米 65%～72%。淀粉可用分子式 $(C_6H_{10}O_5)_n$ 表示，其分子量很大，达几十万至上百万，淀粉遇碘呈蓝色。淀粉在酸催化下水解首先生成分子量较小的糊精，进一步水解得到麦芽糖，水解的最终产物是 α-D-(＋)-葡萄糖。说明淀粉是由 α-D-(＋)-葡萄糖通过糖苷键连接而成。

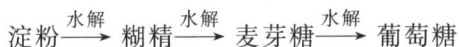

$$\text{淀粉} \xrightarrow{\text{水解}} \text{糊精} \xrightarrow{\text{水解}} \text{麦芽糖} \xrightarrow{\text{水解}} \text{葡萄糖}$$

淀粉包括直链淀粉和支链淀粉两种结构，普通淀粉中约含 20%的直链淀粉和 80%的支链淀粉，直链淀粉是由 α-D-(＋)-葡萄糖通过 α-1,4-糖苷键连接而成，其结构可表示如下：

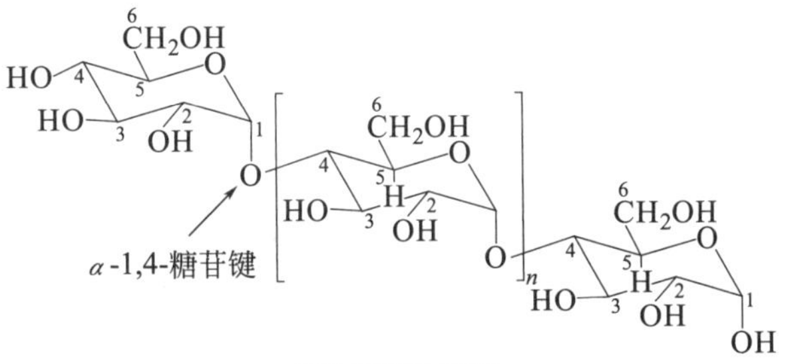

直链淀粉的结构

在支链淀粉中，α-D-(＋)-葡萄糖除了通过α-1,4-糖苷键连接外，还包括α-1,6-糖苷键连接，支链淀粉的结构可表示为：

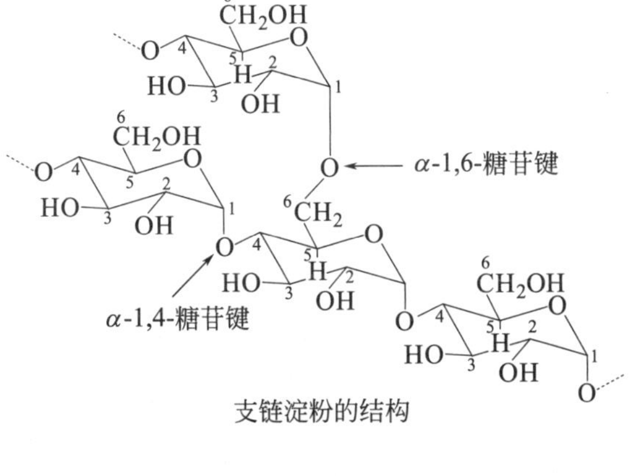

支链淀粉的结构

16.3.2　纤维素

纤维素是自然界中分布最广的碳水化合物之一，棉花、亚麻、木材、稻草、竹子等许多天然植物都含有丰富的纤维素，它在植物中所起的作用就像骨骼在人体中所起的作用一样，是作为支撑的物质。纤维素可用分子式（$C_6H_{10}O_5$）$_n$ 表示，纤维素的分子量比淀粉大很多。纤维素比淀粉难水解，一般需要在浓酸或用稀酸在加压条件下进行。纤维素水解可以得到纤维四糖、纤维三糖和纤维二糖等，最后产物是 D-(＋)-葡萄糖。

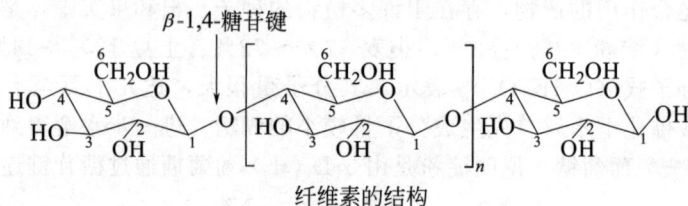

$$\underset{\text{纤维素}}{(C_6H_{10}O_5)_n} \xrightarrow{H_2O/H^+} \underset{\text{纤维四糖}}{(C_6H_{10}O_5)_4} \xrightarrow{H_2O/H^+} \underset{\text{纤维三糖}}{(C_6H_{10}O_5)_3} \xrightarrow{H_2O/H^+}$$

$$\underset{\text{纤维二糖}}{(C_6H_{10}O_5)_2} \xrightarrow{H_2O/H^+} \underset{\text{葡萄糖}}{C_6H_{12}O_6}$$

纤维素的结构单元是葡萄糖，与淀粉不同的是纤维素由 β-D-(＋)-葡萄糖通过 β-1,4-糖苷键连接而成，纤维素的结构可表示如下：

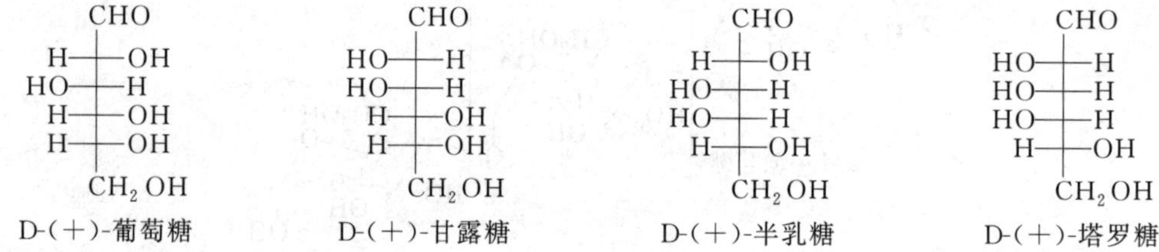

纤维素的结构

习　题

1. 写出丁醛糖的立体异构体的投影式（开链式）。
2. 为什么蔗糖是葡萄糖苷，同时又是果糖苷？写出蔗糖的结构。
3. 用 R/S 标记下列糖分子中手性碳原子的构型，并指出哪些与过量的苯肼反应可生成相同的脎。

D-(＋)-葡萄糖	D-(＋)-甘露糖	D-(＋)-半乳糖	D-(＋)-塔罗糖
CHO	CHO	CHO	CHO
H—OH	HO—H	H—OH	HO—H
HO—H	HO—H	HO—H	HO—H
H—OH	H—OH	HO—H	HO—H
H—OH	H—OH	H—OH	H—OH
CH_2OH	CH_2OH	CH_2OH	CH_2OH

4. 用化学方法鉴别（1）葡萄糖和果糖；（2）蔗糖和麦芽糖。
5. α-D-(＋)-葡萄糖和 β-D-(＋)-葡萄糖的构象中，哪一个稳定性好，为什么？

第 17 章 氨基酸和蛋白质

17.1 氨 基 酸

分子中同时含有氨基和羧基的化合物叫氨基酸，根据氨基和羧基的相对位置，可分为 α-氨基酸、β-氨基酸、ω-氨基酸（NH_2 连在碳链末端的氨基酸）等。本章主要介绍 α-氨基酸。

$$\underset{\displaystyle NH_2}{\mathrm{R{-}\overset{\alpha}{C}HCOOH}}$$

α-氨基酸

$$\mathrm{R{-}\overset{\beta}{C}H\overset{\alpha}{C}H_2COOH}\ (\text{NH}_2\ 连在\ \beta\text{-C 上})$$

β-氨基酸

$$\mathrm{\overset{\omega}{C}H_2(CH_2)_n\overset{\alpha}{C}H_2COOH}\ (\text{NH}_2\ 连在\ \omega\text{-C 上})$$

ω-氨基酸

17.1.1 α-氨基酸的分类、结构和命名

根据氨基酸分子中氨基和羧基的数目可将其分为中性氨基酸（分子中氨基数与羧基数相等）、酸性氨基酸（分子中羧基数大于氨基数）和碱性氨基酸（分子中氨基数大于羧基数）。

根据氨基酸分子结构特点可分为脂肪族氨基酸、芳香族氨基酸和杂环氨基酸等。

除甘氨酸外，α-氨基酸分子中的 α-C 都是手性碳，α-氨基酸的构型习惯上用 D/L 标记，以下列 Fischer 投影式做标准：

	COOH	
H	—	NH_2
	R	

D-α-氨基酸

	COOH	
H_2N	—	H
	R	

L-α-氨基酸

例如：以下两种构型的苏氨酸都叫 L-苏氨酸。

	COOH	
H_2N	—	H
H	—	OH
	CH_3	

L-苏氨酸

	COOH	
H_2N	—	H
OH	—	H
	CH_3	

L-苏氨酸

α-氨基酸都是 L 构型（若以 R/S 法标记，则为 S 型）。

氨基酸可以用系统命名，羧酸为母体，氨基为取代基，由蛋白质水解得到的氨基酸除了系统名称外，还有俗名，俗名比系统名称更常用。例如：

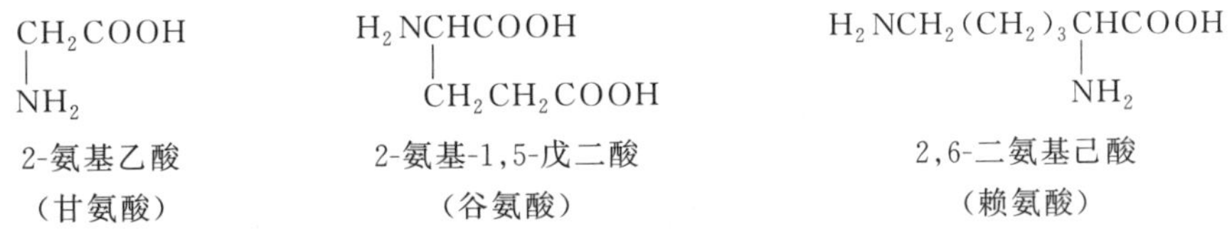

2-氨基乙酸（甘氨酸）　2-氨基-1,5-戊二酸（谷氨酸）　2,6-二氨基己酸（赖氨酸）

由蛋白质水解得到的氨基酸的结构和俗名见表 17-1。

表 17-1 蛋白质水解得到的氨基酸的结构和俗名

氨基酸	缩写（代码）	汉字代码	结构式	等电点
甘氨酸 Glycine	Gly (G)	甘	CH_2COOH | NH_2	5.97
丙氨酸 Alanine	Ala (A)	丙	$CH_3CHCOOH$ | NH_2	6.02
缬氨酸 Valine	Val (V)	缬	$(CH_3)_2CHCHCOOH$ | NH_2	5.97
亮氨酸 Leucine	Leu (L)	亮	$(CH_3)_2CHCH_2CHCOOH$ | NH_2	5.98
异亮氨酸 Isoleucine	Ile (I)	异亮	$CH_3CH_2CH—CHCOOH$ | | CH_3 NH_2	6.02
丝氨酸 Serine	Ser (S)	丝	$HOCH_2CHCOOH$ | NH_2	5.68
苏氨酸 Threonine	Thr (T)	苏	$CH_3CH—CHCOOH$ | | OH NH_2	5.60
半胱氨酸 Cysteine	Cys (C)	半胱	$HSCH_2CHCOOH$ | NH_2	5.02
胱氨酸 Cystine	Cys | Cys	胱	SCH_2CHNH_2COOH | SCH_2CHNH_2COOH	5.06
蛋氨酸 Methionine	Met (M)	蛋	$CH_3SCH_2CH_2CHCOOH$ | NH_2	5.06
天冬氨酸 Aspartic acid	Asp (D)	天冬	$HOOCCH_2CHCOOH$ | NH_2	2.98
天冬酰胺 Asparagine	Asn	门-NH_2	$H_2NCOCH_2CHCOOH$ | NH_2	5.41
谷氨酸 Glutamic acid	Glu (E)	谷	$HOOCCH_2CH_2CHCOOH$ | NH_2	3.22
谷酰胺 Glutamimine	Gln (Q)	谷-NH_2	$H_2NCOCH_2CH_2CHCOOH$ | NH_2	5.70
赖氨酸 Lysine	Lys (K)	赖	$H_2NCH_2CH_2CH_2CH_2CHCOOH$ | NH_2	9.74
羟基赖氨酸 Hydrolysine	Hyl	羟赖	$H_2NCH_2CHCH_2CH_2CHCOOH$ | | OH NH_2	9.15
精氨酸 Arginine	Arg (R)	精	$H_2N—C—NH—CH_2CH_2CH_2CHCOOH$ ‖ | NH NH_2	10.76
组氨酸 Histidine	His (H)	组	(imidazole ring, N-H)—$CH_2CHCOOH$ | NH_2	7.59

续表

氨基酸	缩写（代码）	汉字代码	结构式	等电点
苯丙氨酸 Phenylalanine	Phe（F）	苯丙	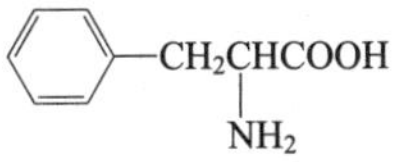 C_6H_5—$CH_2CH(NH_2)COOH$	5.48
酪氨酸 Tyrosine	Tyr（Y）	酪	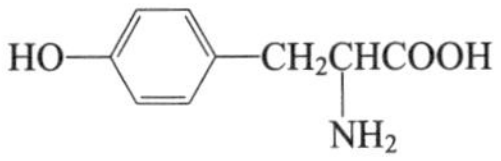 HO—C_6H_4—$CH_2CH(NH_2)COOH$	5.67
色氨酸 Tryptophan	Trp（W）	色	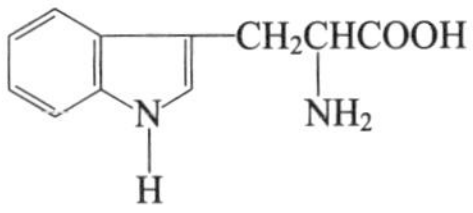 吲哚-3-基—$CH_2CH(NH_2)COOH$	5.88
脯氨酸 Proline	Pro（P）	脯	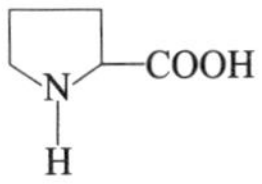 吡咯烷-2-基—COOH（N—H）	6.30
羟脯氨酸 HydroxyPro-line	Hyp	羟脯	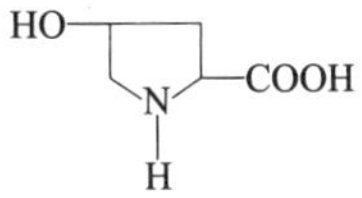 4-HO-吡咯烷-2-基—COOH（N—H）	6.33

α-氨基酸（$R—CH(NH_2)COOH$）分子中，去掉 $—CH(NH_2)COOH$ 后的剩余部分叫残基。例如：

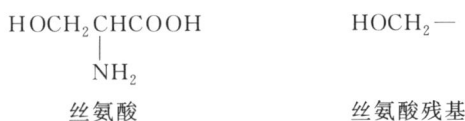

$$HOCH_2CH(NH_2)COOH \qquad HOCH_2—$$

丝氨酸　　　　丝氨酸残基

17.1.2　氨基酸的性质

氨基酸都是难挥发的固体，具有较高熔点，并常常在融化时分解，氨基酸一般不溶于乙醚、苯等非极性溶剂，在水中有一定的溶解度，除甘氨酸外，其它天然氨基酸都有旋光性。氨基酸分子中同时含有氨基和羧基，所以它具有一般胺和羧酸的性质，由于两个基团的相互影响，它还有一些特殊性质。

17.1.2.1　氨基酸中氨基的反应

（1）与亚硝酸反应

氨基酸中的氨基与伯胺一样可以与亚硝酸反应放出氮气，生成相应的羟基酸：

$$R—CH(NH_2)COOH + HNO_2 \longrightarrow R—CH(OH)COOH + N_2\uparrow + H_2O$$

这个反应是定量进行的，根据放出氮气的量可计算氨基酸中的含氮量，因此这个反应可用来定量分析 NH_2，此方法叫 Van Slyke 氨基测定法。

（2）与甲醛反应

氨基酸和甲醛首先发生亲核加成反应，然后脱去一分子水生成含碳氮双键的酸：

$$R—CH(NH_2)COOH + HCHO \longrightarrow R—CH(NHCH_2OH)COOH \xrightarrow{-H_2O} R—CH(N{=}CH_2)COOH$$

氨基酸中同时含有氨基和羧基，一般不能用碱滴定来分析氨基酸的羧基，上述反应发生后，由于氨基酸中氨基的碱性不再显现出来，就可以用碱来滴定氨基酸中的羧基了。

（3）酰基化和烃基化反应

氨基酸和氯甲酸苄酯（也称苄氧甲酰氯）或氯甲酸叔丁酯（也称叔丁氧甲酰氯）发生酰基化反应生成相应的 N-苄氧酰基或 N-叔丁氧酰基氨基酸，反应发生后氨基酸中的氨基不再显示氨基的性质，上述产物又可以通过化学反应脱去酰基，恢复原来的氨基。在多肽的合成中通常用这种方法来抑制氨基的反应，合成完成后再除去酰基恢复氨基，这个反应过程通常称为氨基的保护和去保护过程。氨基酸和苄氧甲酰氯或叔丁氧酰氯等发生的酰基化反应称为氨基的保护反应。

$$C_6H_5CH_2O-\overset{O}{\overset{\|}{C}}-Cl + R-\underset{NH_2}{\underset{|}{C}}HCOOH \longrightarrow C_6H_5CH_2O-\overset{O}{\overset{\|}{C}}-NH\underset{R}{\underset{|}{C}}HCOOH + HCl$$

氯甲酸苄酯　　　　N-苄氧甲酰基氨基酸

氨基的保护反应

苄氧甲酰基可以通过催化加氢法除去：

$$C_6H_5CH_2O-\overset{O}{\overset{\|}{C}}-NH\underset{R}{\underset{|}{C}}HCOOH \xrightarrow{H_2/Pt} C_6H_5CH_3 + CO_2 + R-\underset{NH_2}{\underset{|}{C}}HCOOH$$

氨基的去保护反应

$$(CH_3)_3CO-\overset{O}{\overset{\|}{C}}-Cl + R-\underset{NH_2}{\underset{|}{C}}HCOOH \longrightarrow (CH_3)_3CO-\overset{O}{\overset{\|}{C}}-NH\underset{R}{\underset{|}{C}}HCOOH + HCl$$

氯甲酸叔丁酯　　　　N-叔丁氧甲酰基氨基酸

氨基的保护反应

叔丁氧甲酰基可以用 HCl 反应除去：

$$(CH_3)_3CO-\overset{O}{\overset{\|}{C}}-NH\underset{R}{\underset{|}{C}}HCOOH \xrightarrow{HCl} (CH_3)_2C=CH_2 + CO_2 + R-\underset{NH_2}{\underset{|}{C}}HCOOH$$

氨基的去保护反应

氨基酸和 2,4-二硝基氟苯(2,4-Dinitrofluorobenzene，缩写为 DNFB)发生 N-烃基化反应，生成 N-2,4-二硝基苯基氨基酸，这个反应在多肽的端基分析中特别有用。

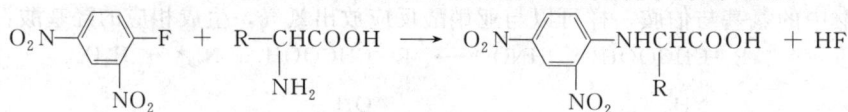

$$O_2N-C_6H_3(NO_2)-F + R-\underset{NH_2}{\underset{|}{C}}HCOOH \longrightarrow O_2N-C_6H_3(NO_2)-NH\underset{R}{\underset{|}{C}}HCOOH + HF$$

用于多肽的端基分析

17.1.2.2　氨基酸中羧基的反应

氨基酸中的羧基与其它有机羧酸一样，在一定条件下也能发生成盐反应、酯化反应、酰化反应和脱羧反应等。例如：

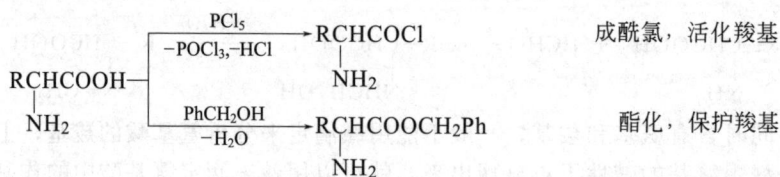

$$R\underset{NH_2}{\underset{|}{C}}HCOOH \xrightarrow[-POCl_3,-HCl]{PCl_5} R\underset{NH_2}{\underset{|}{C}}HCOCl \quad \text{成酰氯，活化羧基}$$

$$R\underset{NH_2}{\underset{|}{C}}HCOOH \xrightarrow[-H_2O]{PhCH_2OH} R\underset{NH_2}{\underset{|}{C}}HCOOCH_2Ph \quad \text{酯化，保护羧基}$$

17.1.2.3　氨基酸的两性和等电点

氨基酸分子中同时含有酸性的羧基和碱性的氨基，是一种内盐，其结构可表示如下：

$$\underset{(2)}{\underset{\displaystyle\mathrm{R}}{\mathrm{NH_2\overset{|}{C}HCOO^-}}} \underset{OH^-}{\overset{H^+}{\rightleftharpoons}} \underset{(1)}{\underset{\displaystyle\mathrm{R}}{\mathrm{^+NH_3\overset{|}{C}HCOO^-}}} \underset{OH^-}{\overset{H^+}{\rightleftharpoons}} \underset{(3)}{\underset{\displaystyle\mathrm{R}}{\mathrm{^+NH_3\overset{|}{C}HCOOH}}}$$

在酸性溶液中，(3)的量比(2)大得多，电解时氨基酸向负极移动；在碱性溶液中，(2)的量比(3)大得多，电解时氨基酸向正极移动。加酸或加碱于氨基酸水溶液中，可调节羧基和氨基的电离程度，使羧基和氨基的电离程度相同，即在一定的 pH 值下，(2)和(3)的量相等，电解时氨基酸不移动，此时溶液的 pH 值称为氨基酸的等电点。等电点用 pI 表示，一般中性氨基酸的等电点在 6.2～6.8；酸性氨基酸的等电点在 2.8～3.2；碱性氨基酸的等电点在 7.6～10.7。在等电点时，氨基酸在溶液中以偶极离子($^+NH_3CHRCOO^-$) (1)的形式存在，在电场中，氨基酸既不向负极移动，也不向正极移动。等电点时，氨基酸的溶解度最小，最容易从溶液中析出。利用等电点的这一性质，通过调节溶液的 pH 值，可将等电点不同的氨基酸从氨基酸混合液中分离出来。

17.1.2.4　氨基酸与水合茚三酮的反应

α-氨基酸与水合茚三酮的水溶液反应能生成蓝紫色物质，α-氨基酸的这个显色反应叫水合茚三酮反应。

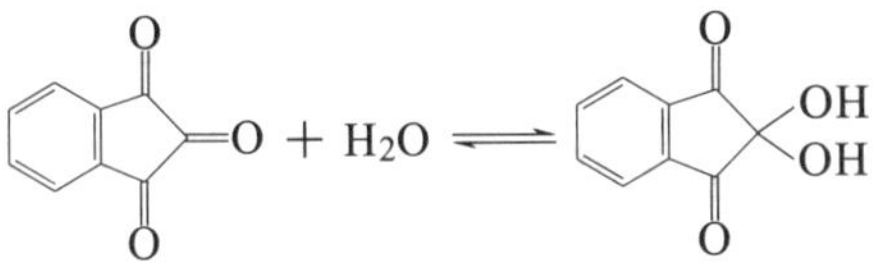

茚三酮 + H_2O ⇌ 水合茚三酮

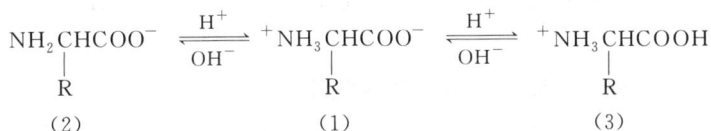

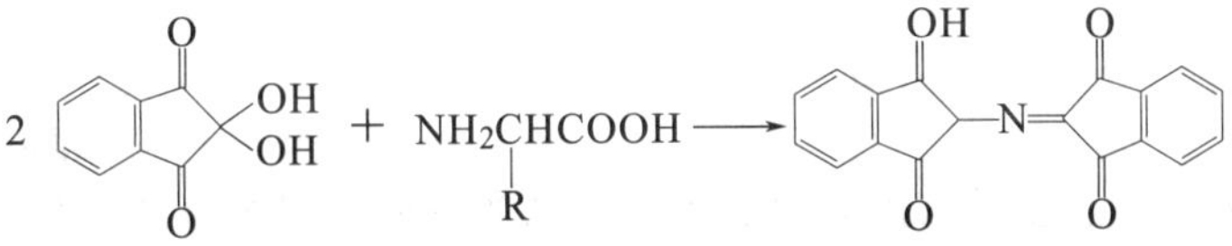

2 水合茚三酮 + $NH_2CHRCOOH$ ⟶ 蓝紫色物质

水合茚三酮反应是鉴别 α-氨基酸（分子中要含有 NH_2 基团）的一种简便、迅速的方法。但有一点要注意的是伯胺、氨和铵盐也能发生水合茚三酮反应。而脯氨酸（无 NH_2 基团）不发生这个显色反应。

17.1.2.5　氨基酸的受热脱水和脱氨反应

氨基酸分子中同时有氨基和羧基，氨基酸的氨基和羧基可以进行脱水反应生成酰胺，随氨基和羧基的相对位置不同，脱水产物也各不相同。氨基酸还可以发生分子内的脱氨反应生成不饱和羧酸。

(1) 两分子 α-氨基酸分子间脱水生成交酰胺：

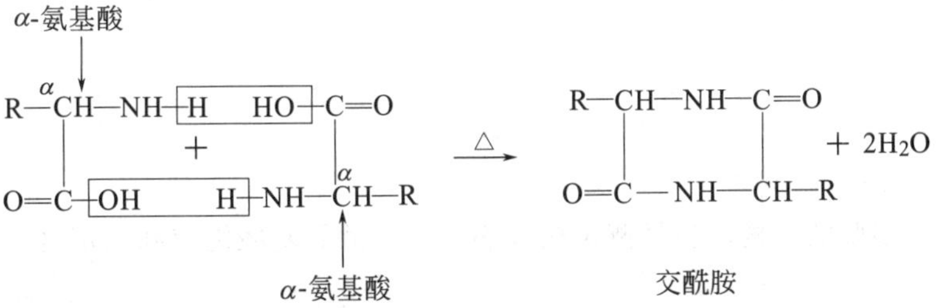

2 α-氨基酸 (R—CH(NH₂)—COOH) $\xrightarrow{\triangle}$ 交酰胺 + $2H_2O$

（2）β-氨基酸分子内脱氨生成α,β-不饱和羧酸：

$$\underset{\boxed{NH_2\ \ H}}{\overset{\beta\quad\ \ \alpha}{CH_3CH-CHCOOH}} \xrightarrow{\triangle} \overset{\beta\quad\ \ \alpha}{CH_3CH{=}CHCOOH} + NH_3\uparrow$$

（3）γ或δ-氨基酸分子内脱水生成环状内酰胺：

$$\beta\ CH_2CH_2(\alpha)-\overset{O}{\overset{\|}{C}}-OH,\ \gamma\ CH_2-NH-H \xrightarrow{\triangle} \text{环}(\alpha\ CH_2-\overset{O}{\overset{\|}{C}}-NH-CH_2\gamma-CH_2\beta) + H_2O$$

γ-丁内酰胺

$$\beta\ CH_2CH_2(\alpha)-\overset{O}{\overset{\|}{C}}-OH,\ \gamma\ CH_2CH_2(\delta)NH-H \xrightarrow{\triangle} \text{环}(\alpha\ CH_2-\overset{O}{\overset{\|}{C}}-NH-CH_2-CH_2\gamma-CH_2\beta) + H_2O$$

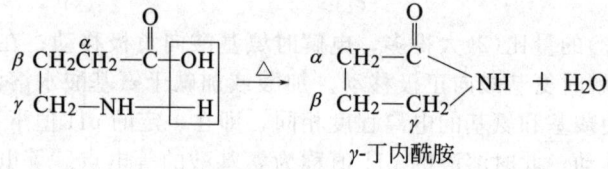

δ-戊内酰胺

（4）氨基和羧基相隔多个碳原子的氨基酸，分子间脱水生成聚酰胺：

$$n\,NH_2CH_2CH_2CH_2CH_2CH_2COOH \xrightarrow{\triangle} H{+}NHCH_2CH_2CH_2CH_2CH_2CO{+}_nOH + (n-1)H_2O$$

尼龙-6

17.1.3 多肽

两分子氨基酸失去一分子水，彼此用酰胺结合形成的化合物叫二肽。所形成的酰胺键叫肽键。例如：

$$H_2N-CH_2-\overset{O}{\overset{\|}{C}}-OH + H_2N-\underset{CH_3}{\underset{|}{CH}}-\overset{O}{\overset{\|}{C}}-OH \longrightarrow H_2N-CH_2-\overset{O}{\overset{\|}{C}}-NH-\underset{CH_3}{\underset{|}{CH}}-\overset{O}{\overset{\|}{C}}-OH + H_2O$$

肽键

二肽(甘氨酰丙氨酸)

三个氨基酸分子通过肽键（酰胺键）形成的肽叫三肽，多个氨基酸分子通过肽键形成的肽叫多肽。多肽分子中两端是氨基和羧基，氨基的一端叫 N-端，羧基的一端叫 C-端，书写多肽时，N-端写在左边，C-端写在右边。例如：

$$H_2N-\underset{CH_3}{\underset{|}{CH}}-\overset{O}{\overset{\|}{C}}-NH-\underset{CH_2C_6H_5}{\underset{|}{CH}}-\overset{O}{\overset{\|}{C}}-NH-CH_2-\overset{O}{\overset{\|}{C}}-OH$$

丙氨酰苯丙氨酰甘氨酸(丙-苯-甘)三肽

$$H_2N-\underset{R}{\underset{|}{CH}}-\overset{O}{\overset{\|}{C}}\left[-NH-\underset{R}{\underset{|}{CH}}-\overset{O}{\overset{\|}{C}}-\right]_n NH-\underset{R}{\underset{|}{CH}}-\overset{O}{\overset{\|}{C}}-OH$$

N-端　　C-端

多肽

17.1.3.1 多肽的结构测定

要测定一个多肽的结构，包括测定构成多肽分子的氨基酸组成和测定这些氨基酸的连接顺序。

测定多肽氨基酸组成是用酸对多肽进行彻底水解（不能用碱来水解多肽，因为碱性水解会引起氨基酸外消旋化），然后分析水解产物中各种氨基酸的数目。测定氨基酸的连接顺序，可以采用以下几种方法。

（1）端基分析（分析肽的 N-端和 C-端）

① 2,4-二硝基氟苯法　2,4-二硝基氟苯能和肽的 N-端发生烃基化反应，生成 2,4-二硝基苯基肽，然后对产物进行水解，只有 N-端的一个氨基酸生成了 2,4-二硝基苯基衍生物，分析 2,4-二硝基苯基衍生物的结构就可知道肽 N-端的氨基酸的结构。

$$O_2N-C_6H_3(NO_2)-F + H_2NCH(R)CO-\text{肽} \longrightarrow O_2N-C_6H_3(NO_2)-NHCH(R)CO-\text{肽} + HF$$

$$O_2N-C_6H_3(NO_2)-NHCH(R)CO-\text{肽} \xrightarrow{HCl/H_2O} O_2N-C_6H_3(NO_2)-NHCH(R)COOH + \text{氨基酸混合物}$$

本方法可用来分析肽的 N-端，缺点是水解 2,4-二硝基苯基肽时，整个肽链都水解了。

② Edman 降解法　N-端分析的另一种方法是用异硫氰酸苯酯和肽反应生成苯基硫脲衍生物，用 HCl 处理苯基硫脲衍生物可以生成一种环状化合物苯基乙内酰硫脲衍生物，鉴别苯基乙内酰硫脲衍生物的结构可知 N-端氨基酸的结构。

$$\underset{\text{异硫氰酸苯酯}}{C_6H_5N{=}C{=}S} + H_2NCH(R)CO-\text{肽} \longrightarrow \underset{\text{苯基硫脲衍生物}}{C_6H_5NH-C(=S)-NHCH(R)CO-\text{肽}}$$

$$C_6H_5NH-C(=S)-NHCH(R)CO-\text{肽} \xrightarrow{HCl} \underset{\text{苯基乙内酰硫脲衍生物}}{C_6H_5-N\langle C(=S)-NH-CH(R)-C(=O)\rangle} + \text{降解一个氨基酸后的肽}$$

这种方法不会导致整个肽链都水解，对降解氨基酸后的肽重复上述反应和分析，则可测定出多肽中氨基酸的连接顺序。此方法的原理已被现代氨基酸自动分析仪所采用。

③ 羧基多肽酶法（测定多肽 C-端氨基酸的方法）　用羧基多肽酶来水解多肽，只有靠近 C-端的一个肽键被水解，水解后分离到的少一个氨基酸的肽又可继续水解，依此类推。只要连续检验水解出来的氨基酸的结构，就可知道多肽中氨基酸的连接顺序。但这种水解通常也只能重复有限几次，所以它只适合较小的肽的分析。对于很长的肽来说，往往是先将它部分水解成较短的肽，然后再进行端基分析。

（2）多肽的部分水解

较大的肽可先水解成几段小肽。有一些酶只水解某些氨基酸形成的肽键，使用不同的酶可以将一个较大的肽有目的地水解成一系列小的肽段。根据所用酶的水解专一性可知道水解是从何处断开。大肽部分水解后，对各种小的肽段进行端基分析可确定每个小肽氨基酸的连接顺序，将这些小肽按着所断肽键的专一情况一一进行连接就可确定整个大肽氨基酸的连接顺序。由此可初步确定大肽的结构，大肽结构的最终确定还要通过合成来加以确证。

17.1.3.2　多肽的合成

多肽的合成是一项艰巨的工作，因为要将各种氨基酸按着指定的顺序连接起来不是一件容易的事。即使是两种氨基酸反应也可生成四种二肽。例如，甘氨酸和丙氨酸就可形成以下四种二肽：

甘-甘；丙-丙；甘-丙；丙-甘

同时天然多肽中的氨基酸不少是旋光的，反应必须在缓和条件下进行，以避免外消旋化。随着多肽分子量的增加，产物的分离、提纯和鉴定也越来越困难。在多肽的合成中通常采取保护一个基团，活化另一个基团的办法来达到目的。保护的含义是使某些基团形成某种衍生物后不会参加反应，也不会被破坏，最终又可以通过去保护恢复原来的基团。活化的含义是某些基团形成某种衍生物后，其反应活性大大提高了。例如：要合成甘-丙二肽，可保护甘氨酸的氨基和活化它的羧基，保护丙氨酸的羧基和活化它的氨基来达到目的。

（1）氨基的保护

氨基通常用氯甲酸苄酯和碳酸二叔丁酯来保护。氯甲酸苄酯的保护和去保护反应前面已介绍过，碳酸二叔丁酯的保护和去保护反应也与前面介绍的氯甲酸叔丁酯的保护和去保护反应相同。

碳酸二叔丁酯的保护反应：

$$(CH_3)_3CO-\overset{O}{\overset{\|}{C}}-OC(CH_3)_3 + R-\underset{NH_2}{\underset{|}{C}}HCOOH \longrightarrow (CH_3)_3CO-\overset{O}{\overset{\|}{C}}-NH\underset{R}{\underset{|}{C}}HCOOH + (CH_3)_3COH$$

去保护反应：

$$(CH_3)_3CO-\overset{O}{\overset{\|}{C}}-NH\underset{R}{\underset{|}{C}}HCOOH \xrightarrow{HCl} (CH_3)_2C=CH_2 + CO_2 + R-\underset{NH_2}{\underset{|}{C}}HCOOH$$

（2）保护羧基和活化氨基

由于氨基酸是内盐结构，若将羧基变成$-COO^-$后，既降低了羧基的活性又提高了氨基的活性，达到了保护羧基和活化氨基的双重作用。例如：

$$^+NH_3\underset{R}{\underset{|}{C}}HCOO^- \xrightarrow{OH^-} NH_2\underset{R}{\underset{|}{C}}HCOO^-$$

（3）活化羧基

由于羧基的酰化能力不强，将保护了氨基的氨基酸和另一种氨基酸加到一起，也不容易形成肽键，所以要使肽键有效生成，通常需要对氨基酸的羧基进行活化。

① 将羧基转变成更活泼的羧酸衍生物　通常活化羧基的方法是将羧酸转变成酰氯、酸酐及酯等，以增强其酰化能力。将氨基保护着的氨基酸与亚硫酰氯或五氯化磷反应可得到相应酰氯，用氯甲酸乙酯可以将它转变成混合酸酐。例如：

$$C_6H_5-CH_2O-\overset{O}{\overset{\|}{C}}-NH\underset{R}{\underset{|}{C}}H-\overset{O}{\overset{\|}{C}}-OH \xrightarrow[\text{或 }PCl_5]{SOCl_2} \underset{\text{酰氯}}{C_6H_5-CH_2O-\overset{O}{\overset{\|}{C}}-NH\underset{R}{\underset{|}{C}}H-\overset{O}{\overset{\|}{C}}-Cl}$$

$$C_6H_5-CH_2O-\overset{O}{\overset{\|}{C}}-NH\underset{R}{\underset{|}{C}}H-\overset{O}{\overset{\|}{C}}-OH \xrightarrow{ClCOOC_2H_5} \underset{\text{酸酐}}{C_6H_5-CH_2O-\overset{O}{\overset{\|}{C}}-NH\underset{R}{\underset{|}{C}}H-\overset{O}{\overset{\|}{C}}-O-\overset{O}{\overset{\|}{C}}-OC_2H_5}$$

② 用N,N'-二环己基碳化二亚胺（DCC）活化羧基　N,N'-二环己基碳化二亚胺（N,N'-dicyclohexylcarbodiimide，DCC）和羧基反应时生成一个活泼的酰基化中间体，可迅

速与另一分子氨基酸反应形成肽键。例如：

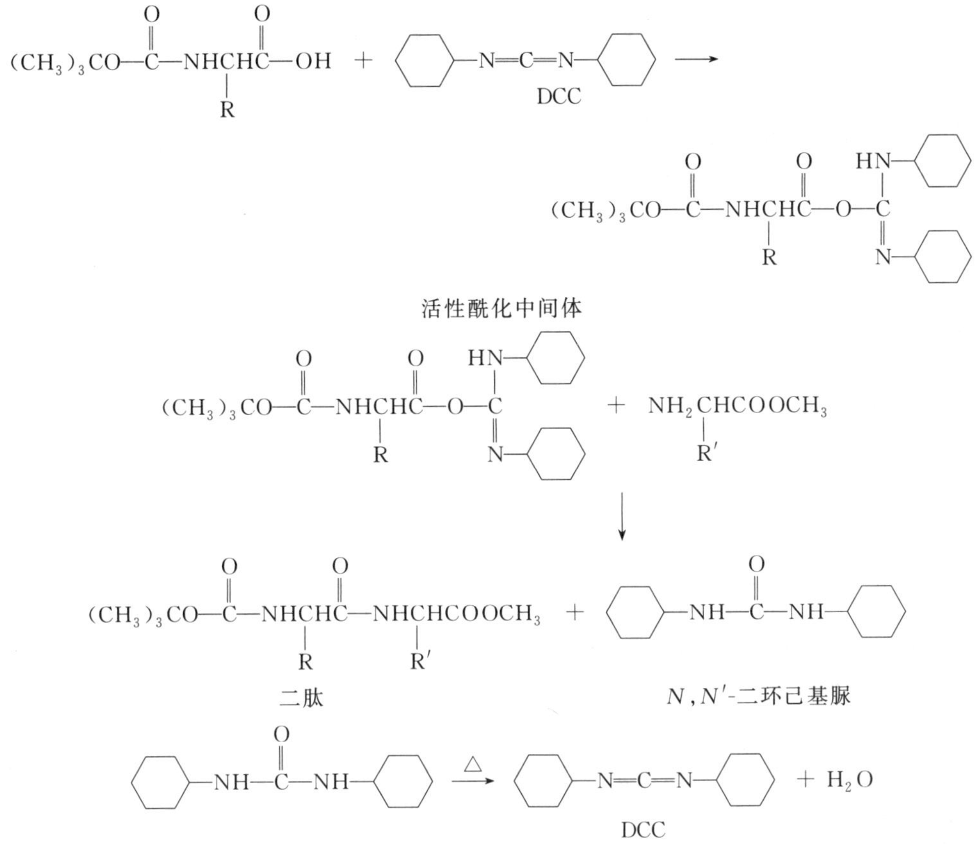

$$(CH_3)_3CO-\overset{\overset{O}{\|}}{C}-NH\underset{\underset{R}{|}}{C}H\overset{\overset{O}{\|}}{C}-OH + C_6H_{11}-N=C=N-C_6H_{11}\ (DCC) \longrightarrow$$

$$(CH_3)_3CO-\overset{\overset{O}{\|}}{C}-NH\underset{\underset{R}{|}}{C}H\overset{\overset{O}{\|}}{C}-O-\underset{\underset{N-C_6H_{11}}{\|}}{\overset{\overset{HN-C_6H_{11}}{|}}{C}}$$

活性酰化中间体

$$(CH_3)_3CO-\overset{\overset{O}{\|}}{C}-NH\underset{\underset{R}{|}}{C}H\overset{\overset{O}{\|}}{C}-O-\underset{\underset{N-C_6H_{11}}{\|}}{\overset{\overset{HN-C_6H_{11}}{|}}{C}} + NH_2\underset{\underset{R'}{|}}{C}HCOOCH_3$$

$$\downarrow$$

$$(CH_3)_3CO-\overset{\overset{O}{\|}}{C}-NH\underset{\underset{R}{|}}{C}H\overset{\overset{O}{\|}}{C}-NH\underset{\underset{R'}{|}}{C}HCOOCH_3 + C_6H_{11}-NH-\overset{\overset{O}{\|}}{C}-NH-C_6H_{11}$$

二肽　　　　　　N,N'-二环己基脲

$$C_6H_{11}-NH-\overset{\overset{O}{\|}}{C}-NH-C_6H_{11} \xrightarrow{\triangle} C_6H_{11}-N=C=N-C_6H_{11}\ (DCC) + H_2O$$

上述反应很活泼，可以在常温下进行，收率也很高，并且中间体也不需分离，生成的 N,N'-二环己基脲经热脱水后又可以得到 DCC。这是合成肽的一种重要方法。将上述生成的二肽重复保护、活化和酰化等步骤可合成三肽，反复重复以上步骤就可合成多肽，合成多肽是一件很繁琐的工作。

(4) 侧链基团的保护

某些氨基酸的侧链基团在肽的合成条件下会破坏时，也需要进行保护，不同的基团采用不同的保护方法，如巯基很容易发生氧化还原反应，用苯甲基将它保护起来生成硫醚就可以避免此反应。

多肽在自然界中广泛存在，在生物体中起着各种不同的作用。例如，胰岛素可控制碳水化合物的正常代谢。牛胰岛素是由 51 个氨基酸构成。

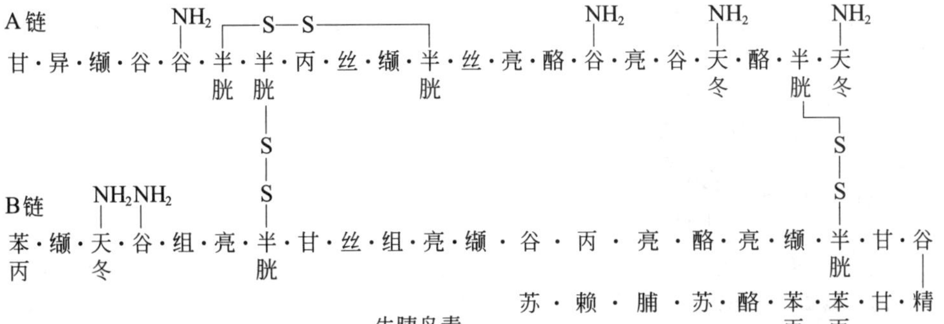

A 链（谷、天冬、天冬上标 NH_2；半胱与半胱之间 —S—S— 相连）：

甘·异·缬·谷·谷(NH_2)·半胱·半胱·丙·丝·缬·半胱·丝·亮·酪·谷(NH_2)·亮·谷·天冬(NH_2)·酪·半胱·天冬(NH_2)

（A 链第 7 位半胱与 B 链第 7 位半胱以 —S—S— 相连；A 链第 20 位半胱与 B 链第 19 位半胱以 —S—S— 相连）

B 链：

苯丙·缬·天冬(NH_2)·谷(NH_2)·组·亮·半胱·甘·丝·组·亮·缬·谷·丙·亮·酪·亮·缬·半胱·甘·谷·精·甘·苯丙·苯丙·酪·苏·脯·赖·苏

牛胰岛素

17.2 蛋 白 质

17.2.1 蛋白质分类和组成

一般把分子量大于 10000 的多肽称为蛋白质。蛋白质有不同的分类方法。按溶解性可分为两大类：溶于水、酸、碱或盐溶液的球形蛋白质和不溶于水的纤维蛋白质。

按蛋白质的组成可分为：简单蛋白质和结合蛋白质。简单蛋白质水解只产生 α-氨基酸，结合蛋白质水解除 α-氨基酸外，还有非氨基酸物质。结合蛋白质由简单蛋白质和非蛋白质物质结合而成。组成蛋白质的元素主要有 C、H、O、N、S，有的还含有微量的 P、Fe 等元素。

17.2.2 蛋白质的结构

蛋白质的结构非常复杂，蛋白质中氨基酸的类别和组成可以不同，多肽链中氨基酸的连接有一定的排列顺序，并且整个蛋白质分子在空间也有一定的排列顺序和空间构型。蛋白质的结构可用四级结构来描述。

17.2.2.1 蛋白质的一级结构

蛋白质的一级结构是指蛋白质多肽链中氨基酸的组成和排列顺序。氨基酸组成或排列的任何不同都是不同的蛋白质。蛋白质的一级结构只是蛋白质的最基本结构，也称为蛋白质的初级结构，蛋白质的其它结构称为蛋白质的高级结构。蛋白质的一级结构决定蛋白质的性质类别。蛋白质的生理作用、变性等特征主要与蛋白质的高级结构有关。在蛋白质的一级结构中，肽键是主要的连接键，多肽链是一级结构的主体。

17.2.2.2 蛋白质的二级结构

蛋白质的二级结构是指蛋白质的多肽链在空间的折叠方式。蛋白质的二级结构主要是通过氢键作用形成的。蛋白质的多肽链在空间的折叠方式不是任意的，主要有 α-螺旋式和 β-折叠式。如图 17-1 和图 17-2 所示。

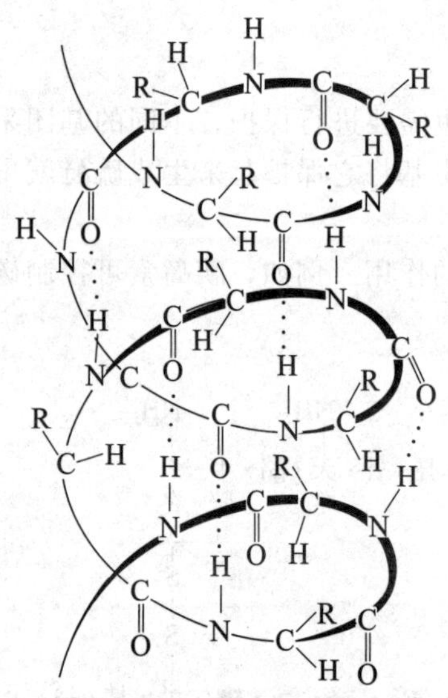

图 17-1　蛋白质的二级结构中的 α-螺旋式示意图

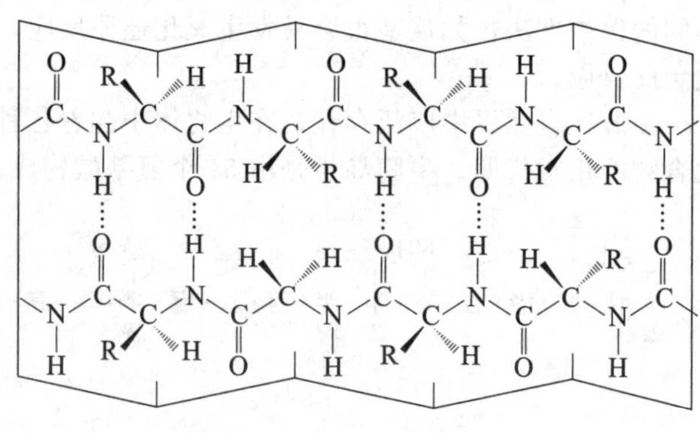

图 17-2　蛋白质的二级结构中的 β-折叠式示意图

17.2.2.3　蛋白质的三级结构

蛋白质的三级结构是肽链（二级结构）进一步扭曲折叠形成的复杂空间结构。图 17-3 是肌红蛋白的三级结构示意图。

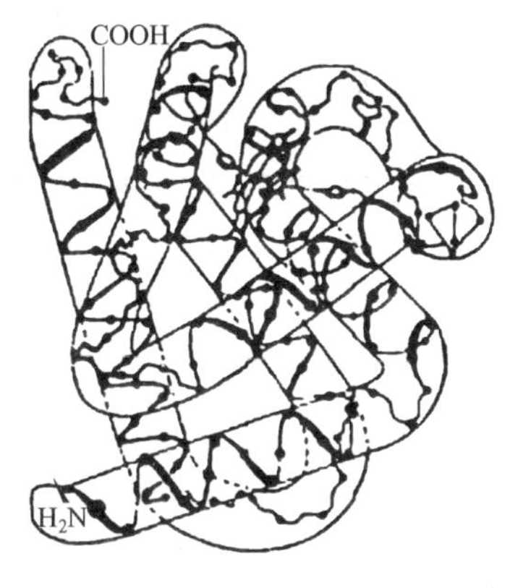

图 17-3　肌红蛋白的三级结构

图 17-4　血红蛋白的四级结构

17.2.2.4　蛋白质的四级结构

许多蛋白质是由若干个简单蛋白质分子或多肽链分子组成的。这些具有三级结构的简单蛋白质或多肽称为亚基，亚基按一定方式缔合起来形成大分子蛋白质的方式成为蛋白质的四级结构。图 17-4 是血红蛋白的四级结构示意图。

17.2.3　蛋白质的性质

17.2.3.1　两性和等电点

蛋白质和氨基酸及多肽一样，也具有两性和等电点。

$$H_2N-\boxed{P}-COO^- \underset{OH^-}{\overset{H^+}{\rightleftharpoons}} H_3N^+-\boxed{P}-COO^- \underset{OH^-}{\overset{H^+}{\rightleftharpoons}} H_3N^+-\boxed{P}-COOH$$

$$pH>pI \qquad\qquad pH=pI \qquad\qquad pH<pI$$

$\boxed{P}$为不包含两个端基的蛋白质分子

它与强酸或强碱都可以成盐，在强酸性溶液中，以正离子的形式存在，而在强碱性溶液中则以负离子的形式存在。在等电点时，蛋白质的溶解度最小，因此可以通过调节溶液的 pH 值使蛋白质以偶极离子形式存在，此时蛋白质在水中的溶解度最小，达到分离蛋白质的目的。表 17-2 列出了一些蛋白质的等电点数据。

表 17-2　一些蛋白质的等电点

蛋白质	等电点(p*I*)	蛋白质	等电点(p*I*)
胃蛋白酶	1.1	胰岛素	5.3
酪蛋白	3.7	血红蛋白	6.8
卵白蛋白	4.7	核糖核酸酶	9.5
人血白蛋白	4.8	溶菌酶	11.0

17.2.3.2　蛋白质的胶体性质

蛋白质的分子量一般在 10000 以上，是大分子化合物，具有大分子化合物的一些性质，许多蛋白质能溶于水形成胶体溶液，不能透过半透膜。

17.2.3.3　蛋白质的变性

蛋白质的高级结构在一定条件下被破坏叫蛋白质的变性。蛋白质的变性分为可逆变性和不可逆变性，可逆变性可恢复，不可逆变性不可以恢复。蛋白质变性后，其生理活性也随之消失。

17.2.3.4 蛋白质的水解

蛋白质可以逐步水解，最后产生 α-氨基酸。

蛋白质水解过程：蛋白质→多肽→小肽→二肽→α-氨基酸。

17.2.3.5 蛋白质的显色反应

蛋白质分子中含有酰胺键和不同的氨基酸残基，因此能与一些特殊试剂产生显色反应(见表 17-3)，这些反应可用来进行蛋白质的定性鉴定和定量分析。

表 17-3 蛋白质的颜色反应

反应名称	试剂	颜色	反应基团	反应物
双缩脲反应	NaOH 及少量稀 $CuSO_4$ 溶液	紫色或粉红色	2 个以上肽键	所有蛋白质
Millon 反应	Millon 试剂［$Hg(NO_3)_2$ 和 HNO_3 混合物］	红色	酚基	酪氨酸
黄色反应	浓 HNO_3 和 NH_3	黄色，橘色	苯基	酪氨酸，苯丙氨酸
茚三酮反应	水合茚三酮	蓝紫色	氨基及羧基	α-氨基酸

17.2.4 核酸

核酸是存在于细胞核中的一种物质，天然核酸常与蛋白质结合成核蛋白。核酸与生物的遗传有密切关系。

核酸是由戊糖[D-(－)-核糖或 D-(－)-2-脱氧核糖］与杂环碱及磷酸形成的大分子化合物。核酸水解后可分离出核苷和核苷酸。每一种核苷都可水解成一分子糖和一分子有机碱，核苷酸水解后除了糖和有机碱外，还得到一分子磷酸。

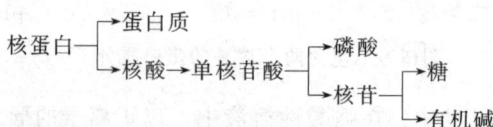

核蛋白 → 蛋白质；核蛋白 → 核酸 → 单核苷酸 → 磷酸；单核苷酸 → 核苷 → 糖；核苷 → 有机碱

核酸分为核糖核酸(RNA) 和脱氧核糖核酸(DNA) 两类。RNA 水解生成的糖是核糖，DNA 水解生成的糖是 2-脱氧核糖（见表 17-4）。

表 17-4 RNA 和 DNA 在组分上的差别

RNA(核糖核酸)	DNA(脱氧核糖核酸)	RNA(核糖核酸)	DNA(脱氧核糖核酸)
磷酸 D-核糖 腺嘌呤	磷酸 D-2-脱氧核糖 腺嘌呤	鸟嘌呤 胞嘧啶 尿嘧啶	鸟嘌呤 胞嘧啶 胸腺嘧啶

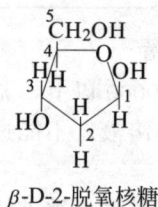

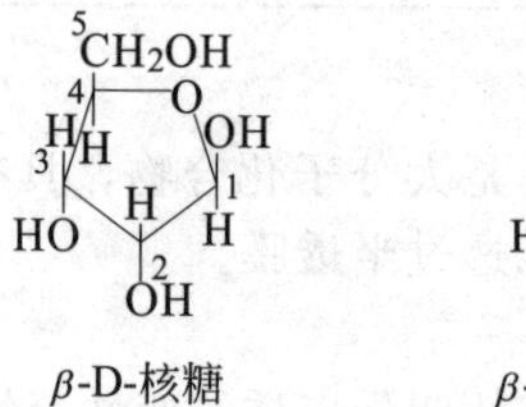

β-D-核糖　　β-D-2-脱氧核糖

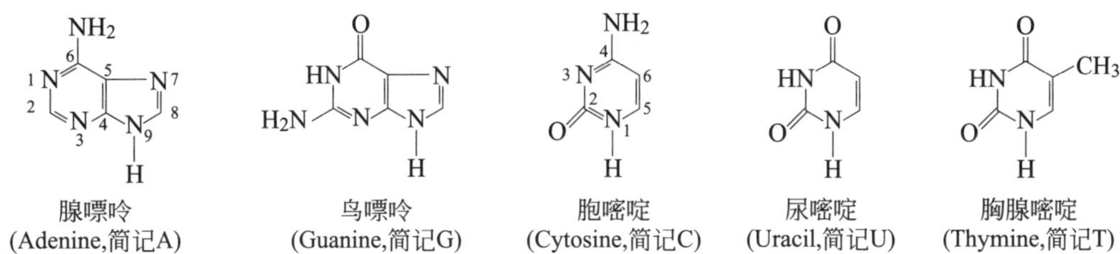

腺嘌呤 (Adenine,简记A)　鸟嘌呤 (Guanine,简记G)　胞嘧啶 (Cytosine,简记C)　尿嘧啶 (Uracil,简记U)　胸腺嘧啶 (Thymine,简记T)

RNA 水解只产生如下 4 种核苷：

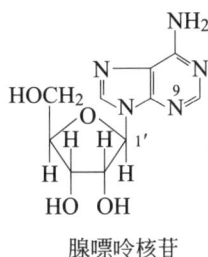

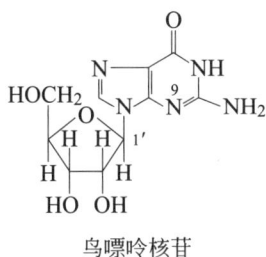

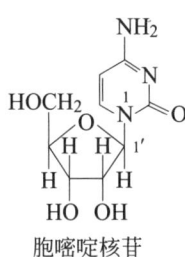

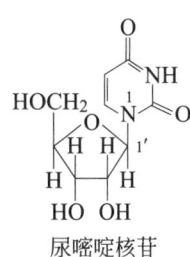

腺嘌呤核苷　鸟嘌呤核苷　胞嘧啶核苷　尿嘧啶核苷

DNA 水解产生另外 4 种核苷：

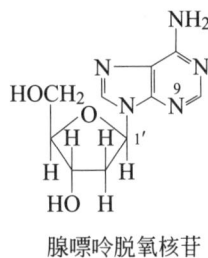

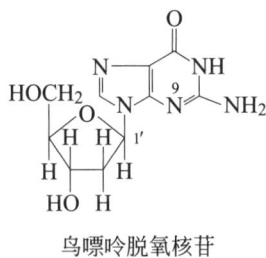

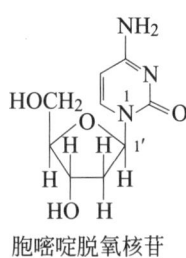

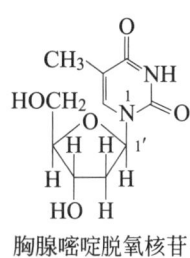

腺嘌呤脱氧核苷　鸟嘌呤脱氧核苷　胞嘧啶脱氧核苷　胸腺嘧啶脱氧核苷

核苷中糖的 5-位羟基与磷酸所形成的酯叫核苷酸。例如，腺嘌呤脱氧核苷酸的结构如下：

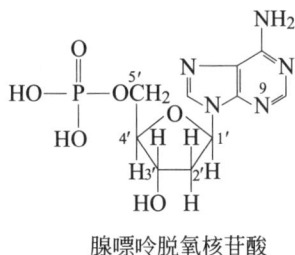

腺嘌呤脱氧核苷酸

17.2.5　核酸的结构

17.2.5.1　核酸的一级结构

多个核苷酸通过核苷酸的核糖（或脱氧核糖）5′-位上的磷酸与另一个核苷酸的核糖（或脱氧核糖）的 3′-位上的羟基形成磷酸二酯键的高分子化合物叫核酸。核酸的一级结构是指核酸中各核苷酸的单位排列次序。

继续连接

HO—P—OCH₂ 碱基

HO　4′ H H 1′

H 3′ 2′ H

O OH

HO—P—OCH₂ 碱基

HO　4′ H H 1′

H 3′ 2′ H

O OH

HO—P—OCH₂ 碱基

HO　4′ H H 1′

H 3′ 2′ H

O OH

继续连接

核酸的一级结构示意图

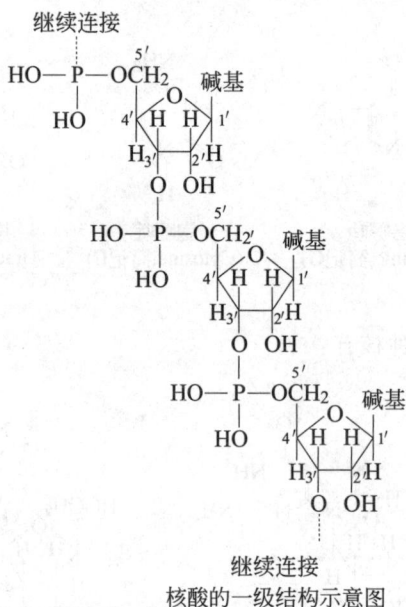

17.2.5.2　DNA 的二级结构

Watson 和 Crick 通过多年研究，提出了脱氧核糖核酸（DNA）的双螺旋二级结构。这种结构中，两条 DNA 链反向平行沿着一个轴向右盘旋。其中一条 DNA 链上的碱基与另一条链上的碱基通过氢键相互连接。嘌呤碱和嘧啶碱两两成对；腺嘌呤与胸腺嘧啶配对形成氢键；鸟嘌呤和胞嘧啶配对形成氢键。图 17-5 是 DNA 双螺旋二级结构示意图。核糖核酸

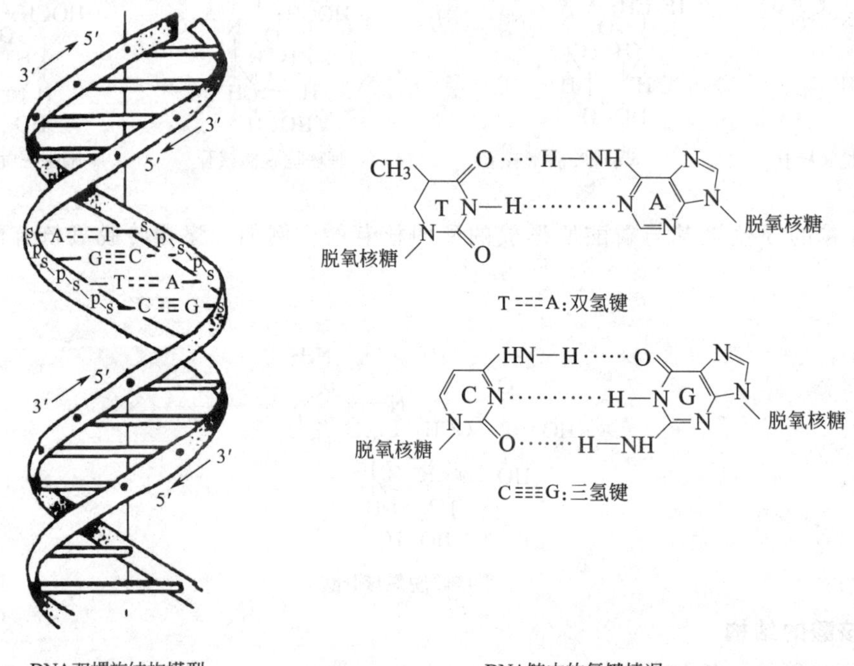

图 17-5　DNA 双螺旋二级结构示意图

骨架含有脱氧核糖(S)和磷酸二酯键(P)，A(腺嘌呤)，T(胸腺嘧啶)，G(鸟嘌呤)，C(胞嘧啶) 代表碱基，虚线代表对应碱基之间的氢键

(RNA) 分子结构差异较大，有的含有不完全的双螺旋结构，有的仅仅是单链螺旋盘旋结构。RNA 有三种常见类型，分别叫转移 RNA，简称 tRNA；信息 RNA，简称 mRNA 和核糖体 RNA，简称 rRNA。

17.2.6　核酸的生物功能

DNA 具有按照自己的结构精确复制的功能。DNA 中四种碱基的排列次序代表遗传信息，通过 DNA 的复制，父母就把自己所有的 DNA 分子复制了一份给子女。DNA 作模板将遗传信息转录成 mRNA。tRNA 和 rRNA 也是从 DNA 转录下来的。图 17-6 是 DNA 复制示意图。

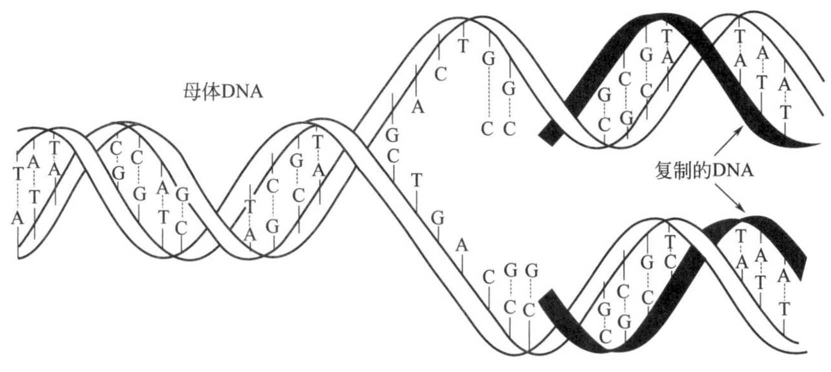

图 17-6　DNA 复制示意图

习　题

1. 写出下列化合物在指定 pH 值时的构造式：

(1) 缬氨酸在 pH=8 时 (等电点 pI=5.97)

(2) 丝氨酸在 pH=1 时 (等电点 pI=5.68)

2. 由谷氨酸、亮氨酸、赖氨酸和甘氨酸组成的混合液，调溶液的 pH 值至 6.0 进行电泳，哪些氨基酸向正极移动？哪些氨基酸向负极移动？哪些氨基酸停留在原处？

3. 甘氨酸和丝氨酸反应可合成几种二肽？写出这些二肽的构造式，并用缩写符号 (汉字代码) 表示它们的名称。

4. 以下化合物水解会产生哪些化合物，写出这些化合物的构造式和名称。

$$H_2N-\underset{\displaystyle CH_3}{\underset{|}{CH}}-\overset{\displaystyle O}{\overset{\|}{C}}-NH-\underset{\displaystyle CH_2C_6H_5}{\underset{|}{CH}}-\overset{\displaystyle O}{\overset{\|}{C}}-NH-CH_2-\overset{\displaystyle O}{\overset{\|}{C}}-OH$$

5. 一个含有丙、精、半胱、缬和亮的五肽，部分水解得丙-半胱、半胱-精、精-缬、亮-丙四种二肽，试写出氨基酸的排列顺序。

6. 脯氨酸和羟脯氨酸是否能和水合茚三酮发生显色反应，为什么？

7. 何谓蛋白质的变性？能导致蛋白质变性的因素有哪些？

参 考 文 献

[1] 莫里森 R T，博伊德 R N 著．有机化学（上、下）．复旦大学化学系有机化学教研室，译．2 版．北京：科学出版社，1992.

[2] 天津大学有机化学教研室．有机化学．5 版．北京：高等教育出版社，2014.

[3] 邢其毅，裴伟伟，徐瑞秋，裴坚编著．有机化学（上、下）．4 版．北京：高等教育出版社，2016.

[4] 王芹珠，杨增家编．有机化学．北京：清华大学出版社，1997.

[5] 刘庄，丁辰元主编．普通有机化学．北京：高等教育出版社，1998.

[6] 钱旭红主编．有机化学．3 版．北京：化学工业出版社，2014.

[7] K 彼得 C 福尔哈特，尼尔 E 肖尔著．有机化学：结构与功能．8 版．戴立信，席振峰，罗三中，等译．北京：化学工业出版社，2020.

[8] T W Graham Solomons，Craig B Fryhle．Organic Chemistry．8th edition．北京：化学工业出版社，2003.